CELLS and TISSUES by LIGHT and ELECTRON MICROSCOPY

MICROSCOPIE PHOTONIQUE et ELECTRONIQUE de TISSUS et de CELLULES

Volume II

MICROSCOPIE PHOTONIQUE et ELECTRONIQUE de TISSUS et de CELLULES

Version française par

Réal Gagnon, M.D. Ph.D.
Pierre Jean, M.D. Ph.D.
Bernard Messier, Ph.D.

Département d'Anatomie
Faculté de Médecine
Université de Montréal
Montréal, Canada

CELLS and TISSUES by LIGHT and ELECTRON MICROSCOPY

EDMUND B. SANDBORN, M.D.

Département d'Anatomie
Faculté de Médecine
Université de Montréal
Montréal, Canada

Volume II

ACADEMIC PRESS
New York and London

ACADEMIC PRESS, INC.
111 Fifth Avenue, New York, New York 10003

United Kingdom Edition published by
ACADEMIC PRESS, INC. (LONDON) LTD.
Berkeley Square House, London W1X 6BA

LIBRARY OF CONGRESS CATALOG CARD NUMBER: 76-84241

PRINTED IN THE UNITED STATES OF AMERICA

DEDICATED TO MY FAMILY

PREFACE

Recent advances in fixation of tissues for electron microscopy have resulted in the preservation of a greater detail of fine structure than was previously anticipated. In addition they permit a better preservation of tissues for routine examination of control sections in the light microscope. Adequately differentiated, toluidine blue-stained sections of one micron or less in thickness, when examined in the light microscope, allow a considerable improvement in resolution over conventionally prepared sections. As a consequence, it was decided that a coordinated study by both light and electron microscopy of thin sections of the most commonly encountered tissues of animals would be of value to the student of biological structure. Some aspects of cell and organelle surfaces, obtained by the freeze-etching technique, have been included to provide a tridimensional concept of the cell. Functional aspects have been considered wherever applicable and, in this respect, a few illustrations of the results of histochemical, cytochemical, and autoradiographic studies have been included. A brief résumé of my interpretation of the significance of some of the ultrastructural findings is also included.

The first volume covers the cell and fundamental tissues, including epithelium and nervous, muscular and lymphoid tissues. In the second volume, tissues most frequently encountered in the studies of the histology, cytology, and pathology of various systems have been described.

EDMUND B. SANDBORN

Montreal, Canada
May, 1970

PREFACE

De nouvelles techniques de fixation en microscopie électronique ont permis une étude plus détaillée des structures biologiques. Il est possible d'obtenir également à partir de tissus ainsi fixés une nette amélioration de résolution au microscope photonique, grâce à des coupes d'un micron ou moins, colorées au bleu de toluidine et adéquatement différenciées. Il semble donc opportun de coordonner dans un même ouvrage la microscopie photonique et électronique d'un certain nombre de tissus le plus fréquemment étudiés en biologie. La technique de congélation et de mise en relief a permis de démontrer quelques aspects tridimensionnels de la surface des cellules et des organites. L'auteur a tenu à relier structure et fonction, ajoutant à l'occasion des observations histochimiques, cytochimiques et radioautographiques.

Le premier volume de cet ouvrage traite de la cellule et des tissus épithélial, nerveux, musculaire et lymphoïde. Le second volume décrit les principaux organes auxquels l'histologie, la cytologie et la pathologie ont donné une certaine importance. L'auteur offre également certaines perspectives de morphologie fonctionnelle.

EDMUND B. SANDBORN

Montréal, Canada
Mai, 1970

ACKNOWLEDGMENTS

The experimental work which made this book possible was supported by grants from the Medical Research Council of Canada, the Muscular Dystrophy Association of Canada, the National Cancer Institute of Canada, the Quebec Heart Foundation, and The Quebec Research Council. For the laboratory space and services and for routine maintenance I am deeply indebted to the Université de Montréal.

I gratefully acknowledge the assistance of Mrs. Anna Szeberenyi in the preparation of much of the material for the electron microscopy. To Miss Cécile Venne I am indebted for assistance in the perfusion of the animals, in the preparation of tissue blocks and of sections for both light and electron microscopy, and for the preparation of the frozen-etched replicas. I am indebted to Mrs. Manon Mikloski and to Mrs. Marielle Duclos for the excellent photographic reproductions of the original negatives for this book and to Miss Andrée Aubin and Mrs. Francine Marigaux for their patience and skill in the production of the manuscript. I wish to thank Dr. Réginald Nadeau with whose cooperation the project on the sinuatrial node of the dog heart was conducted. I also thank Drs. André Viallet and Maurice Verdy who obtained the material for the investigation of the human liver.

I extend my appreciation in particular to Dr. Pierre Bois, Professor and Director of the Department of Anatomy, Université de Montréal, for his support and for his valuable advice and to Dr. Serge Bencosme of Queen's University, Kingston, Ontario, who, through his enthusiasm and devotion to the teaching of students in electron microscopy, was responsible for my interest in the field of ultrastructure. I thank Dr. Bernard Messier for his advice in the preparation of the text on the pituitary. I thank my other colleagues in the Department of Anatomy for the many worthwhile discussions we have had regarding this work. I express my appreciation to my graduate students, Drs. Michel Côté, Jean Roberge, and Paul-Emil Messier, for contributions from the work which they had prepared for their theses on muscle and desmosomes and my undergraduate students, Mr. Raymond Dandavino and Miss Heather Stephens, for their help in the final preparation of the book. I thank Dr. Takashi Makita* for contributing micrographs of cytochemical studies and of the oviduct and for help in the arrangement of the bibliography.

I acknowledge with appreciation permission to reproduce figures from the following publications: the *Journal of Ultrastructure Research*, the *Canadian Journal of Physiology and Pharmacology*, the *Revue Canadienne de*

*Dr. Makita is a postdoctoral fellow of the Medical Research Council of Canada in the Department of Anatomy, Université de Montréal.

REMERCIEMENTS

Le travail expérimental qui a rendu ce livre possible a reçu l'appui financier du Conseil des Recherches Médicales du Canada, de l'Association Canadienne contre la Dystrophie Musculaire, de l'Institut National du Cancer du Canada, de la Fondation du Québec des Maladies du Coeur et du Conseil de la Recherche Medicale du Québec. Je suis reconnaissant à l'Université de Montréal d'avoir fourni l'espace et les services nécessaires à la réalisation de ce travail.

Je désire aussi remercier Madame Anna Szeberenyi dont l'aide technique fut précieuse pour la préparation d'une grande partie des spécimens destinés à la microscopie électronique. Mlle Cécile Venne a apporté une aide soignée à la perfusion des animaux, à la préparation des blocs de tissus et des coupes à la fois pour la microscopie photonique et électronique; elle a aussi préparé les pièces pour la technique de congélation et de mise en relief. Mesdames Manon Miklosi et Marielle Duclos sont responsables des excellentes reproductions photographiques des négatifs originaux destinés à ce livre. La transcription de ce manuscript est due à la patience et à la compétence de Mlle Andrée Aubin et de Madame Francine Marigaux. Je remercie le docteur Réginald Nadeau qui m'a apporté sa collaboration dans l'étude du noeud sino-auriculaire chez le chien. Mes remerciements vont encore aux docteurs André Viallet et Maurice Verdy qui nous ont fourni des biopsies de foie humain.

Je suis particulièrement reconnaissant au docteur Pierre Bois, Professeur titulaire et Directeur du département d'anatomie de l'Université de Montréal, de son aide et de ses conseils et au docteur Serge Bencosme de l'Université Queen's de Kingston, Ontario, dont l'enthousiasme et le dévouement à l'enseignement de la microscopie électronique sont à la source de mon intérêt pour le domaine de l'ultrastructure. Je remercie le docteur Bernard Messier pour ses conseils au cours de la préparation des légendes sur l'hypophyse. Je remercie mes autres collègues du Département pour leurs suggestions dans les domaines particuliers de leur activité et les échanges enrichissants que nous avons eus en rapport avec ce travail. J'ai apprécié les contributions de mes étudiants gradués, les docteurs Michel Côté, Jean Roberge et Paul-Emil Messier, contributions qui sont extraites de leurs thèses sur le muscle et les desmosomes. Il me fait plaisir de mentionner la collaboration de monsieur Raymond Dandavino et de Mlle Heather Stephens dans les dernières phases de la préparation de ce livre. Je suis redevable au docteur Takashi Makita* de ses micrographies d'études cytochimiques et d'oviductes, de même que pour son aide à la préparation de la bibliographie.

*Le docteur Makita est boursier du Conseil des Recherches Médicales du Canada en stage d'études post-doctorales au départment d'anatomie à l'Université de Montréal.

Biologie, the *Journal of Pathology and Bacteriology,* the *Journal de Microscopie, Cancer Research,* and *Electron Microscopy.*

Figures reproduced from other sources are as follows: Plates VI (1) (The Circulatory System), VIII (1, 2) (The Major Glands of Digestion), and III (2) and IV (2, 3) (The Urinary System) are reproduced by permission from the *Revue Canadienne de Biologie* **24,** 243-276 (1965). Plates III (2) and V (2) (The Mammary Gland) and XLII (2) (The Endocrine Glands) are reproduced by permission from the *Journal of Ultrastructure Research,* **11,** 123-138 (1964).

I express my sincere thanks to the staff of Academic Press for their enthusiasm and their patience during the entire preparation of this book.

EDMUND B. SANDBORN

Je suis reconnaissant aux périodiques suivants pour leur permission de reproduire certaines planches: le *Journal of Ultrastructure Research,* le *Canadian Journal of Physiology and Pharmacology,* la *Revue Canadienne de Biologie,* le *Journal of Pathology and Bacteriology,* le *Journal de Microscopie, Cancer Research* et *Electron Microscopy.*

J'exprime mes très sincères remerciements aux éditeurs et aux directeurs d'Academic Press pour l'enthousiasme et la patience dont ils ont fait preuve pendant toute la préparation de ce livre.

EDMUND B. SANDBORN

TABLE OF CONTENTS

Preface, vii
Acknowledgments, ix
Contents of Volume I, xiii

MATERIALS AND METHODS, 1

THE CIRCULATORY SYSTEM, 5

The aorta
Arterioles
Venules
Lymphatics

THE DIGESTIVE SYSTEM, 25

Tooth – Ameloblast
Stomach
Small intestine
Large intestine

THE MAJOR GLANDS OF DIGESTION, 91

Submandibular salivary gland
Pancreas
Liver, gallbladder, and bile ducts

THE URINARY SYSTEM, 133

Kidney
Urinary bladder
Urethra

THE MALE REPRODUCTIVE SYSTEM, 181

Testis
Epididymus
Ductus deferens
Seminal vesicle
Prostate

THE FEMALE REPRODUCTIVE SYSTEM, 229

Ovary
Uterus
Oviduct

THE MAMMARY GLAND, 257

TABLE DES MATIERES

Préface, vii
Remerciements, ix
Tables des materières du volume I, xiii

MATERIEL ET METHODES, 1

L'APPAREIL CIRCULATOIRE, 5

L'aorte
Les artérioles
Les veinules
Les vaisseaux lymphatiques

L'APPAREIL DIGESTIF, 25

La dent – Organe de l'émail
L'estomac
Le petit intestin
Le gros intestin

GLANDES ANNEXES DU SYSTEME DIGESTIF, 91

Glande sous-maxillaire
Le pancréas
Le foie, les canaux et la vésicule biliaires

L'APPAREIL URINAIRE, 133

Le rein
La vessie
L'urètre

L'APPAREIL GENITAL MALE, 181

Le testicule
L'épididyme
Canal déférent
Vésicule séminale
La prostate

L'APPAREIL GENITAL FEMELLE, 229

L'ovaire
L'utérus
L'oviducte

GLANDE MAMMAIRE, 257

THE ENDOCRINE GLANDS, 269

The hypophysis
The pineal gland
The pancreatic islets
The suprarenal gland
The thyroid
The parathyroid

PERSPECTIVES IN FUNCTIONAL MORPHOLOGY, 365

Subject Index, 373

GLANDES ENDOCRINES, 269

L'hypophyse
Glande pinéale
Ilots pancréatiques
La surrénale
La thyroïde
La parathyroïde

PERSPECTIVES EN MORPHOLOGIE FONCTIONNELLE, 365

Index, 377

CONTENTS OF VOLUME I

THE CELL

General Organization
Nucleus
Membranes
Organelles and inclusions
Microvilli and filaments
Junctional complexes
Centrioles
Cilia and flagellae
Cells in mitosis
External coats of cell membranes

FUNDAMENTAL TISSUES

Epithelium
  Simple squamous – The lung
  Columnar – The trachea
Connective tissue
Cartilage
Bone
Bone marrow

STRATIFIED SQUAMOUS EPITHELIUM

The esophagus
The skin
The hair
The glands

THE NERVOUS SYSTEM

Peripheral nerve ganglion
Autonomic nerve ganglion
Cells of the central nervous system

THE EYEBALL

Cornea
Lens
Retina

MUSCLE

Smooth muscle
Skeletal muscle
Cardiac muscle

THE LYMPHOID ORGANS

Thymus
Spleen
Peyer's patch of the ileum

TABLE DES MATIERES DU VOLUME I

LA CELLULE

Caractères généraux
Le noyau
Les membranes
Organites et inclusions
Microvillosités et filaments
Complexes de jonction
Les centrioles
Cils et flagelles
Cellules en mitose
Recouvrement externe des membranes cellulaires

TISSUS FONDAMENTAUX

Les epithéliums
Le tissu conjonctif
Le cartilage
L'os
La moelle osseuse

L'EPITHELIUM STRATIFIE PAVIMENTEUX

L'oesophage
La peau
Le poil
Les glandes

LE SYSTEME NERVEUX

Ganglion d'un nerf périphérique
Ganglion d'un nerf autonome
Cellules du névraxe

GLOBE OCULAIRE

La cornée
Le cristallin
La rétine

LE MUSCLE

Muscle lisse
Muscle squelettique
Muscle cardiaque

LES ORGANES LYMPHOIDES

Le thymus
La rate
Plaque de Peyer de l'iléon

MATERIALS AND METHODS

Most of the micrographs for this book were from preparations of tissues from the laboratory rat. Comparative studies of tissues or cells from different species of animal were done in some areas where considerable differences were known to exist. Some of these included the human hepatocyte, intrahepatic bile duct, and mast cell, the rabbit gallbladder and aorta, and the desmosomes of insect larvae. The sinoatrial node of the dog was studied after perfusion fixation through a branch of the circumflex coronary artery by the method described by James and Nadeau (1963).

Most of the specimens were fixed in aldehydes and postfixed in osmium tetroxide solution as suggested by Pease (1962). The aldehydes employed, unless otherwise indicated, were a mixture (Sandborn, 1964–1966) of acrolein introduced as a biological fixative by Luft (1959) and glutaraldehyde introduced by Sabatini *et al.* (1963). It was observed that the addition of acrolein to the glutaraldehyde solution resulted in a marked acceleration of the rate of fixation of the tissues. The concentrations were 6.25% glutaraldehyde and 2% acrolein in a phosphate buffer. More recent fixatives which we have employed and which appear to give more rapid penetration of the tissues, in both block and perfusion fixation, are combinations of aldehydes and dimethyl sulfoxide (DMSO) in a phosphate buffer. The preservation of membranes and filament by this method appears to be particularly good. After replacement of most of the blood by perfusion with a balanced salt solution (Palay *et al.*, 1962), the animals were fixed by perfusion with the aldehyde solution. This was followed by another 30 minutes of block fixation in the same aldehyde solution. Some tissues were block fixed in aldehydes without perfusion of the animal. Tissue blocks were postfixed in 2% osmium tetroxide in a veronal buffer (Palade, 1952) with sucrose added as described by Caulfield (1957) for 3 hours. Tissues were dehydrated in graded ethanol solutions and embedded in Epon 812 (Luft, 1961). In some instances the dehydration was carried out in alcohol, acidified with 0.1 ml of 0.1 *N* HCl per 100 ml ethanol, for a longer period of time in order to preserve smaller quantities of lipids (Sandborn, 1962). Sections were cut on Porter Blum microtomes for both light and electron microscopy studies.

For light microscopy, sections approximately 1 μ in thickness, mounted on glass slides, were stained on a hot plate with aqueous 1% toluidine blue saturated with sodium borate. The sections were differentiated by the following steps: first, distilled water; second, a mixture made up of 3 parts of toluene, 2 parts Epon A solution

MATERIEL ET METHODES

La plupart des clichés de cet ouvrage proviennent de préparations histologiques de tissus prélevés chez le rat de laboratoire. Dans certains cas où les différences d'espèce étaient remarquables, on a fait une étude comparative incluant l'hépatocyte, les canaux biliaires intrahépatiques et le mastocyte humains, l'aorte et la vésicule biliaire du lapin de même que les desmosomes des insectes. Le noeud sino-auriculaire du chien a été étudié après perfusion et fixation via une branche de l'artère coronaire circonflexe selon la méthode décrite par James et Nadeau (1963).

La majorité des spécimens furent fixés aux aldéhydes et postfixés au tétroxyde d'osmium tel que suggéré par Pease (1962). A moins d'indication contraire, les aldéhydes utilisés sont un mélange (Sandborn, 1964–1966) d'acroléine suggérée comme fixateur biologique par Luft (1959) et de glutaraldéhyde tel que proposé par Sabatini *et al.* (1963). On avait en effet observé que l'addition d'acroléine au glutaraldéhyde produisait une accélération marquée dans la vitesse de fixation des tissus. Les concentrations utilisées étaient de 6.25% de glutaraldéhyde et de 2% d'acroléine dans un tampon phosphate. Des fixateurs plus récents qui semblent pénétrer plus rapidement les tissus en perfusion ou en bloc combinent des aldéhydes et le diméthylsulfoxyde (DMSO) dans un tampon phosphate. La conservation des membranes et des filaments qui en résulte est particulièrement bonne. Après substitution du sang par une solution saline (Palay *et al.*, 1962), l'animal entier fut fixé par perfusion avec la solution d'aldéhydes. Les blocs de tissus prélevés furent ensuite soumis à une fixation additionnelle de 30 minutes dans le même mélange; pour certains tissus la perfusion totale préalable n'a pas été faite. Pour tous les tissus, il y eut ensuite postfixation d'une durée de 3 heures par le tétroxyde d'osmium à 2% en milieu tamponné au véronal (Palade, 1952) auquel on ajoute du sucrose selon le procédé décrit par Caulfield (1957). Des solutions d'éthanol de concentrations croissantes ont servi à la déshydratation des tissus qui ont été inclus dans l'Epon 812 (Luft, 1961). Parfois on a utilisé l'alcool acidifié avec 0.1 ml de HCl 0.1 *N* par 100 ml d'éthanol pendant une période plus longue afin de mieux conserver les traces de lipides (Sandborn, 1962). Des microtomes Porter Blum ont servi à la confection des coupes pour la microscopie photonique et électronique.

Dans le cas de la microscopie photonique, des coupes d'environ un micron d'épaisseur furent étalées sur des lames de verre et colorées sur une plaque chauffante au moyen d'une solution de 1% de bleu de toluidine saturée au borate de sodium. La différenciation a été réalisée au cours des étapes suivantes: 1° eau distillée; 2° mélange

(Luft, 1961), 2 parts Epon B solution (Luft, 1961), and 3 parts cedar oil. This mixture was removed by four successive washes in toluene and a very brief wash in xylene before mounting the coverslip with Permount. This mixture for differentiation was arrived at from the following observations: Toluidine blue alone faded rapidly and it became difficult to get a clearly defined photograph of the sections. By adding Epon to the differentiating solutions a permanent stain of high contrast was obtained. To bring out the detail and clear these sections, cedar oil was added to the mixture of toluene and liquid Epon. The resulting differentiation produced an excellent illustration of the main features of the cell, as well as a particularly good demonstration of the mitochondria. In some instances very thin sections, giving an interference color of gold on the surface of the ultramicrotome water chamber, were stained by the periodic acid–silver methenamine method as described by Movat (1961), and this was followed by 5 minutes of warm aqueous basic fuchsin stain. With this stain one was able to locate, in the light microscope, densely stained organelles in human hepatocytes which, with the electron microscopy, are seen as microbodies and filament-bearing mitochondria. This type of section gave the greatest possible resolution with light microscopy. The light micrographs in this book were obtained from sections stained with toluidine blue and differentiated with the toluene–Epon–cedar oil mixture, unless otherwise stated.

For electron microscopy, ultrathin sections were successively stained (Sandborn, 1964, 1966) with lead hydroxide (Karnovsky, 1961), uranyl acetate (Watson, 1958), and again with lead hydroxide. Some membranes were studied in ultrathin sections which had been stained as above and others were stained with osmium tetroxide, thiocarbohydrazide, and osmium tetroxide (OTO) as described by Seligman *et al.* (1966). For the three-dimensional studies replicas of shadowed, frozen, etched tissues as described by Steere (1957) were obtained in a Balzers freeze etching unit as designed by Moor (1964). For the cytochemical demonstration of acetylcholinesterase activity in motor end plates the methods of Koelle and Friedenwald (1949), of Crevier and Bélanger (1955), and of Karnovsky (1964) were employed.

Light micrographs will be designated by "L" in the accompanying legends. All light micrographs were obtained on the Carl Zeiss microscope. Siemens Elmiskop I and IA electron microscopes were employed for the studies of the ultrastructural aspects of the cells.

composé de 3 parties de toluène, 2 parties d'une solution d'Epon A (Luft, 1961), 2 parties d'une solution d'Epon B (Luft 1961) et 3 parties d'huile de cèdre. Les coupes furent ensuite soumises à quatre lavages successifs dans le toluène suivis d'un bain de xylène et finalement montées au Permount. Sans ce mélange utilisé pour la différenciation, le bleu de toluidine perd rapidement de son intensité, rendant difficile une reproduction photographique nette. L'addition d'Epon permet une coloration permanente et contrastée. Afin de modifier le contraste et éclaircir les coupes, on a ajouté l'huile de cèdre au mélange de toluène et d'Epon liquide. La différenciation qui en résulte permet une excellente illustration des caractéristiques cellulaires, particulièrement dans le cas des mitochondries. Pour certains tissus, des coupes très minces de couleur or en lumière réfléchie à la surface de l'eau du bac de l'ultramicrotome, ont été colorées par la méthode à l'acide periodique–méthénamine à l'argent tel que décrit par Movat (1961). Ce procédé fut suivi d'une coloration à la fuchsine basique chaude d'une durée de 5 minutes. Une telle coloration a permis de localiser en microscopie photonique des organites de cellules hépatiques humaines fortement colorés qui, au microscope électronique, se présentent sous forme de "microbodies" et de mitochondries associées à des filaments. Ces coupes ont aussi été très utiles pour obtenir la meilleure résolution au microscope photonique. A moins d'indication contraire, les clichés de microscopie photonique contenus dans ce livre proviennent de coupes colorées au bleu de toluidine et différenciées par le mélange toluène–Epon–huile de cèdre.

Pour la microscopie électronique, les coupes ultraminces ont été colorées successivement (Sandborn, 1964, 1966) avec l'hydroxyde de plomb (Karnovsky, 1961), l'acétate d'uranyl (Watson, 1958) et de nouveau par l'hydroxyde de plomb. Les membranes cellulaires ont été étudiées sur coupes colorées selon ce procédé. Dans d'autres cas, elles ont été colorées avec le tétroxyde d'osmium, la thiocarbohydrazide et le tétroxyde d'osmium (OTO) tel que décrit par Seligman *et al.* (1966). Suivant une méthode décrite par Steere (1957) et à l'aide d'un "Balzers freeze etching unit" conçu par Moor (1964), nous avons obtenu des modèles tridimensionnels des surfaces de tissus congelés. Ces surfaces ont ensuite été mises en relief et ombrées par des métaux lourds. Pour la démonstration cytochimique de l'acétylcholinestérase dans la plaque motrice, on a utilisé les procédés de Koelle et Friedenwald (1949), de Crevier et Bélanger (1955) et de Karnovsky (1964).

Les clichés ou micrographies photoniques sont identifiés par la lettre "L" dans la légende qui accompagne les planches. Un microscope Karl Zeiss a servi à obtenir les micrographies tandis que les observations d'ultrastructure cellulaire furent faites aux microscopes électroniques Siemens Elmiskop I et IA.

REFERENCES

Caulfield, J. B. (1957). *J. Biophys. Biochem. Cytol.* **3**, 827.

Crevier, M., and Bélanger, L. F. (1955). *Science* **122**, 556.

James, T. N., and Nadeau, R. A. (1963). *Am. J. Physiol.* **204**, 9.

Karnovsky, M. J. (1961). *J. Biophys. Biochem. Cytol.* **11**, 729.

Karnovsky, M. J. (1964). *J. Cell Biol.* **23**, 217.

Koelle, G. B., and Friedenwald, J. S. (1949). *Proc. Soc. Exptl. Biol. Med.* **70**, 617.

Luft, J. H. (1959). *Anat. Record* **133**, 305.

Luft, J. H. (1961). *J. Biophys. Biochem. Cytol.* **9**, 409.

Moor, H. (1964). Die Gefrier-fixation lebender zellen und ihre anwendung in der elektronenmikroskopie. *Z. Zellforsch.* **62**, 546–580.

Movat, H. (1961). *Am. J. Clin. Pathol.* **35**, 528.

Palade, G. E. (1952). *J. Exptl. Med.* **95**, 285.

Palay, S. L., McGee-Russell, S. M., Gordon, S., Jr., and Grillo, M. A. (1962). *J. Cell Biol.* **12**, 385.

Pease, D. C. (1962). *Anat. Record* **142**, 342.

Sabatini, D., Bensch, K., and Barrnett, R. J. (1963). *J. Cell Biol.* **17**, 19.

Sandborn, E. B. (1962). *Proc. 5th Intern. Congr. Electron Microscopy, Philadelphia,* 1962 Vol. II, p. 12.

Sandborn, E. B. *et al.* (1964). *J. Ultrastruct. Res.* **11**, 123–138.

Sandborn, E. B. (1966). *Can. J. Physiol. Pharmacol.* **44**, 329.

Seligman, A. M., Wasserkrug, H. L., and Hanker, J. S. (1966). *J. Cell. Biol.* **30**, 424.

Steere, R. L. (1957). Electron microscopy of structural detail in frozen biological specimens. *J. Biophys. Biochem. Cytol.* **3**, 45–60.

Watson, M. L. (1958). *J. Biophys. Biochem. Cytol.* **4**, 727.

THE CIRCULATORY SYSTEM

L'APPAREIL CIRCULATOIRE

Plate I

The Circulatory System

The features of the endothelial cell which lines all blood vessels have been considered in the chapter on fundamental tissues in Volume I. Cardiac muscle and smooth muscle, the contractile elements of the circulatory system, have been considered in the chapter on muscle. This chapter includes special features of large arteries, arterioles, venules, and small lymphatics.

1. L. Rat aorta. The media of this very large vessel is made up of many layers of smooth muscle separated by elastic laminae. In young adult animals these laminae appear interrupted in some locations. The endothelium (e) appears as a very thin layer lining the lumen. 640×

2. Rat aorta. Beneath the endothelium which rests on a thin basal lamina are scattered bundles of collagen and, more distant, a continuous layer of elastic tissue which forms a lamina. Although some of the elastic tissue appears quite dense, the laminae between the muscle layers appear homogeneous and only moderately stained in the electron microscope. These laminae are often interrupted by considerable interstitial spaces in which collagen and very dense elastic fibers are the principal components. The intensity of stain in the cytoplasm of muscle fibers varies considerably. 3500×

3. L. The rabbit aorta is reported to contain more elastic tissue than that of the rat. The laminae are interposed between numerous thin layers of smooth muscle fibers. Interruptions can be seen in some of the elastic layers. 640×

4. Rabbit aorta. In the electron microscope the endothelium can be seen to be moderately thick with a considerable amount of granular endoplasmic reticulum and numerous plasma membrane invaginations. A long cytoplasmic operculum projects into the lumen from a point adjacent to the intercellular junction. The internal elastic lamina is interrupted, being made up of numerous elastic fibers about which both filaments and more distinct collagen fibrils can be identified. A smooth muscle cell contains a considerable amount of granular endoplasmic reticulum. 14,000×

Planche I

L'appareil circulatoire

Le revêtement endothélial des vaisseaux sanguins est décrit au chapitre des Tissus fondamentaux dans le volume I. Le lecteur trouvera de plus dans le chapitre du Muscle, une étude des éléments contractiles du système circulatoire. Les pages qui suivent traitent de certains aspects des artères de gros calibre, des artérioles, des veinules et des petits vaisseaux lymphatiques.

1. L. Aorte du rat. La média de ce très gros vaisseau se compose de plusieurs couches de fibres musculaires lisses, séparées par des lames élastiques. Chez le jeune animal, ces lames paraissent interrompues en certains endroits. Remarquer l'endothélium (e) relativement mince en bordure de la lumière. 640×

2. Aorte du rat. L'endothélium repose sur une mince lame basale. La couche sous-jacente contient des fibrilles collagènes dispersées qui s'appuient sur une lame continue de tissu élastique. Bien que sombre par endroits, il forme des lames homogènes pâles interposées entre les couches de fibres musculaires. Ces lames présentent des interruptions dans lesquelles on trouve des fibres collagènes et des fibres élastiques très foncées. Quant aux cellules musculaires, leur cytoplasme se colore de façon variable. 3500×

3. L. Aorte du lapin. Cette artère contient plus de tissu élastique que l'aorte du rat. Les lames, interrompues en certains endroits, sont interposées entre plusieurs couches minces de fibres musculaires lisses. 640×

4. Aorte du lapin. Au microscope électronique, l'endothélium assez épais de l'aorte contient un réticulum endoplasmique granulaire abondant et une membrane plasmatique creusée de plusieurs invaginations. Un mince operculum cytoplasmique s'allonge dans la lumière à partir du voisinage de la jonction intercellulaire. La limitante élastique interne est discontinue; elle se compose de plusieurs fibres élastiques entre lesquelles on reconnaît des filaments et des fibrilles collagènes. Une cellule musculaire lisse contient une quantité considérable de réticulum endoplasmique granulaire. 14,000×

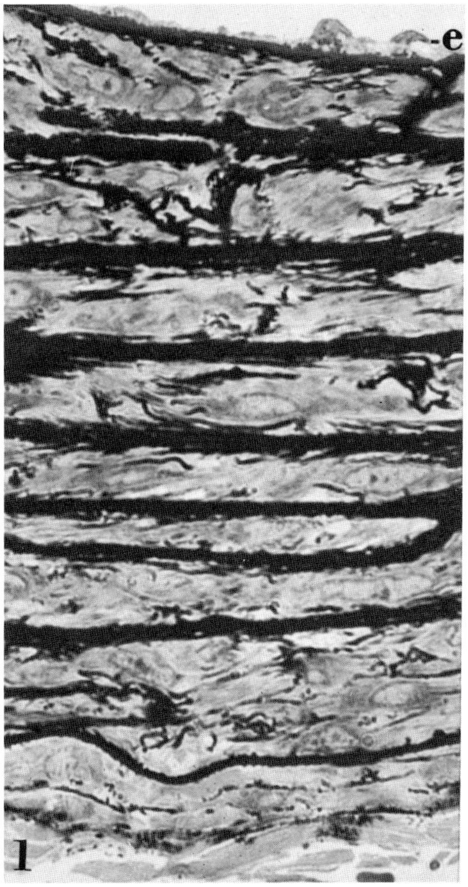
e
1

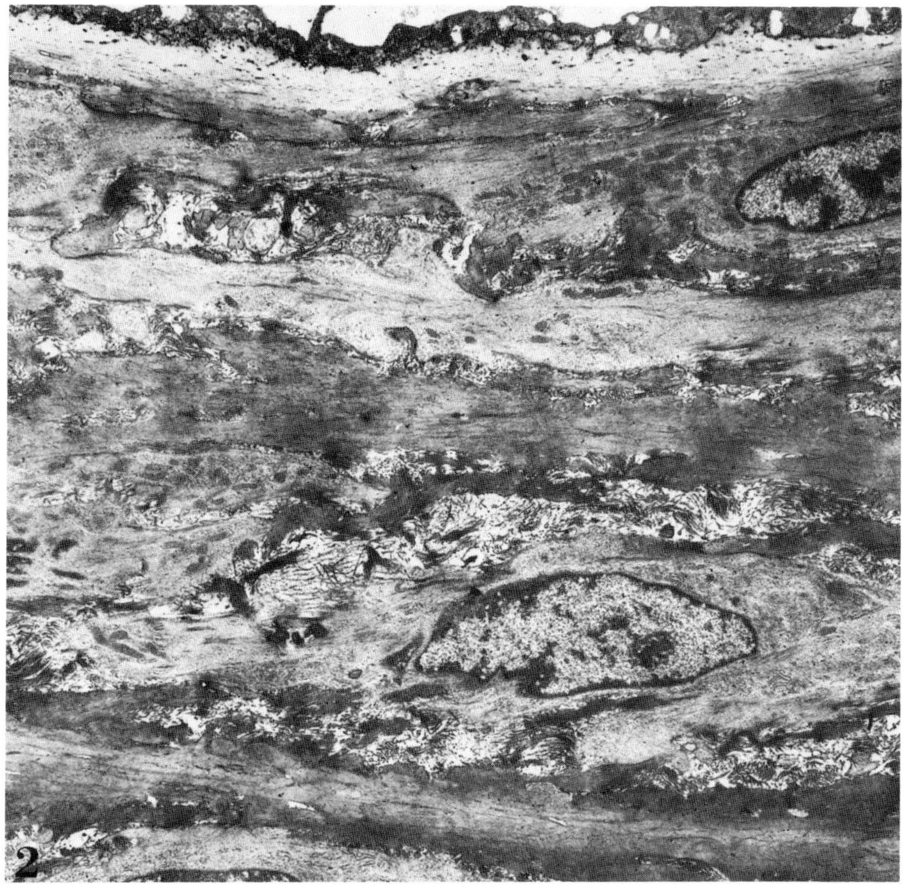
2

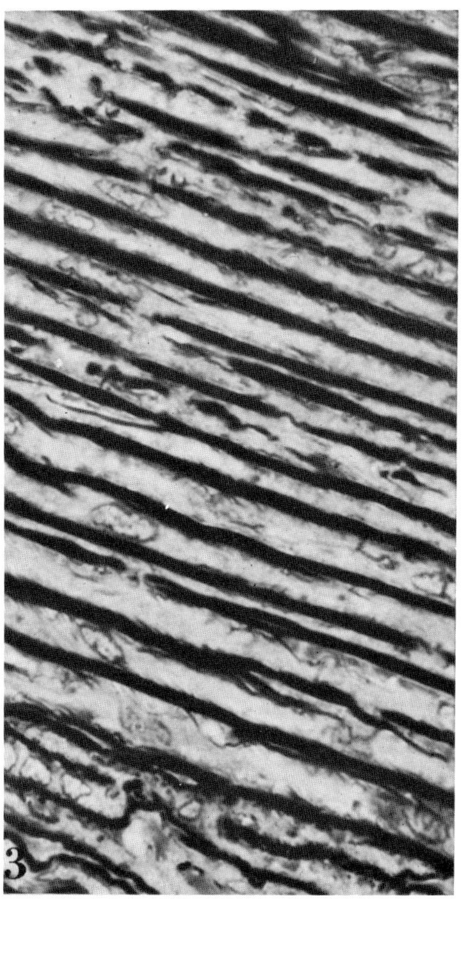
3

4

Plate II

The Aorta

Smooth muscle fibers in one layer of the aorta have been obtained in a tangential section. The junctions between the cells resemble, to a considerable extent, desmosomal junctional complexes, but the intercellular spaces are greater than in desmosomes. In some instances the free surfaces of these smooth muscle cells are markedly convoluted. Unmyelinated nerve fibers (N), enveloped in the cytoplasm of a Schwann cell, are sectioned transversely. 10,000×

Planche II

L'aorte

Coupe tangentielle d'une couche musculaire lisse. Les jonctions intercellulaires ressemblent beaucoup à des desmosomes dont elles se distinguent cependant par un espace intercellulaire plus considérable. Le bord libre de certaines cellules musculaires lisses est festonné. Des fibres amyéliniques (N) enveloppées de cytoplasme schwannien se présentent en coupe transversale. 10,000×

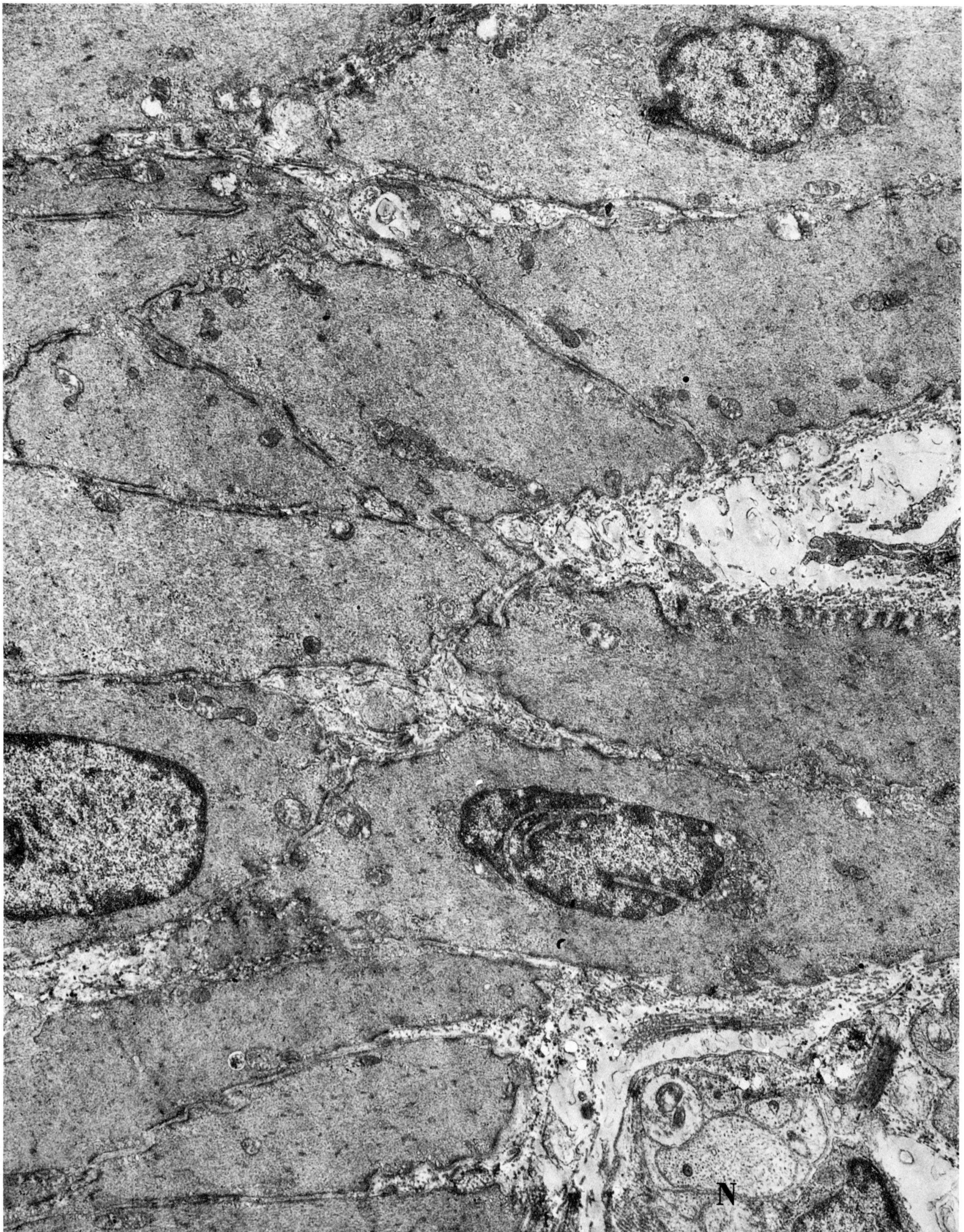
N

Plate III

The Aorta

1. A considerable distance (600–1200 Å) separates the cells in the areas where dense intracytoplasmic plaques are located opposite one another. The increase in intercellular space between the plaques resembles this feature at the desmosomal junctions. The circumferential laminae of each of the cells preserves its identity through most of the intercellular spaces. Invaginations of the surface membrane are numerous between adjacent plaques in the same cell. The endoplasmic reticulum, although mostly of the agranular type, has a small number of attached ribosomes. 52,000×

2. Marked differences in the intercellular space can be seen in some instances. In one narrowed zone a common circumferential lamina (arrow) is shared by the two cells. In other areas the dense plaques in adjacent fibers are not opposed to one another but to surfaces with a number of membrane invaginations. 44,000×

3. The filamentous component of the circumferential laminae can be seen in the intercellular space (arrow). These filaments may contribute to the adhesion of the cells. 72,000×

Planche III

L'aorte

1. Une distance de 600 à 1200 Å sépare les cellules là où les plaques intracellulaires denses se placent en regard l'une de l'autre. Une augmentation de l'espace intercellulaire entre les plaques s'observe également dans les desmosomes. La lame circonférentielle de chacune des cellules garde son identité presque partout dans l'espace intercellulaire. Entre les plaques d'une même cellule, il est fréquent de noter des invaginations de la membrane plasmatique. Le réticulum endoplasmique, bien que principalement du type lisse, se présente quelquefois sous forme granulaire. 52,000×

2. L'espace intercellulaire montre parfois des variations considérables. La flèche indique un espace particulièrement rétréci où une même lame circonférentielle est partagée par deux cellules. Plus loin, la plaque dense d'une fibre musculaire se place non pas vis-à-vis une autre plaque mais plutôt en regard d'une surface creusée de nombreuses invaginations. 44,000×

3. La flèche pointe vers l'élément filamenteux des lames circonférentielles. Ces filaments contribuent peut-être à l'adhésion réciproque des cellules. 72,000×

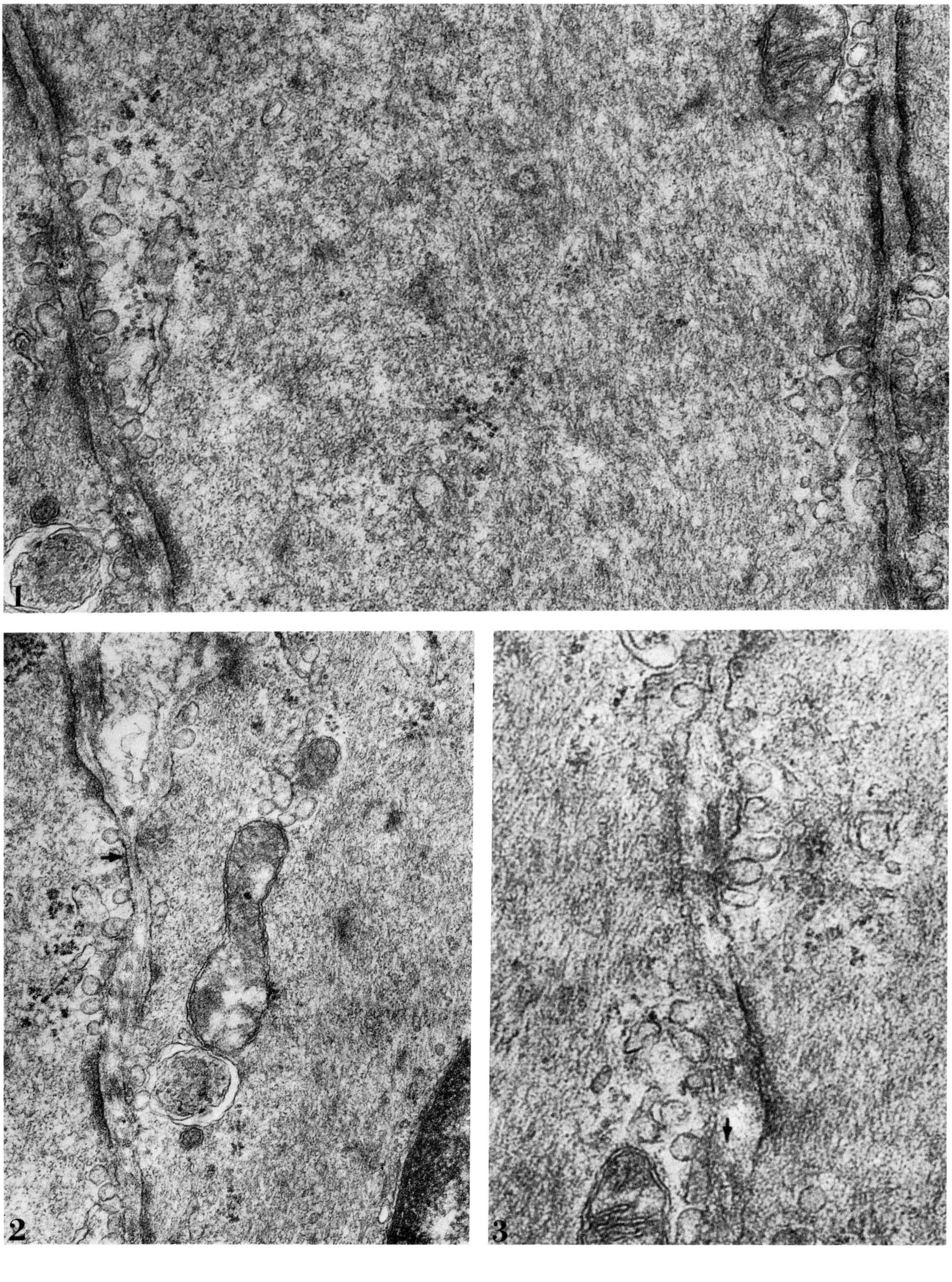
1
2
3

Plate IV

Arteriole

1. Kidney. In a contracted arteriole the endothelium becomes heaped up and the nuclei appear to protrude into the lumen. An almost continuous elastic lamina separates the basal lamina of the endothelial cells from the circumferential lamina of the smooth muscle cells. A number of granules in addition to the dense bodies can be seen in the smooth muscle fibers. An interrupted layer of elastic fibers is seen at the outer limit of the muscularis. This could be considered a discontinuous external elastic lamina. 11,000×

2. Pancreas. In the contracted, very small arteriole the endothelium becomes quite folded. Whether this change in height is due purely to the contraction of the surrounding smooth muscle cells (sm) or partially to contractile forces within the endothelial cell itself is difficult to determine. In these small arterioles the elastic laminae are no longer present. 18,000×

Planche IV

L'artériole

1. Rein. Dans une artériole en vasoconstriction, l'endothélium se tasse et les noyaux se soulèvent dans la lumière. Une lame élastique presque continue sépare les lames externes respectives des cellules endothéliales et musculaires. Un certain nombre de granules foncés s'ajoutent aux corpuscules denses précédemment décrits dans la fibre musculaire lisse. Des fibres élastiques plus petites se disposent en une couche discontinue à la limite externe de la musculeuse, ce qui permettrait de parler ici d'une limitante élastique externe incomplète. 11,000×

2. Pancréas. Dans une toute petite artériole en vasoconstriction, l'endothélium est très replié. Que ce changement dans la hauteur cellulaire soit dû uniquement à la contraction du muscle lisse (sm) ou qu'il résulte en partie de forces contractiles relevant de la cellule endothéliale elle-même, cela reste difficile à prouver. Les limitantes élastiques sont disparues de ces petites artérioles. 18,000×

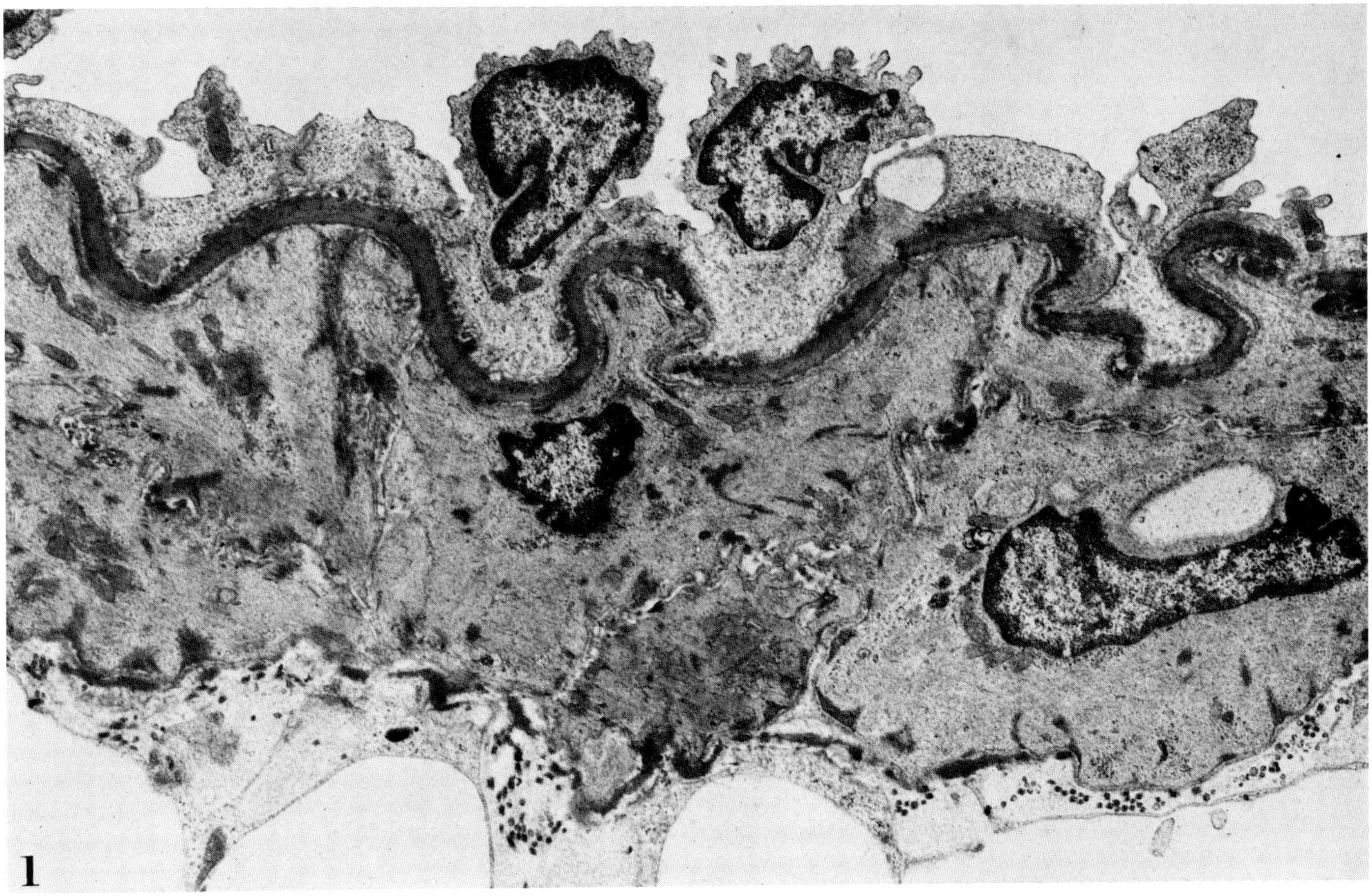

1

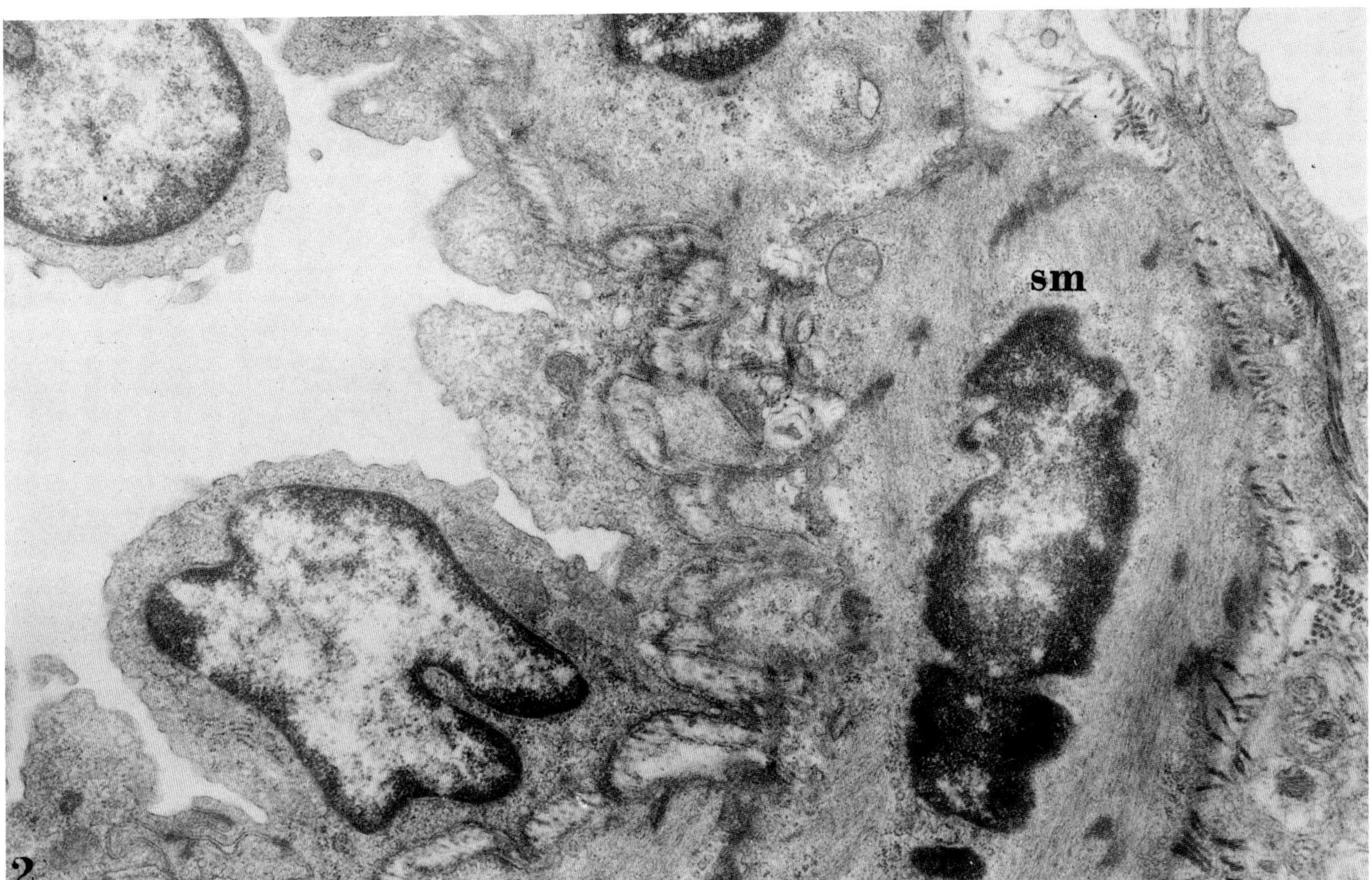

2

Plate V

The Arteriole

1. Diaphragm. The endothelial cell of the arteriole contains endoplasmic reticulum, ribosomes, and, occasionally, filamentous masses in its cytoplasm. The internal elastic layer is made up of elastic fibers which are stained to varying degrees. The tunica media is composed of a single layer of smooth muscle fibers which have a high content of filaments. The cytoplasm contains some membrane-bound dense granules, mitochondria and smaller elongated dense bodies, ribosomes, and some endoplasmic reticulum. The tunica media is limited by a well-defined external lamina. However, extensions of this layer are insinuated between the muscle fibers where a single lamina is shared by two cells. The lamina continues as a thin layer along the endothelial surface of the muscle and forms, in reality, a circumferential lamina about each fiber. 46,000×

2. Prostate. In an endothelial cell of a very small arteriole, filaments are found throughout the cytoplasm and in masses beneath the luminal surface. The filaments within the endothelial cell are not morphologically distinguishable from those of the adjacent smooth muscle fiber. The diameter of the filaments ranges from 40 to 50 Å. It is quite possible that the filaments in the endothelial cell represent contractile elements similar to those of the smooth muscle. Other cytoplasmic inclusions are microtubules, granular endoplasmic reticulum, and ribosomes. Irregular spaces in the cytoplasm are probably artifacts. A common basal lamina is shared by the muscle and the endothelium. 46,000×

Planche V

L'artériole

1. Diaphragme. Le cytoplasme de la cellule endothéliale de l'artériole comporte du réticulum endoplasmique, des ribosomes et parfois des masses filamenteuses. La limitante élastique interne ne forme plus qu'une couche discontinue de fibres élastiques diversement colorées. La média est réduite à une seule couche de cellules musculaires très riches en filaments. Le cytoplasme de ces cellules contient quelques granules entourés d'une membrane auxquels s'ajoutent des mitochondries, quelques corpuscules denses allongés, des ribosomes et du réticulum endoplasmique. La média est limitée par une lame externe bien définie qui s'insinue entre les fibres musculaires pour former une lame unique partagée par des cellules voisines. Cette dernière se continue ensuite comme une mince couche le long de la surface endothéliale de la cellule musculaire. C'est donc dire que cette lame externe forme une enveloppe complète autour de chaque cellule. 46,000×

2. Prostate. Dans une cellule endothéliale d'une très petite artériole, des filaments isolés s'allongent un peu partout dans le cytoplasme ou se disposent en amas près de la lumière. Morphologiquement, les filaments de cette cellule endothéliale ne se distinguent pas de ceux des cellules musculaires lisses. Leur diamètre est de 40 à 50 Å. Il est bien possible que ces filaments soient des éléments contractiles semblables à ceux du muscle lisse. Le cytoplasme de la cellule endothéliale contient également des microtubules, du réticulum endoplasmique granulaire et des ribosomes. Les espaces irréguliers dans le cytoplasme sont probablement des artéfacts. Les cellules musculaires et l'endothélium partagent ici une lame basale commune. 46,000×

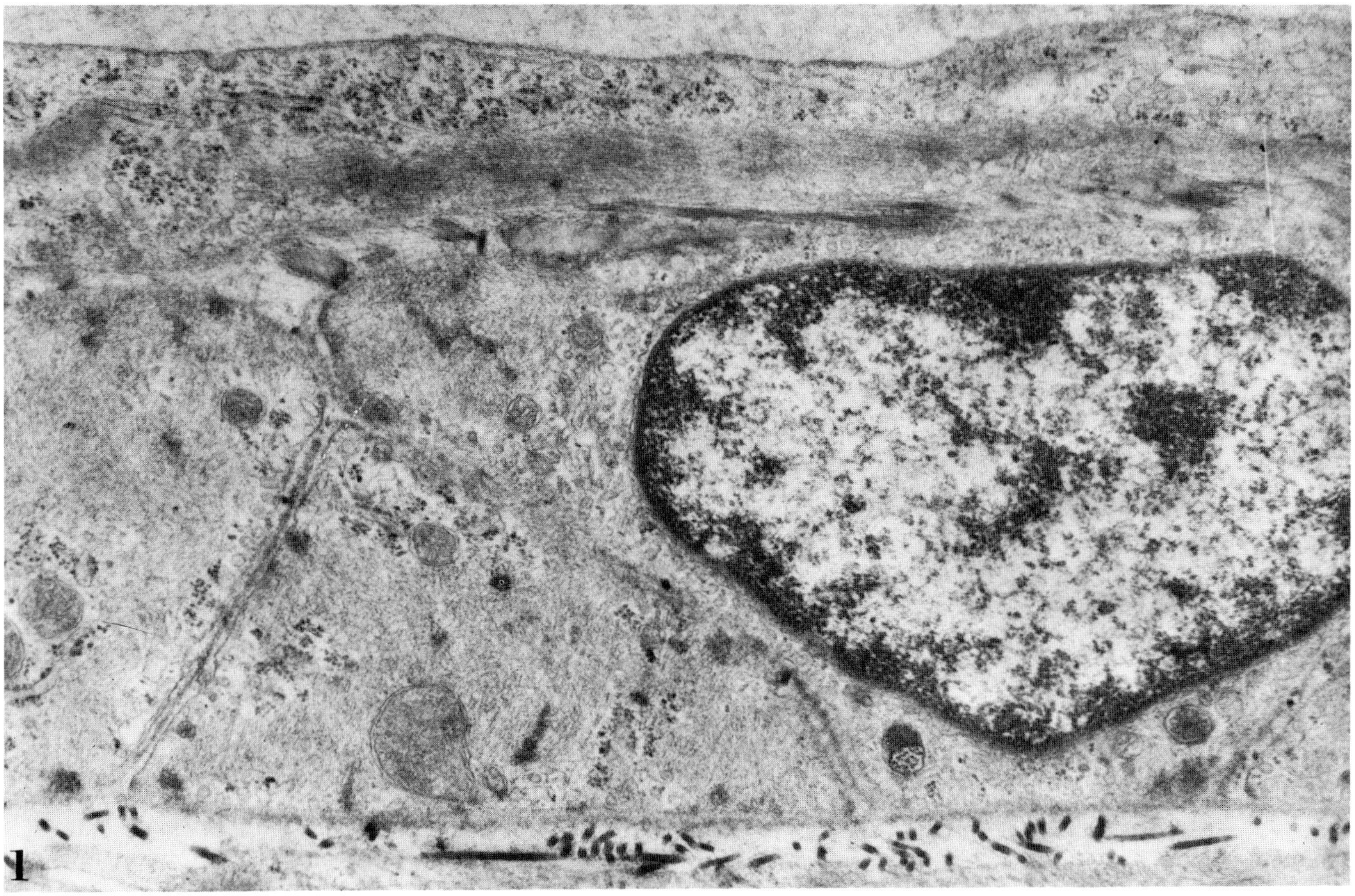

1

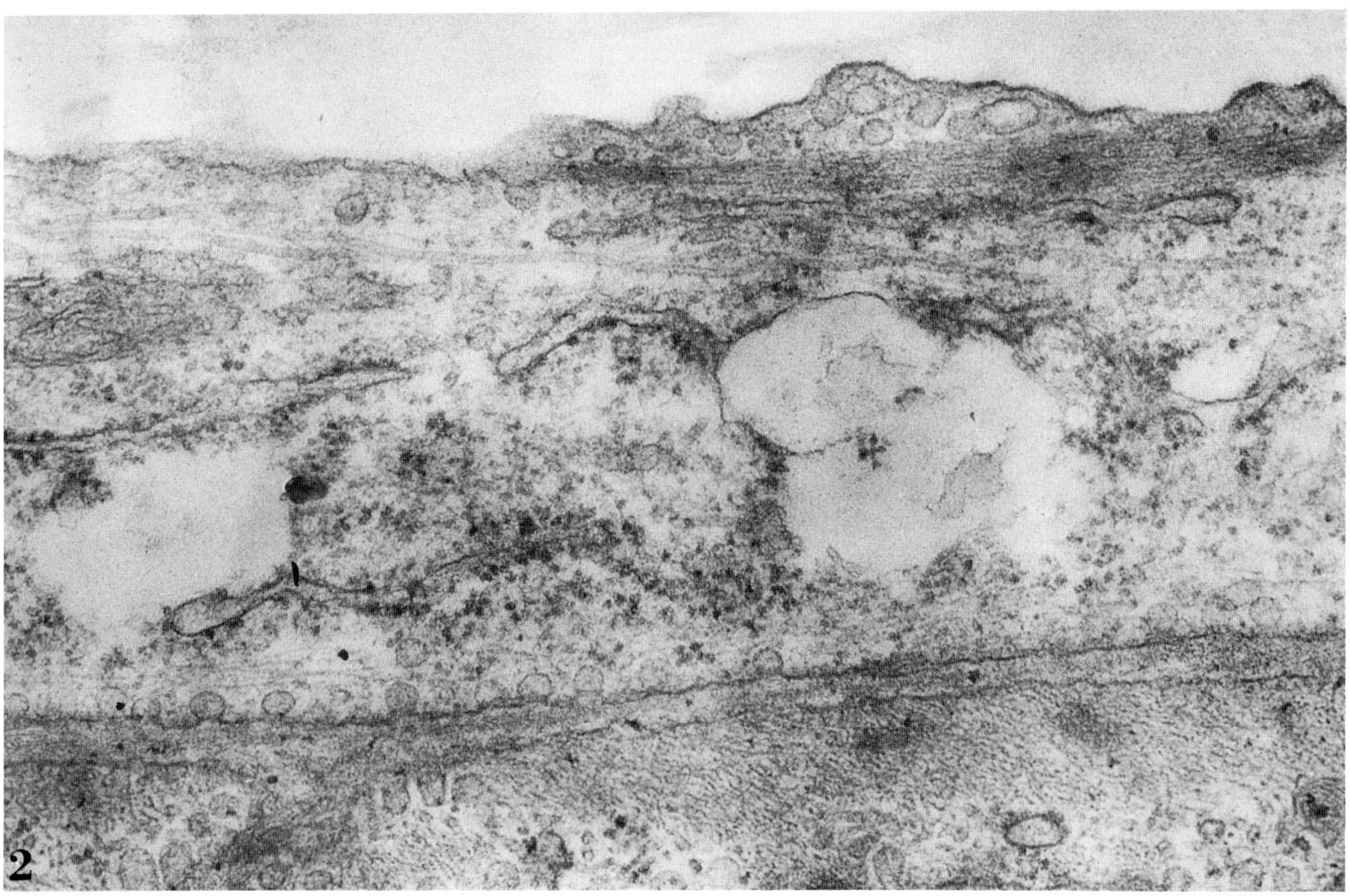

2

Plate VI

The Arteriole

1. Filaments are arranged at random in this arteriolar endothelial cell. Some of the filaments appear to be in contact with the surface membranes of the cell as well as with the surfaces of the vesicles. A cytoplasmic microtubule appears to be in close association with a vesicle. 114,000×

2. In a very small, dilated arteriole in the wall of the ductus deferens a few thin cytoplasmic processes of smooth muscle (arrows) can be seen. Nerve fibers (N) and collagen fibrils are found between this thin layer of muscle and the underlying smooth muscle of the wall of the ductus deferens. Opercula and a microvillus project into the lumen. 12,800×

3. A nerve fiber ends in a bulbous dilatation on a smooth muscle fiber of a larger arteriole of the kidney. Schwann cell cytoplasm (S) provides a partial sheath for the fiber and the terminal. The smooth muscle fiber in this instance contains a number of membrane-bound dense granules which are quite distinct from the dense bodies. The circumferential lamina of the muscle fiber is developed to a much greater extent than the basal lamina which accompanies the fenestrated endothelium (e) of a nearby capillary. 14,500×

Planche VI

Les artérioles

1. Dans cette cellule endothéliale d'une artériole, les filaments forment un réseau très irrégulier. Certains semblent en contact avec la membrane plasmatique en même temps qu'ils rejoignent la surface des vésicules. Un microtubule cytoplasmique paraît s'associer étroitement avec une vésicule. 114,000×

2. Dans la paroi du canal déférent, la média d'une très petite artériole dilatée contient les fins prolongements cytoplasmiques de cellules musculaires lisses (flèches). Quelques fibres nerveuses (N) et des fibrilles collagènes apparaissent entre cette mince couche musculaire et le muscle lisse sous-jacent. Des operculums et une microvillosité se projettent dans la lumière. 12,800×

3. Dans la paroi d'une artériole du rein, une fibre nerveuse se termine en une dilatation bulbeuse sur une fibre musculaire lisse. Le cytoplasme d'une cellule de Schwann (S) enveloppe partiellement la fibre et la terminaison dilatée. La fibre musculaire lisse contient un certain nombre de granules foncés entourés d'une membrane et qui sont bien différents des corpuscules denses. La membrane circonférentielle de la fibre musculaire est beaucoup plus prononcée que la lame basale de l'endothélium fenestré (e) d'un capillaire voisin. 14,500×

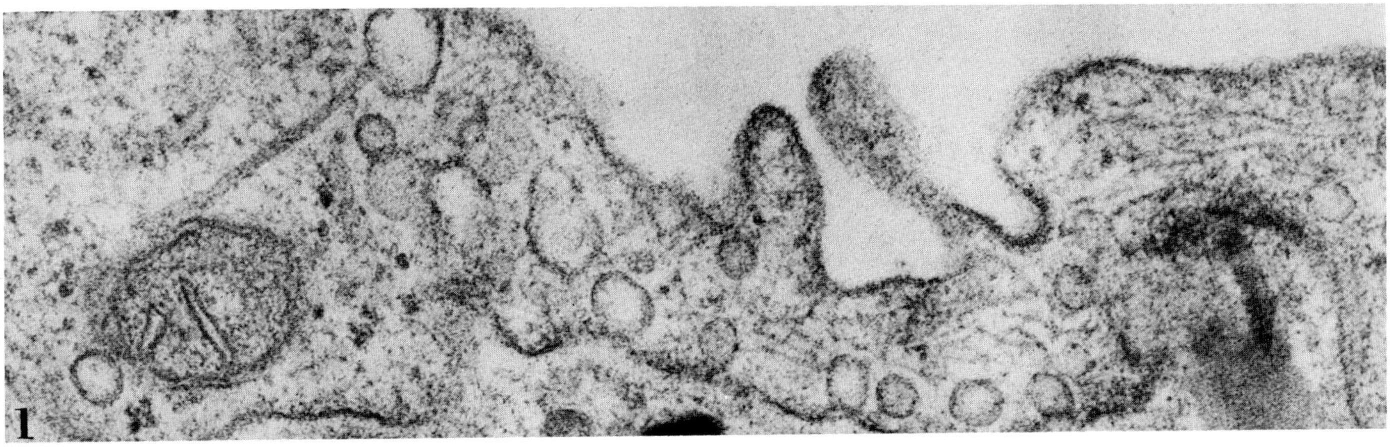
1

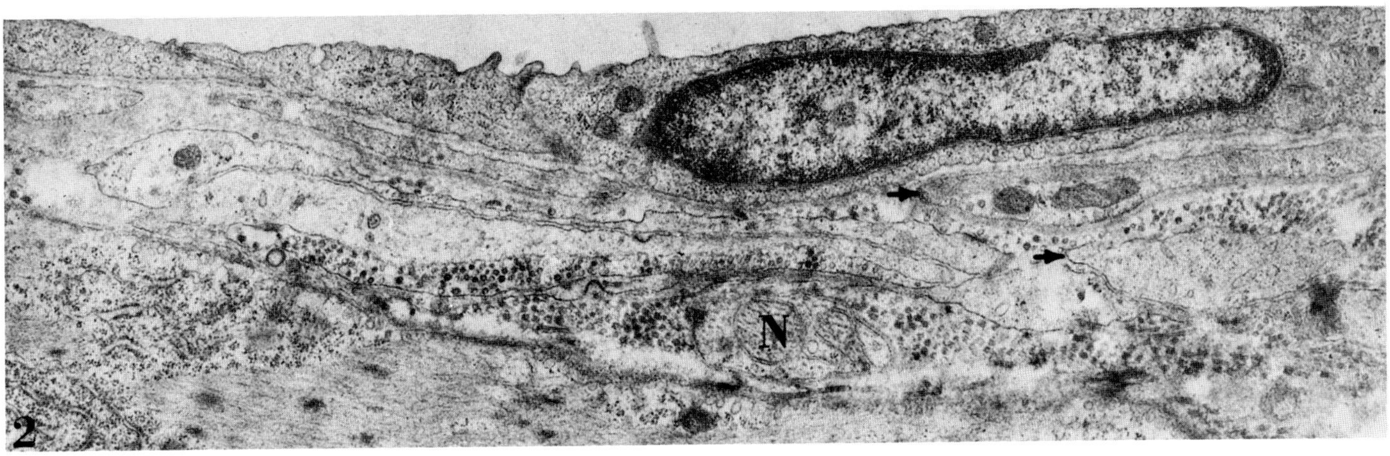
N
2

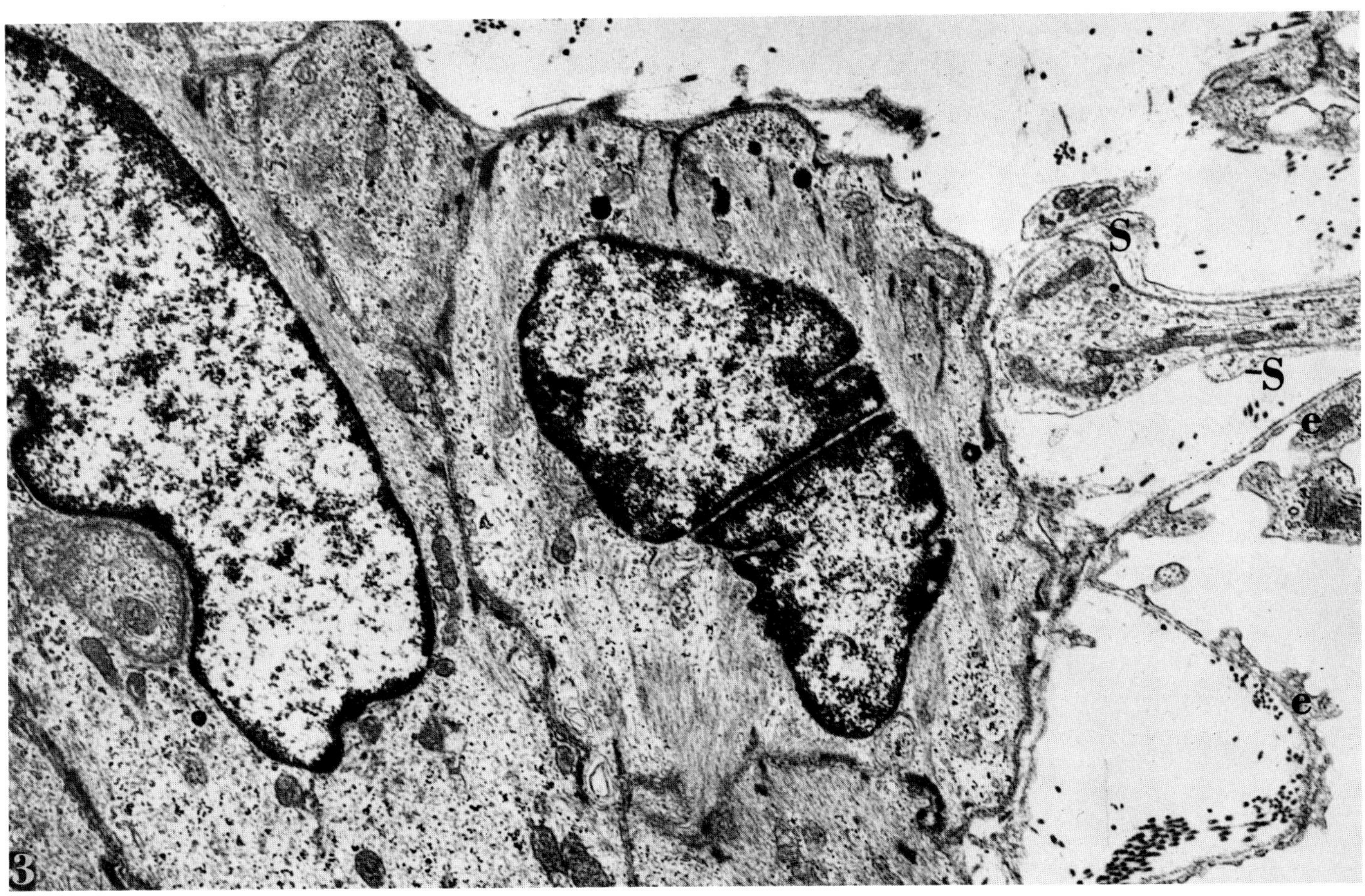
S
S
e
e
3

Plate VII

Lymphatics and Postcapillary Venules of the Ileum

1. L. Many lymphocyte-filled lymphatics (l), capillaries (c), and postcapillary venules (v) are found between the crypts and the border of the Peyer's patch (P) of lymphoid tissue located in the wall of the ileum. The endothelium of the postcapillary venules in lymphoid tissues of normal animals often appears hypertrophied. In these locations diapedesis of small lymphocytes across the endothelium is more evident than elsewhere. When the venule is located between the base of the crypt and the Peyer's patch of the ileum, the hypertrophy takes place in the portion of the wall which faces the lymphoid tissue. A normal, flattened endothelium remains on the mucosal aspect. This thickening of the postcapillary venule endothelium, in association with this small lymphocyte migration, is accentuated after the administration of antigens to animals. It is not known whether this response is a direct result of antigen stimulation or an indirect response elicited by the small lymphocytes. 130×

2. L. At a higher magnification the thickening of the tunica intima of the postcapillary venule (v) can be seen to be partly due to hypertrophy of the endothelial cells and partly to an invasion of lymphocytes between the basal lamina and the endothelial cells. The lymphatic vessels (l) have a flattened endothelium. The tunica media of both the postcapillary venule and the lymphatic are made up of a very thin layer of smooth muscle. 640×

3. The lymph vessel (l), with many lymphocytes in its lumen, has a thin endothelial layer. Smooth muscle cells are widely separated in the media of the lymph vessel, as indicated by the single fiber. The endothelium of the postcapillary venule (v) increases abruptly in thickness in the wall facing the lymphoid tissue. The endothelial cells of the venule contain irregular dense granules. Lymphocytes have invaded the intima and are located between the endothelium and its basal lamina. A single interrupted layer of smooth muscle surrounds the venule. 7000×

Planche VII

Vaisseaux lymphatiques et veinules post-capillaires de la paroi de l'iléon

1. L. Entre des cryptes de l'iléon et une plaque de Peyer (P), on trouve un grand nombre de vaisseaux lymphatiques (l), des capillaires (c) et des veinules post-capillaires (v). L'endothélium des veinules post-capillaires du tissu lymphoïde normal est hypertrophié et on y observe facilement la diapédèse de petits lymphocytes. L'hypertrophie se fait dans cette partie de la paroi de la veinule qui regarde le tissu lymphoïde alors que l'endothélium demeure normal du côté de la muqueuse. Cet épaississement de l'endothélium des veinules post-capillaires est relié à la migration des petits lymphocytes et s'accentue après l'administration d'un antigène. On ignore si cette réponse est une conséquence directe de la stimulation antigénique ou si elle est provoquée par l'intermédiaire des petits lymphocytes. 130×

2. L. Un plus fort grossissement permet de remarquer que l'épaississement de l'intima des veinules post-capillaires (v) est dû à la fois à l'hypertrophie des cellules endothéliales et à l'invasion lymphocytaire entre la lame basale et les cellules endothéliales. Les vaisseaux lymphatiques (l) se reconnaissent à leur endothélium aplati. Par ailleurs, la média des veinules post-capillaires et des vaisseaux lymphatiques est constituée d'une couche très mince de muscle lisse. 640×

3. Des lymphocytes apparaissent dans la lumière du vaisseau lymphatique (l) dont la paroi est constituée d'un endothélium mince. Les fibres musculaires lisses sont éparses dans la média si l'on en juge par l'unique cellule musculaire. L'endothélium des veinules post-capillaires (v) s'épaissit en regard du tissu lymphoïde. Les cellules endothéliales de la veinule contiennent des granules denses de forme irrégulière. Les lymphocytes ont envahi l'intima et se faufilent entre l'endothélium et la lame basale. La veinule s'entoure d'une unique couche discontinue de fibres musculaires lisses. 7000×

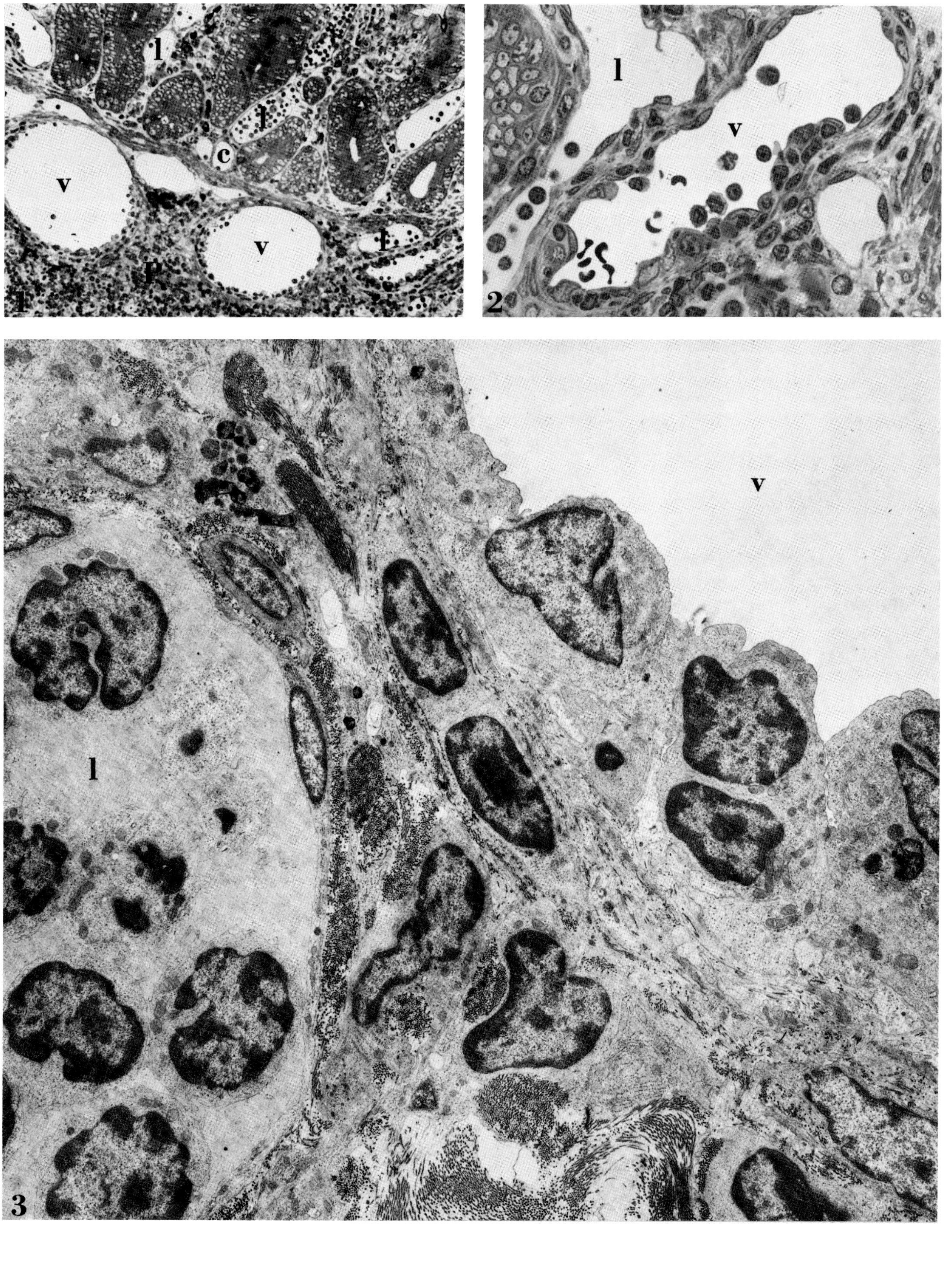
1
l
l
c
v
v
l
P
2
l
v
3
v
l

Plate VIII

The Postcapillary Venule of Peyer's Patch, Ileum

1. The endothelium (e) of the postcapillary venule is often stretched in a thin layer over lymphocytes (l) with dense nuclei and scanty cytoplasm. Dense granules are a common feature of the endothelium. The smooth muscle is stretched out into a very thin layer. Phagocyte cytoplasm with numerous dense granules is seen in the interstitial tissue. 5000×

2. In some of the hypertrophied cells lysosomal granules of varying density are quite common and in others the cytoplasm appears vacuolated. The nuclei are quite irregular, much larger, and less dense than the nucleus of the lymphocyte which has invaded the intima. 4000×

3. In many instances the endothelial cells are elevated from the basal lamina by an invasion of groups of small lymphocytes. Phagocytes are seen in the adjacent tissue. 5000×

4. Golgi complexes, with some density in their flattened sacs, are well developed in the hypertrophied endothelium. Granules of varying density, scattered ribosomes, many vesicles, some granular endoplasmic reticulum, and cytoplasmic microtubules, in transverse sections, are seen in the cytoplasm. 40,000×

Planche VIII

Les veinules post-capillaires de la plaque de Peyer de l'iléon

1. L'endothélium (e) de la veinule post-capillaire s'étire souvent en une mince couche qui recouvre des lymphocytes (l) à noyau sombre et à cytoplasme réduit. Des granules denses sont courants dans l'endothélium. Le muscle lisse, étiré, est aplati en une lame très mince. Le cytoplasme de phagocytes chargé de granules denses s'insinue dans le tissu interstitiel. 5000×

2. Dans quelques-unes des cellules hypertrophiées, de nombreux granules de densité variable rappellent les lysosomes alors que dans d'autres cellules, le cytoplasme semble vacuolaire. Le noyau de ces cellules hypertrophiées est irrégulier, plus gros et moins foncé que celui du lymphocyte qui a envahi l'intima. 4000×

3. Dans plusieurs cas, l'invasion de petits lymphocytes refoule les cellules endothéliales vers la lumière. Remarquer quelques phagocytes dans le tissu adjacent. 5000×

4. Des complexes de Golgi contenant dans leurs saccules aplatis un matériel sombre sont bien développés dans l'endothélium hypertrophié. Le cytoplasme contient des granules de densités variées, des ribosomes dispersés, plusieurs vésicules, un peu de réticulum endoplasmique granulaire et des microtubules en coupe transversale. 40,000×

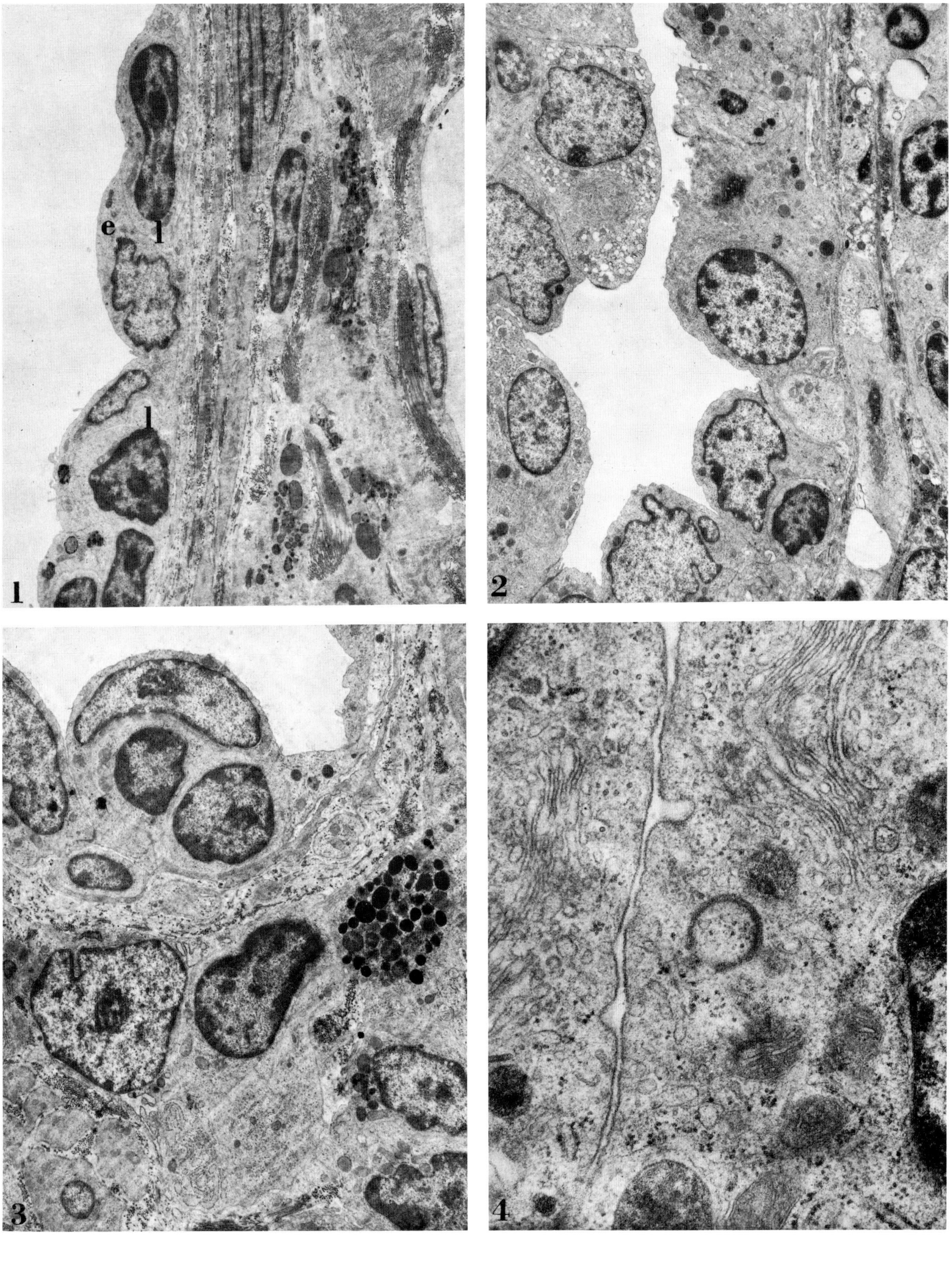

e
l
l
1
2
3
4

Plate IX

The Lymphatics

1. L. The villi of the intestine are richly endowed with lymphatics. The lymph vessel occupies much of the core of the villus. The lymphatic is lined by flattened endothelial cells and contains lymph which has a high content of leukocytes. The fluid in intestinal lymphatics has been termed "chyle." Medium-to-small lymphocytes occupy most of the lumen of the vessel, but larger, immature cells of the lymphopoietic series are seen. These probably do not reach the bloodstream. 400×

2. L. Between the muscularis mucosae and the Peyer's patch a lymphatic channel (l) is located in the vicinity of a capillary (c) and a postcapillary venule (v) with thickened endothelium. 400×

3. The larger of two lymphatic vessels has an endothelial layer with a moderately uniform thickness of cytoplasm, a considerable layer of loose connective tissue, and a more or less complete single layer of smooth muscle (sm). A pericyte (p) partially envelops the lymph capillary. Mast cells with large dense granules are located between the larger lymphatic and the lymphoid tissue. 5500×

4. The endothelium of the lymphatic is moderately thick with many surface invaginations. A bundle of unmyelinated nerve fibers is located between the endothelial layer of the lymphatic and the intestinal muscularis mucosa (mm). A typical autonomic nerve ending (ne) with both small clear vesicles and larger ones with dense content is included in the bundle of nerve fibers. 20,000×

5. The endothelial cells of the lymphatics have many invaginations of their surface membranes. The cytoplasm contains ribosomes and many filaments (arrow), particularly near the cell junctions where, in this instance, they are sectioned transversely. 50,000×

6. Filaments (arrow) and cytoplasmic microtubules are common findings in many parts of the lymphatic endothelial cells. 60,000×

Planche IX

Les lymphatiques

1. L. Les villosités de l'intestin sont riches en lymphatiques. Ces vaisseaux occupent la plus grande partie de l'axe de la villosité. Une couche de cellules endothéliales aplaties tapisse le vaisseau lymphatique ou chylifère où circule une lymphe chargée de nombreux leucocytes. On y retrouve surtout des petits et moyens lymphocytes et parfois même de jeunes cellules de cette lignée. Ces dernières ne joignent probablement pas le courant sanguin. 400×

2. L. Entre la muscularis mucosae et une plaque du Peyer, on remarque un canal lymphatique (l) au voisinage d'un capillaire (c) et d'une veinule post-capillaire (v) dont l'endothélium est épaissi. 400×

3. Il y a ici deux vaisseaux lymphatiques. La paroi du plus gros comprend un endothélium d'épaisseur assez uniforme et une couche importante de tissu conjonctif lâche doublée d'une assise plus ou moins complète de muscles lisses (sm). Un péricyte (p) enveloppe partiellement l'autre. Des mastocytes à granules foncés s'interposent entre le gros vaisseau lymphatique et le tissu lymphoïde. 5500×

4. L'endothélium du vaisseau lymphatique est de moyenne épaisseur et montre de nombreuses invaginations de surface. Un faisceau de fibres nerveuses amyéliniques est intercalé entre l'endothélium du vaisseau et la muscularis mucosae (mm). Ce faisceau englobe une terminaison autonome typique (ne) contenant à la fois des vésicules claires et d'autres plus grandes à contenu sombre. 20,000×

5. Les cellules endothéliales des vaisseaux lymphatiques se creusent de nombreuses invaginations de surface. Leur cytoplasme contient des ribosomes et plusieurs filaments (flèche), en particulier à la jonction cellulaire où ces derniers se présentent en coupe transversale. 50,000×

6. Il est fréquent d'observer des filaments (flèche) et des microtubules cytoplasmiques en plusieurs endroits des cellules endothéliales des vaisseaux lymphatiques. 60,000×

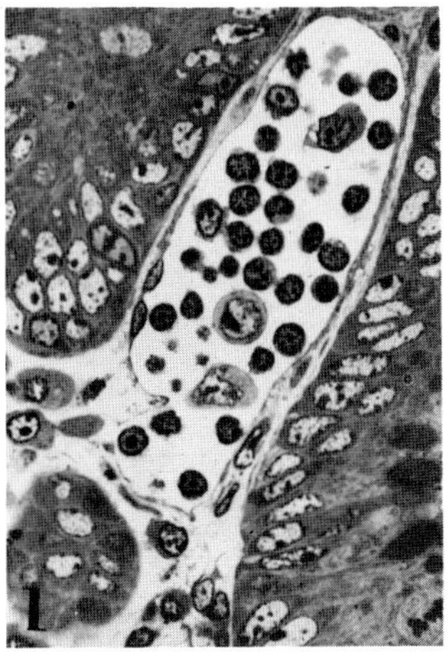
1

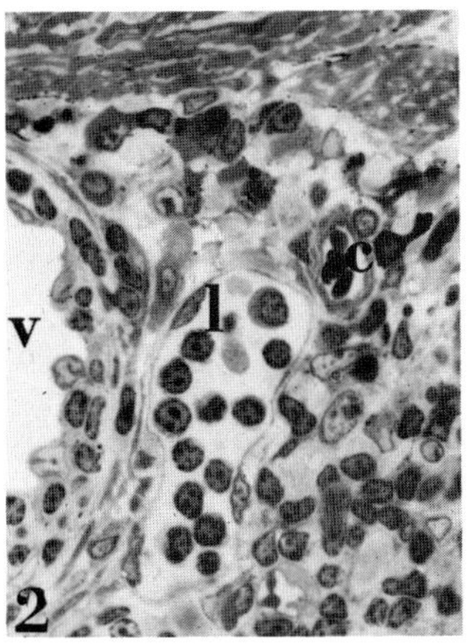
v
l
c
2

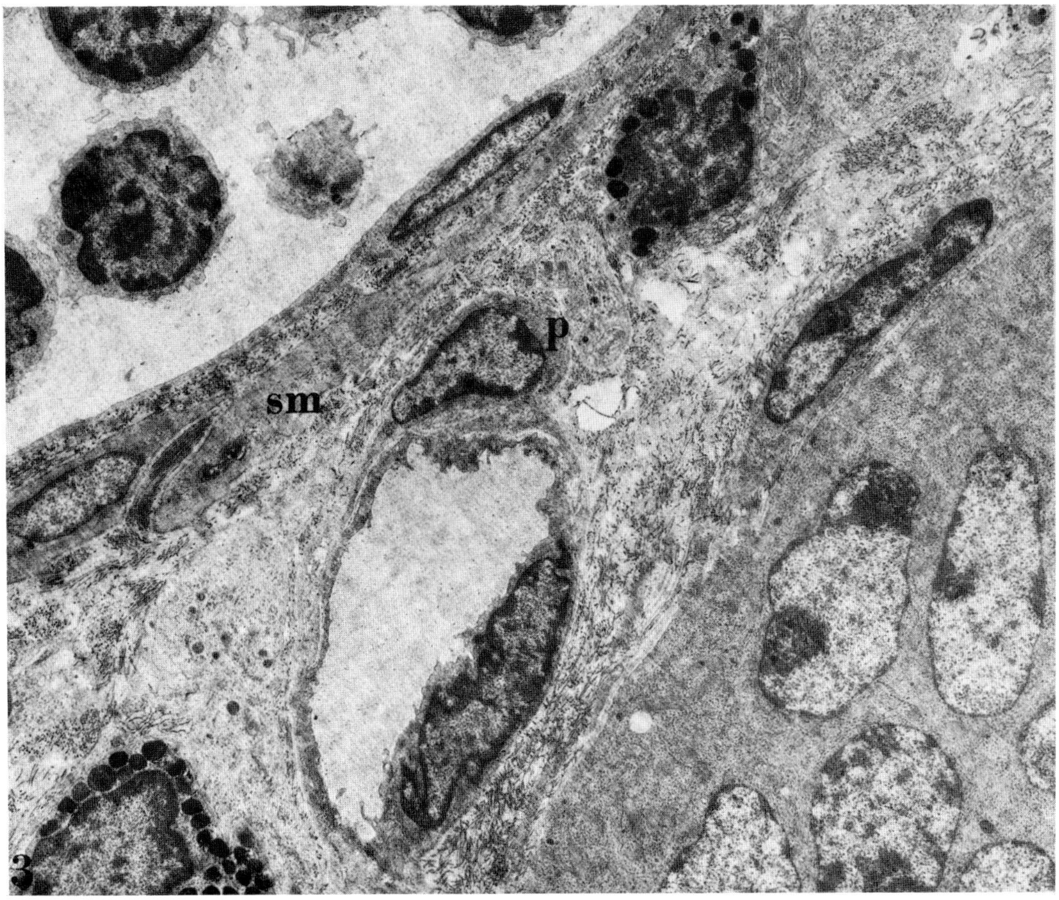
p
sm
3

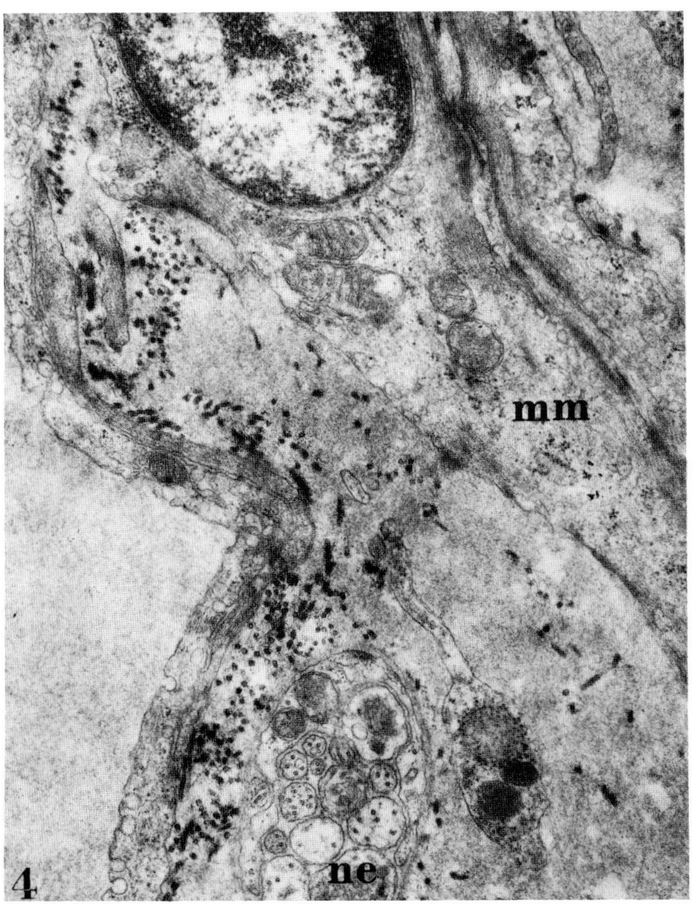
mm
ne
4

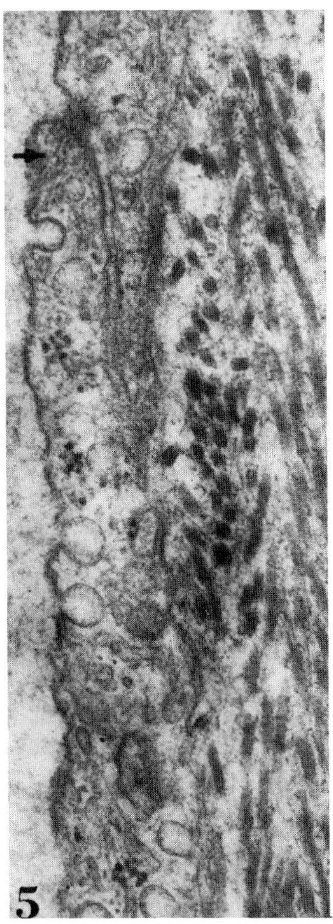
5

6

REFERENCES

Bartman, J. (1968). Ultrastructure of elastic tissue of the newborn rat aortic media. *J. Microscopie* **7**, 355–365.

Bennett, H. S., Luft, J. H., and Hampton, J. C. (1959). Morphological classifications of vertebrate blood capillaries. *Am. J. Physiol.* **196**, 381–390.

Bruns, R. R., and Palade, G. E. (1968). Studies on blood capillaries. 1. General organization of blood capillaries in muscle. *J. Cell Biol.* **37**, 244–276.

Buck, R. C. (1958). The fine structure of endothelium of large arteries. *J. Biophys. Biochem. Cytol.* **4**, 187–190.

Buck, R. C. (1961). Intimal thickening after ligature of arteries. An electron microscopic study. *Circulation Res.* **9**, 418–426.

Fawcett, D. W. (1963). Comparative observations on the fine structure of blood capillaries. *In* "Peripheral Blood Vessels" (J. L. Orbison and D. E. Smith, eds.), *Intern. Acad. Pathol. Monograph* No. 4, pp. 17–44. Williams & Wilkins, Baltimore, Maryland.

Florey, L. (1966). The endothelial cell. *Brit. Med. J.* **II,** 487–490.

Friederich, H. H. (1968). The tridimensional ultrastructure of fenestrated capillaries. *J. Ultrastruct. Res.* **23**, 444–456.

Fuchs, A., and Weibel, E. R. (1966). Morphometrische untersuchung der verteilung einer spezifischen cytoplasmatischen organelle in endothelzellen der rate. *Z. Zellforsch. Mikrskop. Anat.* **73**, 1–9.

Hoff, H. F. (1966). An electron microscopy study of phosphatase activity in the endothelial cells of rabbit aorta. *J. Histochem. Cytochem.* **14**, 719–724.

Karnovsky, M. J. (1967). The ultrastructural basis of capillary permeability studies with peroxidase as a tracer. *J. Cell Biol.* **35**, 213–236.

Landis, E. M., and Pappenheimer, J. R. (1963). Exchange of substances through the capillary walls. *In* "Handbook of Physiology" (Am. Physiol. Soc., J. Field, ed.), Sect. 2, Vol. II, p. 961–1034. Williams & Wilkins, Baltimore, Maryland.

Luft, J. H. (1966). Fine structure of capillary and endocapillary layer as revealed by ruthenium red. *Federation Proc.* **25**, 1773–1783.

Majno, G. (1965). Ultrastructure of the vascular membrane. *In* "Handbook of Physiology" (Am. Physiol. Soc., J. Field, ed.), Sect. 2, Vol. III, p. 2293–2375. Williams & Wilkins, Baltimore, Maryland.

Marchesi, V. T., and Barrnett, R. J. (1963). The demonstration of enzymatic activity in pinocytic vesicles of blood capillaries with the electron microscope. *J. Cell Biol.* **17**, 547–556.

Marchesi, V. T., and Barrnett, R. J. (1964). The localization of nucleoside phosphatase activity in different types of small blood vessels. *J. Ultrastruct. Res.* **10**, 103–115.

Paule, W. J. (1963). Electron microscopy of the newborn rat aorta. *J. Ultrastruct. Res.* **8**, 219–235.

Rhodin, J. A. G. (1967). The ulstrastructure of mammalian arterioles and precapillary sphincters. *J. Ultrastruct. Res.* **18**, 181–223.

Rohlich, P., and Olah, I. (1967). Cross-striated fibrils in the endothelium of the rat myometral arterioles. *J. Ultrastruct. Res.* **18**, 667–676.

Winckler, G., and Foroglou, C. (1966). Structure fine des cellules endothéliales des artérioles du cerveau chez l'homme. *Z. Anat. Entwicklungsgeschichte* **125**, 245–254.

Yamamoto, T. (1967). Circulatory organ. *In* "Fine Structure of Cells and Tissues Electron Microscopic Atlas" (E. Yamada, T. Yamamoto, and Y. Watanabe, eds.), Vol. I, pp. 81–143. Igaku Shoin, Tokyo.

THE DIGESTIVE SYSTEM

L'APPAREIL DIGESTIF

Plate I

The Tooth—Enamel Organ

Deposition of enamel, the hardest material in the body, follows the deposition of dentine in a basal lamina between the ameloblasts, of epidermal origin, and the odontoblasts, of mesodermal origin. The incisor teeth of the rat continue to grow throughout life.

1. L. In the enamel organ, which has been separated from the lower incisor tooth, one finds: (a) tall columnar cells, the ameloblasts; (b) a narrow compact layer, the stratum intermedium; and (c) a looser arrangement of stellate reticular cells. A closely packed layer of fibroblasts and collagen make up the periodental membrane of the alveolus. The ameloblasts are very tall with moderately large, elongated nuclei. A number of dense granules are located in the juxtanuclear cytoplasm and large vesicles develop in the cell pseudoapex. Thin cytoplasmic processes extend from the cell pseudoapex for a considerable distance toward the developing tooth (which is not included). This pole of the ameloblast, which has the appearance of an apex, is developmentally the base of the cell. 640×

2. During enamel matrix formation the ameloblast cytoplasm varies in appearance at different phases of development. Here the ameloblast contains a normal complement of organelles throughout the cytoplasm, and vesicles and a few dense granules in the pseudoapex. 4500×

3. Later, when the ameloblast has moved outward with the growing tooth, and mineral is being deposited, tonofilaments in the cytoplasm are quite numerous. Some of these become irregular tubelike structures with dense content. A number of pores have been sectioned tangentially at the nuclear border. 20,000×

4. A transverse section through the nuclear zone indicates the dense packing of the ameloblasts in the enamel organ. 7500×

5. In the secretory phase of enamel matrix formation the mitochondria migrate to the pole of the cell most distant from the site of the enamel matrix formation. Long tubes of agranular endoplasmic reticulum lead into the cytoplasm from the vicinity of the lateral surfaces. 7500×

6. In the secretory stage of the ameloblast the Golgi complexes appear as segmented, roughly circular structures throughout most of the length of the supranuclear cytoplasm. Dense granules appear in the Golgi region. 7500×

Planche I

La dent—Organe de l'émail

L'émail est le matériel le plus dur de l'organisme. Sa formation fait suite à celle de la dentine au niveau d'une lame basale située entre les améloblastes d'origine ectodermique et les odontoblastes d'origine mésodermique. Les incisives du rat continuent de croître tout au cours de l'existence de l'animal.

1. L. Ici, l'organe de l'émail a été isolé du reste de l'incisive inférieure. Cet organe se compose: (a) de hautes cellules prismatiques, les améloblastes; (b) d'une couche mince et compacte de cellules intermédiaires et (c) de cellules réticulaires étoilées très espacées. Une couche compacte de fibroblastes et de collagène constitue la membrane péridentaire de l'alvéole. Les améloblastes sont de très hautes cellules possédant un noyau allongé de dimension moyenne. Un certain nombre de granules denses parsèment la région juxtanucléaire et de grandes vésicules se forment dans l'apex cellulaire. De fins prolongements cytoplasmiques provenant de l'apex cellulaire s'allongent sur une grande distance vers la dent (absente ici) en voie de formation. Du point de vue organogénèse, cet "apex" correspond plutôt à la base de la cellule. 640×

2. Le cytoplasme de l'améloblaste change d'aspect au cours de la formation de la matrice de l'émail. Au stade représenté ici, le cytoplasme pseudo-apical de l'améloblaste contient des vésicules et quelques petits granules denses. L'ensemble habituel des organites se distribue par toute la cellule. 4500×

3. Plus tard, l'améloblaste se déplace vers la surface au cours de la croissance de la dent et la matrice de l'émail s'imprègne de minéraux. A ce moment-là, les tonofilaments sont passablement nombreux dans le cytoplasme. Quelques-uns se transforment en structures tubulaires irrégulières avec contenu très dense. Un certain nombre de pores nucléaires apparaissent en coupe tangentielle à la surface du noyau. 20,000×

4. Une coupe transversale de la région nucléaire des améloblastes révèle leur entassement dans l'organe de l'émail. 7500×

5. Au cours de la phase sécrétoire où s'élabore la matrice de l'émail au pseudo-apex, les mitochondries se déplacent au pôle cellulaire opposé. De longs tubules du réticulum endoplasmique lisse s'avancent dans le cytoplasme à partir des surfaces latérales avoisinantes. 7500×

6. Au cours de la phase sécrétoire de l'améloblaste, la zone de Golgi apparaît comme segmentée et formée d'éléments plus ou moins circulaires occupant la presque totalité du cytoplasme juxtanucléaire. Des granules denses apparaissent dans la région golgienne. 7500×

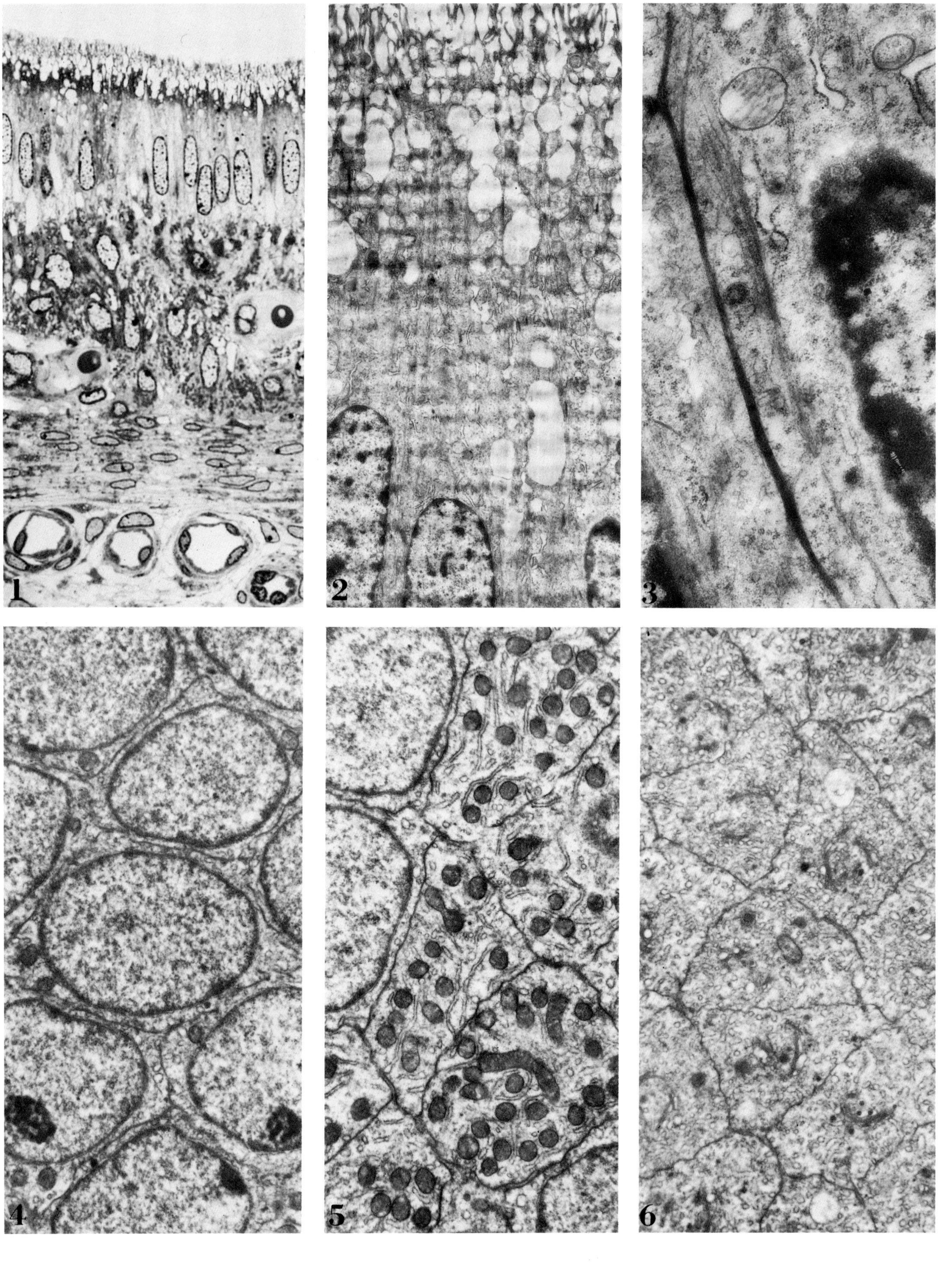
1
2
3
4
5
6

Plate II

The Tooth—Enamel Formation

1. L. The processes of the ameloblasts which project beyond the desmosome layer are termed Tomes' enamel processes (ep). The extracellular layer of enamel rods (er), or prisms, has been separated from these processes during tissue preparation. This shows a zone of rods, parallel to one another, in the part adjacent to the Tomes' processes. Rods at right angles to one another are seen at a deeper level. 640×

2. In the obliquely sectioned enamel rods a beginning of the deposition of mineral in the matrix of the rods or prisms is seen. The interprismatic substance (ip) appears considerably lighter than the enamel rods. 1800×

3. There is considerable deposition of mineral in the rods or prisms at a later stage. Rods in alternate layers are disposed at right angles to one another in a part of the field. 720×

4. In one zone, mineralization of the rods exceeds that of the interprismatic substance, while in another zone, only the interprismatic material is calcified. 2500×

5. In this field, the calcium salt (apatite) appears as elongated crystals of dense material in the matrix of the interprismatic substance and in some of the prisms. 5000×

Planche II

La dent—Formation de l'émail

1. L. Les améloblastes émettent au-delà de la couche des desmosomes, des projections appelées prolongements de Tomes (ep). Au cours de la préparation histologique, la couche extracellulaire des prismes d'émail (er) a été isolée de ces prolongements. On obtient ainsi une zone de prismes parallèles dans la partie adjacente aux prolongements de Tomes. Plus en profondeur, les couches de prismes sont perpendiculaires les unes par rapport aux autres. 640×

2. Coupe oblique montrant un début de minéralisation de la matrice des prismes. La substance interprismatique (ip) est beaucoup plus pâle que les prismes de l'émail. 1800×

3. L. A un stade subséquent, une imprégnation minérale des prismes achève la formation de l'émail. Dans une partie de cette photographie, les prismes de couches alternes sont disposés à angle droit. 720×

4. Au bas de cette figure, la minéralisation des prismes dépasse celle de la substance interprismatique alors que dans le haut de la figure, seule la substance interprismatique est calcifiée. 2500×

5. Ici, l'apatite (sel de calcium) apparaît comme des cristaux allongés de matériel dense au sein de la matrice de la substance interprismatique et dans quelques prismes. 5000×

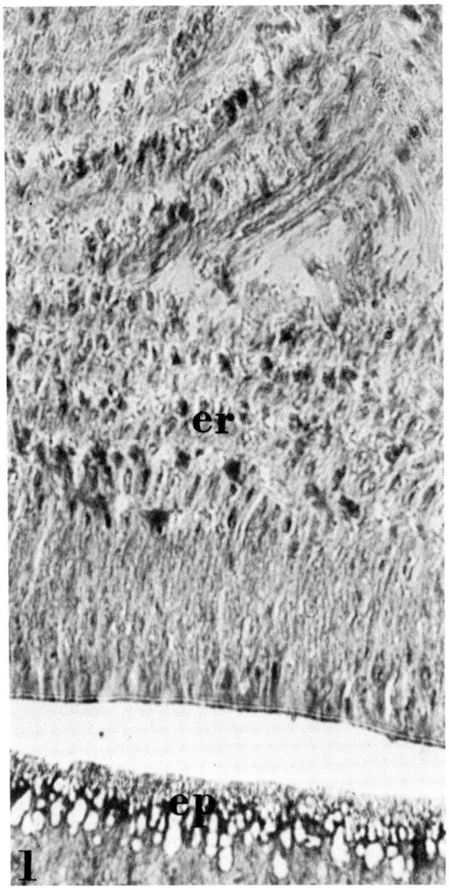
er
ep
1

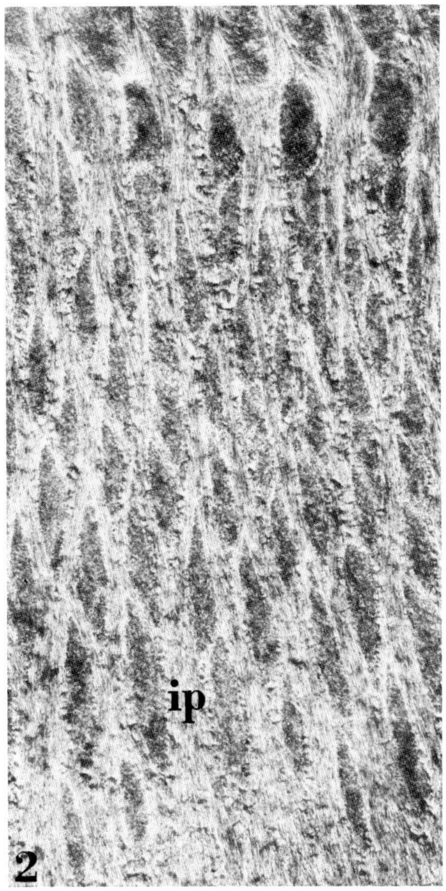
ip
2

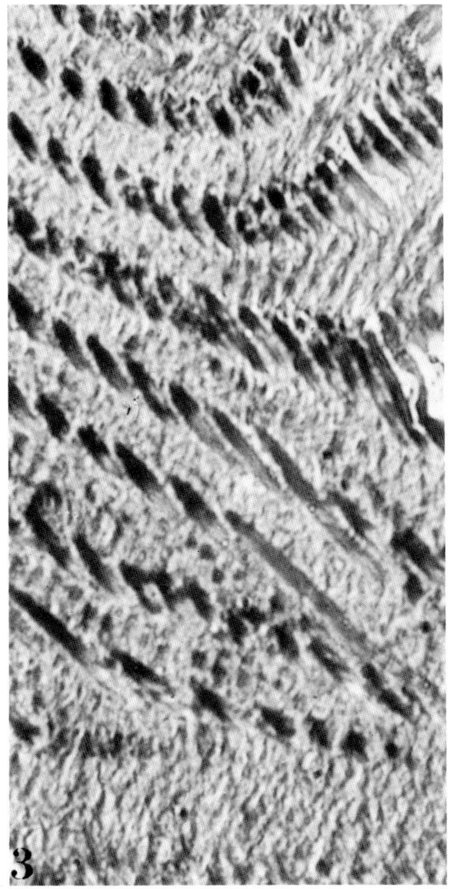
3

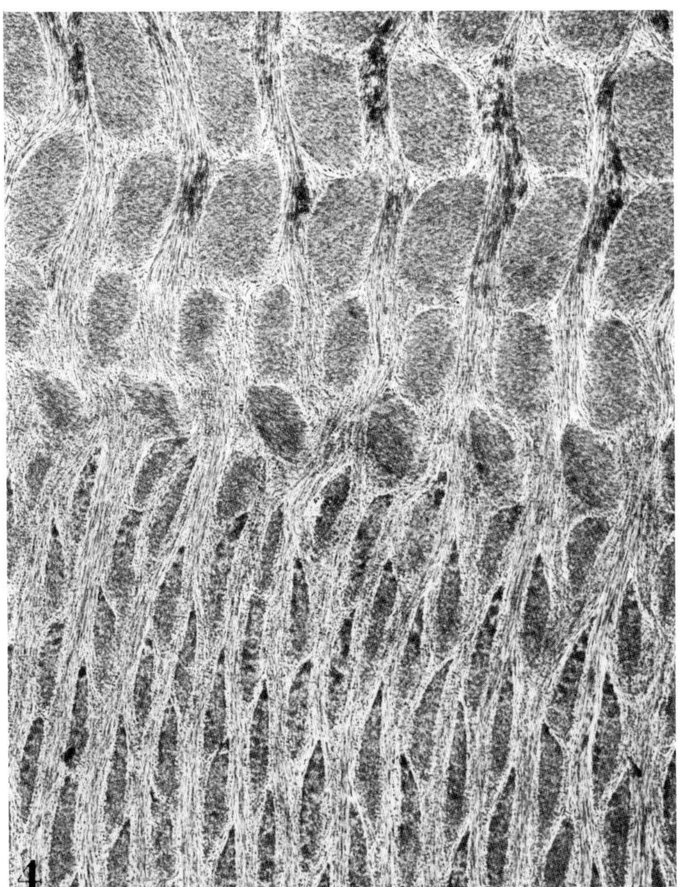
4

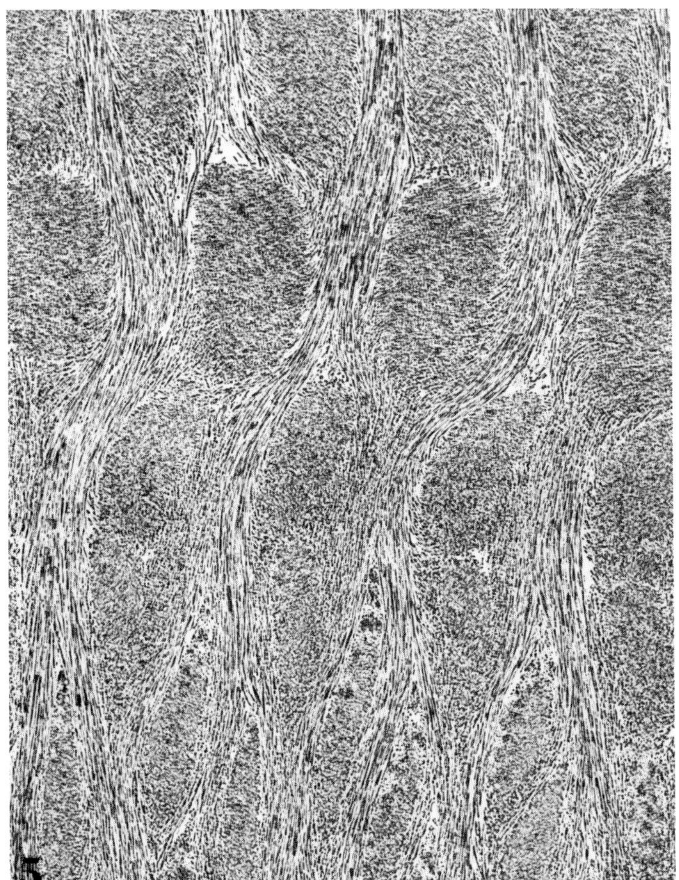
5

Plate III

The Tooth—Enamel Formation

1. At a later stage of mineralization the density of the apatite can be seen on the fibrils within the rods. The cytoplasmic extensions of the ameloblasts (Tomes' enamel processes) can be seen as distinctly membrane limited. This type of evidence has led to the realization that enamel formation is extracellular. No enamel surrounds the Tomes' processes at this stage of the mineralization. 35,000×

2. The deposit of apatite would appear to be in a cylindrical form since a clear central zone can be seen in the center of the elongated crystals in several locations (arrows). This would indicate that the calcium apatite forms a surface coat on fibrils of eukeratin matrix. 80,000×

3. There is a definite segmentation of the crystals in the interprismatic substance. 45,000×

4. As mineralization progresses, the interprismatic enamel envelops the Tomes' processes of the pseudoapices of the ameloblasts, as seen here. It is believed that as the enamel increases the prisms encroach upon the Tomes' processes and eventually the ameloblasts recede in height. 11,250×

Planche III

La dent—Formation de l'émail

1. A un stade de minéralisation plus avancé, l'aspect foncé de l'apatite est visible sur les fibrilles intraprismatiques. Une membrane très évidente entoure les prolongements de Tomes. Une telle constatation permet de conclure que la formation de l'émail est extracellulaire. On ne retrouve pas d'émail autour des prolongements de Tomes à ce stade de la minéralisation. 35,000×

2. Les cristaux d'apatite auraient une forme cylindrique car, en plusieurs endroits, une zone claire est visible au centre des cristaux allongés (flèches). L'apatite formerait ainsi une couche superficielle sur les fibrilles d'eukératine. 80,000×

3. Dans la substance interprismatique, les cristaux prennent une apparence nettement segmentée. 45,000×

4. A mesure que la minéralisation progresse, la formation d'émail interprismatique enveloppe les prolongements de Tomes et le pseudo-apex des améloblastes. On croit que, à mesure que le dépôt d'émail augmente, les prismes empiètent sur les prolongements de Tomes et les améloblastes diminuent de hauteur. 11,250×

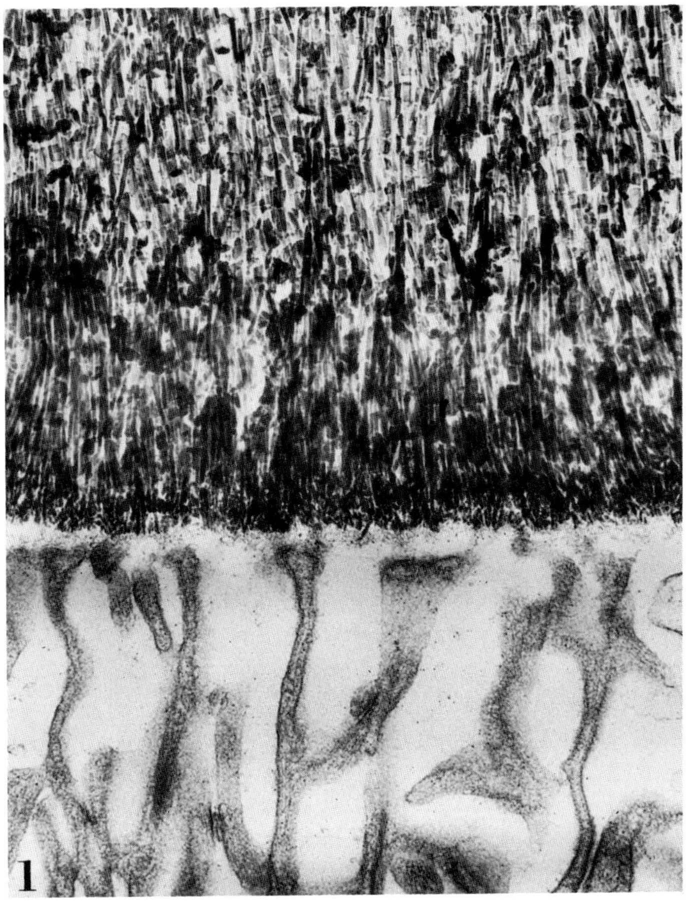

1

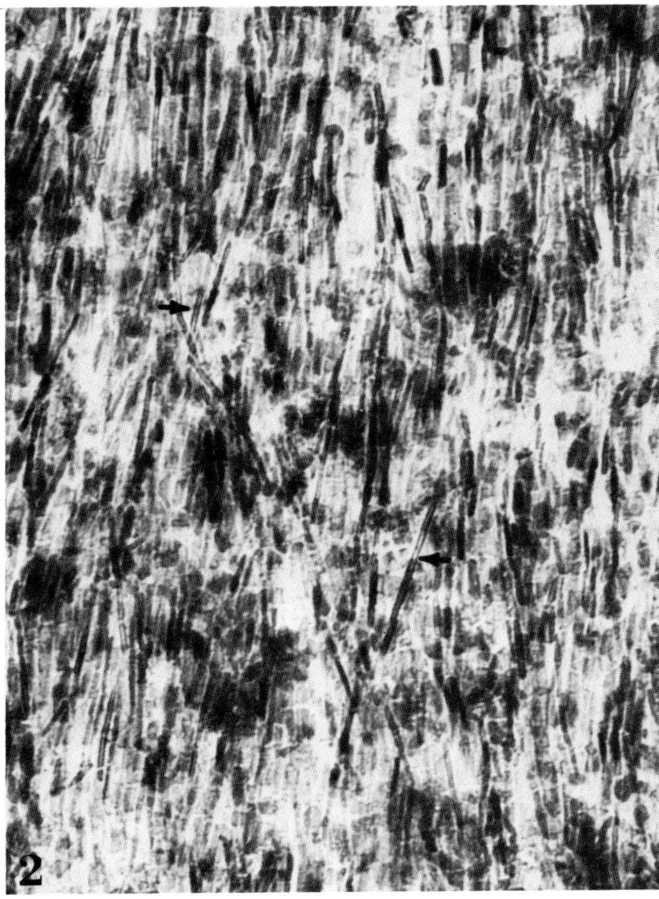

2

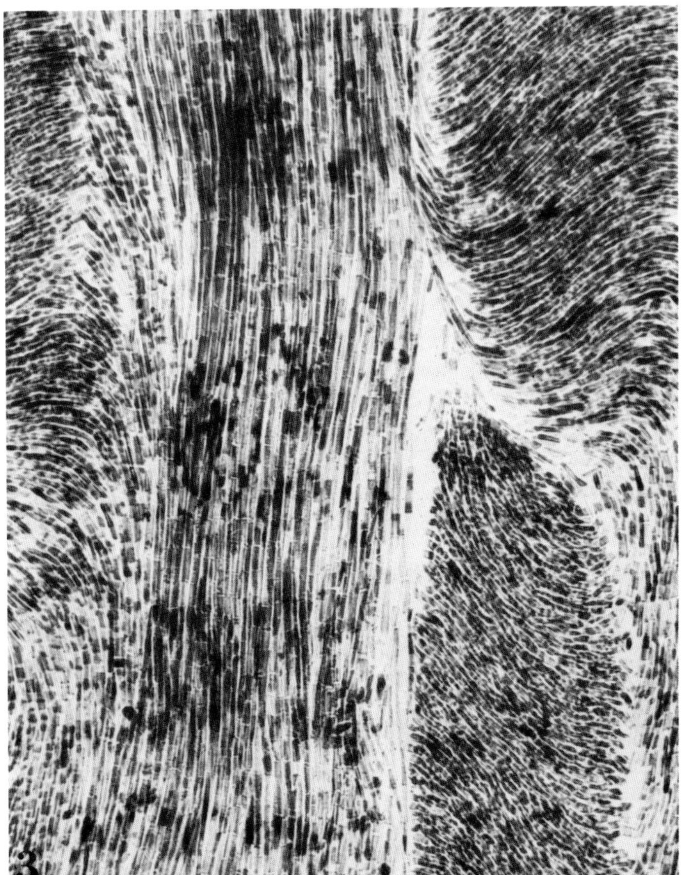

3

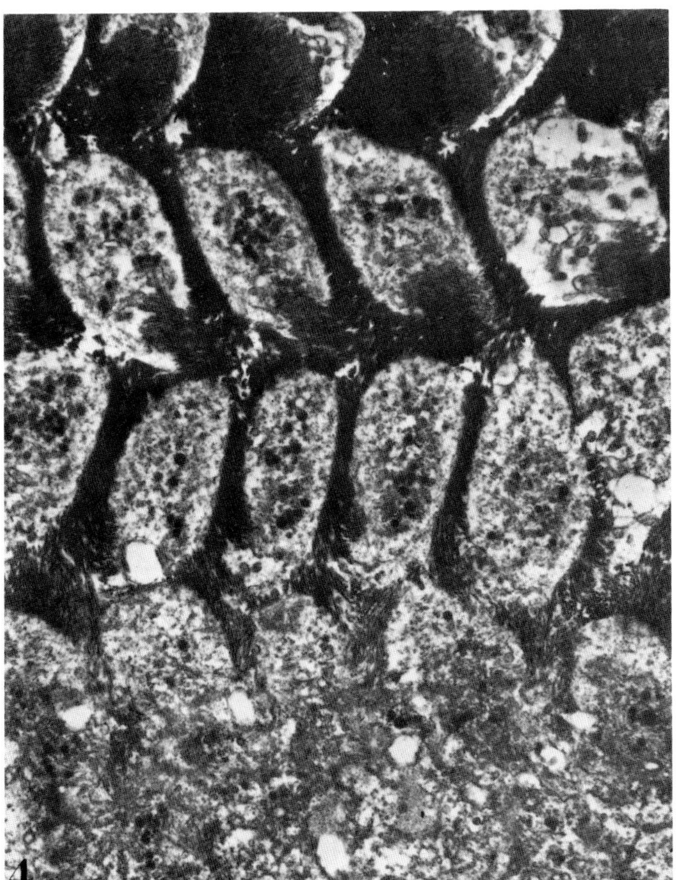

4

Plate IV

The Peritoneum

A simple squamous epithelial (mesothelial) layer of the peritoneum lines the abdominal cavity and, with its underlying connective tissue, invests the viscera. It is derived from the mesoderm.

1. The mesothelial cells of the peritoneum have a moderate-sized Golgi complex in a juxtanuclear position and a small amount of granular endoplasmic reticulum. A basal body of a cilium is located near the Golgi apparatus. Membrane invaginations into both surfaces of the cell and a thin basal lamina can be seen. 50,000 ×

2. On occasion one finds a group of elongated microvilli on a peritoneal cell. Filamentous rootlets of these microvilli blend with longitudinally oriented filaments in the cytoplasm. 47,500 ×

3. Some elastic fibers are scattered among the collagen fibrils of the peritoneum. 50,000 ×

4. Both tight junctions and typical desmosomes are found between adjacent mesothelial cells. 55,000 ×

5. In other instances only the desmosomal type of junctions appears to interconnect the adjacent cells which form this layer. In this instance the colloidal gold, injected into the peritoneal cavity, can be seen as very dense particles therein. Some of this colloidal gold has been taken up by the peritoneal cell and is located within the cisternae of the smooth-surfaced endoplasmic reticulum. 50,000 ×

6. After a longer period of time large, membrane-bound organelles become packed with the colloidal gold particles, which appear extremely dense. One of these vesicles is at the end of a Golgi zone, while the other is surrounded by endoplasmic reticulum and surface invaginations. 50,000 ×

7. In another instance a marked density adjacent to the internal surface of the surrounding membrane can be seen in the vesicle containing the colloidal gold particles. This vesicle, in a juxtanuclear location, is surrounded by cytoplasmic microtubules, other vesicles, and a mitochondrion. 70,000 ×

Planche IV

Le péritoine

Le péritoine est un dérivé du mésoderme. Il constitue une couche épithéliale simple (mésothélium) doublée d'un tissu conjonctif, qui tapisse la cavité abdominale et enveloppe les viscères.

1. Les cellules mésothéliales du péritoine contiennent un appareil de Golgi de taille moyenne en position juxtanucléaire et une faible quantité de réticulum endoplasmique granulaire. Le corpuscule basal d'un cil est visible près de l'appareil de Golgi. Les deux surfaces de la cellule présentent des invaginations de la membrane plasmatique. On note une mince lame basale. 50,000 ×

2. A l'occasion, on observe un petit groupe de microvillosités allongées sur les cellules péritonéales. Les radicules filamenteuses de ces microvillosités se mêlent à des filaments cytoplasmiques longitudinaux. 47,500 ×

3. Quelques fibres élastiques sont éparpillées parmi les fibrilles collagènes du péritoine. 50,000 ×

4. On retrouve des unions serrées et des desmosomes typiques entre les cellules mésothéliales. 55,000 ×

5. Dans certains cas, seules des jonctions du type desmosome semblent unir les cellules. L'or colloïdal injecté ici dans la cavité péritonéale s'y retrouve sous forme de particules très denses. Une partie de cet or colloïdal a été captée par les cellules péritonéales et apparaît dans les citernes du réticulum endoplasmique lisse. 50,000 ×

6. Plusieurs minutes après l'injection, les particules très denses d'or colloïdal occupent de grands organites limités par une membrane. Une des vésicules est située à la périphérie de la zone de Golgi alors qu'une autre est entourée de réticulum endoplasmique et d'invaginations de la surface cellulaire. 50,000 ×

7. Autre exemple où une vésicule contenant de l'or colloïdal présente un liséré dense le long de la surface interne de sa membrane. Cette vésicule de la zone juxtanucléaire est entourée de microtubules cytoplasmiques, d'une mitochondrie et d'autres vésicules. 70,000 ×

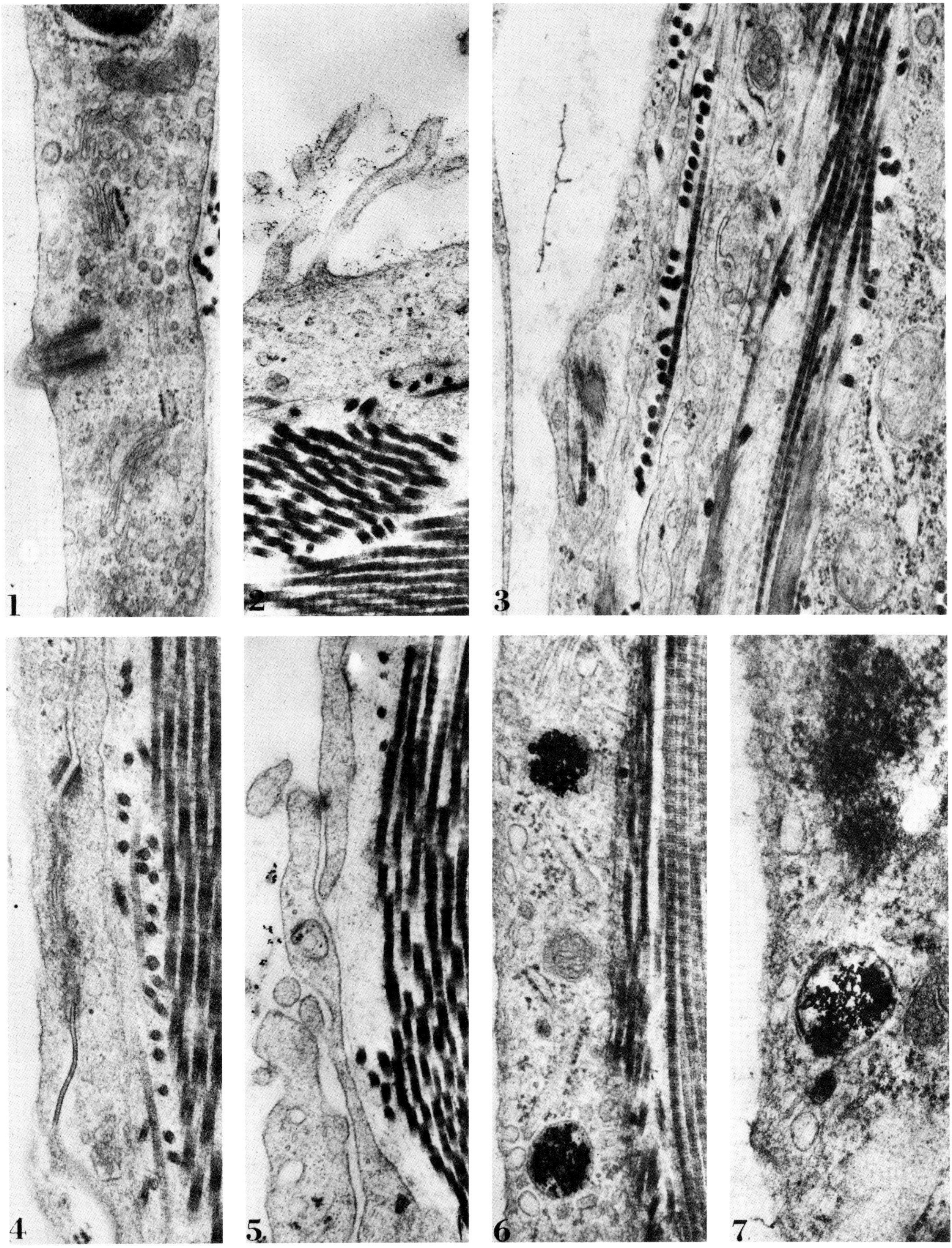
1
2
3
4
5
6
7

Plate V

The Peritoneum

1. Three hours after the injection of colloidal gold into the peritoneal cavity some particles are seen within membrane-bound vesicles of phagocytic interstitial cells. 52,500 ×

2. In another interstitial cell a vesicle filled with colloidal gold is located between the nucleus and the surface. Cytoplasmic microtubules are located in the vicinity of the vesicle, but there is no definite evidence that any marker is located within the cytoplasmic microtubules. Some particles appear in the background cytoplasm. 60,000 ×

3. In a very thin layer of the peritoneal cell cytoplasm, a vesicle or membrane invagination containing colloidal gold appears to have a tubular stem which reaches the opposite border of the cell (arrow). 70,000 ×

4. Two vesicles which contain colloidal gold, one with dense background, appear to be interconnected by a tubule (arrow). This tubule, approximately 400 Å in diameter, contains no label, while vesicles with both darker and lighter backgrounds have label in their lumina. It is suggested that the structural requirements may be present in these cells to provide for transport by a process resembling peristalsis rather than continuous flow in a tubular system or by isolated vesicles. 50,000 ×

5. Occasionally, label is found in elongated vesicles within the peritoneal cell. Deep to the collagen in the peritoneum an elastic fiber (ef) has been sectioned longitudinally. 60,000 ×

6. Two hours after intraperitoneal injection of cadmium-free horse ferritin, a vesicle was filled with the label. Many microtubular stems appear to be associated with the surface of the ferritin-filled vesicle, but neither the cytoplasmic microtubules nor other smaller neighboring vesicles in the vicinity contain label. 50,000 ×

7. Three hours after the injection of ferritin large quantities of the particles have been taken up into membrane-bound vesicles within the mesothelial cell. One of the vesicles is elongated with a central constriction. Many filaments and microtubules can be seen among the vesicles. 70,000 ×

These photographs demonstrate the phagocytic function of the mesothelial cell and of the macrophages in the loose connective tissue.

Planche V

Le péritoine

1. Trois heures après injection intrapéritonéale d'or colloïdal, quelques particules du traceur se retrouvent dans des vésicules bordées d'une membrane et sises à l'intérieur de cellules phagocytaires interstitielles. 52,500 ×

2. Dans une autre cellule interstitielle, une vésicule chargée d'or colloïdal est logée entre le noyau et la surface. Des microtubules cytoplasmiques sont présents dans le voisinage de la vésicule mais rien n'indique que le traceur s'y trouve. Quelques particules apparaissent dans l'arrière-plan du cytoplasme. 60,000 ×

3. Dans cette coupe très mince d'une cellule péritonéale, une vésicule ou une invagination de la membrane plasmatique contenant de l'or colloïdal semble se prolonger en un tubule qui atteint le bord opposé de la cellule (flèche). 70,000 ×

4. La flèche indique le tubule connecteur qui relie deux vésicules contenant de l'or colloïdal. Il n'y a pas de traceur dans ce tubule d'environ 400 Å de diamètre alors que les vésicules au contenu sombre ou clair en possèdent. Ce serait là une indication morphologique que la cellule possède un dispositif mieux adapté au transport péristaltique qu'à une circulation continue ou à un acheminement par vésicules isolées. 50,000 ×

5. On retrouve parfois le marqueur dans des vésicules allongées au sein de la cellule péritonéale. Sous le collagène du péritoine, une fibre élastique (ef) apparaît en coupe longitudinale. 60,000 ×

6. Deux heures après une injection intrapéritonéale de ferritine de cheval exempte de cadmium, le marqueur se retrouve dans une vésicule à laquelle s'associent plusieurs microtubules. Pourtant ni ces microtubules ni des petites vésicules du voisinage ne semblent contenir de traceur. 50,000 ×

7. Trois heures après une injection de ferritine, la cellule mésothéliale a absorbé une grande quantité de particules dans des vésicules bordées d'une membrane. Une des vésicules est allongée et comporte une constriction centrale. Plusieurs filaments et microtubules se mêlent aux vésicules de la cellule péritonéale. 70,000 ×

Ces photographies illustrent la fonction phagocytaire de la cellule mésothéliale et des macrophages du tissu conjonctif lâche.

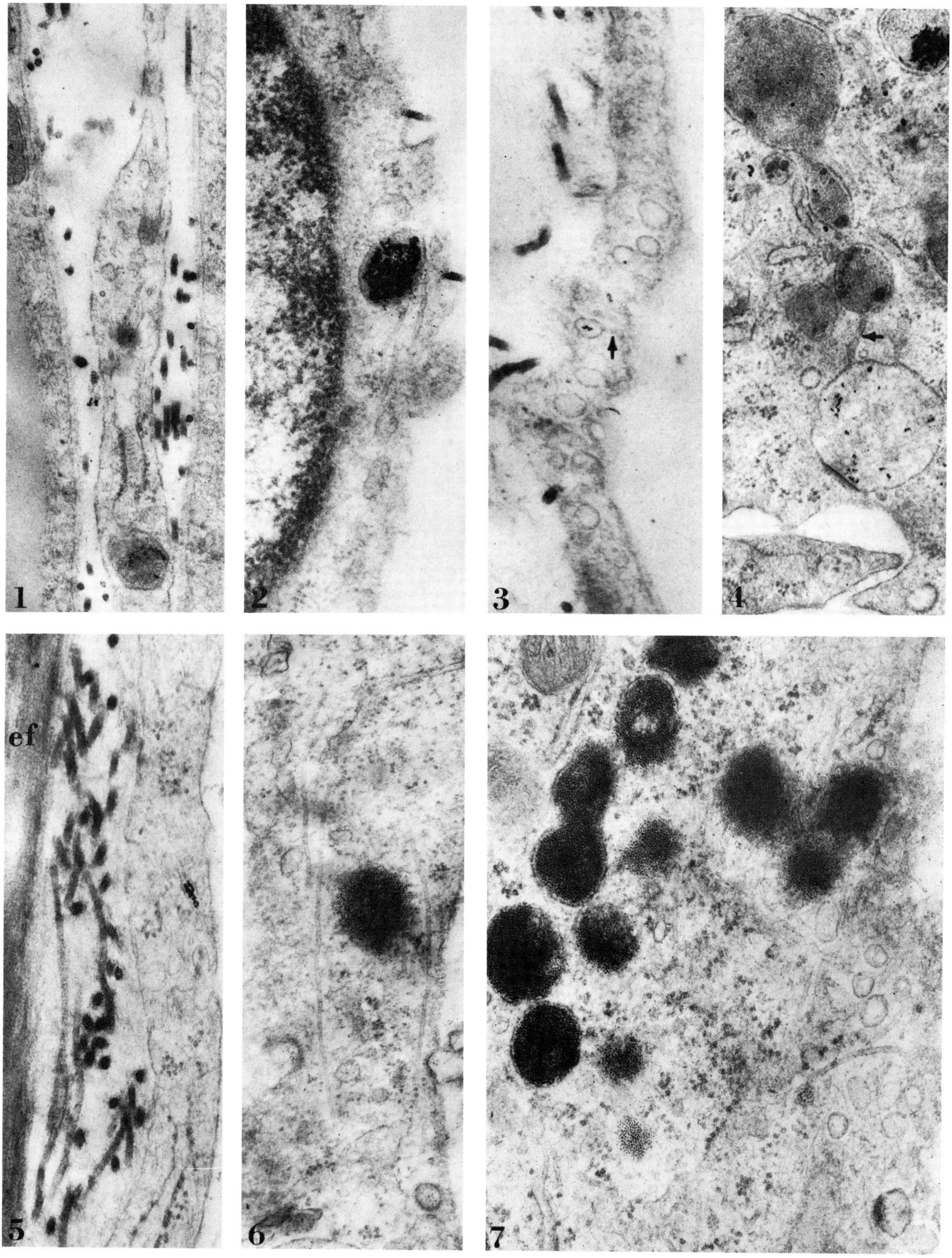
1
2
3
4
ef
5
6
7

Plate VI

The Fundus of the Stomach

Since the diet of the rat contains a high percentage of roughage, it is to be expected that a cornified epithelium should extend a somewhat greater distance along its gastrointestinal tract than in animals on a comparatively bland diet.

1. In the fundus of the stomach the stratum corneum consists of decreasing numbers of layers of cells. Intercellular spaces separating the cells in the deeper layers are wider than those which were observed in the skin. 11,250×

2. The cornified cells are closely bound to the granular layer, but are loosely bound one to the other. The desmosomal junctional complexes are markedly widened. A large number of filaments is present in both the cells of the granulosa and the corneum. 44,000×

3. The superficial cornified cells have an extraneous coat of homogeneous material. A fibrillar material radiates out from its surface. 45,000×

4. In the most superficial of the cells of the granular layer, the smaller dense granules of both the nucleus and cytoplasm appear to be more numerous than they were in epithelial cells of the skin. 6800×

5. Denser granules surround the keratohyaline deposits much as was seen in the granular layer of the epithelium of the skin. 45,000×

Planche VI

Le fond de l'estomac

La diète du rat est très cellulosique. Par conséquent il n'est pas surprenant que l'épithélium corné se prolonge plus loin le long du tube digestif.

1. Dans le fond de l'estomac, la couche cornée consiste en un nombre décroissant d'assises cellulaires. Les espaces intercellulaires au niveau des couches profondes sont plus marqués que dans le cas de la peau. 11,250×

2. Les cellules kératinisées sont étroitement liées à celles de la couche granuleuse mais leurs liaisons réciproques sont plutôt lâches. Les desmosomes sont très larges. On retrouve un grand nombre de filaments à la fois dans les cellules de la granuleuse et dans celles de la couche cornée. 44,000×

3. Les cellules kératinisées superficielles ont un revêtement externe de matériel homogène d'où irradie une substance fibrillaire. 45,000×

4. Dans les cellules les plus superficielles de la couche granuleuse, les petits granules denses du noyau et du cytoplasme semblent plus nombreux que dans la peau. 6800×

5. Des granules denses entourent ici les dépôts de kératohyaline tout comme dans la couche granuleuse de la peau. 45,000×

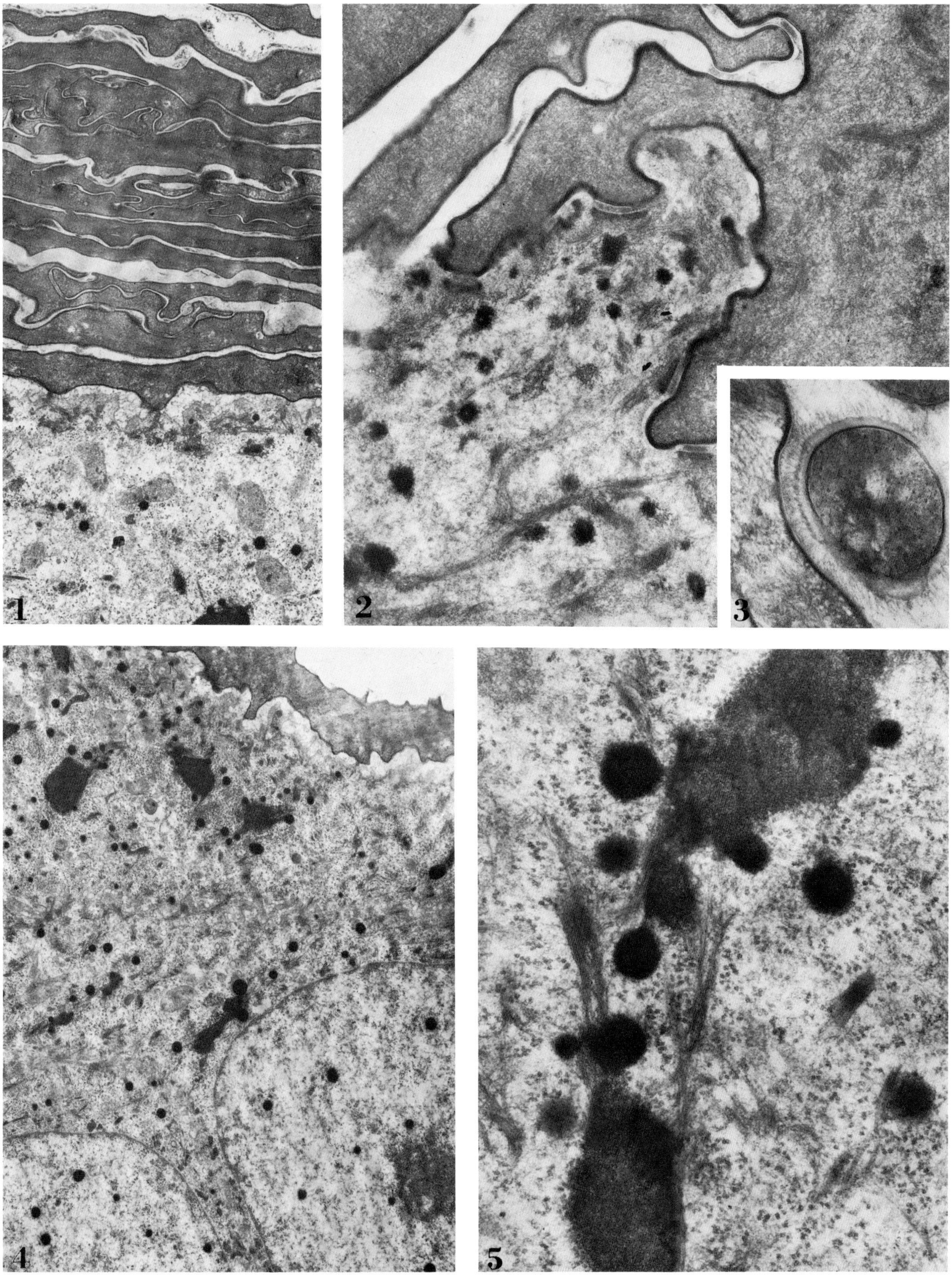

Plate VII

The Stomach

1. L. Long tubular glands empty into the gastric pits. The pits and the necks of the glands are lined by tall columnar mucous cells. Deeper within the glands of the body of the stomach in the rat, these cells are quickly replaced by large parietal (p) or oxyntic cells and chief (c) or zymogen cells. The chief cells, with the dense apical secretory content, are believed to secrete pepsin, rennin, and gastric intrinsic factor. The large parietal cells secrete the hydrochloric acid of the gastric juice. The cell in anaphase is evidence of mitotic activity in the depths of the gland. 375 ×

2. L. The mucus, stained less intensively than in Fig. 1, appears as an area of light-to-moderate density which occupies most of the supranuclear portion of the mucous neck cells. Cells, with dense granules superimposed on a pale background cytoplasm, and located between the epithelial cells and basal laminae, are in the group generally classified as argentaffin, argyrophil, or enterochromaffin cells. In the stomach most of these have been found to be a distinct cell type, rich in cholinesterase, and have been termed ChE-rich argyrophil cells (ar). 600 ×

3. L. In the lower part of the neck of the gastric glands, very large parietal cells (p) with discrete, dark mitochondria against a very pale background are found. The basal portion of the parietal, acid-secreting cell is of an exceptional size. 600 ×

4. The mucous neck cells are simple columnar in shape with irregular nuclei and a markedly convoluted surface. Numerous cytoplasmic processes project from both basal and lateral surfaces. The apices of the cells are filled with irregularly shaped, moderately dense mucus granules. 4500 ×

5. The mucus granules are discrete, with some variation in density, and are membrane bound. Elongated granules reach the cell apex. Numerous filaments and tonofilaments are found among the granules. 45,000 ×

Planche VII

L'estomac

1. L. De longues glandes tubulaires se vident dans les cryptes de l'estomac. Les cryptes et le col des glandes sont bordés de hautes cellules muqueuses prismatiques. Plus profondément dans les glandes du corps de l'estomac du rat, les cellules muqueuses sont remplacées par les grosses cellules pariétales (p) ou cellules bordantes et par les cellules principales (c) ou cellules à zymogène. Les cellules principales au contenu apical dense sécrètent probablement la pepsine, la rennine et le facteur intrinsèque. Les grandes cellules pariétales sécrètent l'acide chlorhydrique du suc gastrique. La cellule en anaphase témoigne de l'activité mitotique à ce niveau de la glande. 375 ×

2. L. Ici, le mucus est plus faiblement coloré que dans la figure 1. Son aspect pâle ou légèrement foncé se remarque dans la presque totalité de la zone supranucléaire des cellules muqueuses du col. Entre les cellules épithéliales et la lame basale se trouvent d'autres cellules contenant des granules denses surajoutés à un arrière-plan pâle; elles appartiennent au groupe de cellules généralement appelées argentaffines, argyrophiles ou entérochromaffines. Dans l'estomac, la plupart d'entre elles sont riches en cholinestérase (ChE), ce qui leur a valu le nom de cellules argyrophiles (ar) riches en ChE. 600 ×

3. L. A la partie inférieure du col des glandes gastriques, on retrouve des cellules pariétales (p) contenant des mitochondries foncées sur un fond très pâle. La base des cellules pariétales acido-sécrétrices s'élargit de façon exceptionnelle. 600 ×

4. Les cellules muqueuses du col ont une forme prismatique et leur noyau présente un contour irrégulier. La surface de ces cellules est fortement festonnée et plusieurs prolongements cytoplasmiques se hérissent de leurs faces basale et latérale. L'apex des cellules est rempli de granules de mucus assez denses et à contours irréguliers. 4500 ×

5. Les granules de mucus sont bien individualisés, de densité variable et entourés d'une membrane. Certains, de forme allongée, atteignent l'apex de la cellule. Plusieurs filaments et tonofilaments se dispersent parmi les granules. 45,000 ×

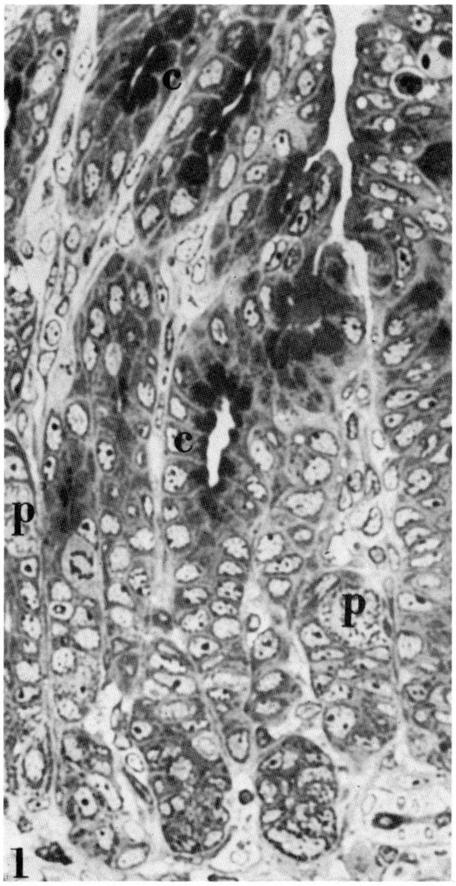
c
c
p
p
1

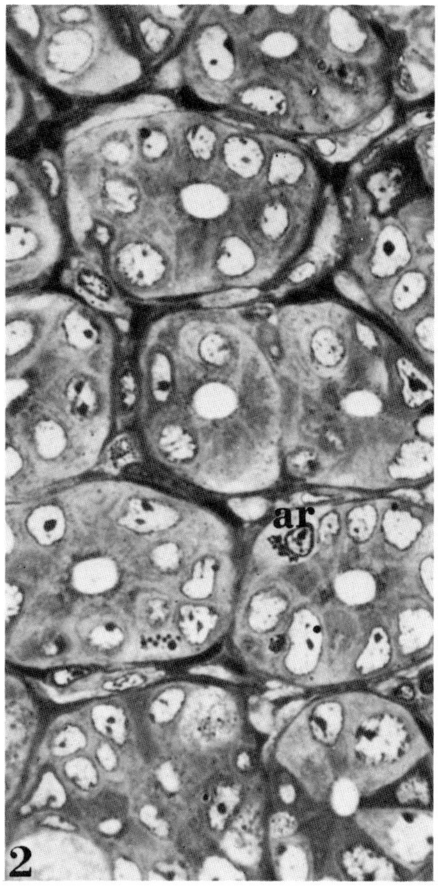
ar
2

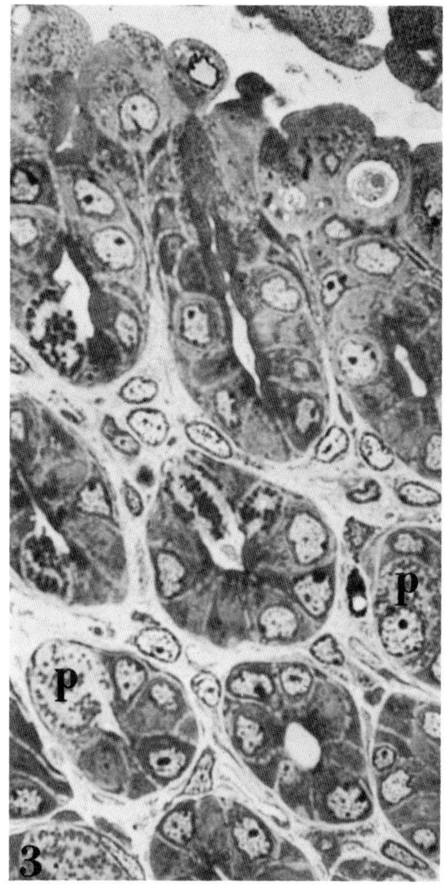
p
p
3

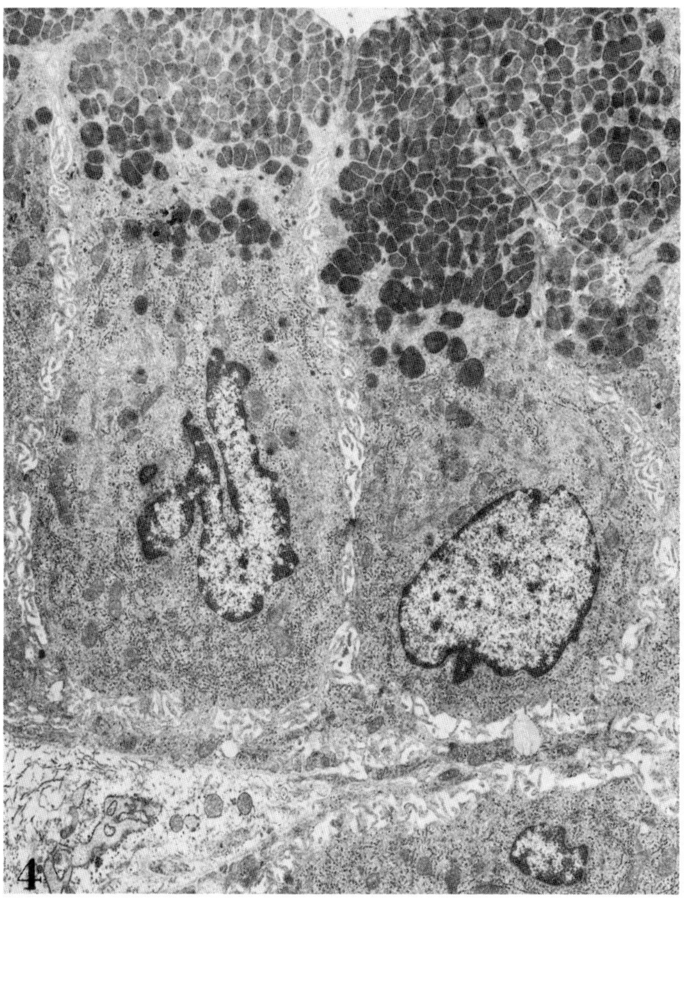
4

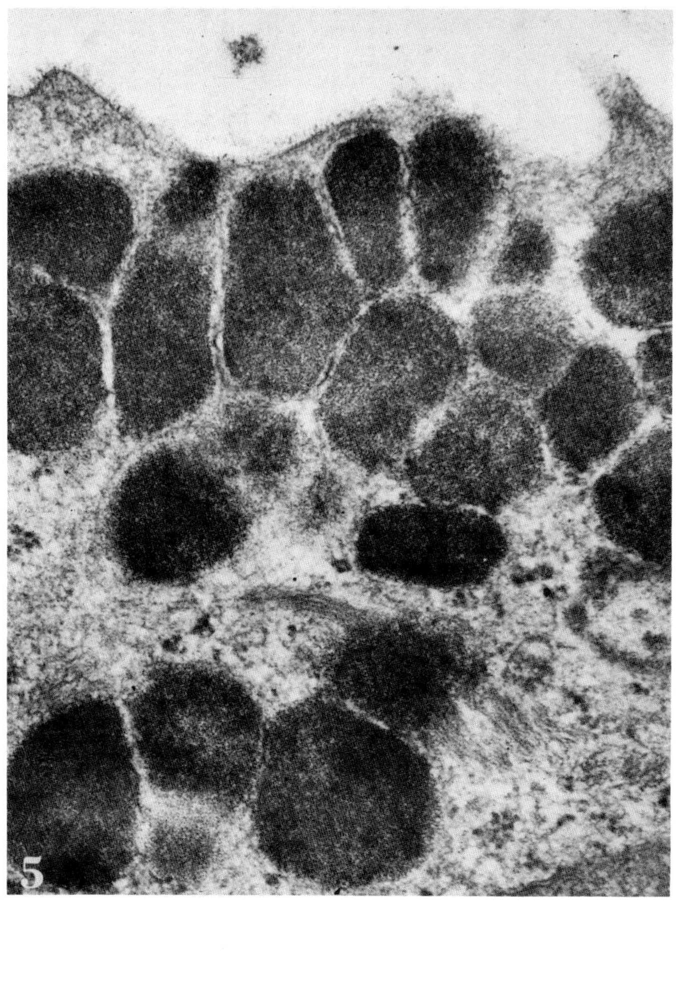
5

Plate VIII

The Stomach Body

1. L. The chief (c) and the parietal cells (p) of the gastric glands are wedge-shaped. The apex of the chief cell is extremely wide. The base of the parietal cell more than compensates for the relative deficiency in the size of the base of the chief cell. The narrow neck of the parietal cell reaches the lumen of the gland in a depression between adjacent chief cells. There has been some difficulty in demonstrating these features in thick sections. Densities throughout the parietal cell are very large mitochondria, while the more distinct circular, apical densities in the chief cell are secretory granules. 600×

2. L. In addition to the short depressions or canals which lead to the apices of the parietal cells, branches occur in the depths of the gastric glands. Some argyrophil cells (ar) are located between the bases of the epithelial cells. 600×

3. L. In transverse section it becomes evident that intercellular canaliculi extend for some distance between the chief and the parietal cells. In this view the apices of the chief cells do not dominate the surface to quite the same extent as they appear to do in longitudinal sections of the gland. 600×

4. In electron micrographs the zymogen granules in the chief cells (c) are mostly circular in outline and are moderately dense. There is a considerable quantity of granular endoplasmic reticulum in the cytoplasm. Vacuoles with a border of flocculent material are occasionally seen. The microvilli on the cell apices are short and widely spaced. Parietal cell (p) cytoplasm is invariably included in fields with the basal segments of the chief cells. A part of the apex of one of the parietal cells is included in this field. The apical microvilli of the parietal cell are longer and much more numerous than those of the chief cells. 6000×

Planche VIII

Le corps de l'estomac

1. L. A un certain niveau des glandes gastriques, les cellules principales (c) et pariétales (p) sont coincées l'une sur l'autre. L'apex de la cellule principale est très large. Par contre, la largeur de la base de la cellule pariétale compense amplement pour la faible dimension de la base de la cellule principale. Le mince col de la cellule pariétale atteint la lumière de la glande dans une dépression entre deux cellules principales adjacentes. Cette disposition est assez difficile à démontrer sur des coupes épaisses. Les structures foncées éparses dans la cellule pariétale sont de grosses mitochondries alors que les éléments circulaires plus denses situés à l'apex de la cellule principale sont des granules sécrétoires. 600×

2. L. En plus des petites dépressions ou canaux qui conduisent à l'apex des cellules pariétales, une sorte d'embranchement se révèle dans la profondeur des glandes gastriques. Quelques cellules argyrophiles (ar) s'intercalent entre les bases des cellules épithéliales. 600×

3. L. Une coupe transversale permet de réaliser que des canalicules intercellulaires s'étendent sur une certaine distance entre les cellules principales et les pariétales. Ici, les apex des cellules principales semblent moins étalés en surface que sur une coupe longitudinale de la glande. 600×

4. En microscopie électronique, les granules de zymogène des cellules principales (c) sont presque circulaires et assez denses. Le cytoplasme est richement garni de réticulum endoplasmique. On aperçoit parfois des vacuoles dont le pourtour cependant est floconneux. Les microvillosités à l'apex des cellules sont courtes et très espacées. On retrouve toujours du cytoplasme de cellules pariétales (p) près de la base des cellules principales. Une partie de l'apex d'une cellule pariétale est visible sur cette photographie. Les microvillosités apicales de cette cellule sont plus longues et plus nombreuses que celles des cellules principales. 6000×

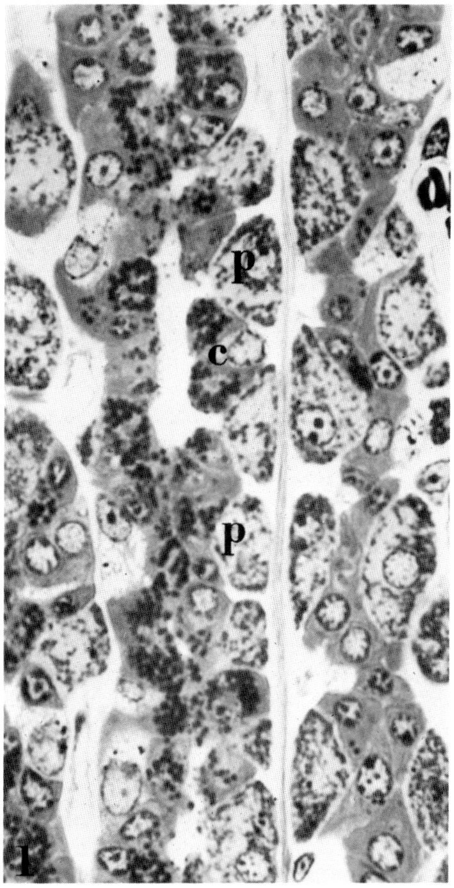
p
c
p
1

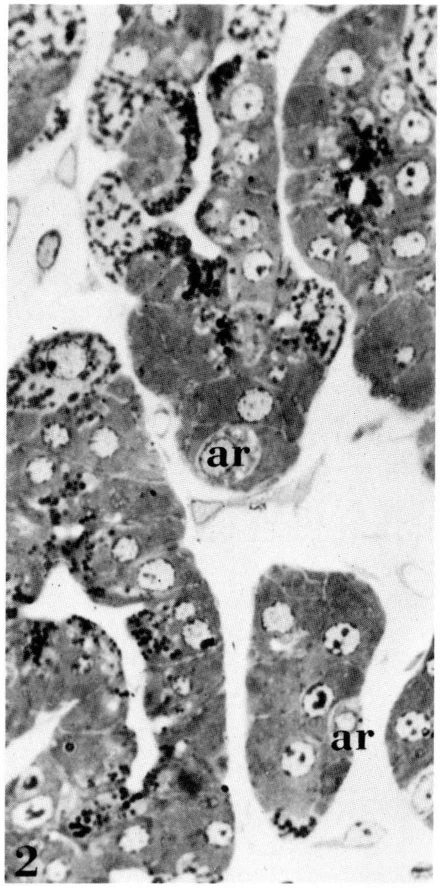
ar
ar
2

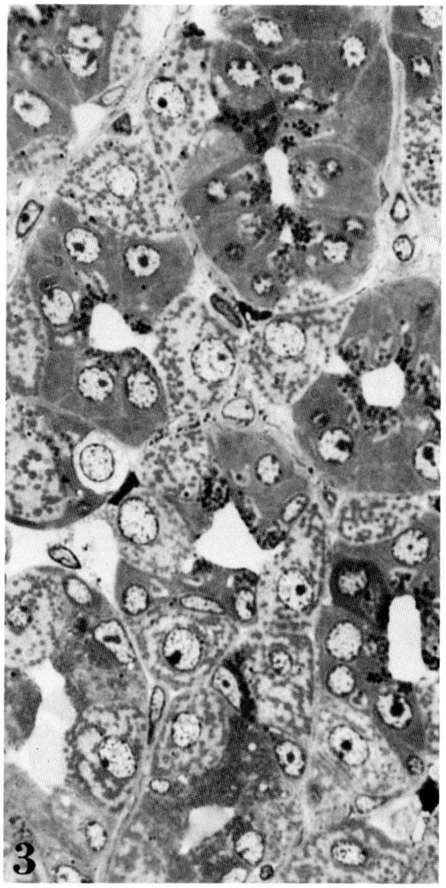
3

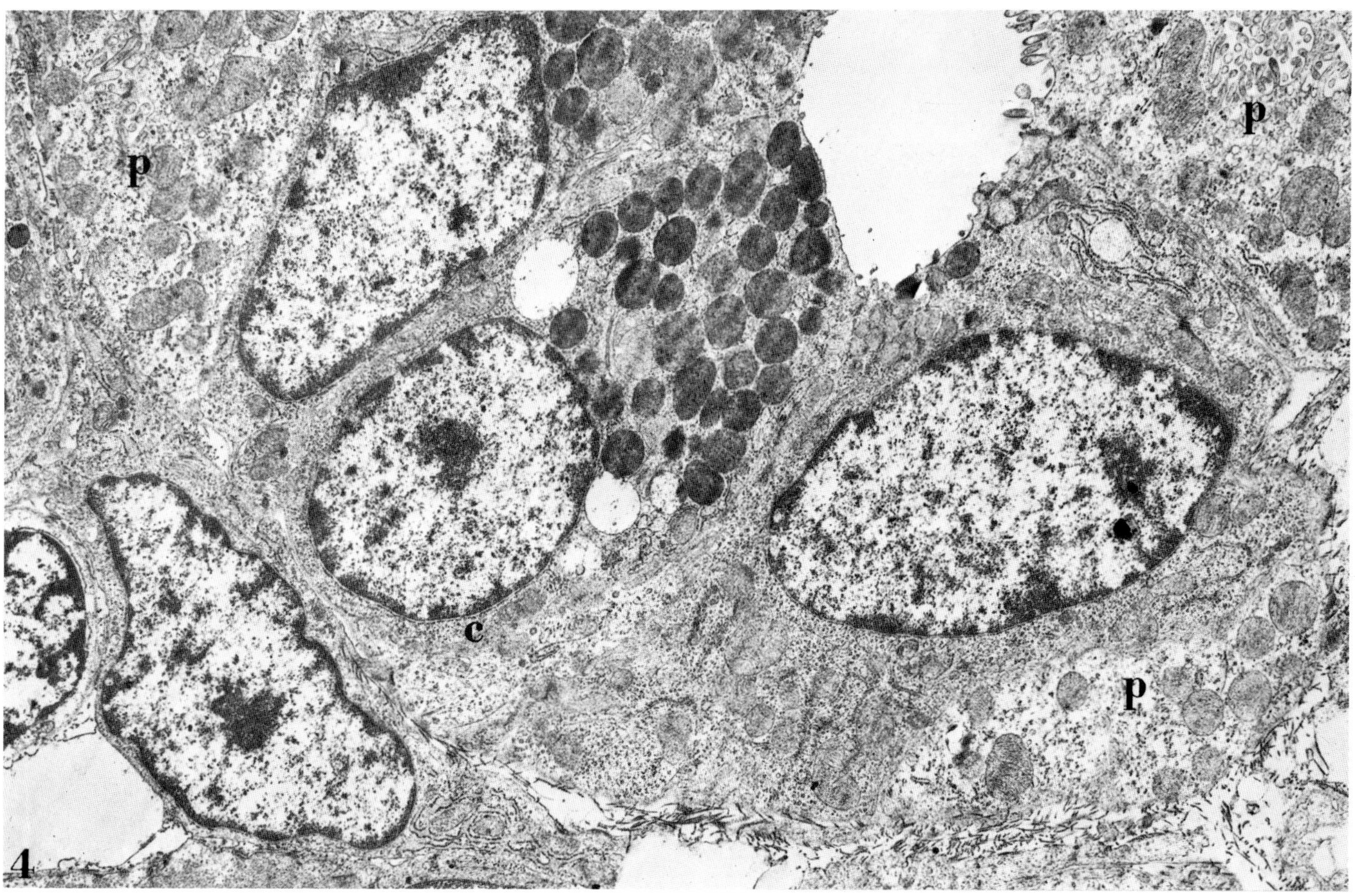
p
p
c
p
4

Plate IX

The Stomach Body

1. The cisternae of the granular endoplasmic reticulum in the chief cells are moderately dilated. A homogeneous content is found in these cisternae, while the numerous Golgi sacs appear quite clear. Granules of slight, moderate, and intense density appear among the cisternae of the granular endoplasmic reticulum near the Golgi areas. A segment of the lateral border of one of these cells contributes to an intercellular canaliculus (ic), most of which is derived from the neighboring parietal cell. Microvilli project into the canaliculus from both cells. A number of very dense granules is located in the parietal cell cytoplasm. Several smaller dense granules are seen in a mitochondrion of this cell. 9000×

2. Granules of slight, moderate, and marked density are present in the Golgi region, while those of slight to moderate density appear to reach the apex of the cell. The numerous small vesicles and some tubular profiles at the Golgi periphery have a moderately stained content. The difference in the staining reactions of the granules may indicate a difference in their content. 15,000×

3. The moderately dense material appears in small tubules, in coated vesicles, and in large granules between the Golgi complex and the cell apex. A mitochondrion with longitudinally oriented crests is located among the filaments near the apical intercellular junctional complex. 50,000×

4. A fibrillar material is present in the cisternae of the granular endoplasmic reticulum. Accumulations of a denser material appear in the agranular reticulum. A thin layer of content can be seen in the Golgi sacs. The apical secretory granules are intimately associated with the microtubules (arrow) and filaments. A very thin extraneous coat can be identified on the plasma membrane. 55,000×

Planche IX

Le corps de l'estomac

1. Les citernes du réticulum endoplasmique granulaire des cellules principales sont modérément dilatées et contiennent un matériel homogène. Parmi les citernes qui voisinent les zones de Golgi, on remarque des granules de densité variée. Les nombreux saccules golgiens sont plutôt pâles. Un segment de la paroi d'une cellule principale participe à la formation d'un canalicule intercellulaire (ic) dont la majeure partie cependant est formée par une cellule pariétale voisine. Les deux cellules émettent des microvillosités qui se projettent dans la lumière du canalicule. Le cytoplasme de la cellule pariétale renferme quelques granules très denses alors que des particules plus fines sont localisées dans la mitochondrie de cette cellule. 9000×

2. Des granules de densité légère, moyenne ou très forte sont présents dans la zone de Golgi alors que seuls les moins denses semblent atteindre l'apex de la cellule. Les nombreuses petites vésicules et les quelques éléments tubulaires à la périphérie du Golgi ont un contenu de densité moyenne. Les différences de coloration entre les granules indiquent peut-être une différence de leur contenu. 15,000×

3. Un matériel assez foncé se retrouve dans les canalicules, dans les vésicules feutrées et dans les gros granules situés entre le Golgi et la limite cellulaire. Une mitochondrie avec crêtes longitudinales est visible parmi les filaments près du complexe de jonction apical. 50,000×

4. Un matériel fibrillaire occupe les citernes du réticulum endoplasmique granulaire alors qu'un contenu foncé s'accumule dans le réticulum lisse. Les saccules du Golgi sont garnis d'une mince couche de matériel périphérique. Les granules sécrétoires apicaux sont intimement associés aux microtubules (flèche) et aux filaments. La membrane plasmatique est garnie d'un très mince revêtement externe. 55,000×

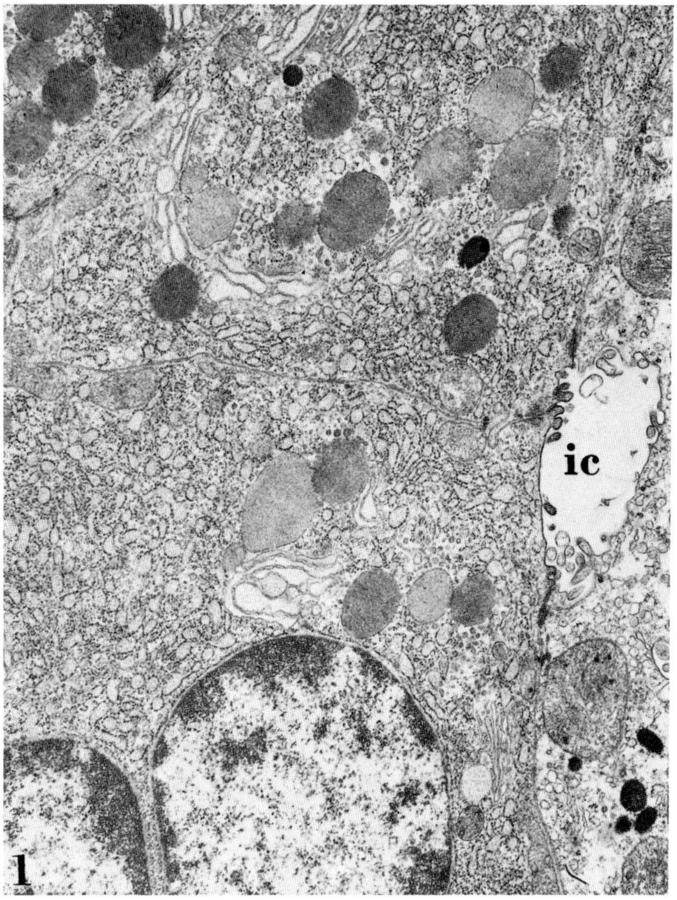

1

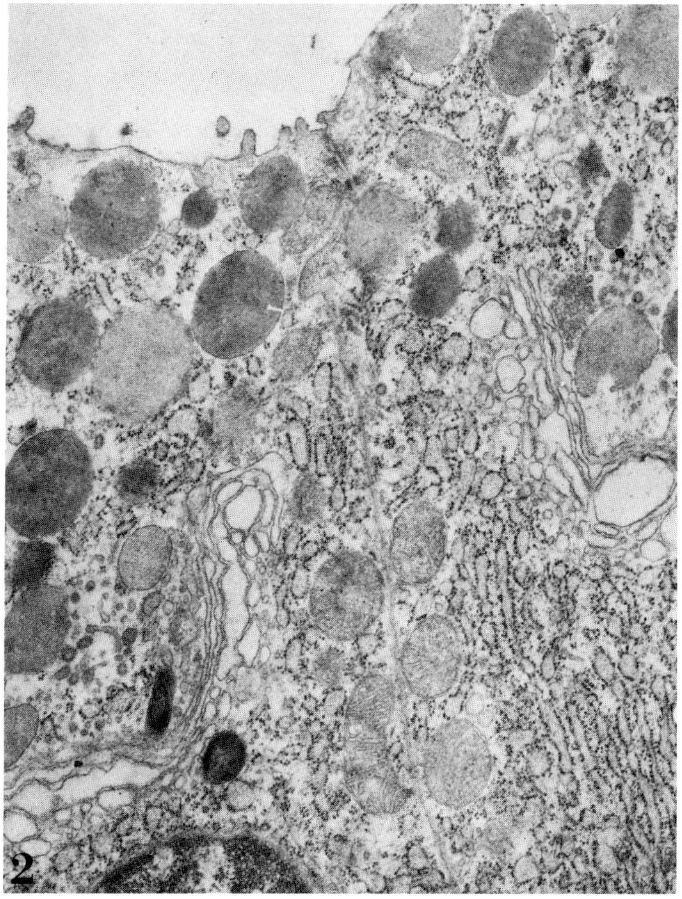

2

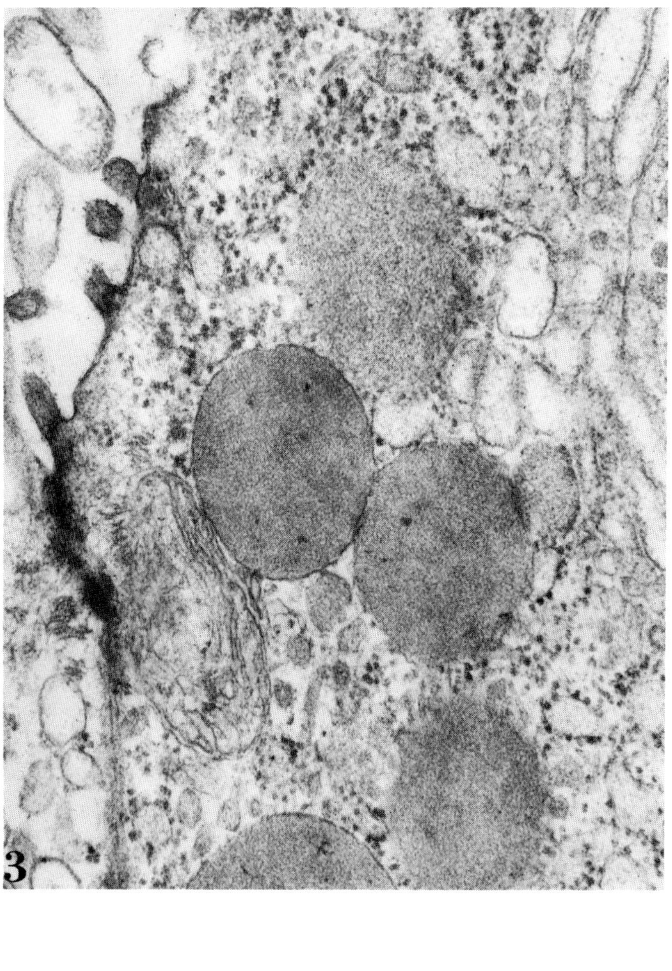

3

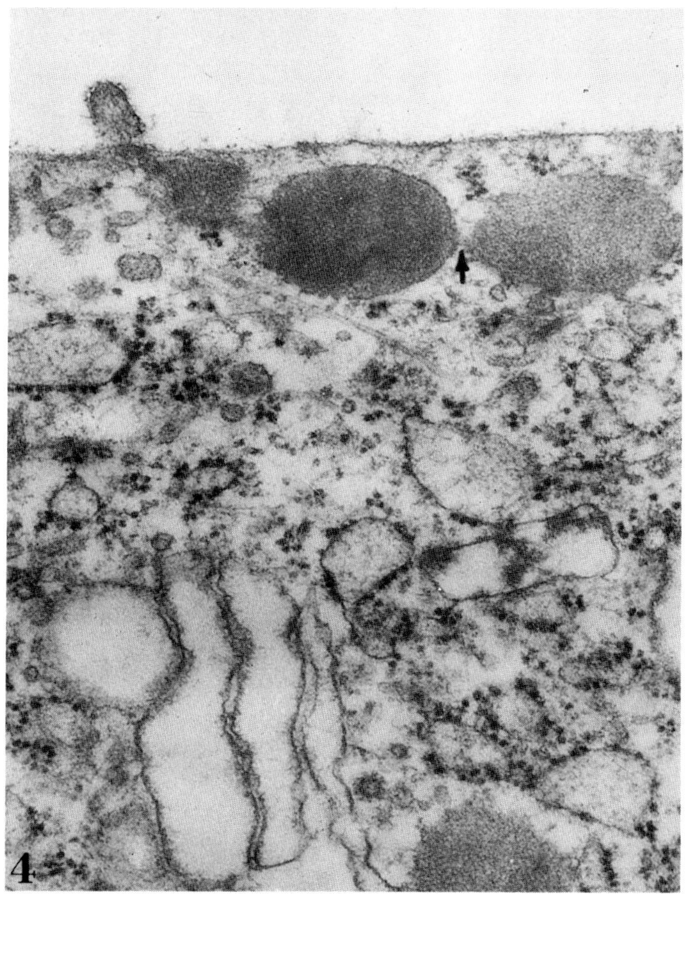

4

Plate X

The Stomach Body

In transverse section of the gastric gland, the parietal cells (p) contribute to a considerable degree to the luminal surface. Microvilli are more numerous on their apices than on neighboring chief cells (c). Intracellular canaliculi (ic) open into the lumen of the gland. Numerous transverse and oblique sections through these branching intracellular canaliculi indicate the depths to which they invade the cells. Even in the depths of the cell, microvilli project into the lumen. In effect, a miniature branching tubular system similar to a compound gland exists within this cell. Small dense granules are scattered through the parietal cells. The mitochondria of the parietal cells are large, rounded, and numerous. The smooth-surfaced endoplasmic reticulum is plentiful, while the granular type is relatively scanty as compared with that of the chief cells. 7000×

Planche X

Le corps de l'estomac

En coupe transversale, les cellules pariétales (p) contribuent pour une large part à former la surface qui borde la lumière de la glande gastrique. Les microvillosités sont plus nombreuses à l'apex de ces cellules que sur celui des cellules principales voisines (c). Les canalicules intracellulaires (ic) s'ouvrent dans la lumière de la glande. Les nombreuses coupes obliques et transversales de ces canalicules ramifiés font voir la profondeur jusqu'à laquelle ils envahissent les cellules. Leur périphérie microvilleuse persiste jusque dans les ramifications intracellulaires. En fait, on peut considérer qu'il existe dans la cellule un système tubulaire miniature semblable à celui d'une glande composée. De petits granules denses sont dispersés dans la cellule pariétale. Les mitochondries sont grosses, arrondies et nombreuses. Le réticulum endoplasmique lisse est très développé alors que le réticulum granulaire est plus rare en comparaison avec la cellule principale. 7000×

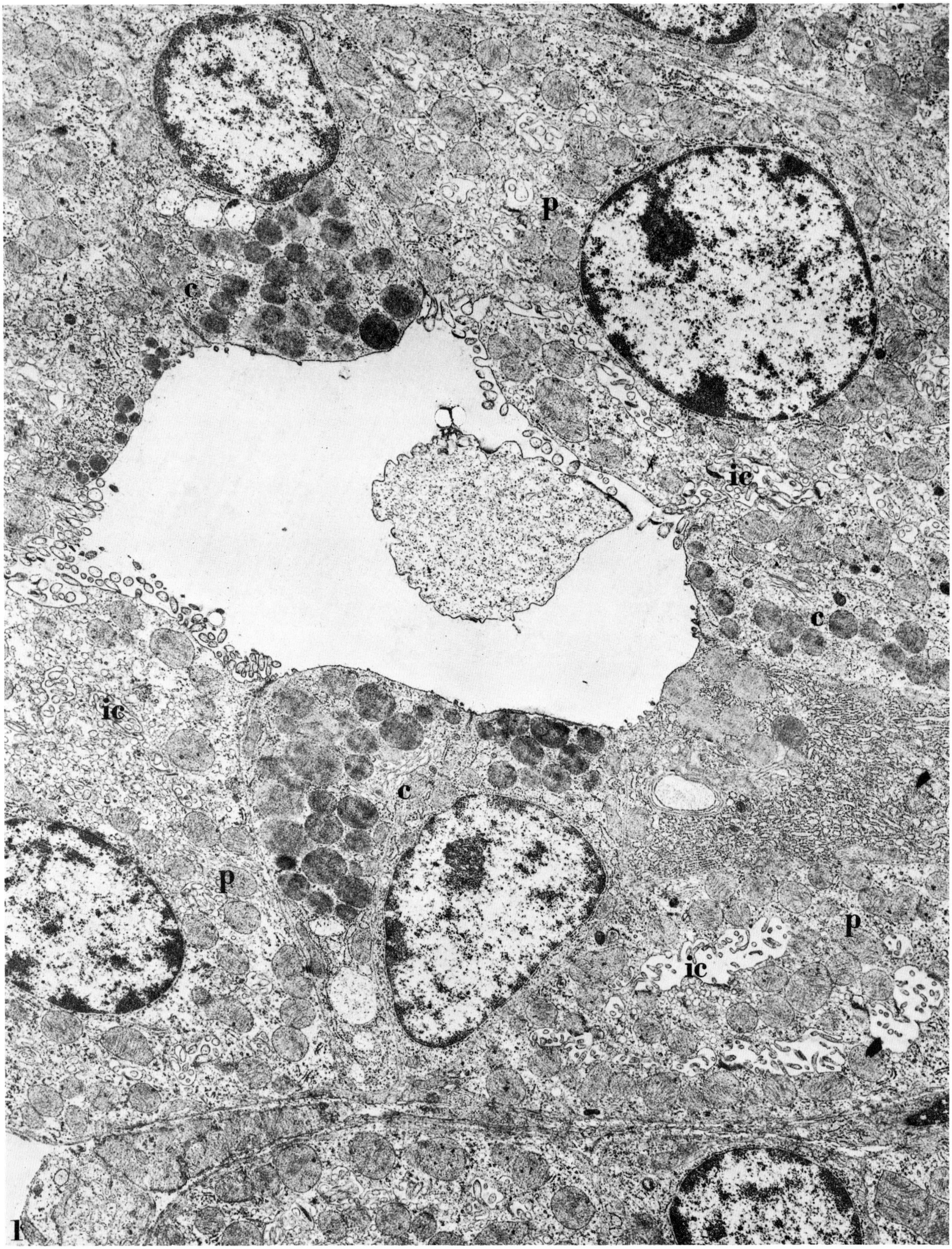

p
c
ic
c
ic
c
p
p
ic
1

Plate XI

The Stomach Body

1. The circumference of an intercellular canaliculus is made up of microvillous borders of a parietal and two chief cells. Clusters of small dense granules appear in the parietal cell cytoplasm. Microvilli are more numerous on this aspect of the chief cell than on the apex. Intracellular canaliculi surround the nucleus of the parietal cell. The mitochondria of the parietal cell are much larger than those in the chief cells. 9000×

2. An intracellular canaliculus opens into an intercellular canaliculus. Many large mitochondria with transverse crests in the parietal cell are located near intracellular canaliculi. 9500×

3. At a higher magnification, filaments can be seen between the mitochondrion and the surface membrane, and other filamentous-appearing bridges occur between crests in the mitochondrion (arrows). The mitochondrial membranes, as well as the plasma membranes which encompass the canaliculi, are three-layered in appearance. 115,000×

4. Small nerve fibers and nerve endings are partially or completely embedded in the Schwann cell, which is located between the bases of a parietal and a chief cell. These autonomic nerve endings contain both clear synaptic-type vesicles and larger dense granules. 22,500×

Planche XI

Le corps de l'estomac

1. La paroi d'un canal intercellulaire est formée des limites microvilleuses d'une cellule pariétale et de deux cellules principales. Les microvillosités sont plus nombreuses dans cette région de la cellule principale que sur les apex. Le cytoplasme de la cellule pariétale se distingue par ses agglomérations de petits granules denses, ses canaux intracellulaires entourant le noyau et ses mitochondries beaucoup plus grosses que celles de la cellule principale. 9000×

2. Un canalicule intracellulaire s'ouvre dans un canalicule intercellulaire. Plusieurs grosses mitochondries aux crêtes transversales se retrouvent près des canalicules intracellulaires de la cellule pariétale. 9500×

3. A un plus fort grossissement, on remarque des filaments entre la mitochondrie et la membrane plasmatique (flèche). D'autres ponts d'apparence filamenteuse apparaissent entre les crêtes de la mitochondrie (flèches). Les membranes de cette dernière ainsi que la membrane plasmatique qui entoure les canalicules, semblent trilaminées. 115,000×

4. De petits filets nerveux et des terminaisons nerveuses sont partiellement ou complètement enrobés dans la cellule de Schwann logée entre la base de la cellule pariétale et celle de la cellule principale. Des terminaisons nerveuses autonomes contiennent à la fois des vésicules synaptiques claires et de gros granules denses. 22,500×

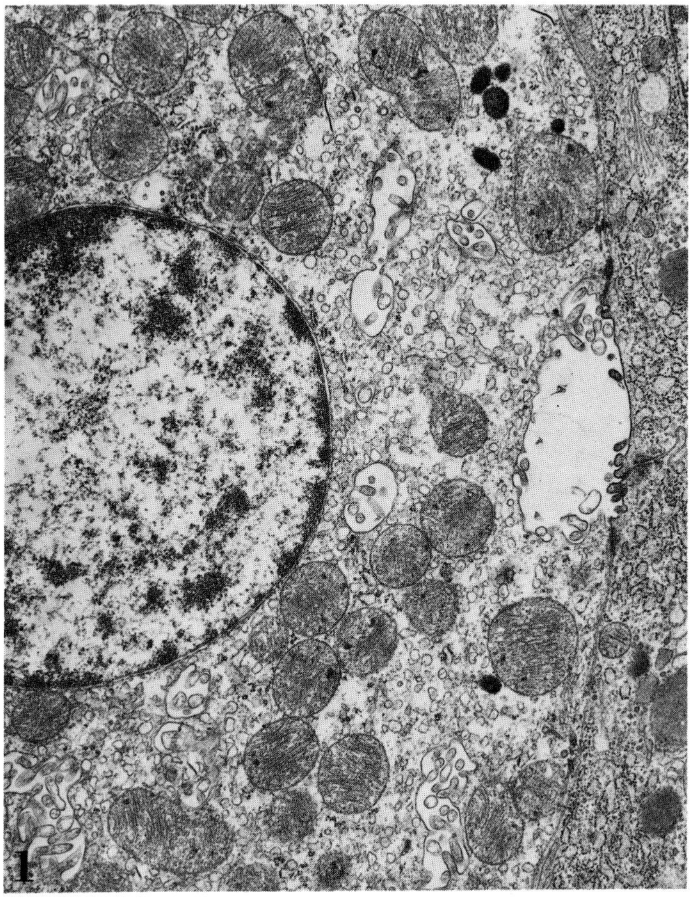
1

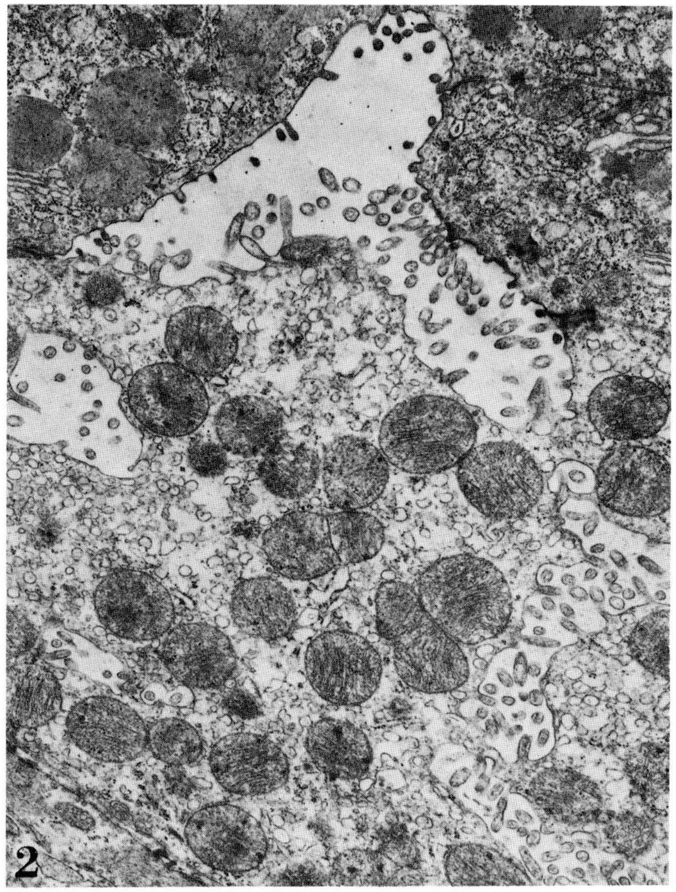
2

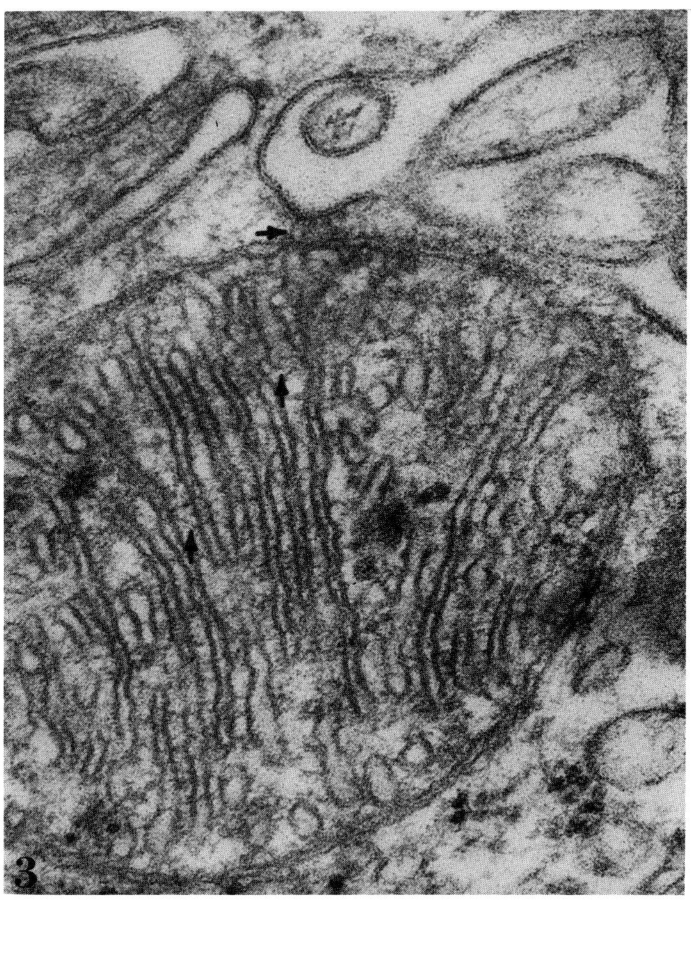
3

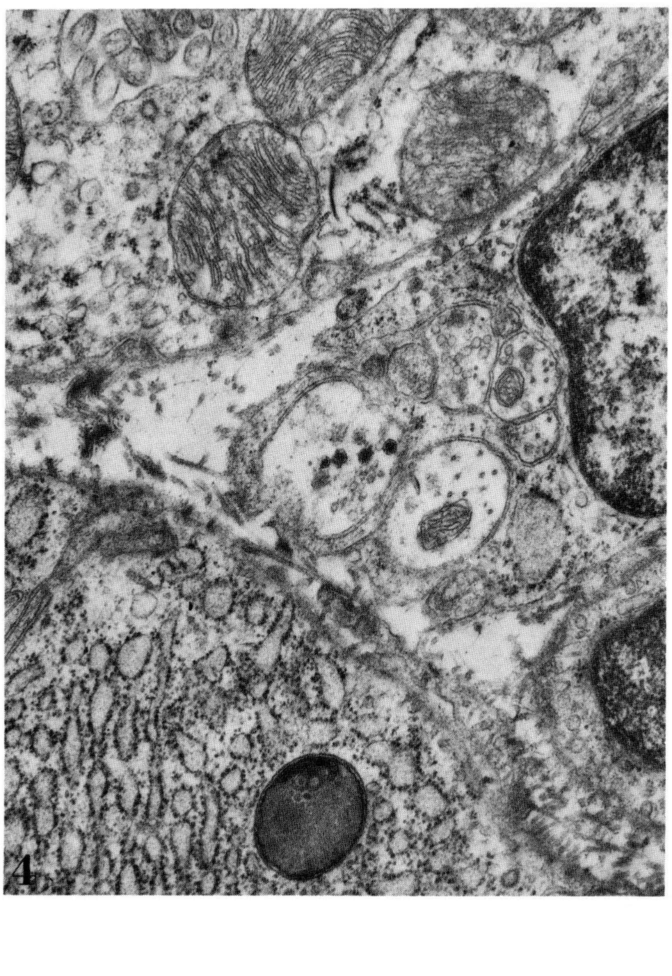
4

Plate XII

The Duodenum

1. L. Long villi and short crypts characterize the epithelial layer of the duodenum. A layer of columnar epithelial cells in which the nuclei appear as lighter spaces constitute the surfaces of the villi. A dense, distinct content distinguishes the goblet, mucus-producing cells from the absorptive cells in this epithelium. Groups of more densely stained cells, the Paneth cells, are found in the depths of the crypts. Other densely stained cells are seen in the mucous glands of Brunner, deep to the very thin muscularis mucosae. 175 ×

2. L. Duodenal villi of a young adult rat. The epithelial cells of the villi are columnar in nature with regularly placed elongated nuclei and distinct nucleoli. The cells have a striated border. This epithelium surrounds a central core in which a variety of interstitial cells, capillaries, and lymphatics (chyle channels) are located. Goblet cells with densely stained content are interposed between the absorptive or chief cells of the epithelium. The body of the former is greatly elongated, and the cytoplasm is dense throughout. Toward the extremity of the villi the bases of the epithelial cells become quite indistinct. It is from this location that aging cells are discarded into the lumen of the intestine. 325 ×

3. L. A zone of very active cell division is found in the crypts of the intestine. Cells are seen in all stages of division in this area. During mitosis the bulk of the cell is drawn toward the lumen, wherein the intercellular junctional complexes appear to be retained. As mitosis is completed, the cells elongate and the daughter nuclei descend to the usual position between the other nuclei of interphase cells. It has long been known that this is the site of cell proliferation and that the aging cells are discarded from the tips of the villi. Chyle channels, capillaries and a variety of interstitial cells in loose connective tissue, and a few smooth muscle cells, which extend from the muscularis mucosa (mm), are found between the crypts. 500 ×

4. The chief cell (c) of the duodenal crypt contains a slightly irregular nucleus with prominent nucleoli, a considerable number of ribosomes, some granular endoplasmic reticulum, and distinct mitochondria with pale matrices. The goblet cells (g) contain masses of what appear to be individual droplets of homogeneous material within the apices. The droplets differ in density, some being considerably darker than others. Microvilli of varying number and length are present on the luminal surface of both types of cells. The microvilli are moderately long and numerous on the cells of the upper portion of the crypt. 10,600 ×

Planche XII

Le duodénum

1. L. De longues villosités et de courtes cryptes caractérisent la muqueuse duodénale. La surface des villosités est constituée d'une couche de cellules épithéliales prismatiques dans lesquelles le noyau apparaît sous forme d'espaces clairs. La cellule caliciforme se distingue de la cellule principale par son contenu net et foncé. Au fond des cryptes, les groupes de cellules colorées plus intensément sont des cellules de Paneth. D'autres cellules fortement colorées sont visibles dans les glandes muqueuses de Brunner, situées sous la mince muscularis mucosae. 175 ×

2. L. Villosités duodénales du jeune rat. Les cellules épithéliales des villosités sont du type prismatique et possèdent un noyau allongé à disposition symétrique, pourvu d'un nucléole très distinct. Un plateau strié borde l'apex de ces cellules. Les cellules caliciformes à contenu fortement coloré s'intercalent entre les cellules absorbantes ou principales. Le corps cellulaire des premières est très allongé et le cytoplasme uniformément sombre. Vers l'extrémité de la villosité, la base des cellules épithéliales devient moins distincte. C'est à partir de cet endroit que les cellules tombent dans la lumière de l'intestin. L'épithélium coiffe un axe conjonctif dans lequel sont logés différents types de cellules interstitielles, des capillaires et des lymphatiques (canaux chylifères). 325 ×

3. L. Les cryptes de l'intestin sont le site de très nombreuses divisions cellulaires de sorte que tous les stages de la mitose s'y observent. Au cours de ce processus, la masse cellulaire se déplace vers la lumière et les bandelettes obturantes semblent maintenues. A la fin de la mitose, les cellules s'allongent et les noyaux-fils reprennent la position initiale entre les autres noyaux des cellules interphasiques. L'on sait depuis longtemps que les cryptes constituent un site actif de prolifération cellulaire destinée à remplacer les cellules âgées perdues à l'extrémité des villosités. Des canaux chylifères, des capillaires et une grande variété de cellules interstitielles du tissu conjonctif lâche se retrouvent entre les cryptes. Quelques cellules musculaires lisses s'étendent depuis la muscularis mucosae (mm) jusqu'entre ces cryptes. 500 ×

4. La cellule principale (c) de la crypte duodénale contient un noyau d'aspect légèrement irrégulier et pourvu d'un nucléole évident; on y note de plus un grand nombre de ribosomes, un réticulum endoplasmique granulaire peu développé et des mitochondries avec matrice pâle. L'apex des cellules caliciformes (g) présente des masses qui semblent être des gouttelettes de matériel homogène de densité variable. Des microvillosités de nombre et de longueur variés se retrouvent sur la face libre des deux types cellulaires. Les microvillosités sont légèrement plus longues et plus nombreuses sur les cellules de la portion supérieure de la crypte. 10,600 ×

1

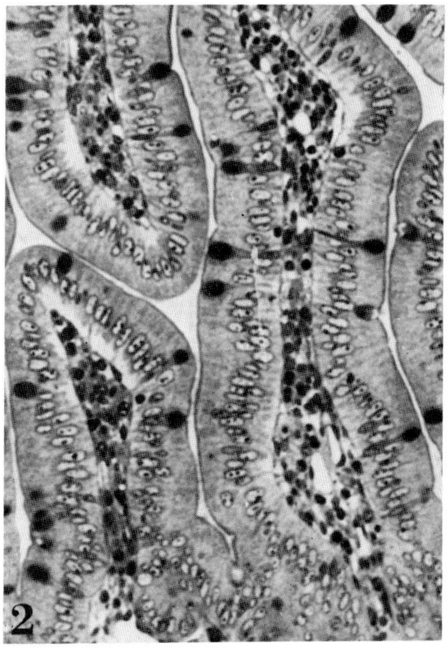
2

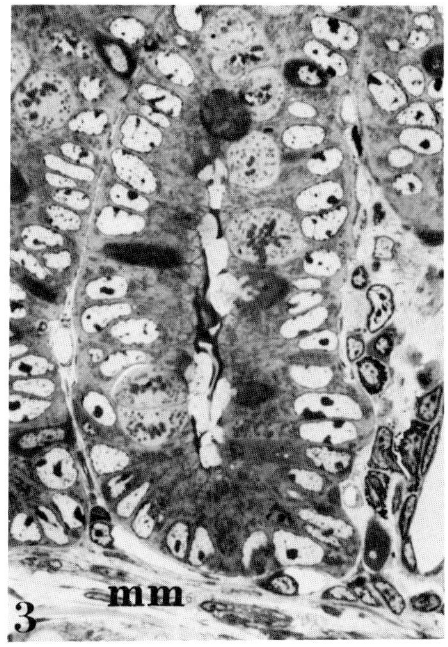
mm
3

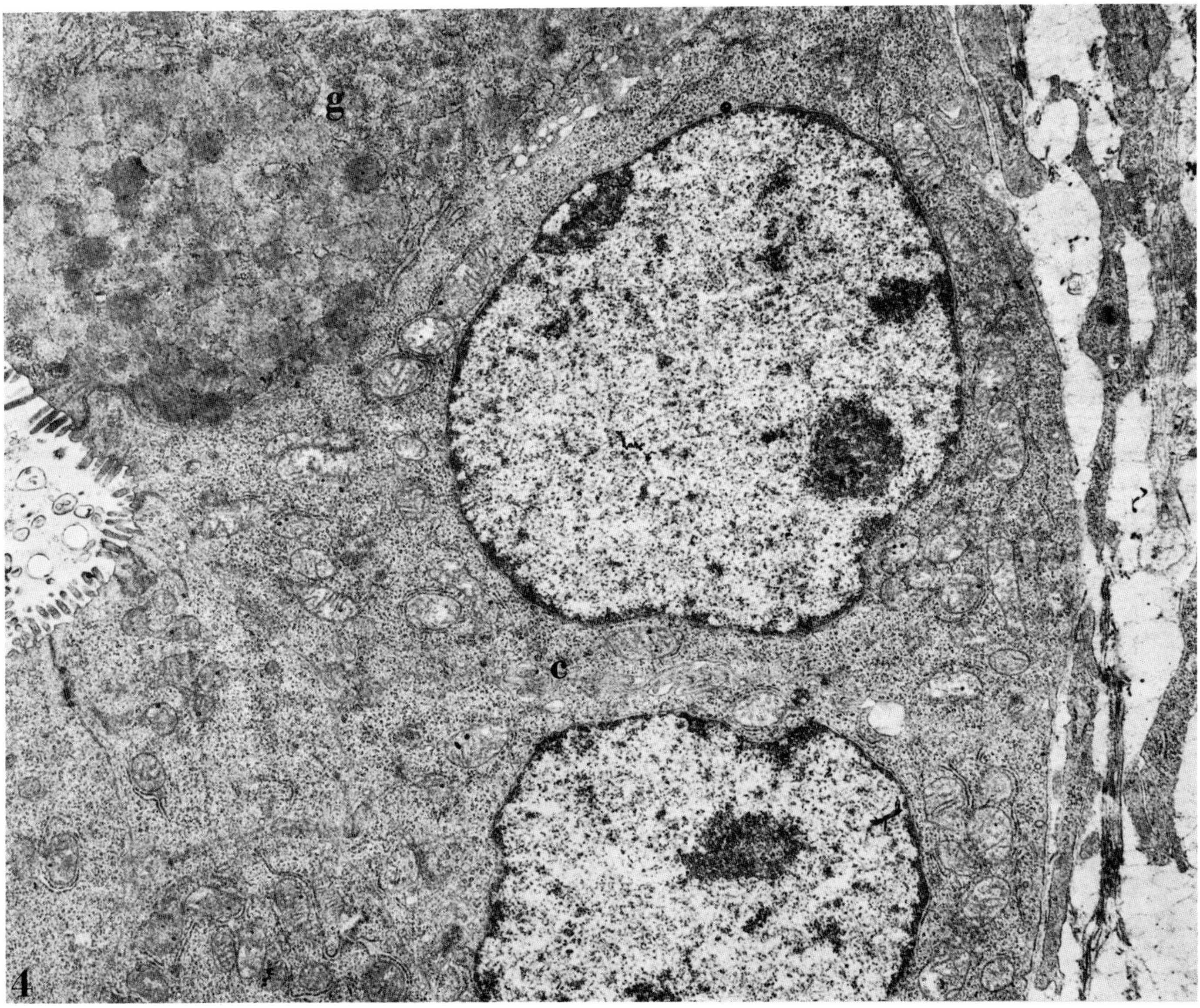
g
c
4

Plate XIII

The Duodenum

1. At the base of the villi the microvilli appear tightly packed. Prominent rootlets descend some distance further into the cytoplasm from the base of these microvilli. The apex of the cell appears moderately free of organelles at this magnification. At a deeper level a number of ribosomes, granular endoplasmic reticulum, numerous mitochondria with distinct, transversely oriented crests, and some dense granules are visible. A long tube contains similar-appearing dense material. (Fixation: 6.25% glutaraldehyde with 5% DMSO in phosphate buffer followed by osmium tetroxide postfixation). 15,000×

2. At the mouth of the crypt the microvilli are long and tightly packed. Rootlets extend deep into the apex of the cell from the base of the microvilli. Some of the rootlets blend with transversely oriented filaments associated with desmosomes. Membrane-bound granules of varying density are located in the apical portion of the cell. 48,000×

3. In the depths of the crypt, microvilli on the luminal aspect of epithelial cells are shorter and widely spaced. A transverse band of filaments, the apical cell web, traverses the cell. At a slightly deeper level, mitochondria and granular endoplasmic reticulum are seen parallel to the luminal surface. A number of free ribosomes are located in this region. 55,000×

4. A number of dense granules are found in the apex of a cell in the duodenal crypt. The granules are membrane bound and many appear to be associated with cytoplasmic microtubules. The filamentous rootlets of the short microvilli are not as distinct as those in more mature cells at higher levels of the crypt or in the villi. (Fixation: 6.25% glutaraldehyde with 5% DMSO and followed by osmium tetroxide postfixation.) 60,000×

Planche XIII

Le duodénum

1. Les microvillosités sont très tassées à l'apex des cellules situées à la base des villosités. Des radicules très visibles s'allongent depuis la base des microvillosités et plongent plus loin dans le cytoplasme. A ce grossissement, l'apex cellulaire semble à peu près dénué d'organites. Plus profondément, on retrouve un certain nombre de ribosomes, du réticulum endoplasmique granulaire, de nombreuses mitochondries avec crêtes transversales distinctes et quelques granules denses. Un long canalicule retient un matériel foncé. (Fixation au glutaraldéhyde à 6.25% et au DMSO à 5% dans un tampon phosphate, suivie d'une postfixation au tétroxyde d'osmium.) 15,000×

2. A l'embouchure de la crypte, les microvillosités sont longues et disposées en rangs serrés. De longues radicules s'enfoncent profondément dans l'apex de la cellule à partir de la base des microvillosités. Quelques-unes de ces radicules se confondent avec des filaments transversaux associés aux desmosomes. Les granules de densité variée à l'apex cellulaire sont entourés d'une membrane. 48,000×

3. Dans le fond de la crypte, les microvillosités apicales sont plus courtes et très espacées. Le réseau cellulaire apical traverse la cellule sous forme d'une bande transversale de filaments. Plus profondément, des mitochondries et du réticulum endoplasmique granulaire se disposent parallèlement à la surface cellulaire. Un certain nombre de ribosomes libres sont présents dans la même région. 55,000×

4. Cette cellule d'une crypte duodénale contient, à son apex, un certain nombre de granules denses. Les granules sont entourés d'une membrane et plusieurs semblent associés à des microtubules cytoplasmiques. Les radicules filamenteuses des courtes microvillosités ne sont pas aussi distinctes ici que celles des cellules plus évoluées du haut de la crypte ou de la villosité. (Fixation identique à celle de la figure 1.) 60,000×

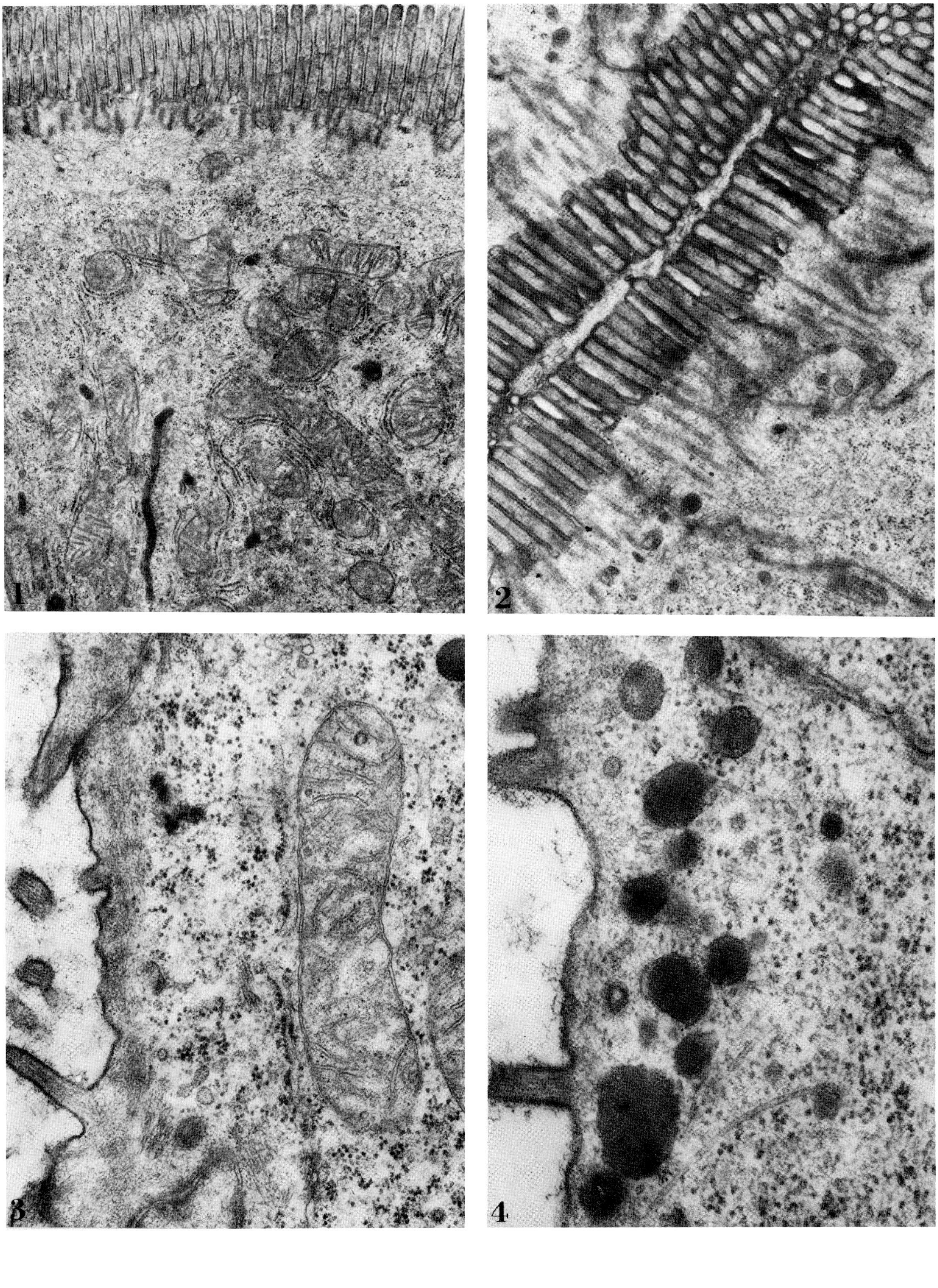
1
2
3
4

Plate XIV

The Duodenum

1. Upper crypt. The supranuclear portions of two absorptive cells in the duodenum are interconnected by a junctional complex. Cytoplasmic filaments extend into the cytoplasm from each of the desmosomes. The rootlets of the microvilli blend with an indistinct transverse band of filaments which terminate in the upper desmosomes. Transversely sectioned cytoplasmic microtubules (arrow) are found among the filaments in this apical cell web. 45,000×

2. Lower villus. Immediately below the most apical desmosome, the intercellular border most commonly becomes extremely convoluted and, on occasion, long segments are seen without evidence of desmosomal junctions. A distinct transverse band of filaments is associated with the desmosome. Ribosomes are less plentiful than in the crypt epithelial cells. 55,000×

3. Upper crypt. The field includes a part of the supranuclear region of several cells. A distinct Golgi apparatus is seen within each of the narrow cells. A small amount of moderately dense content can be seen within the Golgi sacs. Coated vesicles with similar, moderately stained content can be seen at the periphery of the Golgi. Long tubes of granular endoplasmic reticulum, free ribosomes, and mitochondria are found throughout the cytoplasm. 17,500×

Planche XIV

Le duodénum

1. Partie supérieure de la crypte. A la partie supérieure, les cellules absorbantes du duodénum sont reliées entre elles par un complexe de jonction classique. Des filaments s'étendent dans le cytoplasme à partir de chacun des desmosomes. Les radicules des microvillosités se confondent avec une bande indistincte de filaments qui se terminent dans les desmosomes superficiels. Des microtubules cytoplasmiques en coupe transversale (flèche) sont visibles parmi ces filaments du réseau cellulaire apical. 45,000×

2. Portion inférieure de la villosité. Les limites intercellulaires situées sous le desmosome le plus apical présentent souvent un trajet sinueux. De longs segments de ces limites semblent parfois dénués de desmosome. Une bande transversale très distincte de filaments est associée au desmosome. Les ribosomes sont moins abondants ici que dans les cellules épithéliales de la crypte. 55,000×

3. Partie supérieure de la crypte. Cette photographie comprend une partie du cytoplasme supranucléaire de plusieurs cellules. L'appareil de Golgi, facilement reconnaissable dans chacune des cellules étroites, comporte des saccules et des vésicules feutrés à contenu assez foncé. De longs tubules du réticulum endoplasmique granulaire, des ribosomes libres et des mitochondries se retrouvent dans le cytoplasme. 17,500×

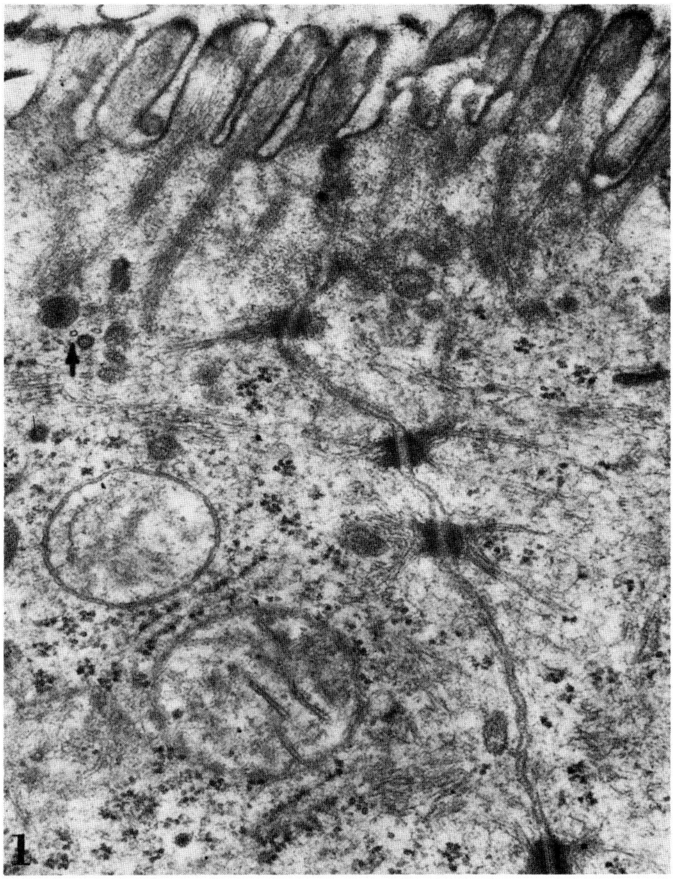
1

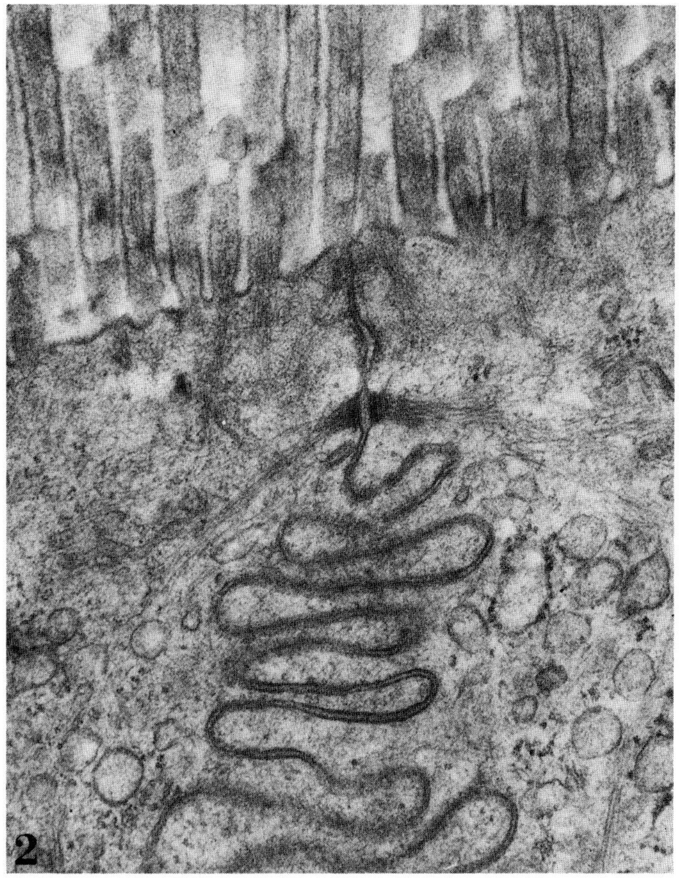
2

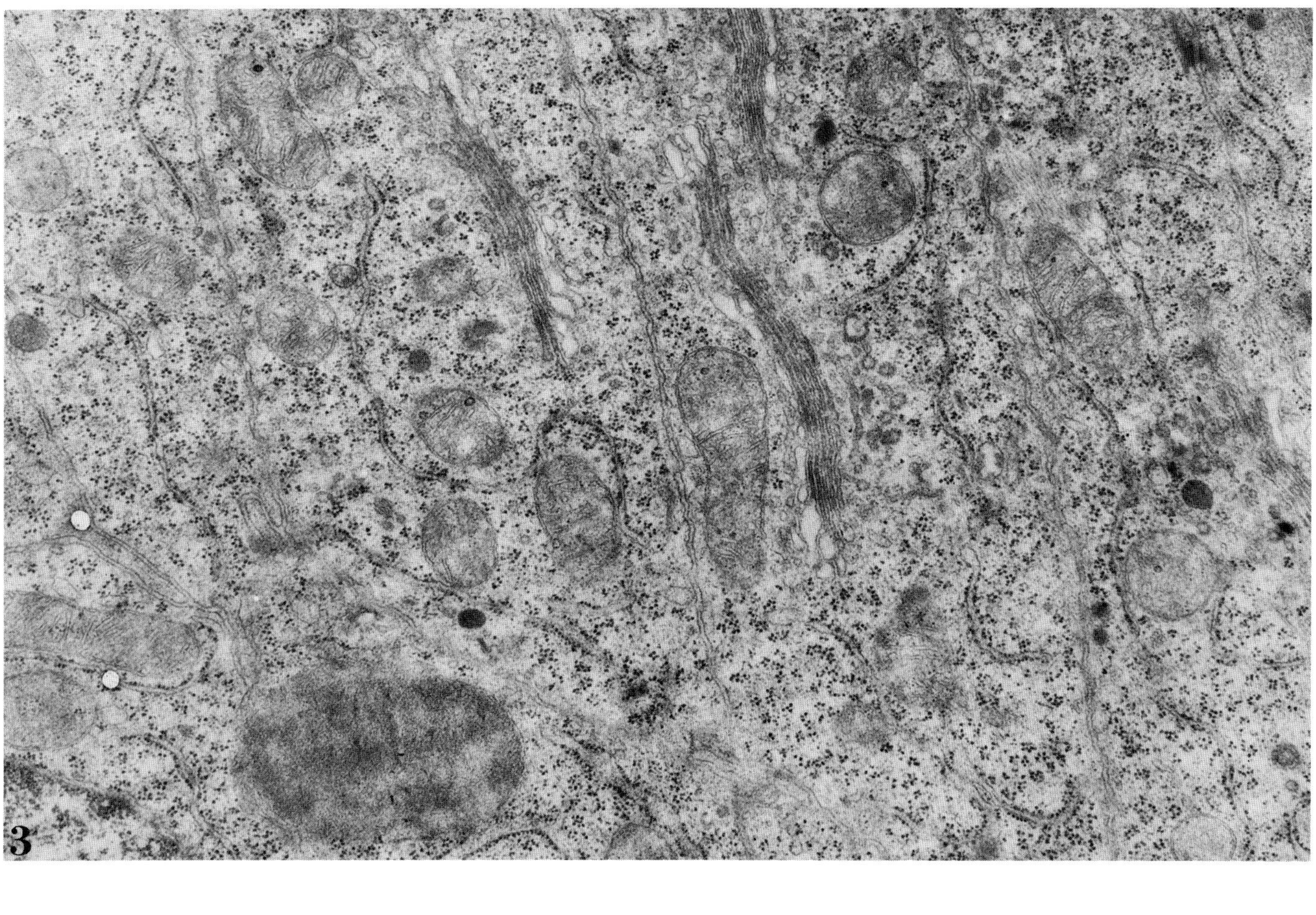
3

Plate XV

The Duodenal Epithelium—Newborn Rat

1. Apical vesicles in cells of the intestinal epithelium which is actively engaged in absorption are often considerably dilated. A surface view of one of these dilated vesicles presents an appearance of lines in parallel. Filaments from the rootlets of the microvilli are in close association with the wall of the large vesicle. 128,000 ×

2. Filaments from the rootlet appear to bend sharply toward the vesicles within the apex of the cell. Obliquely sectioned membranes and surface view of vesicles demonstrate fine lines in parallel (arrows). 110,000 ×

3. Elongations of large vesicles are closely associated with filaments of the apical cell web. Obliquely sectioned membranes appear to have a linear substructure (arrow). 98,000 ×

4. Lines in parallel are demonstrable in tangential section of the surfaces of several of the vesicles (arrow). Some of these vesicles are closely associated with rootlets of the microvilli. 90,000 ×

Planche XV

L'épithélium duodénal du rat nouveau-né

1. L'épithélium intestinal qui joue un rôle actif dans le processus d'absorption, possède des vésicules apicales souvent fort dilatées. Une vue superficielle d'une de ces vésicules présente une apparence striée. Les filaments radiculaires des microvillosités sont étroitement associés à la paroi de cette vésicule. 128,000 ×

2. A l'apex de la cellule, les filaments radiculaires des microvillosités semblent se couder fortement vers les vésicules apicales. Des coupes obliques des membranes et des vues superficielles des vésicules montrent de fines lignes parallèles (flèches). 110,000 ×

3. De grandes vésicules allongées s'associent étroitement aux filaments du réseau cellulaire apical. En coupe oblique, les membranes révèlent une infrastructure linéaire (flèche). 98,000 ×

4. La flèche indique la présence de lignes parallèles sur des coupes tangentielles de plusieurs vésicules. Quelques-unes de ces vésicules sont étroitement associées aux radicules des microvillosités. 90,000 ×

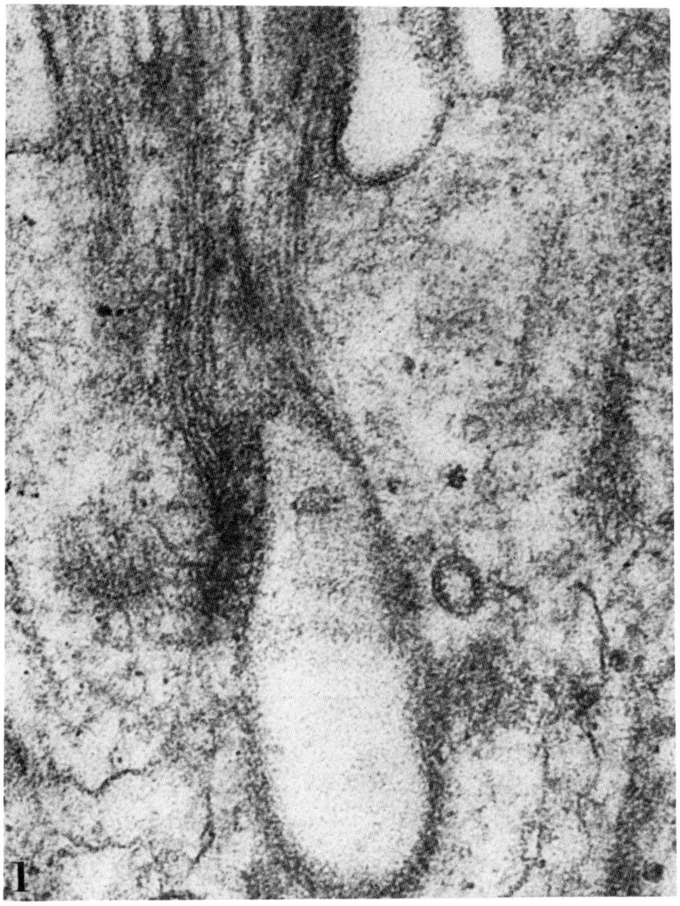
1

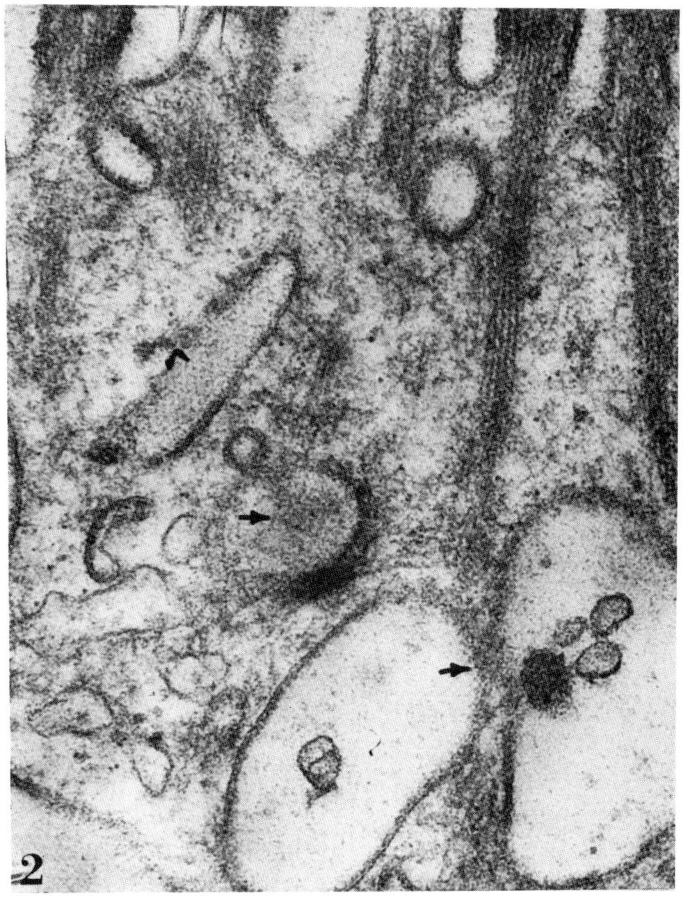
2

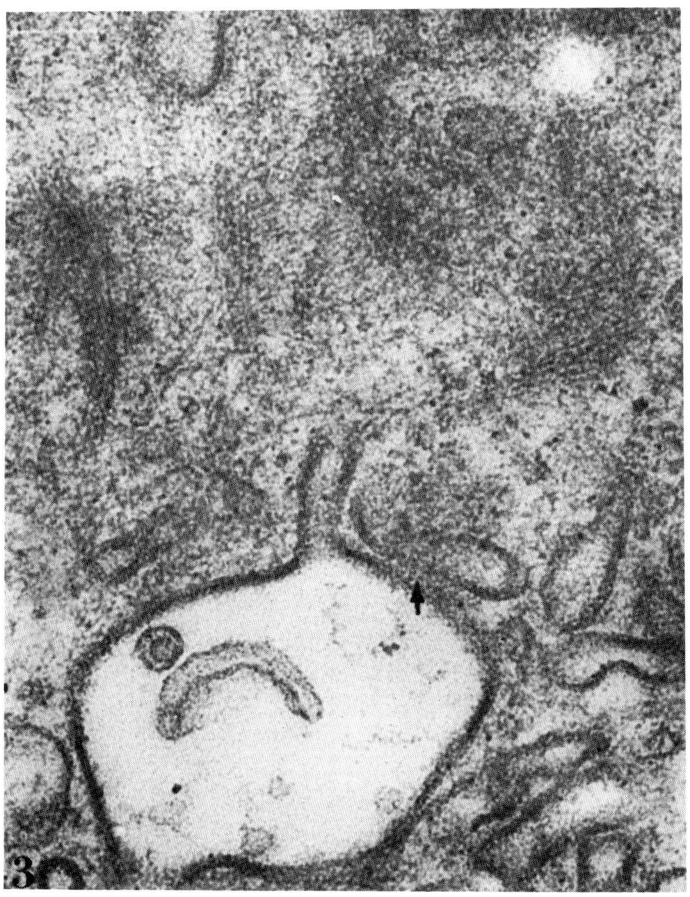
3

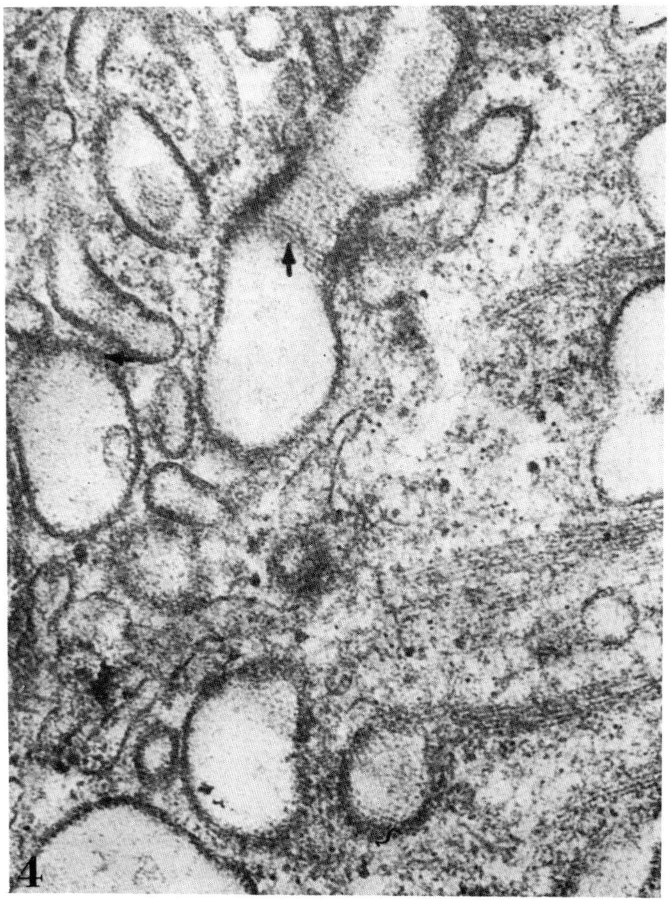
4

Plate XVI

The Duodenal Epithelium—Newborn Rat

1. In this epithelium, which is actively involved in absorption, deep invaginations of the cell surface membrane are common. A network of tubes with filaments and cytoplasmic microtubules fills the apex of the cell. Where membranes have been sectioned obliquely, there is evidence of an arrangement of lines in parallel within the substructure of the membrane (arrows). 85,000×

2. Several instances of lines in parallel are evident (arrows) in vertically oriented apical vesicles of newborn rat duodenal epithelial cells. 85,000×

3. Deep invaginations of the apical plasma membrane are seen in many cells of the epithelium. An elongated tubular structure penetrates toward deeper levels of the cell from a vesicular-appearing profile. 110,000×

4. Wherever membranes in the apical portion of the cell are sectioned obliquely, parallel subunits can be seen (arrows). 85,000×

It is suggested from these photographs that most of the vesicular-appearing profiles in the apical cytoplasm are oblique or transverse sections of membrane invaginations. The parallel lines may represent a substructure of either the membrane or its surface coats.

Planche XVI

L'épithélium duodénal du rat nouveau-né

1. De profondes invaginations de la membrane plasmatique découpent souvent la périphérie de cet épithélium où l'absorption est intense. L'apex cellulaire est occupé par un réseau de canalicules et de microtubules cytoplasmiques. En coupe oblique les membranes présentent une infrastructure de lignes parallèles (flèches). 85,000×

2. Plusieurs de ces lignes parallèles sont visibles (flèches) dans les vésicules verticales de l'apex de l'épithélium duodénal du rat nouveau-né. 85,000×

3. De profondes invaginations de la membrane plasmatique apicale apparaissent dans plusieurs de ces cellules épithéliales. Une structure tubulaire allongée pénètre profondément dans la cellule à partir d'un élément vésiculaire. 110,000×

4. Autre zone apicale d'une cellule où des sous-unités parallèles apparaissent lorsque la membrane se présente en coupe oblique (flèches). 85,000×

Les photographies de cette planche suggèrent que les éléments vésiculaires du cytoplasme apical sont en réalité des coupes obliques ou transversales des invaginations de la membrane plasmatique. Les lignes parallèles ou stries témoignent de l'infrastructure ou de la membrane ou de son revêtement.

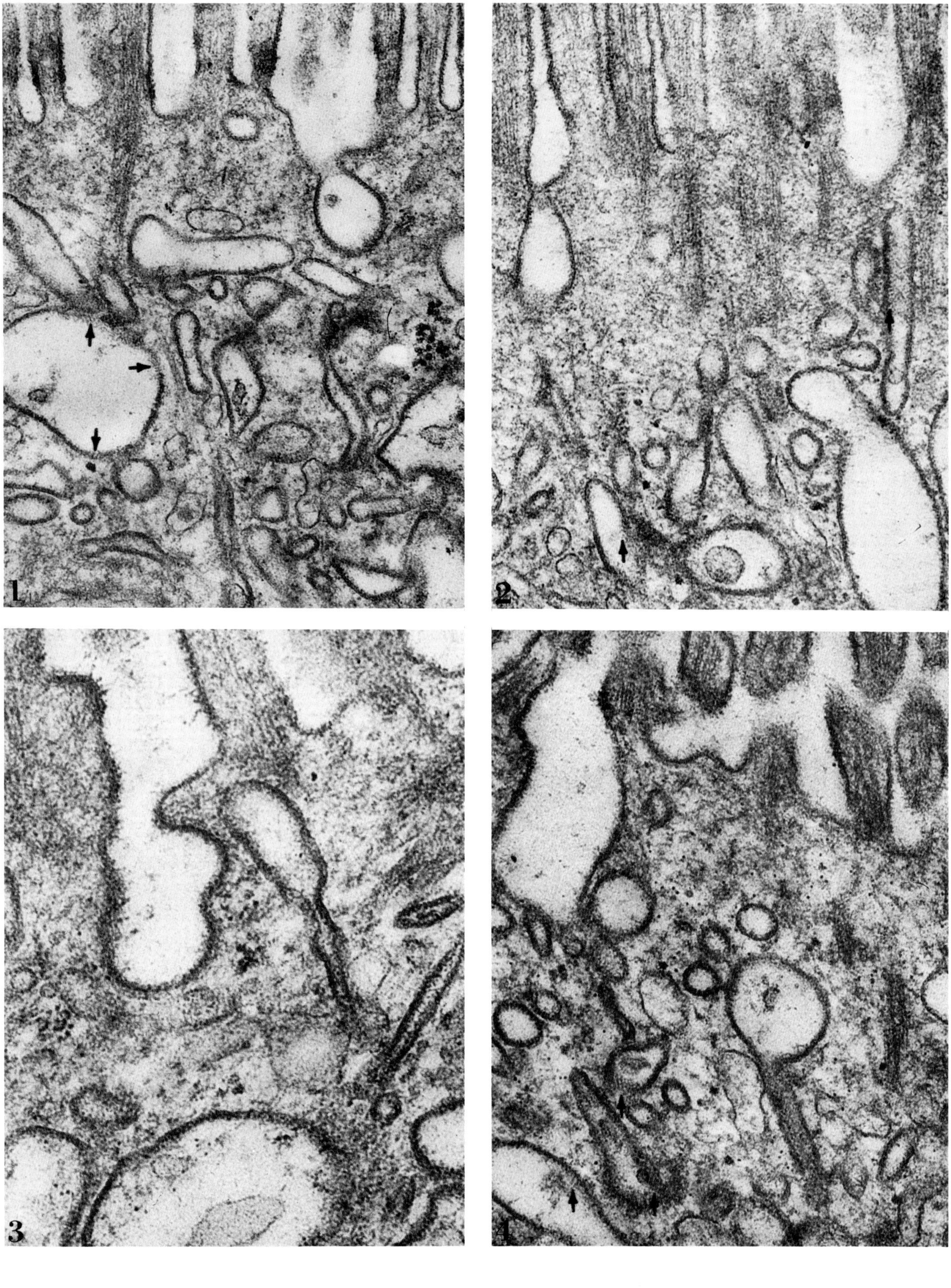
1
2
3
4

Plate XVII

The Duodenum

1. In young animals narrow tubes sometimes lead from vesicles to the luminal surface. 200,000×

2. In another cell which has absorbed quantities of lipid (li) some of this content is found in very small droplets within a dense granule. A very dense central core is seen in some of the apical microvilli. There is an increased density in the rootlets of two of these microvilli. These dense rootlets join and extend to the level of the granule with the dense content. 75,000×

3. Filamentous or tubular structures extend toward the cell surface from the vicinity of apical vesicles (arrows). 72,500×

4. In one of two adjacent intestinal epithelial cells filamentous bridges can be seen between the surface membrane and internal vesicles. 160,000×

5. A membrane invagination is seen in the base of an intestinal epithelial cell. 72,500×

Planche XVII

Le duodénum

1. Chez les jeunes animaux, des canalicules étroits établissent parfois une communication entre les vésicules et la lumière de l'intestin. 200,000×

2. Parmi les accumulations de lipides (li) absorbées par cette cellule, un granule apparaît chargé de fines gouttelettes d'aspect lipidique sur un fond très sombre. Quelques microvillosités apicales présentent un axe très foncé. Les racines de deux d'entre elles se rejoignent pour atteindre le granule au contenu très sombre. 75,000×

3. Des structures filamenteuses ou tubulaires s'étendent depuis le voisinage des vésicules apicales jusque vers la surface (flèches). 72,500×

4. Dans l'une de ces deux cellules intestinales, on note la présence de ponts filamenteux entre la paroi latérale et ses vésicules internes. 160,000×

5. Une invagination de la membrane plasmatique apparaît à la base d'une cellule épithéliale intestinale. 72,500×

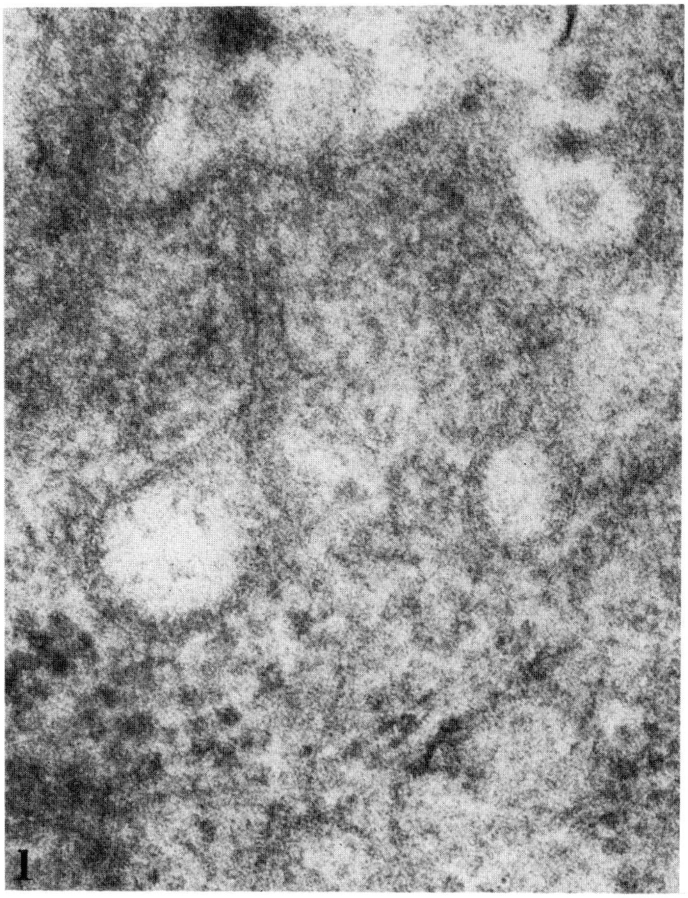
1

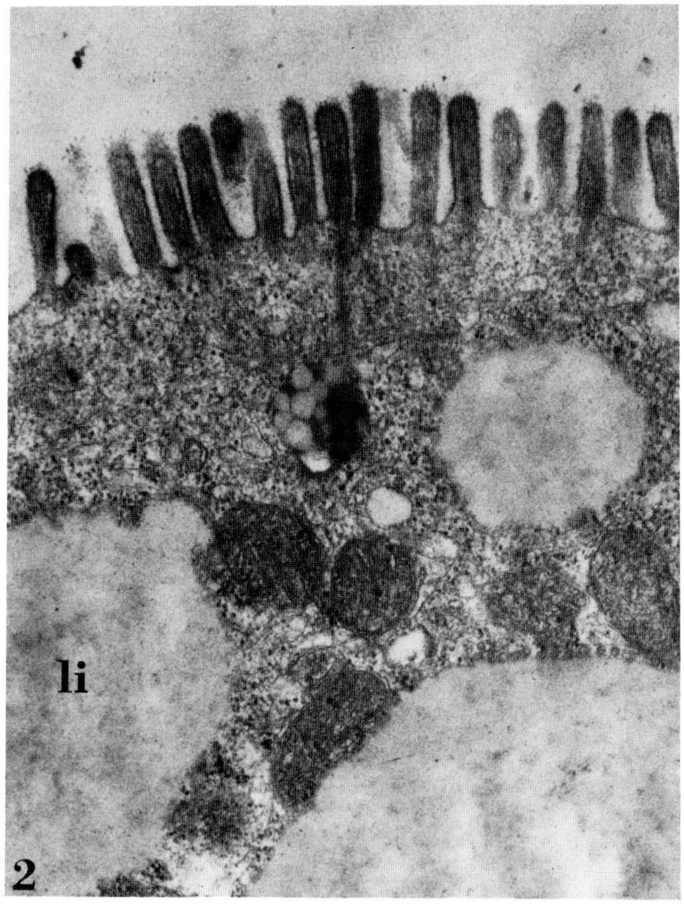
li
2

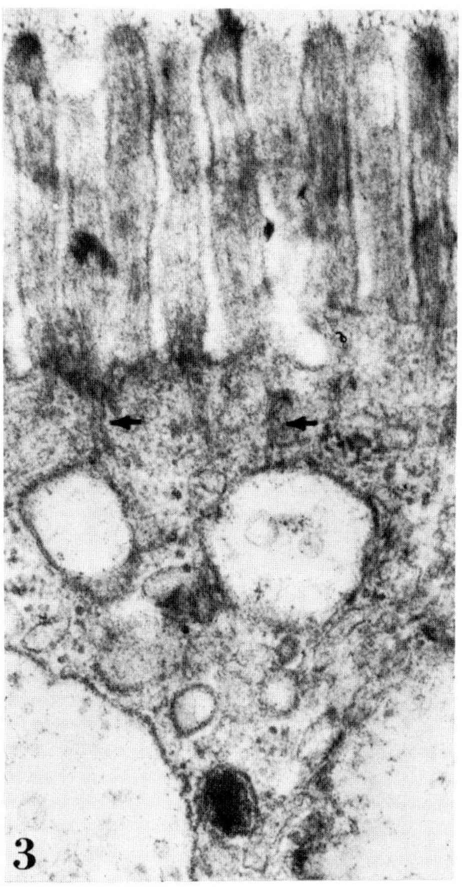
3

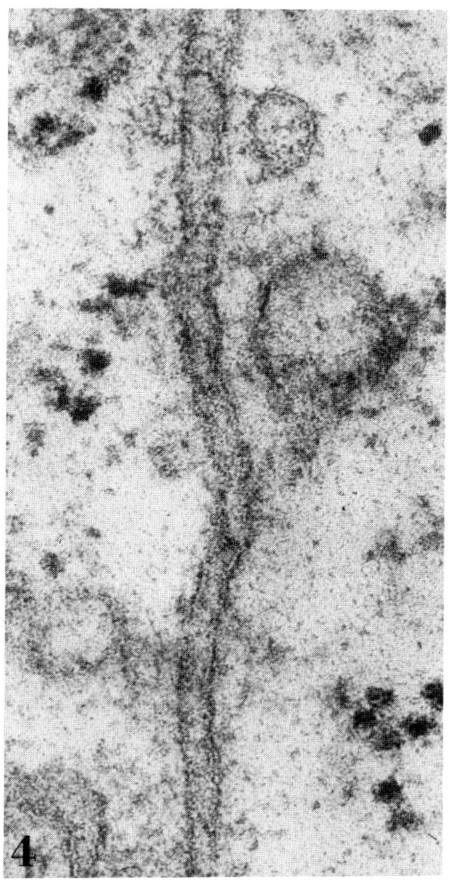
4

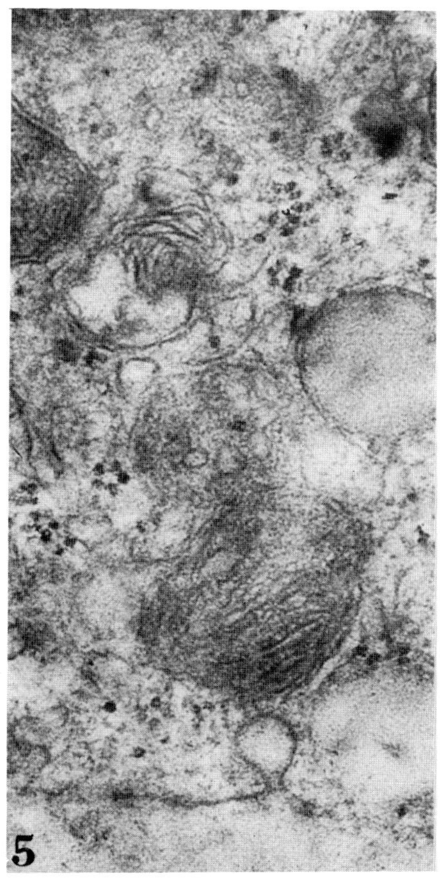
5

Plate XVIII

The Duodenum

Methods of fixation play a prominent role in the visualization of filamentous structures in cells. The speed of penetration seems to be very important for the preservation of these structures.

1. Upper crypt epithelium, adult rat. The animal, from which this tissue was taken, was perfused with a solution containing 6.25% glutaraldehyde and 5% dimethyl sulfoxide. The fixation was extremely rapid. A filamentous network can be located throughout the apical cytoplasm. A dense content was retained within most of the apical vesicles. Many of these vesicles are elongated and embedded in the filamentous network. A number of cytoplasmic microtubules can be seen among the filaments. 57,000×

2. Young adult rat. In another section, filaments in this apical region of the epithelial cell appear to be in contact with the surface of a mitochondrion (arrow). At the point of contact a defect can be seen in the outer mitochondrial membrane. 62,000×

3. Newborn rat. A band of filaments extends from the desmosome to a mitochondrion in the apical cytoplasm. 58,000×

Planche XVIII

Le duodénum

Les techniques de fixation jouent un rôle important pour la mise en évidence des structures filamenteuses des cellules. La vitesse de pénétration semble essentielle à une bonne préservation de ces structures.

1. Région supérieure de la crypte, rat adulte. L'animal dont provient ce tissu, a été perfusé avec une solution de 6.25% de glutaraldéhyde et de 5% de diméthylsulfoxyde. La fixation a été extrêmement rapide. Un réseau filamenteux est visible dans tout le cytoplasme apical et un contenu sombre a été préservé au sein des vésicules. Plusieurs de ces vésicules sont allongées et incluses dans le réseau de filaments où l'on observe également un certain nombre de microtubules cytoplasmiques. 57,000×

2. Rat jeune adulte. Des filaments de la région apicale d'une cellule épithéliale semblent en contact avec la surface d'une mitochondrie (flèche). Au point de contact, la membrane externe de la mitochondrie présente une interruption. 62,000×

3. Rat nouveau-né. Dans cette portion de cytoplasme apical, une bande de filaments s'étend du desmosome à une mitochondrie. 58,000×

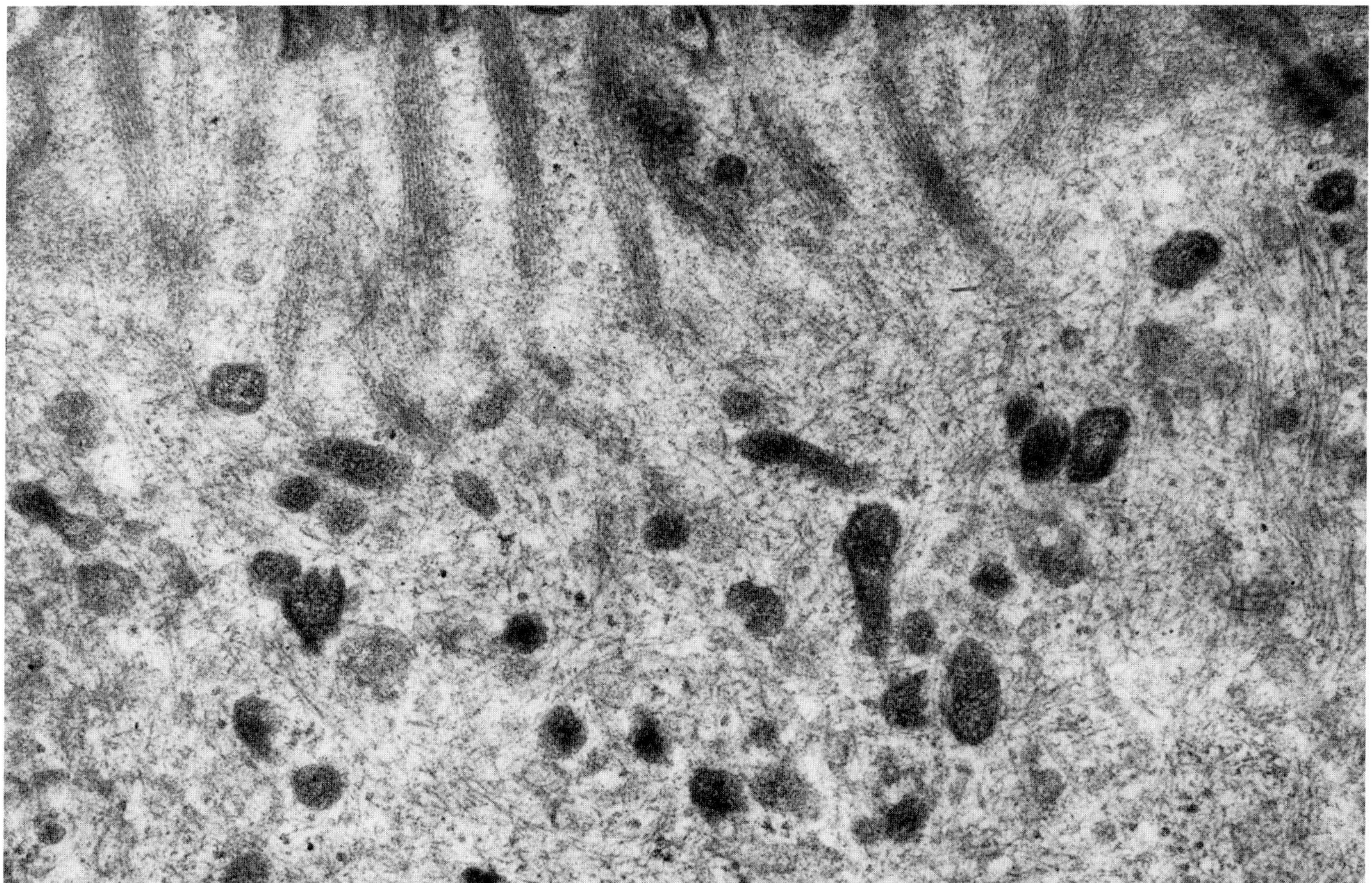

1

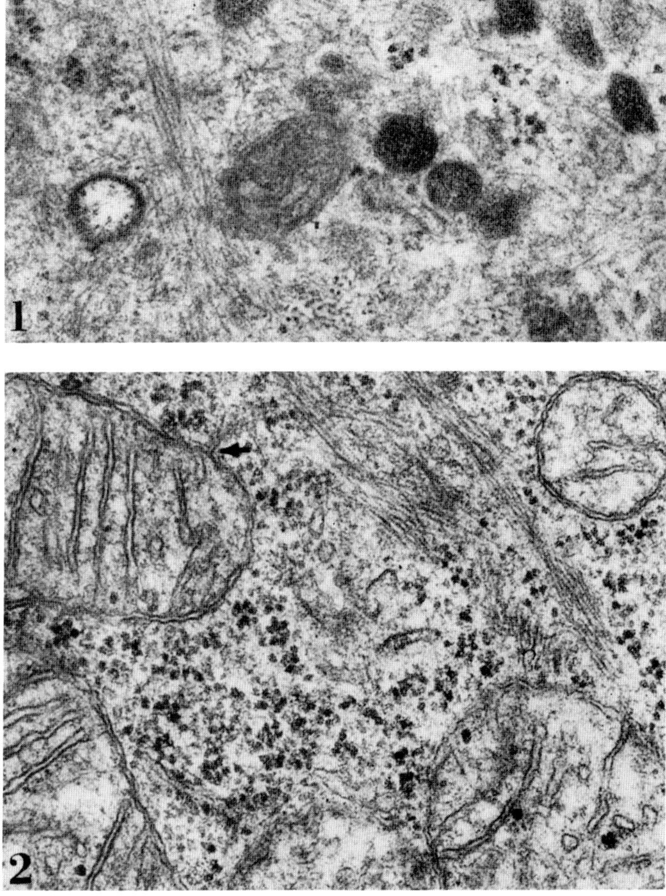

2

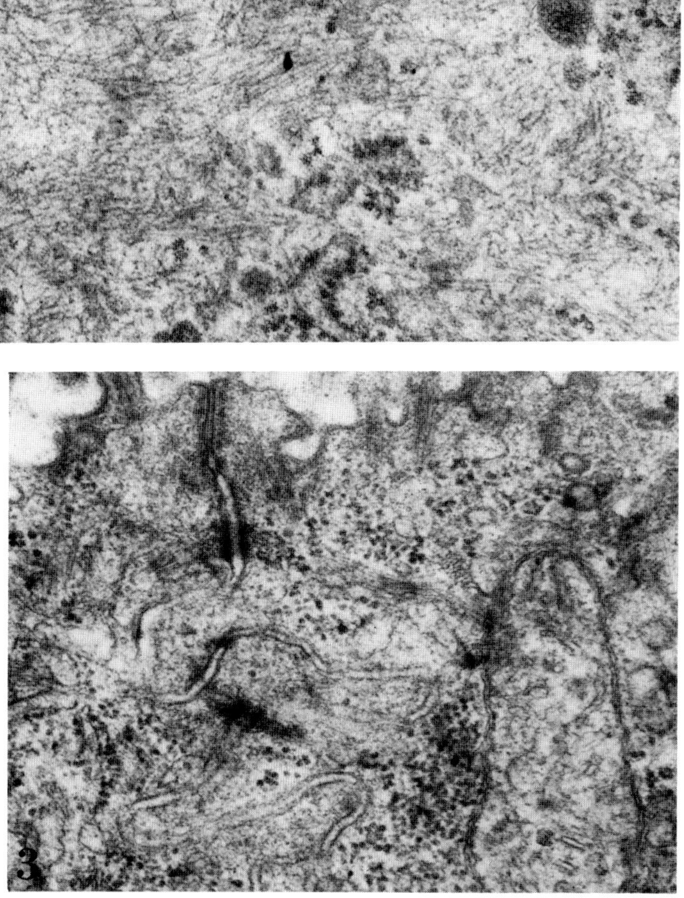

3

Plate XIX

The Duodenum

These tissues were fixed in glutaraldehyde–DMSO solution for 5 minutes and immersed in a glycerol, 10%, and DMSO, 10%, solution before freezing.

1. In a replica of frozen-etched duodenal crypt epithelium, a surface view of tufted apexes (a) of a number of microvilli and oblique fractures of others have been obtained. Microvilli have been fractured obliquely and the cores appear as rods. The cell borders are clearly outlined by the plasma membranes (pm), which have been fractured transversely near the apex of the cells. At a deeper level, where the folding of the cell borders takes place, one finds multiple layers of plasma membranes, in surface view or fractured obliquely. Surfaces of numerous cytoplasmic organelles have been replicated. Most of the organelles appear as oval or elongated structures. 17,500 ×

2. In a fracture which has passed through the folded lateral borders of adjacent cells, the membranes stand out above the intercellular space. A series of circular projections stand out along the edge of the fractured membranes. Some smooth-surfaced organelles have been exposed, and a very small tubule opens onto the lateral cell surface (arrow). 144,000 ×

3. In a replica of the apex of an epithelial cell, transversely fractured microvilli (mv) and surface views of some organelles have been demonstrated. Filaments, approximately 50 Å in diameter, can be seen protruding from the fractured surface of the microvillous cores, and out of the rootlets (r) or microvilli. Replicas of longitudinally oriented filaments have been difficult to obtain in frozen-etched material. 105,000 ×

Planche XIX

Le duodénum

Tissus fixés dans le mélange glutaraldéhyde-DMSO pendant 5 minutes et plongés dans un mélange glycérol 10%–DMSO 10% avant congélation.

1. Photographie d'une réplique de l'épithélium d'une crypte duodénale après congélation et mise en relief. On aperçoit l'aspect touffu (a) du sommet de certaines microvillosités et la fracture oblique de certaines autres. La fracture oblique de l'axe des microvillosités lui donne l'aspect d'une tige. Les limites cellulaires sont clairement indiquées par les membranes plasmatiques (pm) qui ont été brisées transversalement près de l'apex des cellules. Plus profondément, les membranes latérales se replient et leurs couches multiples apparaissent en vue superficielle ou en fracture oblique. Le relief de nombreux organites a l'aspect de structures ovales ou allongées. 17,500 ×

2. Sur une réplique où le plan de fracture intéresse les portions repliées des surfaces cellulaires latérales, les membranes plasmatiques dominent l'espace intercellulaire. Des projections circulaires s'alignent le long des membranes. Les surfaces lisses de certains organites ont été mises en évidence et un canalicule s'ouvre à la surface latérale de la cellule (flèche). 144,000 ×

3. Sur la réplique de l'apex d'une cellule épithéliale, on aperçoit le relief d'organites et la fracture transversale de microvillosités. Des filaments d'environ 50 Å de diamètre se projettent à partir de l'axe fracturé des microvillosités et de leurs radicules (r). Sur des répliques, on a certaine difficulté à mettre en évidence les filaments en vue longitudinale. 105,000 ×

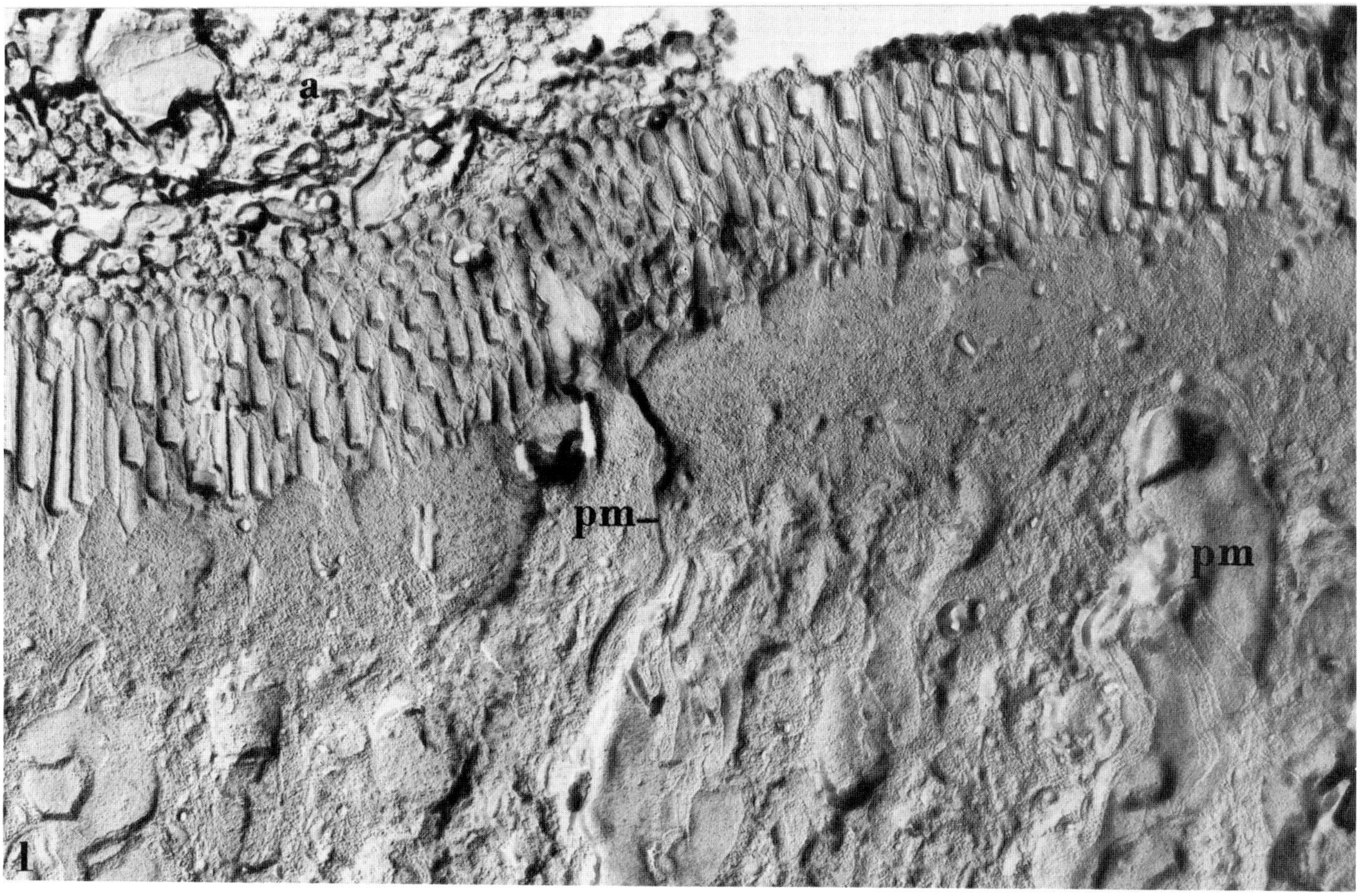
a
pm
pm
1

2

r
mv
r
3

Plate XX

Ileum—Newborn Rat

1. L. Numerous, very large lipid droplets occupy the apexes of absorptive cells in the ileum (arrows). 750×

2. Lipid droplets are found throughout the cytoplasm of the cell and even within a nucleus. In the intercellular space lipid droplets increase in size from a point below the apexes toward the base of the cells. A few dense granules are located in the supranuclear and apical region of the cell. 25,000×

3. Lipid droplets, dense granules, and long tubules (arrows) are located in the apex in one of these absorptive cells. 110,000×

4. In these cells, distended with large droplets of fat, tubules of the endoplasmic reticulum are alligned parallel to the apical surface. 45,000×

5. Lipids reach the intercellular space a short distance below the terminal bar. Here the lipid droplet occupies a space between three cells. 45,000×

6. An enlargement of a part of Fig. 2. Lipid droplets can be located within the nucleus. The lack of chromatin at the periphery of the droplet and the lack of evidence of nuclear membranes make it quite certain that this is not a transversely sectioned invagination of the nuclear surface. 45,000×

Planche XX

Iléon du rat nouveau-né

1. L. De nombreuses gouttelettes lipidiques sont présentes à l'apex des cellules absorbantes de l'iléon (flèches). 750×

2. A plus fort grossissement, on retrouve des gouttelettes lipidiques dispersées dans le cytoplasme de la cellule et au sein même d'un noyau. Dans l'espace intercellulaire, la dimension des gouttelettes lipidiques s'accroît depuis un point infra-apical jusqu'à la base de la cellule. Quelques granules denses se trouvent dans la région supranucléaire et la portion apicale de la cellule. 25,000×

3. L'apex d'une cellule contient des gouttelettes lipidiques, des granules denses et de longs canalicules (flèches). 110,000×

4. Dans ces cellules gonflées de gouttelettes lipidiques, les tubules du réticulum endoplasmique sont parallèles à la surface apicale. 45,000×

5. Des lipides s'infiltrent dans l'espace intercellulaire jusqu'à une courte distance sous la bandelette obturante. Les gouttelettes lipidiques occupent ici un carrefour entre trois cellules. 45,000×

6. Agrandissement d'une partie de la figure 2. Une gouttelette lipidique est présente au sein du noyau. Deux observations permettent de croire que cette gouttelette n'est pas située dans une invagination de la surface nucléaire vue en coupe transversale: d'abord l'absence de chromatine à la périphérie de la gouttelette puis le manque apparent d'une membrane nucléaire à la même périphérie. 45,000×

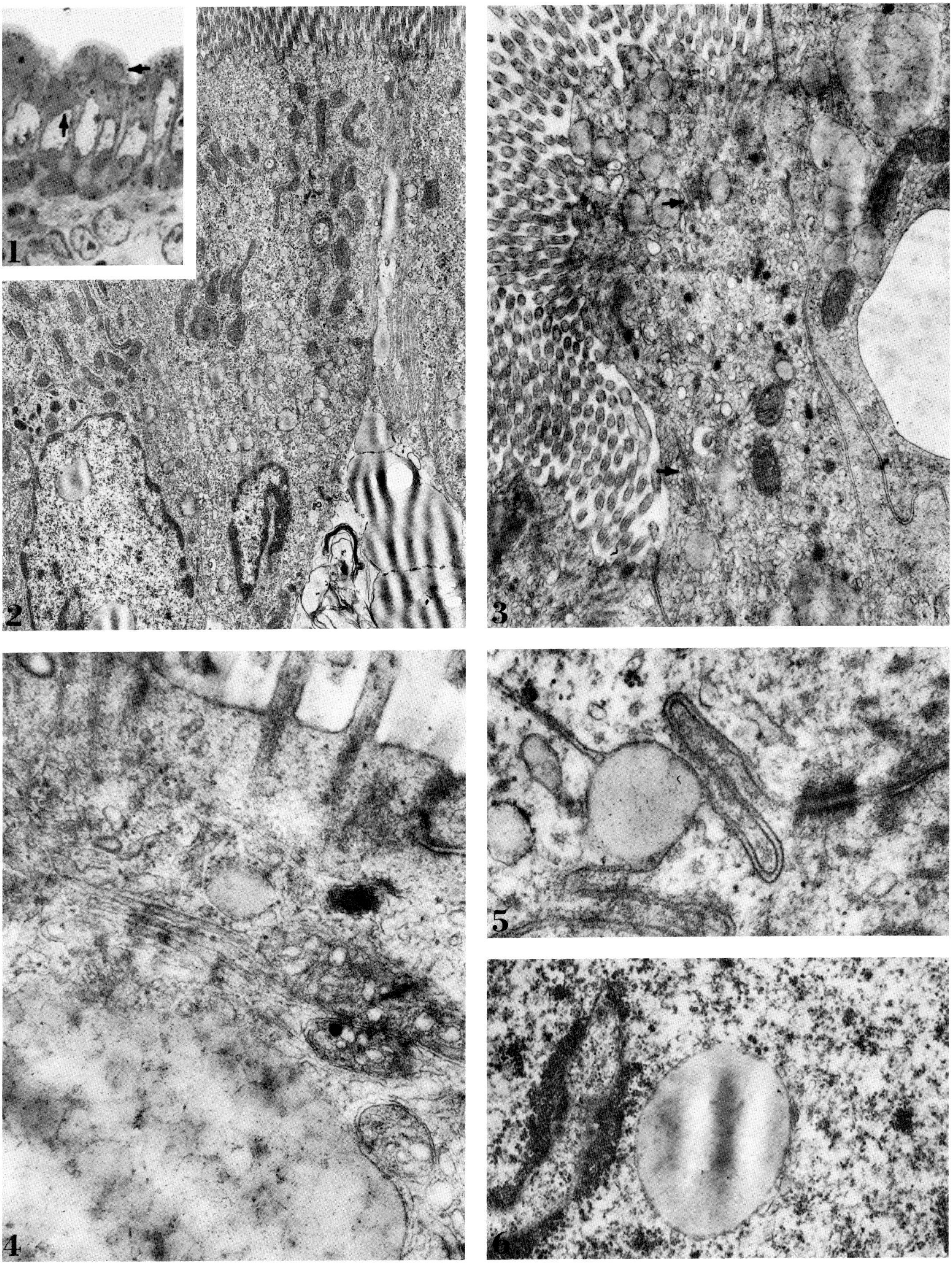
1
2
3
4
5
6

Plate XXI

Ileum—Newborn Rat

1. Three hours after the instillation of ferritin into the stomach of a newborn rat, the label was located in many vesicular- or tubular-appearing profiles in some epithelial cells of the small intestine. In this instance a tubule leads into the cytoplasm from the lumen (L). Dilatations in the tubule contain ferritin granules. 80,000 ×

2. In another instance many tubular structures and larger vesicular profiles contain ferritin. 45,000 ×

3. Five hours after instillation of ferritin into the stomach, the label was located in some of the many vesicles and tubules within the cytoplasm. 58,000 ×

The intestinal epithelium of adult rats does not absorb the label. This lack of discrimination by the intestinal epithelial cells of newborn animals, which allows them to absorb colloidal gold or ferritin, lasts only a few days.

Planche XXI

Iléon du rat nouveau-né

1. Trois heures après l'instillation de ferritine dans l'estomac, le marqueur se retrouve dans des vésicules ou des éléments tubulaires de quelques cellules épithéliales de l'intestin. Ici un canalicule allant de la lumière (L) au cytoplasme présente des dilatations chargées de grains de ferritine. 80,000 ×

2. Plusieurs structures tubulaires et vésiculaires d'une autre cellule contiennent de la ferritine. 45,000 ×

3. Cinq heures après l'instillation de ferritine dans l'estomac, le marqueur apparaît dans certains des nombreux tubules et vésicules répartis par tout le cytoplasme. 58,000 ×

Le manque de discrimination qui caractérise la cellule intestinale du rat nouveau-né et qui lui permet ainsi d'absorber l'or colloïdal ou la ferritine ne dure que quelques jours. L'épithélium intestinal du rat adulte n'absorbe plus la ferritine.

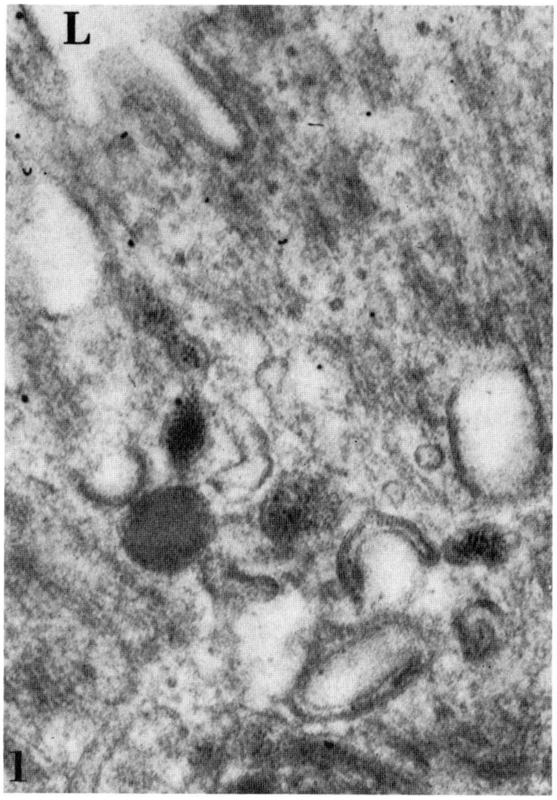
L
1

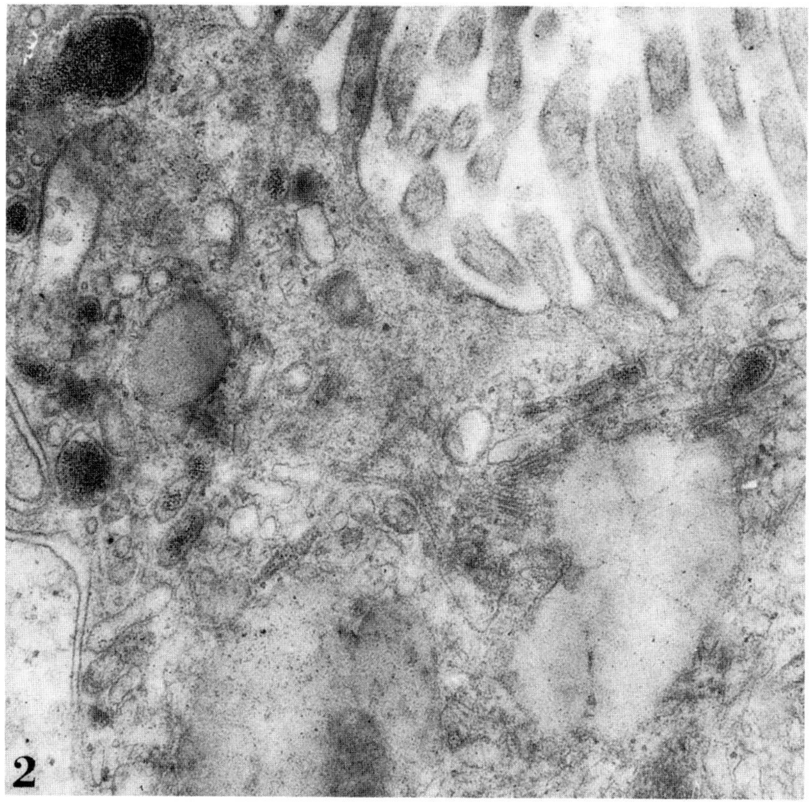
2

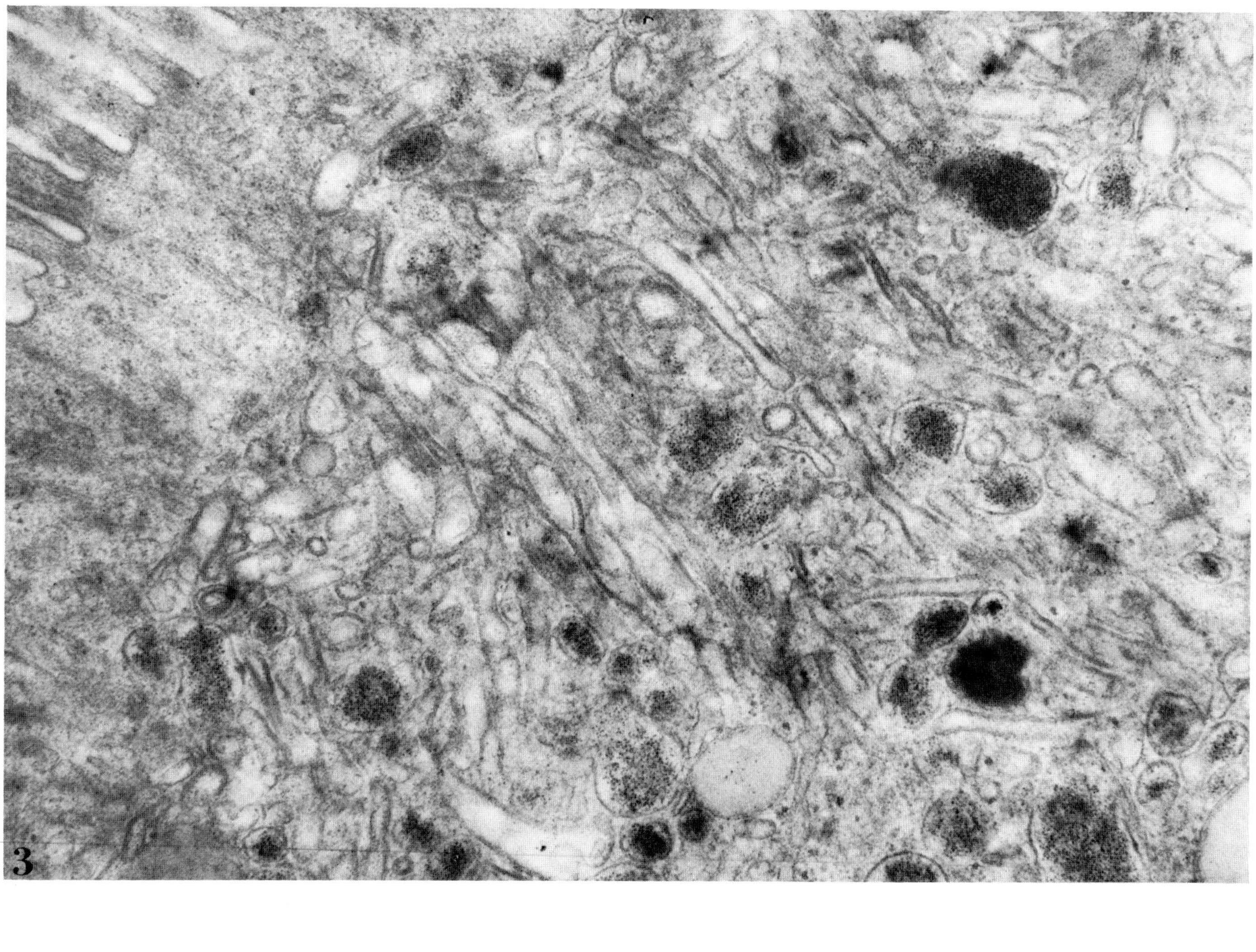
3

Plate XXII (a)

The Goblets Cells

It has been shown that protein polysaccharide complexes are assembled in the Golgi apparatus of the goblet cell.

1. L. The mucus in the goblet cells and in the lumen of the crypt of the duodenum is intensively stained by the periodic acid–silver methenamine method. In addition, terminal bars, nuclear chromatin, and nucleoli are heavily stained. The cytoplasm of the goblet cell stains more densely than that of the absorptive (chief) cell. Thus the emptied goblet cells (g) can be identified. The chromosomes of a cell in anaphase, extracellular basal laminae, and collagen stain very densely. 600×

Figures 2, 3, 4, and 5. Tissues fixed in glutaraldehyde–DMSO solution.

2. L. Transversely sectioned crypts of the large intestine contain many distended goblet cells. The goblets contain more or less circular packets of mucus. Among these droplets a few dense particles can be seen. Two of the goblets are in communication with the central lumen, and it would appear that the content is in the process of being discharged into the lumen. An enterochromaffin cell (arrow) with a few small dense cytoplasmic granules can be seen between the epithelial cells. 600×

3. As in the light micrograph, globules of varying density can be seen within the goblet in the electron micrograph. The apical content of some of the goblets has been discharged into the lumen. 2250×

4. Darker globules of mucus have been secreted from the goblet into the lumen along with a large amount of paler background material. Some pale droplets are located among the more dense material within the goblet. A goblet cell has a large amount of granular endoplasmic reticulum surrounding its deeply indented, small, dark nucleus. The goblet cell is not as tall as, and its cytoplasm stains considerably more densely than that of the neighboring chief cells. 3500×

5. Densely stained material is found at the periphery of the goblet, from which most of the content appears to have been discharged into the lumen of the colon. Dense granules are located in the extensive Golgi regions of both the goblet cell and the neighboring absorptive cells. The microvilli of both cells appear tufted. 6500×

Planche XXII (a)

Les cellules caliciformes

On croit généralement que des complexes mucopolysaccharidiques sont formés dans l'appareil de Golgi de la cellule caliciforme.

1. L. Le mucus des cellules caliciformes et celui de la lumière de la crypte duodénale sont fortement colorés par la technique à l'acide periodique-méthénamine à l'argent. Cette technique colore également les bandelettes obturantes, la chromatine et le nucléole. Le cytoplasme des cellules caliciformes se colore ici plus intensément que celui des cellules absorbantes. On peut donc distinguer parmi ces dernières les cellules caliciformes vidées de leur contenu (g). Les chromosomes d'une cellule en anaphase, les lames basales et le collagène se colorent aussi très intensément. 600×

Les figures 2, 3, 4, et 5. Fixation au glutaraldéhyde–DMSO.

2. L. Dans une coupe transversale de cryptes du gros intestin, on aperçoit plusieurs cellules caliciformes dilatées. À l'intérieur des dilatations, on remarque des masses plus ou moins circulaires de mucus et, entre ces masses ou gouttelettes, quelques particules denses. Le contenu de deux cellules caliciformes est en communication avec la lumière où il semble se déverser. Entre les cellules épithéliales, on peut apercevoir une cellule entérochromaffine (flèche) avec quelques petits granules cytoplasmiques denses. 600×

3. En microscopie électronique, le mucus des cellules caliciformes affiche, comme en microscopie photonique, des globules de différentes intensités. Le contenu apical de quelques-unes de ces cellules s'est vidé dans la lumière. 2250×

4. Une cellule caliciforme a sécrété dans la lumière, des globules sombres de mucus en même temps qu'une grande quantité de matériel moins foncé. Quelques gouttelettes pâles sont présentes dans la substance plus sombre de la cellule caliciforme. Les cellules caliciformes contiennent une grande quantité de réticulum endoplasmique granulaire qui entoure le petit noyau sombre profondément dentelé. La cellule caliciforme est plus courte que les cellules absorbantes voisines et son cytoplasme se colore beaucoup plus intensément. 3500×

5. Le calice de la cellule contient un matériel foncé dont la majeure partie semble avoir été sécrétée dans la lumière du colon. Des granules foncés sont présents dans les vastes zones de Golgi de la cellule caliciforme et de la cellule absorbante. Les microvillosités des deux cellules sont garnies d'une aigrette. 6500×

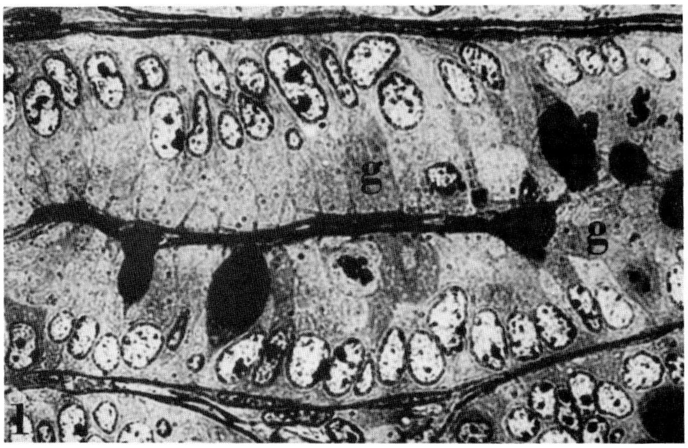
g
g
1

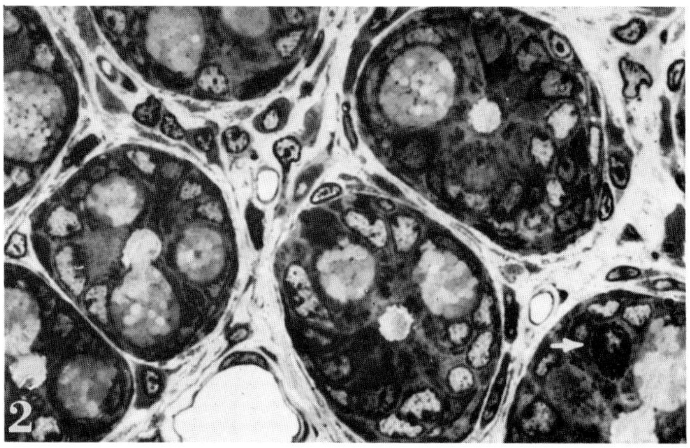
2

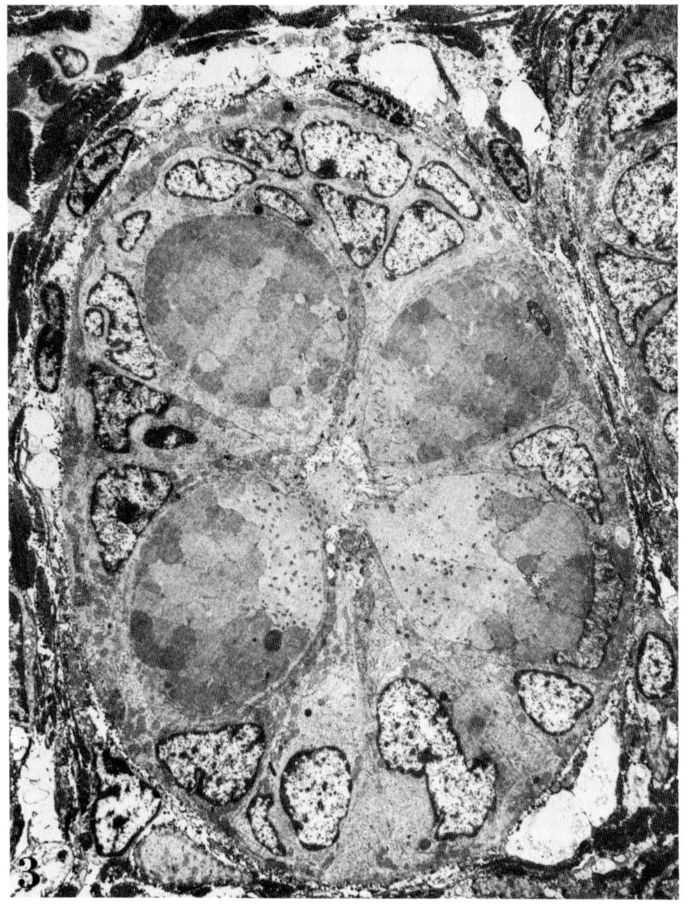
3

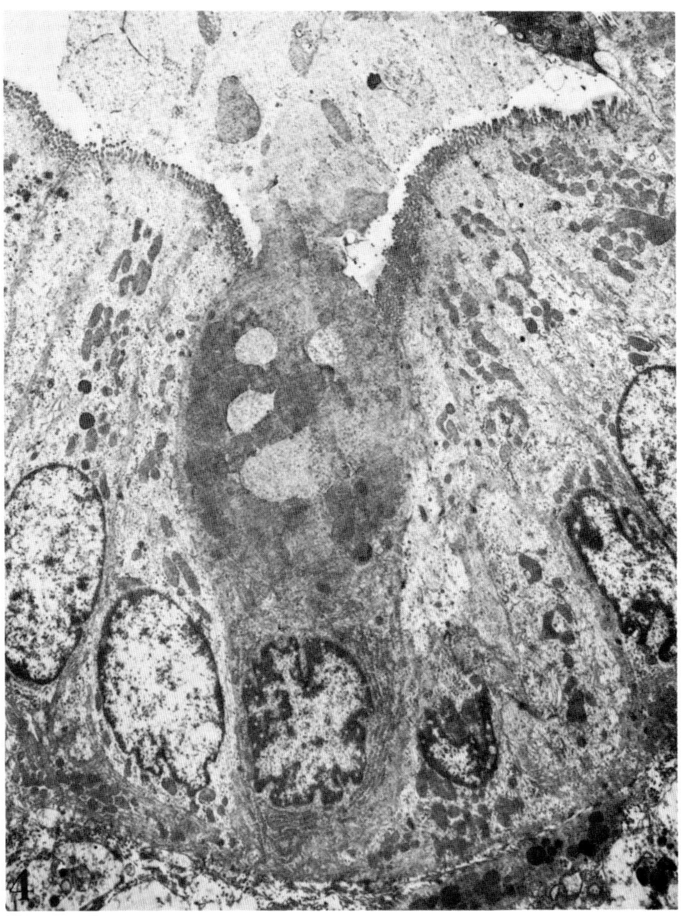
4

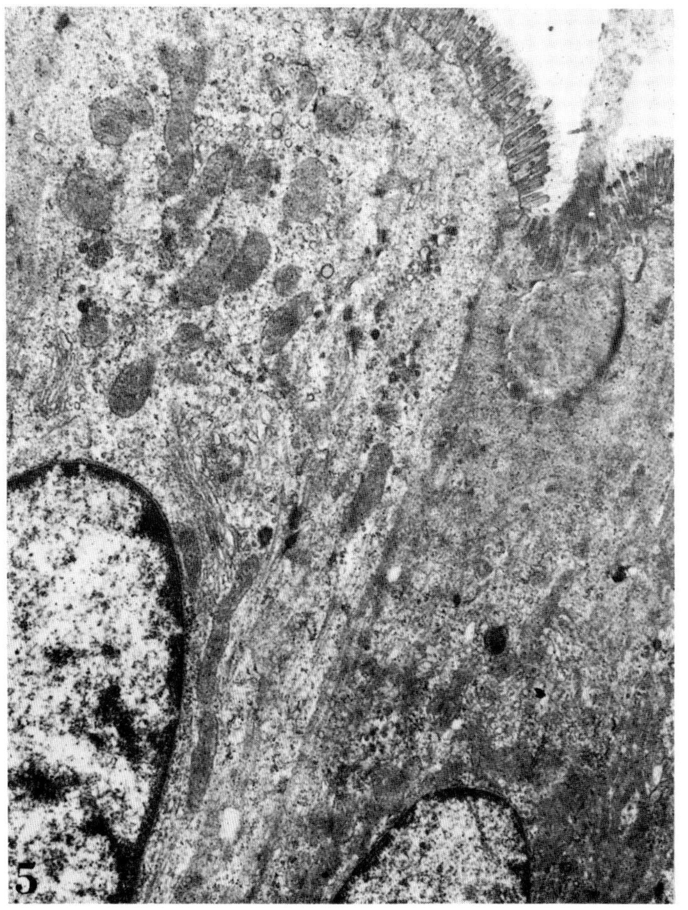
5

Plate XXII (b)

Goblet Cells—The Colon

1. The globules of mucus appear in the supranuclear region and soon form a mass which distends this portion of the cell. The Golgi zone is lightly stained. An organelle resembling a multivesicular body has very densely stained content. The cisternae of the granular endoplasmic reticulum in the base of the cell are somewhat distended and have a moderately stained content. This probably represents the precursors of the mucin. Large, densely stained mitochondria occupy much of the apex of the cell. 12,000×

2. In an elongated goblet cell, the mucus globules appear in the apical concavity of a very extensive Golgi complex (G). Membranes surround individual globules. 9000×

3. In an enlargment of a part of 1, a fibrillar material (arrows) can be seen in the mucus globules. Some granular endoplasmic reticulum is present between the globules. 40,000×

Planche XXII (b)

Cellules caliciformes du colon

1. Les globules de mucus apparaissent dans la région supranucléaire pour former aussitôt une masse qui dilate cette partie de la cellule. La zone de Golgi se colore légèrement. Un contenu dense se distingue dans un organite ressemblant à un corps multivésiculaire. Les citernes quelque peu dilatées du réticulum endoplasmique granulaire situé au pôle basal de la cellule possèdent un contenu assez dense. Il s'agit probablement des précurseurs de la mucine. L'apex cellulaire est riche en grosses mitochondries foncées. 12,000×

2. Cellule caliciforme allongée où les globules de mucus prennent forme dans la concavité apicale d'un complexe de Golgi (G) très élaboré. Une membrane entoure chaque globule. 9000×

3. Un agrandissement d'une partie de la figure 1 laisse voir un matériel fibrillaire (flèches) dans les globules de mucus. Du réticulum endoplasmique granulaire apparaît entre les globules. 40,000×

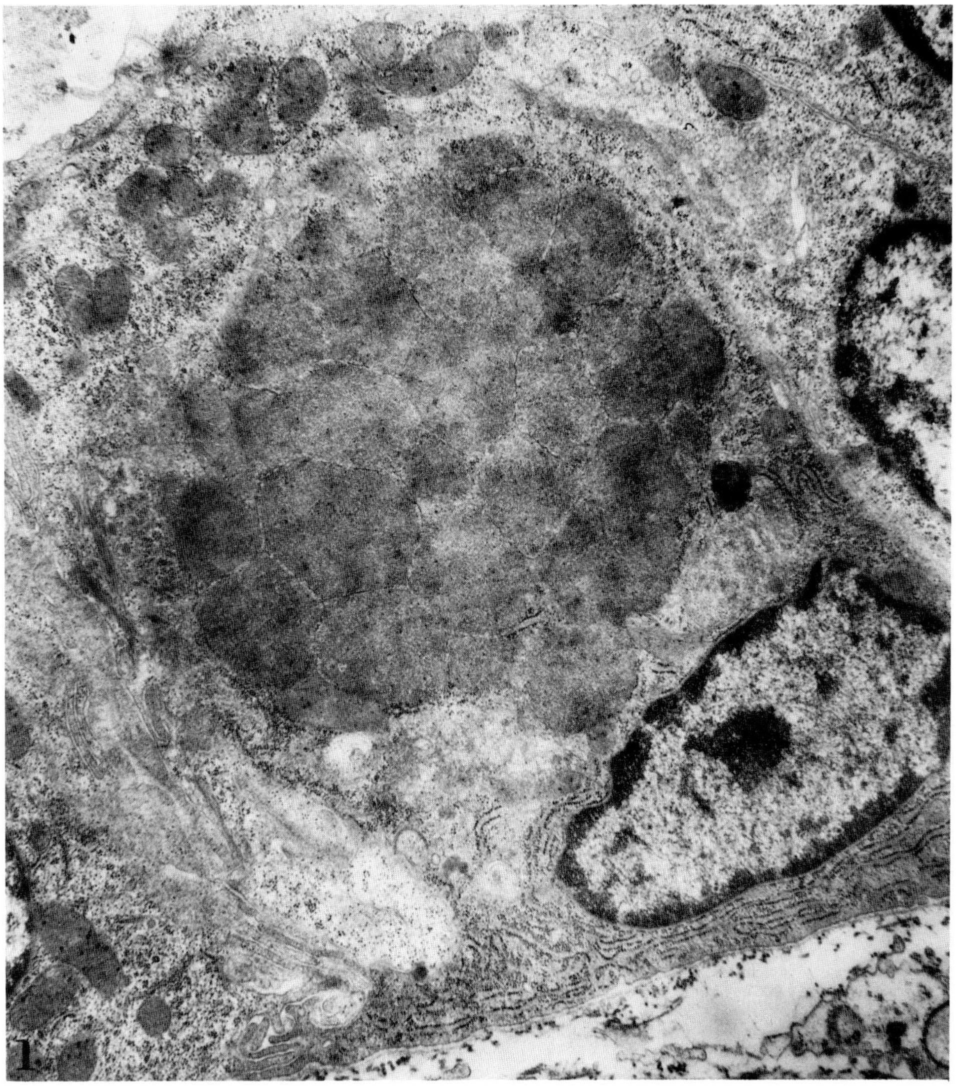
1

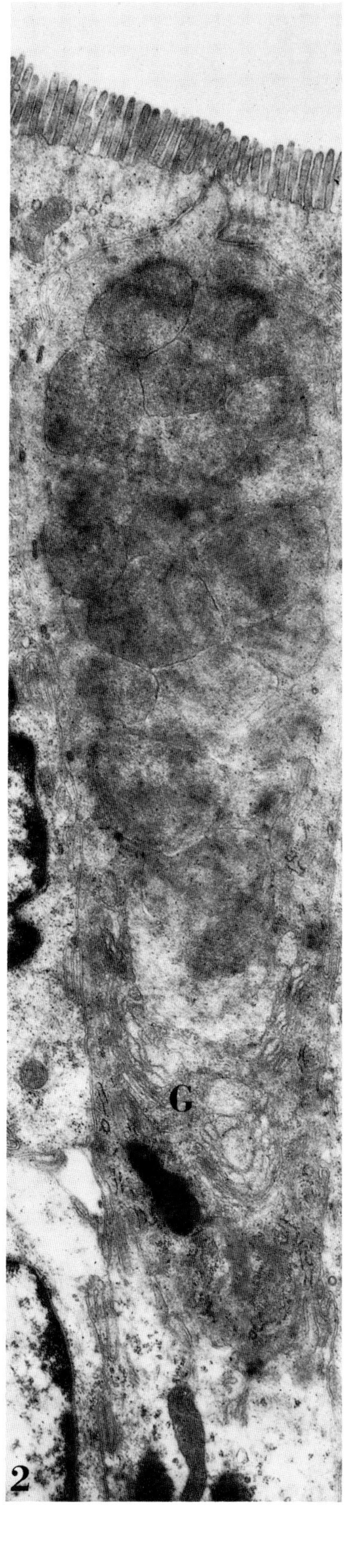
G
2

3

Plate XXIII

The Goblet Cells—Colon

Fixation: glutaraldehyde with DMSO.

1. The mucous secretion appears as very fine, irregular fibrillar material with superimposed densities. One elongated dense mass of secretory material is found near the border of the goblet and extends into the lumen. Individual globules in the goblet appear to be surrounded by a thin membrane. 48,000×

2. Long operculae of the goblet cells extend across the apices of the microvilli of adjacent chief cells. 60,000×

3. Some fine granular material appears to be secreted from the goblet cell along with the paler fibrillar mucoid material. 60,000×

Planche XXIII

La cellule caliciforme du colon

Fixation au glutaraldéhyde avec DMSO.

1. La sécrétion muqueuse prend l'aspect d'un matériel fibrillaire très fin parsemé d'éléments foncés. Une masse allongée et sombre de matériel sécrétoire borde le calice et s'étale dans la lumière. Il semble que les globules de la cellule caliciforme soient entourés d'une mince membrane. 48,000×

2. Les longs opercules de la cellule caliciforme surplombent l'apex des microvillosités des cellules absorbantes voisines. 60,000×

3. La cellule caliciforme semble sécréter de fines particules accompagnées d'une substance mucoïde fibrillaire plus pâle. 60,000×

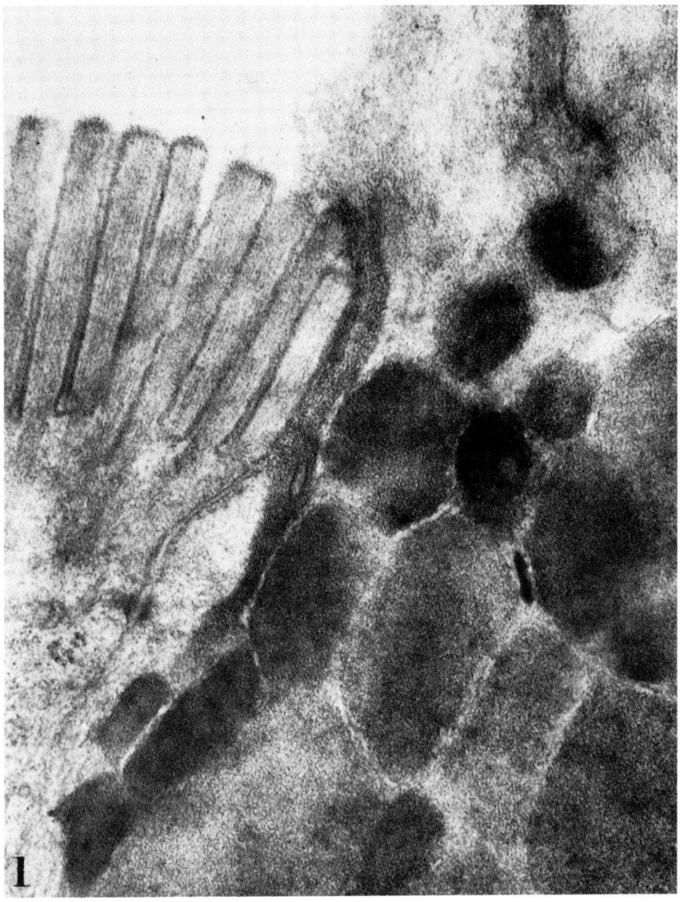
1

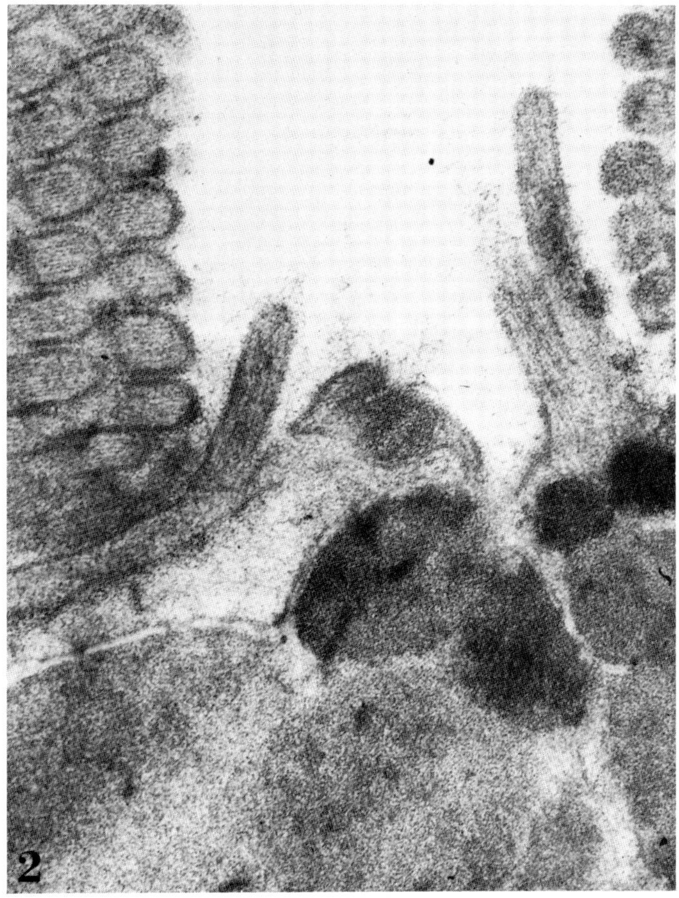
2

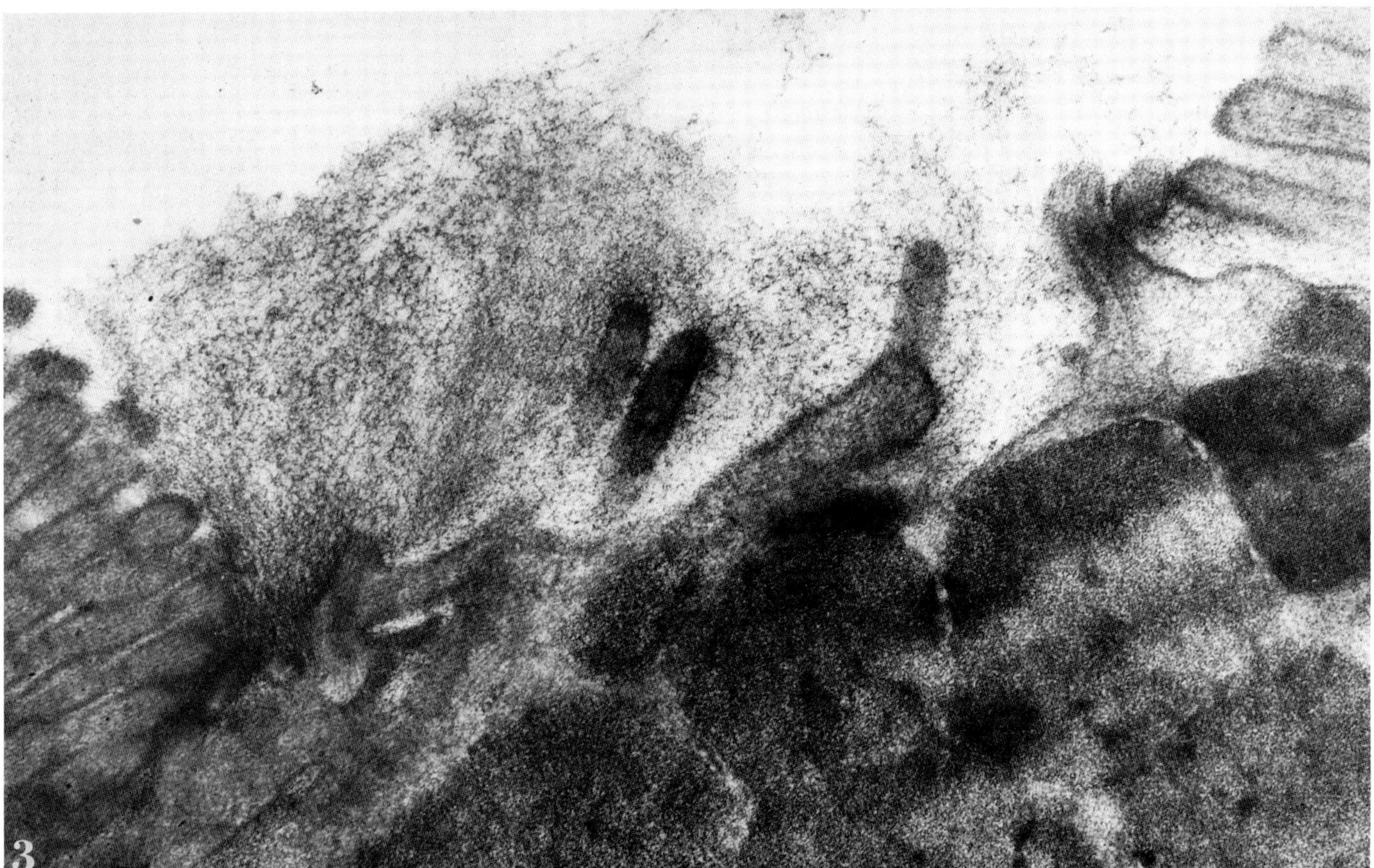
3

Plate XXIV

The Duodenum

1. In a replica of a frozen-etched specimen, the contents of a goblet cell are revealed as definite irregular globules. The surfaces of most of the globules are smooth. The goblet is compartmentalized, but most of the borders of the globules are interrupted at some point. The continuity between the compartments can be followed through the length of the goblet (arrows). Vertically oriented, elongated organelles are seen within the nearby absorptive cell. Many tubes of the endoplasmic reticulum appear to extend vertically toward the apical surface of these cells. At one point a fracture has occurred in the plane of the apical intercellular junctional complex. 14,500×

2. In an enlargement of the apical junctional complex from Fig. 1, where the fracture plane has passed between the neighboring cells, the surface of one cell has been exposed. A network of fine folds can be seen in the surface membrane within the zonula occludens, and a few circular projections extend above the surface. In the zonula adherens the surface is moderately smooth, but circular projections suggest that filaments have been fractured transversely above the membrane. In other locations the pits would suggest that filaments have been fractured at a point deep to the surface. 60,000×

3. Chains of elongated vesicles are located in the apical region of the cell. Although, by this procedure, longitudinal views of filaments are extremely difficult to obtain, there is some evidence of curved linear structures between adjacent vesicles. 110,000×

Planche XXIV

Le duodénum

1. Photographie d'une réplique de l'épithélium intestinal après congélation et mise en relief. Le contenu d'une cellule caliciforme apparaît sous forme de globules irréguliers. La surface de la plupart des globules est lisse. Le calice est compartimenté quoiqu'incomplètement en certains endroits. La continuité des compartiments peut être suivie tout au long de la masse de mucus (flèches). La cellule absorbante voisine contient des organites allongés en position verticale, dont plusieurs canalicules du réticulum endoplasmique. La fracture intéresse en un point la jonction intercellulaire apicale. 14,500×

2. Un plus fort grossissement de la jonction apicale illustrée à la figure 1 révèle que le plan de fracture est passé entre deux cellules voisines exposant la surface de l'une d'elles. On peut observer un réseau de fins replis sur la membrane de surface au niveau de la zonula occludens; quelques projections circulaires font saillie. Dans la zonula adherens, la surface est assez lisse quoique des projections circulaires font penser que des filaments ont été brisés transversalement au-dessus de la membrane. En d'autres endroits les dépressions indiquent que les filaments ont été brisés au-dessous de la surface. 60,000×

3. Des vésicules allongées s'alignent dans la région apicale de la cellule. Bien qu'il soit trés difficile d'obtenir par cette technique une vue longitudinale des filaments, on peut noter l'existence de structures linéaires incurvées entre les vésicules. 110,000×

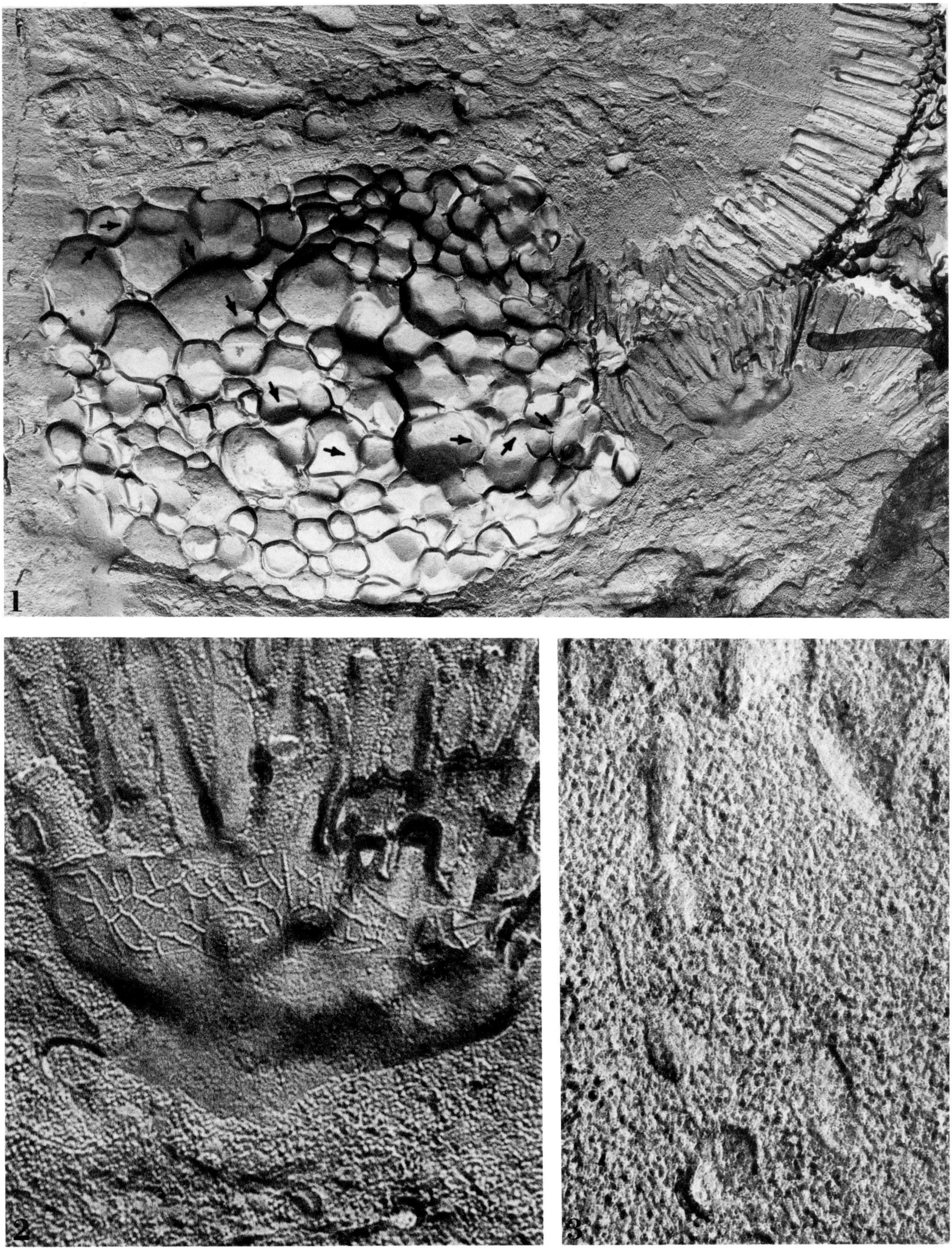

1
2
3

Plate XXV

The Paneth Cells

1. L. Paneth epithelial cells found in the depths of the intestinal crypts contain numerous large dense granules. This transversely sectioned crypt is from the ileum, wherein Paneth cells are particularly numerous. The granules are seen from the base to the apex of the cells. Vacuoles are present among the granules, but this is more evident toward the base of the cells. An unusual feature of these cells is that the granules at the base are often larger and more dense than in the apex. In another crypt, the section has been obtained at a level below the lumen of the crypt resulting in transverse sections through various levels of the cells. 500×

2. L. Crypts of ileum. The base of a crypt has been sectioned slightly obliquely to the longitudinal axis of the lumen. Paneth cells occupy much of the wall of the crypt. A cell in mitosis is seen at a slightly higher level. 550×

3. L. Paneth cells are seen in the base of a longitudinally sectioned crypt, and an enterochromaffin cell (ec) is located between the epithelial cells and the basal lamina. An eosinophil (eo) and a mast cell (m) of the interstitial tissue can be distinguished by the size of their granules. The Paneth cell contains a few vacuoles as well as the dense granules. 500×

4. A Paneth cell is located among chief cells in the base of a duodenal crypt. One of the latter is in prophase. In this Paneth cell the granules increase in density toward the apex. A number of smaller, dense lysosomal granules are located among large vacuoles in a deeper level of the cytoplasm. The large vacuoles have a content of variable density. The granules closest to the apex in this cell appear to be united to form an intracellular, irregularly shaped confluence of channels with a dense content. There is a large amount of granular endoplasmic reticulum, particularly in the base of the cell. This extends well toward the apex among the dense granules. Moderately dense material is seen in the lumen of the crypt. 7000×

Planche XXV

Les cellules de Paneth

1. L. Les cellules de Paneth sont situées au fond des cryptes intestinales et contiennent de nombreux granules denses. Cette coupe transversale d'une crypte provient de l'iléon où les cellules de Paneth sont particulièrement nombreuses. Les granules se répartissent depuis la base jusqu'à l'apex de la cellule. Il y a des vacuoles parmi les granules surtout à la base de la cellule. Ces cellules ont ceci de particulier que les granules de la base sont souvent plus gros et plus sombres que ceux de l'apex. L'autre crypte a été coupée à un niveau inférieur à sa lumière, ce qui explique les différents plans cellulaires. 500×

2. L. Cryptes de l'iléon. Cette coupe d'une crypte est passée un peu obliquement par rapport à la lumière. Les cellules de Paneth occupent la plus grande partie de la paroi du fond de la crypte. Plus haut, on remarque une cellule en mitose. 550×

3. L. La base d'une crypte en coupe longitudinale laisse voir des cellules de Paneth. Une cellule entérochromaffine (ec) apparaît entre les cellules épithéliales et la lame basale. Dans le tissu interstitiel, un éosinophile (eo) et un mastocyte (m) s'identifient par la grosseur de leurs granules. Les cellules de Paneth contiennent quelques vacuoles à centre foncé ainsi que des granules denses. 500×

4. A la base d'une crypte duodénale, on remarque une cellule de Paneth parmi les cellules absorbantes dont l'une est en prophase. Les granules de cette cellule de Paneth augmentent de densité à l'approche de l'apex. Un certain nombre de petits granules denses de type lysosomal se mêlent aux grosses vacuoles de la partie profonde du cytoplasme. Le contenu des grosses vacuoles est d'aspect variable. Les granules de la région apicale de cette cellule semblent se réunir pour former un réseau irrégulier de canaux intracellulaires à contenu dense. L'abondance du réticulum endoplasmique granulaire est particulièrement évidente à la base de la cellule; cet organite se retrouve entre les granules jusqu'à proximité de l'apex. La lumière de la crypte contient un matériel erratique de densité moyenne. 7000×

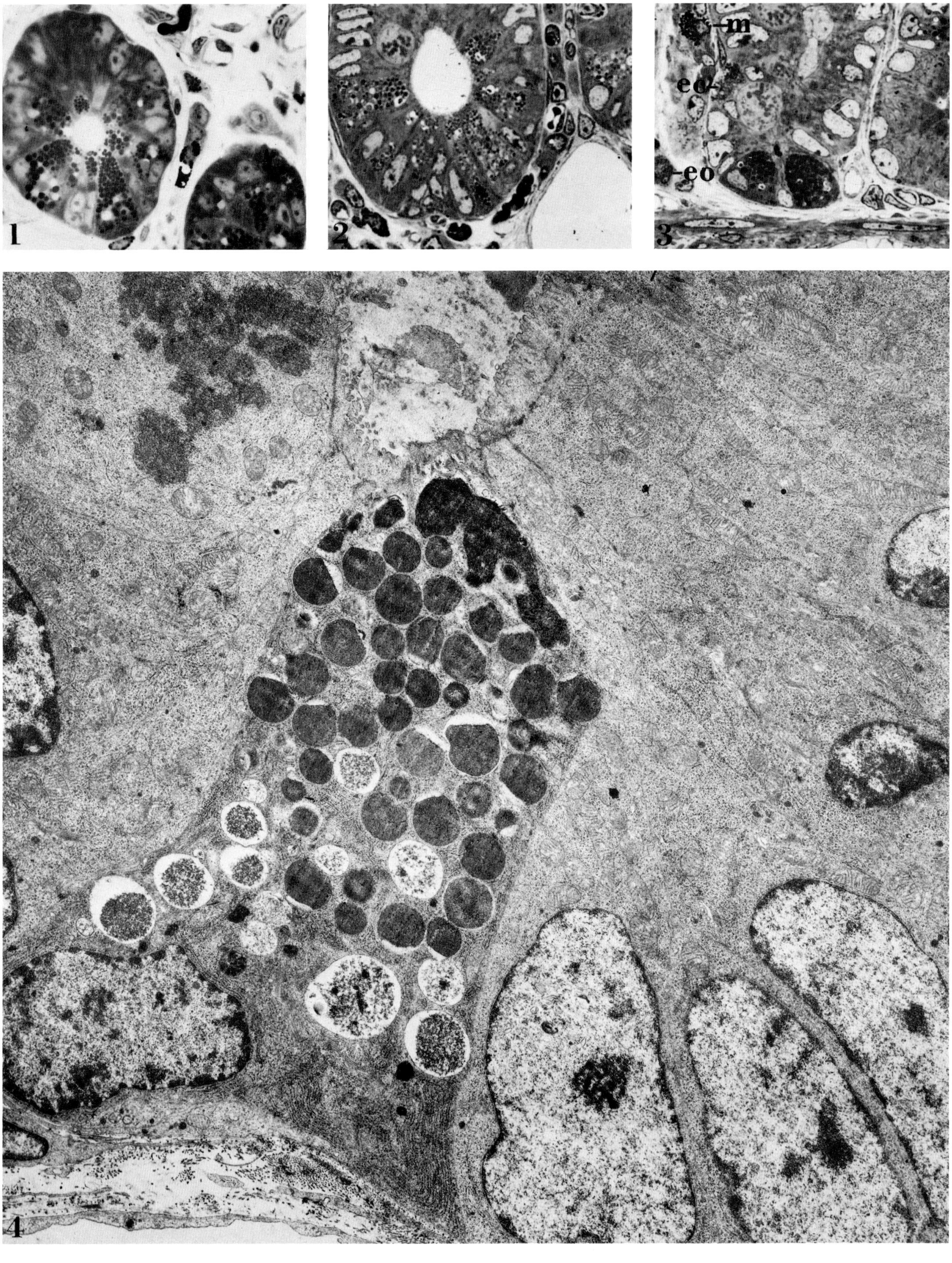
1
2
m
eo
eo
3
4

Plate XXVI

The Paneth Cells

1. The Paneth cell granules are surrounded by a membrane. Vesicles, the larger of which contain flocculent material and granules, are found among the multiple Golgi complexes. An increased density is seen in the Golgi sacs adjacent to the vacuoles. In some of the Golgi sacs there is a central dense line (arrows). Densely stained tonofibrils traverse the Golgi complexes and in some areas resemble tubular structures. Zones of granular endoplasmic reticulum with a moderate amount of density in the cisternae are scattered throughout the field. 35,000×

2. A filamentous web spans the apex of the Paneth cell. A few ill-defined microvilli project from the apex, and a prominent operculum is seen at one border. 50,000×

3. Parallel lines (arrows) are seen at the surface of the Paneth cell granule when sectioned obliquely or tangentially. These lines have been variously interpreted as parallel units in the content of the granule or as a substructure of parallel linear subunits in the surrounding membrane. Many ribosomes, microtubules, transversely sectioned tonofibrils, and filaments are found in the cytoplasm among the granules. 50,000×

The function of the Paneth cell is not known. From the results of histochemical studies it has been suggested that the granules are made up of a neutral carbohydrate–protein complex associated with phospholipid. There is a high content of the metal zinc in the apical granules. Granules around the nucleus have been shown to contain acid phosphatase.

Planche XXVI

Les cellules de Paneth

1. Les granules des cellules de Paneth sont entourés d'une membrane. Parmi les vésicules qui se dispersent à travers les nombreux complexes golgiens, les plus grandes contiennent un matériel d'aspect floconneux et des granules. On note une augmentation de densité dans les saccules du Golgi situés au voisinage des vacuoles. Quelques-uns des saccules possèdent une ligne centrale dense (flèches). Des tonofibrilles colorées intensément traversent les zones de Golgi et ressemblent parfois à des structures tubulaires. Dispersés ici et là, des agrégats de réticulum endoplasmique granulaire montrent des citernes au contenu assez sombre. 35,000×

2. Un réseau de filaments couvre l'apex de la cellule de Paneth. Quelques microvillosités mal définies font saillie en surface et un operculum est évident à la limite de la cellule. 50,000×

3. En coupe oblique ou tangentielle, la surface des granules d'une cellule de Paneth révèle des lignes parallèles (flèches). Ces lignes représentent, semble-t-il, soit des unités parallèles du contenu du granule soit encore une infrastructure de sous-unités linéaires parallèles de la membrane. Plusieurs ribosomes, des microtubules cytoplasmiques, des tonofibrilles en coupe transversale et des filaments se retrouvent entre les granules. 50,000×

Le rôle de la cellule de Paneth est inconnu. D'après certaines études histochimiques, les granules seraient constitués d'un complexe glycoprotéique neutre associé à des phospholipides. Les granules de l'apex sont riches en zinc alors qu'autour du noyau ils contiennent de la phosphatase acide.

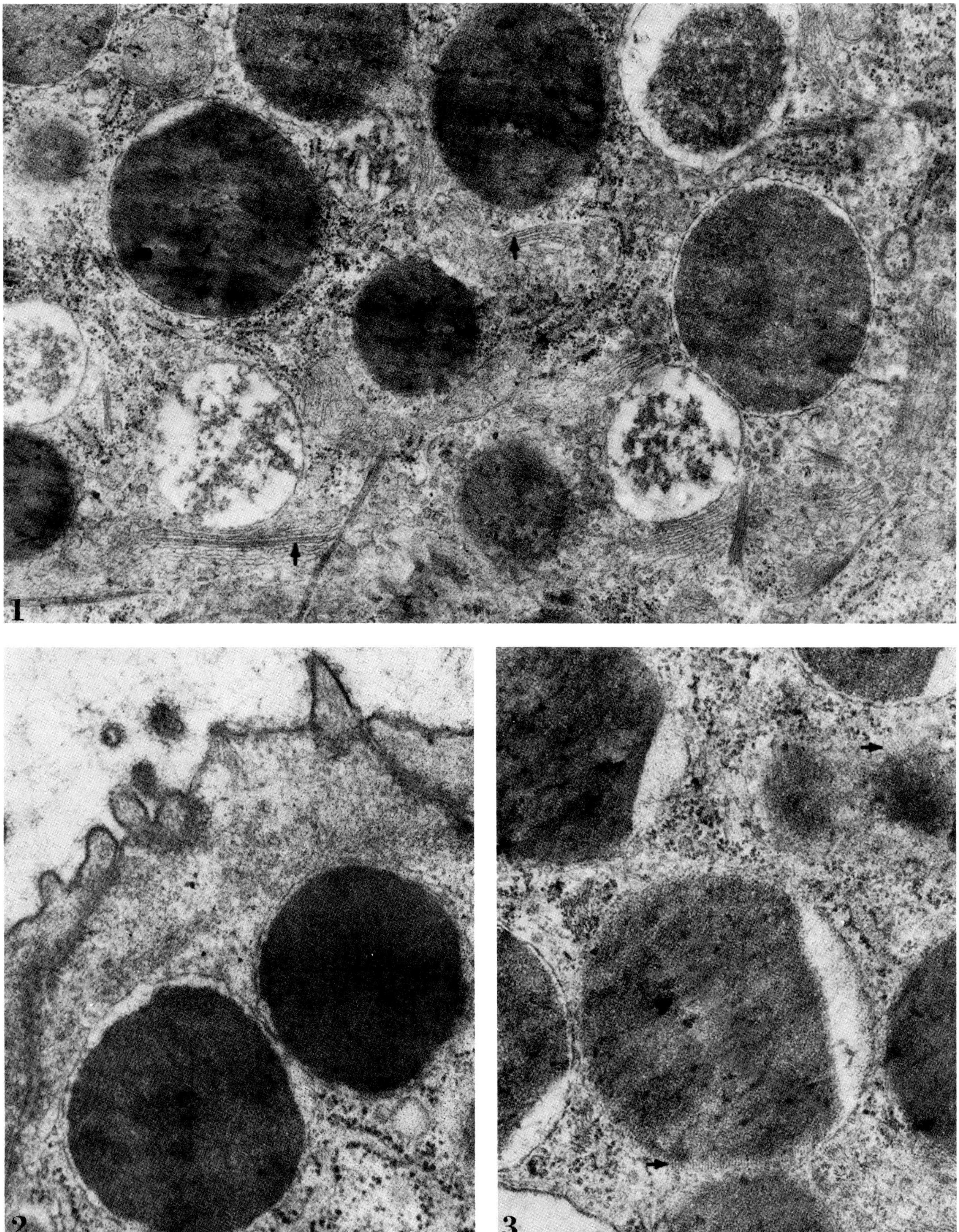

1 2 3

Plate XXVII

It has recently been demonstrated that the argentaffin and the argyrophil cells, which were considered as representing different functional stages of the same cell, are distinct and functionally different cells.

Argentaffin Cell—Duodenum

1. The argentaffin cell is almost always seen between the bases of epithelial cells, on or near the basal lamina. This cell does not reach the intestinal lumen. It has a relatively small nucleus with fairly dense peripheral chromatin. The cytoplasm contains a number of dense granules which appear round or elongated and vary considerably in size. 6000 ×

2. Another argentaffin cell is seen between epithelial cells at the nuclear level. Most of the granules of this cell are located at one pole, but a smaller number are scattered throughout the cytoplasm. Mitochondria, granular endoplasmic reticulum, and tonofibrils are distinguishable against the very pale cytoplasm of the argentaffin cell. 12,500 ×

3. An enlargement of a part of Fig. 2. A narrow clear space intervenes between the surrounding membrane and the content of the specific dense granules. Subparticles can be identified in some of the less dense granules. The granular endoplasmic reticulum and ribosomes are widely scattered. In the mitochondrion some of the crests are longitudinally oriented. 42,000 ×

4. In granules from another argentaffin cell, dense homogeneous material is superimposed upon regularly arranged circular subparticles. Some of these subparticles appear to be arranged in beadlike series. 65,000 ×

It has been suggested that the argentaffin cells contain 5-hydroxytryptamine (serotonin), which is a stimulant of smooth muscle.

Planche XXVII

Il a été démontré récemment que la cellule argentaffine et la cellule argyrophile que l'on croyait être différents états fonctionnels d'une même cellule, sont en réalité deux types cellulaires distincts.

Cellule argentaffine du duodénum

1. La cellule argentaffine est presque toujours située entre la base des cellules épithéliales et la lame basale. Elle n'a pas accès à la lumière intestinale. Son noyau plutôt petit possède une chromatine périphérique assez foncée. Les granules cytoplasmiques sont denses, arrondis ou allongés et de dimensions très variées. 6000 ×

2. Une autre cellule argentaffine se place entre les noyaux de deux cellules épithéliales. La plupart des granules s'entassent à un pôle quoiqu'un petit nombre d'entre eux se dispersent dans le cytoplasme. Des mitochondries, du réticulum endoplasmique granulaire et des tonofibrilles se détachent sur l'arrière-plan cytoplasmique très pâle de la cellule. 12,500 ×

3. Un agrandissement d'une partie de la figure 2 révèle que les granules denses spécifiques sont entourés d'une membrane sous laquelle on voit un espace étroit et clair. Des particules plus fines peuvent être identifiées dans quelques-uns des granules moins foncés. Les ribosomes et le réticulum endoplasmique granulaire sont clairsemés. Quelques-unes des crêtes de la mitochondrie présentent une disposition longitudinale. 42,000 ×

4. Dans les granules d'une autre cellule argentaffine, un matériel dense homogène se surajoute aux fines particules circulaires disposées de façon régulière. Quelques-unes de ces particules semblent reliées en chapelets. 65,000 ×

La cellule argentaffine contiendrait un stimulant du muscle lisse appelé 5-hydroxytryptamine (sérotonine).

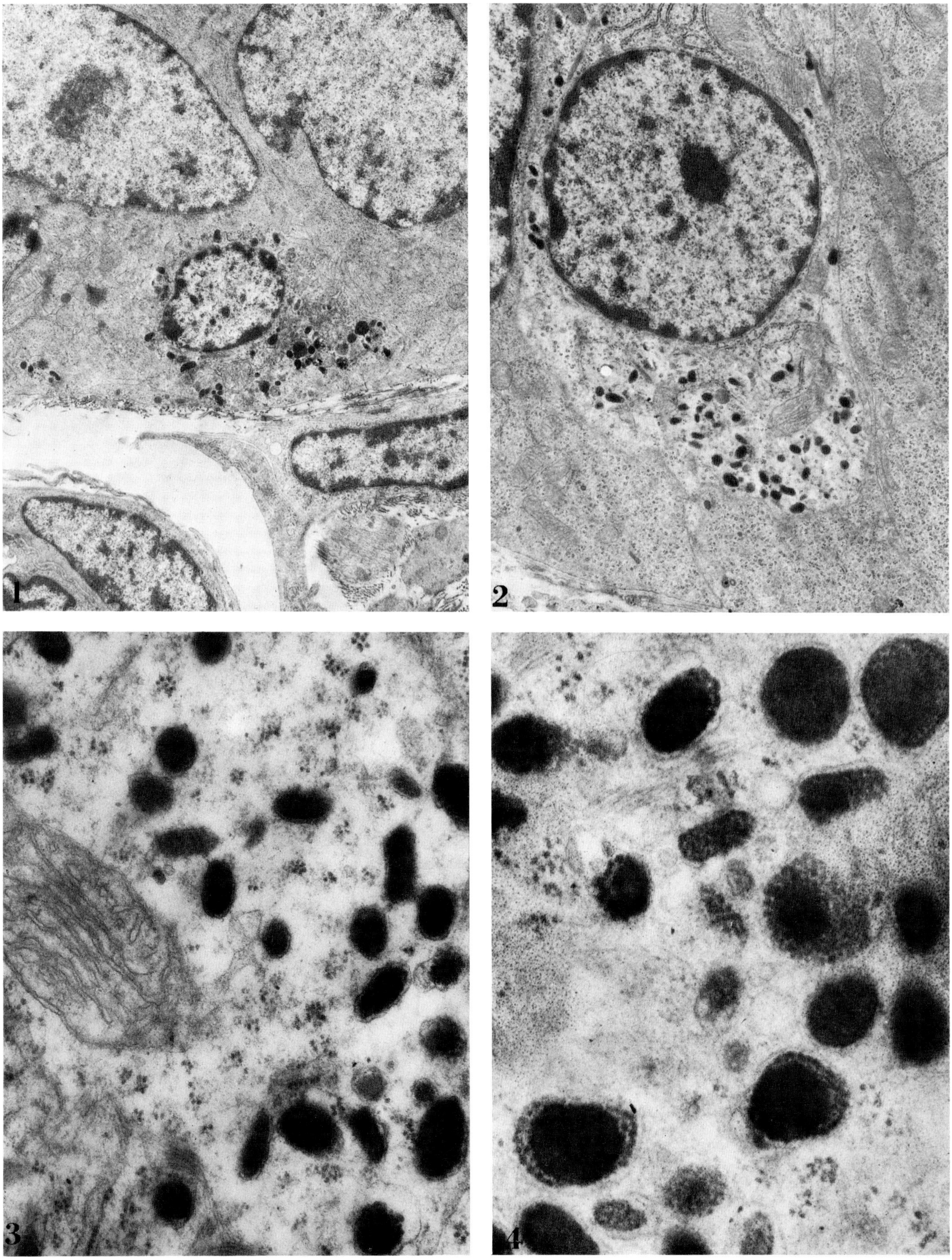
1
2
3
4

Plate XXVIII

The Cholinesterase-Rich Argyrophil Cell—Stomach

These cells are most common in the pyloric region of the stomach, but are present in smaller numbers throughout the small intestine. Argyrophilia is not specific for this cell. However, it has been found to be rich in nongranular (microsomal, nonlysosomal), E 600-resistant esterase and nonspecific cholinesterase (ChE). Therefore, it has been suggested that the term "ChE-rich argyrophil" is more appropriate.

1. A ChE-rich argyrophil cell is located between the basal portion of chief cells. These cells sometimes reach the lumen of the gastrointestinal canal. The cytoplasm contains numerous round dense granules at one pole and larger vacuoles at the other. 4500×

2. The ChE-rich argyrophil cell contains a moderate amount of granular endoplasmic reticulum, large, smooth, membrane-bound vacuoles with very little content, and a prominent Golgi apparatus. Small dense granules are seen in the ends of some Golgi sacs. Some granules appear circular with a clear zone between the membrane and the moderate to very dense central content. 19,500×

3. At the other pole of the ChE-rich cell the dense granules are intermingled with mitochondria, smooth-surfaced endoplasmic reticulum, bundles of tonofilaments, and scattered ribosomes. Granular endoplasmic reticulum and microtubules are seen in the zone of cytoplasm between the nucleus and the cell border. Granules of all degrees of density in the ChE-rich cell appear to be made up of a homogeneous material. The membrane surrounding some granules has a scalloped appearance, and some granules appear to be interconnected by tubular stems (arrows). 60,000×

Planche XXVIII

La cellule argyrophile riche en cholinestérase—Estomac

Ces cellules sont plus fréquentes dans la région pylorique mais on en retrouve quelques-unes tout le long de l'intestin grêle. Elles sont argyrophiles bien que cette propriété ne leur soit pas exclusive; on a retenu à leur sujet l'appellation plus appropriée de "cellules argyrophiles riches en cholinestérase (ChE)". Elles contiennent en effet une quantité abondante d'estérase et de cholinestérase non spécifique.

1. Une telle cellule riche en cholinestérase apparaît ici entre la partie basale de quelques cellules principales. Parfois, elle atteint la lumière du tube digestif. Le cytoplasme contient plusieurs granules ronds et denses à un pôle et de grosses vacuoles à l'autre pôle. 4500×

2. La cellule argyrophile ChE possède une quantité moyenne de réticulum endoplasmique granulaire, de grosses vacuoles entourées d'une membrane lisse et un appareil de Golgi très développé. De petits granules denses apparaissent à l'extrémité de certains saccules du Golgi. D'autres granules de densité variée sont circulaires et entourés d'une zone claire. 19,500×

3. A l'autre pôle de la cellule riche en cholinestérase, les granules denses sont dispersés parmi les mitochondries, le réticulum endoplasmique lisse, les faisceaux de tonofilaments et les ribosomes. Du réticulum endoplasmique granulaire et des microtubules sont présents dans cette région du cytoplasme qui s'étend entre le noyau et la limite cellulaire. Les granules de toute densité semblent constitués d'un matériel homogène. La membrane entourant quelques-uns de ces granules a une apparence festonnée et certains semblent reliés par des ponts tubulaires (flèches). 60,000×

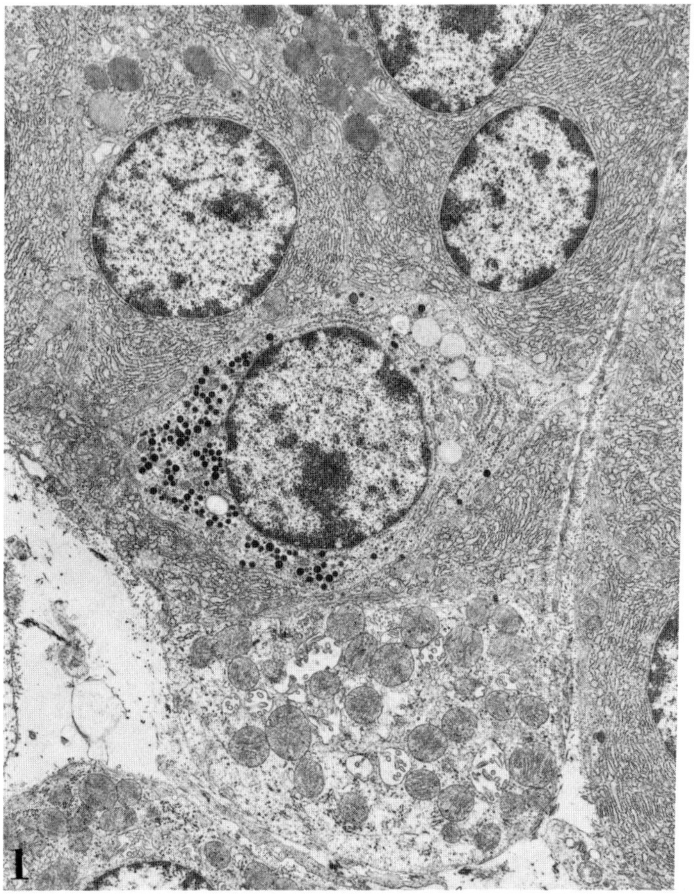

1

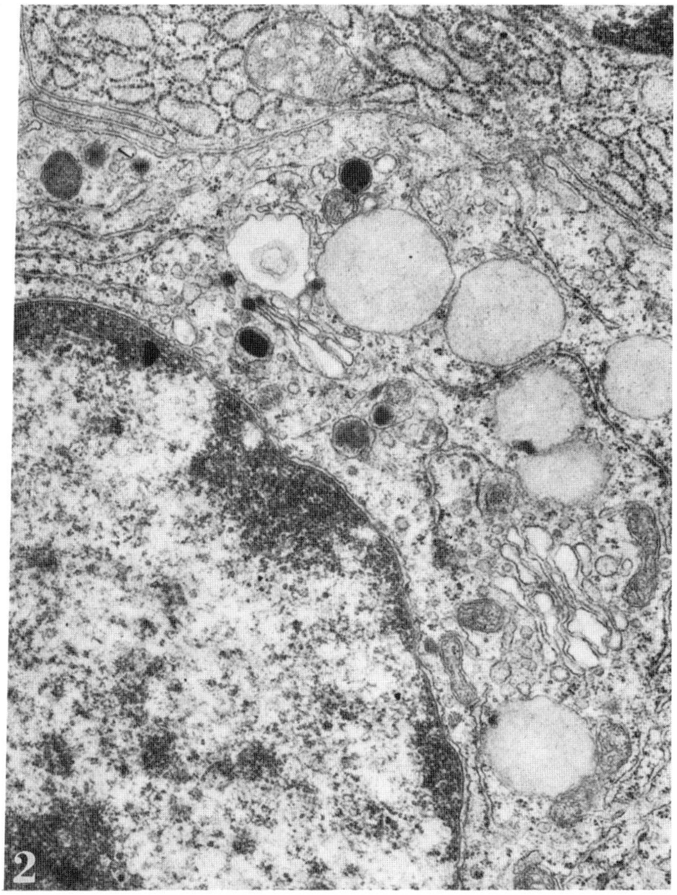

2

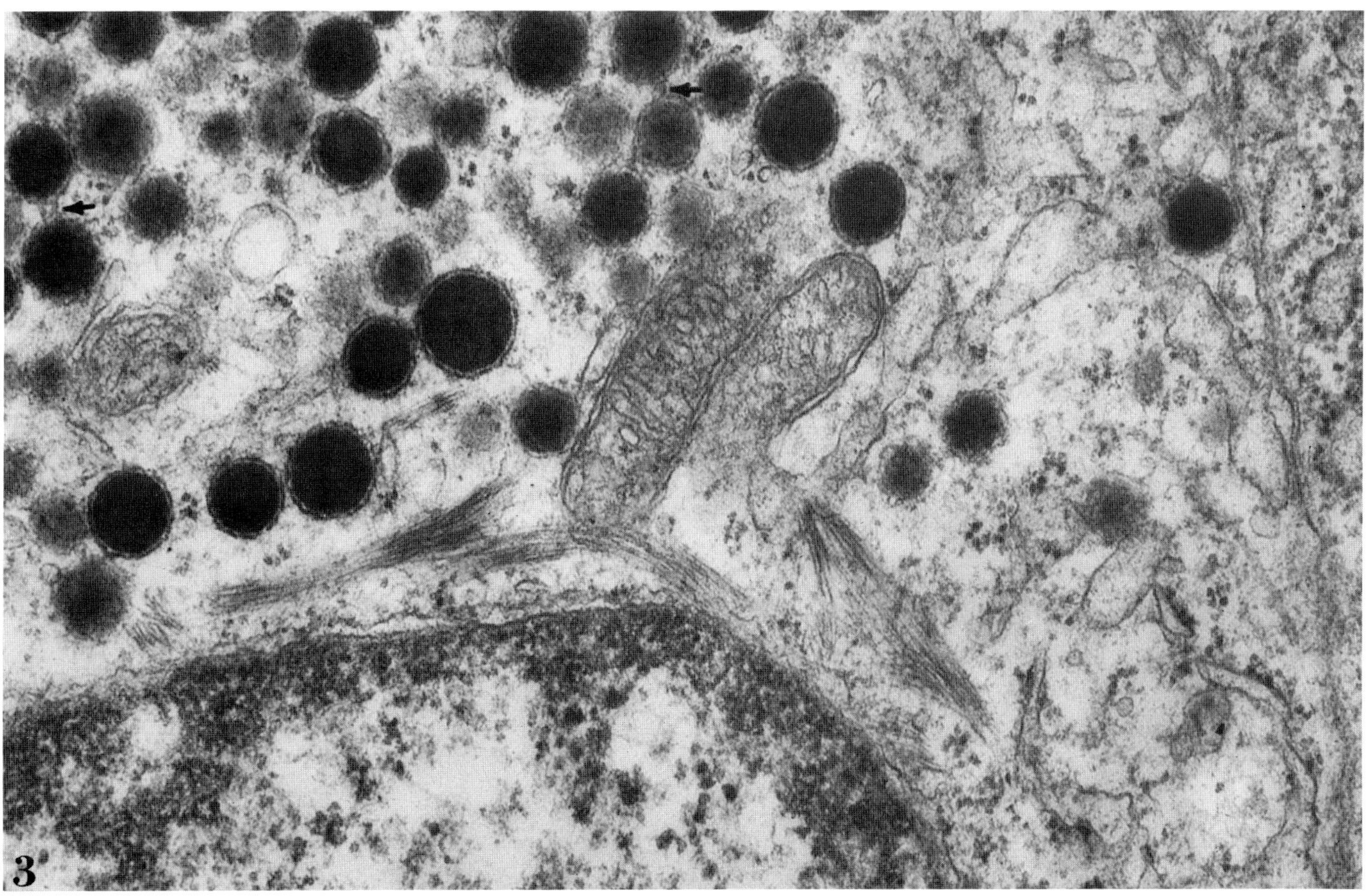

3

Plate XXIX

The Glands of Brunner

These glands are distinctive features of the duodenum. They are compound tubular glands which empty most commonly into the duodenal gland or crypt, but the majority of the glands are located deep to the muscularis mucosae.

1. L. The apex of the low columnar cells is filled with homogeneous appearing secretory product. 500×

2. L. In this lobule of glands the lumen is more distinct. Many of the cells contain a large amount of secretory product. In addition a number of small dense granules are found in some cells. One cell contains large dense granules which may represent zymogen. 500×

3. L. Cells in mitosis can be seen in the epithelium of the glands of Brunner as well as in the nearby crypt. Chromosomes in the dividing cell in the gland of Brunner have been sectioned in the plane of metaphase plate. 500×

4. The mucous secretory material in the apices of the epithelial cells is in irregularly shaped packets. Scattered, spherical dense granules of larger size are located at deeper levels of the cytoplasm. Most of the mitochondria are found in the basal portion of the cell. The nuclei are wide and their basal borders follow very closely the base of the cell. 3800×

Planche XXIX

La glande de Brunner

Cette glande muqueuse est caractéristique du duodénum. Elle est formée de plusieurs glandes tubuleuses composées dont le contenu se vide dans les cryptes duodénales. La majeure partie de cette glande se trouve sous la muscularis mucosae.

1. L. L'apex des cellules glandulaires est rempli d'un matériel sécrétoire d'aspect homogène. 500×

2. L. Ces glandes tubulaires possèdent une lumière distincte. Plusieurs de leurs cellules contiennent une grande quantité de matériel sécrétoire alors que quelques-unes sont pourvues d'un certain nombre de petits granules denses. Une des cellules renferme des granules très denses qui pourraient bien être des grains de zymogène. 500×

3. L. On retrouve des mitoses dans l'épithélium des glandes de Brunner ainsi que dans les cryptes avoisinantes. La figure mitotique dans la glande de Brunner présente une vue polaire de la plaque équatoriale. 500×

4. La sécrétion muqueuse à l'apex des cellules épithéliales se dispose en agrégats irréguliers. De gros granules sphériques et denses se retrouvent plus profondément dans le cytoplasme. La plupart des mitochondries sont logées dans la partie basale de la cellule. Les noyaux sont gros et leur face inférieure suit de près les contours des bases cellulaires. 3800×

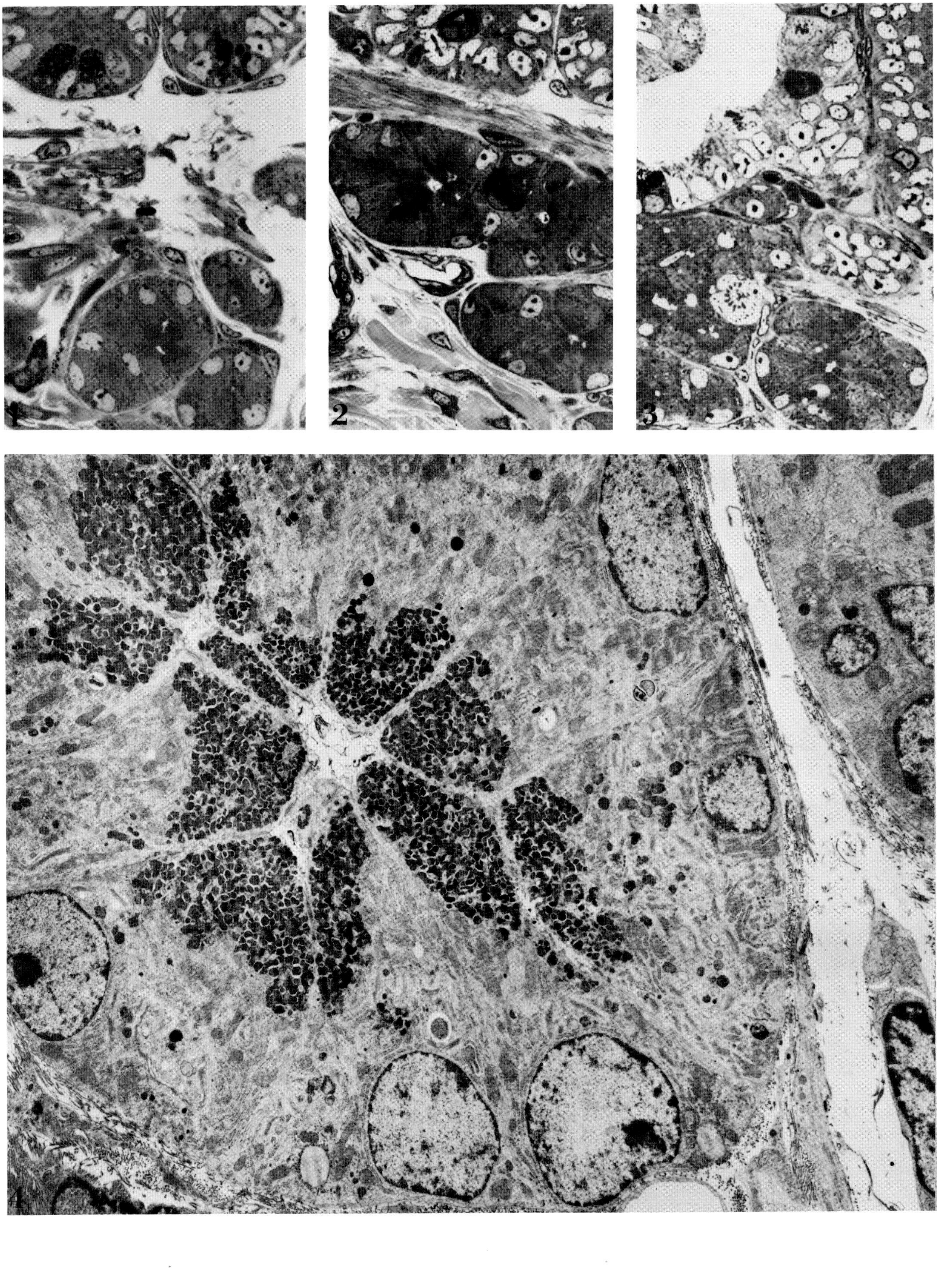
1
2
3
4

Plate XXX

The Glands of Brunner

1. The abundant granular endoplasmic reticulum with moderately distended cisternae occupies much of the cytoplasm of the cell. The cisternae contain moderately dense material in some instances. The mucus globules are surrounded by an identifiable membrane. A large dense granule is located among the numerous ribosomes. A small number of widely spaced short microvilli are seen on the cell apex. 21,000×

2. In the epithelial cell, which is in mitosis, a number of dense granules and vesicles are evident. 12,500×

3. The dense granules, at higher magnification, are membrane bound and are located among cytoplasmic microtubules, larger tubules of the endoplasmic reticulum, vesicles, and filaments. 45,000×

Planche XXX

La glande de Brunner

1. Une grande quantité de réticulum endoplasmique granulaire avec citernes modérément dilatées occupe la majeure partie du cytoplasme. Le contenu des citernes est parfois assez dense. Les globules de mucus s'entourent d'une membrane distincte. Un gros granule dense est situé parmi les nombreux ribosomes. Des microvillosités courtes et espacées se retrouvent à l'apex de la cellule. 21,000×

2. Un certain nombre de vésicules et de granules foncés sont facilement visibles dans cette cellule en mitose. 12,500×

3. A plus fort grossissement, les granules foncés apparaissent entourés d'une membrane et sont dispersés parmi des microtubules cytoplasmiques, de gros tubules du réticulum endoplasmique, des vésicules et des filaments. 45,000×

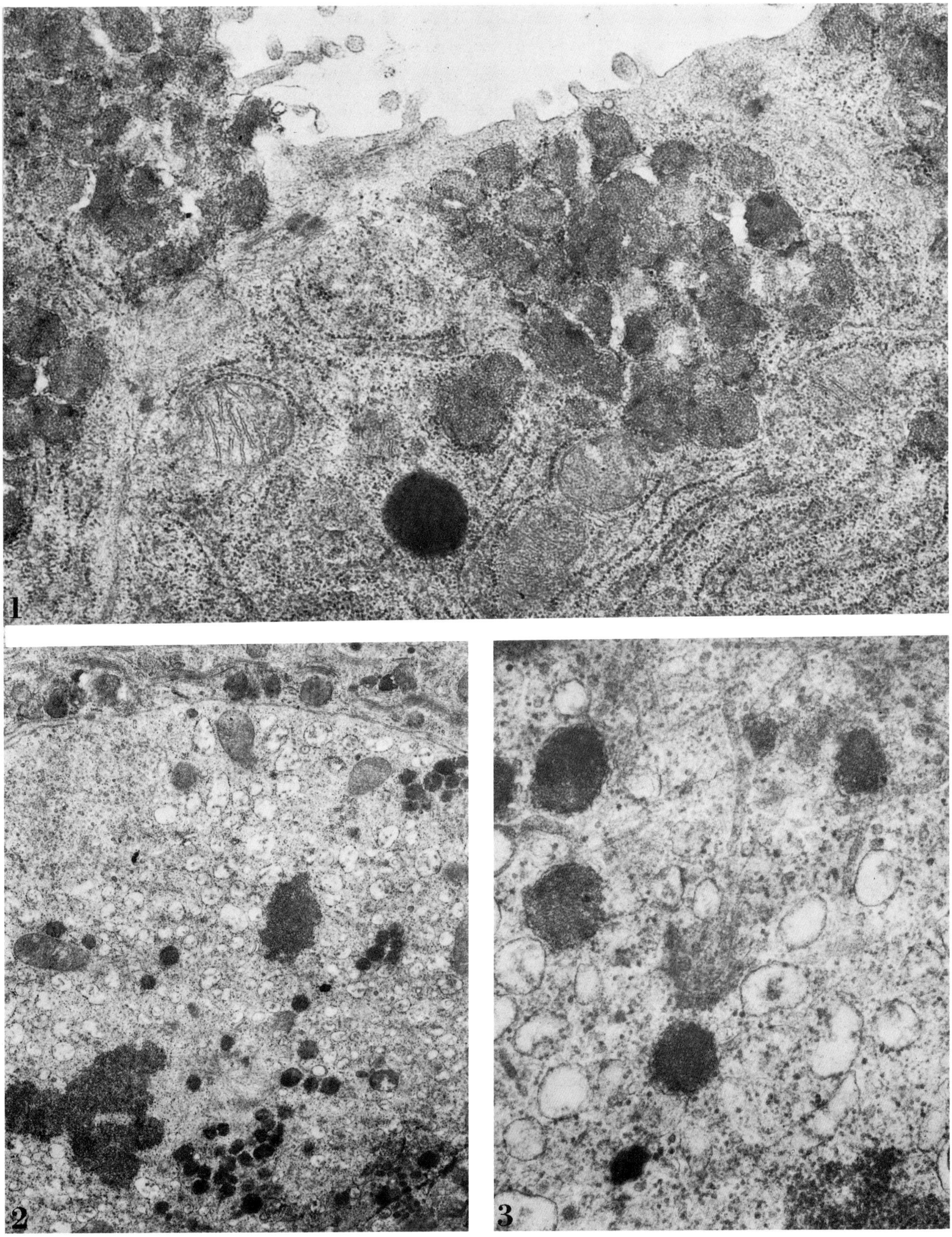
1
2
3

REFERENCES

AMELOBLAST

Altmann, G., and Enesco, M. (1967). Cell number as a measure of distribution and renewal of epithelial cells in a small intestine of growing and adult rats. *Am. J. Anat.* **120**, 319–336.

Bélanger, L. F. (1955). Autoradiographic detection of radio-sulfate incorporation by the growing enamel of rats and hamster. *J. Dental Res.* **34**, 20–27.

Elwood, W. K. (1968). The ultrastructure of the enamel organ related to enamel formation. *Am. J. Anat.* **122**, 73–94.

Frazier, P. D. (1968). Adult human enamel: An electron microscopic study of crystallite size and morphology. *J. Ultrastruct. Res.* **22**, 1–11.

Garant, P. R., and Nalbandian, J. (1968). Observations on the ultrastructure of ameloblasts with special reference to the Golgi complex and related components. *J. Ultrastruct. Res.* **23**, 427–443.

Glimcher, M. J., Levine, P. T., and Bonar, L. C. (1965). Morphological and biochemical considerations in structural studies of the organic matrix of enamel. *J. Ultrastruct. Res.* **13**, 281–295.

Helander, H. F. (1962). Ultrastructure of fundus glands of the mouse gastric mucosa. *J. Ultrastruct. Res.* Suppl. 4, 1–123.

Kallenbach, E. (1968). Fine structure of rat incisor ameloblasts during enamel maturation. *J. Ultrastruct. Res.* **22**. 90–119.

Reith, E. J. (1968). Collagen formation in developing molar teeth of rats. *J. Ultrastruct. Res.* **21**, 383–414.

STOMACH

Cawalheira, A. F., Welsch, U., and Pearse, A. G. E. (1968). Cytochemical and ultrastructural observations on the argentaffin and argyrophil cells of the gastro-intestinal tract in mammals, and their place in the APUD series of polypeptide-secreting cells. *Histochemie* **14**, 33–46.

Ito, S., and Winchester, R. J. (1963). The fine structure of the gastric mucosa in the rat. *J. Cell. Biol.* **16**, 541–577.

Mattern, C. F. T., and Daniel, W. A. (1966). The stomach cell of rotifer. Electron microscope observations of the terminal web. *J. Cell Biol.* **29**, 547–549.

Pfeiffer, C. J., and Stephens, R. J. (1968). Ultrastructural changes of the parietal cell in the ferret gastric mucosa induced by pylorus ligation and gluco-corticoid administration. *J. Ultrastruct. Res.* **21**, 524–537.

Rubin, W., Ross, L. L., Sleisenger, M. H., and Jeffries, G. H. (1968). The normal human gastric epithelia. A fine structural study. *Lab. Invest.* **19**, No. 6, 598–626.

Sedar, A. W. (1964). Stomach and intestinal mucosa. *In* "Electron Microscopic Anatomy" (S. M. Kurtz, ed.), pp. 123–148. Academic Press, New York.

Stephens, R. J., and Pfeiffer, C. J. (1968). Ultrastructure of the gastric mucosa of normal laboratory ferrets. *J. Ultrastruct. Res.* **22**, 45–62.

SMALL INTESTINE

Behnke, O., and Moe, H. (1964). An electron microscope study of mature and differentiating paneth cells in the rat, especially of their endoplasmic reticulum and lysosomes. *J. Cell Biol.* **22**, 633–652.

Berlin, J. D. (1967). The localization of acid mucopolysaccharides in the Golgi complex of intestinal goblet cells. *J. Cell Biol.* **32**, 760–766.

Bockman, D. E., and Winborn, W. B. (1966). Light and electron microscope of intestinal ferritin absorption. Observations in sensitized and nonsensitized hamsters. *Anat. Record* **155**, 603–621.

Freeman, J. (1962). Fine structure of the goblet cell mucus secretory process. *Anat. Record* **144**, 341–358.

Friend, D. (1965). The fine structure of Brunner's gland in the mouse. *J. Cell Biol.* **25**, 563–576.

Hugon, J., and Borgers, M. (1966). Submicroscopic localization of the alkaline phosphatase activity in the duodenum of the rat. *Exptl. Cell Res.* **45**, 698–702.

Hugon, J., and Borgers, M. (1967). Fine structural localization of lysosomal enzymes in the absorbing cells of the duodenal mucosa of the mouse. *J. Cell Biol.* **33**, C212–C218.

Ito, S. (1965). The enteric surface coat on cat intestinal microvilli. *J. Cell Biol.* **27**, 475–491.

Jersild, R. A., Jr. (1968). A radioautographic comparison of glycerol-H^3 and Galactose-H^3 uptake during intestinal glyceride synthesis. *Anat. Record* **160**, 217–230.

Ladman, A. J., Padykula, H. A., and Strauss, E. W. (1963). A morphological study of fat transport in the normal human jejunum. *Am. J. Anat.* **112**, 398–419.

Lane, B. P., and Rhodin, J. A. G. (1964). Fine structure of the lamina muscularis mucosae. *J. Ultrastruct. Res.* **10**, 489–497.

Leeson, C. R., and Leeson, T. S. (1966). The fine structure of Brunner's glands in the rat. *Anat. Record* **156**, 253–268.

Leeson, T. S., and Leeson, C. R. (1968). The fine structure of Brunner's glands in man. *J. Anat. (London)* **103**, 263–276.

MacNabb, J. D., and Sandborn, E. B. (1964). Filaments in the microvillous border of intestinal cells. *J. Cell Biol.* **22**, 701–704.

Messier, B., and Leblond, C. P. (1900). Cell proliferation and migration as revealed by radioautography after injection of thymidine-H^3 into male rats and mice. *Amer. J. Anat. (London)* **006**, 247–285.

Moe, H. (1968). The goblet cells, paneth cells and basal granular cells of the epithelium of the intestine. *Intern. Rev. Gen. Exptl. Zool.* **3**, 241–287.

Moog, F., and Grey, R. D. (1967). Spatial and temporal differentiation of alkaline phosphatase on the intestinal villi of the mouse. *J. Cell Biol.* **33**, C1–C6.

Mukherjee, T. M., and Williams, X. X. (1966). Some observations on the fine structure of the microvilli in the columnar epithelium of mouse intestine. *Proc. Univ. Otago Med. School* **44**, 11–13.

Oki, K. (1965). Mitochondrial changes induced by iron absorption in the duodenal absorptive cells of rats. *J. Cell Biol.* **24**, 328–332.

Oosaki, T., and Ishii, S. (1965). The ultrastructure of the regions of junction between smooth muscle cells in the rat small intestine. *J. Ultrastruct. Res.* **10**, 567–577.

Palay, S. L., and Karlin, L. J. (1959). An electron microscopic study of the intestinal villus. I. The fasting animal. II. The pathway of rat absorption. *J. Biophys. Biochem. Cytol.* **5**, 363–372 and 373–384.

Pearse, A. G. E., and Ricken, E. O. (1967). Histology and cytochemistry of the cells of the small intestine, in relation to absorption. *Brit. Med. Bull.* **23**, 217–222.

Pease, D. C. (1966). Polysaccharides associated with the exterior surface of epithelial cells: Kidney, intestine, brain. *J. Ultrastruct. Res.* **15**, 555–588.

Rostgaard, J., and Barrnett, R. J. (1964). Fine structure localization of nucleoside phosphatases in relation to smooth muscle cells and unmyelinated nerves in the small intestine of the rat. *J. Ultrastruct. Res.* **11**, 193–207.

Rostgaard, J. and Barrnett, R. J. (1965). Fine structural observations of the absorption of lipid particles in the small intestine of the rat. *Anat. Record* **152**, 325–350.

Saunders, D. R. (1968). Loss of absorbed lipid during fixation and dehydration of jejunal mucosa. *J. Cell Biol.* **37**, 183–187.

Sjöstrand, F. S. (1967). The lipid components of the smooth-surfaced membrane-bounded vesicles of the columnar cells of the rat intestinal epithelium during fat absorption. *J. Ultrastruct. Res.* **20**, 140–160.

Sjöstrand, F. S., and Zeterquist, H. (1957). Functional changes of the free cell surface membrane of the intestinal absorbing cell. *Proc. Reg. Conf. (Eur.) Electron Microscopy, Stockholm*, 1956. pp. 150–151. Academic Press, New York.

Staley, M. W., and Trier, J. S. (1965). Morphologic heterogeneity of mouse paneth cell granules before and after secretory stimulation. *Am. J. Anat.* **117**, 365–384.

Staley, T. E., Jones, E. W., and Marshall, A. E. (1968). The jejunal absorptive cell of the newborn pig: An electron microscopic study. *Anat. Record* **161**, 497–516.

Trier, J. S. (1963). Studies on small intestinal crypt epithelium. I. The fine structure of the crypt epithelium of the proximal small intestine of fasting humans. *J. Cell Biol.* **18**, 599–620.

Wilson, T. H. (1964). Structure and function of the intestinal absorptive cell. *In* "The Cellular Functions of Membrane Transport" (J. F. Hoffman, ed.), pp. 215–229. Prentice-Hall, Englewood Cliffs, New Jersey.

Windisch, M. C. (1966). Etude morphologique des cellules de paneth dans diverses conditions physiologiques. *Rev. Can. Biol.* **25**, 167–177.

Wiseman, G. (1964). "Absorption from the Intestine." Academic Press, New York.

LARGE INTESTINE

Schofield, G. C., and Silva, D. G. (1968). The fine structure of enterochromaffin cells in the mouse colon. *J. Anat. (London)* **103**, 1–13.

Silva, D. G. (1966). The fine structure of multivesicular cells with large microvilli in the epithelium of the mouse colon. *J. Ultrastruct. Res.* **16**, 693–705.

Silva, D. G. (1967). The ultrastructure of crystal-containing cells in colonic epithelium of mice. *J. Ultrastruct. Res.* **18**, 127–141.

Wetzel, M. G., Wetzel, B. K., and Spicer, S. S. (1966). Ultrastructural localization of acid mucosubstances in the mouse colon with iron-containing stains. *J. Cell. Biol.* **30**, 299–315.

THE MAJOR GLANDS OF DIGESTION

GLANDES ANNEXES DU SYSTEME DIGESTIF

Plate I

The Submandibular (Submaxillary) Gland

1. L. The submandibular gland has a variety of cells in the acini and the ducts. A narrow strip of basophilic cytoplasm is seen in the base of the cell and surrounding the small, densely stained nucleus. The acinar cell (a) is distinguished by the numerous large vacuoles which occupy most of the cytoplasm. These contain a seromucous secretion. An elongated myoepithelial cell is applied to the base of the epithelial cells in one location (arrow). The intercalated duct (ic) cells have a larger, paler nucleus and numerous mitochondria. Cells of the nonsecretory portion of the striated duct (sd) are low columnar in nature with moderately large nuclei and numerous mitochondria. The mitochondria appear to be vertically oriented, particularly in the base of the cell. In the secretory portion of the striated duct, the granulated duct (gd), the cells are filled with discrete large circular granules. The nuclei are moderately large and pale with a dense border. 700×

2. The acinar cell has a concentration of rough-surfaced endoplasmic reticulum and ribosomes in the basal cytoplasm and in a narrow band surrounding the small dark nucleus. The rest of the cell appears to be filled with very large membrane-bound vesicles, between which smaller amounts of granular reticulum can be seen. These vesicles contain dark particles superimposed upon a very light background. 6200×

3. In one type of cell from the granular duct (gd), the secretory portion of the striated duct, one finds large circular granules resembling zymogen granules. Granules near the base of the cell are smaller and, in some instances, considerably less dense (arrow). Some vesicles contain little or no dense material. The nucleus is surrounded by scattered cisternae of granular endoplasmic reticulum. In the nonsecretory portion of the striated duct (sd) the base of the cell is filled with mitochondria and a few scattered ribosomes in a pale cytoplasmic matrix. Between the mitochondria are numerous membrane folds. These have been shown to be folds of the plasma membrane. 6900×

4. A part of Fig. 3 has been enlarged to illustrate the infoldings of the basal plasma membrane (arrows) in the nonsecreting portion of the striated duct. It has been found that digitations of neighboring cells often intrude into these folds. The mitochondria are located in the digitations. 45,000×

Planche I

La glande sous-mandibulaire (sous-maxillaire)

1. L. Les acini et les canaux de la glande sous-mandibulaire sont composés de différents types cellulaires. La cellule acineuse (a) se caractérise par le grand nombre de ses grosses vacuoles qui emmagasinent une sécrétion séro-muqueuse. Une bande étroite de cytoplasme basophile occupe la base de la cellule et entoure un petit noyau dense. La flèche indique une cellule myoépithéliale aplatie contre la base des cellules sécrétrices. Les cellules des canaux intercalaires (ic) possèdent un grand noyau pâle et de nombreuses mitochondries. Les cellules de la portion non-sécrétrice des canaux striés (sd) sont du type prismatique bas. Elles contiennent un noyau de dimension moyenne et plusieurs mitochondries. Celles-ci présentent une disposition verticale, surtout à la base de la cellule. Dans la portion sécrétrice du canal strié ou canal granulaire (gd), les cellules contiennent de gros granules circulaires bien circonscrits. Les noyaux, de dimension moyenne, sont peu colorés et ont un pourtour foncé. 700×

2. Le réticulum endoplasmique granulaire et les ribosomes de la cellule acineuse sont surtout visibles à la base de la cellule et autour du petit noyau foncé. Le cytoplasme résiduel apparaît chargé de grosses vésicules limitées par une membrane, entre lesquelles on trouve un peu de réticulum granulaire. Ces vésicules contiennent des particules foncées dispersées dans un matériel très pâle. 6200×

3. Un type de cellule du canal granulaire (gd) ou portion sécrétrice du canal strié contient de gros granules circulaires semblables aux granules de zymogène. La flèche indique que les granules situés à la base de la cellule sont plus petits et parfois beaucoup moins denses. Certaines vésicules contiennent peu ou pas de matériel foncé. Quelques citernes dispersées du réticulum endoplasmique granulaire entourent le noyau. Dans la portion non-sécrétrice d'un canal strié (sd) voisin, la base de la cellule est chargée de mitochondries et de quelques ribosomes dispersés dans une matrice cytoplasmique pâle. La membrane plasmatique de la base de la cellule forme de nombreux plis entre les mitochondries. 6900×

4. Agrandissement d'une partie de la figure 3 illustrant la portion non-sécrétrice du canal strié. A la base de la cellule, les replis de la membrane plasmatique (flèches) créent des espaces dans lesquels se logent parfois des digitations de cellules voisines. S'y retrouvent des mitochondries. 45,000×

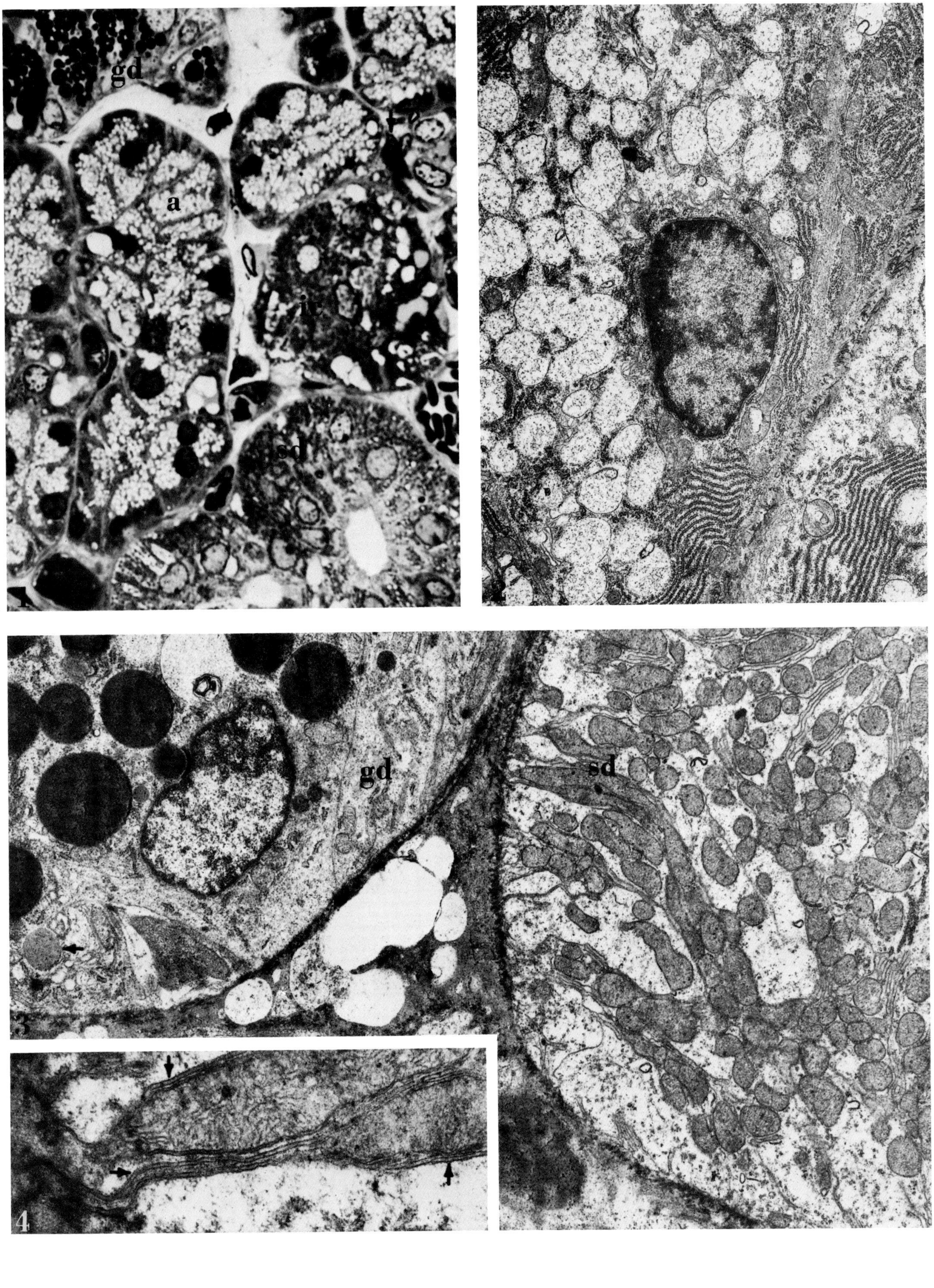
gd
a
iv
sd
1
3
gd
sd
4

Plate II

The Submandibular Gland

1. L. Parts of several acini (a) can be seen between transverse sections of granular ducts (g). Several types of cells with marked differences in morphological detail are observed in these ducts. Tall light granular (lg) cells differ markedly in size. These have a light background cytoplasm and contain from few to many discrete granules. The granules occupy the greater portion of the cytoplasm. Wide dark (wd) cells are larger and less numerous. These have a dark cytoplasmic background and more irregular granules. The apexes of these cells appear to protrude slightly into the lumen. Some cells have a background cytoplasm which is intermediate in density (id) between the light granular and the dark cells. These contain a large number of vesicles with a content only slightly less dense than the background cytoplasm. A small number of dense granules are present within these cells. Lighter agranular (la) cells have very pale, round-to-irregular nuclei and very pale cytoplasm. One of these cells contains a few dense granules. In addition to these four cell types, one cell (arrow) has a circular very dense nucleus and vesicles which resemble those of the acinar cell. 600 ×

2. The granules of the light granular cell (lg) of the duct vary from small to large and from lightly stained to dense. The perinuclear cytoplasm of a neighboring acinar type of cell (ac) appears as a narrow band with some small, dense, granular inclusions. 5600 ×

3. Dense granules of a light granular cell (lg) and paler granules and vesicles with a dense periphery of the intermediate cell (ic) are seen in this field. The nucleus of a light granular cell is somewhat irregular with a narrow border of dense chromatin. 6900 ×

4. The nucleus of the wide dark cell is much lighter than the background cytoplasm. Some of the granules are irregular in shape. When sectioned through their equator, their surrounding membrane can be seen (arrow). There is a considerable quantity of granular endoplasmic reticulum and of filamentous material in the cytoplasm. 42,500 ×

5. In the wide, dark cell, a network of densely stained filaments is found among the granules. A trilaminar membrane (arrows) encompasses the finely granular content of the latter. 60,000 ×

The significance of the various morphological features of the different cell types herein is not clear. However, two possibilities are suggested: One is that these cells may represent different phases of a secretory process in the same cell, and the other is that these different cells represent different types of secretion. With the differences in the cytoplasmic background, in the granules, and in the nuclei, the likelihood is that these represent functionally different cells.

Planche II

La glande sous-mandibulaire

1. L. Des portions de plusieurs acini (a) sont visibles entre les canaux granulaires (g) en coupe transversale. Dans la paroi de ces canaux, plusieurs types cellulaires se distinguent par leurs caractéristiques morphologiques. De hautes cellules granulaires (lg) de dimensions diverses et à cytoplasme pâle possèdent un nombre variable de granules circulaires. Ces derniers occupent la majeure partie du cytoplasme. D'autres cellules plus grosses (wd) et au cytoplasme plus foncé sont moins nombreuses et contiennent des granules de forme irrégulière. L'apex de ces cellules envahit légèrement la lumière du canal. Les cellules (id) dont le cytoplasme est d'une densité intermédiaire entre la cellule pâle et la cellule foncée renferment un grand nombre de vésicules au contenu légèrement plus pâle que le cytoplasme. Un petit nombre de granules denses sont présents dans ces cellules. Des cellules agranulaires moins foncées (la) sont pourvues d'un noyau arrondi très pâle. Une de ces cellules semble contenir quelques granules denses. En plus de ces quatre types cellulaires, une autre cellule (flèche) possède un noyau circulaire très dense et des vésicules qui ressemblent à celles de cellules acineuses. 600 ×

2. La dimension et l'intensité de coloration des granules de la cellule granulaire pâle (lg) varient beaucoup. Le cytoplasme périnucléaire d'une cellule de type acineux (ac) consiste en une bande étroite pourvue de quelques petites inclusions granulaires denses. 5600 ×

3. Cette photographie illustre les granules foncés d'une cellule granulaire pâle (lg) et les granules moins colorés d'une cellule intermédiaire (ic) où se trouvent des vésicules à périphérie foncée. Le noyau d'une cellule pâle a une forme quelque peu irrégulière et comporte un liséré de chromatine. 6900 ×

4. Le noyau de la grosse cellule foncée tranche par sa pâleur. Quelques-uns des granules ont une forme irrégulière et leur membrane limitante peut être aperçue lorsque la coupe passe par l'équateur (flèche). Le cytoplasme est richement pourvu de réticulum endoplasmique granulaire et de matériel filamenteux. 42,500 ×

5. Un réseau de filaments fortement colorés se mêle aux granules de la grosse cellule foncée. La membrane trilaminée (flèches) de ceux-ci entoure un contenu finement granulé. 60,000 ×

On ignore à l'heure actuelle la raison d'être de ces différentes caractéristiques morphologiques des types cellulaires. Deux hypothèses sont plausibles: l'une serait que ces cellules constituent différentes phases d'un processus sécrétoire de la même cellule et l'autre voudrait que les différents types cellulaires contiennent autant de sécrétions différentes. A cause des différences cytoplasmiques et nucléaires, il est vraisemblable qu'il s'agisse de cellules variées à fonctions diverses.

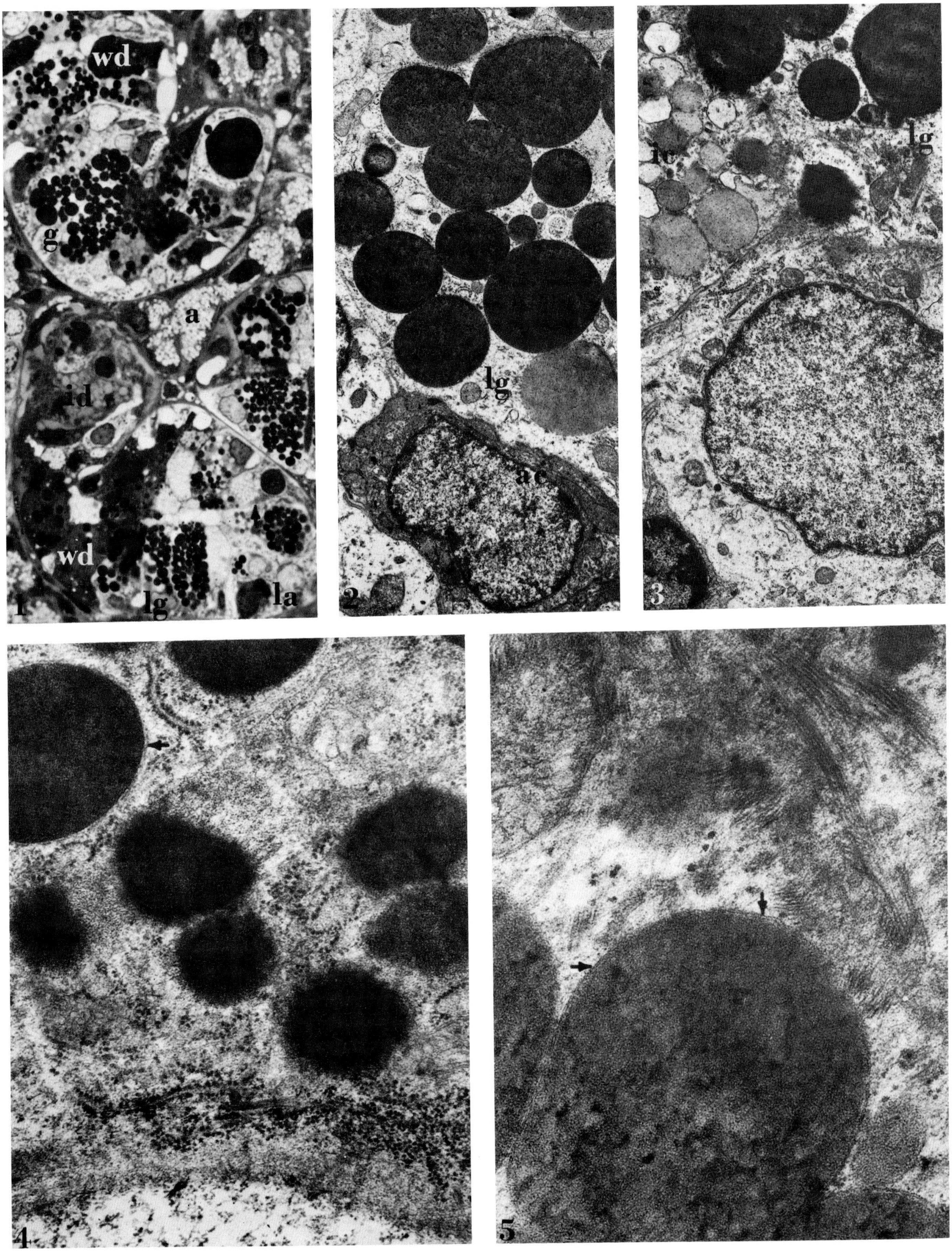
1
wd
g
a
id
wd
lg
la
2
lg
ac
3
ic
lg
4
5

Plate III

The Pancreas

The pancreas is a mixed gland, the major portion or exocrine pancreas being involved in the synthesis of digestive enzymes. The digestive enzymes include amylases, proteases, nucleases, and lipases. The synthesis of the enzymes takes place in acinar groups of cells, and the synthesized product is secreted into a central lumen. From the acini, the enzymes are transported to the duodenum by a system of ducts. Localized groups of endocrine cells, the pancreatic islets or islets of Langerhans, control carbohydrate metabolism. This control is affected by the secretion of insulin and glucagon into the bloodstream in response to increases or decreases in the blood sugar level.

1. L. A circular pancreatic islet (pi) made up of a collection of large pale cells is located within a lobule of acini, in which the cells appear smaller and darker. The secretion products of the exocrine pancreas appear as collections of densely stained material in the apexes of these smaller acinar cells. The cytoplasm of the acinar cells is basophilic. 160×

2. L. At higher magnification the individual zymogen granules in the acinar cells become more evident. Centroacinar (ca) cells with pale cytoplasm mark the beginning of the duct system. Two large, pale cells from the border of a pancreatic islet (pi) are located between a small intralobular duct (id) with low cuboidal epithelium and a typical capillary (c). 720×

3. The tightly packed granular endoplasmic reticulum is responsible for the extreme basophilia of the acinar cells. In the instances wherein the section has passed vertically through the cells but has missed the nuclei the arrays of the granular reticulum sweep toward the granule-filled apexes. The apexes of several cells contribute to the periphery of the lumen. The cisternae of endoplasmic reticulum encircle the nuclei in cells which have been sectioned transversely at this level. Most of the mitochondria, which appear as elongated structures, are located along the lateral and basal cell borders. 4500×

Planche III

Le pancréas

Le pancréas est une glande mixte dont la plus grande portion, le pancréas exocrine, participe à la synthèse des enzymes digestifs. Ces enzymes comprennent des amylases, des protéases, des nucléases et des lipases. La synthèse des enzymes s'effectue dans les acini et les produits de sécrétion passent dans la lumière. De là les enzymes sont acheminés au duodénum par le truchement d'un système de canaux. Des agglomérations définies de cellules endocrines, les îlots du pancréas ou îlots de Langerhans, exercent une action régulatrice sur le métabolisme des hydrates de carbone. Cette action s'effectue par la sécrétion d'insuline et de glucagon dans le sang en réponse à une augmentation ou à une diminution du glucose sanguin.

1. L. Un îlot pancréatique circulaire (pi) composé d'un groupe de cellules pâles, contraste avec les cellules plus sombres des acini d'un lobule. Les produits de sécrétion du pancréas exocrine apparaissent sous forme d'accumulations de matériel fortement coloré dans l'apex des petites cellules acineuses. Le cytoplasme de ces dernières est basophile. 160×

2. L. Un plus fort grossissement révèle l'individualité des grains de zymogène dans les cellules acineuses. Les cellules centro-acineuses (ca) au cytoplasme pâle constituent le début du système de canaux. Deux grosses cellules pâles (pi) d'un îlot se trouvent entre un petit canal intralobulaire (id) à épithélium cubique bas et un capillaire typique (c). 720×

3. Le réticulum endoplasmique granulaire très abondant est responsable de l'intense basophilie des cellules acineuses. Dans les cas où la coupe a traversé verticalement les cellules sans intéresser les noyaux, on note que les éléments du réticulum endoplasmique granulaire s'orientent vers l'apex cellulaire chargé des grains de sécrétion. L'apex de plusieurs cellules contribue à former la périphérie de la lumière. Dans les cellules où la coupe transversale a intéressé le noyau, ce dernier est entouré de citernes du réticulum endoplasmique. La plupart des mitochondries qui prennent ici l'aspect de structures allongées, se retrouvent le long des parois latérales et à la base de la cellule. 4500×

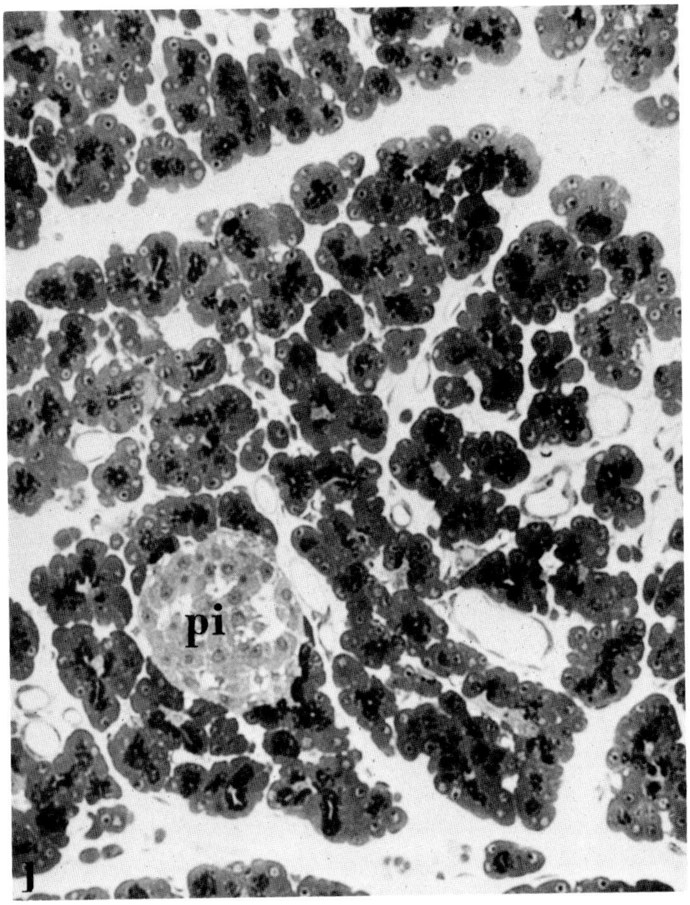
pi
1

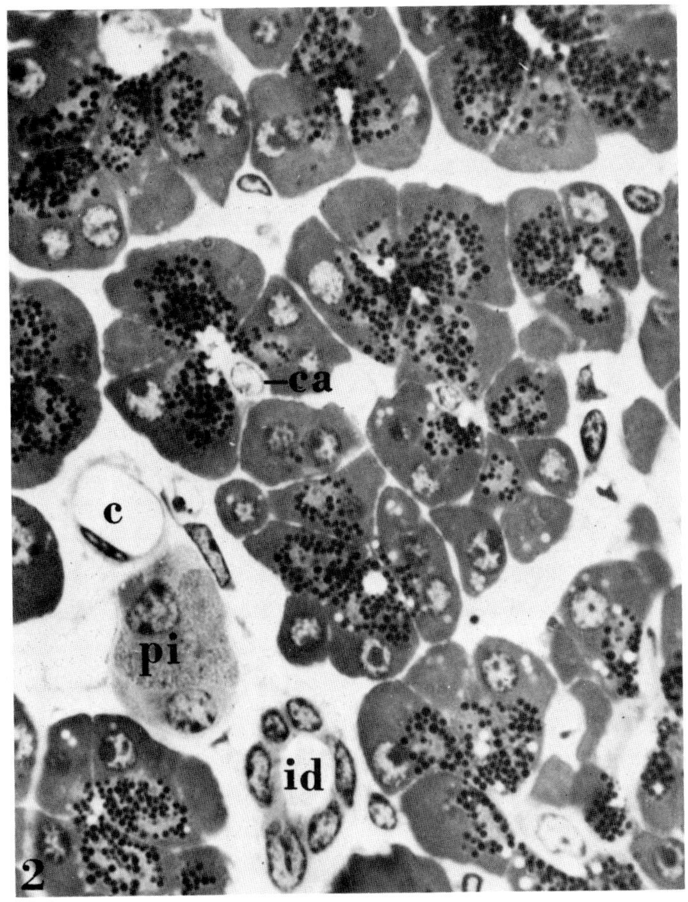
ca
c
pi
id
2

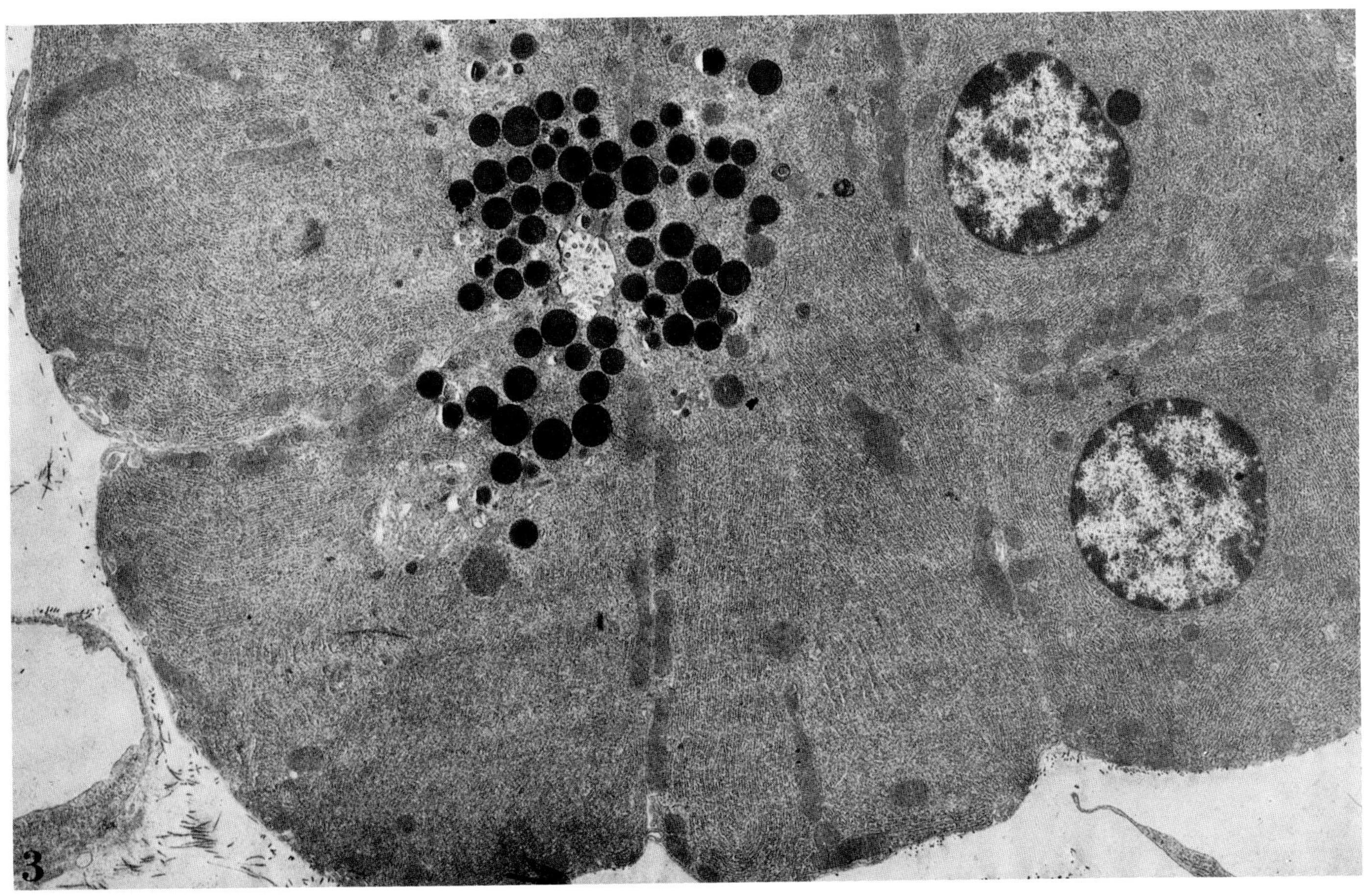
3

Plate IV

The Exocrine Pancreas

1. The nuclei of the acinar cells are small and circular with very large nucleoli. The cisterns of the granular endoplasmic reticulum occupy the cytoplasm in linear arrays from the base to the apex of the cells. A few pale vesicles are seen occasionally at the base of the cell. Granules of moderate density appear in the supranuclear region of the cell to be replaced by very dense granules toward the apex. Microvilli project into the irregularly shaped lumen (l), the content of which is of moderate density. 9200×

2. A bundle of unmyelinated nerve fibers and a blood vessel are seen near the base of an acinar cell. The nerve bundle is surrounded by a sheath of collagen. 7500×

3. Very small nerve fibers (f) terminate in moderate dilatations at the base of an acinus. As in many autonomic nerve terminals, some of the vesicles in the nerve endings are larger than the majority and contain densely stained material. Loose connective tissue intervenes between the nerve endings and the very small duct. A thin circumferential lamina surrounds the Schwann cell which accompanies the nerve fibers, and a thicker basal lamina surrounds the duct. 20,000×

Planche IV

Le pancréas exocrine

1. Le noyau des cellules acineuses est petit, circulaire et pourvu d'un gros nucléole. Les citernes du réticulum endoplasmique granulaire forment des arrangements linéaires dans tout le cytoplasme. Quelques vésicules pâles se retrouvent parfois à la base de la cellule. Des granules de densité moyenne apparaissent dans la région supranucléaire et d'autres, très denses, occupent l'apex. Des microvillosités se projettent dans la lumière découpée (l) et chargée d'un contenu assez foncé. 9200×

2. Un faisceau de fibres amyéliniques accompagne un vaisseau sanguin près de la base d'une cellule acineuse. Une enveloppe de collagène entoure ce faisceau. 7500×

3. De très petites fibres nerveuses (f) se terminent en menus renflements à la base d'un acinus. Comme dans plusieurs terminaisons nerveuses autonomes, quelques-unes des vésicules synaptiques sont plus grandes que la moyenne et contiennent un matériel foncé. Du tissu conjonctif lâche occupe l'espace entre les terminaisons nerveuses et le petit canal. Une mince lame circonférentielle entoure la cellule de Schwann qui accompagne les fibres nerveuses et une lame basale plus épaisse entoure le canal. 20,000×

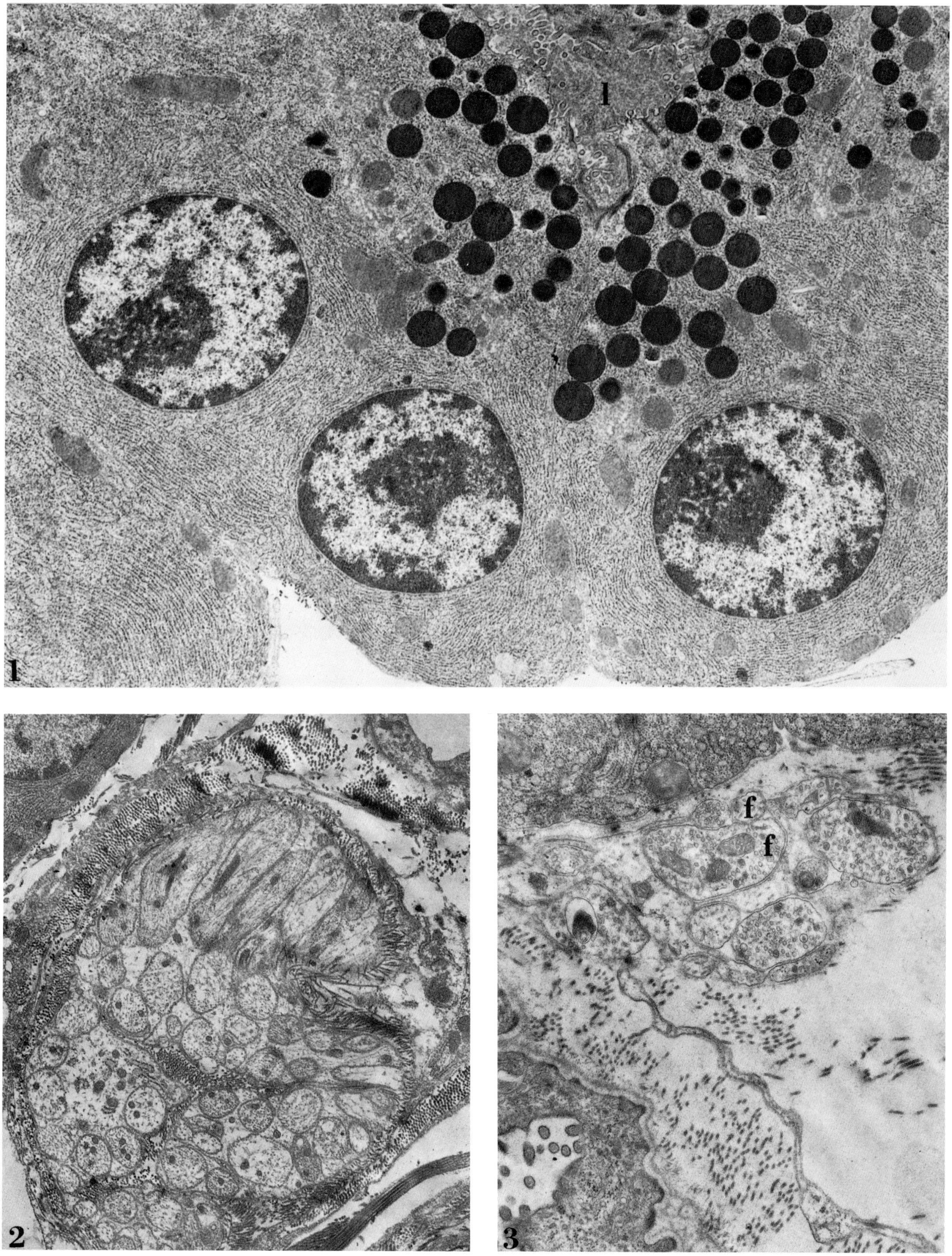

1
l
2
3
f
f

Plate V

The Pancreatic Acinar Cell

1. The cisternal spaces of the granular endoplasmic reticulum vary somewhat in width. Mitochondria are arranged in close proximity to the plasma membranes. Microtubules can be seen between two mitochondria. 45,000×

2. Less frequently, the mitochondria are found between cisternae of the endoplasmic reticulum. Some filaments or microtubules are located around the mitochondrial surfaces (arrows). A thin layer of loosely arranged collagen fibrils is seen beyond a thin basal lamina. 62,000×

3. Mitochondria are aligned along the border of an acinar cell which is adjacent to a β cell in a pancreatic islet (pi). Cytoplasmic microtubules are closely associated with the mitochondria (arrows). In some instances a defect in the outer mitochondrial membrane coincides exactly with the point of contact with the microtubule. Content of moderate density is evident in the cisternae of the endoplasmic reticulum. 75,000×

Planche V

La cellule acineuse du pancréas

1. La largeur des citernes du réticulum endoplasmique granulaire est variable. Les mitochondries suivent la membrane plasmatique de près et des microtubules sont visibles entre elles. 45,000×

2. Plus rarement, les mitochondries se retrouvent entre les citernes du réticulum endoplasmique. Quelques filaments ou microtubules voisinent les surfaces mitochondriales (flèches). Une mince lame de fibrilles collagènes est visible au-delà de la délicate lame basale. 62,000×

3. Des mitochondries s'alignent le long des parois d'une cellule acineuse adjacente à une cellule β d'un îlot pancréatique (pi). Des microtubules cytoplasmiques sont en association étroite avec les mitochondries (flèches); en certains endroits une interruption de la membrane mitochondriale externe coïncide exactement avec le point de contact d'un microtubule. Le contenu des citernes du réticulum endoplasmique est de densité moyenne. 75,000×

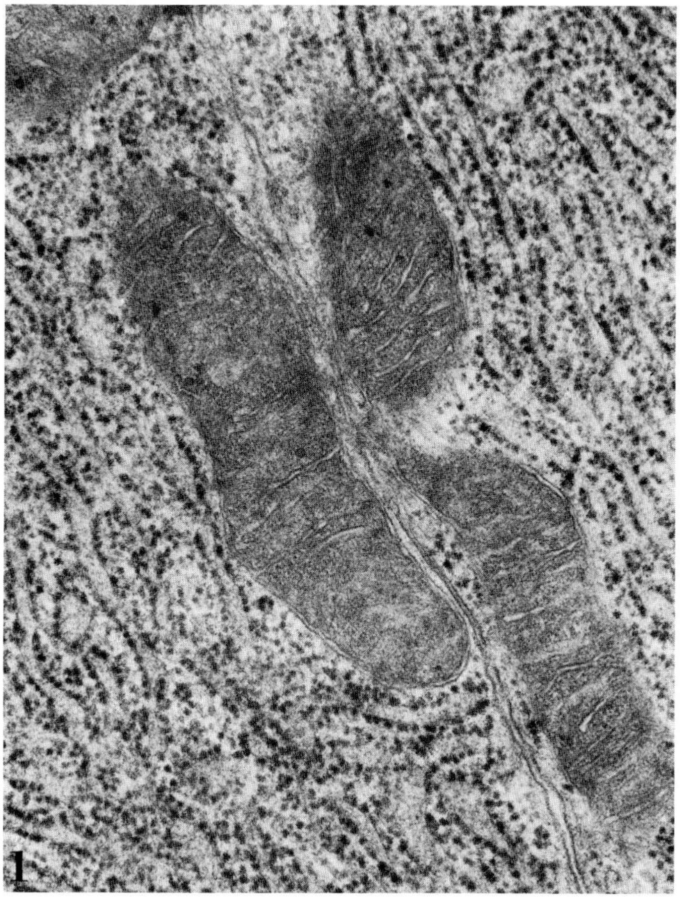

1

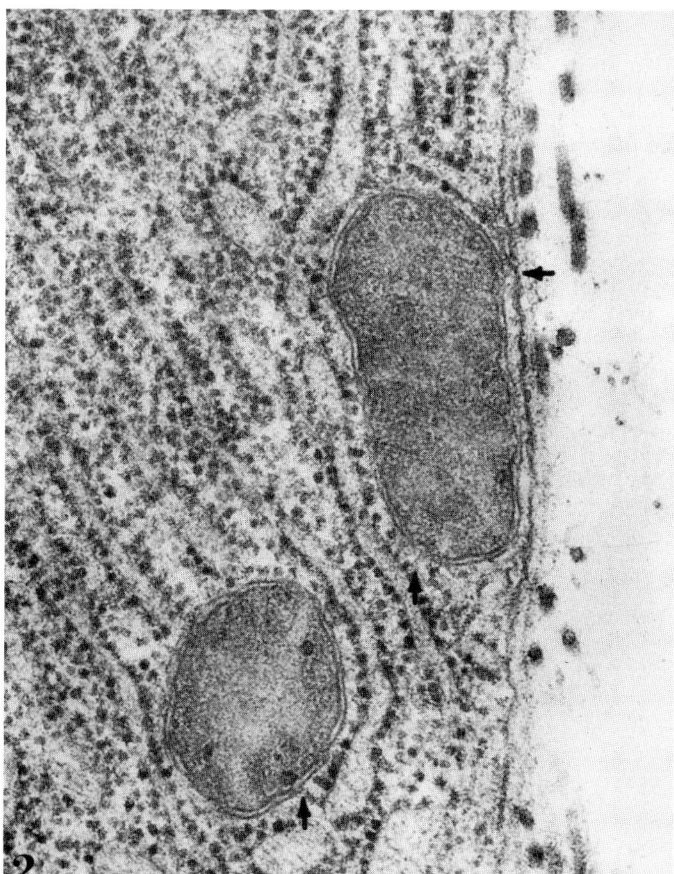

2

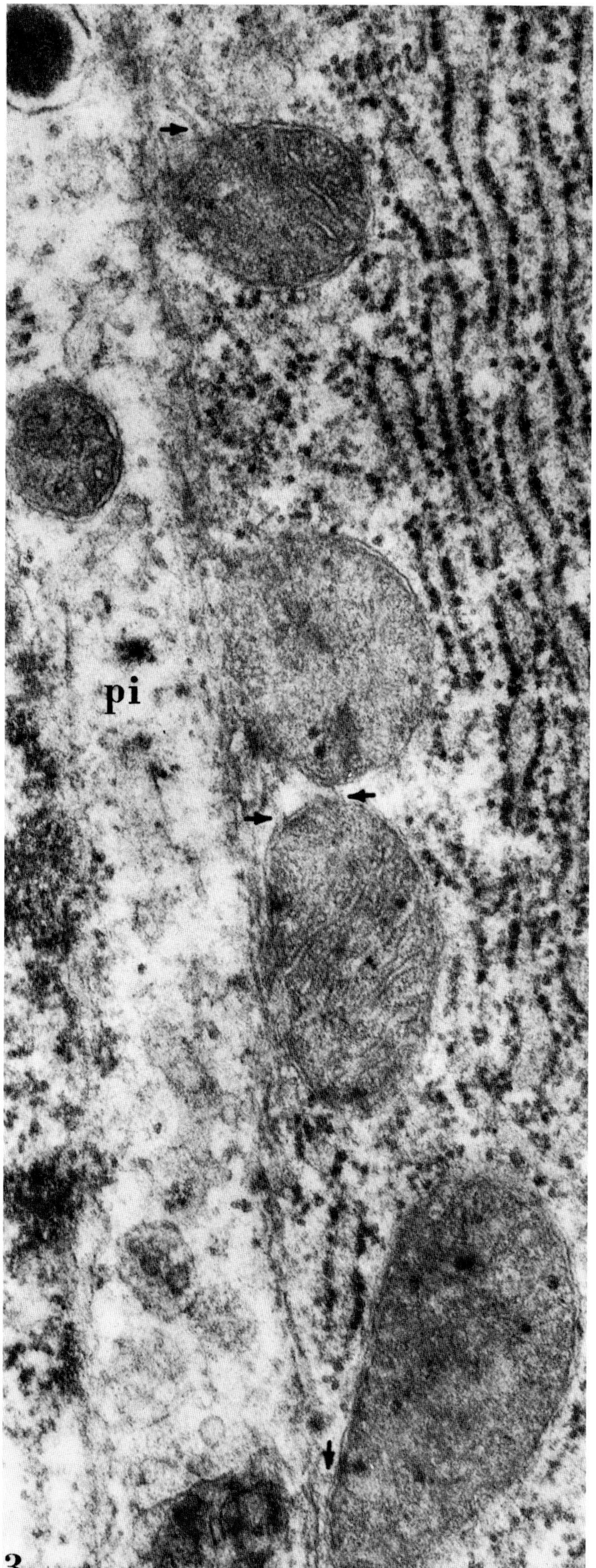

3

Plate VI

The Pancreatic Acinar Cell

1. In the Golgi complex some sacs appear as clear spaces. Vesicles, or transversely sectioned tubules, contain material which appears more concentrated at the periphery. 45,000 ×

2. Spaces with a width and content similar to that in the circular profiles of Fig. 1 appear as irregular sacs or tubules stacked in several tiers. Membrane-bound granules of increasing dimension, with a content similar to that of the sacs or tubular elements, are seen in the Golgi zone. A more distinct membrane is present on the small, darker, circular profile (arrow). 52,000 ×

3. An increase in the density of the surrounding membrane accompanies the increase in density of the content in small vesicles or tubules of the Golgi complex. This is less evident in larger granules. An elongated granule is surrounded by a distinct membrane and has a variably stained content. 52,000 ×

4. A smooth-surfaced, branched tubule with periodic constrictions and content of variable density is located among elements of the granular reticulum. The membrane of this tubule is more dense than that of other nearby organelles. 31,000 ×

5. Large dilatations with variable densities appear in these tubular profiles. The membrane of the dilated portion is less distinct than in the smaller portion of the tube. 52,000 ×

6. Tubular, intracellular, smooth-surfaced structures with quite dense content have been sectioned longitudinally and obliquely. A constricted area is evident in one of the tubes. It is suggested that these elements represent intracellular canaliculi. 52,000 ×

Planche VI

La cellule acineuse du pancréas

1. Quelques saccules du complexe de Golgi prennent l'aspect d'espaces clairs. Des vésicules ou des tubules en coupe transversale contiennent un matériel qui semble plus concentré à la périphérie. 45,000 ×

2. Des structures de dimension et de contenu semblables à ceux des éléments circulaires de la figure 1 apparaissent ici comme des saccules ou des tubules empilés. La zone de Golgi renferme des granules de dimension croissante et entourés d'une membrane; leur contenu est similaire à celui des saccules ou des tubules. Une membrane plus distincte entoure le petit élément circulaire plus foncé (flèche). 52,000 ×

3. Dans les petites vésicules ou les tubules du complexe de Golgi, la densité de la membrane va de pair avec la densité du contenu. Ce phénomène est moins évident dans les deux gros granules. Entre ces derniers se trouve un granule de forme allongée entouré d'une membrane et contenant un matériel de coloration variable. 52,000 ×

4. Parmi les constituants du réticulum granulaire, on note un tubule ramifié à surface lisse; il présente des étranglements périodiques et contient un matériel de densité variable. Sa membrane est plus sombre que celle des organites voisins. 31,000 ×

5. Les dilatations importantes qui apparaissent le long des éléments tubulaires sont de densité variable. Leur membrane est moins distincte que celle des portions rétrécies. 52,000 ×

6. Des structures intracellulaires de forme tubulaire apparaissent en coupe longitudinale et oblique. Leur surface est lisse et leur contenu est assez dense. L'un de ces tubules présente des zones rétrécies évidentes. Ces éléments constitueraient un système de canalicules intracellulaires. 52,000 ×

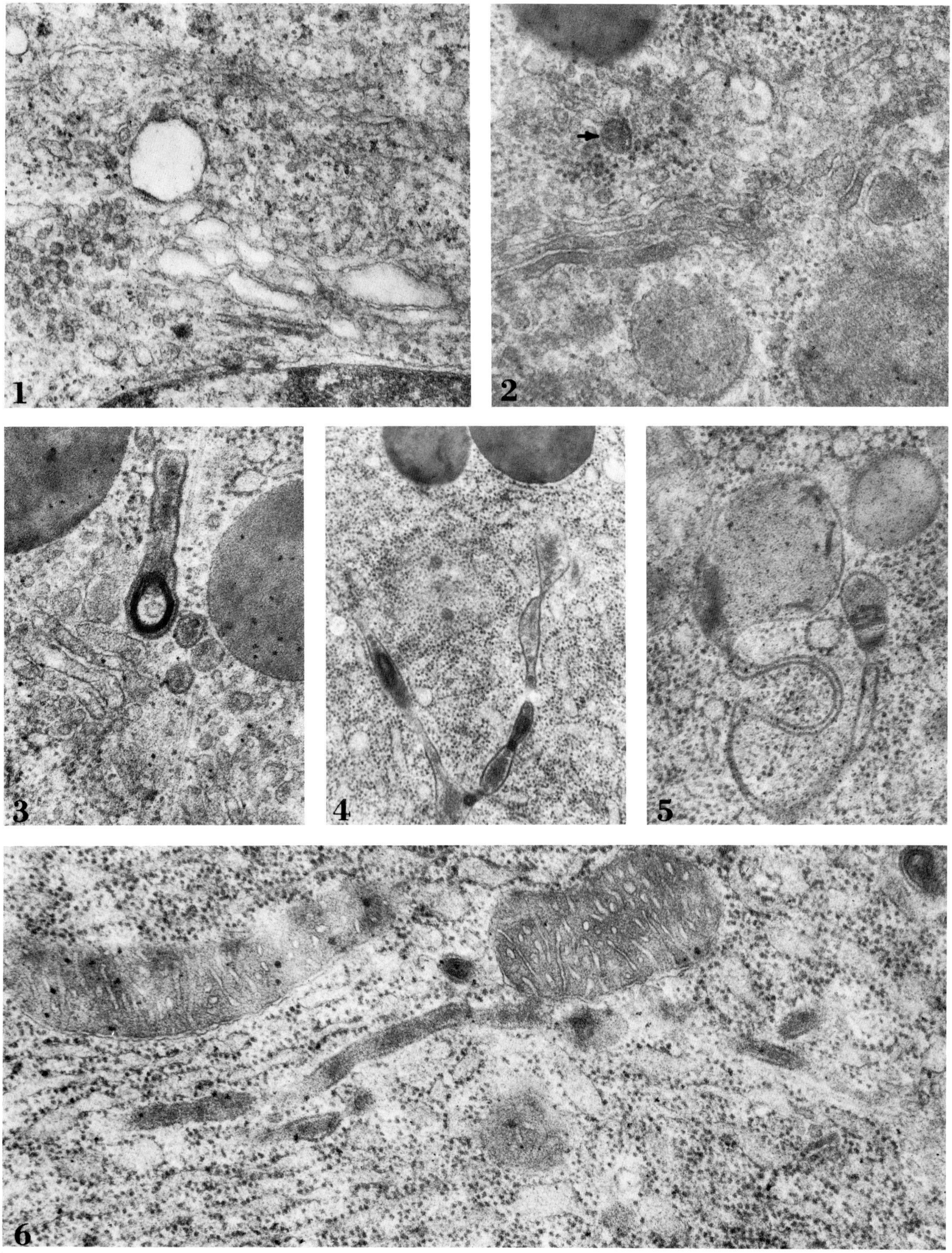
1
2
3
4
5
6

Plate VII

The Pancreatic Acinar Cell

1. Both moderately dense and dense granules develop in the Golgi region. The larger granules are generally seen at a greater distance from the Golgi complex. 14,000×

2. This figure suggests that the larger, less dense granules may develop from irregularly shaped forms in the Golgi zone. 49,000×

3. Part of a transverse section through the cell at the level of the Golgi complex indicates the extent of this apparatus. The circular or elongated profiles of the granular reticulum indicate that it is in a tubular form at this level of the cell. 29,000×

Planche VII

La cellule acineuse du pancréas

1. Des granules de densité variable se développent dans la zone de Golgi. Les plus gros d'entre eux en sont généralement plus éloignés. 14,000×

2. Cette image suggère que les gros granules de densité moindre pourraient provenir d'éléments aux formes irrégulières retrouvés dans la zone de Golgi. 49,000×

3. Cette coupe transversale au niveau de la zone de Golgi révèle l'étendue de cet organite. Ici l'aspect circulaire ou allongé des éléments du réticulum granulaire traduit la forme tubulaire de ce dernier contrairement à la disposition étagée présente à la base de la cellule. 29,000×

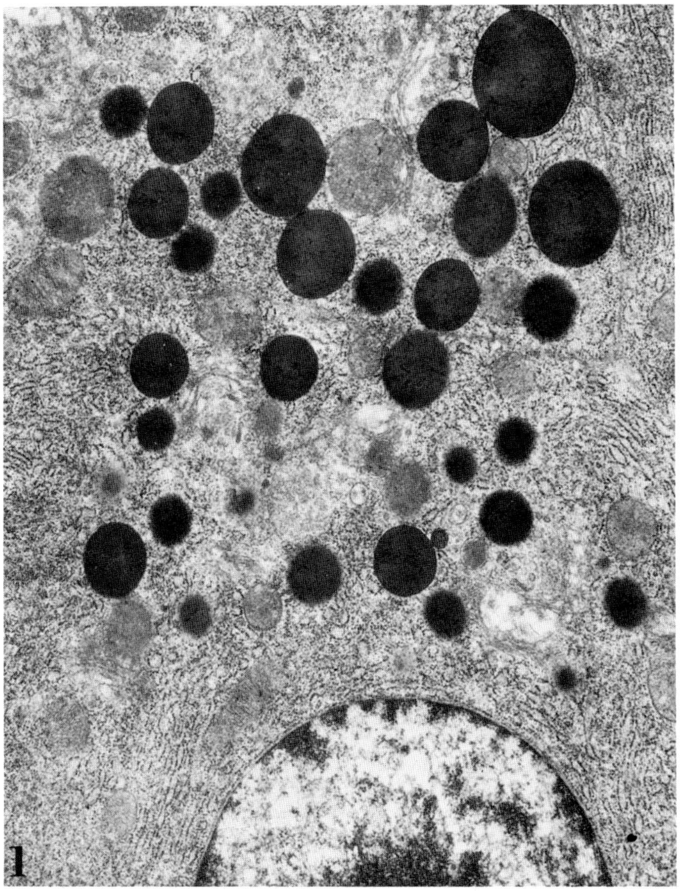
1

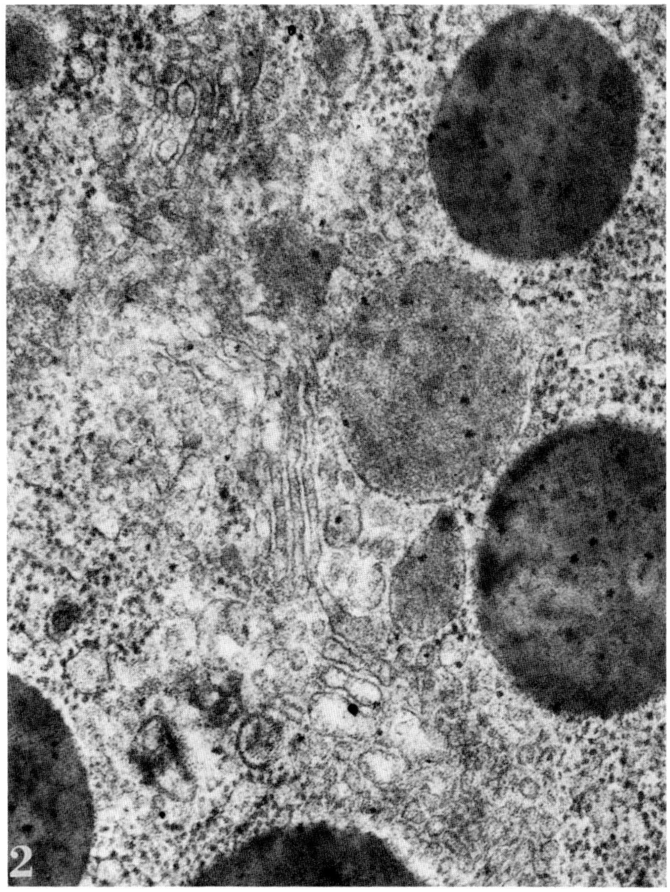
2

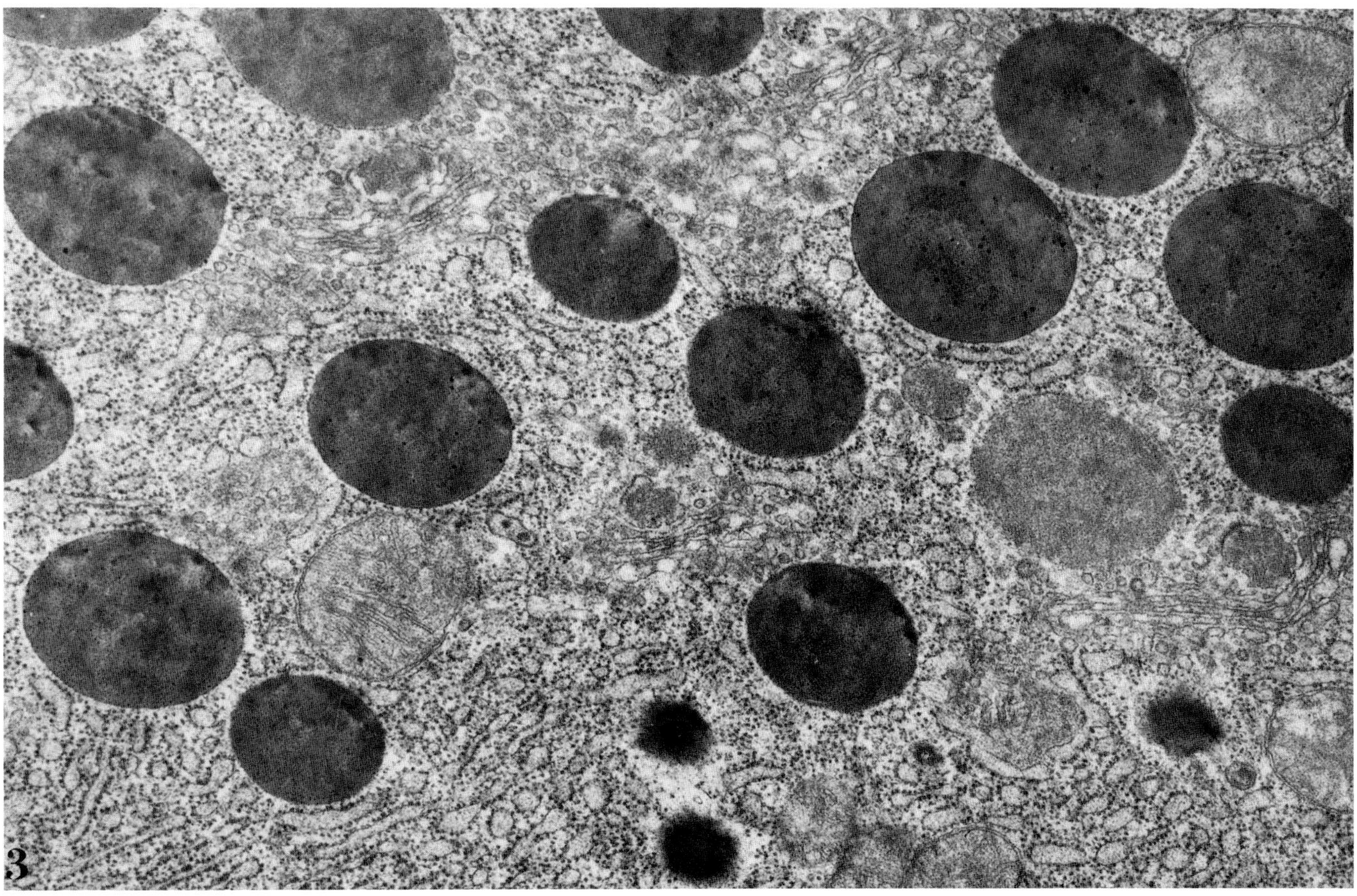
3

Plate VIII

The Pancreatic Acinar Cell

1. Apexes of acinar cells, interconnected by tight junctions, form the borders of the lumen of the acinus. Microvilli with filamentous cores project into the lumen. Large, dense zymogen granules occupy much of the apexes of the cells. One of these granules appears partially emptied. Filamentous or microtubular stems associated with these granules appear to reach and to blend into the plasma membrane (arrows). 80,000×

2. Cytoplasmic microtubules (arrows) in the apex of a cell appear to be closely associated with zymogen granules and with smaller coated vesicles. Some of these microtubules can be followed from deep within the cell to the apical region, where they are lost in a bundle of filaments. The filaments reach the plasma membrane. In transversely sectioned microvilli the filaments in the core are seen as dense points. 70,000×

Planche VIII

La cellule acineuse du pancréas

1. Les apex cellulaires reliés par des unions serrées constituent la paroi de la lumière de l'acinus. Des microvillosités avec axe filamenteux s'y projettent. De gros granules denses de zymogène occupent la majeure partie de l'apex des cellules. L'un de ces granules semble partiellement vidé. Des segments filamenteux ou microtubulaires associés à ces granules semblent atteindre la membrane plasmatique et se confondre avec elle (flèches). 80,000×

2. Dans l'apex d'une cellule, les microtubules cytoplasmiques (flèches) semblent en association étroite avec des granules de zymogène et de petites vésicules feutrées. Quelques-uns de ces microtubules peuvent être suivis depuis la profondeur de la cellule jusqu'à la région apicale où ils se perdent dans un faisceau de filaments qui atteignent la membrane plasmatique. En coupe transversale, les filaments présents dans les microvillosités apparaissent comme des points denses. 70,000×

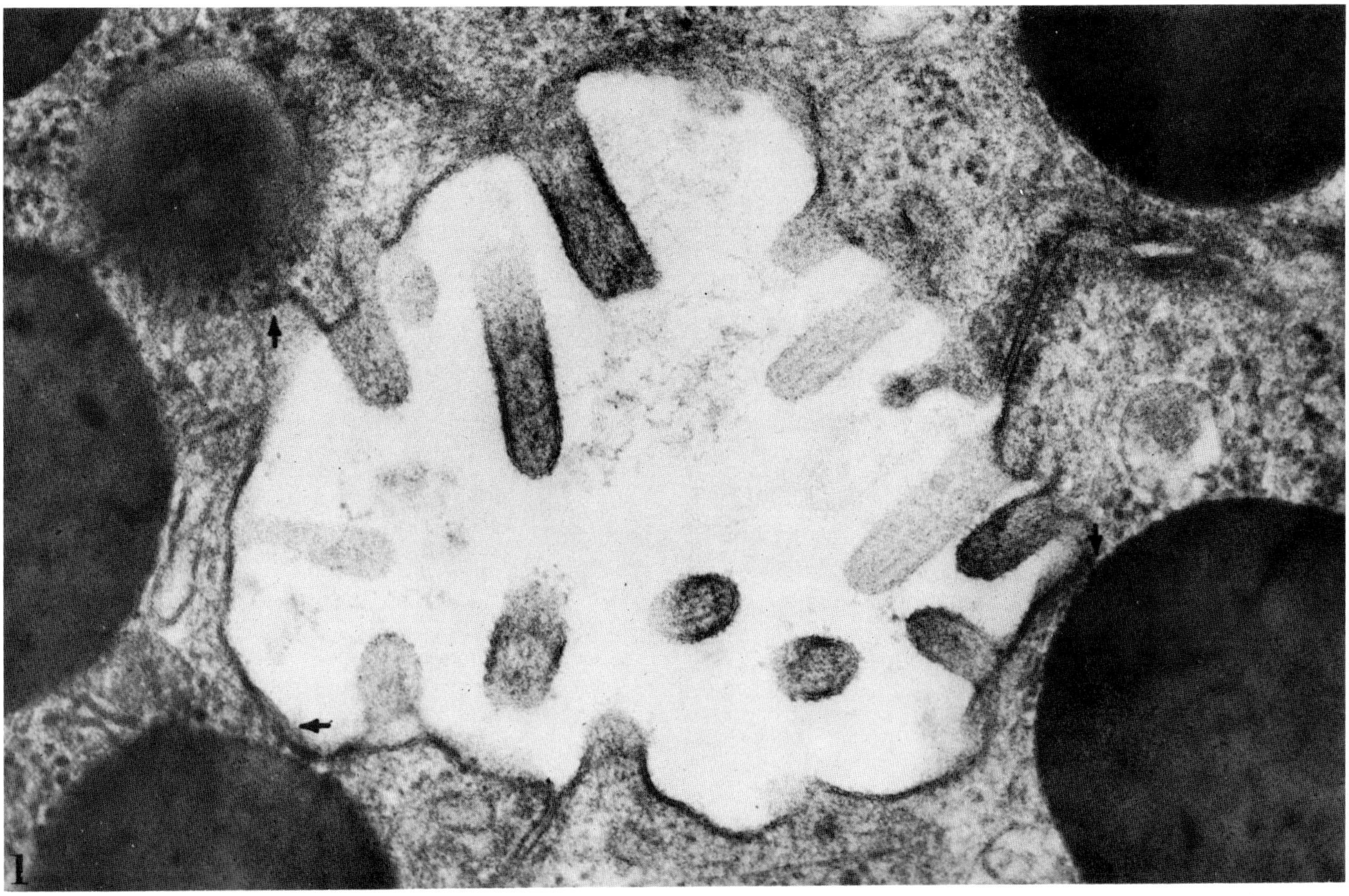

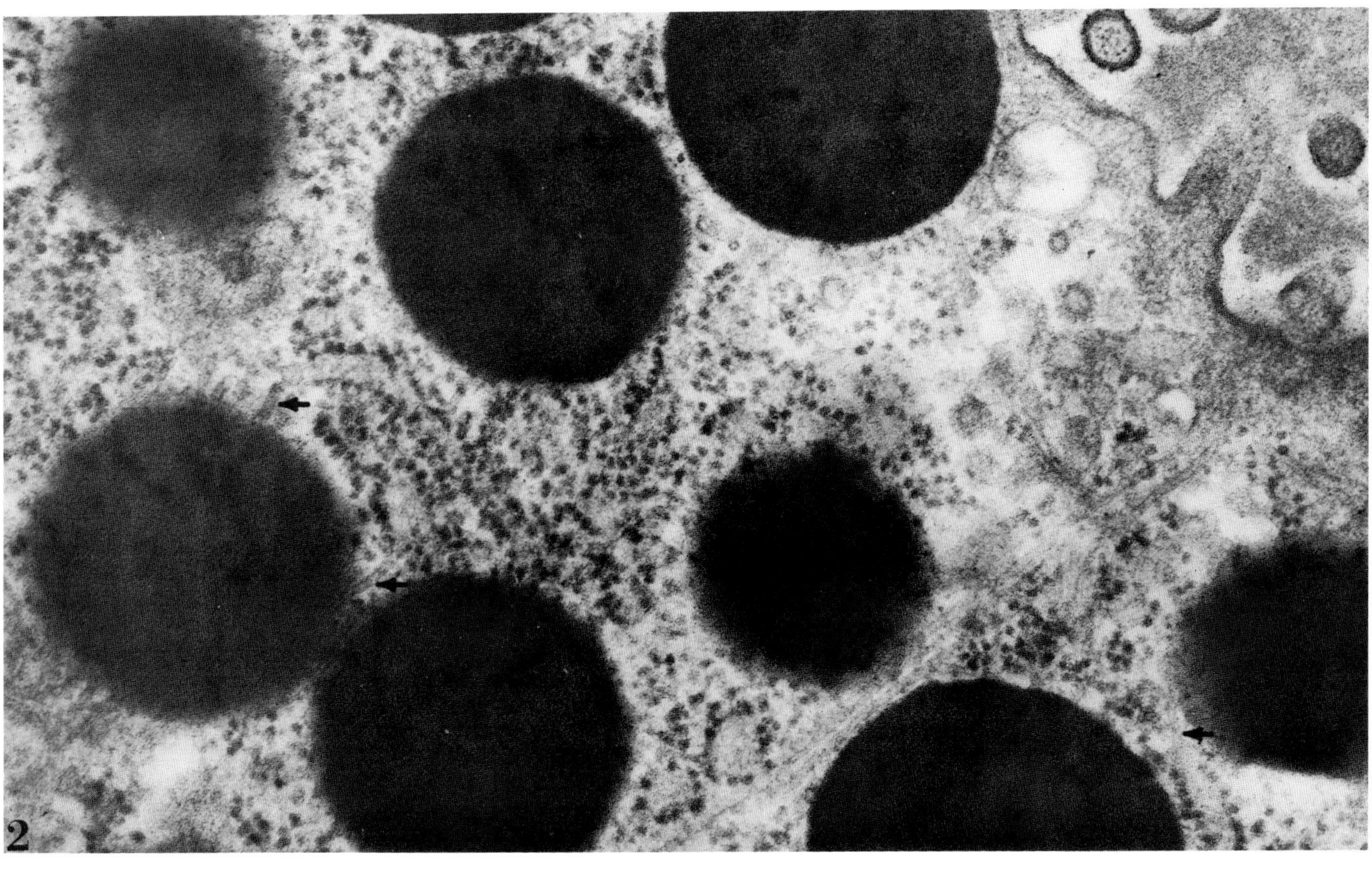

Plate IX

The Pancreas

1. L. Centroacinar cells with pale cytoplasm are seen in one of the acini which surround a small duct and two accompanying blood vessels. The duct is lined by low cuboidal epithelial cells while flattened endothelial cells line the blood vessels. 600×

2. The centroacinar cells are distinguished by irregular nuclei and cytoplasm that is pale in comparison with that of the acinar cells. The cytoplasm has only a moderate supply of ribosomes. The centroacinar cells have relatively few apical microvilli. 11,250×

3. In the cuboidal cells of the small pancreatic ducts the nuclei are irregular and a moderate number of ribosomes are found in the cytoplasm. The microvilli are grouped near the apical intercellular junctions. The duct contains irregular, moderately dense flocculent material. A capillary is located in an indentation of the bases of the epithelial cells and the cytoplasm of myoepithelial cells is inserted between the latter. A contracted, small arteriole is accompanied by a number of unmyelinated nerve fibers (n). 3500×

Planche IX

Le pancréas

1. L. Des cellules centro-acineuses à cytoplasme pâle sont visibles dans l'un des acini qui entourent un petit canal et deux vaisseaux sanguins. Le canal est bordé d'un épithélium cubique bas alors que des cellules endothéliales aplaties tapissent les vaisseaux sanguins. 600×

2. Les cellules centro-acineuses se reconnaissent à leur noyau irrégulier et à la pâleur relative de leur cytoplasme par comparaison avec les cellules acineuses. Les cellules centro-acineuses possèdent peu de ribosomes et de rares microvillosités apicales. 11,250×

3. Les cellules cubiques des petits canaux pancréatiques contiennent un noyau de forme irrégulière et des ribosomes. Les microvillosités apicales sont groupées près des jonctions intercellulaires. Le canal renferme un matériel floconneux. Un capillaire occupe une dépression à la base de cellules épithéliales. Entre deux de ces cellules se coince le cytoplasme d'une cellule myo-épithéliale. Une petite artériole contractée est accompagnée par un certain nombre de fibres amyéliniques (n). 3500×

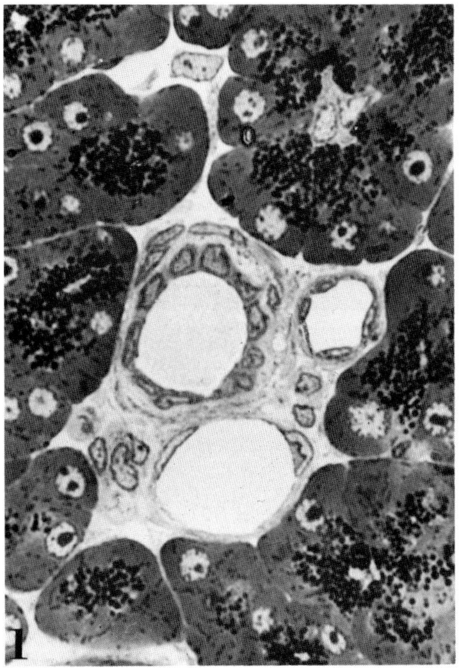
1

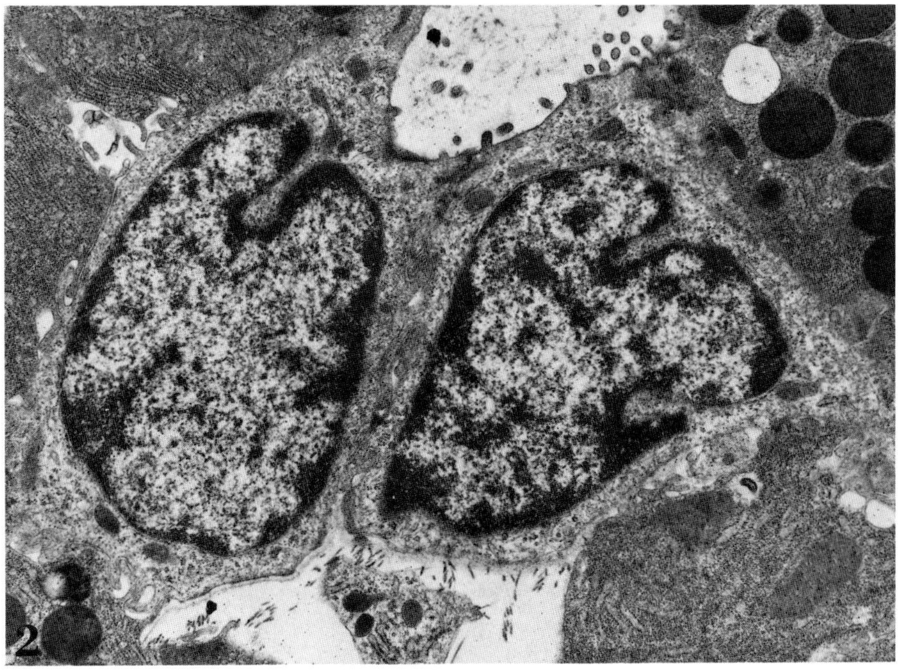
2

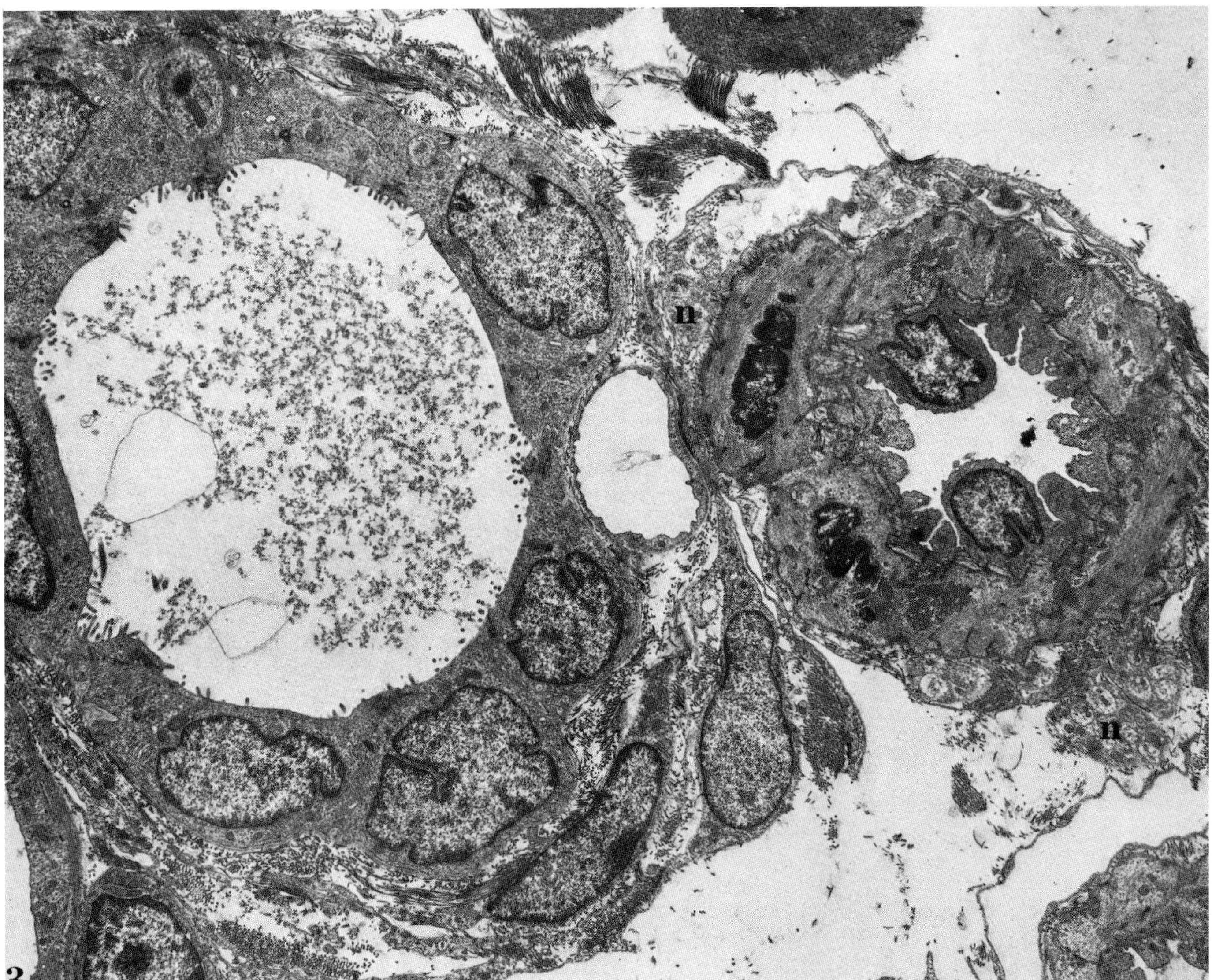
3
n
n

Plate X

The Liver

In passing from the portal vein to the hepatic vein, the blood from the gastrointestinal tract and spleen flows through numerous sinusoids in the liver. The sinusoids are separated by cords of liver cells. The liver cells, under the influence of insulin from the pancreatic islets, store carbohydrates by converting glucose to glycogen. On demand, by a process of phosphorylation, it reverses this procedure, thus helping to maintain a normal blood sugar level. The liver cells perform multiple functions in the synthesis of lipids, of lipoproteins, of cholesterol, and of plasma proteins. In addition they are responsible for the metabolism and elimination of circulating hormones and drugs. A very important function of the liver is the production of bile, the salts of which are necessary for the emulsification and the absorption of fats from the intestine.

1. L. The liver parenchymal cell or hepatocyte has a large, rounded nucleus, one or more prominent nucleoli, and abundant cytoplasm. The mitochondria are darker than the background and appear as lines or masses. Very dense bodies are the lysosomes or lipofuscin granules. The sinusoidal endothelial cells (e) can be seen in widely separated locations, but the continuity of the cytoplasm necessary to complete the walls is difficult to follow with the resolution available in the light microscope. Bile canaliculi appear as irregular pores between cells in the cords (arrows). 720×

2. L. In other instances the mitochondria appear to occupy a greater part of the cytoplasm of the hepatocytes. Lipid droplets (l) appear in some of the cells. Cells divide continually in the normal liver. A cell in anaphase demonstrates the location of the mitochondria in relation to the chromosomes at this stage of mitosis. Sinusoidal endothelial cells (e) in surface view appear quite large. 720×

3. The hepatocyte is rich in mitochondria, endoplasmic reticulum, and glycogen. Dense lysosomal granules are common in the hepatocyte. Very thin, fenestrated cytoplasmic extensions from the endothelial cells encompass the lumen of the sinusoidal blood vessel. In other areas the sinusoids are lined by a larger phagocytic cell, the stellate cell of Kupffer (K), which contains inclusions of variable density and size. Numerous cytoplasmic processes, which resemble microvilli, project from the hepatocytes into the space of Disse (D) between the liver cords and the endothelial cells. 3000×

Planche X

Le foie

Au cours de son passage de la veine porte à la veine hépatique, le sang veineux du tube digestif et de la rate traverse plusieurs sinusoïdes du foie. Ces derniers sont séparés par des cordons de cellules hépatiques qui, sous l'influence de l'insuline, transforment le glucose en glycogène. Au besoin, cette réserve est mise en circulation par un processus de phosphorylation afin de maintenir le taux de glucose sanguin. Les cellules hépatiques exercent de multiples fonctions dans la synthèse des lipides, des lipoprotéines, du cholestérol et des protéines plasmatiques. De plus, elles sont responsables du métabolisme et de l'élimination des hormones et des médicaments en circulation. Une fonction très importante du foie consiste dans la production de bile dont les sels émulsionnent les graisses de l'intestin et en favorisent l'absorption.

1. L. La cellule parenchymateuse du foie ou hépatocyte possède un gros noyau arrondi, un ou plusieurs nucléoles évidents et un cytoplasme abondant. Les mitochondries sont plus sombres que l'arrière-plan et apparaissent sous forme de bâtonnets ou de petites masses. Les corpuscules très denses sont des lysosomes ou des grains de lipofuscine. Les cellules endothéliales (e) des sinusoïdes s'observent par endroits mais les prolongements cytoplasmiques nécessaires pour former une paroi continue ne sont pas discernables au microscope photonique. Les canalicules biliaires prennent l'aspect de pores irréguliers entre les cellules des cordons (flèches). 720×

2. L. Dans certains cas, les mitochondries semblent occuper une partie importante du cytoplasme des hépatocytes. Des gouttelettes lipidiques (l) sont présentes dans quelques cellules. Les hépatocytes du foie normal se divisent continuellement. Une cellule en anaphase révèle la disposition des mitochondries en rapport avec les chromosomes. En vue superficielle, la cellule endothéliale (e) paraît assez volumineuse. 720×

3. L'hépatocyte est très riche en mitochondries, en réticulum endoplasmique et en glycogène. De plus, on y retrouve de nombreux lysosomes sous forme de granules denses. Des prolongements cytoplasmiques très minces et fenestrés appartenant aux cellules endothéliales entourent la lumière des sinusoïdes. En certains endroits, les sinusoïdes sont bordés de cellules phagocytaires, les cellules étoilées de Kupffer (K), qui contiennent des inclusions de dimension et de densité variables. Plusieurs prolongements cytoplasmiques ressemblant à des microvillosités se projettent de l'hépatocyte dans l'espace de Disse (D) situé entre les cordons cellulaires et les cellules endothéliales. 3000×

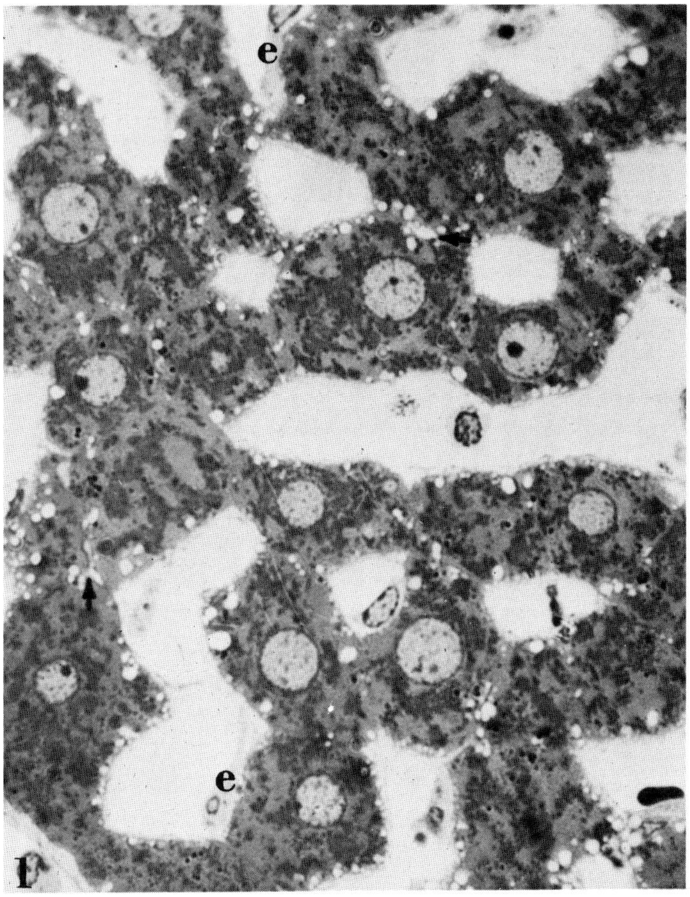
e
e
1

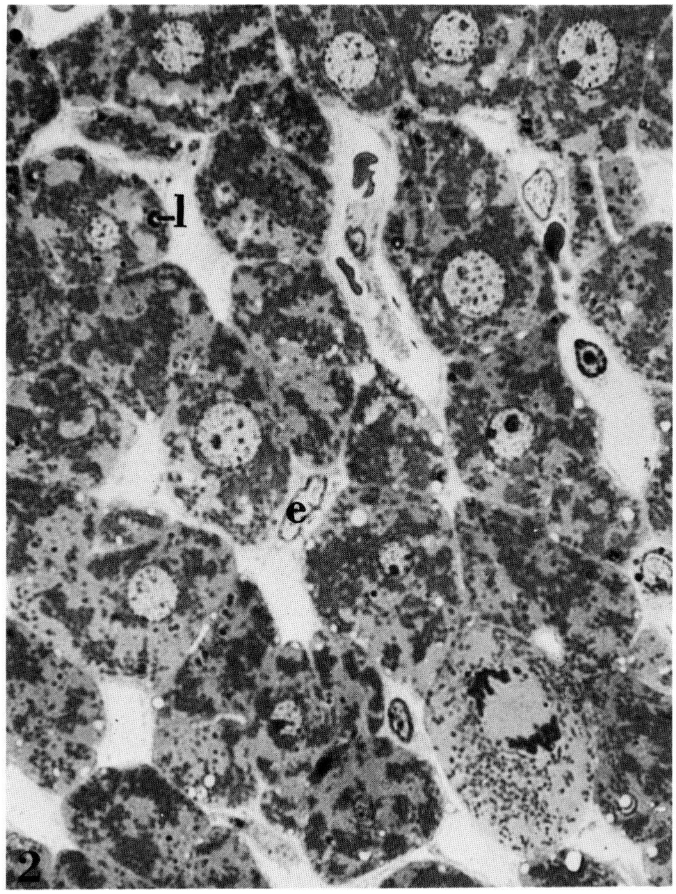
l
e
2

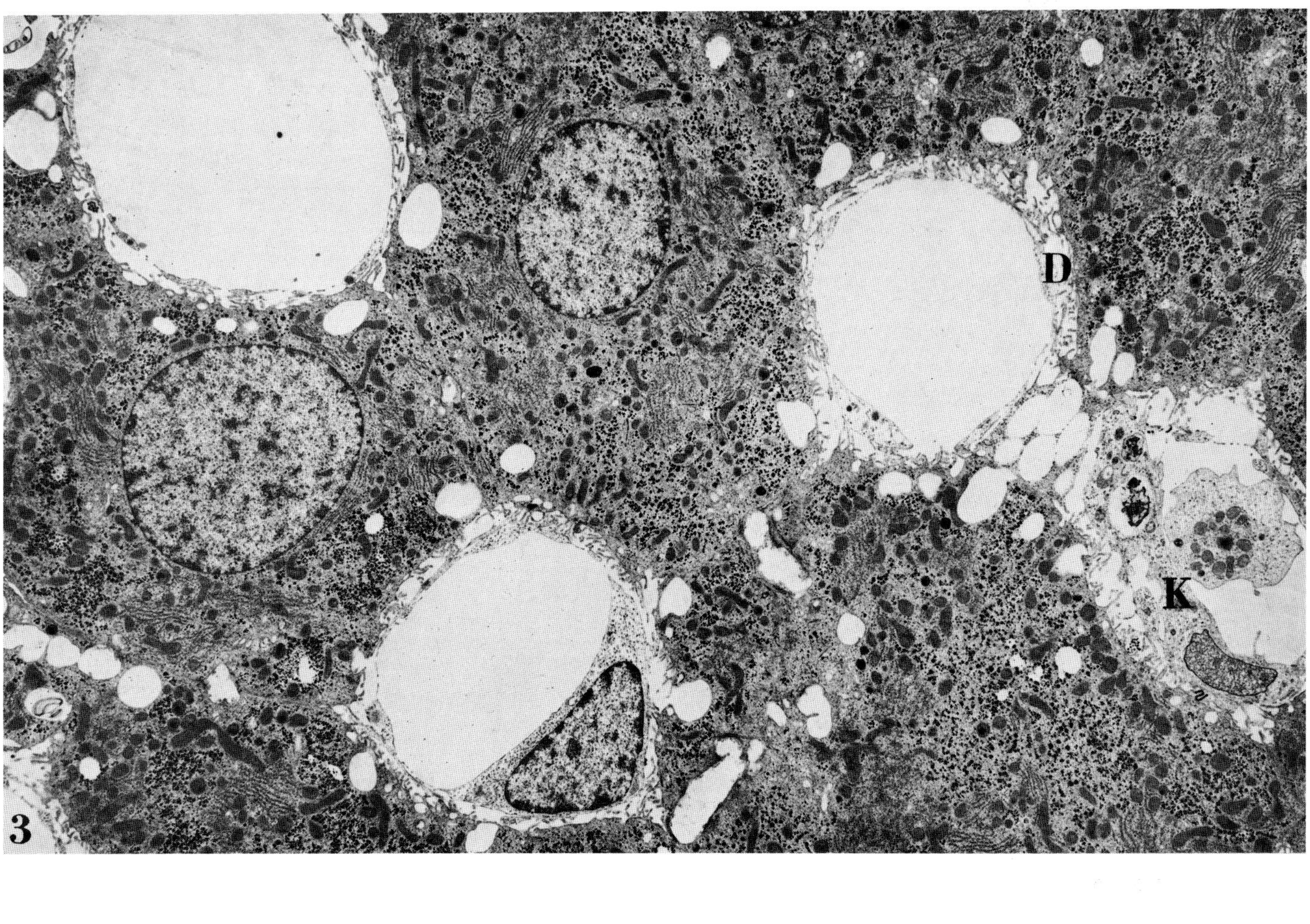
D
K
3

Plate XI

The Liver

1. Binucleate cells are commonly seen in the normal liver. The nucleoli are prominent. Most of the granular endoplasmic reticulum is in a broad perinuclear zone. There are many mitochondria, a few lysosomes, and lipofuscin granules in the cytoplasm. 6000×

2. Two hepatocytes in a cord contribute a part of their adjacent surfaces to the bile canaliculus. Microvilli project into the lumen. Endoplasmic reticulum, mitochondria, lysosomes, and glycogen, as well as many filaments and microtubules, are located in the cytoplasm surrounding the canaliculus. 38,000×

3. Cytoplasmic microtubules, filaments, and tonofibrils are frequently seen near the space of Disse. A zone of marked density in the tonofibril has imparted a tubelike appearance to a part of it. 60,000×

4. Cytoplasmic microtubules, filaments (arrows), a lysosome, and a lipid droplet are seen from the perinuclear cytoplasm to that bordering on a space of Disse. 45,000×

Planche XI

Le foie

1. Les cellules binucléées sont fréquentes dans le foie normal. Le nucléole est très évident et la majeure partie du réticulum endoplasmique granulaire se trouve dans une zone périnucléaire étendue. Le cytoplasme possède également plusieurs mitochondries, quelques lysosomes et des grains de lipofuscine. 6000×

2. Deux hépatocytes voisins dépriment une partie de leur paroi en demi-gouttière pour former un canalicule biliaire. Des microvillosités se projettent dans la lumière. Le cytoplasme autour du canalicule contient du réticulum endoplasmique, des mitochondries, des lysosomes, du glycogène ainsi que plusieurs filaments et microtubules. 38,000×

3. Des microtubules cytoplasmiques, des filaments et des tonofibrilles sont souvent présents au voisinage des espaces de Disse. Le segment très foncé de la tonofibrille confère à une partie de cette dernière une apparence tubulaire. 60,000×

4. Des microtubules cytoplasmiques, des filaments (flèches), un lysosome et une gouttelette lipidique sont présents dans le cytoplasme qui se trouve entre les noyaux et l'espace de Disse. 45,000×

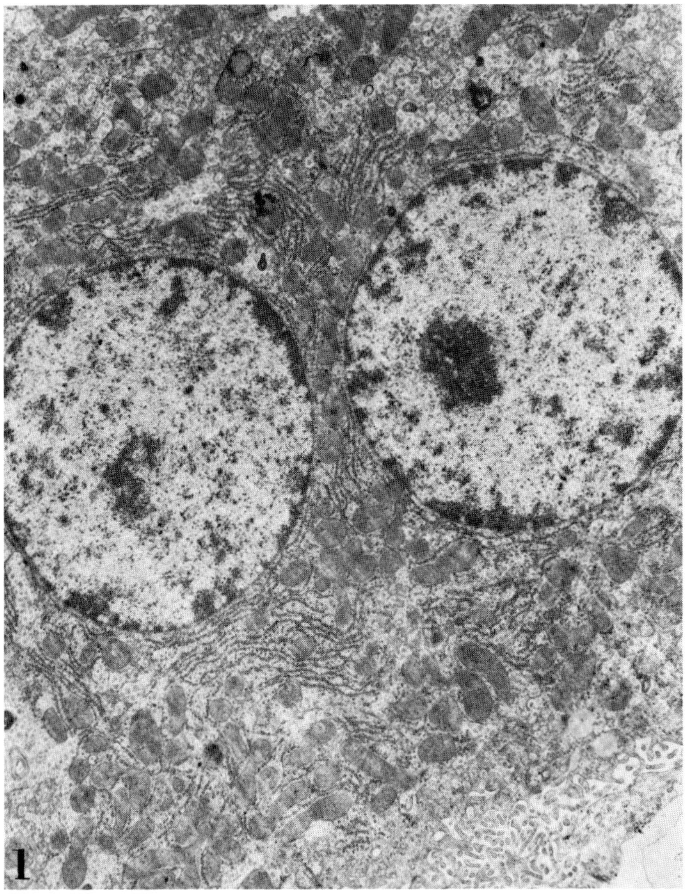
1

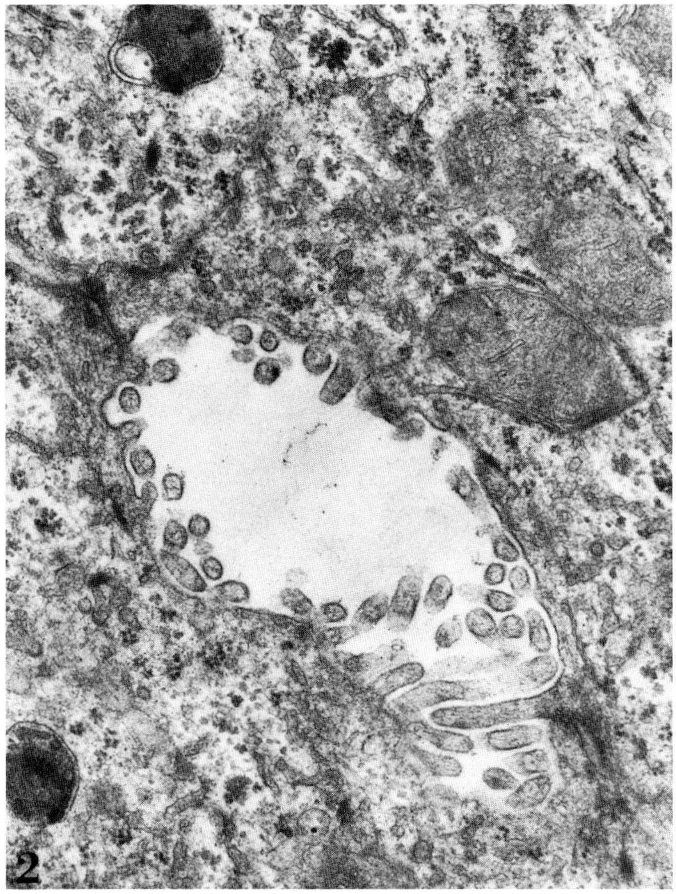
2

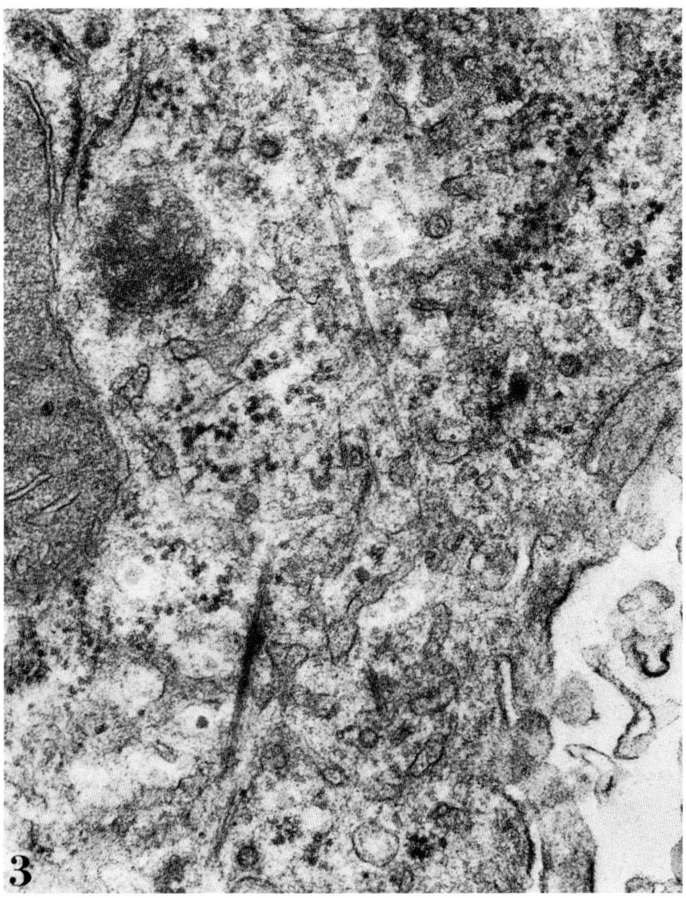
3

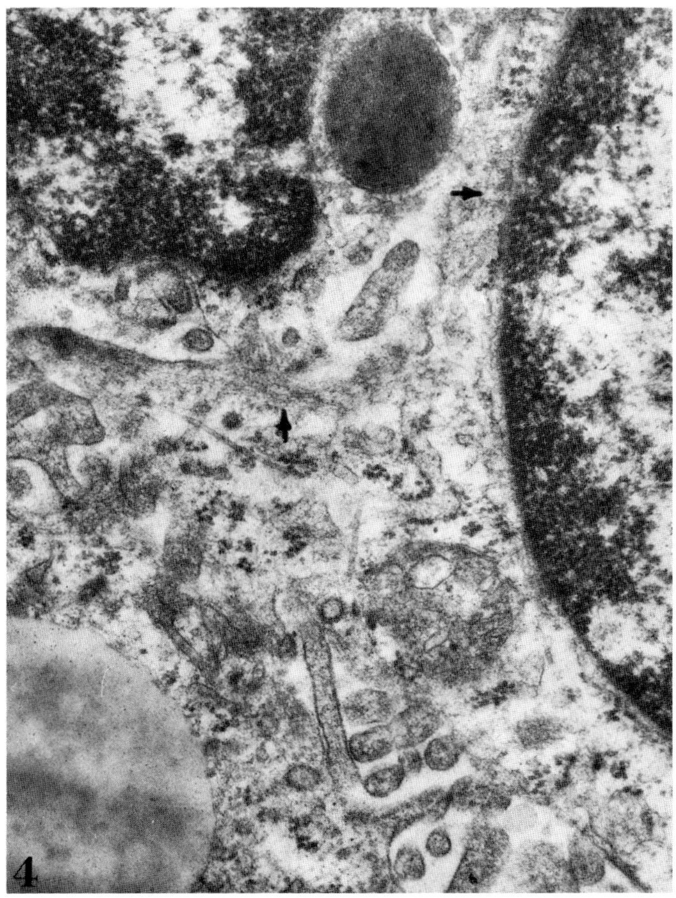
4

Plate XII

The Liver

The mitochondria of the liver have a dense matrix and transversely, or, occasionally, longitudinally oriented crests. The granular and the agranular endoplasmic reticulum are in continuity in several locations in this field (arrows). The cisternae are flattened with some content. The endoplasmic reticulum is in close association with the mitochondria. Filamentous or tubular stems (arrows) seem to interconnect some of the organelles. 90,000 ×

Planche XII

Le foie

Les mitochondries du foie possèdent une matrice sombre et des crêtes transversales ou parfois longitudinales. Les flèches indiquent les nombreux endroits de continuité entre les réticulums endoplasmiques granulaire et lisse. Les citernes sont aplaties et en étroite association avec les mitochondries. Des filaments ou des tubules semblent joindre quelques-uns des organites. 90,000 ×

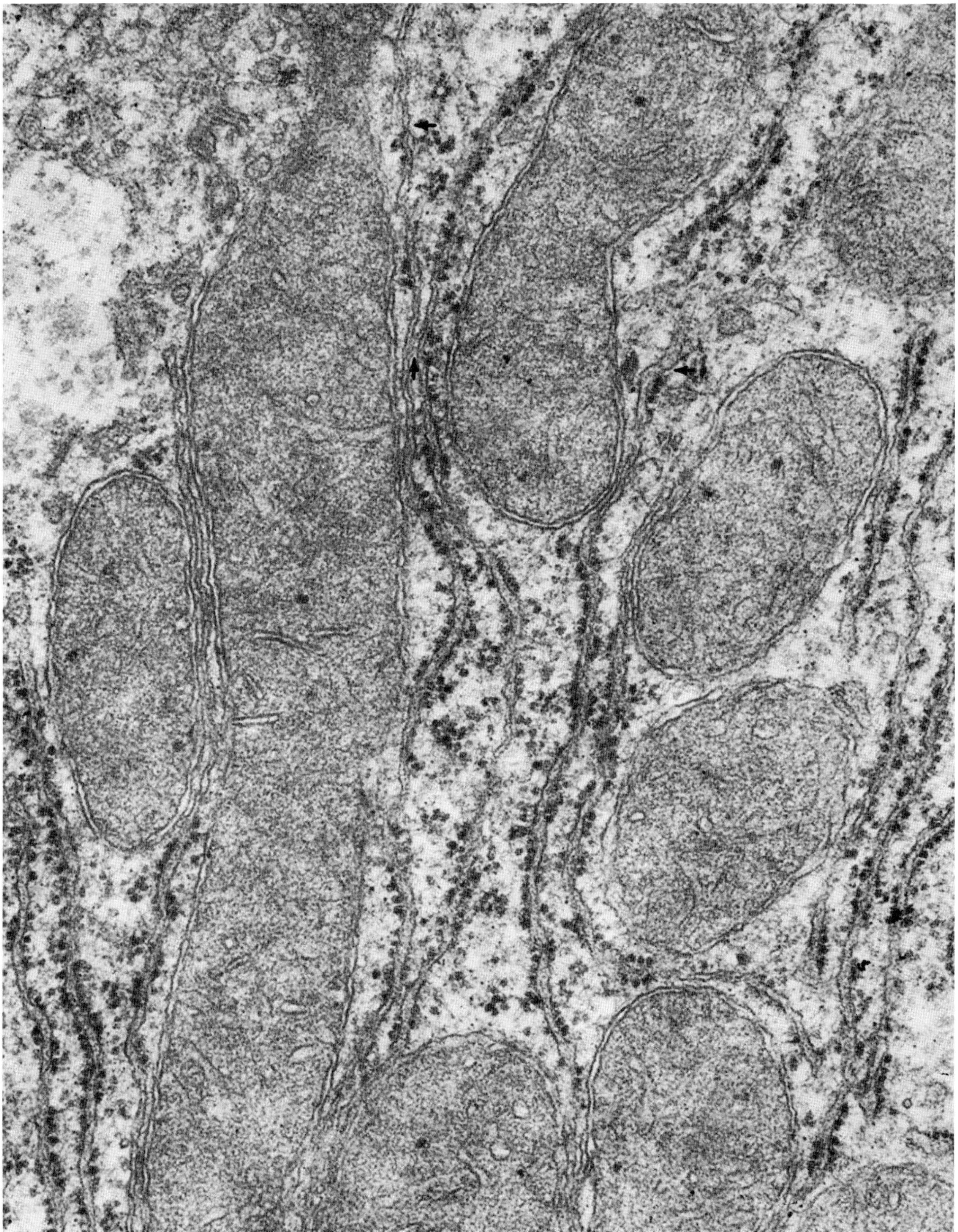

Plate XIII

Parenchymal Cells—The Liver

1. Desmosomes are located between hepatocytes in the cords. There are a number of tonofibrils, filaments, and microtubules in the borber zones of the cytoplasm. Glycogen granules are abundant, and microbodies are not uncommonly encountered. 60,000×

2. The microbodies generally appear somewhat smaller than the mitochondria. The microbody is surrounded by a single membrane and this opportune section has passed through a dense nucleoid. This microbody is located among a number of glycogen granules at the border of a Golgi complex. 40,000×

3. At a higher magnification of the microbody parallel lines impart a paracrystalline appearance to the nucleoid. The background of the remainder of the microbody appears to be made up of an irregular fibrillar component. 80,000×

4. Layers of smooth-surfaced endoplasmic reticulum closely applied to the surface of a microbody present the appearance of an organelle with additional surrounding membranes. The paracrystalline appearance of the nucleoid is distinct. Some filaments are discernable in the lighter background of the microbody (arrow). 82,500×

Planche XIII

Cellules parenchymateuses du foie

1. On retrouve des desmosomes entre les hépatocytes des cordons cellulaires. Le cytoplasme périphérique renferme un certain nombre de tonofibrilles, de filaments et de microtubules. Les granules de glycogène sont abondants et il n'est pas rare de trouver des "microbodies". 60,000×

2. La taille des "microbodies" est généralement un peu plus petite que celle des mitochondries. Ils sont entourés d'une membrane unique et ici la coupe traverse un nucléoïde foncé. Dans le cas présent, le "microbody" est situé à la périphérie de l'appareil de Golgi, parmi des granules de glycogène. 40,000×

3. Un plus fort grossissement du "microbody" révèle des lignes parallèles au sein du nucléoïde et confère à ce dernier un aspect paracristallin. L'arrière-plan du "microbody" semble constitué d'un matériel fibrillaire irrégulier. 80,000×

4. Les éléments du réticulum endoplasmique lisse intimement appliqués à la surface d'un "microbody" donnent à ce dernier l'apparence d'un organite à plusieurs membranes. L'aspect paracristallin du nucléoïde est très net. Quelques filaments sont reconnaissables dans l'arrière-plan plus pâle du "microbody" (flèche). 82,500×

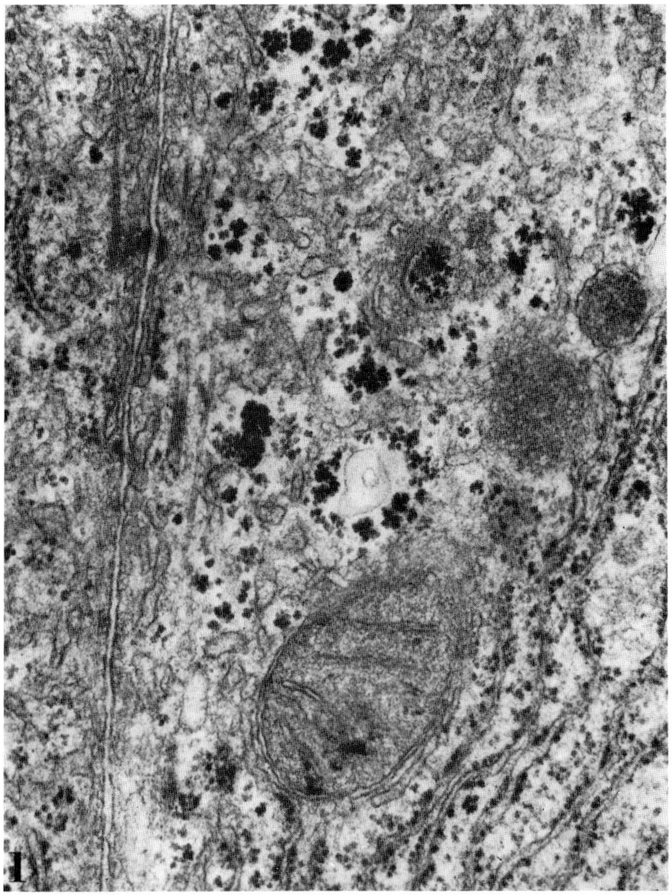

1

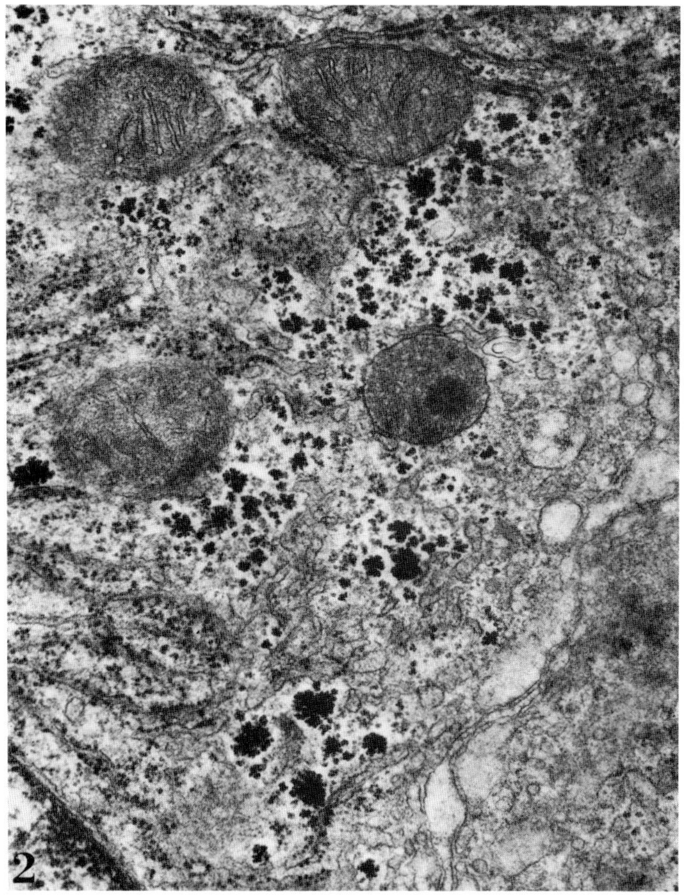

2

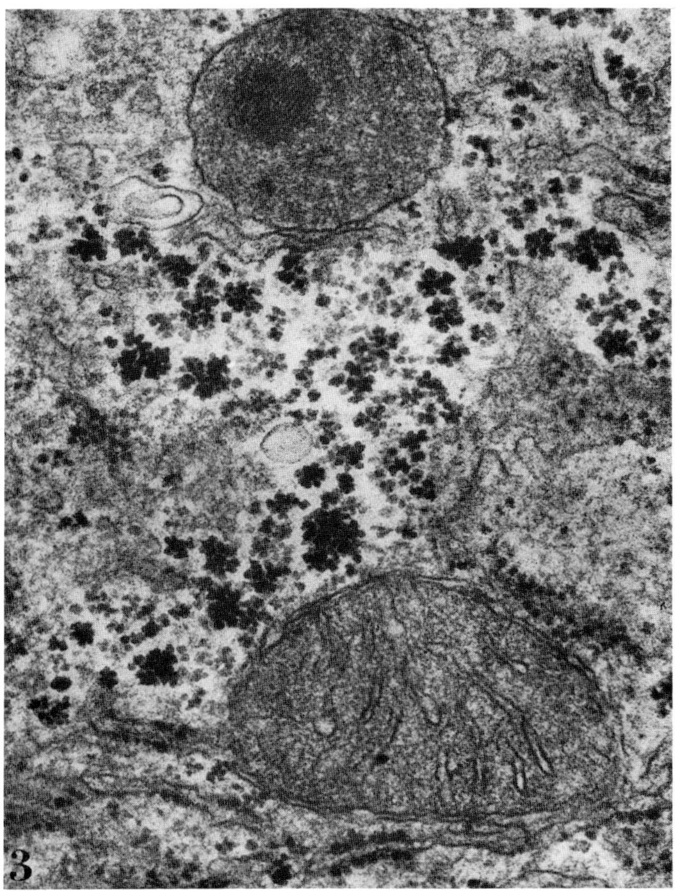

3

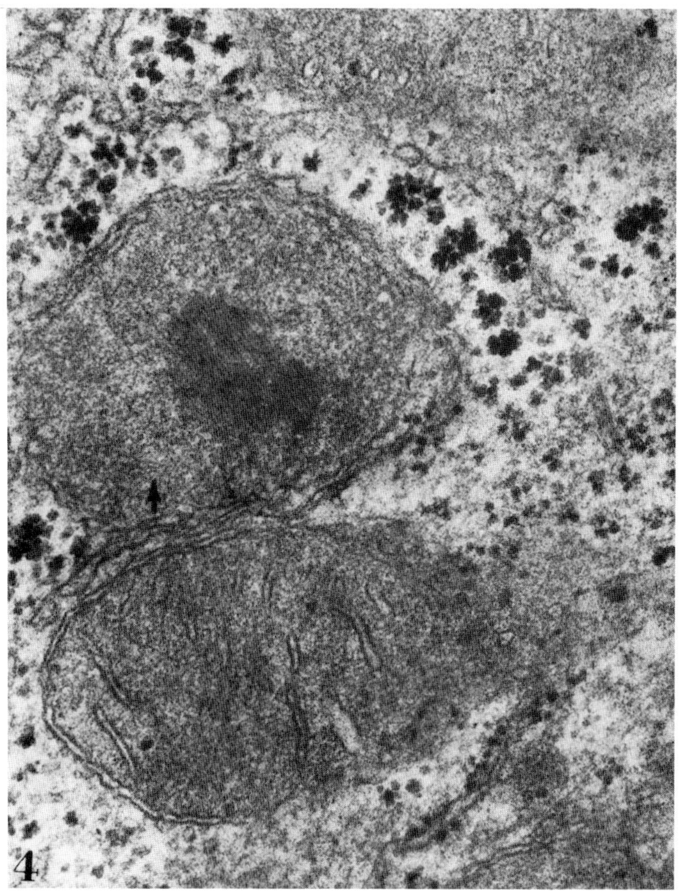

4

Plate XIV

The Liver Sinusoid

1. Cytoplasmic processes from the liver parenchymal cells extend into the perisinusoidal space of Disse (ps). Thin fenestrated cytoplasm extends out from the body of the endothelial cell and, alternating with thicker segments, encompasses the sinusoid. The cell contains granules of differing sizes and densities. These granular cells have been considered transitional cells between the ordinary endothelial and the Kupffer cell. A red blood cell is seen in the sinusoid. 8000×

2. In this photograph a more stellate appearance is seen in a Kupffer reticuloendothelial cell of the liver sinusoid. The body of the cell appears to occupy most of the lumen of the sinusoid. It contains a considerable number of lysosomes, a distinct Golgi complex and, in this case, a centriole surrounded by extremely densely stained satellites. A cytoplasmic microtubule and a filament extend out from one of the satellites. 17,500×

3. Three hours after the intraperitoneal injection of ferritin, vesicles within the stellate cells of the liver sinusoids are filled with the label. This gives some indication of the phagocytic nature of these cells. The cytoplasm also contains other small vesicles, microtubules, and mitochondria. Ferritin can be found in granules of these cells under normal conditions but, following the intraperitoneal injection, a much greater number of the vesicles become filled with this label. 60,000×

Planche XIV

Le sinusoïde hépatique

1. Les prolongements cytoplasmiques de la cellule parenchymateuse du foie se projettent dans l'espace périsinusoïdal de Disse (ps). De minces prolongements cytoplasmiques fenestrés provenant de la cellule endothéliale alternent avec des portions plus épaisses de la même cellule pour tapisser le sinusoïde. Cette cellule endothéliale contient des granules de dimensions et de densités différentes. De telles cellules granuleuses ont été considérées comme une forme de transition entre la cellule endothéliale ordinaire et la cellule de Kupffer. Un globule rouge est présent dans le sinusoïde. 8000×

2. Ici, une cellule réticulo-endothéliale de Kupffer prend un aspect plus ou moins étoilé dans la lumière du sinusoïde. Elle contient un grand nombre de lysosomes, un Golgi bien développé et, dans le cas présent, un centriole entouré de satellites très foncés. Un microtubule cytoplasmique et un filament se rattachent à l'un des satellites. 17,500×

3. Trois heures après l'injection intrapéritonéale de ferritine, des vésicules au sein des cellules étoilées des sinusoïdes sont remplies du matériel injecté. Ceci démontre la fonction phagocytaire de ces cellules. Le cytoplasme contient aussi d'autres petites vésicules, des microtubules et des mitochondries. Chez l'animal normal on retrouve de la ferritine dans les granules de ces cellules; cependant à la suite d'une injection intrapéritonéale de ce matériel, un nombre beaucoup plus élevé de vésicules se chargent de ferritine. 60,000×

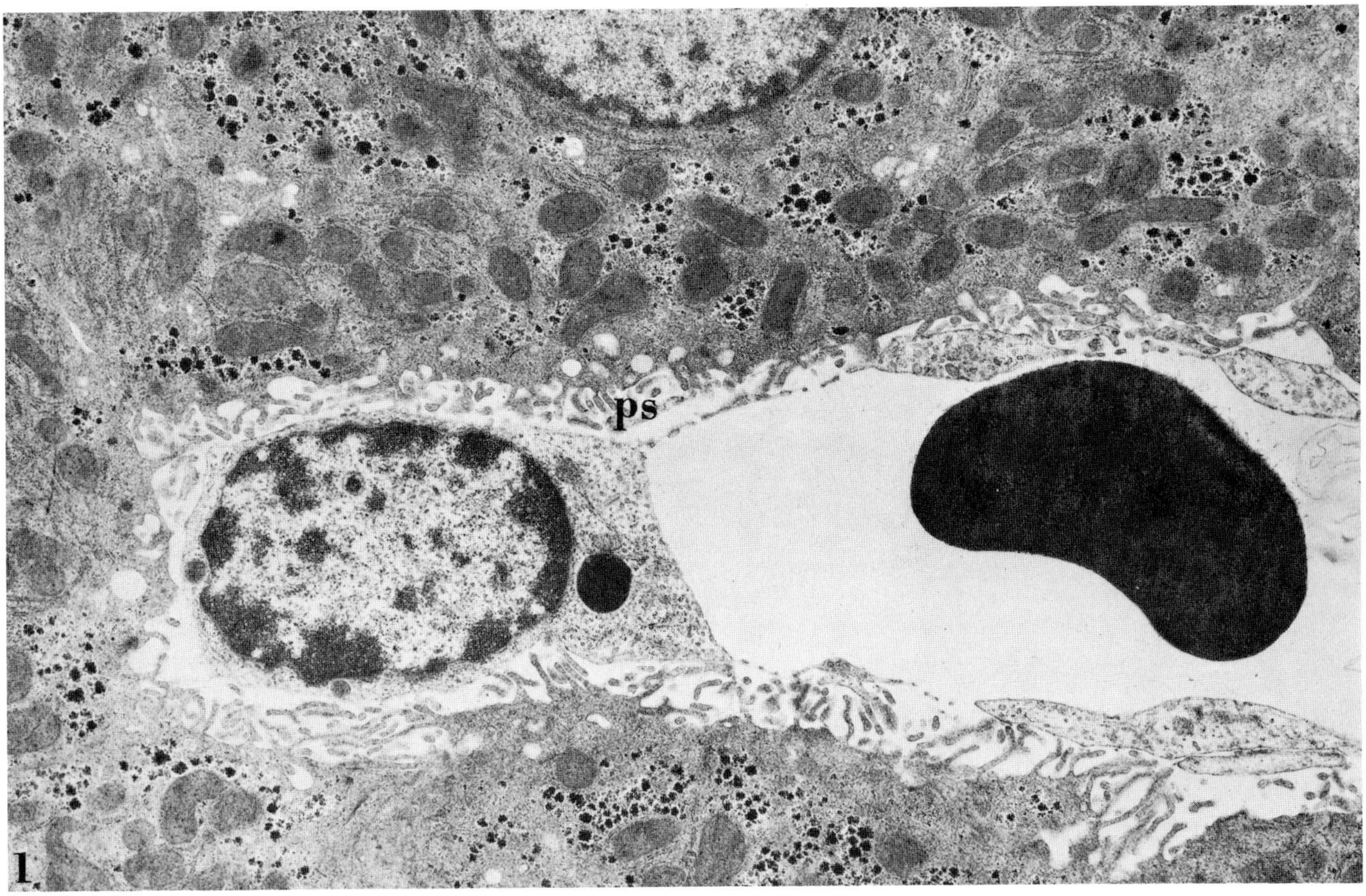
ps
1

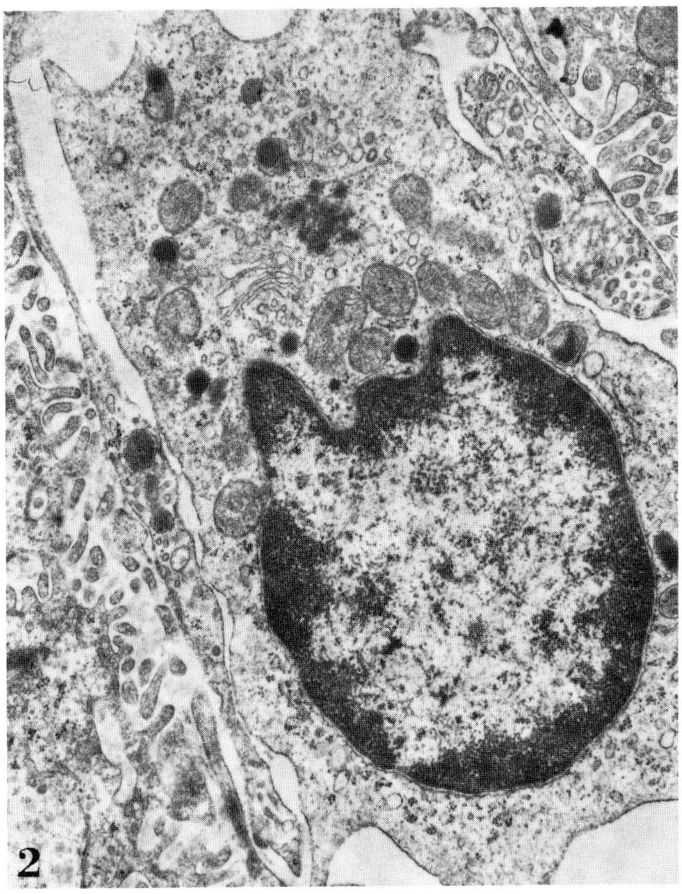
2

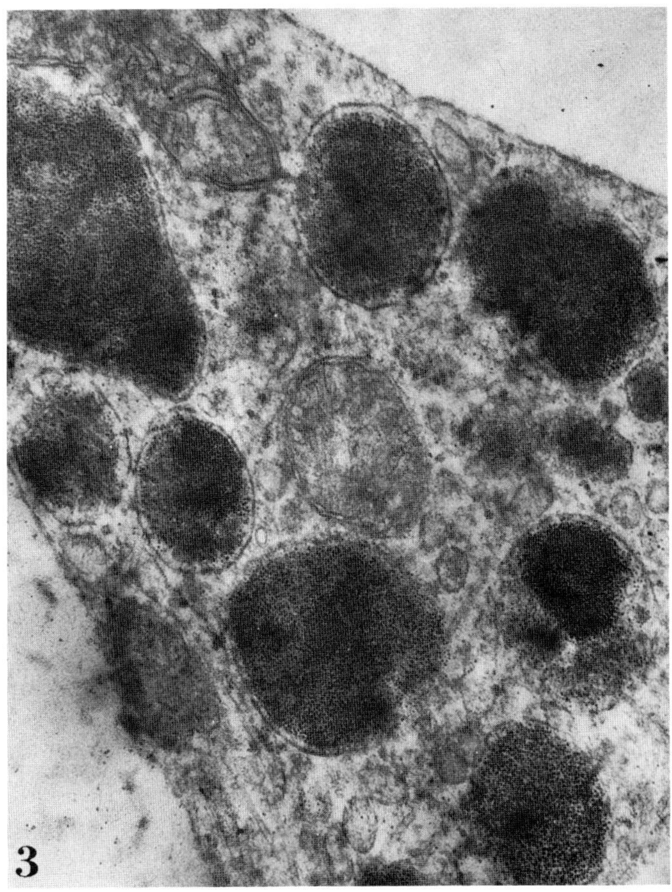
3

Plate XV

The Human Liver

1. L. In the parenchymal cells of the liver in a normal young adult, the mitochondria appear more distinct than in the liver of the rat. The dense granules are larger and more abundant. Individual cells vary in their background density. Reticuloendothelial cells contain dense cytoplasmic granules. 720×

2. L. In a section, stained by the periodic acid–silver methanamine method followed by basic fuchsin, some mitochondria stain intensely (arrow) while most others remain quite pale. The lysosomes and lipofuscin granules are extremely dense. Connective tissue in the space of Disse and granules in the reticuloendothelial cells are very heavily stained. 760×

3. The quantities of glycogen in the adjacent hepatocytes differ considerably. In this instance the binucleate cell has a greater concentration of glycogen and a somewhat denser cytoplasmic matrix than the neighboring cell. Lysosomes and a lipofuscin granule are seen in the cytoplasm. Dense collagen bundles are commonly seen in perisinusoidal spaces. 60,000×

Planche XV

Le foie humain

1. L. Dans les cellules parenchymateuses du foie d'un jeune homme normal, les mitochondries sont plus évidentes que dans les cellules du foie de rat. Les granules denses sont plus gros et plus nombreux. La densité individuelle des cellules varie. Les cellules réticulo-endothéliales contiennent des granules cytoplasmiques denses. 720×

2. L. La coloration par la méthode à l'acide periodique-méthénamine à l'argent suivie de fuchsine basique, fait apparaître certaines mitochondries colorées intensément (flèches) alors que la plupart des autres demeurent très pâles. Les lysosomes et les granules de lipofuscine sont très denses. Le tissu conjonctif des espaces de Disse et les granules des cellules réticulo-endothéliales sont intensément colorés. 760×

3. La quantité de glycogène dans ces deux hépatocytes adjacents diffère beaucoup. En effet, la cellule binucléée en possède davantage; de plus, son cytoplasme est plus dense que celui de la cellule voisine. Des lysosomes et un granule de lipofuscine sont également visibles. Les faisceaux denses de collagène s'observent souvent dans les espaces périsinusoïdaux. 60,000×

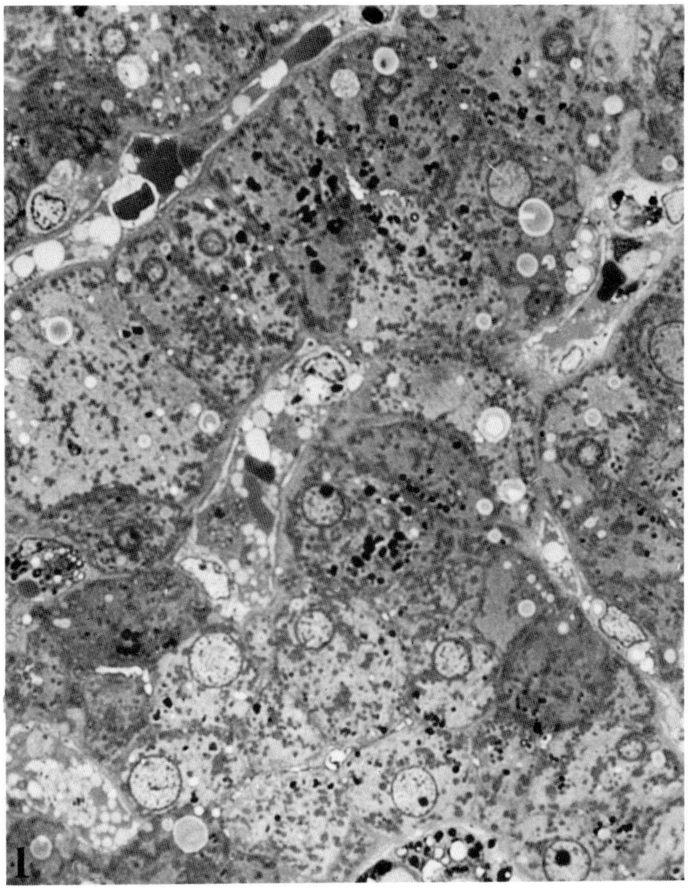
1

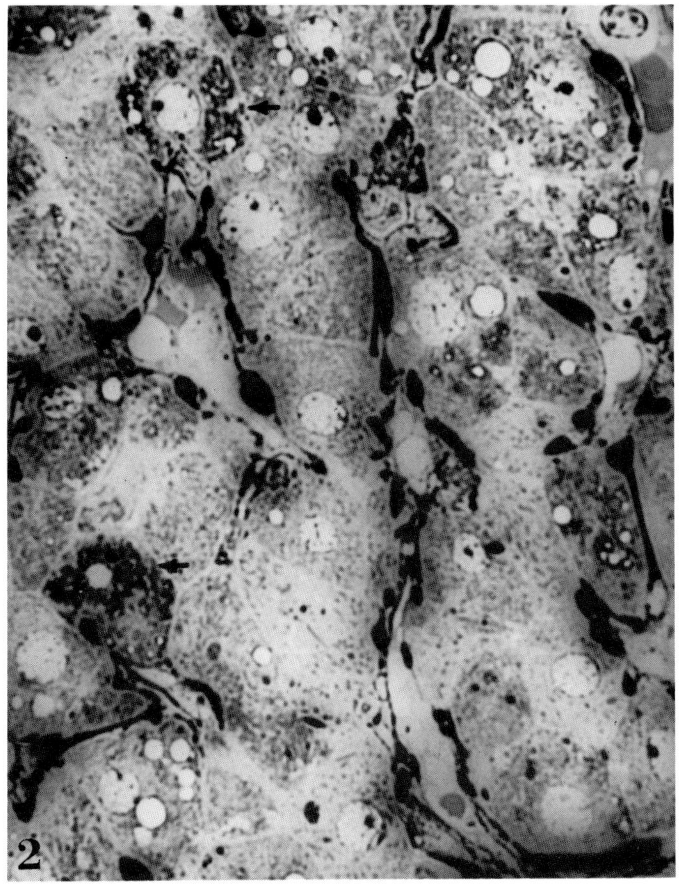
2

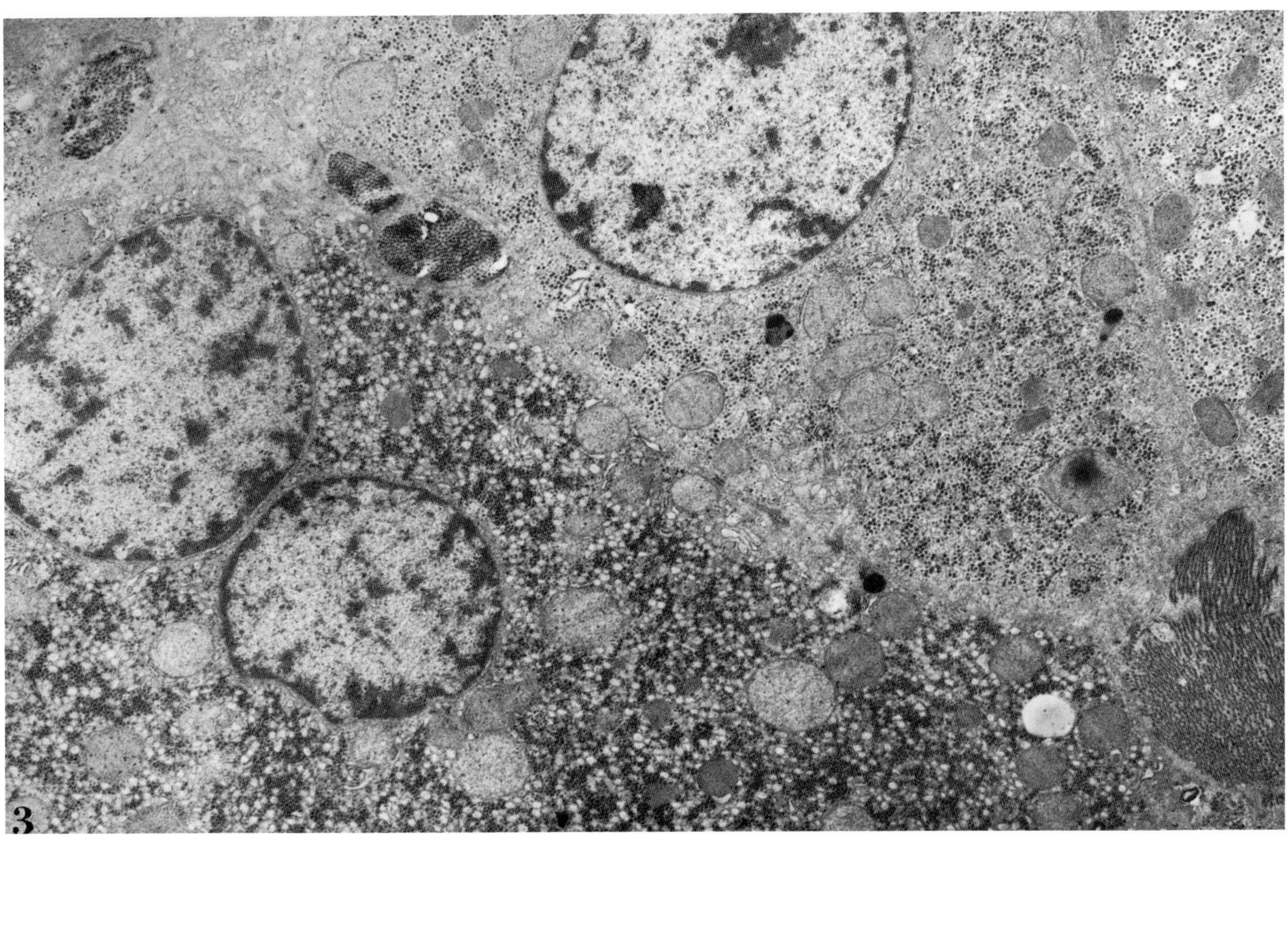
3

Plate XVI

The Human Liver

1. Mitochondria vary remarkably in appearance in the human liver. The crests in elongated mitochondria are arranged longitudinally, while in the majority of the other mitochondria they are oriented transversely. The mitochondria are located in a field of glycogen granules. 22,500 ×

2. At a higher magnification, one of the longitudinally oriented crests is interrupted. A content, seen as a dense line or as a fibrillar network, is present between the membranes of the crests (arrows). Threads of material can be seen in the intramitochondrial dense granules. 97,500 ×

3. Very large, filament-bearing mitochondria are not uncommon in the normal human liver. In all of a series of eleven humans with no known liver disease, these large mitochondria were found. Their incidence varies considerably. In sections prepared for the light microscope it was found that the mitochondria which contain these paracrystalline-appearing masses of filaments were stained intensively by periodic acid–silver methanamine followed by either toluidine blue or basic fuchsin. They were found most commonly in the periportal zones. Mitochondrial crests are diminished in number, and, when present, are often arranged in series as bars or tubules along the borders of the paracrystalline masses. 27,500 ×

4. In another mitochondrion at a higher magnification the filaments in these masses have been obtained in longitudinal, oblique, and transverse section. Most of the crests in this mitochondrion, which is closely applied to the nucleus, are tubular. 45,000 ×

Planche XVI

Le foie humain

1. Les mitochondries du foie humain présentent des aspects très variables. Les crêtes de certaines mitochondries allongées sont disposées longitudinalement alors que les autres mitochondries possèdent des crêtes transversales. De nombreux grains de glycogène sont présents dans cette région. 22,500 ×

2. Un plus fort grossissement révèle que l'une des crêtes longitudinales est interrompue. Des lignes denses ou un réseau fibrillaire sont visibles entre les membranes des crêtes (flèches). Des granules intramitochondriaux prennent l'aspect d'un réseau de matériel filamenteux. 97,500 ×

3. Dans le foie humain normal, il n'est pas rare de retrouver de très grosses mitochondries pourvues de filaments. Ces grosses mitochondries dont le nombre varie beaucoup, ont été observées dans un groupe de onze humains sans maladie hépatique connue. Dans les coupes préparées pour la microscopie photonique, les mitochondries contenant ces accumulations paracristallines de filaments, se sont colorées intensément par la méthode à l'acide periodique-méthénamine à l'argent suivie soit du bleu de toluidine soit de la fuchsine basique. Elles se rencontrent surtout dans les régions périportales. Les crêtes mitochondriales, moins nombreuses, sont souvent disposées à la manière de tiges ou de tubules le long de la paroi de la masse paracristalline. 27,500 ×

4. Dans une autre mitochondrie vue à plus fort grossissement, les filaments des masses paracristallines apparaissent en coupe longitudinale, oblique et transversale. La plupart des crêtes sont tubulaires. La mitochondrie avoisine le noyau. 45,000 ×

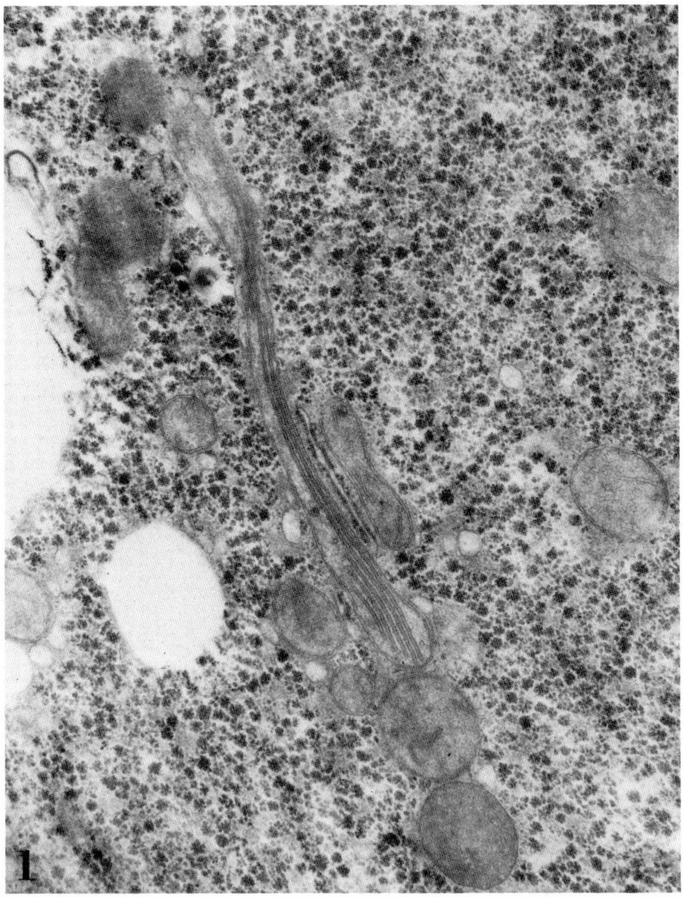

1

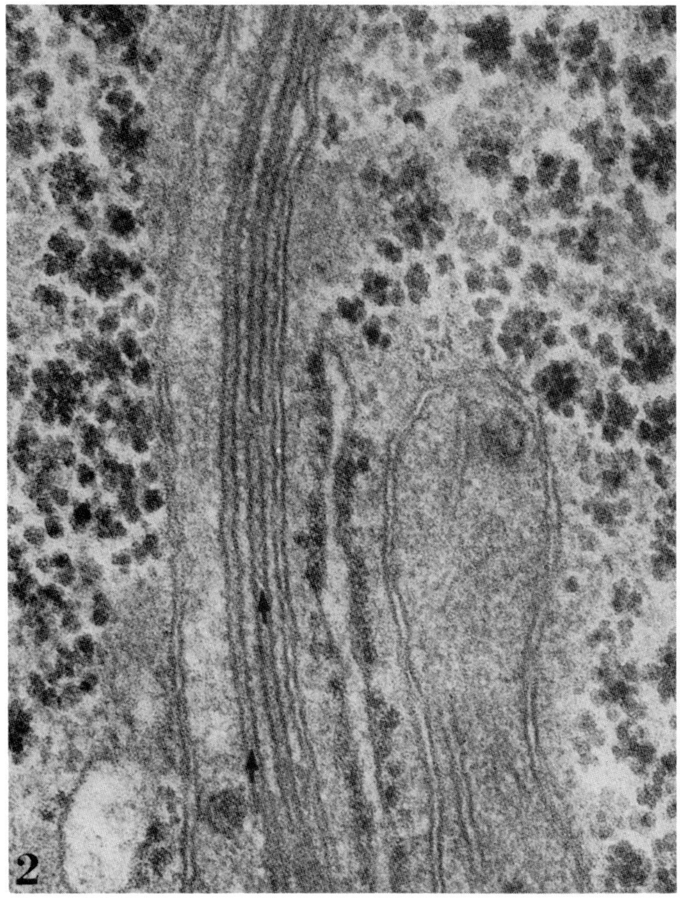

2

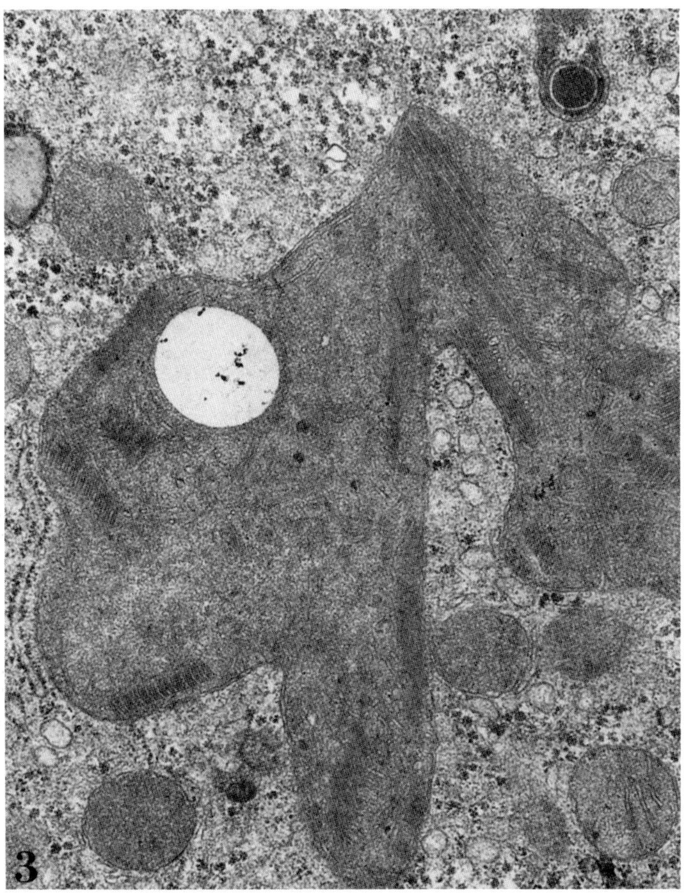

3

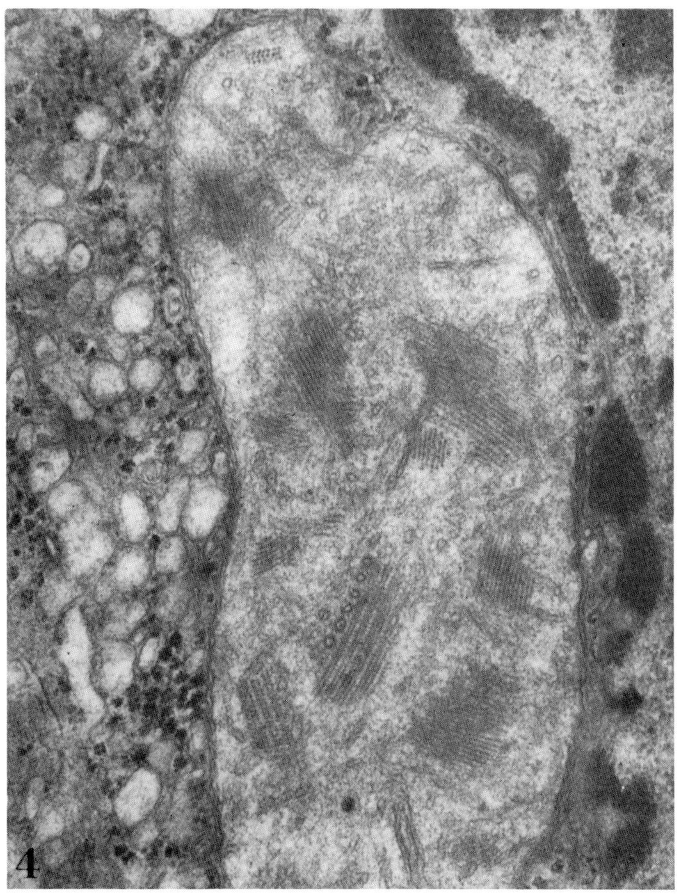

4

Plate XVII

The Human Liver

1. A transverse section of a filament-bearing mitochondrion demonstrates the arrangement of the filaments in the paracrystalline masses. A clear central zone and dark circular periphery (arrows) can be seen in filaments sectioned perfectly transversely. Large dense bodies are seen in the mitochondrion. This tissue was from a biopsy of the liver of a man acutely ill with leptospirosis icterohaemorrhagica, but the appearance of the mitochondria is probably unrelated to the pathological condition. (Fixed in 2% osmium tetroxide solution.) 95,000×

2. Large, dense bodies are seen between the filamentous masses in this mitochondrion. 105,000×

3. A dense body has formed in the center of one of the filamentous masses (normal human liver). 135,000×

4. Very large, dense bodies resembling phagosomes are found in human liver cells. In this instance a number of the large, filament-bearing mitochondria are seen in the same field. 20,000×

5. A granule in a hepatocyte represents a mitochondrion in that it has two clearly defined surrounding membranes and numerous internal filaments or membranes. 160,000×

6. Typical lysosomes are encountered frequently in the human liver. (Fixed in 2% osmium tetroxide solution.) 40,000×

Planche XVII

Le foie humain

1. Une coupe transversale d'une mitochondrie pourvue de filaments révèle la disposition de ceux-ci à l'intérieur des masses paracristallines. Les flèches indiquent les filaments en coupe transversale parfaite où il est possible de distinguer une région centrale claire et une périphérie plus sombre. De gros corpuscules denses se retrouvent dans la mitochondrie. Ce spécimen a été prélevé chez un patient souffrant de leptospirose ictérohémorragique; cependant l'aspect de la mitochondrie n'a probablement pas de rapport avec la condition pathologique. (Fixation au tétroxyde d'osmium 2%.) 95,000×

2. Dans cette mitochondrie de foie normal, de gros corpuscules denses se sont formés entre les filaments. 105,000×

3. Corpuscule dense au centre d'une agglomération de filaments dans un foie normal. 135,000×

4. Les cellules du foie humain peuvent contenir de très gros corpuscules ressemblant à des phagosomes. Ici, un certain nombre de grosses mitochondries pourvues de filaments sont également présentes. 20,000×

5. Un granule dans un hépatocyte peut être considéré comme une mitochondrie car il comporte deux membranes bien distinctes et plusieurs filaments ou membranes internes. 160,000×

6. Le foie humain renferme souvent des lysosomes typiques. (Fixation au tétroxyde d'osmium à 2%.) 40,000×

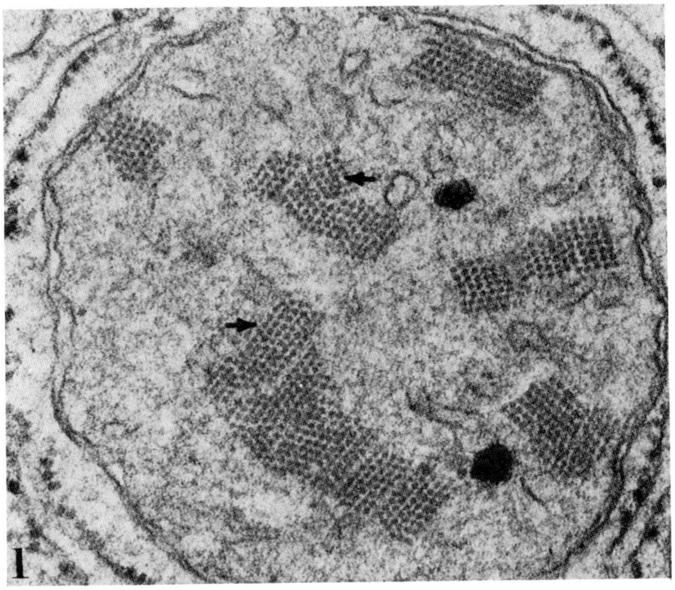
1

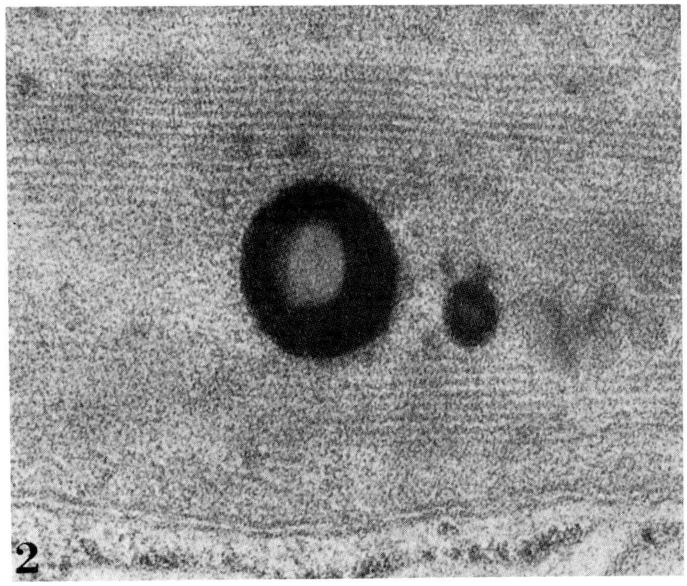
2

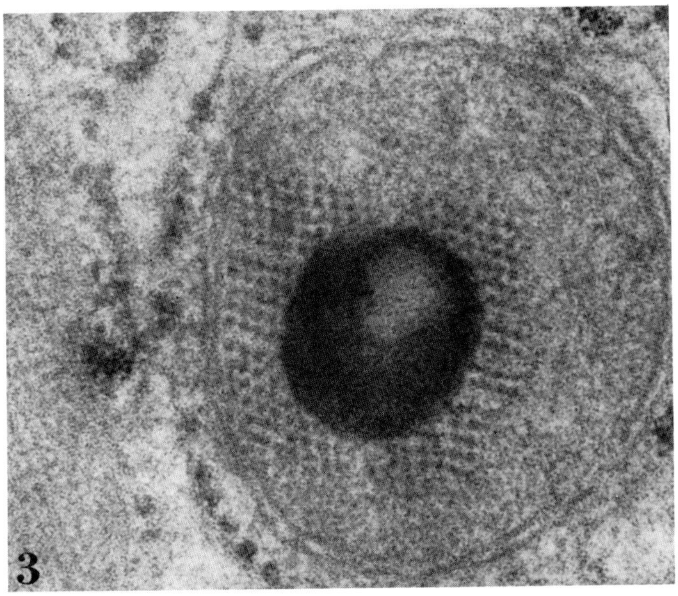
3

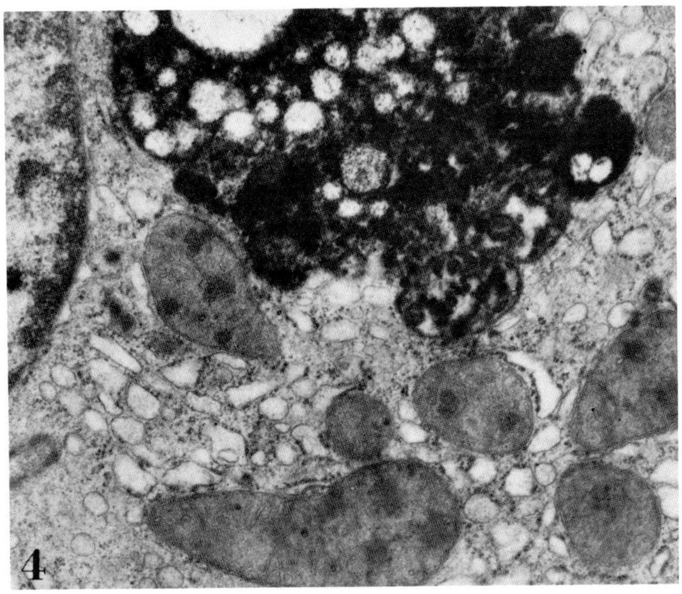
4

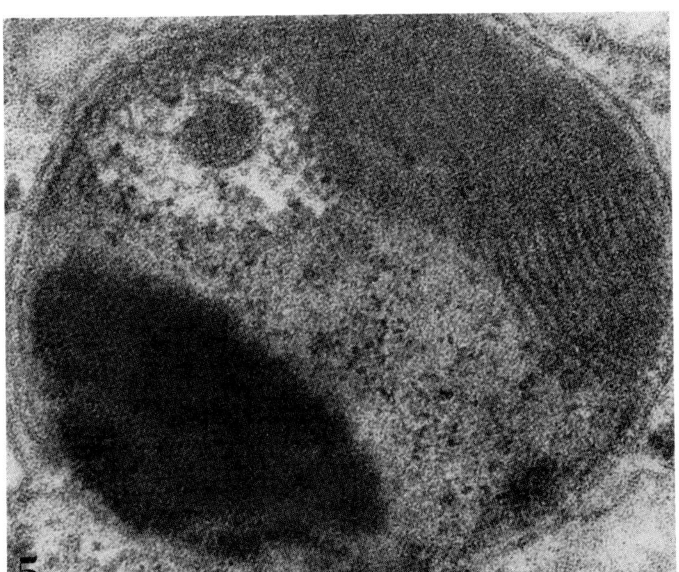
5

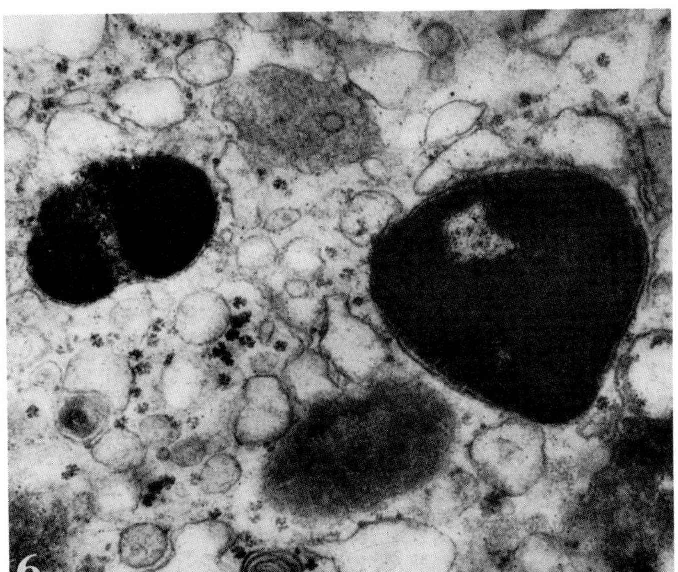
6

Plate XVIII

The Liver and the Bile Ducts

1. L. The common bile duct of the rat has numerous diverticulae. These probably function as reservoirs since the rat has no gallbladder. The duct is lined by columnar epithelium with a lighter cell type located between the bases of the epithelial cells. 560 ×

2. L. When the section does not include the neck of these diverticulae, they present a glandular appearance. In this case two large light cells (arrow) are located adjacent to one another at the base of the epithelial cells in the diverticulum. 640 ×

3. The epithelial cells of the rat common bile duct have large nuclei which often have a serrated border. These cells have short microvilli on their luminal surface. In this instance the pale basal cells are embedded between the bases of the columnar cells. 9000 ×

4. An intrahepatic bile duct of the human liver demonstrates features remarkably similar to the common bile duct of the rat. Minor exceptions are that the nuclear surface is more regular and the microvilli are slightly longer. Basal cells with pale cytoplasm are found among the columnar cells. A few moderately dense granules are located in both types of cells. 6800 ×

5. The portal venules in the human liver are lined by the thick type of endothelium. The cells (m) of the muscularis have been sectioned transversely and longitudinally in this instance. A considerable amount of collagen and a large number of unmyelinated nerve fibers (n) accompany the vessel. 6200 ×

6. Groups of phagocytes are found in the connective surrounding the intrahepatic portal vessels in the human liver. 7500 ×

Planche XVIII

Le foie et les canaux biliaires

1. L. Le cholédoque du rat présente de nombreux diverticules. Ceux-ci exercent probablement une fonction de réservoir puisque le rat ne possède pas de vésicule biliaire. Le canal est bordé par un épithélium prismatique comportant des cellules claires situées entre la base des cellules épithéliales. 560 ×

2. L. Lorsque la coupe n'intéresse pas le col de ces diverticules, ceux-ci prennent un aspect glandulaire. Ici, deux grandes cellules claires adjacentes (flèche) se trouvent à la base des cellules épithéliales du diverticule. 640 ×

3. Les cellules épithéliales du cholédoque du rat possèdent un gros noyau à contour souvent dentelé. Ces cellules possèdent de courtes microvillosités donnant sur la lumière du canal. Les cellules claires sont incluses entre les bases des cellules épithéliales du canal. 9000 ×

4. Ce canal biliaire intrahépatique de foie humain ressemble beaucoup au cholédoque du rat. Il en diffère par un contour nucléaire plus régulier et des microvillosités légèrement plus longues. Des cellules à cytoplasme clair occupent une position basale entre les cellules prismatiques. Quelques granules de densité moyenne sont présents dans les deux types de cellules. 6800 ×

5. L'endothélium des veinules portales du foie humain est assez épais. Ici, les cellules de la musculeuse (m) apparaissent en coupe transversale et longitudinale. Une grande quantité de collagène et plusieurs fibres nerveuses amyéliniques (n) accompagnent le vaisseau. 6200 ×

6. Des groupes de phagocytes se retouvent dans le tissu conjonctif entourant les vaisseaux du système porte intrahépatique du foie humain. 7500 ×

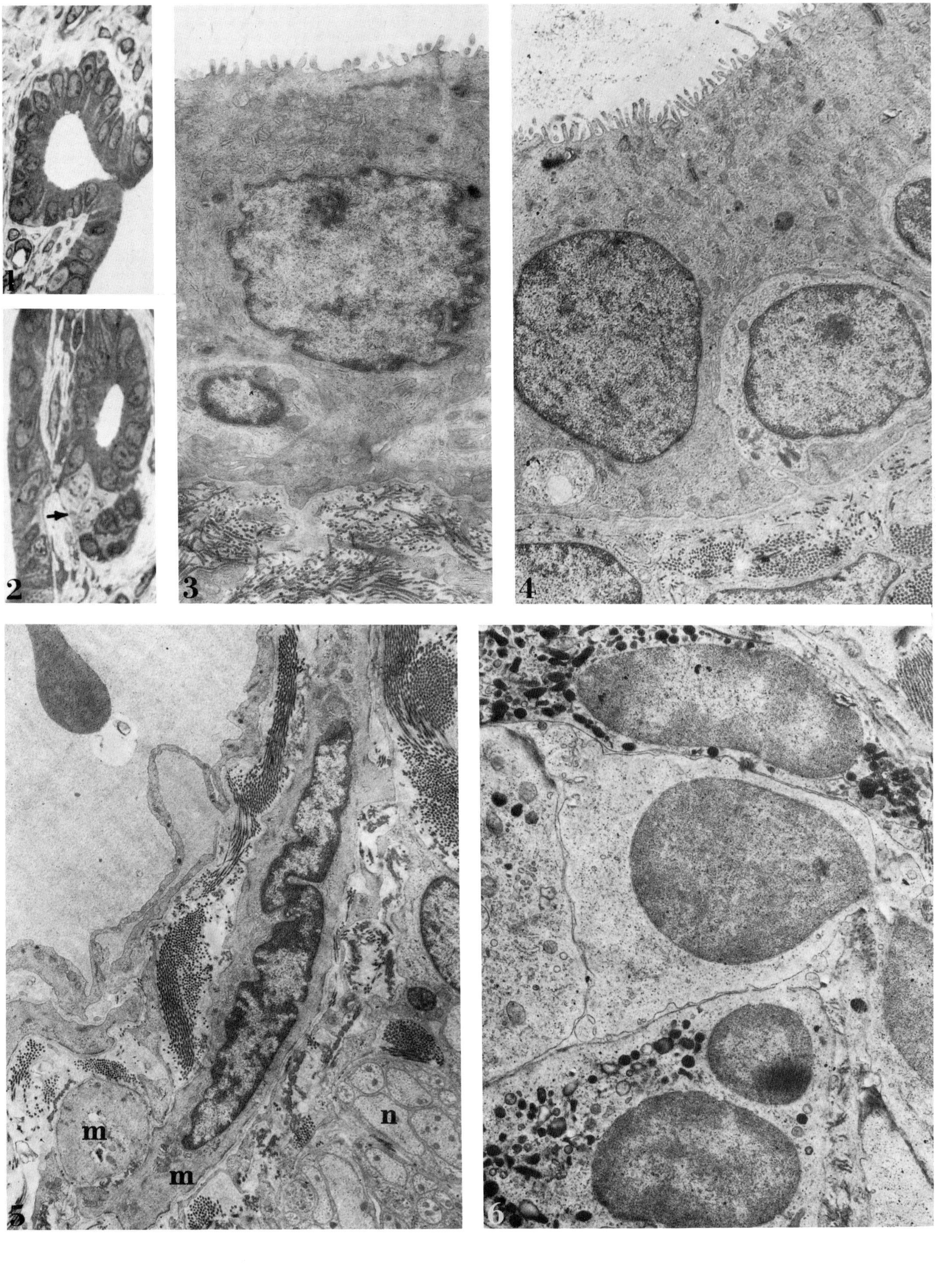
1
2
3
4
5
m
m
n
6

Plate XIX

The Gallbladder—Rabbit

1. L. This section from a rabbit gallbladder demonstrates a columnar type of epithelium on an extremely folded surface. 170×

2. L. At a higher magnification the cells exhibit large ovoid nuclei, a striated border, and a considerable number of dense mitochondria against a light cytoplasmic background. Shallow pits are created in the surface of the mucosa by groups of shorter cells. In these pits the cytoplasm of the cells appears less densely stained. 680×

3. The microvilli on the apices of the epithelial cells appear short and erect. The nuclei are ovoid with some irregularity, and, in the cytoplasm, many elongated mitochondria are aligned in the vertical axis of the cell. 5200×

4. The nuclei of some of these cells are quite irregular. Some dense bodies are found in the basal portion of the cells. 4000×

5. Microvilli occasionally appear to branch from a single larger stem. The fine filamentous rootlets of the microvilli extend for long distances into the cytoplasm. 65,000×

6. A cytoplasmic microtubule is seen among the mitochondria but the endoplasmic reticulum and ribosomes are scarce. 117,000×

Planche XIX

La vésicule biliaire du lapin

1. L. Cette coupe provenant d'une vésicule biliaire de lapin révèle un épithélium prismatique fortement replié. 170×

2. L. A plus fort grossissement, les cellules présentent un gros noyau ovoïde, un plateau strié et un nombre considérable de mitochondries foncées sur un arrière-plan cytoplasmique pâle. Des groupes de cellules plus courtes et à cytoplasme moins dense forment de faibles dépressions à la surface de la muqueuse. 680×

3. Les microvillosités à l'apex de ces cellules semblent courtes et raides. Le noyau ovoïde est quelque peu irrégulier et les nombreuses mitochondries allongées sont placées dans l'axe vertical de la cellule. 5200×

4. Certaines de ces cellules comportent un noyau beaucoup plus irrégulier. Quelques corpuscules denses se retrouvent dans la portion basale des cellules. 4000×

5. Les microvillosités semblent parfois se subdiviser à partir d'une base unique plus large. Les délicates racines filamenteuses des microvillosités s'enfoncent profondément dans le cytoplasme. 65,000×

6. Un microtubule cytoplasmique se mêle aux mitochondries; le réticulum endoplasmique et les ribosomes sont peu abondants. 117,000×

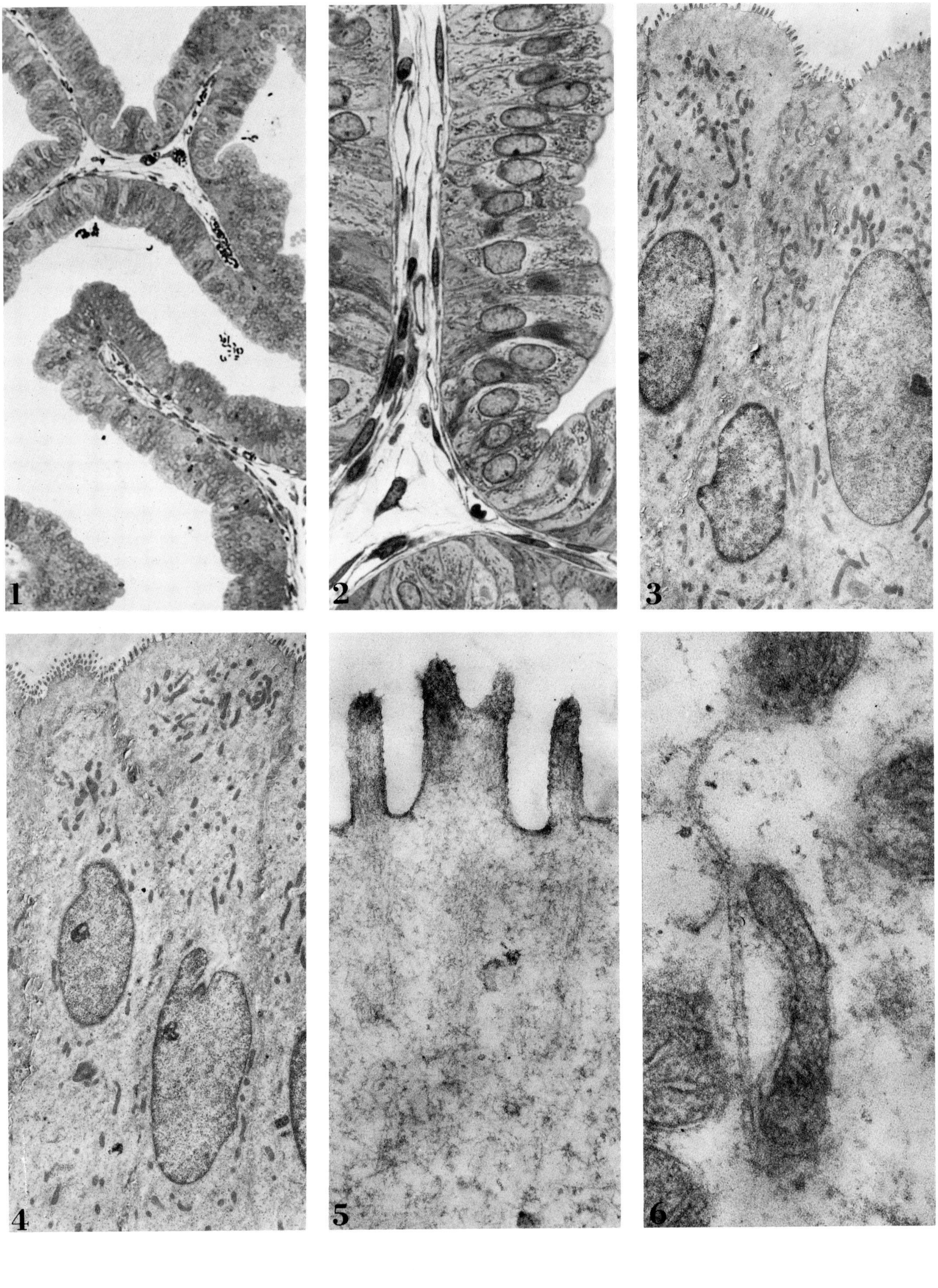
1
2
3
4
5
6

REFERENCES

SALIVARY GLANDS

Brettschneider, H. (1963). Elektronenmikroskopische Beobachtungen über die Innervation der Schilddrüse. *Z. Mikroskop.-Anat. Forsch.* **69**, 630–649.

Caramia, F. (1966). Ultrastructure of mouse submaxillary gland. I. Sexual differences. *J. Ultrastruct. Res.* **16**, 505–523.

Fujita, K. (1967). Electron microscopic and cytological studies on the so-called zymogen granules in the rat sublingual glands. *Arch. Histol. Japon.* **28**, 165–183.

Kurosumi, K. (1961). Electron microscopic analysis of the secretion mechanism. *Intern Rev. Cytol.* **11**, 1–124.

Kurtz, S. M. (1964). The salivary glands. *In* "Electron Microscopic Anatomy" S. M. Kurtz, ed. pp. 97–122. Academic Press, New York.

Luzzatto, A. C., Procicchiani, G., and Rosati, G. (1968). Rat submaxillary gland: An electron microscope study of the secretory granules of the acinus. *J. Ultrastruct. Res.* **22**, 185–194.

Makita, T., Kiwaki, S., and Shibanai, D. (1967). The histological study of the salivary glands of the domestic animals. *Bull. Fac. Agr., Yamaguchi Univ.* **18**, 983–1014.

Parks, H. F. (1961). On the fine structure of the parotid gland of mouse and rat. *Am. J. Anat.* **108**, 303–329.

Parks, H. F. (1962). Morphological study of the extrusion of secretory materials by the parotid glands of mouse and rat. *J. Ultrastruct. Res.* **6**, 449–465.

Pease, D. C. (1956). Infolded basal plasma membranes found in epithelia noted for their water transport. *J. Biophys. Biochem. Cytol.* **2**, Suppl., 203–208.

Rizki, T. M. (1967). Ultrastructure of the secretory inclusions of the salivary gland cell in Drosophila. *J. Cell. Biol.* **32**, 531–534.

Schneyer, L. H., and Schneyer, C. A. (1967). "Secretory Mechanisms of Salivary Glands." Academic Press, New York.

Scott, B. L., and Pease, D. C. (1959). Electron microscopy of salivary and lacrimal glands of the rat. *Am. J. Anat.* **104**, 115–161.

Sreeborg, L. M., and Meyer, J. (1964). "Salivary Glands and Their Secretions. Macmillan, New York.

Tamarin, A. (1966). Myoepithelium of the rat submaxillary gland. *J. Ultrastruct. Res.* **16**, 320–338.

Tandler, B. (1962). Ultrastructure of the human submaxillary gland. 1. Architecture and histological relationships of the secretory cells. *Am. J. Anat.* **111**, 287–307.

PANCREAS

Caro, L. G., and Palade, G. E. (1964). Protein synthesis, storage, and discharge in the pancreatic exocrine cell. *J. Cell Biol.* **20**, 473–495.

Ekholm, R., Zelander, T., and Edlund, Y. (1962). The ultrastructural organization of the rat exocrine pancreas. 1. Acinar cells. *J. Ultrastruct. Res.* **7**, 61–72.

Ekholm, R., Zelander, T., and Edlund, Y. (1962). The ultrastructural organization of the rat exocrine pancreas. 2. Centroacinar cells. Intercalary and intralobular ducts. *J. Ultrastruct. Res.* **7**, 73–83.

Herman, L., Sato, T., and Fitzerald, P. J. (1964). Pancreas. *In* "Electron Microscopic Anatomy" (S. M. Kurtz, ed.), pp. 59–95. Academic Press, New York.

Ichikawa, A. (1965). Fine structural changes in response to hormonal stimulation of the perfused canine pancreas. *J. Cell Biol.* **24**, 369–385.

Jamieson, J. D., and Palade, G. E. (1967). Intracellular transport of secretory proteins in the pancreatic exocrine cell. II. Transport to condensing vacuoles and zymogen granules. *J. Cell Biol.* **34**, 597–615.

Kurosumi, K. (1961). Electron microscopic analysis of the secretion mechanism. *Intern. Rev. Cytol.* **11**, 1–124.

Palade, G. E., Siekevitz, P., and Caro, L. G. (1963). Structure, chemistry and function of the pancreatic exocrine cell. *Ciba Found. Symp., Exocrine Pancreas.* pp. 23–55.

Palay, S. L. (1958). The morphology of secretion. *In* "Frontiers in Cytology" (S. L. Palay, ed.), pp. 305–372. Yale Univ. Press, New Haven, Connecticut.

Zelander, T., Ekholm, R., and Edlund, Y. (1962). The ultrastructural organization of the rat exocrine pancreas. 3. Intralobular vessels and nerves. *J. Ultrastruct. Res.* **7**, 84–101.

LIVER

Biava, C. G. (1964). Studies on cholestasis: A re-evaluation of the fine structure of normal human bile canaliculi. *Lab. Invest.* **13**, 840–870.

Bruni, C., and Porter, K. R. (1965). The fine structure of the parenchymal cell of the normal rat liver. I. General observations. *Am. J. Pathol.* **46**, f691–756.

Hamashima, Y., Harter, J. G., and Goons, A. H. (1964). The localization of albumin and fibrinogen in human liver cells. *J. Cell Biol.* **20**, 271–279.

Hampton, J. C. (1964). Liver. *In* "Electron Microscopic Anatomy" (S. M. Kurtz, ed.), pp. 41–58. Academic Press, New York.

Jézéquel, A., Arakawa, K., and Steiner, J. W. (1965). The fine structure of the normal neonatal mouse liver. *Lab. Invest.* **14**, 1894–1930.

Noorduyn, N. J. A., and de Man, J. G. H. (1966). RNA Synthesis in rat and mouse hepatic cells as studied with light and electron microscope radioautography. *J. Cell Biol.* **30**, 655–660.

Rouiller, C., and Jezequel, A. M. (1963). Electron microscopy of the liver. *In* "The Liver," C. Rouiller (ed.), Vol. 1, p. 195. Academic Press, New York.

Sandborn, E. B., Côté, M. G., and Viallet, A. (1966). Electron microscopy of a human liver in Weil's disease (Leptospirosis Icterohaemorrhagica). *J. Pathol. Bacteriol.* **92**, 369–374.

Sternlieb, I. (1965). Perinuclear filaments and microtubules in human hepatocytes and biliary epithelial cells. *J. Microscopie* **4**, 551–558.

GALLBLADDER AND BILE DUCTS

Bader, G. (1965). Die submikroskopische Struktur des Gallenblasenepithels und seiner regeneration 2. Mitteilung: Huhn und verschiedene Säugetiere. *Z. Mikroskop.-Anat. Forsch.* **74**, 303–320.

Chapman, G. B., Chiardo, A. J., Coffey, R. J., and Weineke, K. (1966). The fine structure of the human gall bladder. *Anat. Record* **154**, 579–615.

Diamond, J. M. (1964). Transport of salt and water in rabbit and guinea pig gall bladder. *J. Gen. Physiol.* **48**, 1–4.
Kaye, G. I., Wheeler, K. O., Whitlock, R. T., and Lane, N. (1966). Fluid transport in the rabbit gallbladder. A combined physiological and electron microscopic study. *J. Cell Biol.* **30**, 237–268.
Sternlieb, I. (1965). Electron microscopic study of intrahepatic biliary ductules. *J. Microscopie* **4**, 71–80.
Wood, R. (1965). An electron microscope study of developing bile Canaliculi in the rat. *Anat. Record* **151**, 507–530.
Yamada, E. (1955). The fine structure of the gall bladder epithelium of the mouse. *J. Biophys. Biochem. Cytol.* **1**, 445–458.

THE URINARY SYSTEM

L'APPAREIL URINAIRE

Plate I

The Kidney

The kidney is made up of compound tubular glands. The portion of the tube concerned with the production of urine is called the nephron. The nephron is an unbranched tubule which empties into the branching collecting tubules.

1. L. Different segments of nephrons have been obtained in this section from the deeper part of the kidney cortex. The renal corpuscle (rc) is the dilated blind end of the nephron. In this structure there is a network of glomerular vascular channels and a labyrinthine capsular space. The vascular spaces contain a number of densely stained red blood cells. The cells of the proximal tubules (pt) have been stained intensively with toluidine blue. The tall brush borders of these cells are visible at the periphery of the lumen. Sections of the descending (dts) and thinner ascending (ats) segments of the thin-walled limb of the loop of Henle can be identified. Distal tubules (dt) and some arched collecting tubules (act) are included. An arteriole (arrow), vasa recta, and capillaries (c) are found among the tubules. 175×

2. L. A very thin section of the renal cortex stained with silver methenamine followed by basic fuchsin. Some of the capillaries (c) of the glomerular tuft in the renal corpuscle contain red blood cells, but most have been emptied by perfusion. The nuclei of the endothelial cells protrude into the lumina. The capsular (Bowman's) space (cs) is lined by a parietal layer of squamous epithelium and a visceral layer of much larger epithelial cells, the podocytes (p). From the podocytes, whose cell bodies are located within the capsular space, numerous cytoplasmic processes (arrows) extend toward the capillaries. These terminate in expanded foot processes on the dense basal laminae which separate capillary and capsular epithelia. Adjacent to the corpuscle are a capillary (c) and a segment of the convoluted part of the distal tubule (cdt). At a greater distance are very densely stained segments of proximal convoluted tubules (pct). 700×

3. The parietal layer (pl) of Bowman's capsule is a thin squamous epithelium. The podocytes (p) form the visceral layer of the capsule. The large bodies of the podocytes are suspended in the capsular space (cs). From the abundant cytoplasm a multitude of processes extend toward a dense basal lamina, where they expand to form a layer of foot plates about the periphery of the glomerular capillary. This basal lamina, approximately 0.1 μ thick, invests the capillaries. The capillary cytoplasm is, for the most part, the very thin fenestrated type with localized thickened areas. 5500×

Planche I

Le rein

Le rein comprend un grand nombre de glandes tubuleuses composées. Le néphron correspond au segment du tube urinifère responsable de la production de l'urine. Il consiste en un tube indivis tributaire d'une des ramifications du tube collecteur.

1. L. Une coupe intéressant la région profonde du cortex rénal montre différentes portions du néphron. Le corpuscule rénal (rc) représente l'extrémité dilatée et close du néphron. A l'intérieur du corpuscule, un réseau de vaisseaux glomérulaires délimite un espace capsulaire ayant l'aspect d'un labyrinthe. Les espaces vasculaires contiennent des globules rouges fortement colorés. Les cellules des tubes proximaux (pt) se colorent intensément par le bleu de toluidine et leur bord libre présente une épaisse bordure en brosse. Apparaissent également sur cette coupe, des portions descendantes (dts) et ascendantes (ats) du segment mince de l'anse de Henle, des segments du tube distal (dt) et des tubes collecteurs arqués (act). Une artériole (flèche), des vasa recta et des capillaires (c) sont dispersés entre les tubes. 175×

2. L. Coupe très mince du cortex rénal colorée par la méthénamine à l'argent suivie de fuchsine basique. Quelques capillaires (c) de la touffe glomérulaire d'un corpuscule rénal sont remplis de globules rouges. Toutefois la plupart des vaisseaux ont été vidés de leur contenu au moment de la perfusion. Le noyau des cellules endothéliales fait saillie dans la lumière. L'espace capsulaire de Bowman (cs) est tapissé par un feuillet pariétal de cellules pavimenteuses et un feuillet viscéral de cellules épithéliales plus volumineuses, les podocytes (p). De nombreux prolongements cytoplasmiques se dirigent (flèches) vers les capillaires à partir du corps cellulaire des podocytes situé dans l'espace capsulaire. Ces prolongements appuient leurs pieds sur la lame basale foncée qui sépare le capillaire de l'espace capsulaire. Au voisinage immédiat du corpuscule, on remarque un capillaire (c) et la portion contournée d'un tube distal (cdt). Un peu plus loin, des segments du tube contourné proximal (pct) ont pris intensément le colorant. 700×

3. Un épithélium pavimenteux mince forme le feuillet pariétal (pl) de la capsule de Bowman alors que les podocytes (p) en constituent le feuillet viscéral. Le gros corps cellulaire des podocytes à noyau irrégulier est suspendu dans l'espace capsulaire (cs). Leur cytoplasme abondant se prolonge en une multitude de pédicelles qui se dirigent vers une lame basale épaisse d'environ 0.1 μ entourant le capillaire glomérulaire. A ce niveau, les pédicelles s'étalent à la façon d'une semelle. Le cytoplasme des cellules endothéliales des capillaires est très mince et fenestré sauf par endroits où il s'épaissit. 5500×

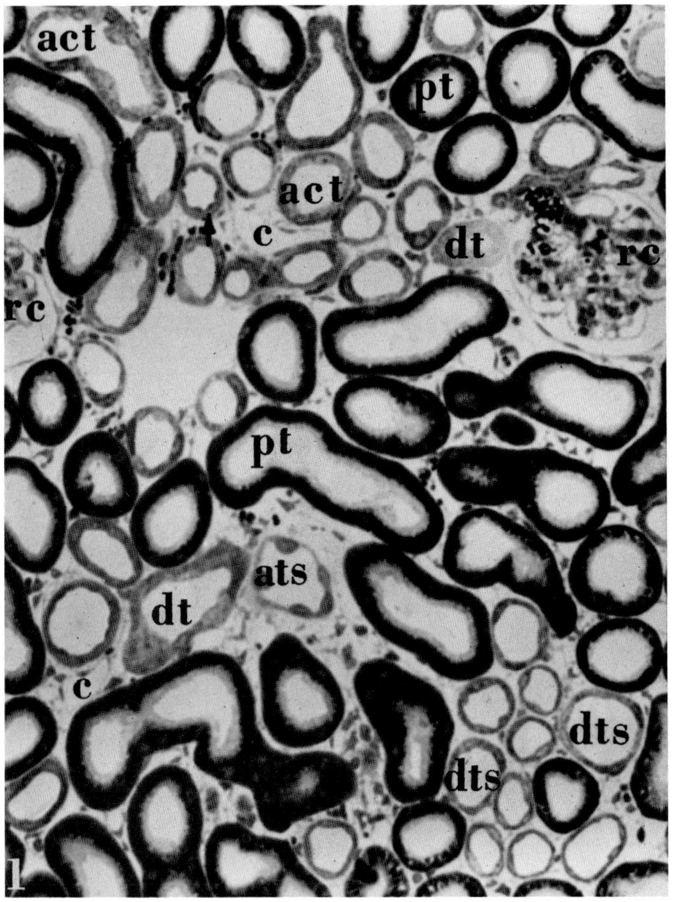
act
pt
act
c
dt
rc
rc
pt
ats
dt
c
dts
dts
1

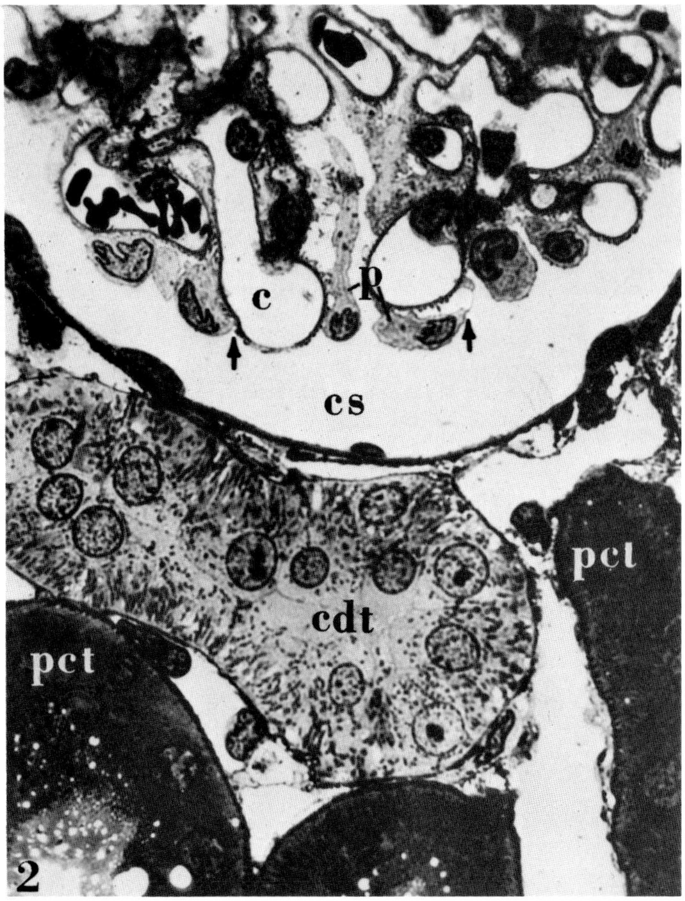
c
p
cs
pct
cdt
pct
2

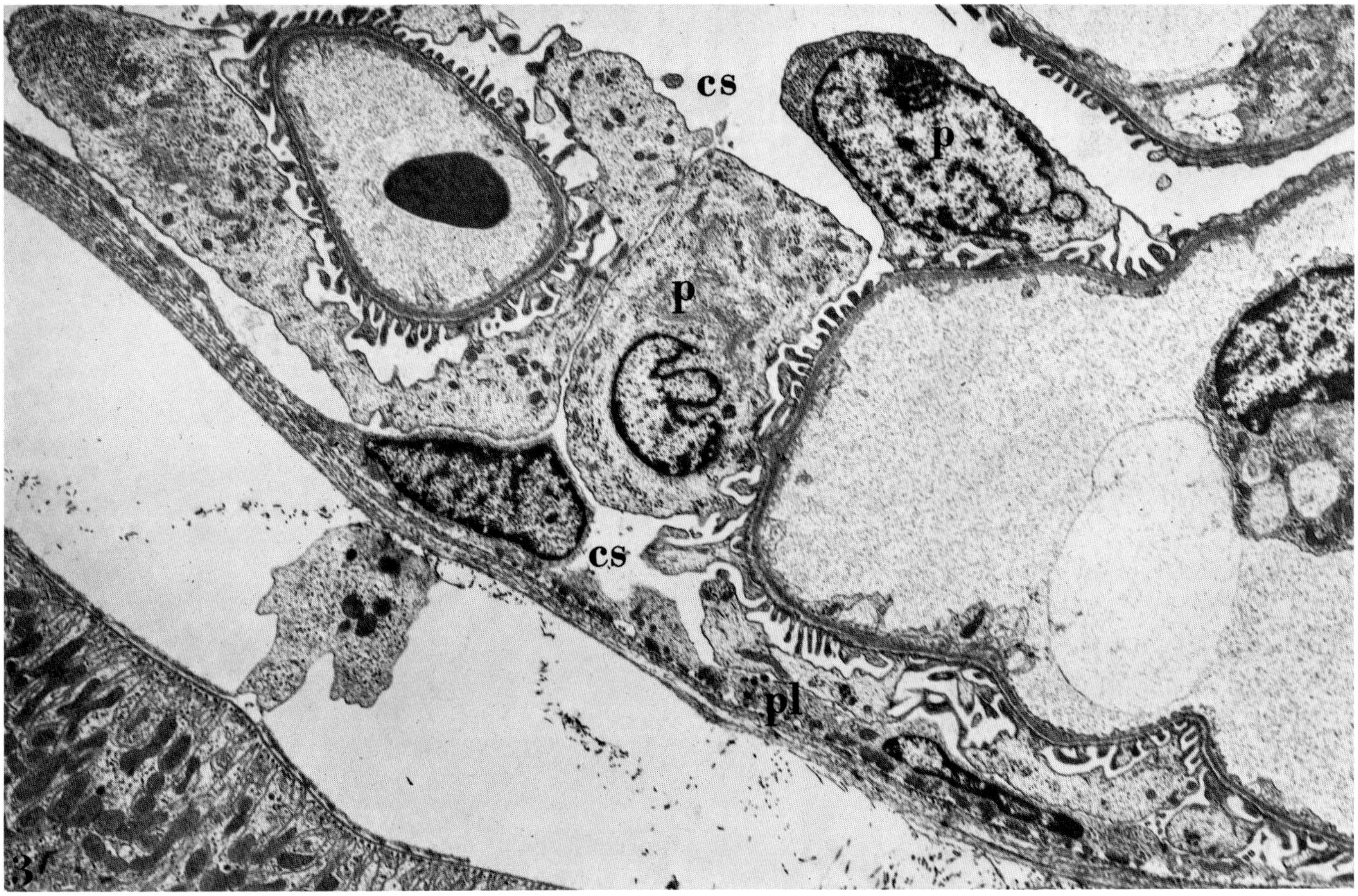
cs
p
p
cs
pl
3

Plate II

The Renal Corpuscle

The afferent arteriole breaks up into a rete mirabile, the glomerulus, in the renal corpuscles. The tortuous vessels of the rete, commonly termed glomerular capillaries, rejoin to form the efferent arteriole. The fenestrated type of endothelium forms the wall of the capillaries. In this instance some vessels contain red blood cells. The nucleus and some surrounding cytoplasm protrude into the capillary lumen. The glomerular capillaries have not been perfused in this instance, and consequently the space is greatly diminished. Most of the space is occupied by the visceral epithelial cells, the podocytes (p). Dense granules, of various sizes, can be seen in both the endothelial and in the podocyte cytoplasm. A third type of cell, which resembles the capillary pericyte, has been reported within the mesangium. These irregularly shaped mesangial cells (m) have a more densely stained cytoplasm than that of the capillary endothelium (ce) and appear to contain a higher number of dense granules. The mesangial cells are surrounded by a wide zone of dense intercellular matrix which may be related to the basal lamina. It is not known whether these are modified endothelial or smooth muscle cells. The mesangial cells may support the capillary loops and, in addition, are phagocytic. 3400×

Planche II

Le corpuscule rénal

A son entrée dans le corpuscule rénal, l'artériole afférente se ramifie brusquement en capillaires tortueux pour former un "rete mirabile", le glomérule. Ces vaisseaux capillaires se réunifient en une artériole efférente. Les capillaires dont un certain nombre ici contiennent des globules rouges, sont tapissés par un endothélium fenestré. Le noyau et le cytoplasme qui les entourent font saillie dans la lumière. Pour ce spécimen, les capillaires glomérulaires n'ont pas été perfusés et par conséquent l'espace capsulaire occupé en grande partie par les cellules épithéliales viscérales ou podocytes (p), est considérablement diminué. Le cytoplasme des cellules endothéliales et celui des podocytes contiennent des granules denses de dimensions variées. Un troisième type de cellules ayant l'aspect des péricytes, est visible dans le mésangium, tissu de soutien situé entre les anses de la touffe glomérulaire. Ces cellules mésangiales (m) de forme irrégulière, ont un cytoplasme plus fortement coloré que celui de l'endothélium des capillaires (ce) et semblent contenir un plus grand nombre de granules denses. Elles sont entourées d'une zone épaisse de substance intercellulaire dense qui pourrait être en rapport avec la lame basale. Ces cellules mésangiales pourraient servir de soutien aux anses capillaires et sont phagocytaires. Ce sont peut-être des cellules endothéliales ou musculaires lisses modifiées. 3400×

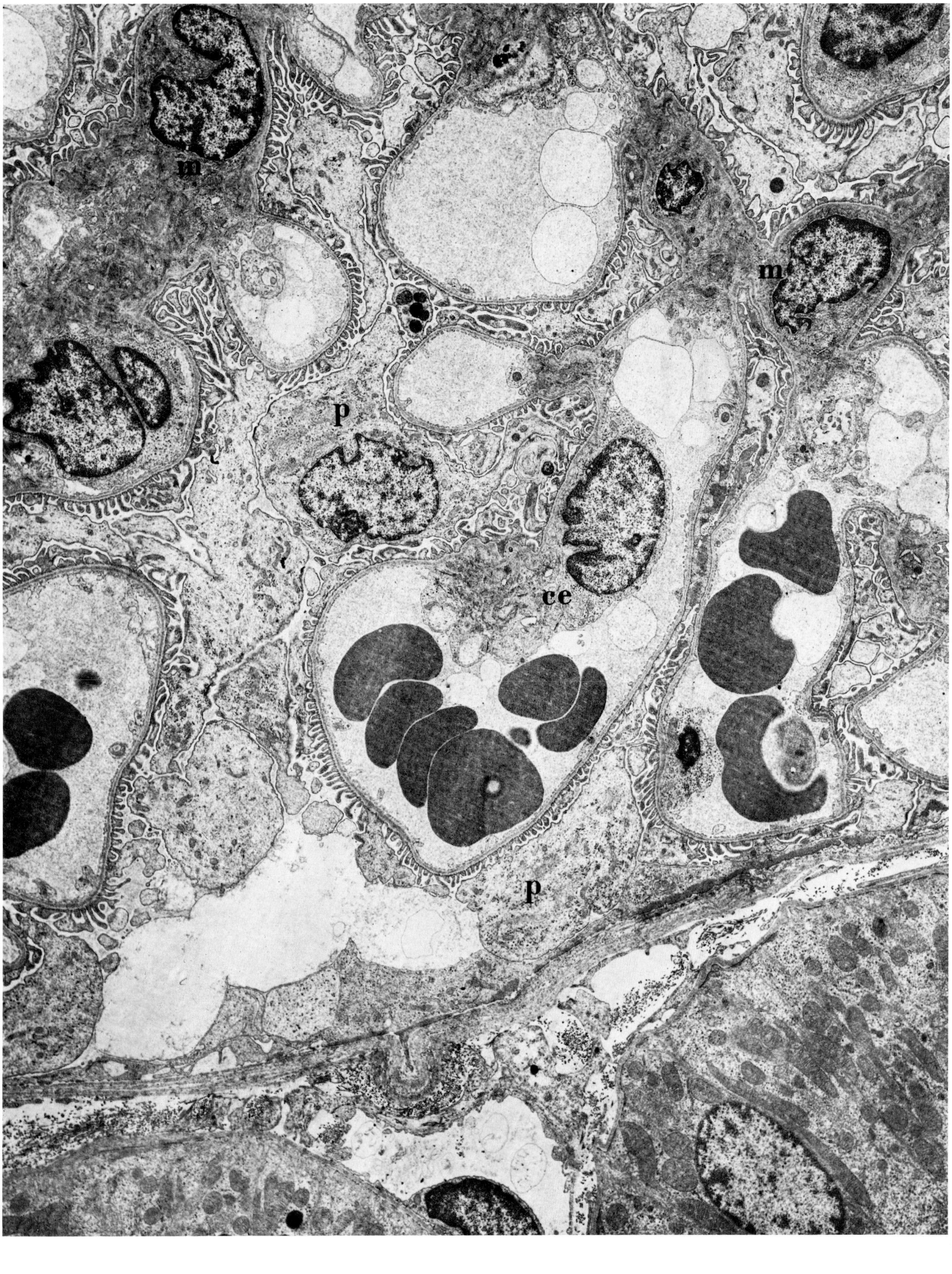
m
m
p
ce
p

Plate III

The Renal Corpuscle

1. The body of the podocyte contains a very large Golgi apparatus, a number of ribosomes, and some granular endoplasmic reticulum. Cytoplasmic processes, only a small percentage of which can be obtained in continuity in any one section, extend out to the terminal expansions or pedicels. The processes vary in complexity, in length, and in thickness. The expansions rest on a well-developed basal lamina, which is shared by the endothelial cells. This basal lamina has been considered as the main barrier to the passage of larger molecules in the process of filtration which takes place from the capillaries into the capsular space. However, recent work suggests that the main barrier may be the membrane-like sheet which spans the slit between the foot plates. The capillary endothelium is fenestrated. 27,500×

2. In this podocyte an unusually high number of foot processes have been obtained in continuity. The cytoplasm contains a multivesicular body, agranular endoplasmic reticulum, mitochondria, and microtubules which extend out into the foot processes. A diaphragm bridges the slit between the pedicels. Since this is a continuous diaphragm between the pedicels, the visceral layer of Bowman's capsule is completed by it. 40,000×

3. A large number of cytoplasmic microtubules and filaments are found in some of the podocytic cytoplasmic processes. 40,000×

Planche III

Le corpuscule rénal

1. Le corps cellulaire du podocyte contient un très gros appareil de Golgi, un certain nombre de ribosomes et un peu de réticulum endoplasmique granulaire. Les prolongements cytoplasmiques qui ne peuvent pas tous apparaître dans leur entier sur une même coupe, se continuent sous forme de pédicelles de longueur, de complexité et d'épaisseur variables. Ces pédicelles viennent étaler leur semelle sur une lame basale bien développée qu'ils partagent avec les cellules endothéliales. On considérait autrefois cette lame basale comme l'obstacle majeur au passage des grosses molécules lors du processus de filtration qui s'établit à partir des capillaires en direction de l'espace capsulaire. Des travaux récents suggèrent toutefois que la barrière principale pourrait bien être la fente de filtration qui sépare deux pédicelles. L'endothélium des capillaires est fenestré. 27,000×

2. Un podocyte dont plusieurs pédicelles apparaissent dans toute leur longueur, contient un corps multivésiculaire, du réticulum endoplasmique lisse, des mitochondries et des microtubules cytoplasmiques qui se rendent jusque dans les pédicelles. Un diaphragme continu comble les espaces entre les pédicelles. Ainsi le feuillet viscéral de la capsule est continu. 40,000×

3. On retrouve un grand nombre de microtubules et de filaments dans les prolongements cytoplasmiques de ces podocytes. 40,000×

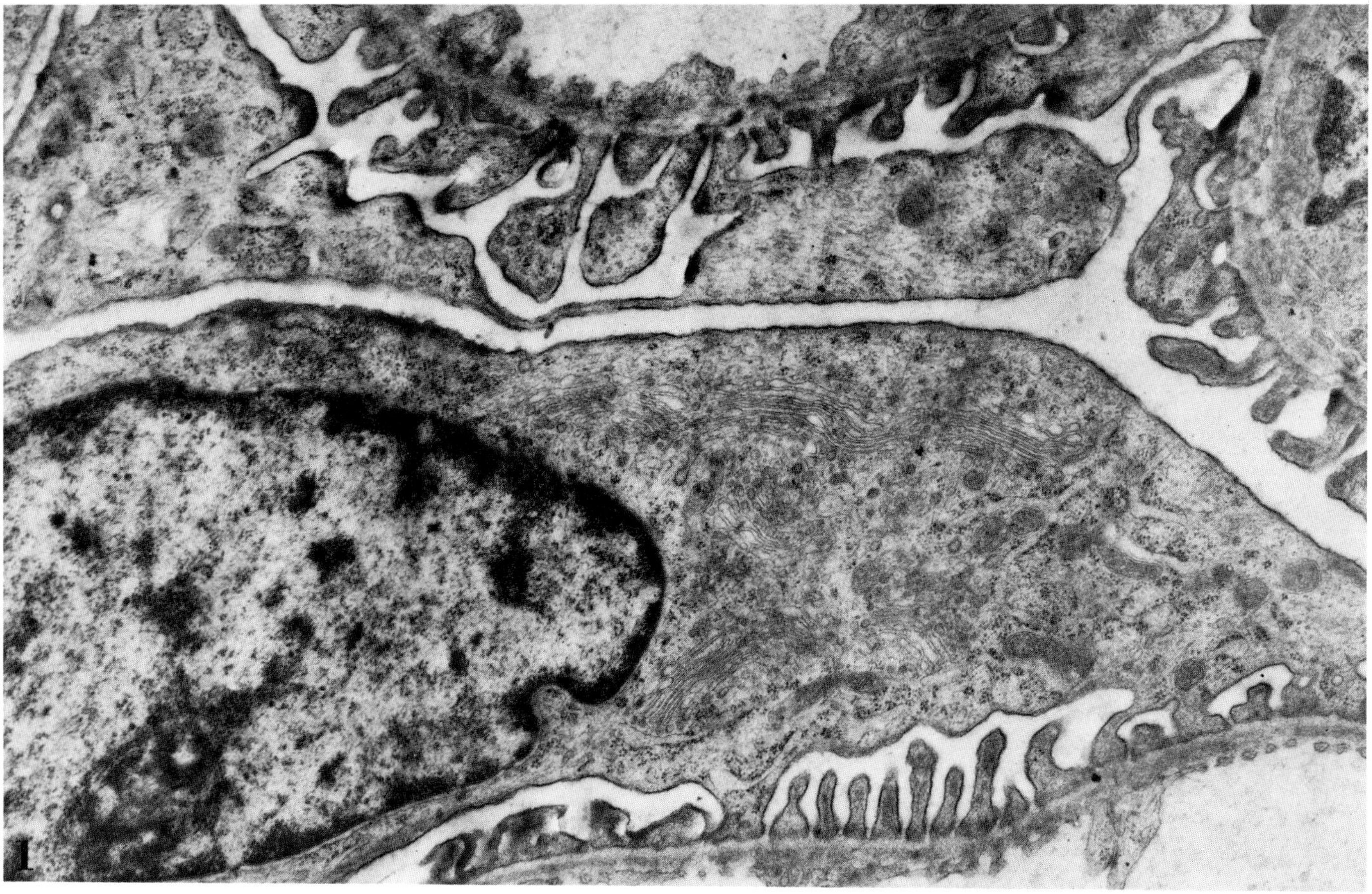

1

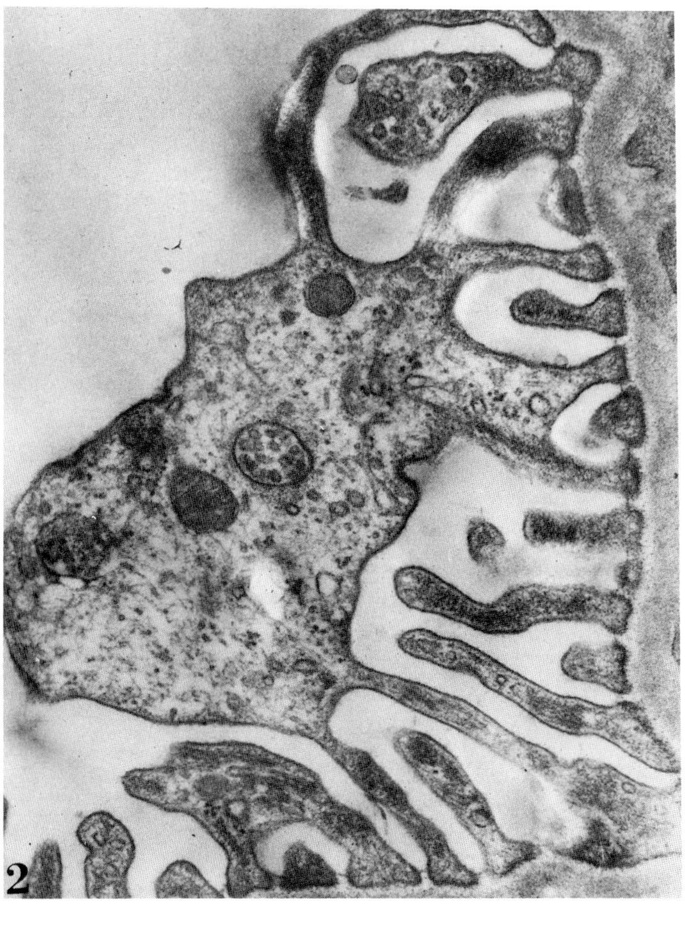

2

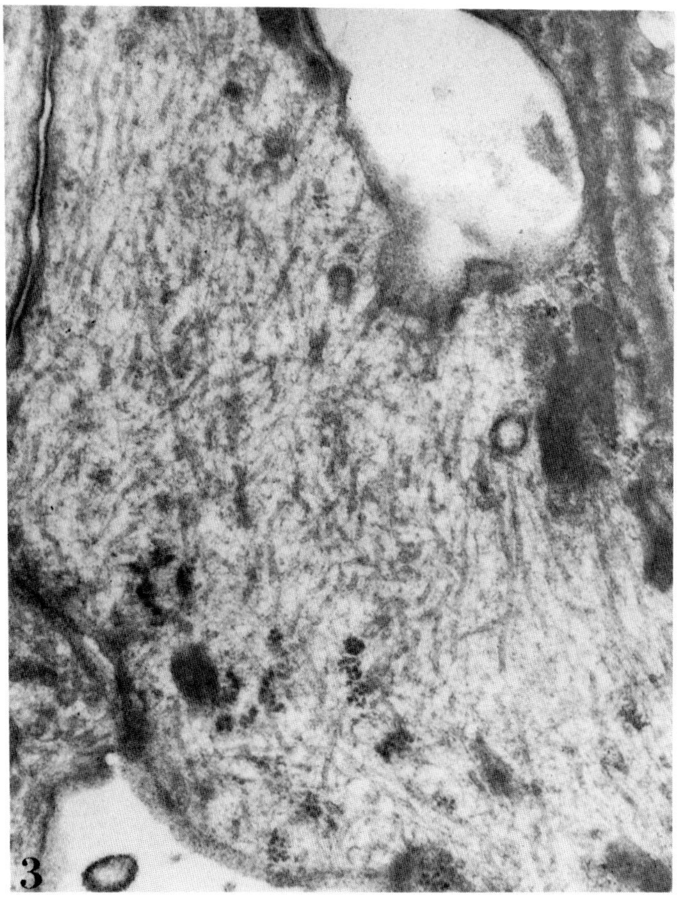

3

Plate IV

The Renal Corpuscle

1. Endothelial cells of capillaries (c) and pedicels of a podocyte (p) share a common basal lamina (bl) in the interior of the renal corpuscle. A narrow, lighter space separates both aspects of the lamina from the adjacent cells. Oblique and tangential views of fenestrated endothelial cells on one aspect of the basal lamina have been obtained. A common foot process of the podocyte is suspended by its pedicels within the capsular space (cs) into which fluid is filtered from the capillary. In this filtration process the fluid must traverse either the cytoplasm or the pores of the endothelium, the basal lamina, and the cytoplasm of the podocyte or the intervening clefts in order to reach the capsular space. 69,000 ×

2. In this section the plasma membrane of the podocyte appears trilaminar, while, internally, the membranes of the multivesicular body (mb) and smooth-surfaced endoplasmic reticulum are trilaminar or globular in appearance. 160,000 ×

3. A continuous diaphragm surrounds the foot processes of the podocyte. Where sectioned transversely, parts of this diaphragm which span the clefts between the pedicels appear to be made up of a series of dense subunits. A series of dense points (arrows) can be identified across one of the foot processes in line with the diaphragm. Only the surface of this foot process has been included in the section, and it is probably overlapped by the edge of the diaphragm. Where the foot plates rest on the basal lamina, a faint filamentous mass bridges the lighter zone between the plasma membrane and the lamina. 160,000 ×

4. Diaphragms in the endothelium of the fenestrated capillaries span the pores and thus complete the wall of the blood vessel. A central nodule is discernable in some of these diaphragms. Whether the diaphragm is an extension of a component of the membrane or is interconnected with internal cytoplasmic structures remains an open question. A series of densities spans the center of the intervening cytoplasm in line with the diaphragms, but these may be evidence of an overlapping of adjacent diaphragms. Curved lines (arrows) indicate the presence of a filamentous component projecting from the surface of the endothelial cell and within the basal lamina. 80,000 ×

Planche IV

Le corpuscule rénal

1. A l'intérieur du corpuscule rénal, les cellules endothéliales des capillaires (c) et les pédicelles des podocytes (p) partagent une même lame basale (bl). De part et d'autre de cette lame, un espace clair et étroit la sépare de ces cellules. Dans la paroi des capillaires, on a pu obtenir des vues oblique et tangentielle de l'endothélium fenestré. Le podocyte est retenu par ses pédicelles dans l'espace capsulaire (cs) qui reçoit le produit de la filtration glomérulaire. Dans ce processus de filtration, une partie du plasma sanguin doit traverser le cytoplasme ou les pores de l'endothélium, la lame basale et le cytoplasme du podocyte ou les fentes de filtration avant d'atteindre l'espace capsulaire. 60,000 ×

2. Ici, la membrane plasmatique du podocyte a une apparence trilaminée alors que les membranes des corps multivésiculaires (mb) et du réticulum endoplasmique lisse sont soit trilaminées soit globuleuses. 160,000 ×

3. Un diaphragme continu entoure la semelle des pédicelles. En coupe transversale, ce diaphragme donne l'impression d'enjamber la fente séparant deux pédicelles voisins. Sur cette photographie, le diaphragme semble constitué d'une rangée de sous-unités denses. Au sein de l'un des pédicelles, on peut identifier une série de points denses (flèches) bien en ligne avec le diaphragme. La coupe ne montre que la surface de ce pédicelle, surface que borde le contour du diaphragme. A l'endroit où les pédicelles appuient leur sole sur la lame basale, une masse filamenteuse à peine visible comble l'espace clair compris entre la membrane plasmatique et la lame basale. 160,000 ×

4. Des diaphragmes enjambent les pores de l'endothélium fenestré des capillaires et ferment ainsi la paroi des vaisseaux sanguins. Dans l'épaisseur de certains de ces diaphragmes, on peut voir un nodule central. On ne sait pas encore si les diaphragmes sont le prolongement d'un élément de la membrane ou s'ils sont reliés à des structures cytoplasmiques. Au milieu du cytoplasme bordant les pores, une série de points denses s'échelonne dans le prolongement des diaphragmes. Toutefois il peut s'agir d'une simple superposition de diaphragmes adjacents. Des lignes courbes (flèches) indiquent la présence d'éléments filamenteux faisant saillie à la surface de la cellule endothéliale et à l'intérieur de la lame basale. 80,000 ×

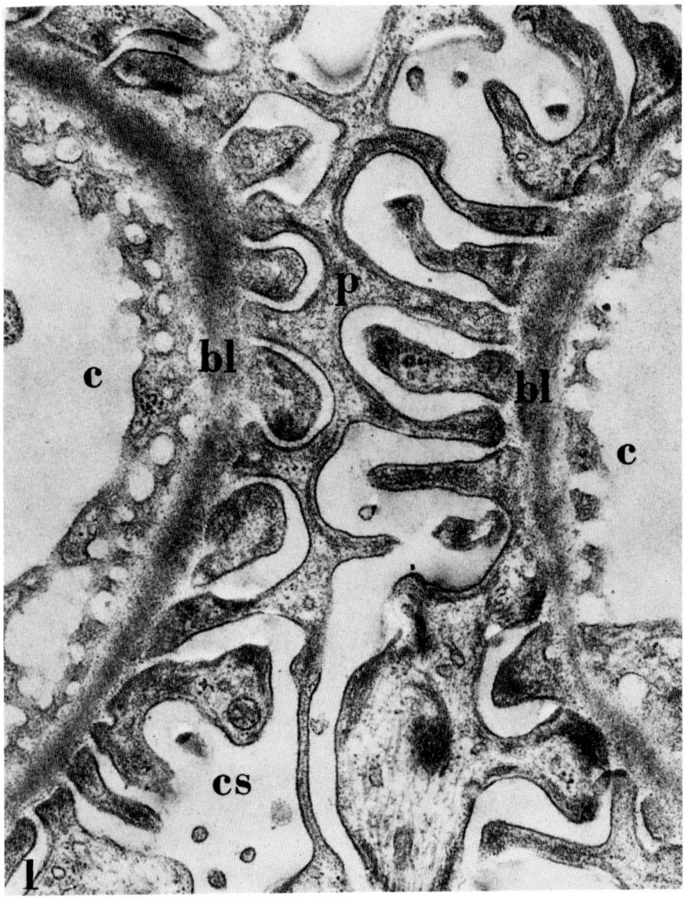
p
c
bl
bl
c
cs
1

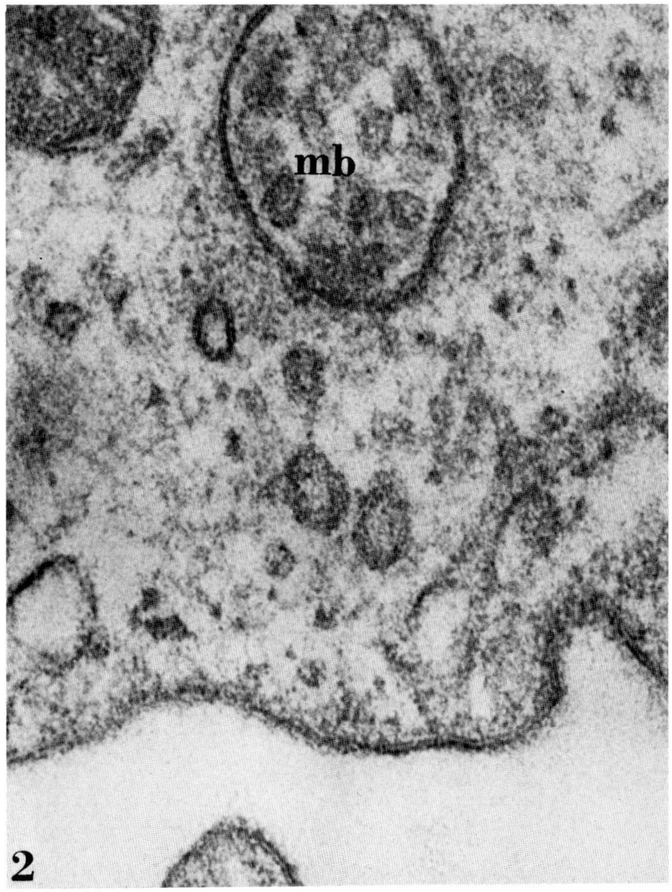
mb
2

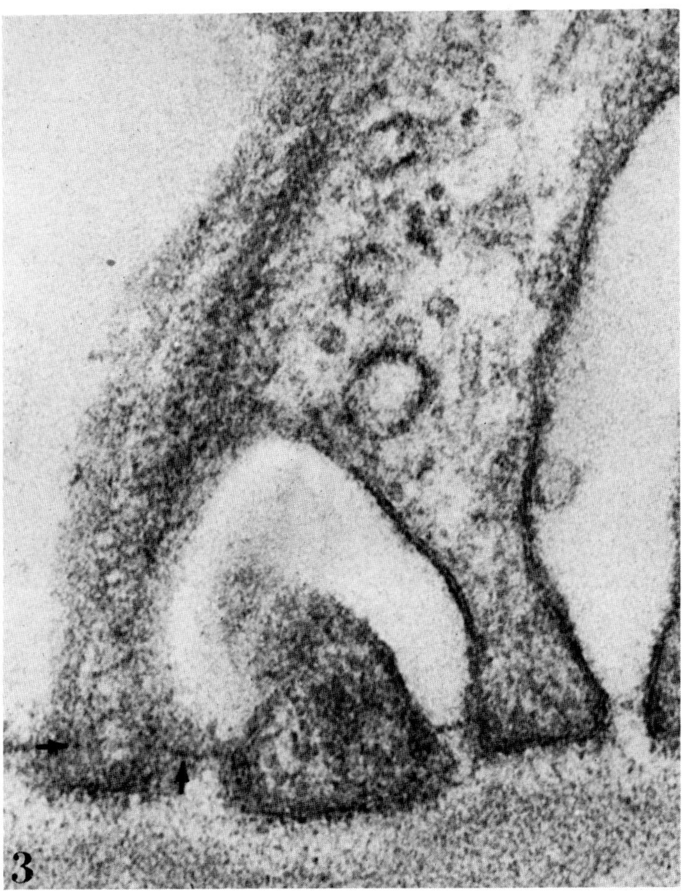
3

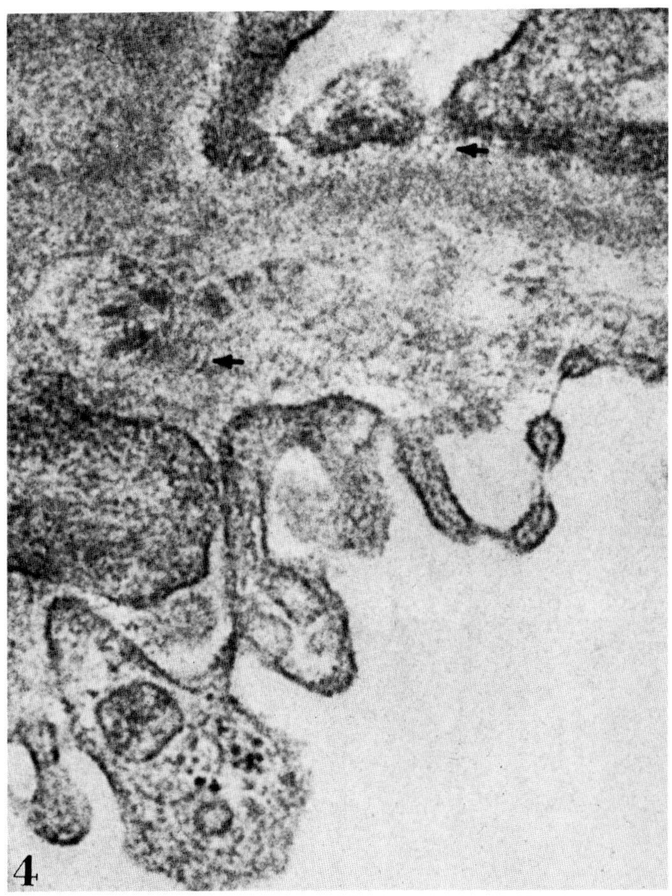
4

Plate V

The Juxtaglomerular Apparatus

Granulated cells in the muscular layer of the afferent arteriole are the distinguishing features of the juxtaglomerular apparatus. This arrangement is located just where the arteriole enters the renal corpuscle. Recent evidence indicates that these granules contain renin, which is a vasopressor.

1. The endothelial cells protrude into the lumen (l) of this contracted arteriole. A group of juxtaglomerular (jg) cells in the media are separated from the endothelium (end) of the arteriole by a basal lamina and an interrupted layer of elastic fibers. Many of the moderately dense granules in the juxtaglomerular cells are elongated and somewhat irregular. A few very dense cytoplasmic granules can be seen. There is a peripheral layer of filaments in the cells, and, in addition, a considerable amount of granular endoplasmic reticulum and many free ribosomes. Small nerve endings (n) are located external to the basal lamina of the juxtaglomerular cells. 33,000×

2. An enlargement of one of the nerve endings shows a number of synaptic vesicles and microtubules in the bulbous terminal. The space between the nerve ending and the receptor is similar to that in other nerve–smooth muscle junctions. Very dense material is superimposed on two of the granules in the juxtaglomerular cell. 70,000×

Planche V

L'appareil juxtaglomérulaire

L'appareil juxtaglomérulaire se caractérise par la présence de cellules granuleuses dans la média de l'artériole afférente peu avant son entrée dans le corpuscule rénal. Des travaux récents semblent indiquer que ces granules contiennent de la rénine, une substance vasopressive.

1. Les cellules endothéliales font hernie dans la lumière (l) de cette artériole contractée. Un groupe de cellules juxtaglomérulaires (jg) sont séparées de l'endothélium (end) de l'artériole par une lame basale et une couche discontinue de fibres élastiques. Plusieurs granules de densité moyenne présents dans les cellules de la média sont allongés et de forme quelque peu irrégulière. De plus, on voit quelques granules cytoplasmiques très denses. Noter la présence d'une couche périphérique de filaments dans ces cellules en plus d'un réticulum endoplasmique granulaire abondant et de ribosomes libres. De petites terminaisons nerveuses (n) se trouvent à l'extérieur de la lame basale des cellules juxtaglomérulaires. 33,000×

2. Voici un agrandissement de l'une des terminaisons nerveuses montrant de nombreuses vésicules synaptiques et des microtubules dans la terminaison bulbeuse. L'espacement entre la terminaison nerveuse et la cellule réceptrice est semblable à celui que l'on observe dans d'autres synapses intéressant un nerf et une fibre musculaire lisse. Un matériel très foncé est superposé à deux granules de la cellule juxtaglomérulaire. 70,000×

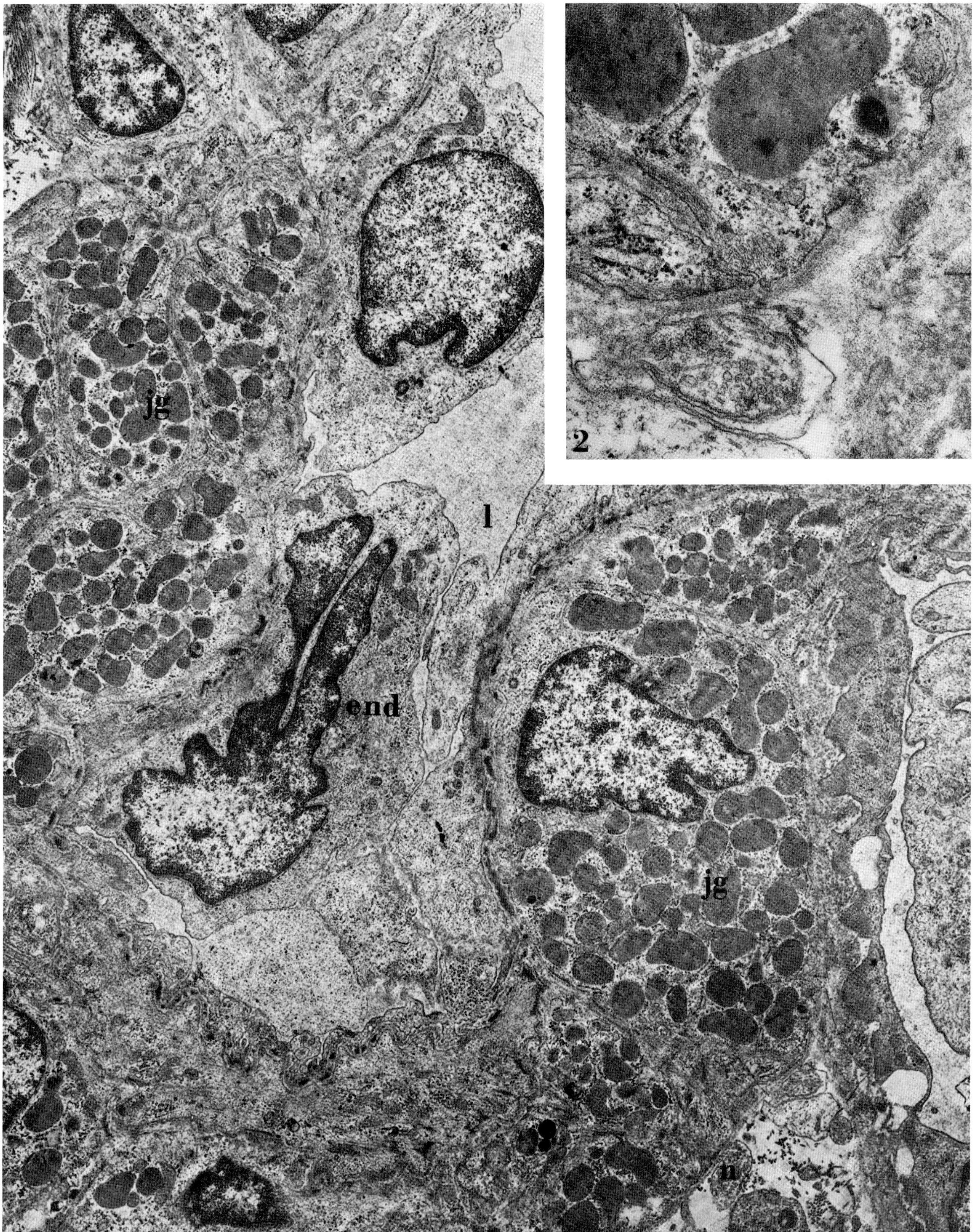

2
jg
l
end
jg
n
1

Plate VI

The Kidney—Granulated Cells

1. Granulated cells of the juxtaglomerular (jg) apparatus are seen at the entrance of the arteriole into the renal corpuscle (RC). Large granules in the foot process of a podocyte (p) are considerably more dense than the granules in the juxtaglomerular cell. Granules in the podocyte are uncommon. 3750×

2. In an enlargement of a part of another podocyte, the density of the granules is seen to vary considerably. The granules are membrane bound, and the lighter areas appear finely granular. A fine filamentous network is seen in the background cytoplasm. 80,000×

3. There is a large Golgi apparatus, a number of coated vesicles, some with dense content, cytoplasmic microtubules, and numerous cytoplasmic filaments in the endothelial (end) cell of the arteriole. A basal lamina and widely separated elastic fibers are located between the endothelial and the granulated juxtaglomerular cells. These cells contain a number of filaments in the peripheral cytoplasm `and between the membrane-bound granules. Groups of glycogen granules appear to be included within a surrounding membrane. 30,000×

4. An enlargement of the granules demonstrates a substructure of circular (arrows) or elongated subunits. These subunits are approximately 100 Å in diameter and appear to have a loosely coiled, finer peripheral substructure with a clearer central zone. 77,000×

Planche VI

Le rein—Les cellules granuleuses

1. Des cellules granuleuses de l'appareil juxtaglomérulaire (jg) sont visibles au point d'entrée de l'artériole dans le corpuscule rénal (RC). Les gros granules contenus dans le pédicelle d'un podocyte (p) sont beaucoup plus denses que les granules de la cellule juxtaglomérulaire. Ces granules sont rares. 3750×

2. La densité des granules est fort variable à l'intérieur d'un podocyte observé à fort grossissement. Les granules entourés d'une membrane possèdent une zone plus pâle finement granulaire. En arrière-plan, le cytoplasme est occupé par un réseau délicat d'aspect filamenteux. 80,000×

3. A l'intérieur de la cellule endothéliale (end) de l'artériole, on remarque un gros appareil de Golgi, un certain nombre de vésicules feutrées dont quelques-unes présentent un contenu dense, des microtubules cytoplasmiques et de nombreux filaments. Une lame basale et des fibres élastiques dispersées séparent la cellule endothéliale des cellules juxtaglomérulaires granuleuses. Ces cellules contiennent de nombreux filaments à la périphérie de leur cytoplasme et entre les granules entourés d'une membrane. Des granules de glycogène semblent groupés à l'intérieur d'une membrane. 30,000×

4. A fort grossissement, les granules présentent des sous-unités circulaires (flèches) ou parfois allongées. Ces sous-unités ont un diamètre d'environ 100 Å et leur infrastructure périphérique semble formée d'éléments lâchement enroulés autour d'une zone centrale claire. 77,000×

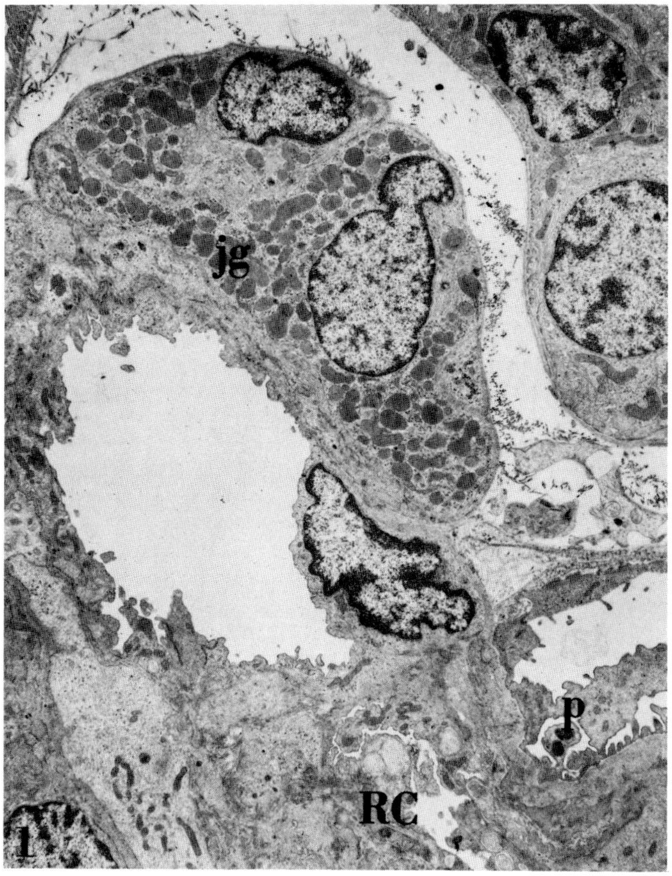
jg
p
RC
1

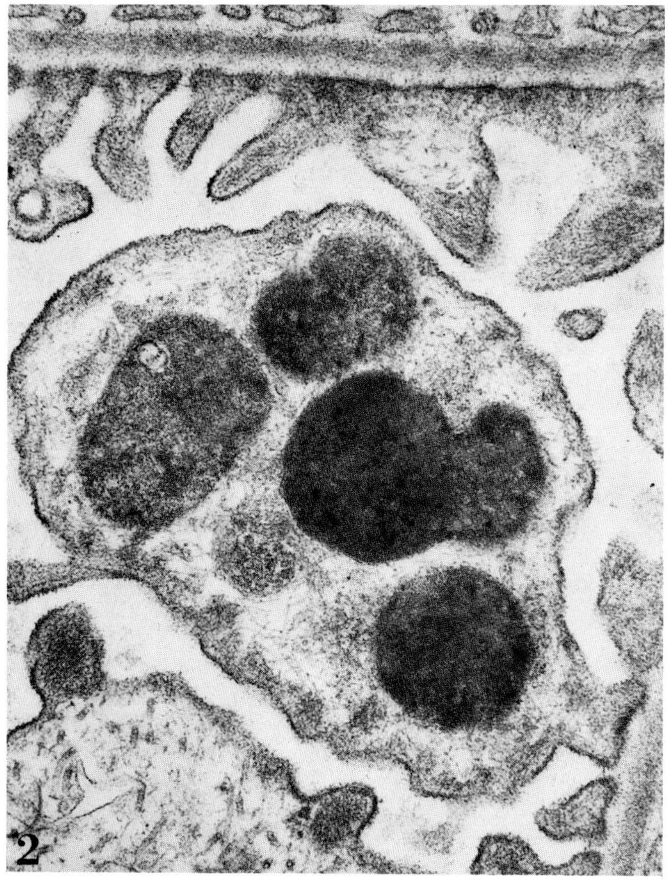
2

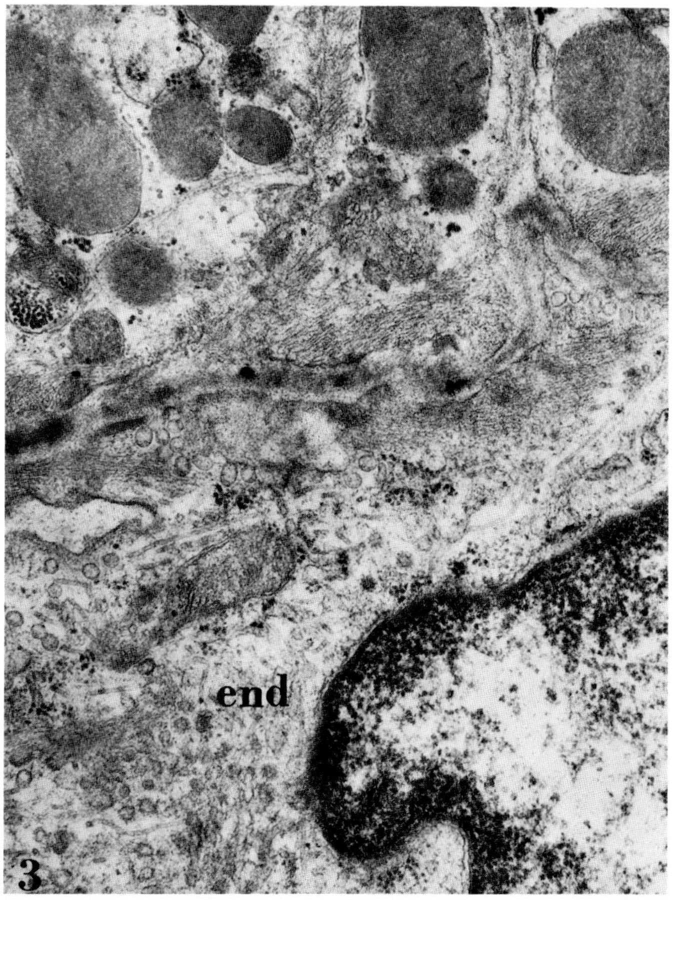
end
3

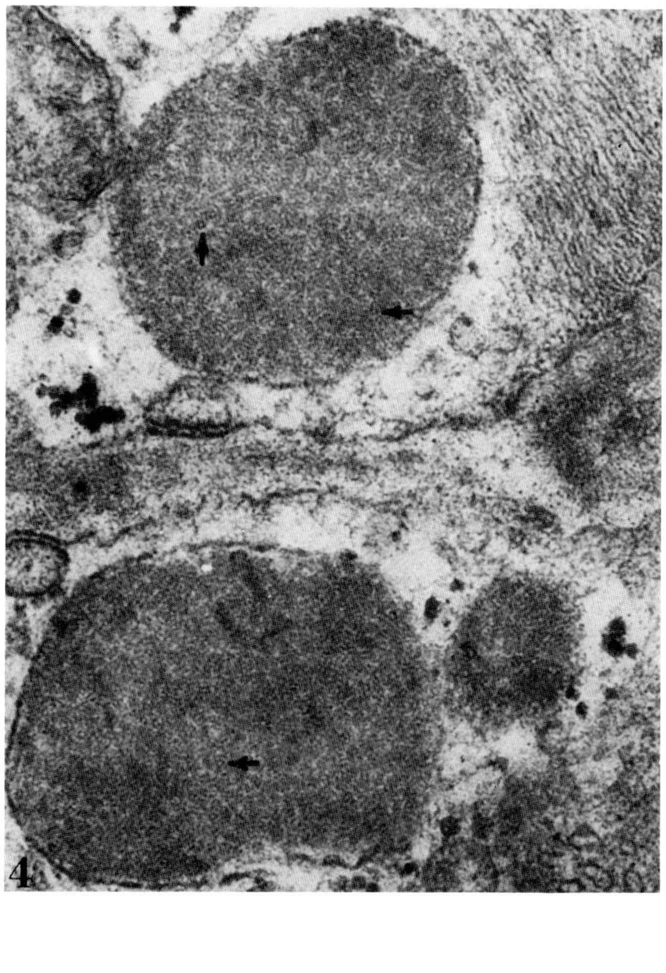
4

Plate VII

The Urinary System

After leaving Bowman's capsule the filtrate is passed through the tubules of the proximal and the distal nephron, during which time the content is constantly altered before it reaches the excretory passages of the kidney.

1. The parietal layer of Bowman's capsule of the renal corpuscle is continuous with the proximal tubule of the nephron. There is an abrupt change from squamous epithelium to cuboidal. The epithelial cell of the proximal convoluted tubule has a rounded nucleus, dense cytoplasm, and a tall brush border. These cells contain a number of dense cytoplasmic granules. Large, dense granules are seen in the cytoplasm of other epithelial cells of the same nature which have been sectioned obliquely and tangentially. 500×

2. At the zone of transition from the renal corpuscle to the proximal convoluted tubule the last epithelial cell of the parietal layer of Bowman's capsule has become considerably thickened and a number of dense granules have appeared. Long, thin microvilli make their appearance on the apices of cuboidal epithelial cells of the proximal convoluted tubule. A foot process of a podocyte (p) within the capsular space is in contact with the tips of the long apical microvilli of the first proximal tubule cell. Mitochondria are oriented vertically in the epithelial cell of the proximal convoluted tubule. A number of lysosomal dense granules are seen throughout the cytoplasm, and numerous, densely stained tubules occupy the cell apices. Varying amount of dense content are superimposed on a clear background in some of the large circular vesicles in the apex of the cell. 7000×

Planche VII

L'appareil urinaire

En quittant la capsule de Bowman, le filtrat glomérulaire s'engage dans les tubes proximaux et distaux du néphron où sa composition est constamment modifiée avant d'atteindre les voies excrétrices du rein.

1. L. Le feuillet pariétal de la capsule de Bowman se continue par le tube proximal. L'épithélium pavimenteux devient brusquement cubique. Les cellules épithéliales du tube contourné proximal possèdent un noyau arrondi, une épaisse bordure en brosse et un certain nombre de granules denses dans un cytoplasme fortement coloré. On voit également de gros granules denses dans le cytoplasme d'autres cellules de tubes proximaux coupés de façon oblique et tangentielle. 500×

2. A la zone de transition entre le corpuscule rénal et le tube contourné proximal, la dernière cellule épithéliale du feuillet pariétal de la capsule de Bowman s'épaissit et se charge d'un certain nombre de granules denses. L'extrémité apicale des cellules cubiques du tube contourné proximal émet des microvillosités longues et minces. Sur la pointe des microvillosités de la première cellule du tube proximal s'appuie le pédicelle d'un podocyte (p) de l'espace capsulaire. Les cellules épithéliales du tube contourné proximal montrent des mitochondries disposées à la verticale. Dans leur cytoplasme, on observe un certain nombre de granules denses de la classe des lysosomes. Plusieurs tubules ou vésicules fortement colorés occupent la région apicale des cellules où de grandes vésicules à fond clair contiennent un matériel dense en quantité variable. 7000×

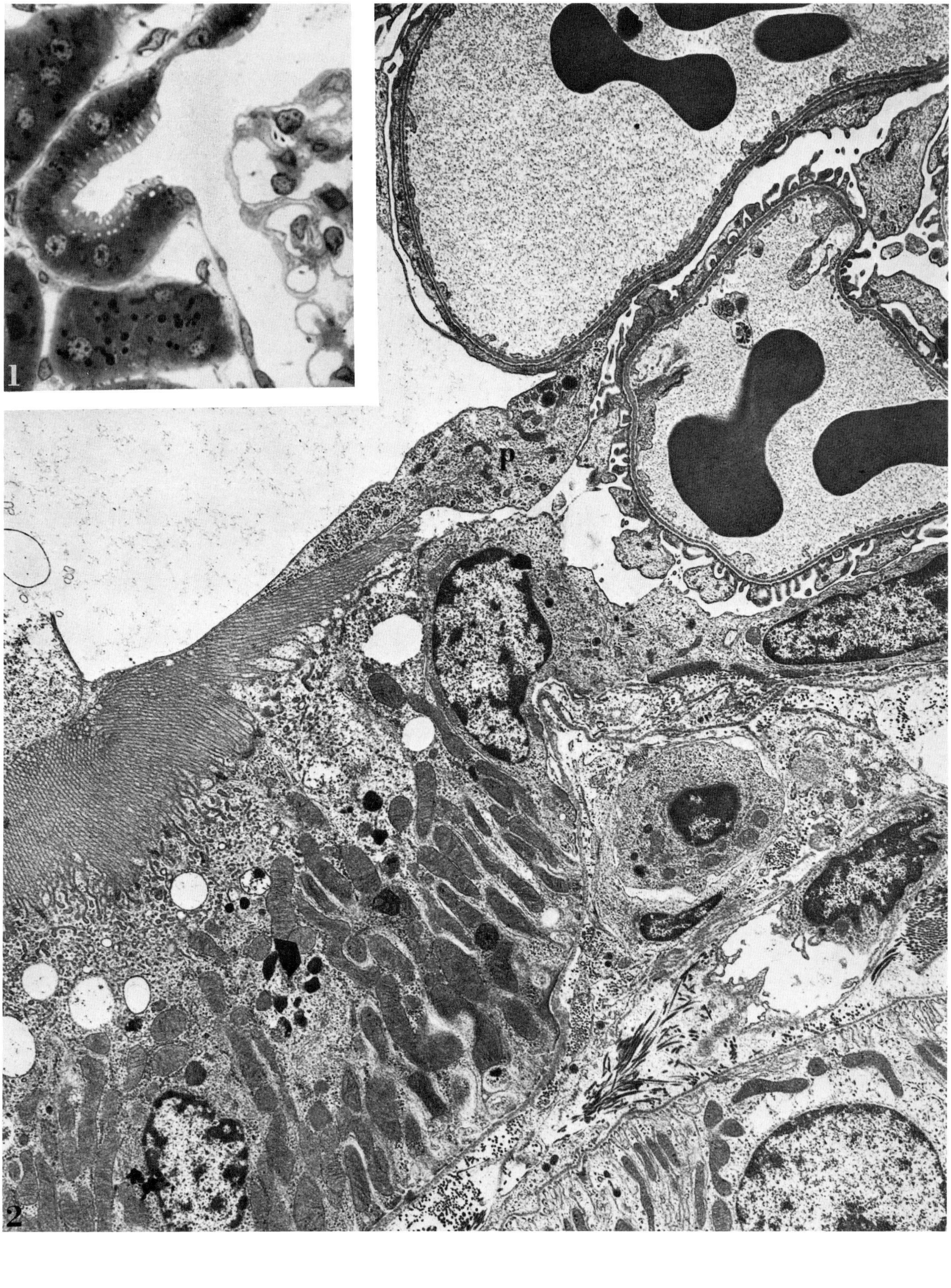
1
P
2

Plate VIII

Proximal Convoluted Tubule

1. The bases of the epithelial cells of the convoluted portion of the proximal tubule are in close contact with a network of fenestrated capillaries. The nuclei of the cells are fairly small and round with dense areas of chromatin and are surrounded by a considerable amount of granular endoplasmic reticulum. The mitochondria are vertically oriented in the basal portion of the cell. There is some variation from this arrangement toward the apex. A number of lysosomal dense granules are located among the mitochondria. 5000 ×

2. A group of epithelial cells of the first part of a proximal tubule surrounds the lumen. The long, thin microvilli are closely packed on the cell apices. In this instance other epithelial cells which protrude into the lumen have been sectioned transversely through their apices. Those which have been sectioned transversely just below the microvillous border do not contain any dense granules while one cell, sectioned at a slightly deeper level, contains a number of lysosomes. 5000 ×

3. In another proximal tubule, many microvilli have been sectioned transversely. This gives some indication of the number of these cytoplasmic processes on the apex of a single cell. The section has passed through the apices of a few cells which protrude into the lumen of the tubule. There is a considerable variation in the number of mitochondria and dense granules in the cells of this tubule. 3500 ×

4. The layers of plasma membrane which extend from the base of the cell up between the mitochondria has been interpreted as representing either infoldings of this basal surface of a single cell or zones of contact between interdigitations of folded borders of adjacent cells. Interdigitations occur frequently. 45,000 ×

Planche VIII

Tube contourné proximal

1. La base des cellules épithéliales de la portion contournée du tube proximal est en rapport étroit avec un réseau de capillaires dont l'endothélium est fenestré. Un réticulum endoplasmique granulaire abondant entoure un noyau relativement petit, arrondi, à chromatine dense par endroits. Les mitochondries sont disposées verticalement à la base de la cellule. Leur orientation est un peu différente à l'apex. Parmi les mitochondries, on retrouve un certain nombre de granules denses de la classe des lysosomes. 5000 ×

2. Un groupe de cellules épithéliales entourent la lumière d'un tube proximal et y projettent de longues et minces microvillosités. D'autres cellules faisant saillie dans la lumière ont été coupées transversalement au niveau de leur région apicale. Celles qui ont été coupées juste au-dessous des microvillosités ne contiennent pas de granules denses alors qu'une cellule coupée à un niveau légèrement plus profond, montre un certain nombre de lysosomes. 5000 ×

3. Dans un autre tube proximal, plusieurs microvillosités ont été coupées transversalement. Une telle image donne une idée du nombre de microvillosités qui s'élèvent de la surface libre d'une seule cellule. La coupe intéresse en plus la région apicale de quelques cellules qui font saillie dans la lumière du tube. Noter les différences considérables dans le nombre de mitochondries et de granules denses. 3500 ×

4. La membrane plasmatique s'élève verticalement du fond de la cellule entre les mitochondries. Les compartiments ainsi formés pourraient être des invaginations de cette base ou encore ils pourraient correspondre à des interdigitations des parois latérales de cellules voisines. De telles interdigitations sont fréquentes. 45,000 ×

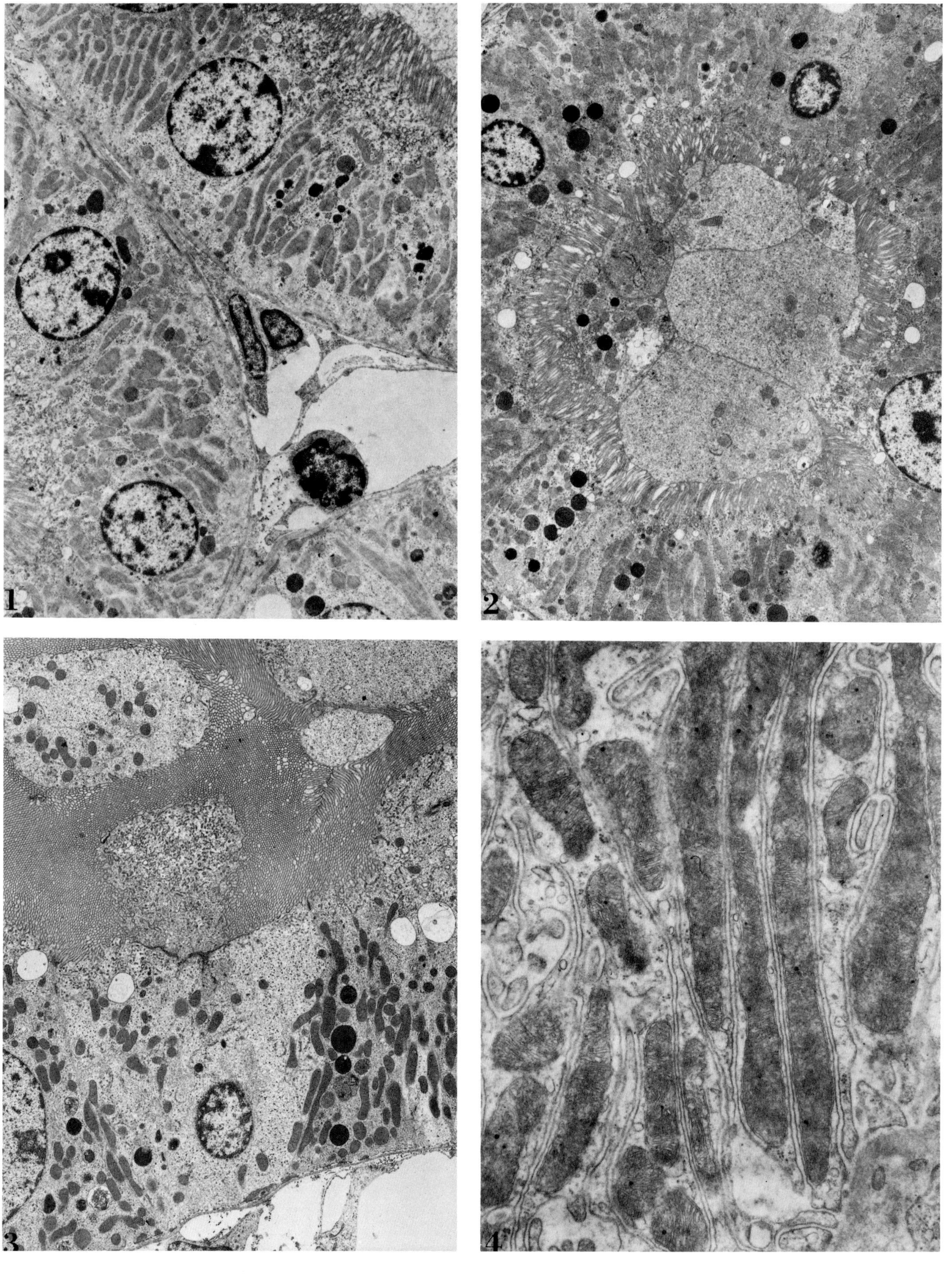
1
2
3
4

Plate IX

The Proximal Tubule

1. A small number of centrally located filaments are found in each microvillus on the apex of a proximal tubule epithelial cell. A trilaminar plasma membrane encompasses each microvillus, and a very fine external coat of fibrillar material can be seen. 120,000×

2. A section has passed transversely through the apex of a cell and through microvilli which project into the lumen of a proximal tubule. Numerous cytoplasmic projections at the base of the microvilli have been sectioned transversely, thus obtaining filamentous rootlets of several microvilli within the same fold. A common number of filaments in the microvillus or its rootlet is nine. In several instances the filaments are arranged in circles (arrows). Within the cell apex a number of circular or elongated structures, with dense content and coated surfaces, represent tubular elements in transverse or longitudinal section. A microtubule and a single cilium have been sectioned transversely. The cilium is surrounded by a band of moderately dense extracellular material. This material is in a circular valley which surrounds the cilium. Several of the tubular processes (t) with the coated surfaces and dense content open onto the cell surface, and here a dense material can be seen on the external aspect of the plasma membrane. 70,000×

Planche IX

Le tube proximal

1. On retrouve quelques filaments au centre de chaque microvillosité qui s'élève de la surface libre d'une cellule épithéliale du tube proximal. Chaque microvillosité est enveloppée d'une membrane plasmatique trilaminée sur laquelle est appliquée une mince couche de matériel fibrillaire. 120,000×

2. Cette coupe transversale intéresse l'apex d'une cellule et les microvillosités se projetant dans la lumière d'un tube proximal. Plusieurs prolongements cytoplasmiques ont été coupés transversalement à la base des microvillosités, ce qui explique la présence, à l'intérieur d'un même repli, des radicules filamenteuses de plusieurs microvillosités. Habituellement il y a neuf filaments dans une microvillosité et dans sa radicule; ces filaments sont disposés de façon circulaire (flèches). Dans la région apicale, plusieurs structures circulaires ou allongées à contenu dense et à surface feutrée correspondent à des éléments tubulaires coupés de façon transversale ou longitudinale. Un microtubule et un cil unique ont été coupés transversalement. Le cil est entouré d'une dépression circulaire dans laquelle on retrouve un matériel extracellulaire assez sombre. Plusieurs structures tubulaires à surface feutrée et à contenu foncé viennent s'ouvrir à la surface cellulaire (t). Ici le contenu foncé est même visible à la face externe de la membrane plasmatique. 70,000×

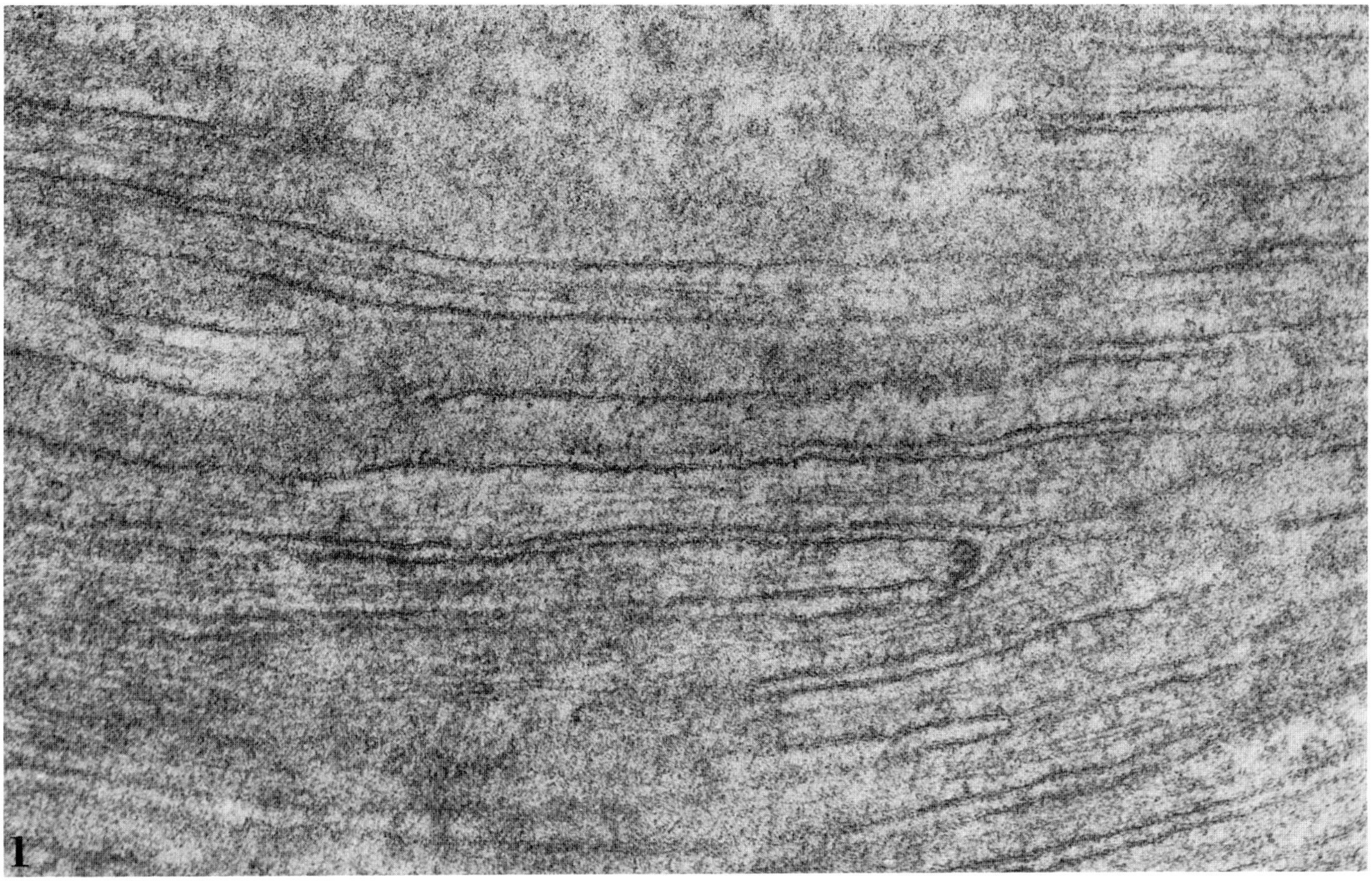
1

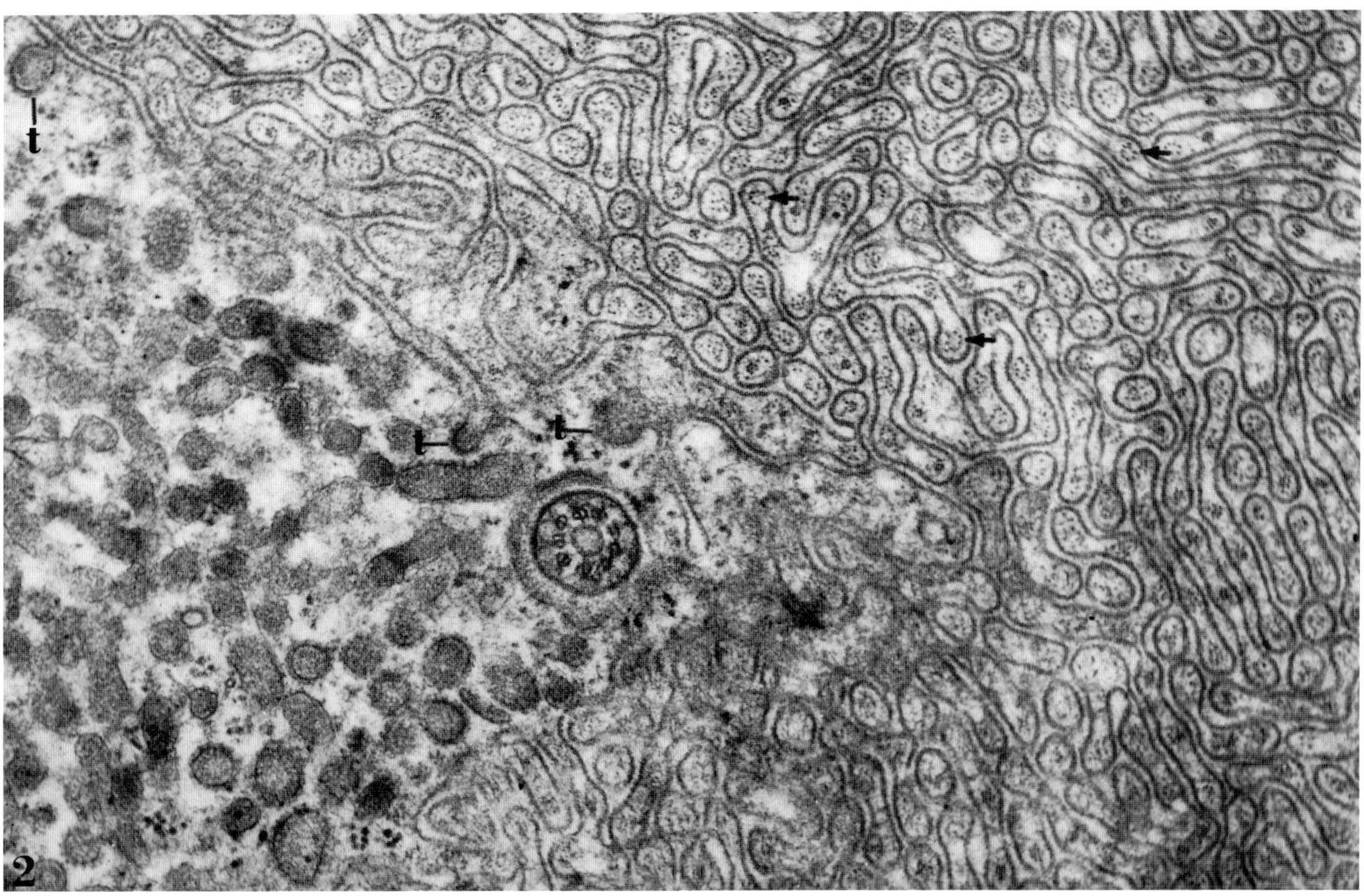
t
t
t
2

Plate X

The Proximal Tubule

The cells of the proximal tubule of the nephron are specially adapted to fluid transport. In addition to water, sodium chloride, glucose, ascorbic acid, and amino acids are selectively reabsorbed from the glomerular filtrate by the cells of the proximal convoluted tubule. Labeled proteins and tracers such as peroxidase are also reabsorbed from the filtrate and have been localized within vesicles and lysosomes in these cells. In addition, these cells have a secretory function in some if not all species of animals.

1. In a vertical section, a number of elongated or circular-appearing organelles with dense content are found in the apical cytoplasm. These have been found to be tubular structures which open onto the free surface (arrows). Many of the tubular or vesicular-appearing structures are coated, and some appear to be interconnected by filaments. Vertically oriented cytoplasmic microtubules and elements of the agranular endoplasmic reticulum are located among the dense apical vesicles. 76,000×

2. When obtained in an opportune plane of section, it becomes quite evident that the apical dense organelles are tubular in nature (arrows). 69,000×

3. A series of constrictions can be seen in some of the tubules and, in one instance, one of these tubules is in continuity with the granular reticulum (arrows). 60,000×

Planche X

Le tube proximal

Les cellules du tube proximal semblent particulièrement bien adaptées au transport des liquides. Ainsi par exemple, sont réabsorbés à partir du filtrat glomérulaire l'eau, le chlorure de sodium, le glucose, l'acide ascorbique et les acides aminés. Des protéines marquées et d'autres traceurs comme la peroxydase sont aussi réabsorbés à partir du filtrat et retrouvés à l'intérieur des vésicules et des lysosomes de ces cellules. Dans certaines espèces animales sinon dans toutes, s'ajoute à ces multiples fonctions du tube proximal, la sécrétion.

1. Dans le cytoplasme apical d'une cellule coupée verticalement, on retrouve un certain nombre d'organites d'aspect allongé ou circulaire et possédant un contenu dense. Ces organites se sont avérés des structures tubulaires venant s'ouvrir à la surface libre de la cellule (flèches). Plusieurs de ces structures tubulaires ou vésiculaires ont une surface feutrée et certaines semblent reliées entre elles par des filaments. Des microtubules cytoplasmiques orientés verticalement et des éléments du réticulum endoplasmique lisse se mêlent aux vésicules foncées de l'apex. 76,000×

2. La nature tubulaire des organites foncés de l'apex est assez évidente lorsque le plan de la coupe est favorable (flèches). 60,000×

3. Quelques tubules présentent une succession d'étranglements et l'un de ces tubules est en continuité avec le réticulum endoplasmique granulaire (flèches). 60,000×

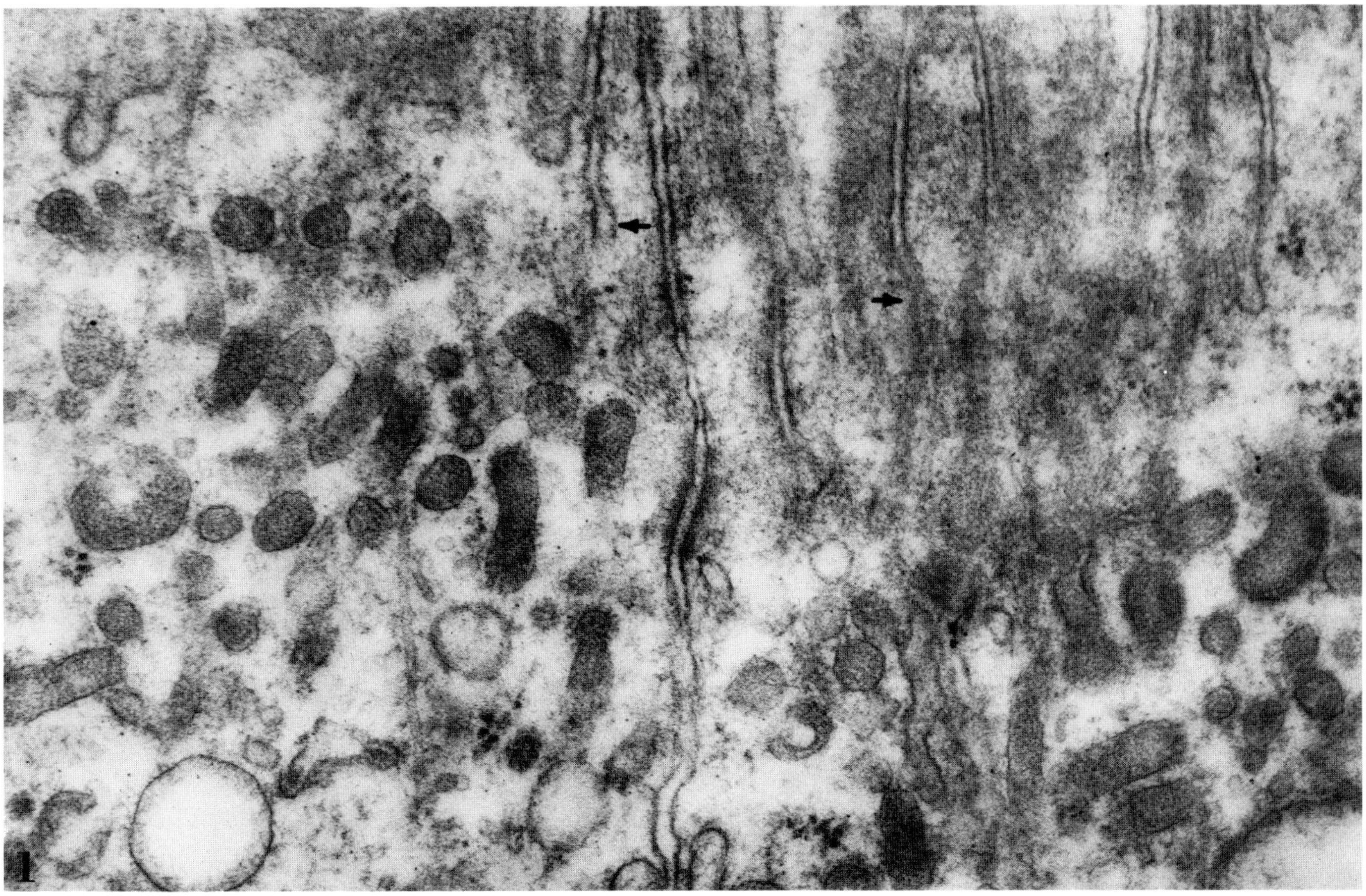
1

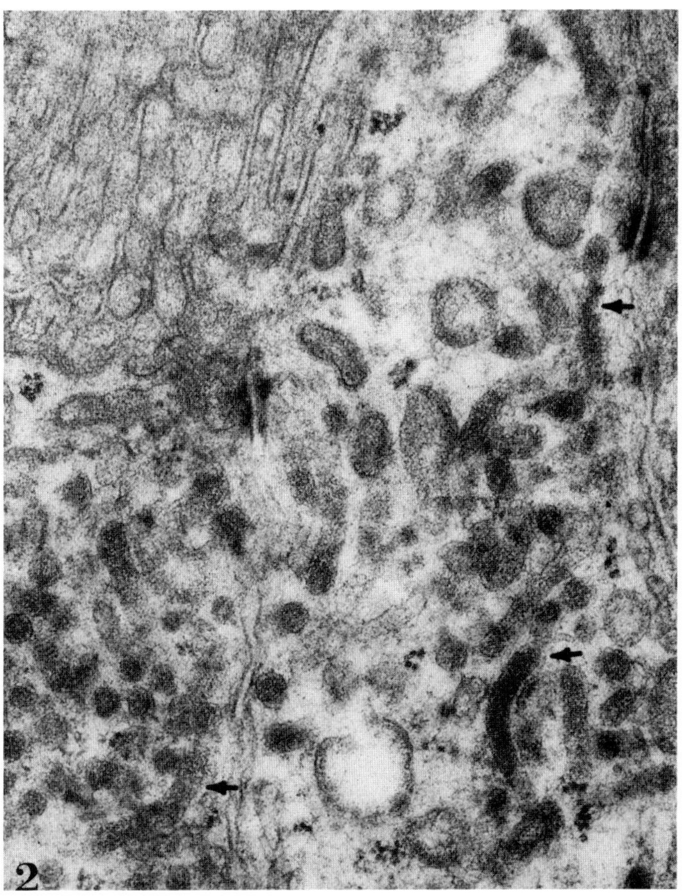
2

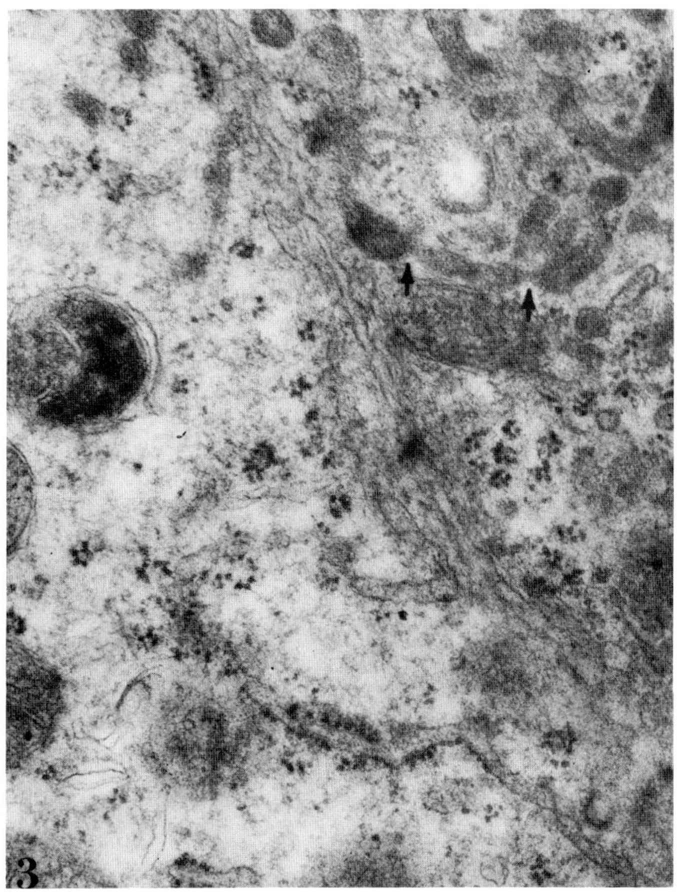
3

Plate XI

The Proximal Tubule

1. In a section through the apex of the epithelial cell one finds a number of apical vesicles or tubes, granular endoplasmic reticulum, mitochondria, and a cytoplasmic microtubule with dense content. 55,000 ×

2. In another section, tubules of considerable diameter and a microtubule reach the apical cytoplasm at the base of the microvilli. The density of one cytoplasmic microtubule is considerably greater than others in the same field. 60,000 ×

3. At the base of the cell the mitochondria in the cytoplasmic compartments have transversely or longitudinally oriented crests. Cytoplasmic microtubules share the compartments with the mitochondria and often extend toward the base of the cell (arrows). 50,000 ×

4. Lysosomes in the epithelial cells appear to be surrounded by two membranes. Microtubular stems with dense content project from the surfaces of these lysosomes (arrows). 55,000 ×

Planche XI

Le tube proximal

1. Dans une coupe intéressant la région apicale d'une cellule épithéliale, on retrouve des vésicules ou des tubules, un réticulum endoplasmique granulaire, des mitochondries et un microtubule cytoplasmique à contenu dense. 55,000 ×

2. Des tubules d'un bon diamètre et un microtubule se rendent dans le cytoplasme apical à la base des microvillosités. L'un des microtubules cytoplasmiques est beaucoup plus marqué que les autres. 60,000 ×

3. A la base de la cellule, les mitochondries contenues dans les compartiments cytoplasmiques ont des crêtes dont l'orientation est transversale ou longitudinale. Dans les compartiments occupés par les mitochondries, on observe des microtubules cytoplasmiques qui parfois se prolongent jusqu'à la base de la cellule (flèches). 50,000 ×

4. Dans les cellules épithéliales, les lysosomes semblent enveloppés de deux membranes. Des ébauches microtubulaires à contenu dense s'échappent de la surface de ces lysosomes (flèches). 55,000 ×

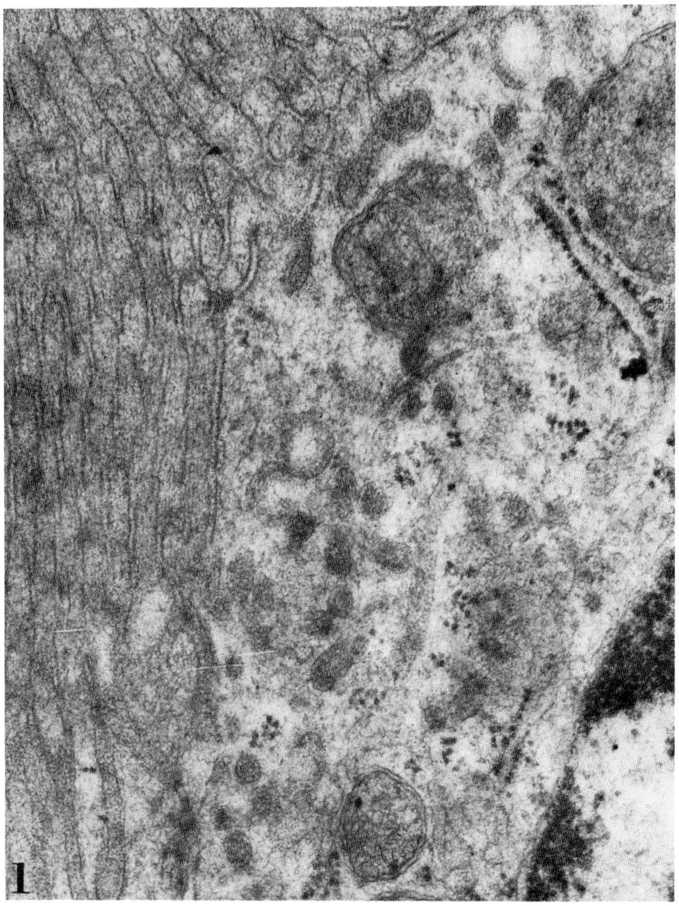
1

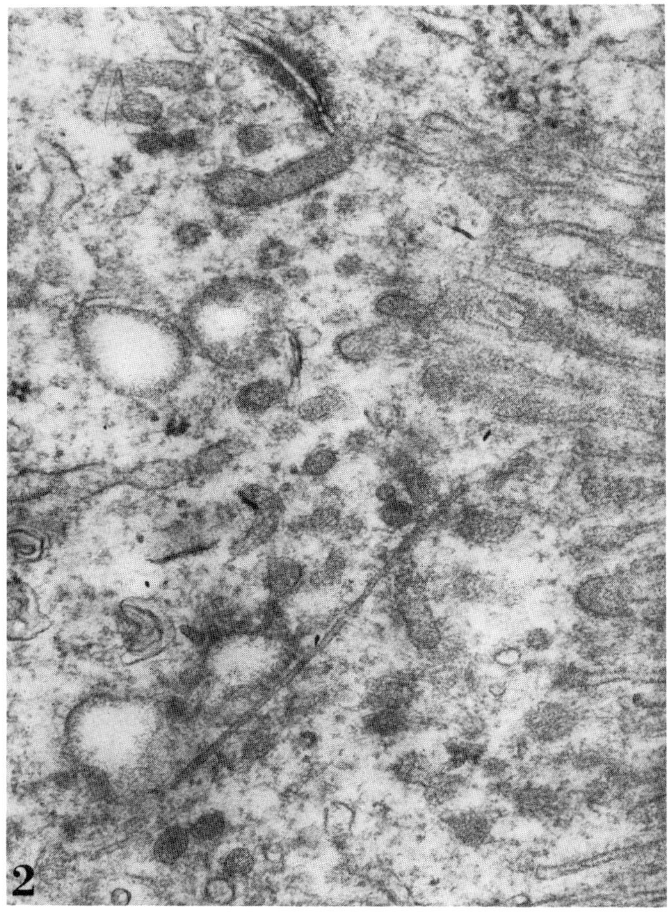
2

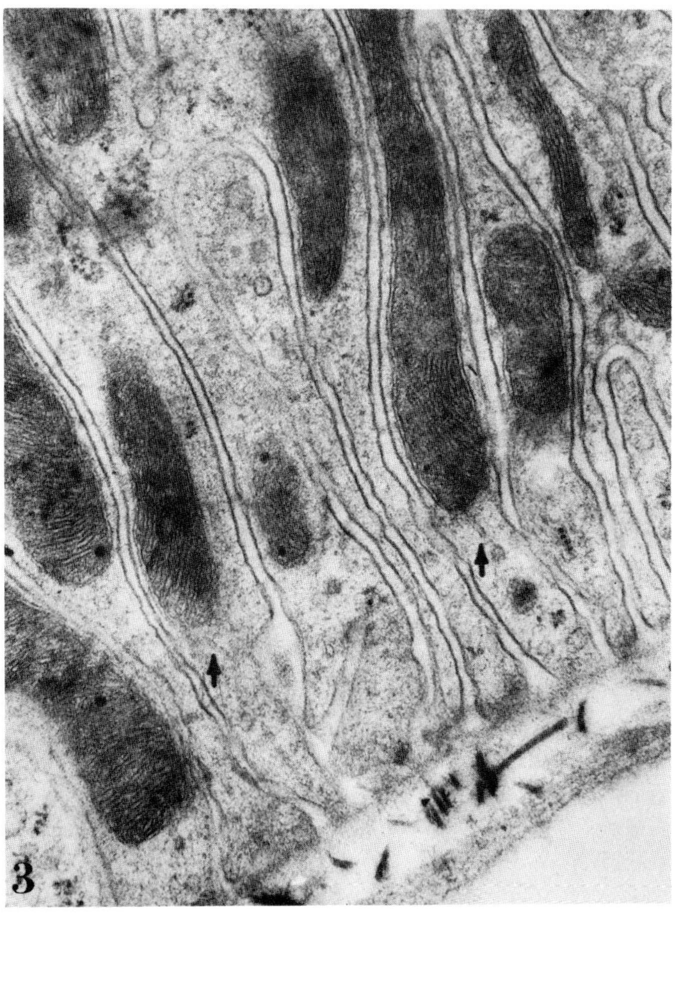
3

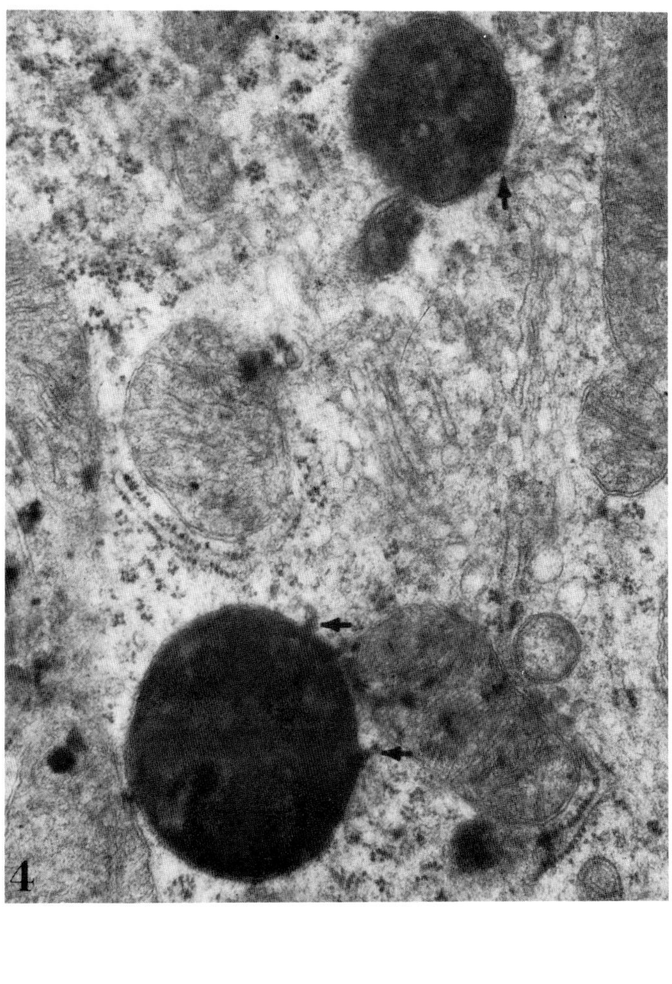
4

Plate XII

The Proximal Nephron

1. L. The wall of the straight portion of the proximal tubule with its tall brush border diminishes somewhat in thickness before giving way abruptly to the thin-walled loop of Henle. The descending, thin-walled section (tn) of the loop of Henle is made up of squamous epithelium. The mitochondria and the background cytoplasm of the cells of this part of the loop retain a moderate density. 700 ×

2. At the point of transition from the straight portion of the proximal tubule to the thin-walled loop of Henle the shape of the cells changes abruptly from cuboidal to squamous, and the lysosomes diminish in number. During the transition there is a sudden change from the numerous long, thin apical microvilli to widely separated short, thick microvillous projections. There is a rupture in the apex of the cell which is probably an artifact. 4500 ×

3. Kidney medulla. The short apical microvilli on the squamous epithelium persist through the descending part of the thin-walled loop. The thin-walled tube is closely associated with fenestrated capillaries (c). A number of interstitial cells are located between the tubules. These cells have long cytoplasmic processes which include some dense granules and resemble macrophages. Water and sodium are said to diffuse readily across the epithelium of the descending thin-walled loop. 5250 ×

4. Papilla. In the short ascending limb of the thin-walled loop of Henle, cytoplasmic processes of the squamous epithelium of neighboring cells interdigitate with one another. In transverse section, these interdigitations appear as a series of isolated cytoplasmic units (arrows). Interstitial cells with long cytoplasmic processes are located between the tubules. Active pumping of sodium out of the nephron takes place in the ascending thin limb of the loop of Henle. 3500 ×

Planche XII

Le néphron proximal

1. L. La partie rectiligne du tube proximal diminue légèrement d'épaisseur avant de céder brusquement la place au segment mince de l'anse de Henle. La portion descendante (tn) du segment mince de l'anse de Henle est faite d'un épithélium pavimenteux. Les mitochondries et le cytoplasme de ces cellules sont modérément colorés. 700 ×

2. La transition entre la portion rectiligne du tube proximal et le segment mince de l'anse de Henle est brusque: les cellules cubiques deviennent subitement pavimenteuses et le nombre de lysosomes diminue. Il y a une différence nette entre les microvillosités nombreuses, longues et minces du tube proximal et les projections microvilleuses espacées et trapues de l'anse de Henle. La rupture du bord libre de la cellule est peut-être un artéfact. 4500 ×

3. Région médullaire du rein. Les courtes microvillosités de la région apicale de l'épithélium pavimenteux persistent tout le long de la portion descendante du segment mince de l'anse de Henle. Le segment mince est en relation étroite avec des capillaires (c) dont l'épithélium est fenestré. Entre les tubes, des cellules interstitielles dont les longs prolongements cytoplasmiques contiennent quelques granules denses, ressemblent à des macrophages. On dit que l'eau et le sodium peuvent diffuser rapidement à travers l'épithélium de la portion descendante du segment mince de l'anse de Henle. 5250 ×

4. La papille. Dans la courte portion ascendante du segment mince de l'anse de Henle, les prolongements cytoplasmiques des cellules pavimenteuses sont engrenés les uns dans les autres. En coupe transversale, ces interdigitations ont l'aspect d'une juxtaposition de blocs cytoplasmiques isolés (flèches). Des cellules interstitielles possédant de longs prolongements cytoplasmiques occupent l'espace intertubulaire. Un transport actif de sodium a lieu au niveau de la branche montante du segment mince de l'anse de Henle. 3500 ×

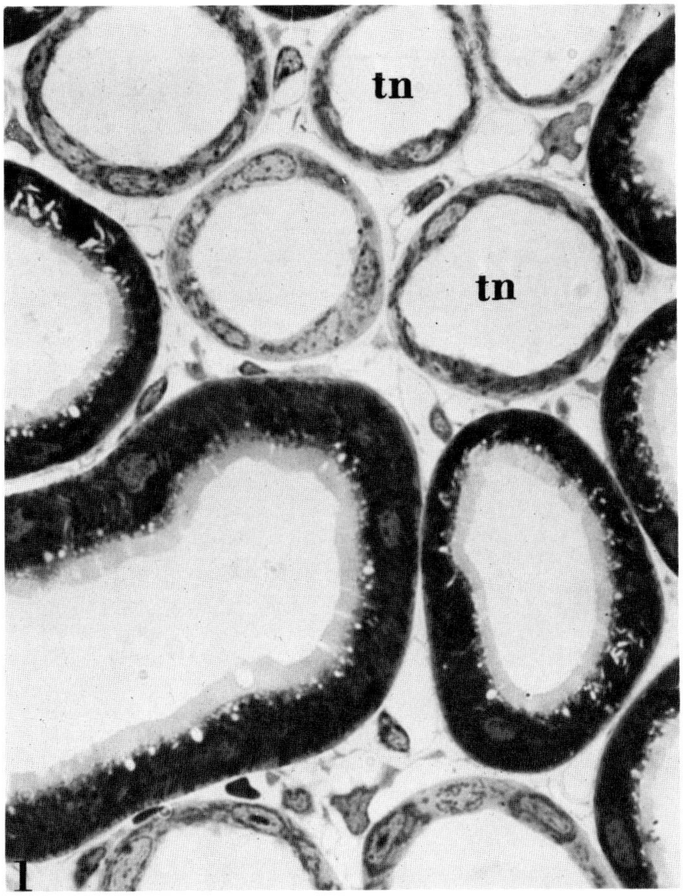

1

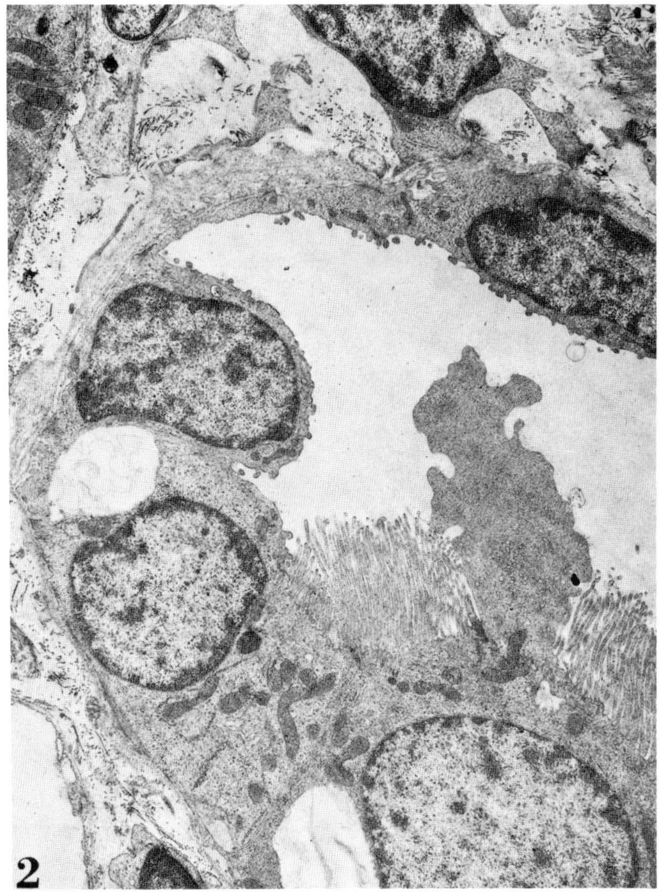
2

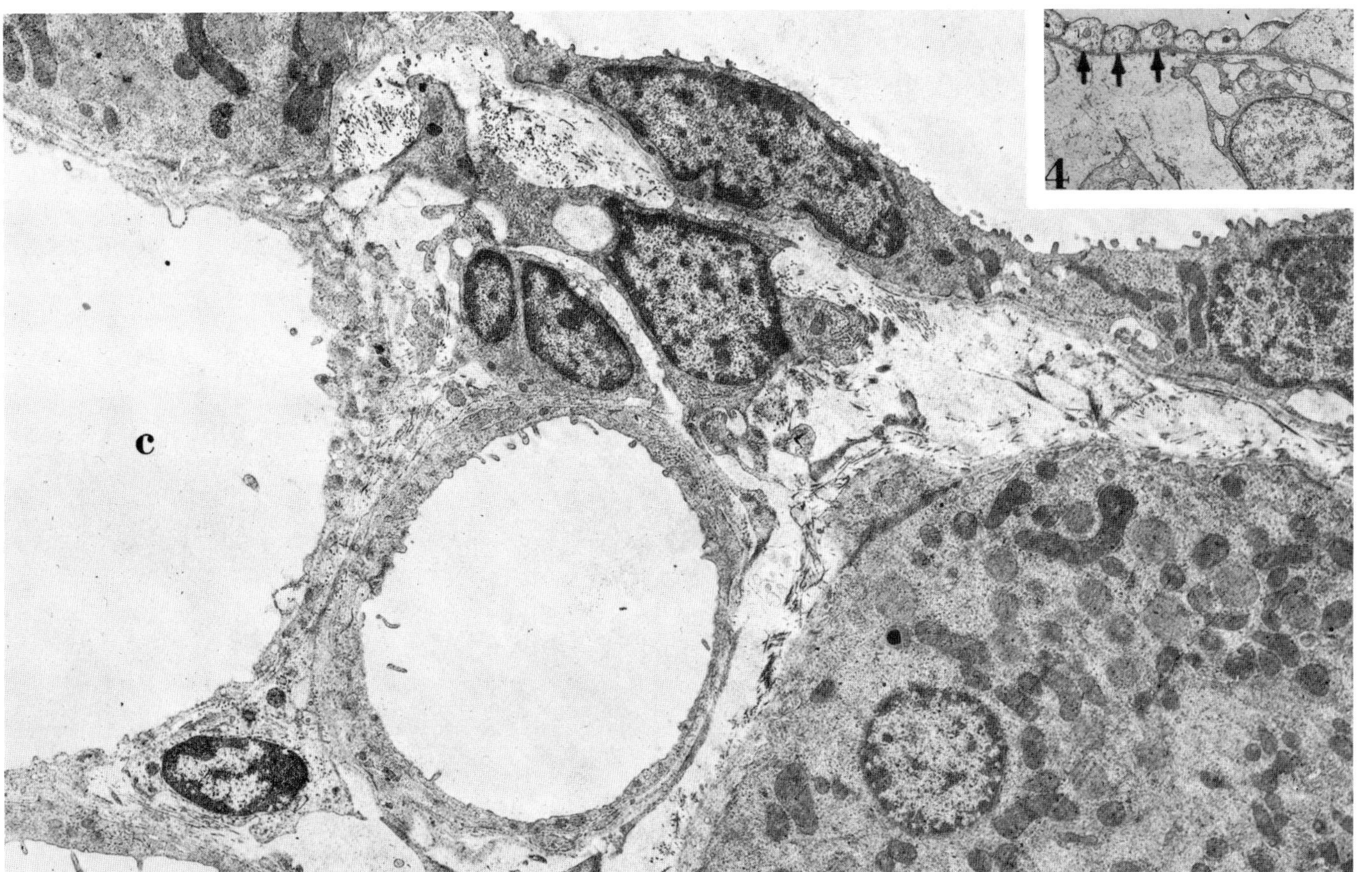

3

4

Plate XIII

The Medulla of the Kidney

1. In the zone of transition from the ascending thin limb to the thick limb of the loop of Henle, there is an abrupt increase in the height of the epithelial cells and the nucleus is seen in the apical region. At this point the interdigitating cytoplasmic processes become taller and appear quadrangular in transverse section. The vertically oriented mitochondria stretch from the base to the apex of what appear as separate cellular compartments. The double layer of plasma membranes extends from the apical terminal bars (arrows) to the base of the cells. A small number of dense granules are seen in the cytoplasm. 4400 ×

2. An enlargement of a part of Fig. 1 illustrates the interdigitations which are outlined by plasma membrane partitions from base to apex of the cells (arrows). Mitochondria almost reach the two poles of some of these compartments. The cells rest on a basal lamina which is shared in part by the fenestrated endothelium of a capillary. 11,000 ×

3. The mitochondria in the interdigitating compartments have closely packed, obliquely or transversely oriented crests. Intramitochondrial filamentous masses, parallel to the long axes of the organelle, are occasionally seen (arrows). The mitochondria contain a number of circular dense bodies, some of which have a light central zone. Many cytoplasmic microtubules are seen in parallel with the mitochondria. A few ribosomes are present in the cytoplasm. 40,000 ×

4. In the infranuclear cytoplasm one finds granular endoplasmic reticulum and a few granules with moderately stained content. One granule, of an unusual form, contains a central rodlike structure slightly more dense than the background content. Active pumping of sodium out of the tube continues in the distal nephron. 40,000 ×

Planche XIII

La région médullaire du rein

1. A la zone de transition entre le segment mince et le segment épais de l'anse de Henle, on assiste à une augmentation brusque de la hauteur des cellules épithéliales et le noyau se loge dans la région apicale de la cellule. Il existe une zone où les prolongements cytoplasmiques engrenés s'élèvent et forment des images quadrangulaires en coupe transversale. Les mitochondries disposées verticalement s'étendent de la base à l'apex de compartiments cellulaires qui semblent isolés les uns des autres. La double couche de membranes plasmatiques s'étend des bandelettes obturantes (flèches) jusqu'à la base de ces portions cellulaires. Le cytoplasme contient quelques granules denses. 4400 ×

2. Un agrandissement d'une partie de la figure précédente illustre les interdigitations cellulaires délimitées par des cloisons de membrane plasmatique qui s'élèvent verticalement du fond de la cellule vers l'apex (flèches). Les mitochondries touchent presque les deux pôles de certains de ces compartiments. Les cellules s'appuient sur une lame basale que partage partiellement l'endothélium fenestré d'un capillaire. 11,000 ×

3. Les mitochondries contenues entre les cloisons ont des crêtes entassées les unes sur les autres et orientées de façon oblique ou transversale. A l'intérieur et parallèlement au grand axe des mitochondries, on observe parfois des masses filamenteuses (flèches). Les mitochondries contiennent un certain nombre de corpuscules denses circulaires dont certains ont une zone centrale claire. Plusieurs microtubules cytoplasmiques sont alignés le long des mitochondries. Le cytoplasme contient quelques ribosomes. 40,000 ×

4. Sous le noyau le cytoplasme contient un réticulum endoplasmique granulaire assez abondant et quelques granules à contenu modérément coloré. Un granule à forme bizarre contient une structure centrale ayant l'allure d'un bâtonnet légèrement plus sombre. Le transport actif du sodium à partir du tube urinifère se continue dans le néphron distal. 40,000 ×

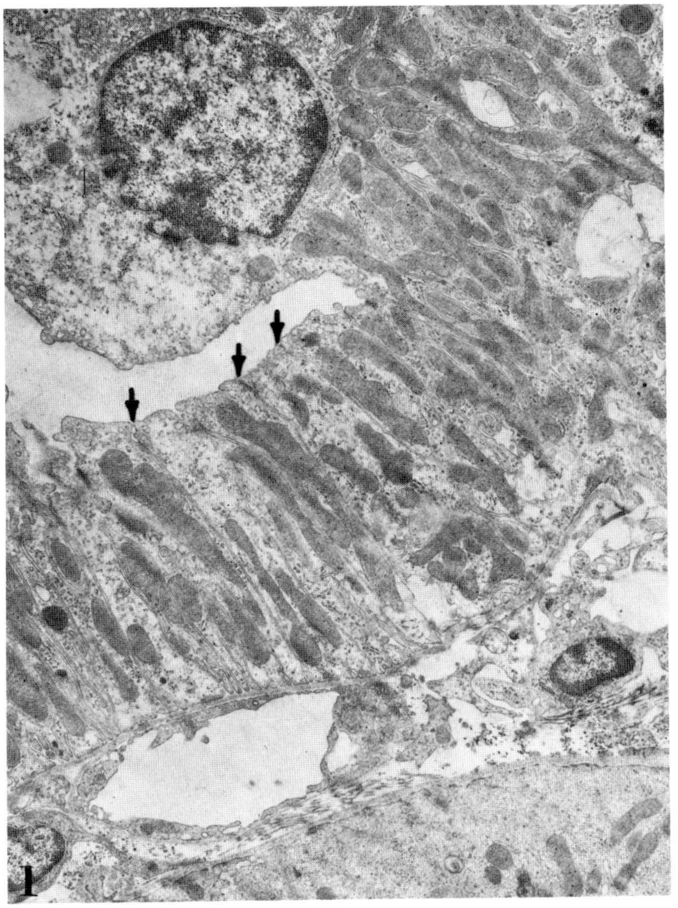

1

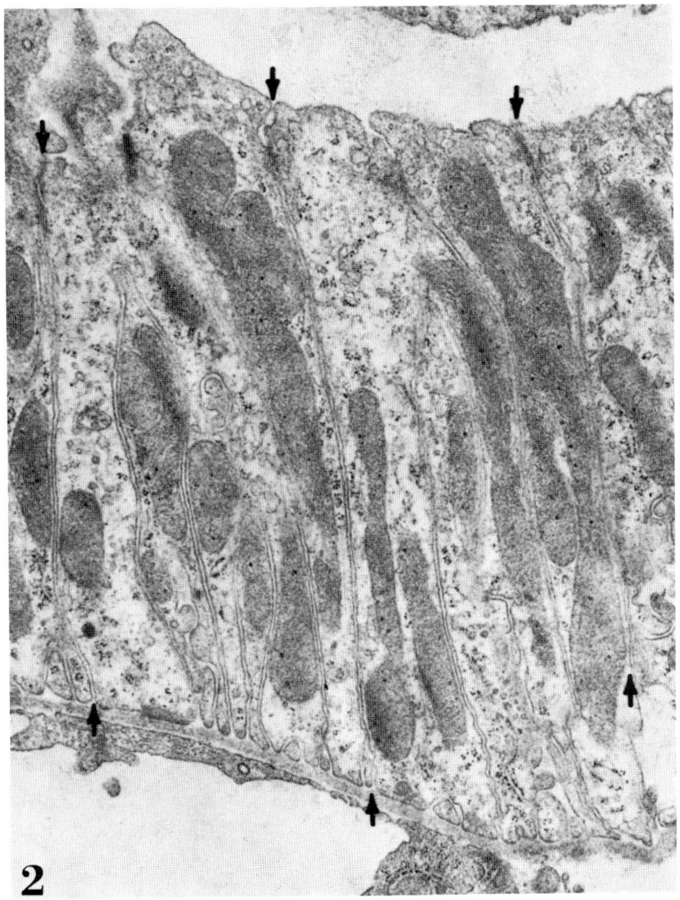

2

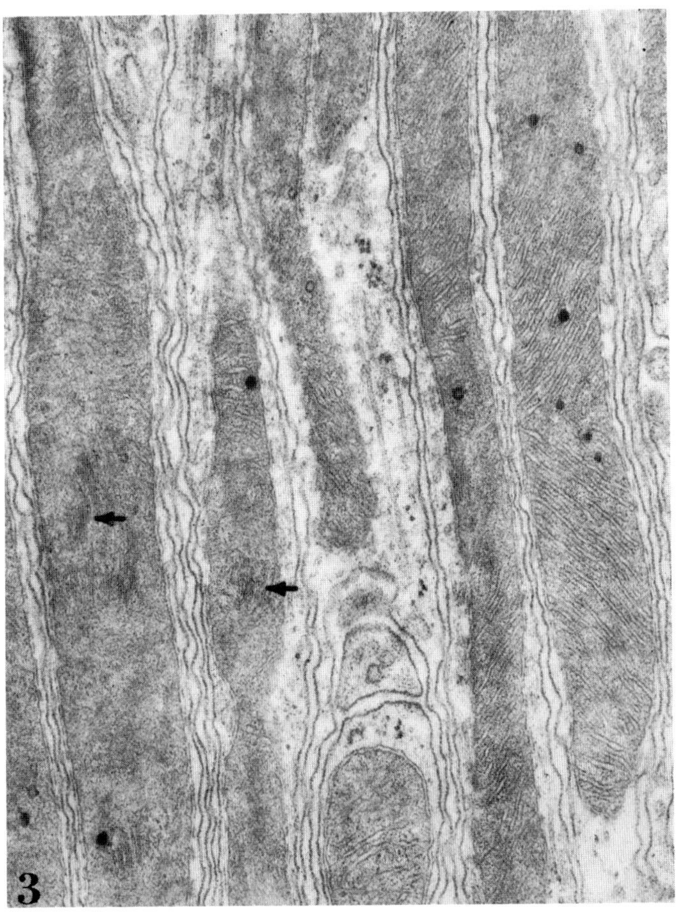

3

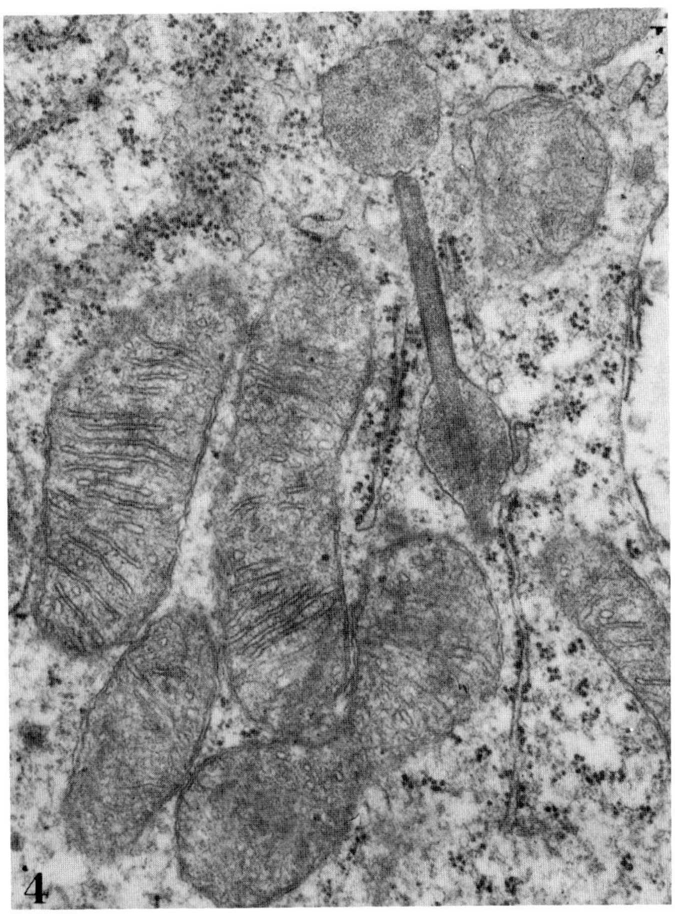

4

Plate XIV

The Kidney

1. L. Proximal tubules (pt), a distal tubule (dt), connecting tubules (ct) between the distal nephron and the arched collecting tubules (act), an arteriole (a), and capillaries (c) have been obtained in one field. In the transitional zone between the distal nephron and the collecting tubules, a marked reduction in the height of the cells occurs. In the connecting portion (ct) the nuclei are still mainly in the apices of the cell, but the mitochondria become shorter, lose their basal arrangement, and are distributed throughout the cytoplasm. By utilizing a cobalt–silver impregnation, dark and light cells have been reported in the walls of the arched collecting tubules. These are quite evident when stained with toluidine blue and differentiated in the method employed for this work. The stain of the dark cells is due partly to "granulated mitochondria." 700×

2. In a collapsed section of the distal convoluted tubule the apical protrusions containing the nucleus appear rectangular. Consequently the apical terminal bar appears to be some distance below the luminal surface. Most of the short microvilli are in the clefts between the apical protrusions. Folds of plasma membrane or interdigitations extend between the mitochondria approximately one-half the distance toward the apparent apex of the cell, but reach the level of the apical intercellular junctional complexes in other instances. Folds of the plasma membrane loop over the mitochondria and a terminal bar can be seen at the apex of one of these loops (arrows). This is evidence that these are interdigitations of neighboring cells. A capillary adjacent to the base of the epithelial cells contains a medium-sized lymphocyte. 5500×

3. The cells decrease in height in the connecting portion between the distal nephron and the small, arched collecting tubules. The mitochondria are not as regularly arranged in the base of the cell, and a larger number appear in the apical portion. Microvilli become slightly longer and more numerous. Dense granules are found in increasing numbers in these cells. 5500×

Planche XIV

Le rein

1. L. Dans un même champ, on peut observer des tubes proximaux (pt), un tube distal (dt), des tubes de jonction (ct) entre le néphron distal et les tubes collecteurs arqués (act), une artériole (a) et des capillaires (c). Dans la zone de transition entre le néphron distal et les tubes collecteurs, la taille des cellules subit une réduction prononcée. Dans les tubes de jonction (ct) les noyaux sont encore à l'apex de la cellule mais les mitochondries, plus courtes, quittent la base de la cellule pour se distribuer dans tout le cytoplasme. Une imprégnation au cobalt et à l'argent permet de différencier des cellules foncées et des cellules claires dans la paroi des tubes collecteurs arqués. Cette différence est très nette sur une coupe colorée au bleu de toluidine et différenciée suivant la méthode employée dans cet ouvrage. La coloration des cellules foncées provient en partie de mitochondries "granuleuses". 700×

2. Le noyau occupe à l'apex des cellules un cytoplasme rectangulaire faisant saillie dans la lumière affaissée de ce tube contourné distal. En conséquence, la bandelette obturante est reléguée en profondeur à une certaine distance de la lumière. De courtes microvillosités sont disposées surtout entre les saillies apicales. Des replis de la membrane plasmatique ou interdigitations s'élèvent entre les mitochondries sur environ la moitié de la hauteur apparente de la cellule. En fait dans certains cas, ils atteignent le niveau des appareils de jonction intercellulaire. Des replis de la membrane basale viennent faire une boucle au-dessus des mitochondries et une bandelette obturante est visible au sommet de l'une de ces boucles (flèches). Il semble donc que ces cloisons proviennent de l'interdigitation de cellules voisines. Un capillaire du voisinage contient un moyen lymphocyte. 5500×

3. A la jonction entre le néphron distal et les tubes collecteurs arqués, la taille des cellules diminue. Les mitochondries ne sont plus disposées aussi régulièrement à la base de la cellule: plusieurs apparaissent à la région apicale. Les microvillosités deviennent légèrement plus longues et plus nombreuses. Les granules denses sont de plus en plus nombreux dans ces cellules. 5500×

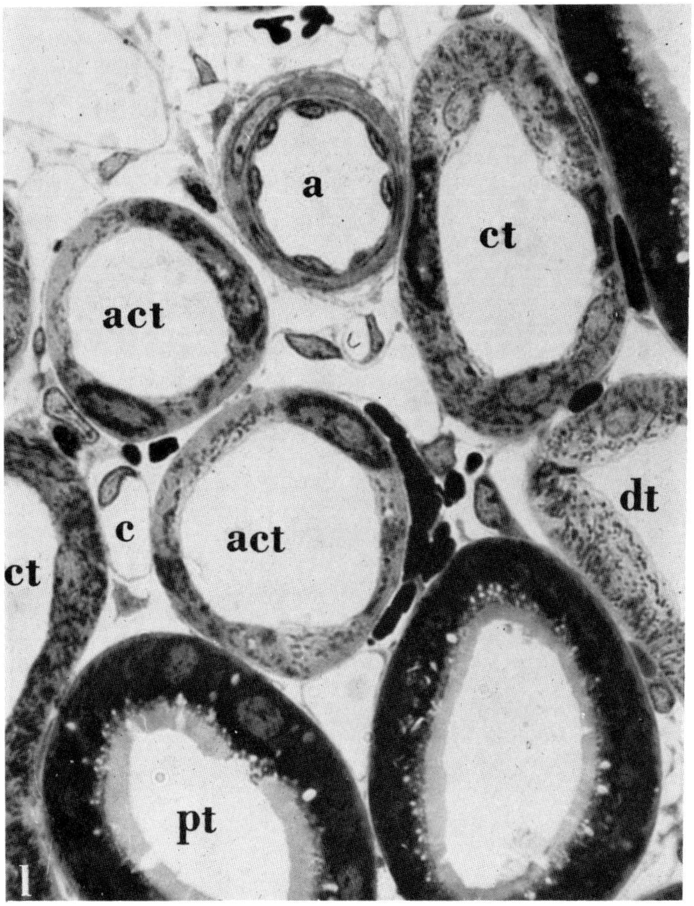
a
ct
act
dt
c
act
ct
pt
1

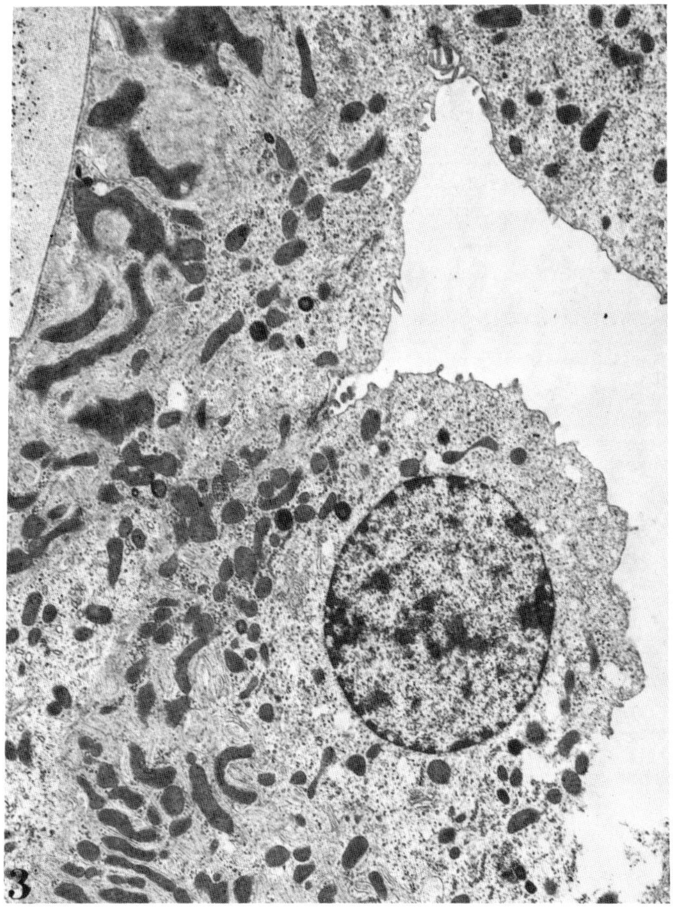
3

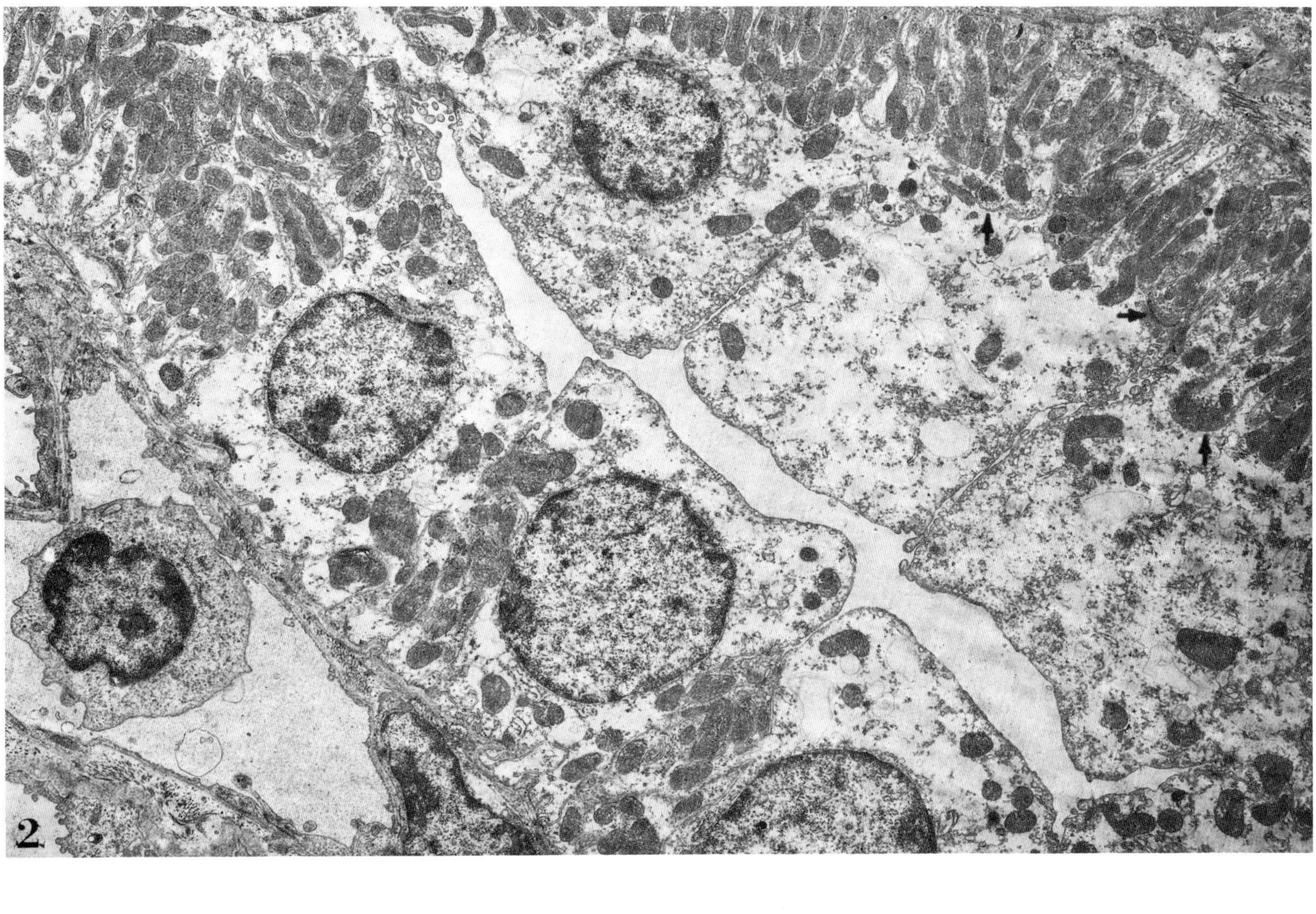
2

Plate XV

The Kidney—Connecting and Arched Collecting Tubules

1. In the short connecting tubule there is a rapid decrease in cell height to a low cuboidal type of cell. Interdigitations between lighter and darker cells make their appearance. 9000×

2. In the arched collecting tubules there is a very marked distinction between the light and the dark cells. There are a larger number of ribosomes against a darker background in the latter, and the mitochondria stain intensively. The mitochondrial dense granules are numerous. Although this portion is not considered to be part of the nephron, interdigitations continue to be seen between the bases of cells in the arched collecting tubule. The infolding of the basal plasma membranes has been interpreted as an indication that these cells play a role in the transport of fluids into, or out of, the tubule. 18,200×

Planche XV

Tubes de jonction et tubes collecteurs arqués du rein

1. Dans le court tube de jonction, l'épithélium s'amenuise rapidement en un type cubique bas. On assiste à l'apparition d'interdigitations entre les cellules claires et les cellules foncées. 9000×

2. Dans les tubes collecteurs arqués, la différence est nette entre les cellules claires et foncées. Dans ces dernières, il y a un nombre plus grand de ribosomes sur un fond sombre; les mitochondries qui se colorent intensément, renferment plusieurs granules denses. Même si ce segment du tube urinifère ne fait plus partie du néphron, on voit encore des interdigitations des bases cellulaires. Les replis de la membrane plasmatique de la base semblent indiquer que ces cellules interviennent dans le transport bidirectionnel des liquides à travers la paroi du tube. 18,200×

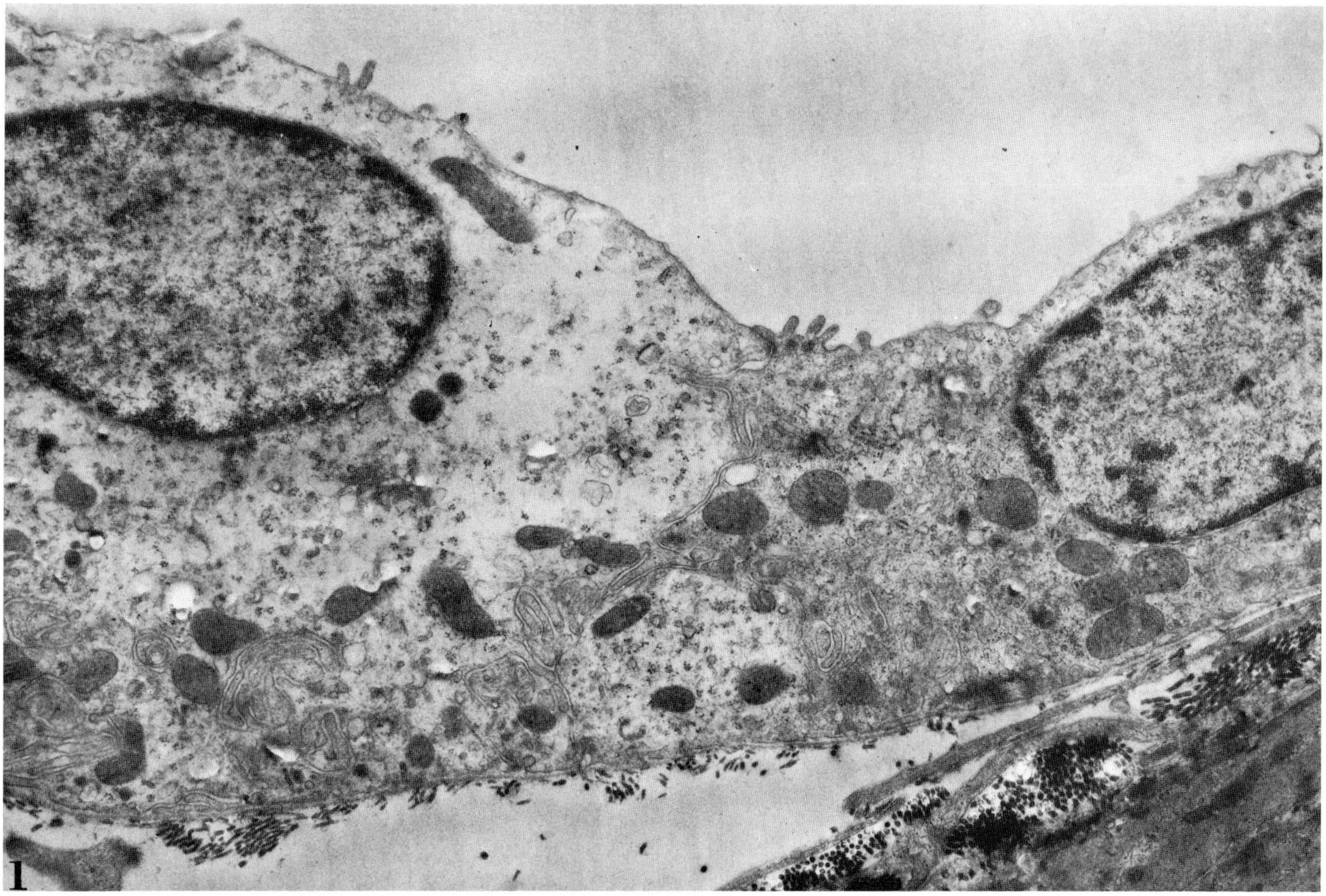

1

2

Plate XVI

The Renal Papilla

1. L. The cells of the larger collecting tubule (ct) are cuboidal and have small mitochondria scattered throughout their cytoplasm. A considerable number of irregularly shaped interstitial cells with many cytoplasmic dense granules are found between the collecting tubules, the ascending part of the thin-walled loops of Henle, and the capillaries. 700×

2. In the renal papilla, long cytoplasmic processes extend from the body of the interstitial cell, which is located near a capillary (c). The cytoplasm contains a considerable number of dense granules. The capillary endothelium is of the fenestrated type. A very loose network of collagen fibrils is found in the interstitium of the papilla. 6900×

3. The epithelial cells of the larger collecting tubules are cuboidal in shape with an irregular distribution of short, thick apical microvilli. The nuclei are moderately rounded with fairly dense chromatin. A number of granules of varying density but a low content of other organelles are found in the cytoplasm. The lateral borders of the cells are quite folded. 9000×

Planche XVI

La papille rénale

1. L. Les cellules cubiques des tubes collecteurs (ct) contiennent de petites mitochondries éparpillées dans le cytoplasme. Remarquer plusieurs cellules interstitielles à granules denses et de forme irrégulière dispersées entre les tubes collecteurs, la branche montante du segment mince de l'anse de Henle et les capillaires. 700×

2. Dans la papille rénale, une cellule interstitielle bordant un capillaire (c) émet de longs prolongements cytoplasmiques sombres. Son cytoplasme contient de nombreux granules denses. L'endothélium du capillaire est fenestré. Un réseau délicat de fibrilles collagènes occupe les interstices de la papille. 6900×

3. Des microvillosités trapues et distribuées d'une façon irrégulière s'élèvent du bord libre des cellules cubiques des tubes collecteurs. Les noyaux, de forme à peu près arrondie, ont une chromatine assez dense. Le cytoplasme renferme un certain nombre de granules de densité variable mais très peu d'autres organites. Les limites latérales de ces cellules sont fortement plissées. 9000×

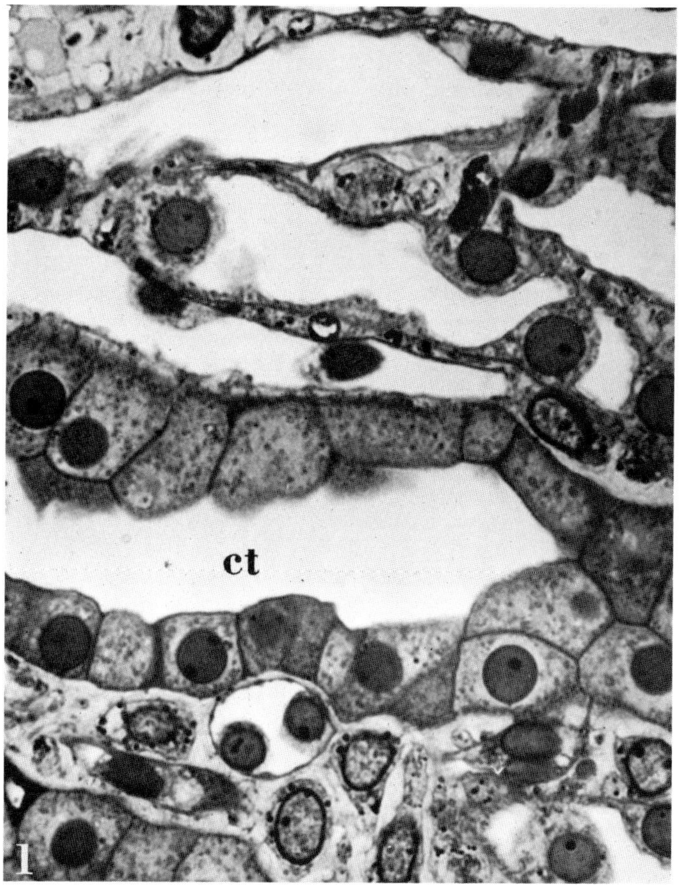
ct
1

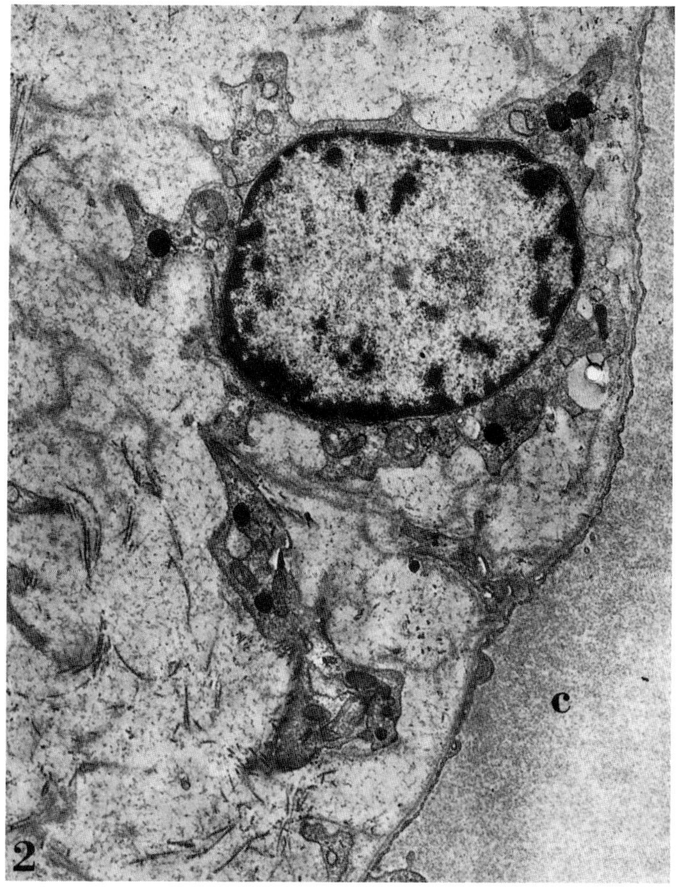
c
2

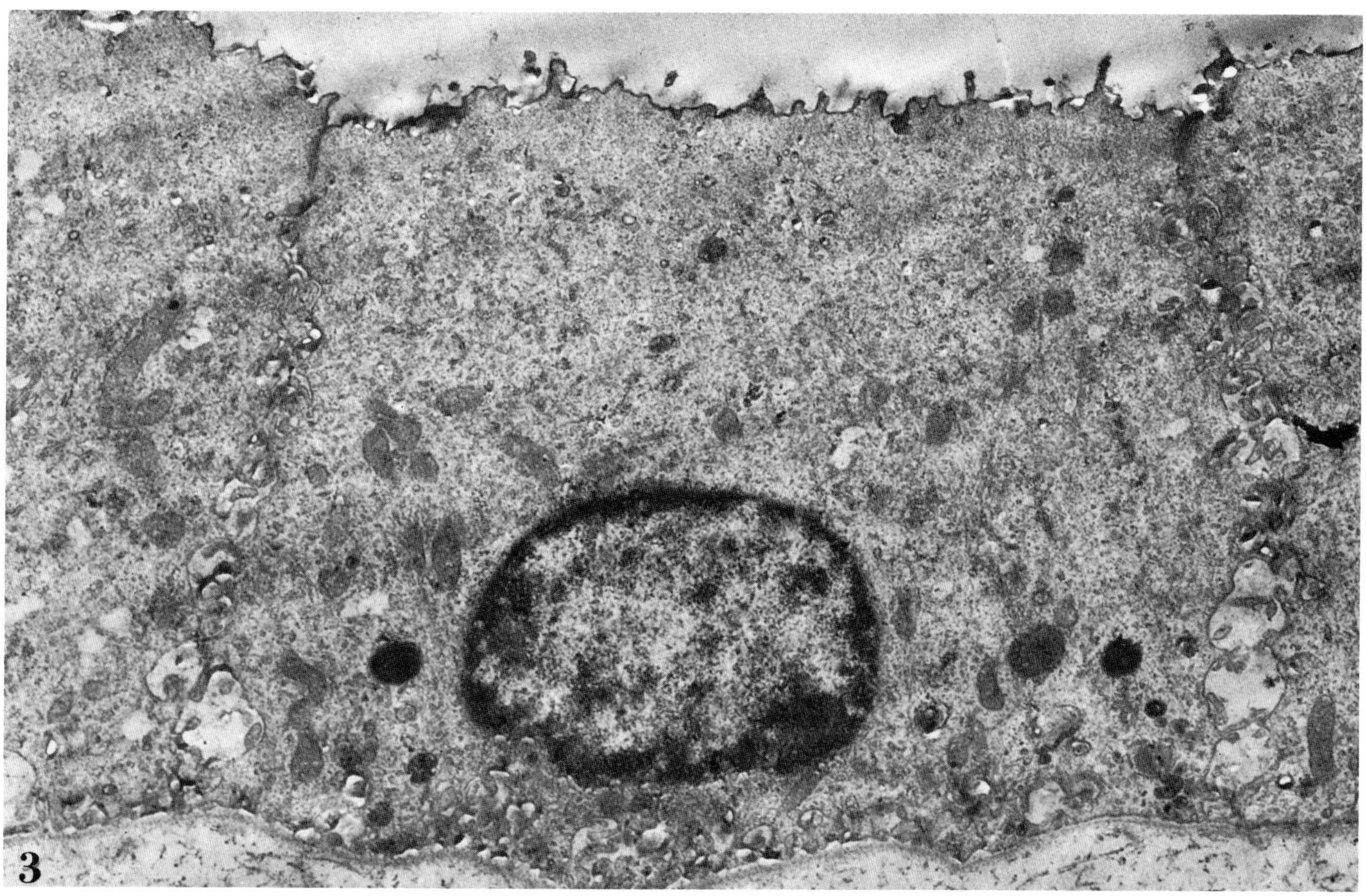
3

Plate XVII

The Bladder

Beyond the papilla the epithelium of the larger conducting passages of the urinary system is stratified and is termed transitional epithelium.

1. L. There is a marked variation in the size of the cells in the transitional epithelium of the urinary bladder. The most superficial layer is made up of cells with a great amount of vacuolated cytoplasm. Dense granules increase in number and size from the middle layers of cells to those toward the luminal surface. The large vacuolated cells have deep indentations in their surfaces and the cells themselves protrude into the lumen. 720×

2. In the epithelium there is an abrupt change between the most superficial and the next layer of cells. There are a large number of small granules of moderate density in the deeper layers of cells. The nuclei are ovoid. 3700×

3. The vacuolation of the free surfaces of the superficial cells can be seen to be produced by very deep, branching invaginations of the surface membrane. The nuclei of the cells are large and somewhat irregular, but they have a homogeneous content. 6000×

4. The submucosa of the urinary bladder contains numerous macrophages among bundles of collagen which are disposed in many directions. 6600×

Planche XVII

La vessie

A partir du calice, l'épithélium des voies urinaires est stratifié. On l'appelle épithélium de transition.

1. L. La dimension des cellules de l'épithélium de transition de la vessie est très variable. La couche la plus superficielle est composée de cellules à cytoplasme vacuolaire et les granules denses y sont plus nombreux et plus gros que dans les cellules des couches moyennes. La surface des grandes cellules vacuolaires est profondément échancrée. Les cellules elles-mêmes font saillie dans la lumière. 720×

2. Dans l'épithélium de la vessie, il y a un changement brusque entre la couche la plus superficielle et la suivante. Remarquer le grand nombre de petits granules de densité moyenne dans les cellules des couches profondes. Les noyaux ont une forme ovoïde. 3700×

3. Les vacuoles situées au voisinage du bord libre des cellules superficielles sont visiblement formées par des invaginations profondes et ramifiées de la membrane superficielle. Les noyaux sont grands, irréguliers et leur contenu est homogène. 6000×

4. Dans la sous-muqueuse de la vessie, plusieurs macrophages sont dispersés parmi des faisceaux de collagènes orientés dans toutes les directions. 6600×

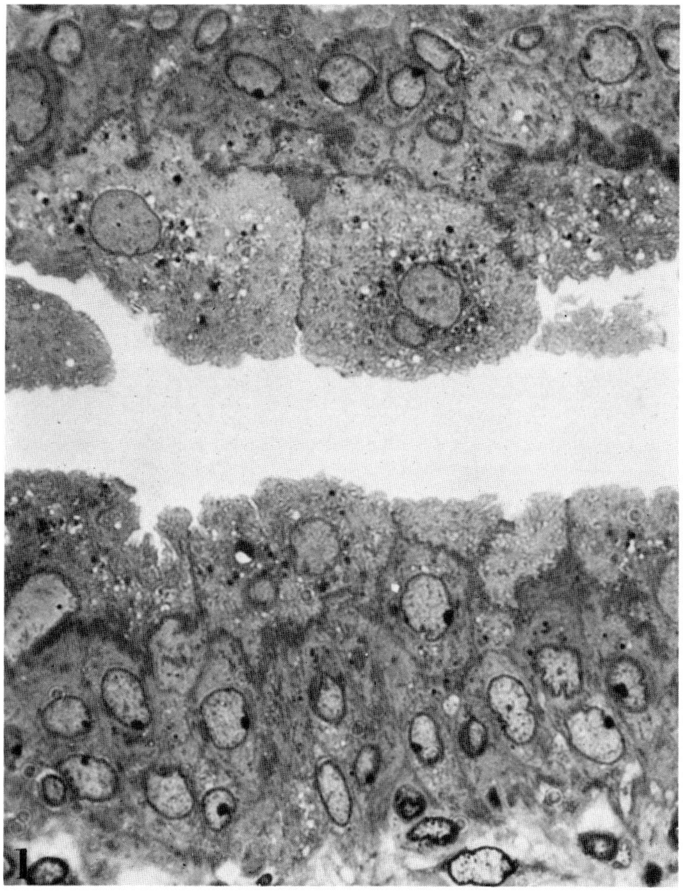
1

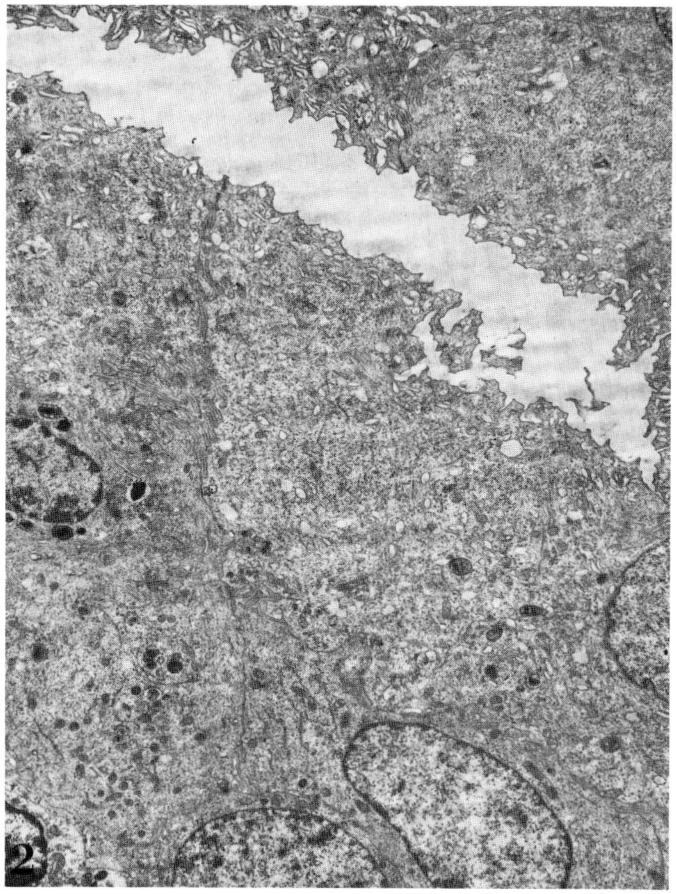
2

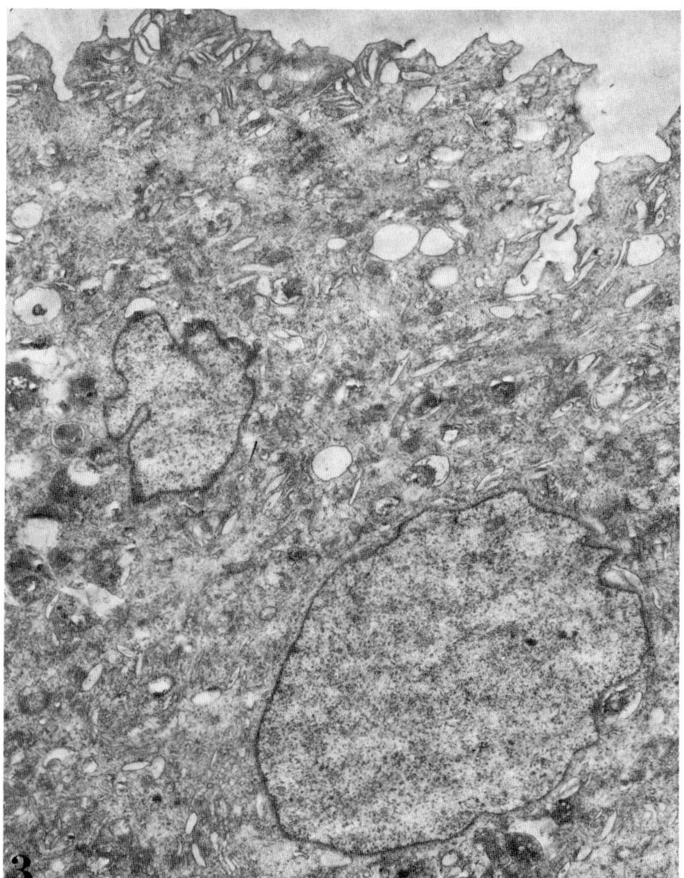
3

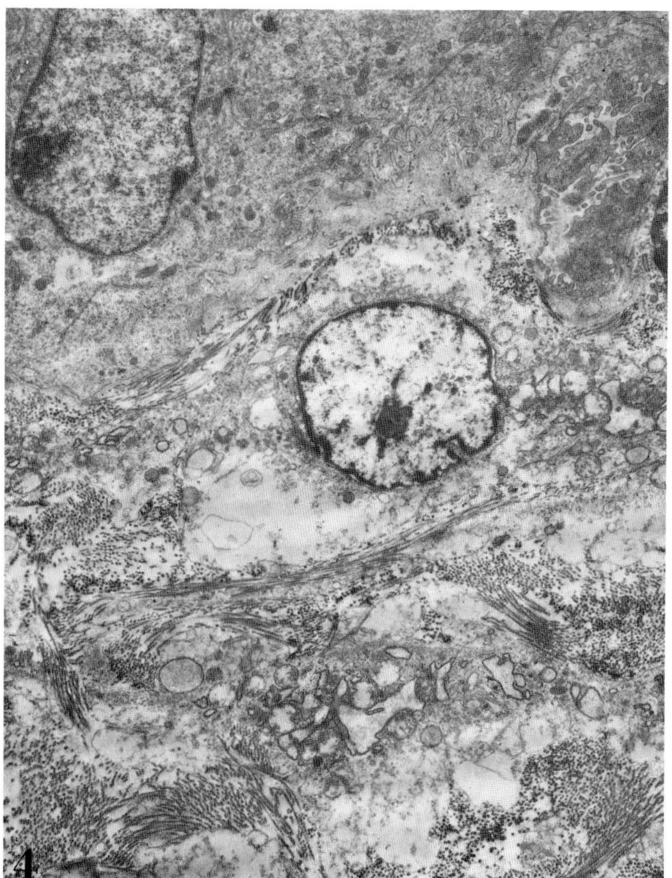
4

Plate XVIII

The Bladder

1. In the most superficial layer of epithelial cells a network of filaments is found in the cytoplasm between the infoldings of the plasma membrane. 50,000 ×

2. The apices of the most superficial cells of the bladder epithelium bulge into the bladder lumen. The apical junctional complexes (arrow) are found in the depths of clefts between the cells. The junctional complex is associated with a large number of filaments within the cytoplasm. 45,000 ×

3. Deep invaginations of the apical plasma membrane of those cells have been sectioned transversely and longitudinally. The plasma membrane is typically trilaminar, but a linearity of substructure is apparent when the membrane is sectioned obliquely (arrow). Scattered filaments are found beneath the membrane. 120,000 ×

Planche XVIII

La vessie

1. Un réseau de filaments s'étend dans le cytoplasme des cellules superficielles et s'infiltre entre les invaginations de la membrane plasmatique. 50,000 ×

2. Les appareils de jonction (flèche) des cellules superficielles bombées de l'épithélium vésical sont enfouis dans la profondeur des fentes intercellulaires. L'appareil de jonction est associé à de nombreux filaments présents dans le cytoplasme de la cellule. 45,000 ×

3. De profondes invaginations de la membrane superficielle ont été coupées de façon transversale et longitudinale. Remarquer la structure trilaminée caractéristique de cette membrane plasmatique apicale. Toutefois une infrastructure linéaire ne devient évidente que lorsque la membrane est coupée de façon oblique (flèche). Des filaments sont éparpillés sous la membrane. 120,000 ×

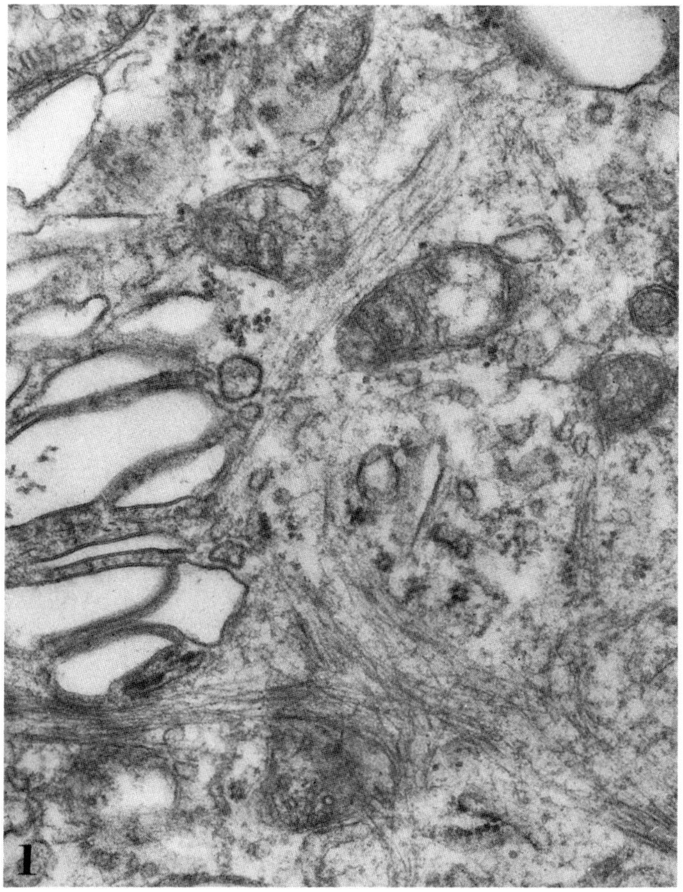
1

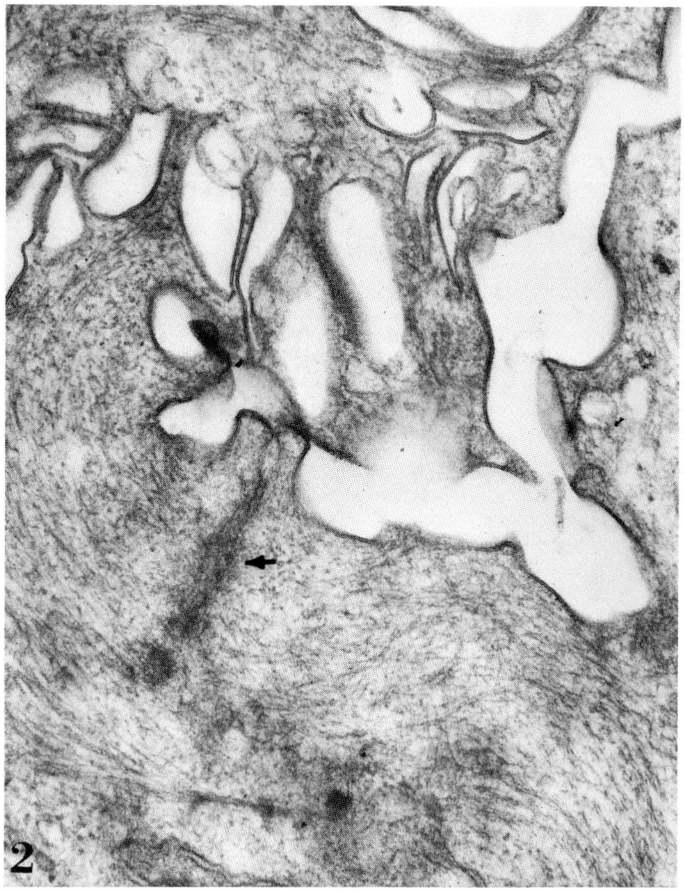
2

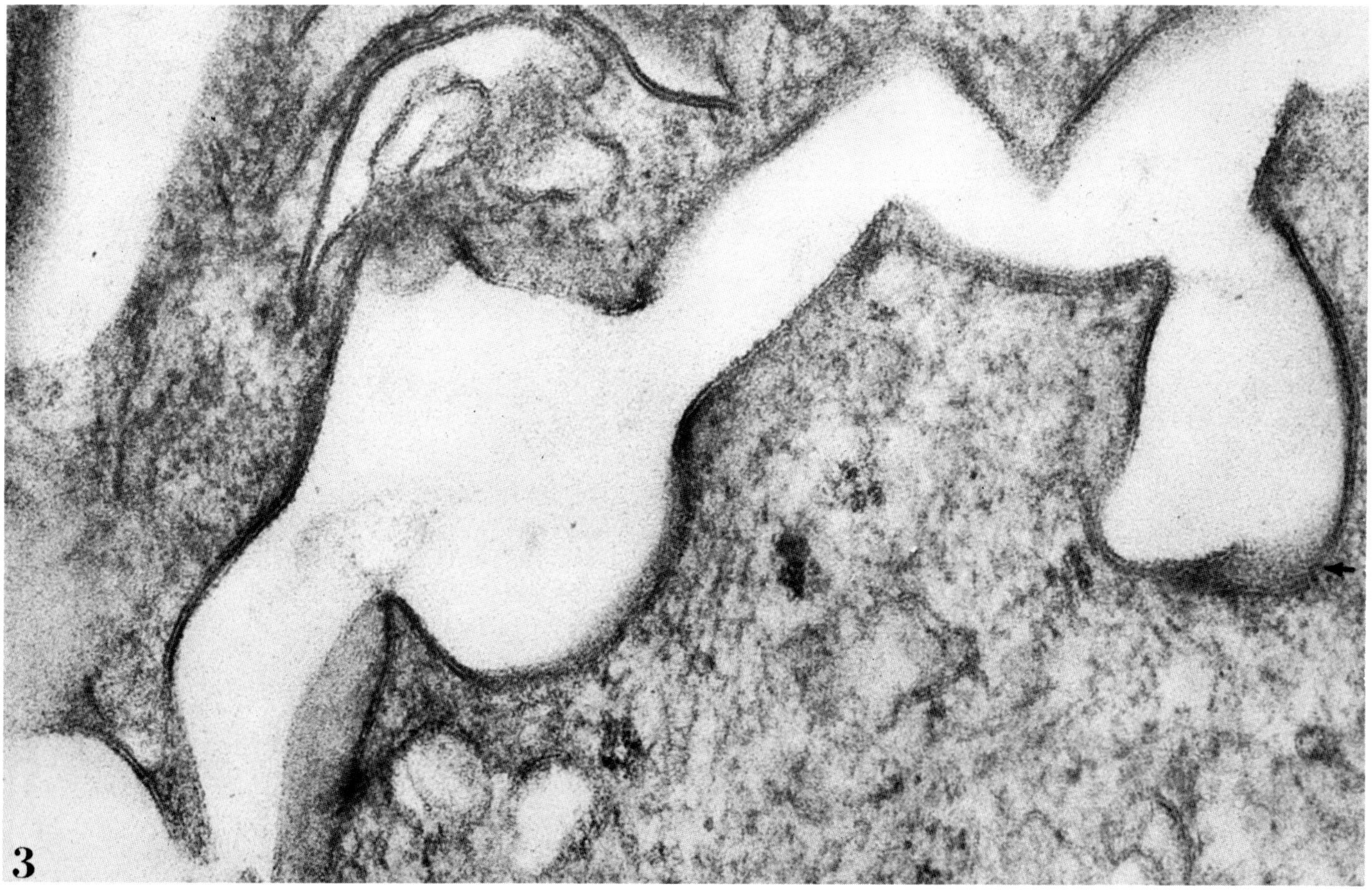
3

Plate XIX

The Bladder

1. The zones of contact between adjacent cells of the bladder epithelium are extremely tortuous. This marked folding of the plasma membrane is frequently seen in organs in which there is need for considerable expansion and contraction. The cytoplasm contains a number of dense granules and vesicles. The nucleus would appear to contain several inclusions. 5500×

2. The nuclear inclusions might represent transversely sectioned irregularities in the surface. However, these do not appear to be surrounded by a ring of chromatin, as one would expect in such an instance. 30,000×

3. The granules in the cells of the bladder epithelium are only moderately dense and have a fine substructure. Granular endoplasmic reticulum, free ribosomes, and a few tonofilaments are found among the granules. 55,000×

4. A number of filaments and tonofilaments are associated with the folded intercellular plasma membrane of the epithelium. 42,500×

Planche XIX

La vessie

1. Les zones de contact entre deux cellules adjacentes de l'épithélium vésical sont extrêmement tortueuses. Un tel plissement de la membrane plasmatique s'observe généralement dans les organes qui sont le siège d'une distension et d'une contraction considérables. Le cytoplasme contient un certain nombre de granules denses et de vésicules. Le noyau contient, semble-t-il, quelques inclusions. 5500×

2. Les inclusions nucléaires pourraient correspondre à des irrégularités de la surface du noyau se présentant en coupe transversale. Toutefois il ne semble pas qu'il en soit ainsi étant donné que ces inclusions ne sont pas entourées de chromatine. 30,000×

3. Les granules dans les cellules de l'épithélium vésical sont légèrement denses et présentent une infrastructure fine. Ils sont entourés de réticulum endoplasmique granulaire, de ribosomes libres et de quelques tonofilaments. 55,000×

4. Un certain nombre de filaments et de tonofilaments s'associent aux replis intercellulaires de la membrane plasmatique des cellules épithéliales. 42,500×

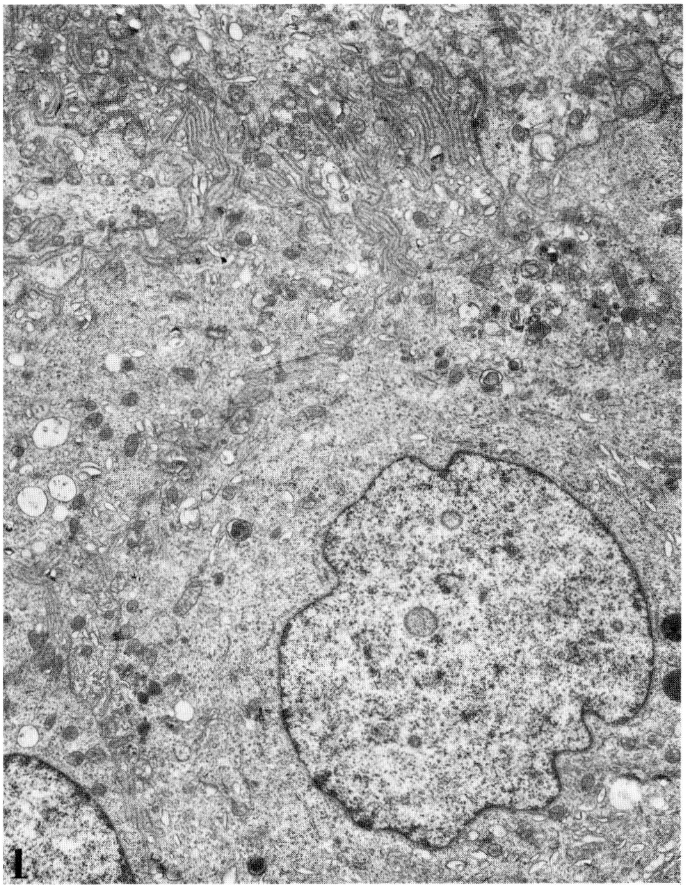
1

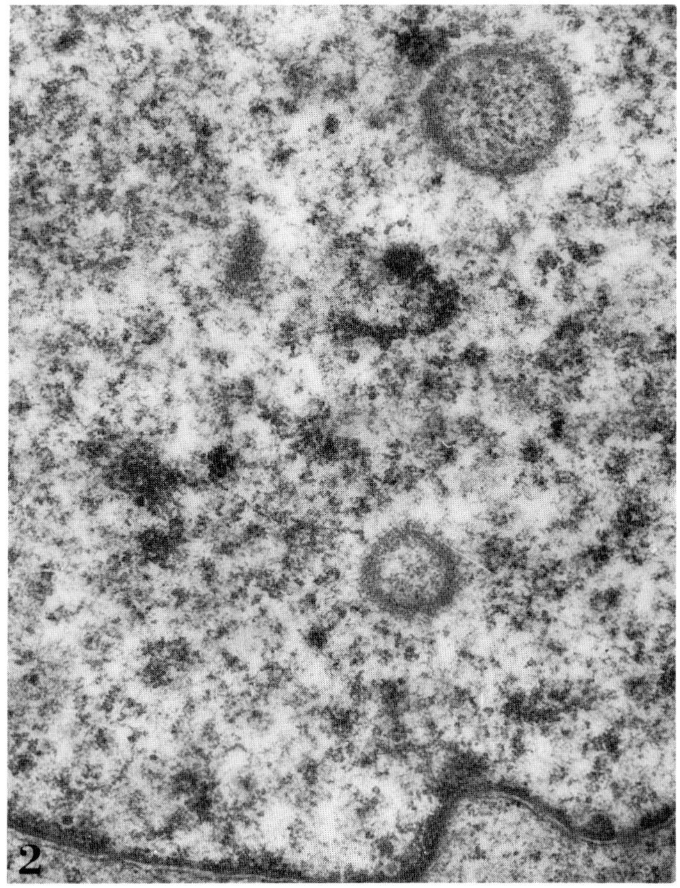
2

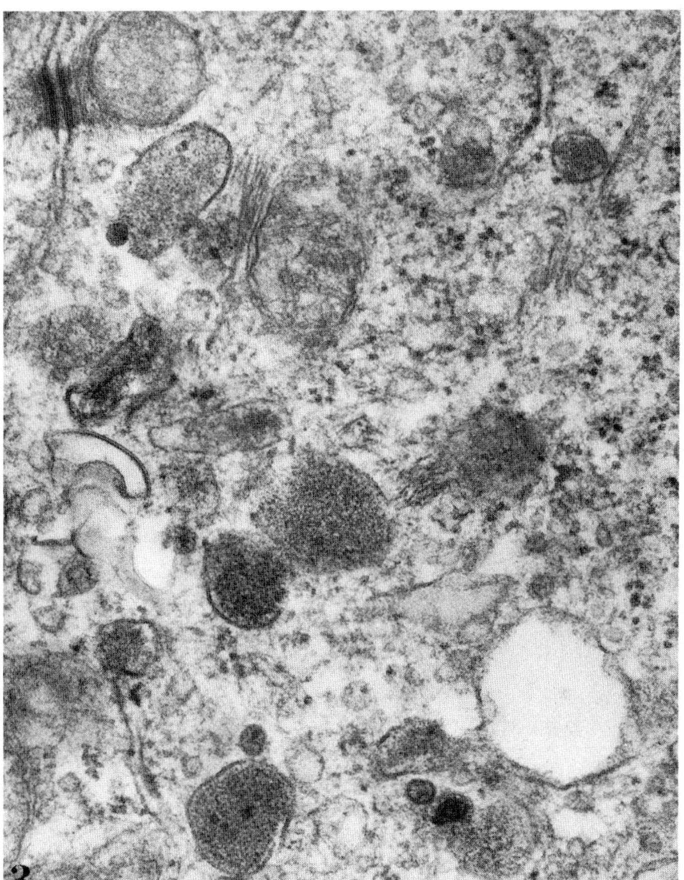
3

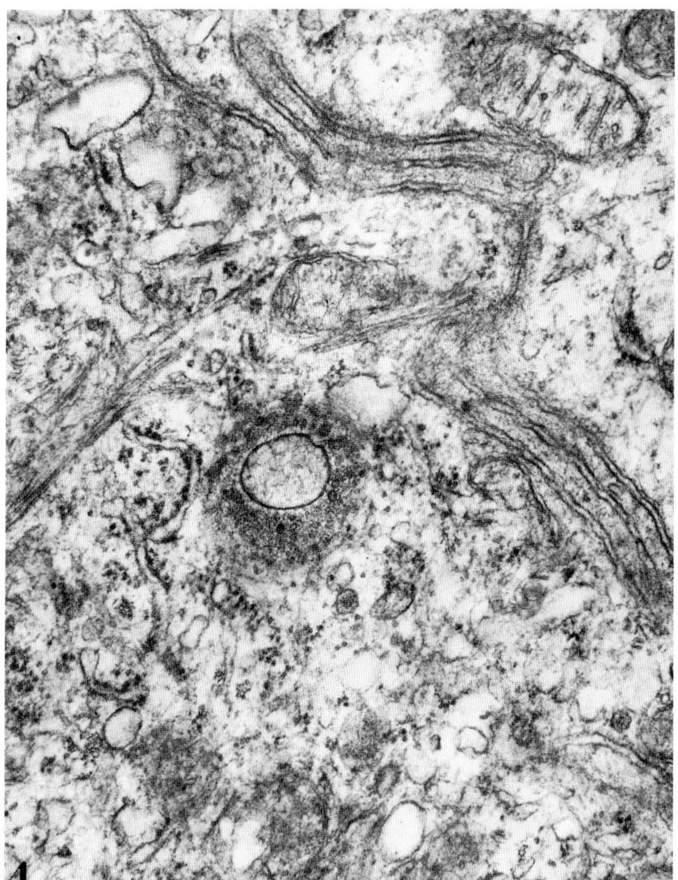
4

Plate XX

The Bladder

1. L. The muscularis of the urinary bladder is seen as discrete bundles of fibers separated by quite dense connective tissue. The layers of smooth muscle are disposed in differing directions. 180×

2. In the connective tissue of the muscularis the collagen fibrils vary in orientation and in density of stain. 6100×

3. L. A distinct variation in cytoplasmic density is seen in the smooth muscle cells of the urinary bladder. We have found this feature in the smooth muscle of other organs, but it is most striking in the urinary bladder. The length of a stretched smooth muscle fiber is indicated by segments of fibers included in this photograph. 800×

4. L. The variation in the cytoplasmic density of individual cells is indicated in this transverse section of muscle fibers. There appear to be two classes of smooth muscle fibers, a dark type and a lighter type. A number of mast cells and bundles of unmyelinated nerve fibers with their Schwann cells are seen among the groups of muscle fibers. 720×

Planche XX

La vessie

1. L. Dans la paroi de la vessie, la musculeuse est faite de faisceaux bien individualisés de fibres musculaires lisses orientés dans toutes les directions et séparés par du tissu conjonctif assez dense. 180×

2. Dans le tissu conjonctif très dense de la musculeuse, les fibrilles collagènes ont une orientation et une coloration variées. 6100×

3. L. Le cytoplasme des cellules musculaires lisses de la vessie se colore de façon variable. Nous avons observé que cette caractéristique du muscle lisse est particulièrement évidente dans la vessie. Une fibre musculaire lisse étirée est tellement longue qu'elle déborde les limites de ce champ. 800×

4. L. Les différences très nettes de densité cytoplasmique suggèrent l'existence de deux classes de cellules musculaires lisses, pâles et foncées. Plusieurs mastocytes et des faisceaux de fibres nerveuses amyéliniques accompagnées de leurs cellules de Schwann se retrouvent entre les groupes de fibres musculaires lisses. 720×

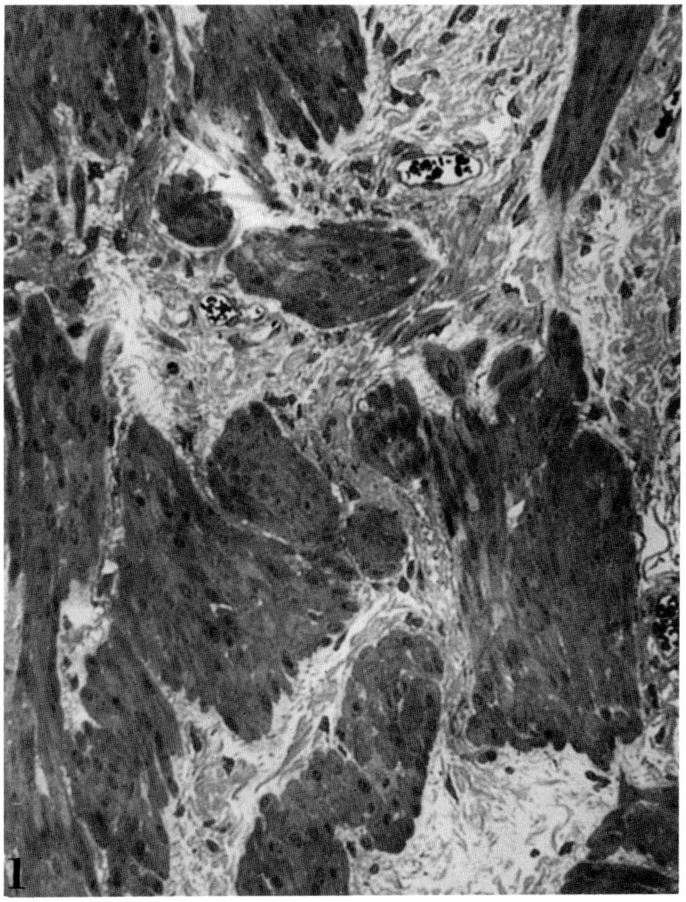

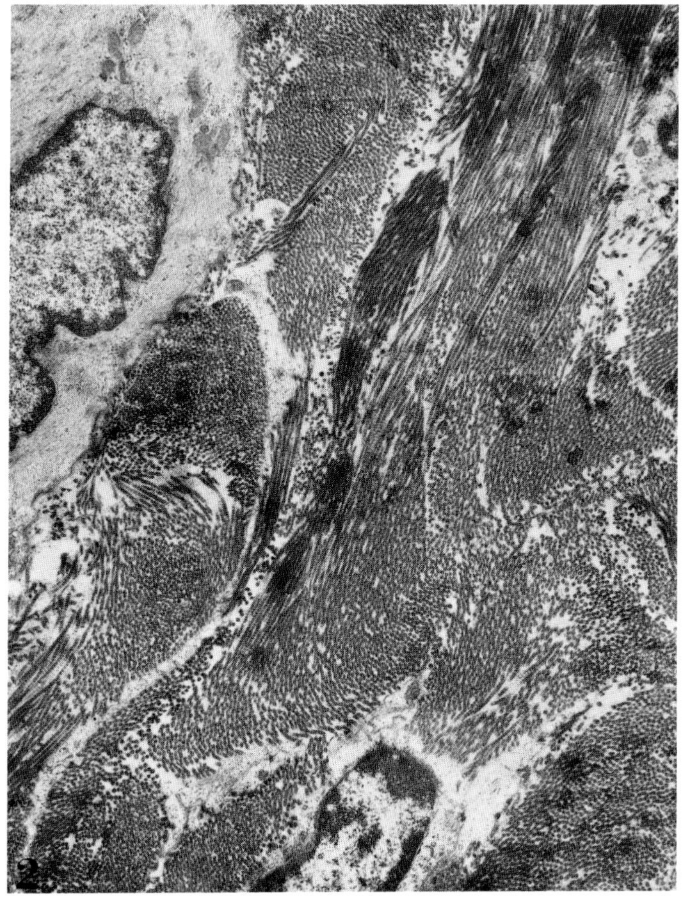

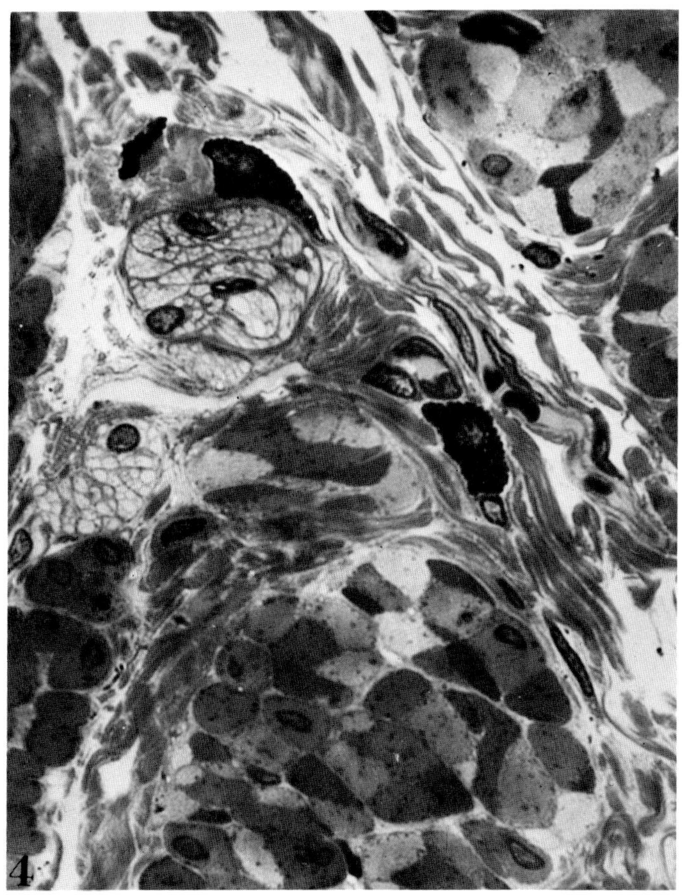

Plate XXI

The Bladder

1. In electron microscopy the difference in density between the light and the dark types of smooth muscle fiber is as evident as in light microscopy. The mitochondria appear larger and more dense in the lighter type of fiber. 3600×

2. In transverse section the light and the dark muscle fibers alternate with one another in some of the bundles. 4000×

3. At higher magnification there is a difference in both the number of myofilaments and in the density of the cytoplasmic matrix between the light and the dark smooth muscle fibers. The darker cell has a higher number of cytoplasmic dense bodies. In the lighter cell, the mitochondria are more prominent. 10,000×

4. Localized bands of marked density occur in the peripheral cytoplasm of the muscle fibers. In one location the intercellular space diminishes to approximately 300 Å and a central line of increased density (arrow) becomes apparent. This central line resembles that of the desmosome. 75,000×

Planche XXI

La vessie

1. La différence de densité entre les fibres musculaires claires et foncées est aussi évidente en microscopie électronique qu'en microscopie photonique. Les mitochondries semblent plus volumineuses et plus denses dans les cellules claires. 3600×

2. En coupe transversale, il y a alternance de cellules claires et de cellules foncées à l'intérieur de faisceaux de fibres musculaires lisses. 4000×

3. Un plus fort grossissement met en évidence une différence à la fois dans le nombre des myofilaments et dans la densité de la matrice cytoplasmique des cellules claires et foncées. Ces dernières ont un nombre plus élevé de corpuscules denses. Par contre dans les cellules claires, les mitochondries sont plus évidentes. 10,000×

4. A la périphérie cytoplasmique des fibres musculaires, on retrouve des bandes fortement colorées. En un endroit l'espace intercellulaire est réduit à environ 300 Å et une ligne centrale de densité accrue (flèche) est nettement visible. Cette ligne centrale ressemble à celle des desmosomes. 75,000×

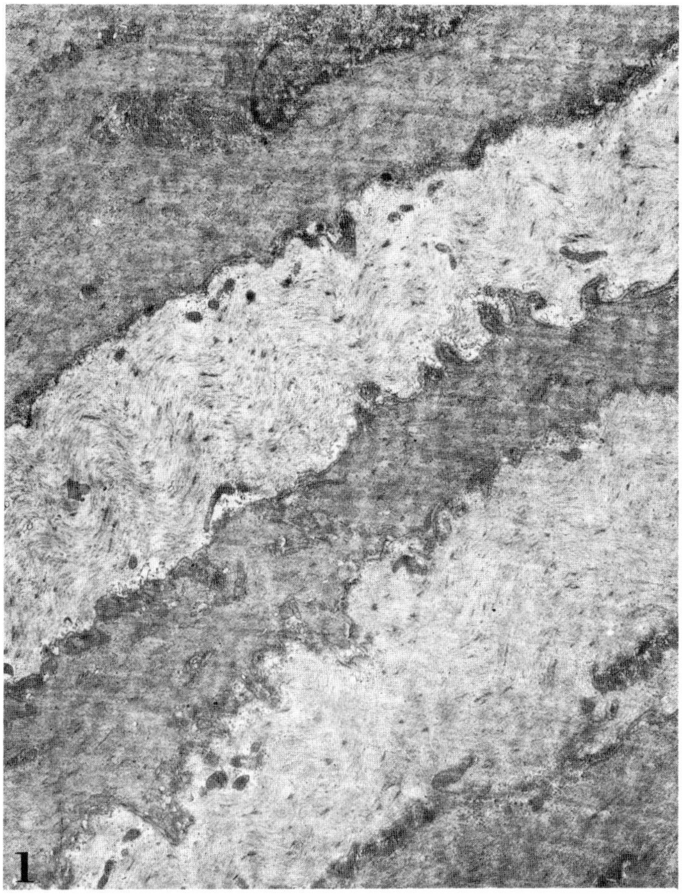
1

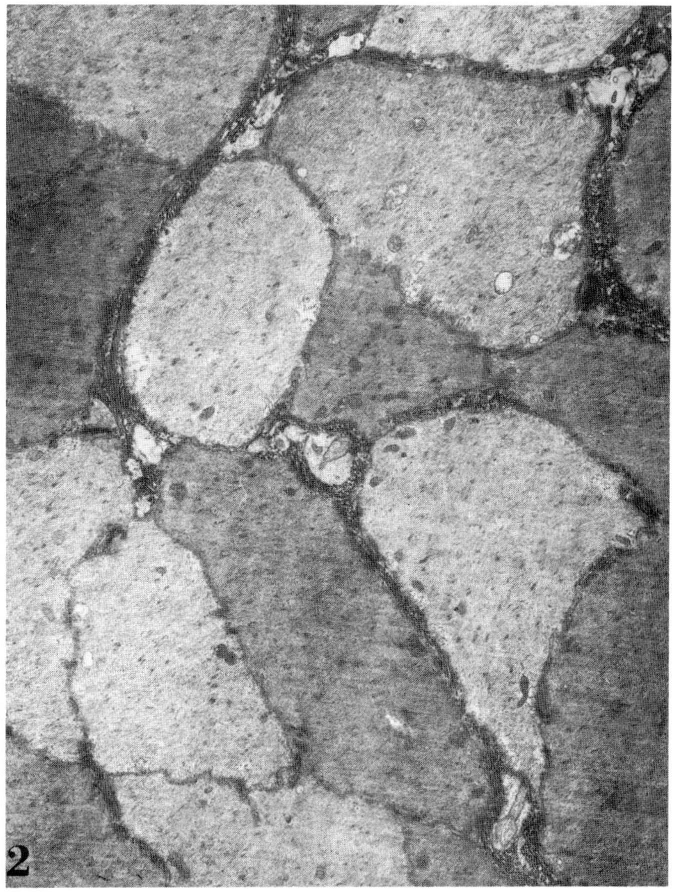
2

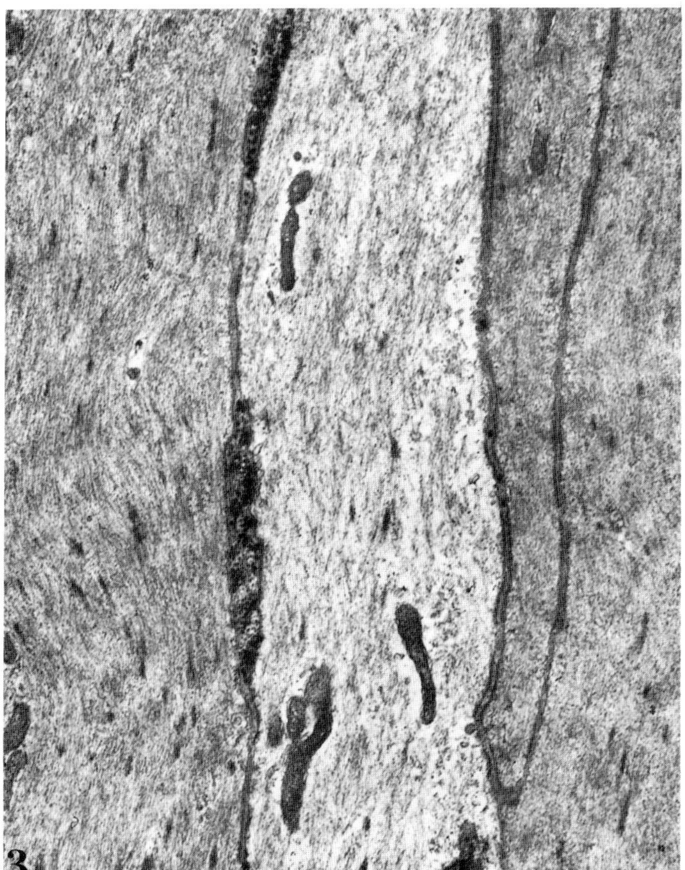
3

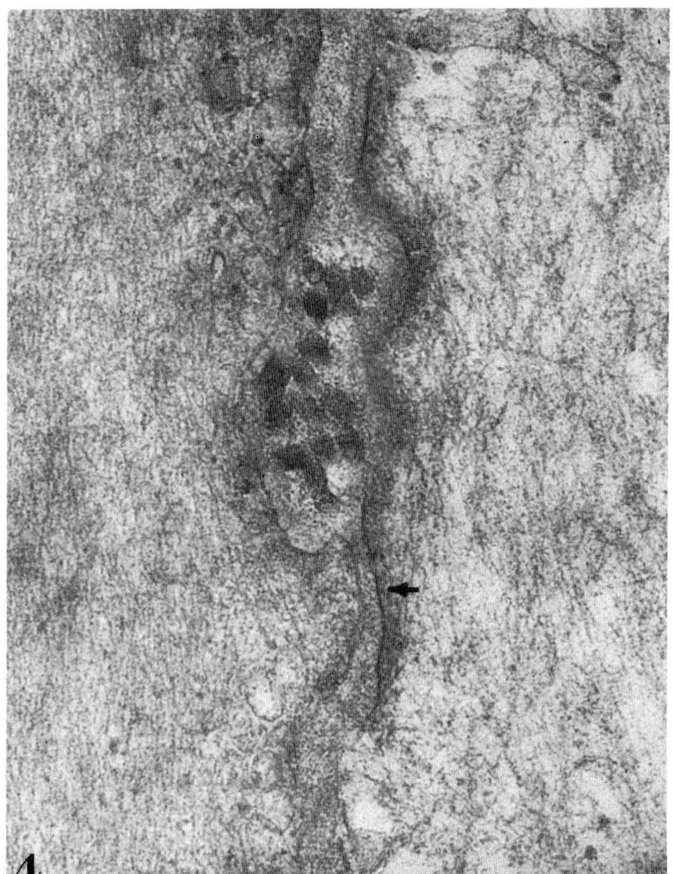
4

Plate XXII

The Penile Urethra

1. L. In the corpus spongiosum the penile urethra is seen as a collapsed tube surrounded by vessels and large sinusoids in a very loose connective tissue. The mucosa of the urethra is made up of the transitional type of epithelium through most of its length. 130×

2. The superficial layers of epithelial cells lining the urethra have irregularly shaped nuclei and a few scattered mitochondria, granules, and vesicles in the cytoplasm. Projecting into the lumen is a regular array of short stout microvilli. 7000×

Planche XXII

L'urètre spongieux

1. L. L'urètre spongieux ou pénien apparaît comme un tube affaissé dont la paroi plissée contient des vaisseaux sanguins et de grands sinusoïdes que matelasse un tissu conjonctif très lâche. Sur la majeure partie du trajet de l'urètre, l'épithélium est du type de transition. 130×

2. Les cellules superficielles de l'épithélium de l'urètre ont un noyau irrégulier, quelques mitochondries éparses, des granules et des vésicules. Une rangée régulière de microvillosités trapues se projettent dans la lumière. 7000×

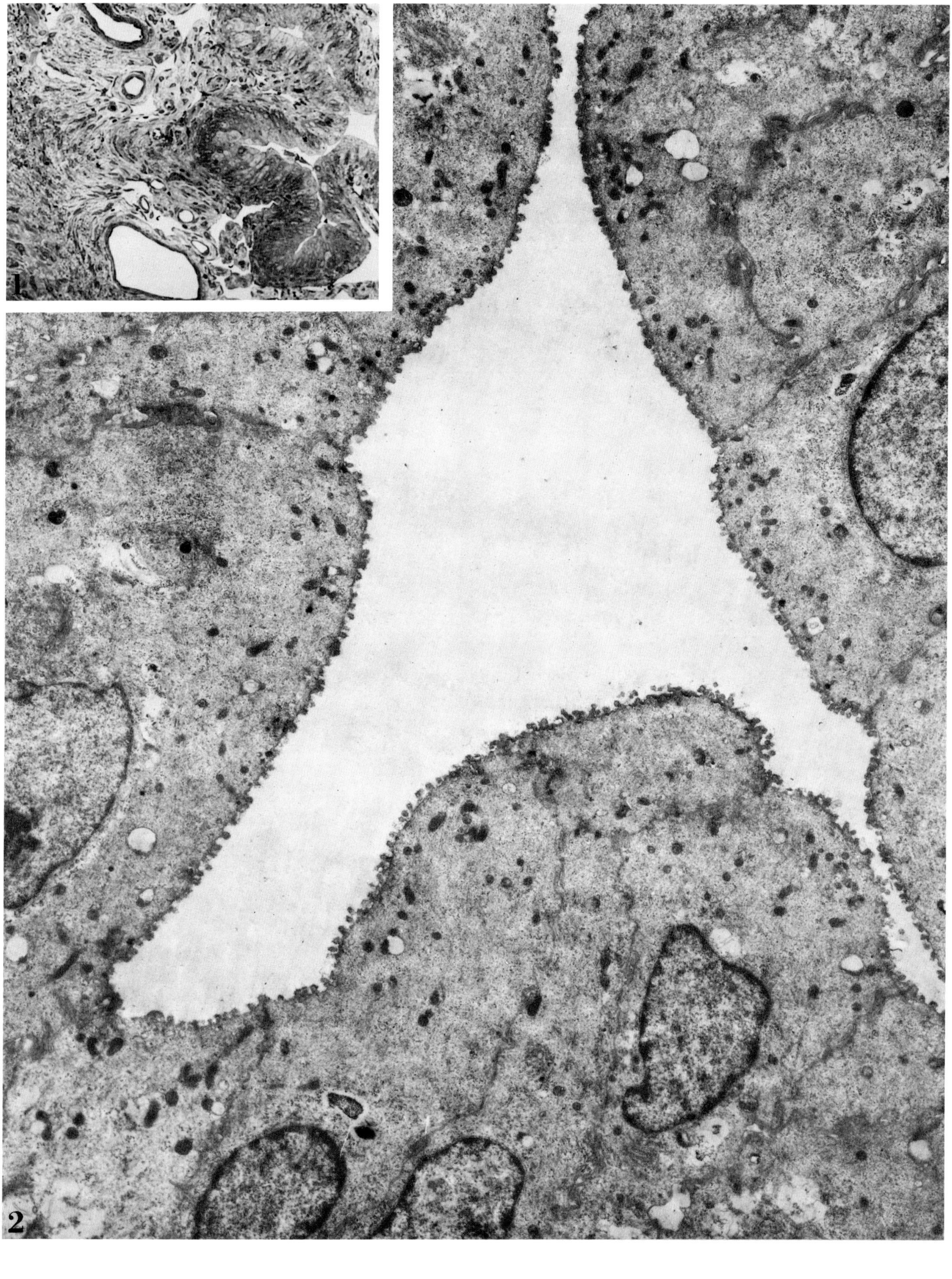

1

2

Plate XXIII

The Penile Urethra

1. The nuclei of the epithelial cells are extremely irregular in outline. The intercellular borders of the cells are markedly folded when the tube is collapsed. A number of desmosomes are seen along the tortuous intercellular border. 13,000 ×

2. A network of cytoplasmic filaments occupies the apex of the cell. Densely stained mitochondria, a small number of ribosomes, and a few coated vesicles are located among the filaments. 55,000 ×

Planche XXIII

L'urètre spongieux

1. Le noyau des cellules épithéliales a un contour extrêmement irrégulier. Les limites intercellulaires montrent de nombreux replis lorsque le conduit est affaissé. Le long de cette frontière intercellulaire tortueuse, on remarque un certain nombre de desmosomes. 13,000 ×

2. Un réseau de filaments cytoplasmiques occupe la région apicale des cellules. Des mitochondries très fortement colorées, quelques ribosomes et quelques vésicules feutrées se dispersent entre les filaments. 55,000 ×

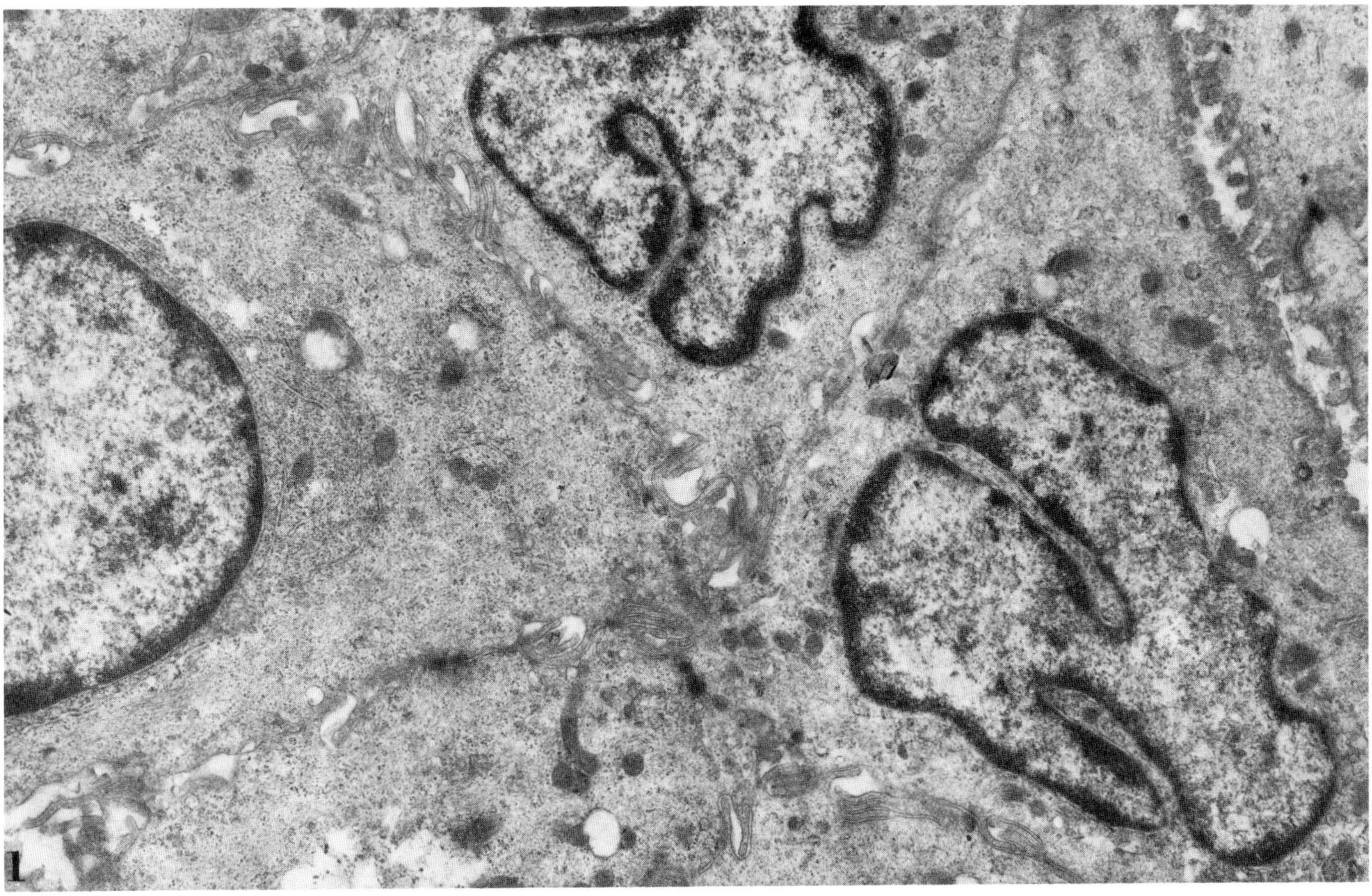
1

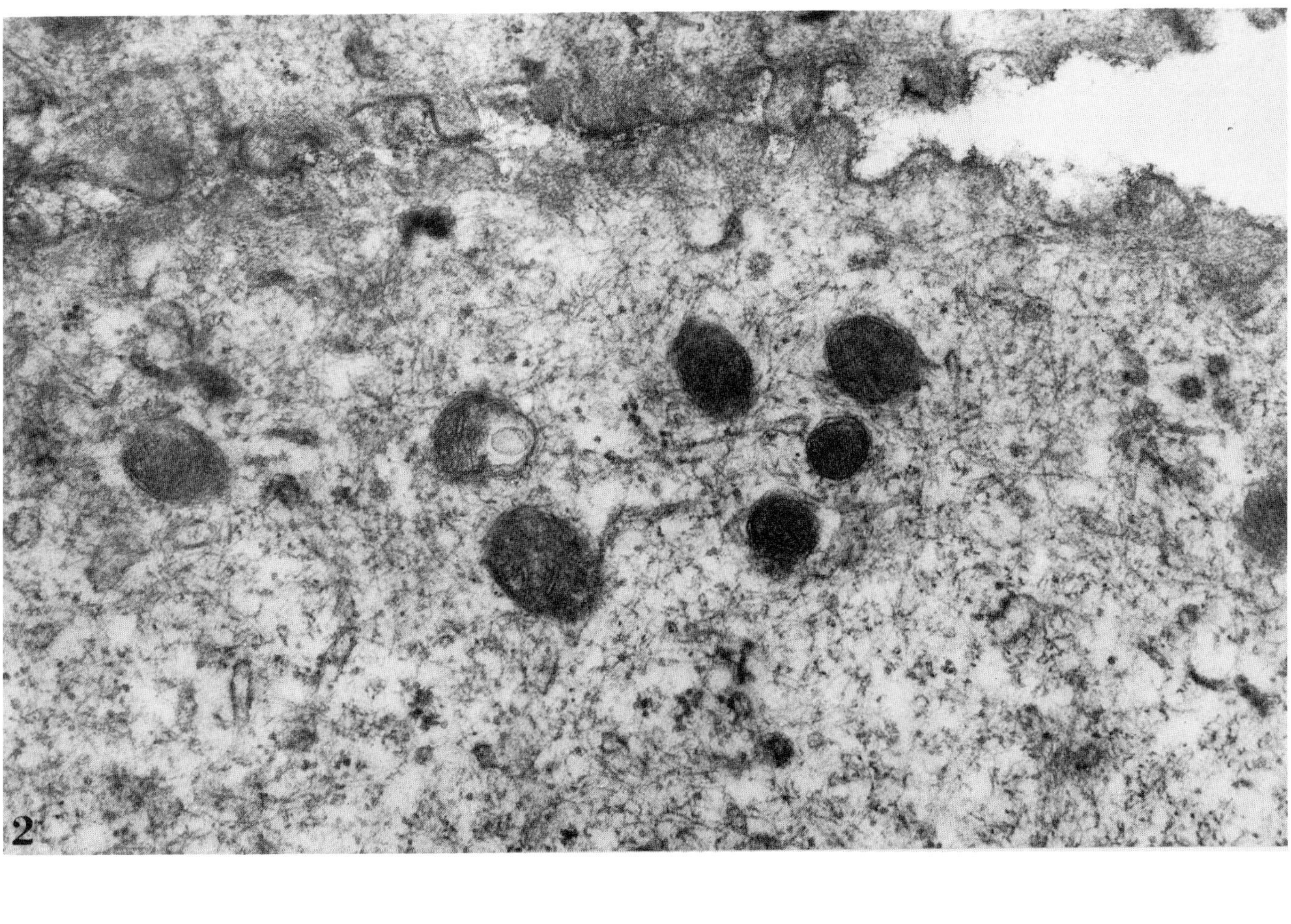
2

REFERENCES

URINARY BLADDER

Bartoszewicz, W., and Barrnett, R. J. (1964). Fine structural localization of nucleoside phosphatase activity in the urinary bladder of the toad. *J. Ultrastruct. Res.* **10**, 599–609.

El-Badawi, A., and Schenk, A. (1966). Dual innervation of the mammalian urinary bladder. A histochemical study of the distribution of cholinergic and adrenergic nerves. *Am. J. Anat.* **119**, 405–428.

KIDNEY

Barajas, L. (1964). The innervation of the juxtaglomerular apparatus. An electron microscopic study of the innervation of the glomerular arterioles. *Lab. Invest.* **13**, 916–929.

Barajas, L. (1966). The development and ultrastructure of the juxtaglomerular cell granule. *J. Ultrastruct. Res.* **15**, 400–413.

Barajas, L., and Latta, H. (1963). A three-dimensional study of the juxtaglomerular apparatus in the rat. *Lab. Invest.* **12**, 257–269.

Bulgar, R. E., Tisher, C. C., Myers, C. H., and Trump, B. F. (1967). Human renal ultrastructure. II. The thin limb of Henle's loop and the interstitum in healthy individuals. *Lab. Invest.* **16**, 124–141.

Edelman, R., and Hartroft, P. M. (1961). Localization of renin in the juxtaglomerular cells of the rabbit and dog through the use of the fluorescent antibody technique. *Circulation Res.* 9, 1069–1077.

Graham, R. C., Jr., and Karnovsky, M. J. (1966). The early stages of absorption of injected horseradish peroxidase in the proximal tubules of mouse kidney: Ultrastructural cytochemistry by a new technique. *J. Histochem. Cytochem.* **14**, 153–164.

Hatt, P. Y. (1967). The juxtaglomerular apparatus. *In* "Ultrastructure of the Kidney" (A. J. Dalton, and F. Haguenau, eds.), pp. 101–141. Academic Press, New York.

Hicks, R. M. (1965). The fine structure of the transitional epithelium of rat ureter. *J. Cell Biol.* **26**, 25—48.

Johnson, F. R., and Darnton, S. J. (1967). Ultrastructural observations on the renal papilla of the rabbit. *Z. Zellforsch. Mikroskop. Anat.* **81**, 390–406.

Kurtz, S. M. (1964). The kidney. *In* "Electron Microscopic Anatomy" (S. M. Kurtz, ed.), pp. 239–265. Academic Press, New York.

Latta, H. (1961). Cilia in different segments of the rat nephron. *J, Biophys. Biochem. Cytol.* **11**, 248–252.

Latta, H., Maunsbach, A. B., and Osvaldo, L. (1967). The fine structure of renal tubules in cortex and medulla. *In* "Ultrastructure of the Kidney". (A. J. Dalton, and F. Haguenau, eds.), pp. 1–56. Academic Press, New York.

Latta, H., Stone, R. S., Bencosme, S. A., and Madden, S. C. (1961). Mechanisms for movement of fluid in renal tubule cells. *In* "Electron Microscopy in Anatomy" (Anat. Soc. Gt. Brit. and Ireland, ed.), pp. 235–270. Williams & Wilkins, Baltimore, Maryland.

Maunsbach, A. B. (1966). Absorption of I^{125}-labeled homologous albumin by rat kidney proximal tubule cells. A study of microperfused single proximal tubules by electron microscopic autoradiography and histochemistry. *J. Ultrastruct. Res.* **15**, 197–241.

Menefee, M. G., and Mueller, C. B., (1967). Some morphological considerations of transport in the glomerulus. *In* "Ultrastructure of the Kidney" (A. J. Dalton, and F. Haguenau, eds.), pp. 73–100. Academic Press, New York.

Michielsen, P., and Creemers J. (1967). The structure and function of the glomerular mesangium. *In* "Ultrastructure of the Kidney" (A. J. Dalton, and F. Haguenau, eds.), pp. 57–72. Academic Press, New York.

Miller, F., and Palade, G. (1964). Lytic activities in renal protein absorption droplets. An electron microscopical cytochemical study. *J. Cell Biol.* **23**, 519–552.

Neustein, H. B. (1967). Hemoglobin absorption in the proximal tubules of the kidney in the rabbit. *J. Ultrastruct. Res.* **17**, 565–587.

Neustein, H. B., and Maunsbach, A. B. (1966). Hemoglobin absorption by proximal tubule cells of the rabbit kidney. A study of electron microscopic autoradiography. *J. Ultrastruct. Res.* **16**, 141—157.

Osvaldo, L., and Latta, H. (1966). The thin limb of the loop of Henle. *J. Ultrastruct. Res.* **15**, 144–168.

Osvaldo, L., and Latta, H. (1966). Interstitial cells of the renal medulla. *J. Ultrastruct. Res.* **15**, 589–613.

Patrizi, G., and Middelkamp, J. N. (1967). The distribution and pattern of the agranular reticulum in rat kidney tubules. *J. Microscopie* **6**, 91–94.

Pease, D. C. (1955). Electron microscopy of the tubule cells of the kidney cortex. *Anat. Record* **121**, 723–743.

Pease, D. C. (1955). Fine structures of the kidney seen by electron microscopy. *J. Histochem. Cytochem.* **3**, 295–308.

Rhodin, J. (1958). Anatomy of kidney tubules. *Intern. Rev. Cytol.* **4**, 485–534.

Tischer, C. C., Bulger, R. E., and Trump, B. F. (1966). Human renal ultrastructure. I. Proximal tubule of healthy individuals. *Lab. Invest.* **15**, 1357–1394.

Yamada, E. (1955). The fine structure of the renal glomerulus of the mouse. *J. Biophys. Biochem. Cytol.* **1**, 551–566.

THE MALE REPRODUCTIVE SYSTEM

L'APPAREIL GENITAL MALE

Plate I

The Testis

1. L. In the rat the seminiferous tubules are supported by a very small amount of interstitial tissue. Groups of interstitial cells of Leydig (ic) and blood vessels occupy triangular spaces between the closely packed seminiferous tubules. These are large, irregular cells with very dense cytoplasm. The nuclei are large, vary in shape from one cell to another, and contain prominent nucleoli. The interstitial cells synthesize the steroid hormone which controls the development of other parts of the reproductive system and of secondary sex characteristics of the male. The seminiferous epithelium of the nearby tubules is made up of supportive cells, the Sertoli or sustentacular cells, and stratified germinal epithelial cells in several of the stages of spermatogenesis. The Sertoli cell (S), located in the basal layer of the epithelium, has a large, pale, indented nucleus and a cytoplasmic cell body which extends to the lumen of the seminiferous tubule. The cytoplasm contains many small dense granules. Examples of the spermatogonia (sg), spermatocytes (sc), and spermatids (st), some of which display a distinct acrosome (ac), can be identified. The spermatids are partially embedded in the apices of Sertoli cells. At the periphery of the lumen are many dense granules or chromatoid bodies. These dense accumulations are in the portion of the spermatid cytoplasm which is discarded when mature spermatozoa are released into the lumen of the seminiferous tubule. 800×

2. The interstitial cells (ic) of Leydig are large with very irregular outlines. They have a well-developed granular endoplasmic reticulum and, in addition, a relatively heavily stained background cytoplasm. The mitochondria are quite dense. A few moderately dense granules are located in the cytoplasm. Extremely elongated fibroblasts and thin layers of loosely arranged collagen fibrils are found at the base of the epithelium. These form a supporting layer around individual seminiferous tubules. In the basal layer of the seminiferous epithelium is a large, pale, indented nucleus in a part of a Sertoli cell (S). The Sertoli cell nucleolus is known to have three interconnected segments. Only two segments of differing density are seen in this section. The cytoplasm of the Sertoli cell extends toward the lumen (beyond the limit of this field) between the spermatocytes (sc). Spermatogonia (sg), with Sertoli cells, occupy the basal layer. These cells have a smaller ovoid nucleus with peripheral condensations of chromatin. Their mitochondria are stained quite heavily. 6500×

Planche I

Le testicule

1. L. Chez le rat, les tubes séminifères reposent sur un tissu interstitiel peu abondant. Des amas de cellules interstitielles de Leydig (ic) et des vaisseaux sanguins occupent l'espace triangulaire entre des tubes séminifères serrés les uns contre les autres. Ces cellules de Leydig sont volumineuses, irrégulières et à cytoplasme foncé. Leur noyau, grand et de forme variable, contient des nucléoles évidents. Les cellules interstitielles produisent l'hormone stéroïde qui contrôle le développement des autres portions de l'appareil génital mâle et des caractéristiques sexuelles secondaires. L'épithélium des tubes séminifères est constitué d'une lignée cellulaire de soutien, les cellules de Sertoli, et de plusieurs couches de cellules germinales à différentes étapes de la spermatogenèse. La cellule de Sertoli (S), située dans la couche basale, possède un grand noyau pâle et échancré. Son cytoplasme qui s'élève jusqu'à la lumière du tube séminifère, contient plusieurs petits granules denses. On retrouve également sur cette coupe des spermatogonies (sg), des spermatocytes (sc) et des spermatides (st) dont certains montrent un acrosome distinct (ac). Les spermatides sont partiellement enrobés dans l'apex des cellules de Sertoli. Au pourtour de la lumière, on retrouve plusieurs granules denses ou "corpuscules chromatoïdes" qui correspondent à des débris cytoplasmiques se détachant des spermatides lors de la formation des spermatozoïdes. 800×

2. Les cellules interstitielles (ic) de Leydig sont de grosses cellules à contour très irrégulier. Leur réticulum endoplasmique granulaire est bien développé et l'arrière-plan cytoplasmique est relativement bien coloré. Les mitochondries sont passablement sombres. Le cytoplasme contient quelques granules assez foncés. A la base de l'épithélium, on remarque des fibroblastes allongés et des fibrilles collagènes lâches disposées en couches minces. Ces éléments forment une armature autour de chaque tube séminifère. Insérée dans les couches basales de l'épithélium séminifère, une portion d'une cellule de Sertoli (S) est reconnaissable à son grand noyau pâle et échancré. On sait que le nucléole de la cellule de Sertoli possède trois éléments reliés les uns aux autres. Sur cette coupe, seuls deux éléments de densité différente sont visibles. Le cytoplasme de cette cellule s'élève parmi les spermatocytes (sc) vers la lumière (qui est située en dehors de ce champ). Les spermatogonies (sg) qui se partagent la couche basale avec les cellules de Sertoli, ont un petit noyau ovoïde à chromatine périphérique et des mitochondries fortement colorées. 6500×

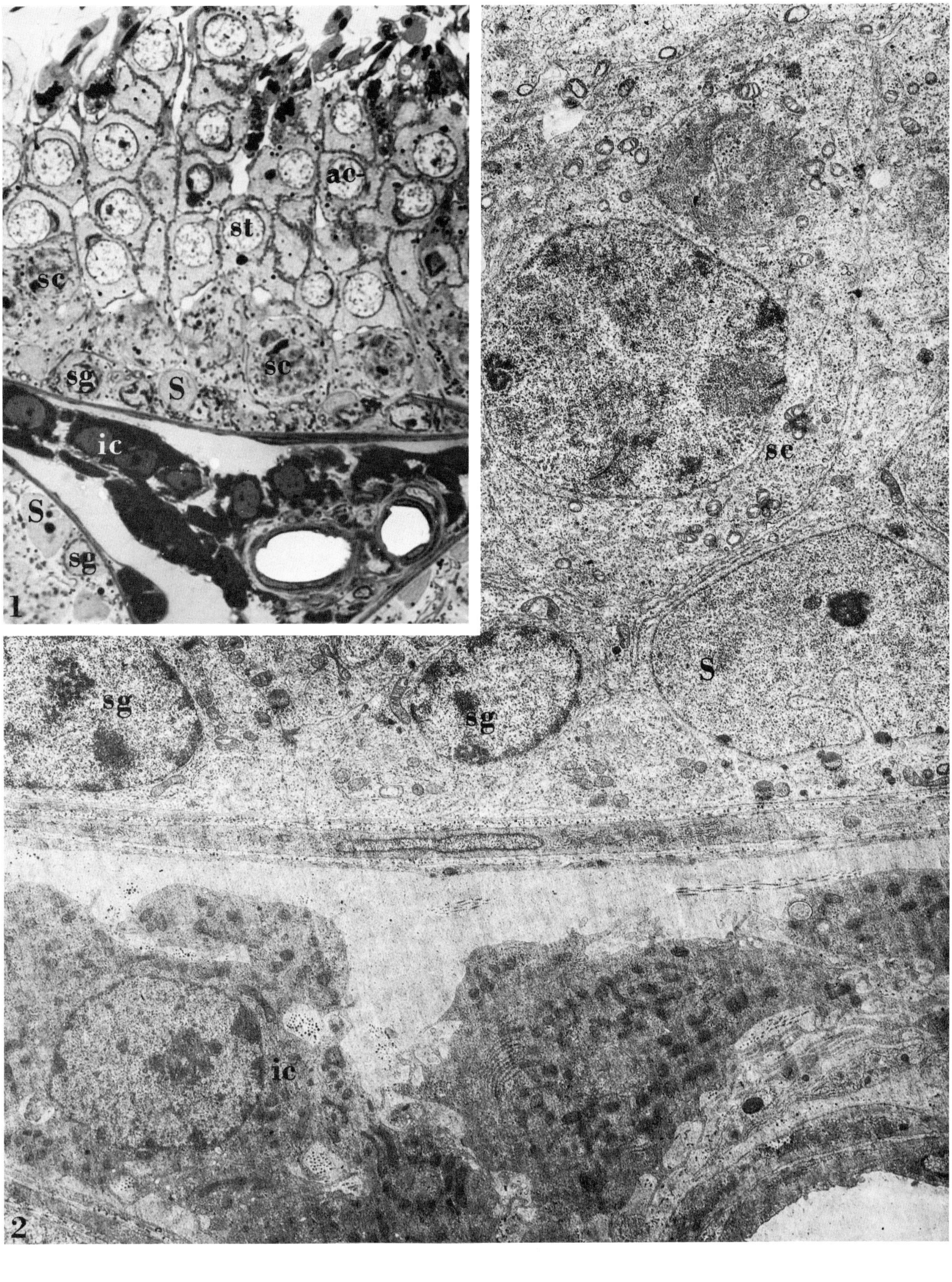
ac
st
sc
sc
sg
S
ic
S
sg
1
se
S
sg
sg
ic
2

Plate II

The Testis—Interstitial Cell

1. The interstitial cell of the testis contains a considerable quantity of flattened sacs of granular endoplasmic reticulum and of free ribisomes in other areas. A fine network of tubules of the agranular endoplasmic reticulum is found throughout the cytoplasm. The mitochondria, all of which have a very dense matrix, range from very small to moderate in size. The intramitochondrial dense bodies are large and often multiple. Membrane-bound lipid droplets, embedded in a large number of filaments, are located near the nucleus. Other granules of moderate density surrounded by heavily stained membranes are found among the numerous tubules of smooth-surfaced endoplasmic reticulum. One of these and a smaller, very dense granule are seen in a cytoplasmic process of one of the irregularly shaped cells. 33,000 ×

2. Abundant Golgi complexes are demonstrated in interstitial cells of the testis. Complex tubular systems of agranular endoplasmic reticulum extend through the cytoplasm of both cells. Homogeneous lipid droplets and less dense granules, which contain a finely granular material, are seen in one cell. Smaller dense granules, surrounded by two layers of membrane, are located in the Golgi region and at the periphery of another cell. Many filaments (arrows) have been sectioned transversely and obliquely, particularly at the periphery of the Golgi apparatus. Mitchondria, some with a number of dense bodies, are located within the Golgi zone. 33,000 ×

Planche II

Les cellules interstitielles du testicule

1. La cellule interstitielle du testicule contient de nombreux saccules aplatis appartenant au réticulum endoplasmique granulaire. Dans d'autres endroits de la cellule, les ribosomes libres sont abondants. On retrouve dans tout le cytoplasme un réseau délicat de tubules du réticulum endoplasmique lisse. Les mitochondries, petites ou moyennes, ont une matrice très foncée. Les corpuscules denses intramitochondriaux sont gros et souvent multiples. Des gouttelettes lipidiques recouvertes d'une membrane et enrobées d'un grand nombre de filaments se retrouvent au voisinage du noyau. D'autres granules de densité moyenne, entourés de membranes fortement colorées, sont situés parmi les nombreux tubules du réticulum endoplasmique lisse. Sur cette photographie, un prolongement cytoplasmique d'une cellule interstitielle à contour irrégulier abrite l'un de ces granules de densité moyenne et un autre plus petit et plus dense. 33,000 ×

2. Voici des cellules interstitielles du testicule dont l'une montre un appareil de Golgi bien développé. Les systèmes tubulaires complexes du réticulum endoplasmique lisse parcourent le cytoplasme des cellules. Des gouttelettes lipidiques homogènes et des granules moins denses contenant un matériel finement granulaire se retrouvent dans une cellule. Des granules denses plus petits entourés de deux couches de membrane sont visibles dans la région du Golgi et à la périphérie d'une autre cellule. Plusieurs filaments (flèches) ont été coupés de façon transversale et oblique, surtout à la périphérie de l'appareil golgien. La zone de Golgi abrite des mitochondries dont certaines présentent des corpuscules denses. 33,000 ×

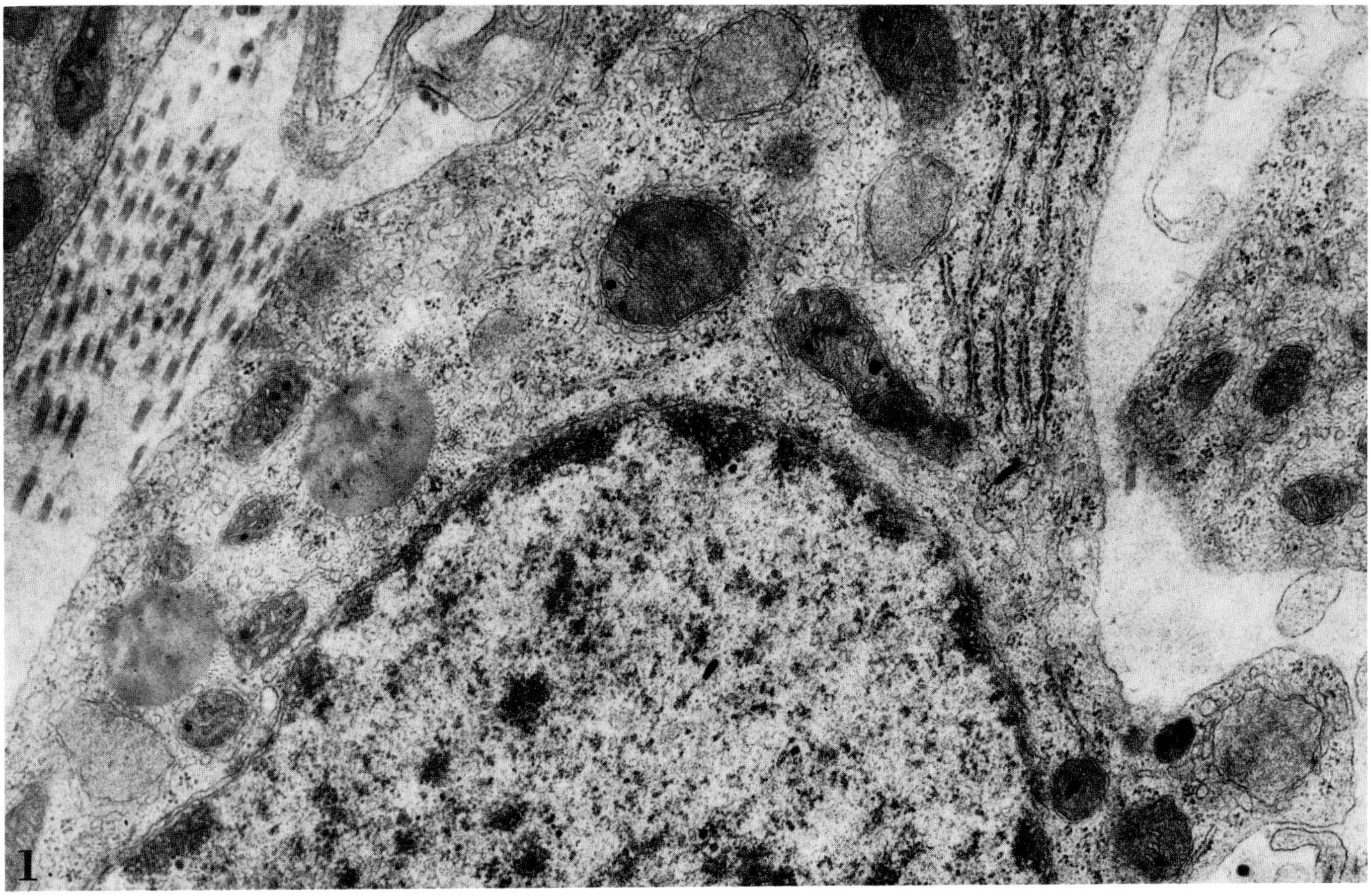

1

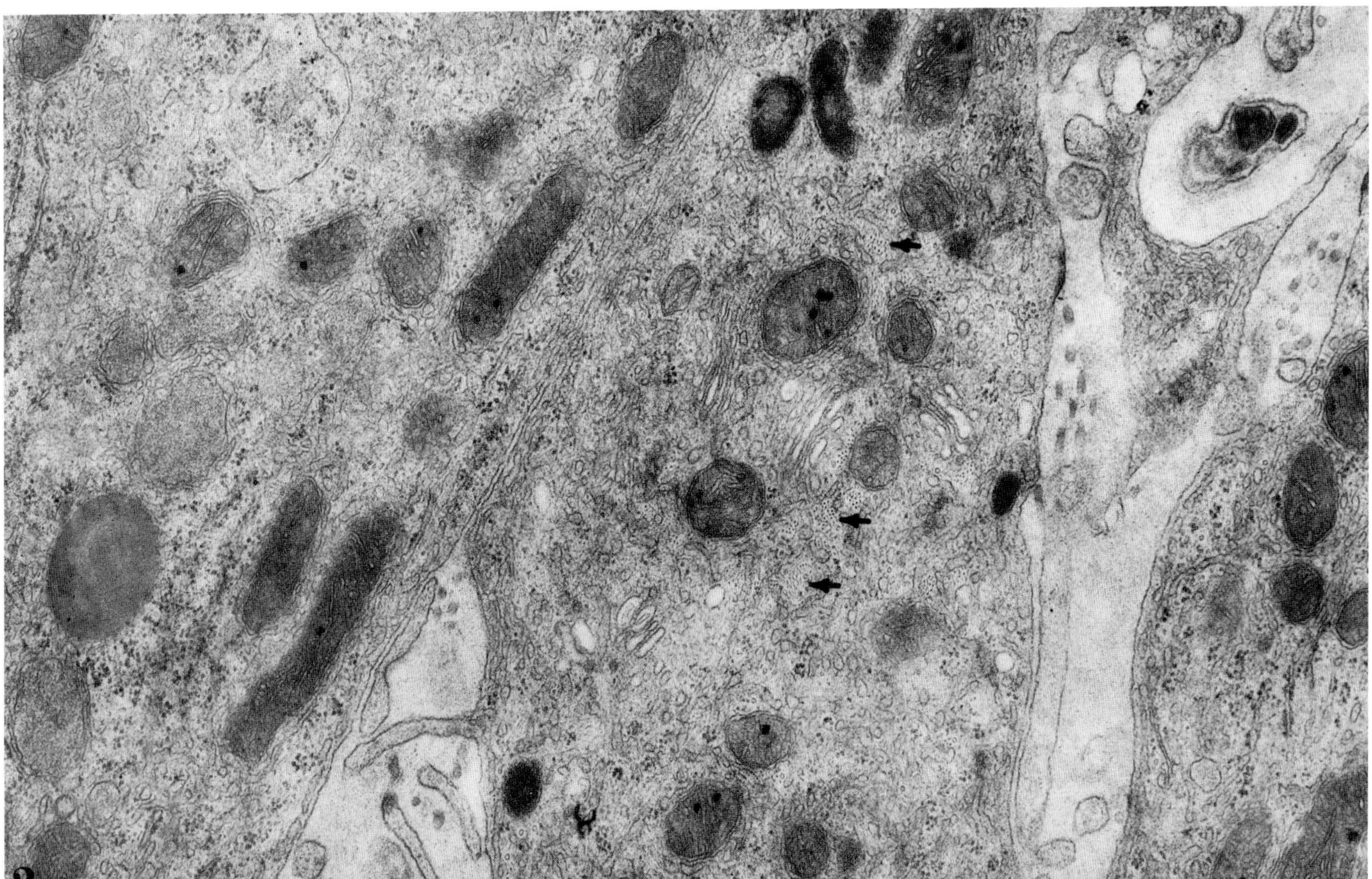

2

Plate III

The Testis

1. L. Some fibroblasts, interstitial cells, and a capillary occupy an angle between the very thin fibrous tissue capsules of two adjacent seminiferous tubules. The fibroblasts in the capsule are extremely thin. Large, pale Sertoli cell nuclei are present in the basal layer of both tubules. In one of the tubules the spermatogonia (sg), with moderately dense, peripheral nuclear chromatin, occupy most of the basal layer with the Sertoli cells and, in the next layer, spermatocytes (sc) can be identified. Spermatids (sd) in various stages of development are embedded in Sertoli cell cytoplasm between the spermatocytes. 600×

2. From the basal lamina of the epithelium the attenuated cytoplasm of one of the Sertoli cells (S) extends between germinal cells in the early stages of spermatogenesis. A spermatid in a later stage of maturation is embedded in the cytoplasm of the same Sertoli cell. The Sertoli cell cytoplasm contains elongated mitochondria, many small clear vesicles, and small to very large granules. The mitochondria have transversely oriented crests and a dense matrix. The mitochondria of the Sertoli cells contrast remarkably with those of the neighboring germinal cells. As the germinal cells pass through the early stages of spermatogenesis, the mitochondria become progressively more vacuolated. This vacuolation is not present in the Sertoli cell mitochondria. 3250×

Planche III

Le testicule

1. L. Quelques fibroblastes, des cellules interstitielles et un capillaire occupent le carrefour compris entre les minces capsules fibreuses de deux tubes séminifères adjacents. Les fibroblastes de la capsule sont très allongés. Les grands noyaux pâles permettent d'identifier les cellules de Sertoli dans la couche basale des deux tubes. Dans un de ces tubes, les spermatogonies (sg) à chromatine périphérique assez dense occupent, avec les cellules de Sertoli, la majeure partie de la couche basale. Plus haut, on peut également identifier des spermatocytes (sc). Des spermatides (sd) à diverses étapes de leur développement sont enfouis entre les spermatocytes dans le cytoplasme des cellules de Sertoli. 600×

2. S'appuyant sur la lame basale, le cytoplasme aminci d'une cellule de Sertoli (S) s'élève entre les cellules de l'épithélium séminal. Un spermatide à un stade avancé de maturation est enfoui dans le cytoplasme de cette même cellule. Ce cytoplasme contient des mitochondries allongées, plusieurs petites vésicules claires et des granules de différentes dimensions. Les mitochondries ont des crêtes transversales dans une matrice sombre. Remarquer le contraste frappant entre les mitochondries de la cellule de Sertoli et celles des cellules germinales du voisinage. Au fur et à mesure que les cellules germinales complètent les premières étapes de la spermatogenèse, les mitochondries deviennent progressivement plus vacuolées. Cette vacuolisation est absente dans les mitochondries des cellules de Sertoli. 3250×

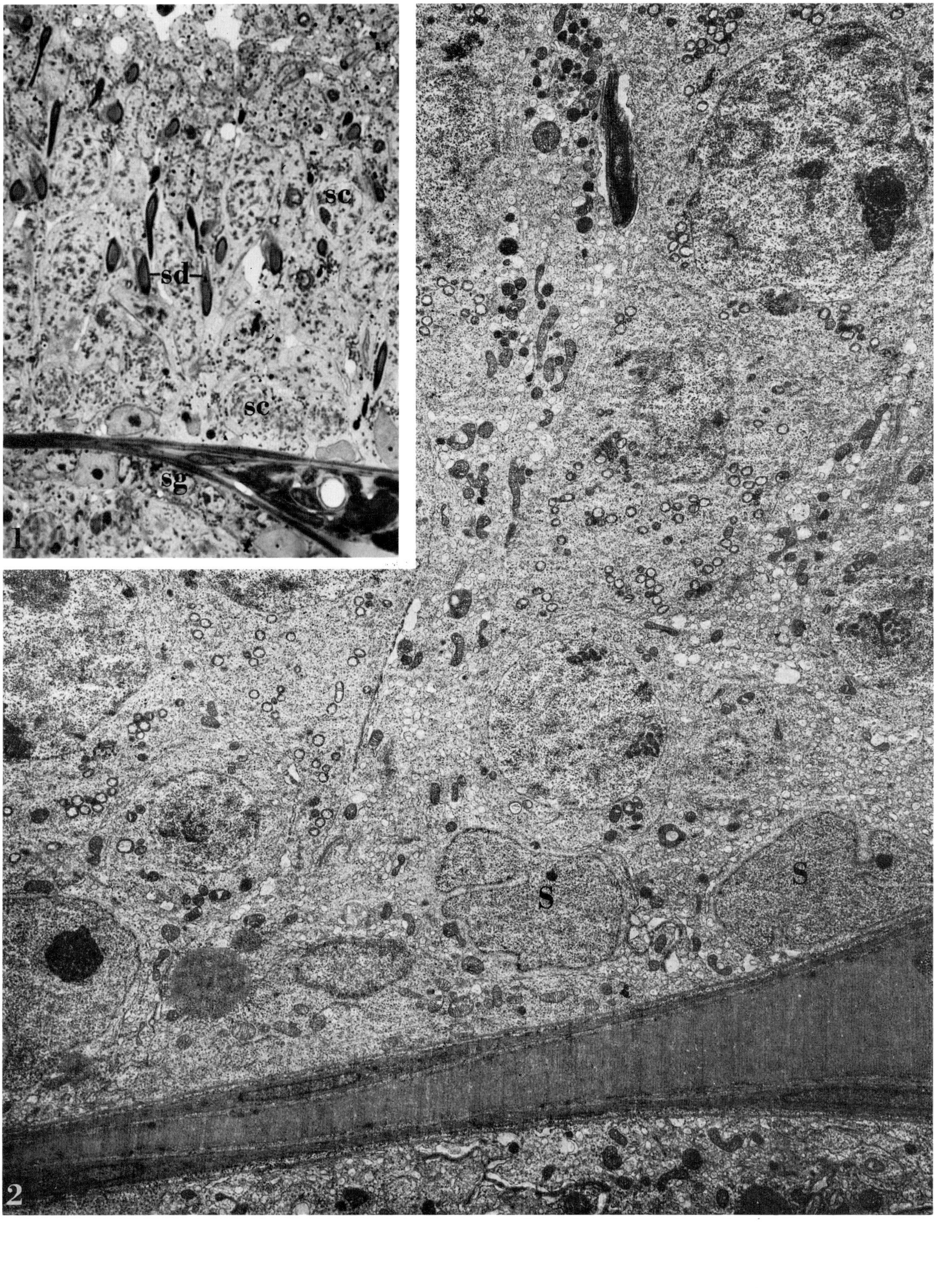
sc
sd
sc
sg
1
S
S
2

Plate IV

The Testis

The steps in the multiplication and differentiation of the germinal epithelial cells from the spermatogonia to the spermatozoa have been carefully analyzed and classified. Changes in the size and shape of the cell and of the nucleus, as well as changes in the distribution of chromatin, are seen in the gernerations of cells which result from the mitotic and meiotic types of cell divisions in the seminiferous epithelium.

1. A spermatogonium (sg) with its scanty cytoplasm and ovoid nucleus occupies a position against the basal lamina adjacent to a Sertoli (S) cell. The spermatocytes (sc) are considerably larger than the spermatogonium and are joined by an intercellular bridge or isthmus (arrows). A deep cleavage furrow surrounds this isthmus. It has been found that this incomplete type of cell division occurs in type-B spermatogonia, and the bridges persist into the spermatocyte and spermatid stages. This results in clusters of interconnected cells. The nuclei of these primary spermatocytes at the leptotene stage are large and somewhat irregular in outline. A large, finely granular collection of chromatin, the chromoplast or chromatin nucleolus, is found against the inner membrane of each nucleus, and very dense nucleolar material is seen nearby. The dense bodies in the chromoplast are synaptonemal complexes which are believed to be points of attachment of the meiotic chromosomes to the chromoplast and the nuclear membrane. The mitochondrial matrix has become quite pale as compared to that found in spermatogonia. The crests in most of the mitochondria remain disposed transversely to the long axis. 8000×

2. An enlargement of a part of Fig. 1. A filamentous mass spans the cytoplasmic isthmus, and, where the densities associated with the plasma membrane are sectioned obliquely, a filamentous substructure is evident (arrows). A cytoplasmic microtubule passes through the isthmus. 90,000×

Planche IV

Le testicule

Les étapes de la multiplication et la différenciation des cellules germinales à partir des spermatogonies jusqu'aux spermatozoïdes, ont été étudiées en détail et ont fait l'objet d'une classification. On a observé des changements dans le volume et la forme de la cellule et du noyau, de même que dans la distribution de la chromatine lors des divisions mitotiques et méiotiques.

1. Une spermatogonie (sg) avec un cytoplasme raréfié et un noyau ovoïde est accolée à la lame basale juste à côté d'une cellule de Sertoli (S). Les spermatocytes (sc), beaucoup plus gros que la spermatogonie, sont reliés par un pont intercellulaire ou isthme cytoplasmique (flèches). Un profond sillon de clivage entoure cet isthme. Il est maintenant connu que ce type de division cellulaire incomplète survient dans les spermatogonies de type B et que le pont intercellulaire persiste entre les spermatocytes et les spermatides. On aboutit ainsi à la formation de grappes de cellules reliées entre elles. Le noyau de ces spermatocytes primaires au stade leptotène est volumineux et son contour est quelque peu irrégulier. Le chromoplaste ou nucléole chromatinien, amas considérable de chromatine finement granuleuse, s'accole à la face interne de chaque membrane nucléaire au voisinage d'un matériel nucléolaire très dense. Les structures plus foncées dans le chromoplaste correspondent aux complexes synaptonémaux que l'on interprète comme des points d'attache entre les chromosomes méiotiques, le chromoplaste et la membrane nucléaire. La matrice des mitochondries est devenue très pâle en comparaison de celle que l'on retrouve dans les spermatogonies. Les crêtes de la plupart des mitochondries demeurent transversales. 8000×

2. Un fort grossissement du pont intercellulaire révèle une masse filamenteuse qui enjambe l'isthme cytoplasmique. Quand les densités associées aux membranes plasmatiques sont coupées de façon oblique, une infrastructure filamenteuse devient évidente (flèches). Un microtubule cytoplasmique est visible dans l'isthme. 90,000×

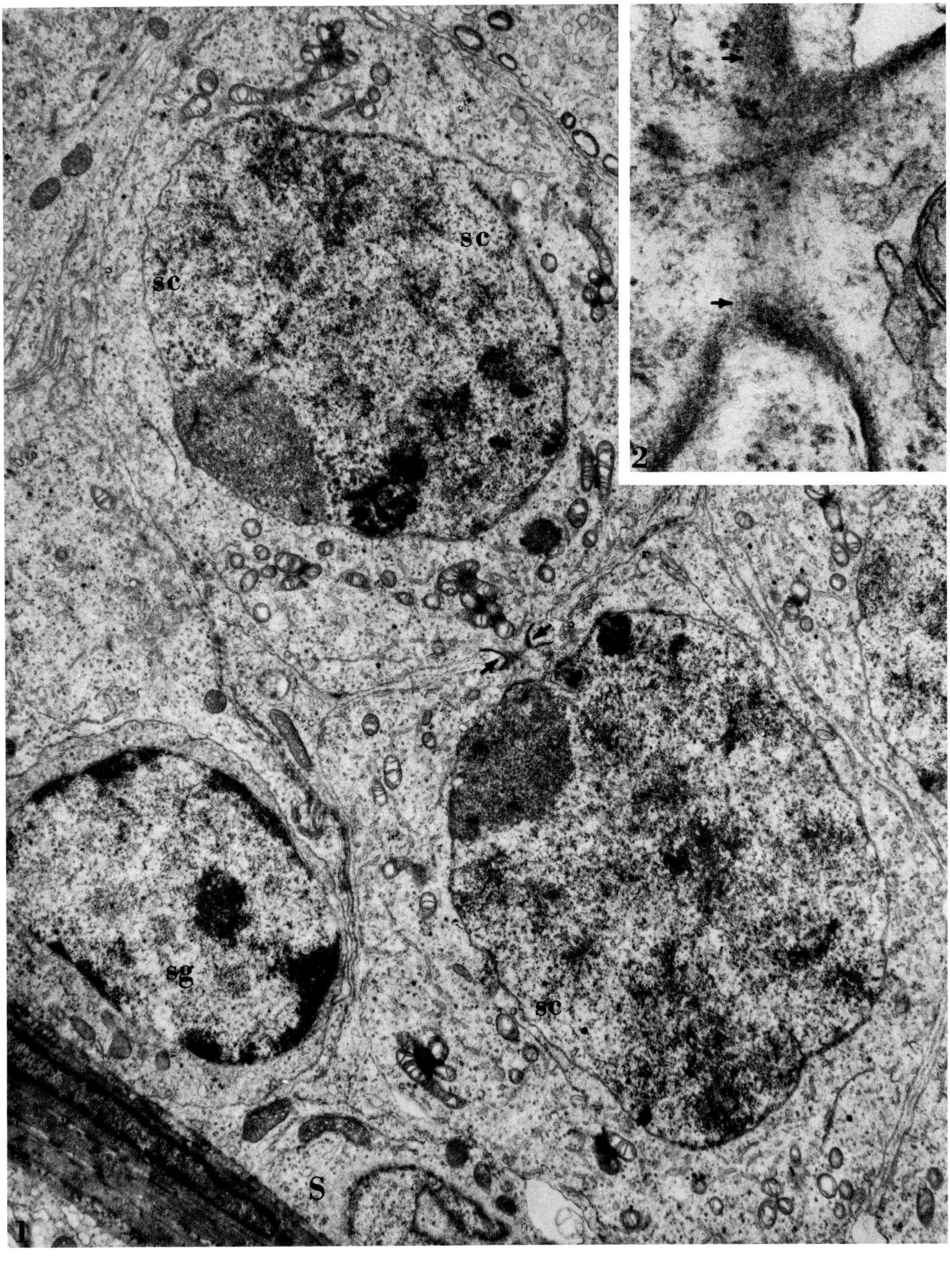
sc
sc
2
sc
sg
S
1

Plate V

The Testis—The Spermatids

1. A vacuolization of the mitochondria is seen in the cytoplasm of a spermatocyte (sc) in a later stage of development. This phenomenon is more marked in a spermatid (sd). In the early Golgi stage of the spermatid in spermiogenesis there is an elongation of the cell with, frequently, a corresponding slight elongation of the nucleus. Dense material begins to collect in the Golgi sacs, and, some distance away in a juxtanuclear position, a number of small, dark granules make their appearance. In the intervening Sertoli cell (S) cytoplasm, dense elongated mitochondria, vesicles, and numerous cytoplasmic microtubules (arrow) can be identified. 4500×

2. In an enlargement of the Golgi complex in the spermatid, a heavily stained content is associated with many of the sacs. A marked density is seen in the periphery or completely filling the lumen of several of the structures which represent vesicles or transversely sectioned tubules. 11,500×

3. The cytoplasm of three spermatids in the Golgi stage are interconnected by two intercellular bridges (arrows). A band of dense material borders the bridges. Golgi complexes appear as caps over slight indentations in one pole of the nuclei. On the concave nuclear aspect of the Golgi complex, a number of membrane-bound granules have appeared. A light halo surrounds the density within the Golgi vesicles. A chromatoid body (chr) has developed at a slight distance from a Golgi complex. The nuclei contain condensations of fine granular chromatin and very dense granules of varying size. A flagellum (f) is seen in the extracellular space of a cleavage furrow. 10,500×

Planche V

Le testicule—Les spermatides

1. On assiste à la vacuolisation des mitochondries dans une étape avancée de l'évolution d'un spermatocyte (sc). Ce phénomène est encore plus marqué dans un spermatide (sd). Au cours de la spermiogenèse, au tout début du stade golgien, le spermatide devient plus long et le noyau subit également un léger allongement. Un matériel foncé commence à s'accumuler dans les saccules de Golgi et du matériel plus fortement coloré apparaît dans un certain nombre de petites vésicules juxtanucléaires. Dans le cytoplasme d'une cellule de Sertoli (S) voisine, des mitochondries allongées et sombres, des vésicules et plusieurs microtubules (flèche) sont facilement visibles. 4500×

2. A plus fort grossissement, plusieurs saccules du complexe golgien d'un spermatide présentent un contenu sombre. Un matériel foncé occupe la périphérie ou la totalité de la lumière de plusieurs structures qui correspondent à des vésicules ou à des tubules en coupe transversale. 11,500×

3. Le cytoplasme de trois spermatides au stade golgien est relié par deux ponts intercellulaires (flèches). Ces ponts sont bordés d'un liséré de matériel sombre. Un appareil de Golgi vient coiffer une légère indentation d'un pôle du noyau. Un certain nombre de granules denses entourés d'une membrane ont déjà fait leur apparition du côté de l'appareil de Golgi qui regarde le noyau. Remarquer le halo qui entoure le matériel foncé à l'intérieur des vésicules golgiennes. Un corpuscule chromatoïde (chr) s'est formé à une faible distance d'un appareil de Golgi. Les noyaux contiennent une chromatine finement granulaire et des granules très denses de dimensions variées. Un flagelle (f) est visible dans l'espace extracellulaire d'un sillon de clivage. 10,500×

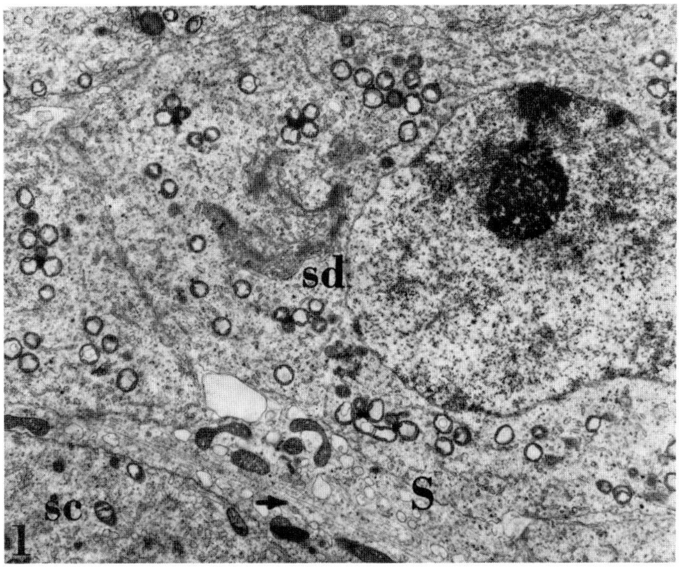
sd
S
sc
1

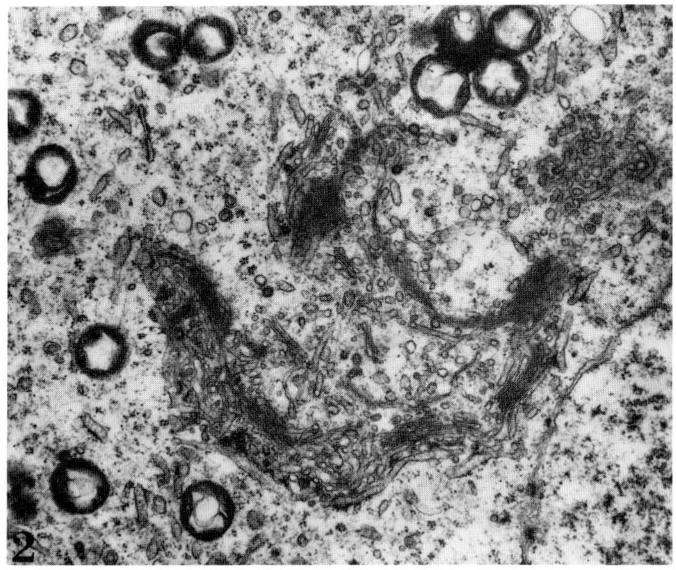
2

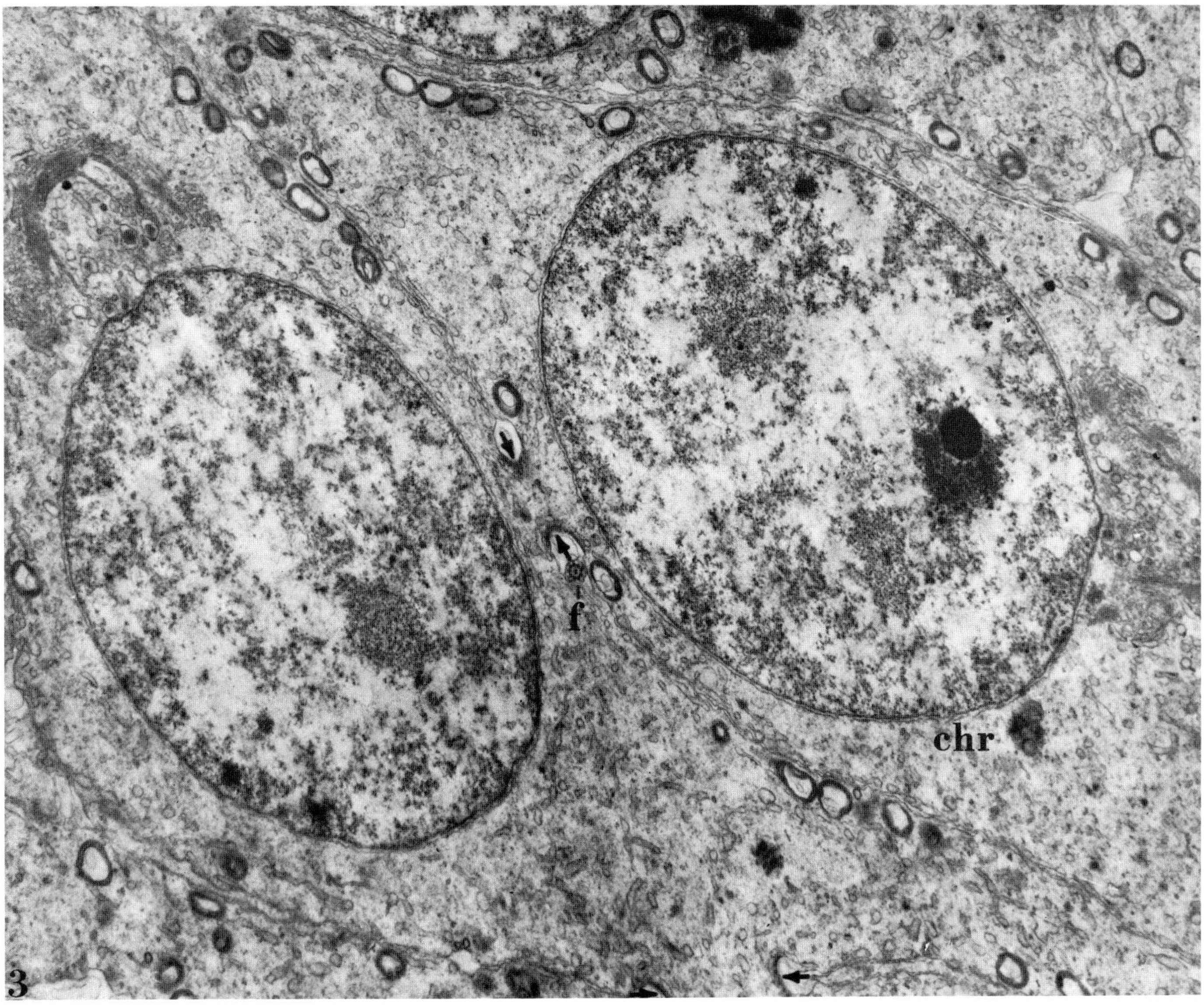
f
chr
3

Plate VI

The Testis—The Spermatids

1. A spermatid in the Golgi stage (sd) is embedded in a deep concavity in the nearby Sertoli (S) cell. The elongated or dumbbell-shaped mitochondria indentify the Sertoli cell cytoplasm. The spermatid mitochondria are all vacuolated, the crests having become displaced to the periphery. A considerable amount of moderately dense material occupies the Golgi sacs, and granules are seen in the vesicles. Some dense bodies have developed in the nucleus. 9700×

2. An acrosomal vesicle has developed over the depression in one pole of the spermatid nucleus. A dense layer is seen along the contact zone between them. A number of granules are located between the flattened Golgi sacs and the acrosomal vesicle. Larger clear vesicles are found in the cytoplasm beyond the Golgi complex. 26,000×

3. A dense granule is found within the acrosomal vesicle. This granule has been reported to have developed by the fusion of the small proacrosomal granules of the Golgi complex. A dense chromatoid body (arrow), bordered by a number of vesicles, has formed near the Golgi complex. 21,000×

Planche VI

Le testicule—Les spermatides

1. Un spermatide au stade golgien (sd) est enseveli dans la concavité profonde d'une cellule de Sertoli (S). Cette dernière se reconnaît facilement à la forme allongée de ses mitochondries qui peuvent avoir l'allure d'un haltère. Par contre, les mitochondries des spermatides sont toutes vacuolées par suite du tassement périphérique des crêtes. Des granules ont déjà fait leur apparition à l'intérieur des vésicules de l'appareil golgien et une quantité abondante de matériel assez sombre en remplit les saccules. Remarquer les quelques corpuscules foncés qui se sont formés dans le noyau. 9700×

2. Une vésicule acrosomique comble la dépression qui creuse un pôle du noyau d'un spermatide. Remarquer la bande sombre tout au long de la surface de contact entre le noyau et la vésicule. On retrouve plusieurs granules denses entre les saccules aplatis du Golgi et la vésicule acrosomique. De grandes vésicules claires sont apparues dans le cytoplasme au-delà de l'appareil golgien. 26,000×

3. Un granule fortement coloré s'est formé à l'intérieur de la vésicule acrosomique. On croit que ce granule résulte de la fusion de petits granules pro-acrosomiques de l'appareil golgien. Un corpuscule chromatoïde foncé (flèche), bordé d'un certain nombre de vésicules, s'est formé près de l'appareil de Golgi. 21,000×

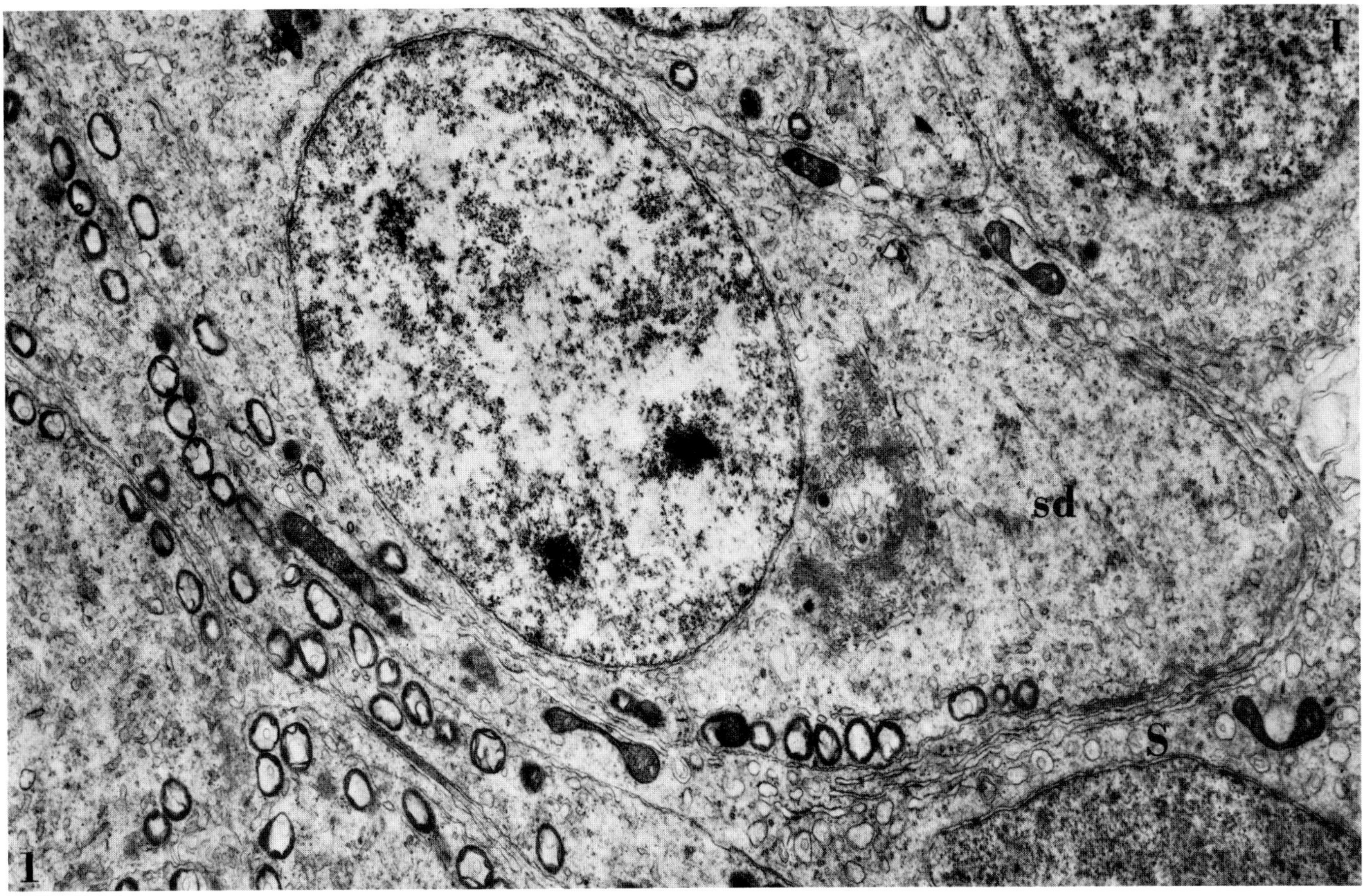
1
sd
S

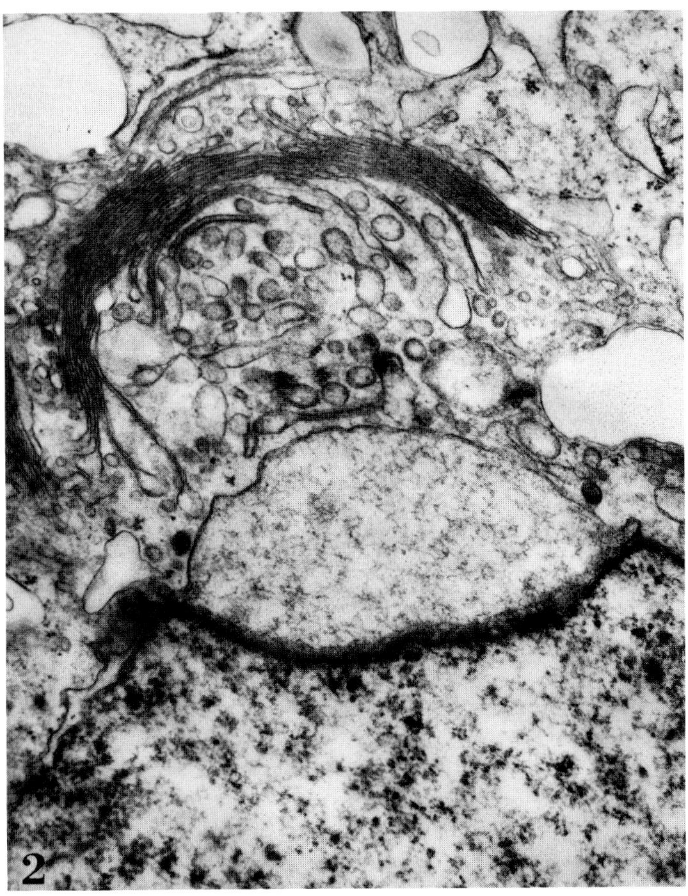
2

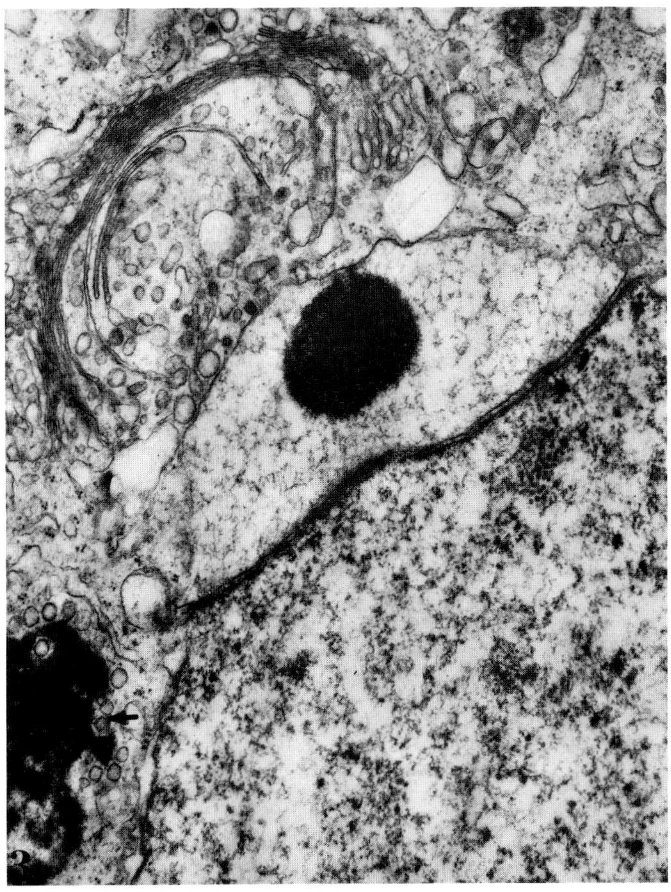
3

Plate VII

The Testis

In the seminiferous tubules there are differing associations of cells at various stages of spermatogenesis.

1. L. Spermatogonia, pakytene spermatocytes, and spermatids with acrosomal cap formation are seen in this stage. The Golgi (G) with its dense content has migrated slightly away from its position over the acrosomal granule, which has become quite flattened at this stage of the spermatid development. Obliquely sectioned head and tail pieces of spermatozoa can be seen in the lumen of the seminiferous tubule. Some of the heads are still embedded in the Sertoli cell cytoplasm. A number of dense granules can be seen in the spermatid cytoplasm, which was being or had been discarded as the spermatozoa were released from the Sertoli cells. 600×

2. Some chromatoid bodies which develop in the periphery of the Golgi complex have a complicated internal substructure. Numerous circular profiles can be seen in these membrane-bound granules. 35,000×

3. The acrosomal granule descends in the vesicle until it becomes attached to the dense material which lines the depression in the pole of the nucleus. The vesicle and the density have spread along the nuclear surface. Filamentous material can be seen in the dense material at the nuclear periphery. The Golgi complex in this stage begins to migrate toward the opposite pole of the nucleus. Granules, vesicles, and sacs appear interconnected in the concavity of the Golgi complex. 50,000×

Planche VII

Le testicule

Dans les tubes séminifères, il y a association de cellules appartenant à des stades différents de la spermatogenèse. On peut distinguer plusieurs types d'association.

1. L. L'association des cellules de ce champ représente des spermatogonies, des spermatocytes au stade pachytène et des spermatides au moment de la formation de la coiffe acrosomique. Dans ces derniers, l'appareil de Golgi (G) avec son contenu sombre s'est éloigné légèrement du granule acrosomique qui est déjà passablement aplati à ce stade. Dans la lumière du tube séminifère, on voit la tête et la queue de nombreux spermatozoïdes en coupe oblique. La tête de quelques spermatozoïdes est encore enfouie dans le cytoplasme des cellules de Sertoli. A mesure que les spermatozoïdes se libèrent des cellules de Sertoli, les spermatides se défont d'une partie de leur cytoplasme qui contient un certain nombre de granules denses. 600×

2. Quelques corpuscules chromatoïdes qui se forment à la périphérie de l'appareil golgien, élaborent une infrastructure complexe. Plusieurs éléments circulaires sont visibles à l'intérieur de ces granules qu'entoure une membrane. 35,000×

3. Le granule acrosomique s'enfonce à l'intérieur de la vésicule acrosomique pour s'attacher à la bande sombre bordant la dépression creusée au pôle du noyau. La vésicule s'étale contre la surface nucléaire. La bande sombre, faite d'un matériel filamenteux, s'étend à la périphérie du noyau. A ce stade, l'appareil de Golgi commence à se déplacer vers le pôle opposé du noyau. Dans la concavité de cet appareil golgien, les granules, les vésicules et les saccules semblent communiquer entre eux. 50,000×

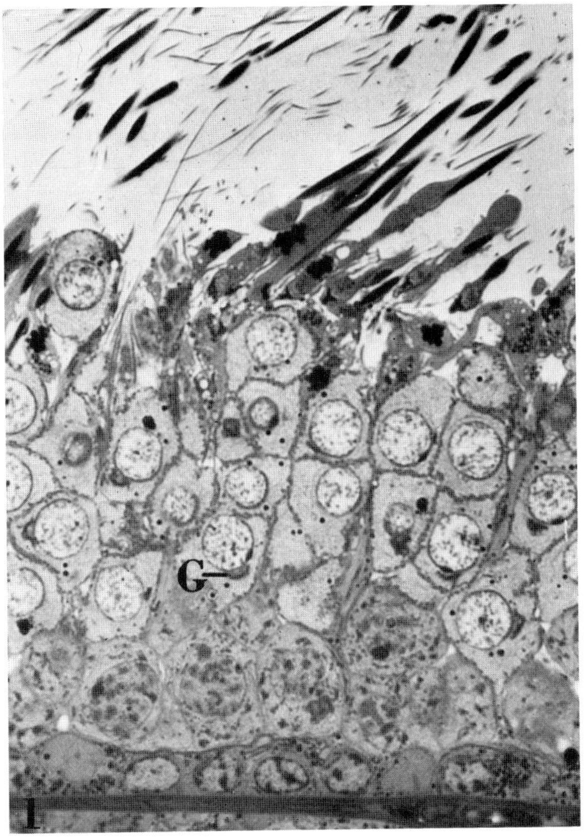
G
1

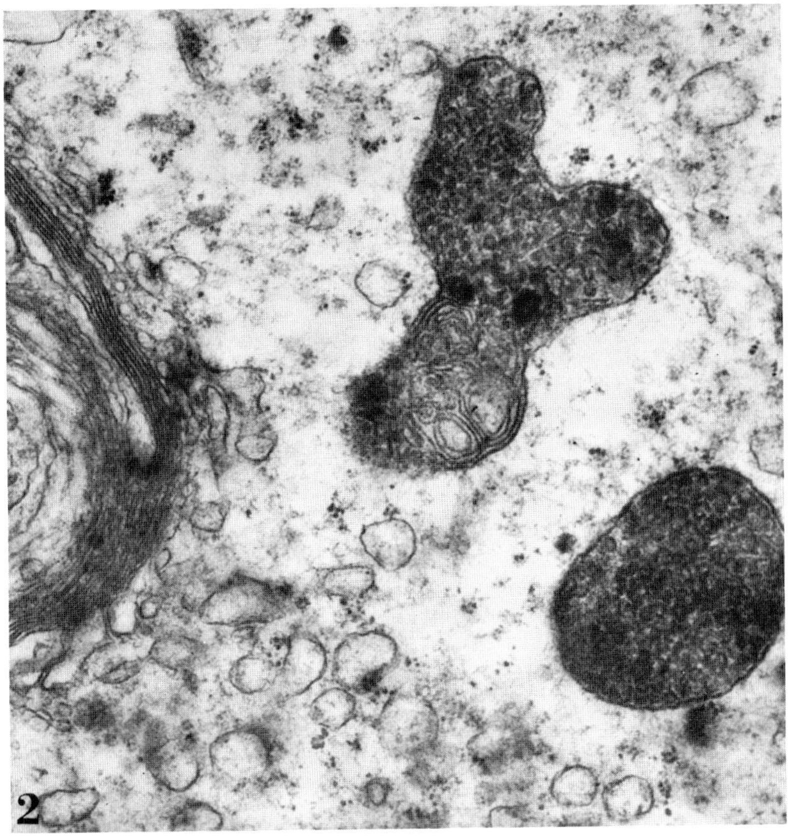
2

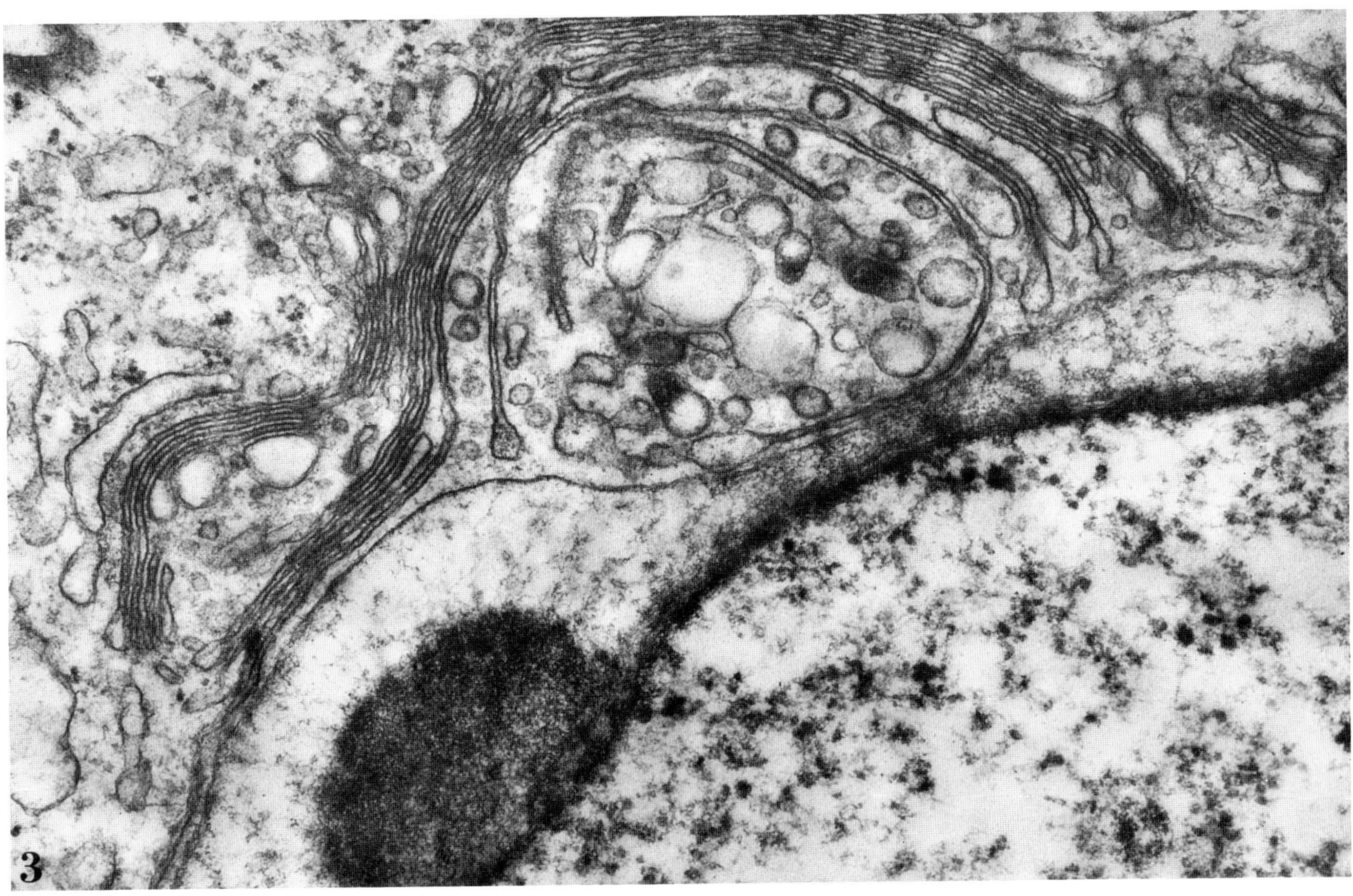
3

Plate VIII

The Testis—The Spermatids

1. In the second or cap phase of spermiogenesis the acrosome becomes flattened against the nuclear surface. The acrosomal vesicle increases its area of contact with the nucleus to form a cape over one pole. The Golgi and the chromatoid body (arrow) have migrated toward the opposite pole of the nucleus, where some large dense granules are seen. The chromatoid body is encircled by a number of very small vesicles. 7500×

2. The acrosomal cap expands to encompass from one-half to two-thirds of the nucleus, and a thick band of microtubules has developed around the remainder. 3250×

3. At this stage the centrioles have migrated to the end of the nucleus opposite to the acrosome. One centriole near the caudal surface of the nucleus has been sectioned almost transversely. The other centriole has become a basal body of a flagellum. The nuclear border has been sectioned tangentially, and a number of nuclear pores are visible. The chromatoid body, surrounded by a large number of vesicles, has migrated to this same caudal pole of the nucleus. 21,000×

4. In an enlargement of a part of Fig. 3 the satellites of the flagellar basal body appear as dense masses embedded in a filamentous network. A deep infolding of plasma membrane around the flagellum forms a cuff which, in sections, appears as sacs with dilated terminals paralleling the flagellar fibrils. Globular outlines and central nodules (arrows) are visible in the nuclear pores. 57,500×

Planche VIII

Le testicule—Les spermatides

1. Dans la seconde phase de la spermiogenèse ou phase de la coiffe céphalique, l'acrosome s'aplatit contre la surface nucléaire. La vésicule acrosomique accroît sa surface de contact avec le noyau pour former une coiffe céphalique. L'appareil de Golgi et le corpuscule chromatoïde (flèche) se sont dirigés vers le pôle opposé du noyau où l'on retrouve quelques granules volumineux et denses. Le corpuscule chromatoïde est entouré de plusieurs vésicules très petites. 7500×

2. La coiffe acrosomique s'est étalée pour envelopper environ la moitié ou les deux tiers du noyau et une rangée épaisse de microtubules s'est formée autour de la surface restée libre. 3250×

3. A ce stade, les centrioles sont rendus au pôle du noyau opposé à l'acrosome. Un centriole, près de la face caudale du noyau, a été coupé de façon presque transversale. L'autre centriole est devenu le corpuscule basal d'un flagelle. Sur cette coupe tangentielle, un certain nombre de pores sont visibles à la surface du noyau. Le corps chromatoïde, entouré d'un grand nombre de vésicules, s'est également déplacé vers la même extrémité caudale du noyau. 21,000×

4. Sur un agrandissement d'une partie de la figure précédente, les satellites du corpuscule basal du flagelle ont l'apparence de masses sombres enrobées dans un réseau filamenteux. Une invagination profonde de la membrane plasmatique forme autour du flagelle un manchon qui a, en coupe, l'aspect de saccules à extrémité dilatée. Les pores nucléaires ont des limites d'aspect globulaire et des nodules centraux (flèches). 57,500×

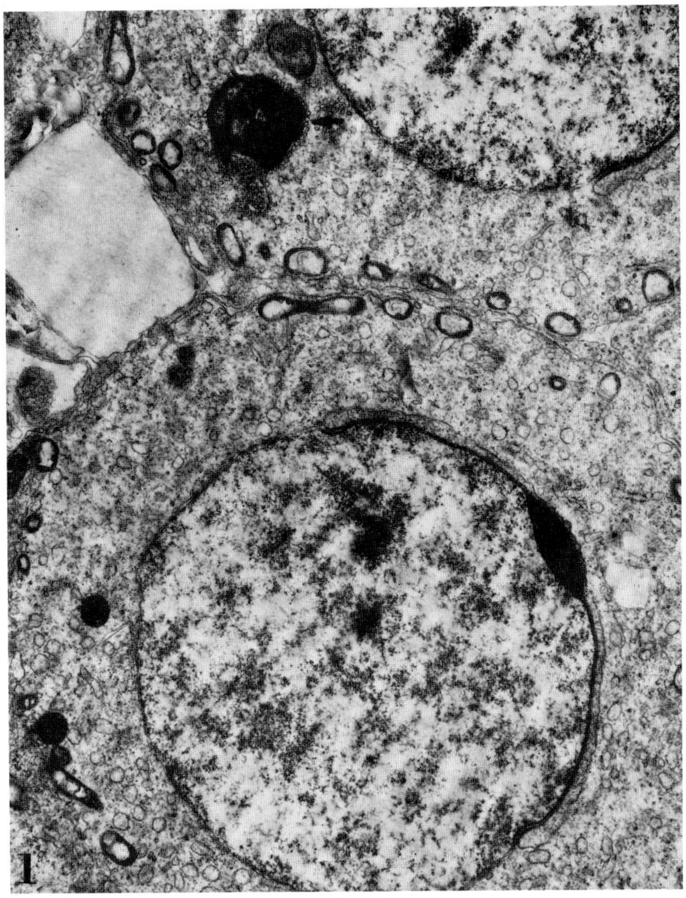

1

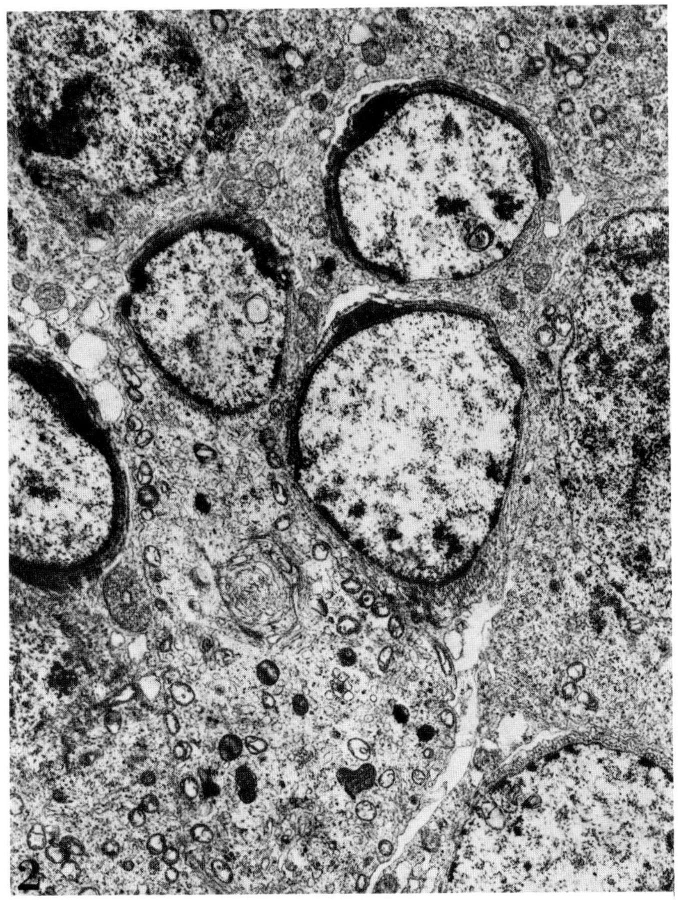

2

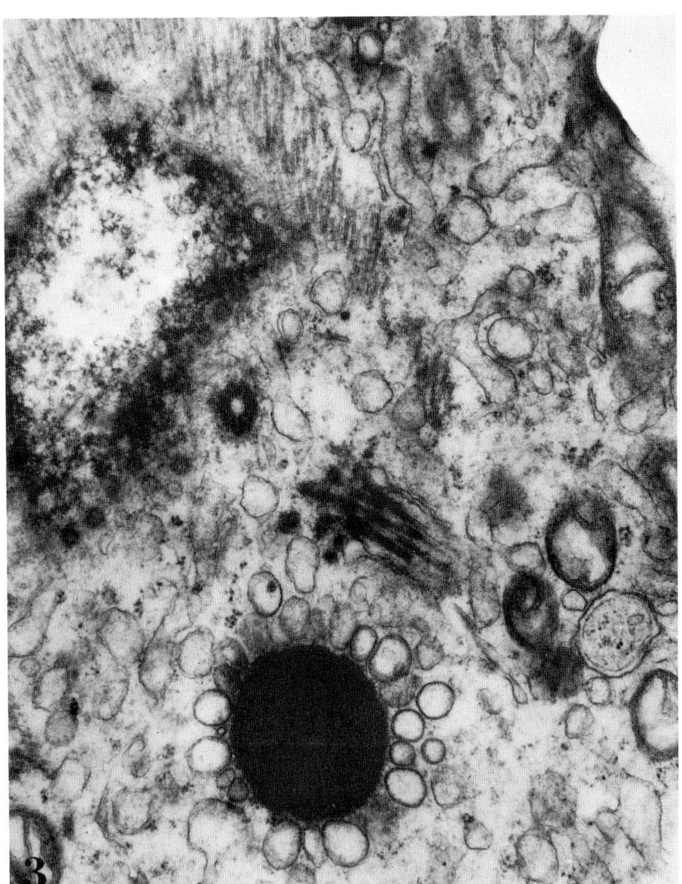

3

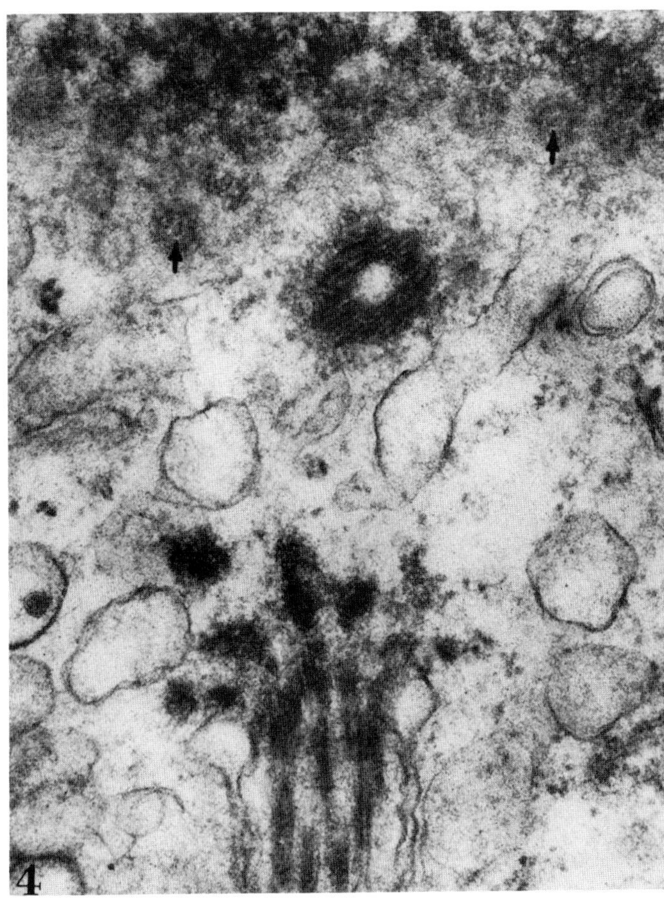

4

Plate IX

The Testis—The Spermatids

1. In the third, or acrosomal, phase of spermiogenesis, there is a distinct elongation of the nucleus of the spermatid with the development of very dense material beneath the membranes. Acrosomal material has spread into a thin, less dense band filling most of the vesicle. Together they form the acrosomal cap over which we have found a distinct outer accessory cap in the rat testis. From the acrosomal cap to the caudal portion of the nucleus many cytoplasmic microtubules have been sectioned transversely or obliquely in a wide juxtanuclear band. This band increases in thickness at the caudal pole. There is a collection of dense granules within the central portion of one of the nuclei. 25,000×

2. In an enlargement of a part of Fig. 1, the layer of extreme density within the periphery of the head end of the nucleus can be seen in contact with the inner nuclear membrane. Coarse, and fine, dense granular material appears in the nucleus. Among the finer granular material groups of transversely sectioned filaments can be seen (arrow). The content of the acrosomal cap appears as a finely granular material. The accessory cap contains a large number of filaments sectioned obliquely or transversely. 50,000×

3. At a greater enlargement the filamentous substructure in the accessory cap and the granular material in the acrosomal cap is demonstrated. 95,000×

4. An enlargement of a part of the acrosomal cap demonstrates variations in the substructure of the layers. 95,000×

Planche IX

Le testicule—Les spermatides

1. A la troisième phase ou phase acrosomique, le noyau s'allonge et présente sous sa membrane, tout contre la vésicule acrosomique, un liséré foncé. Le contenu de la vésicule acrosomique, pour sa part, s'est étalé dans une mince bande moins sombre. Ces deux structures forment la coiffe acrosomique. Dans le testicule du rat, nous avons pu mettre en évidence un capuchon externe, distinct, placé par-dessus la coiffe acrosomique. Dans la zone juxtanucléaire au-delà de la coiffe acrosomique, on remarque de nombreux microtubules cytoplasmiques en coupe transversale ou oblique. Cette zone augmente d'épaisseur au pôle caudal. Une accumulation de granules denses occupe la région centrale de l'un des noyaux. 25,000×

2. A plus fort grossissement, la couche très foncée à la périphérie du noyau est en contact avec la membrane nucléaire interne du pôle céphalique. Le noyau montre un matériel sombre à gros grains et à grains fins. Au sein du matériel finement granulaire, des groupes de filaments (flèche) sont visibles en coupes transversales. Le contenu de la coiffe acrosomique s'avère un matériel finement divisé. Dans le capuchon externe accessoire, on peut voir un grand nombre de filaments en coupe transversale ou oblique. 50,000×

3. En poussant l'agrandissement plus loin, on dévoile l'infrastructure filamenteuse du capuchon externe accessoire et le matériel granulaire dans la coiffe acrosomique. 95,000×

4. Un secteur agrandi de la coiffe acrosomique révèle les variations de son infrastructure. 95,000×

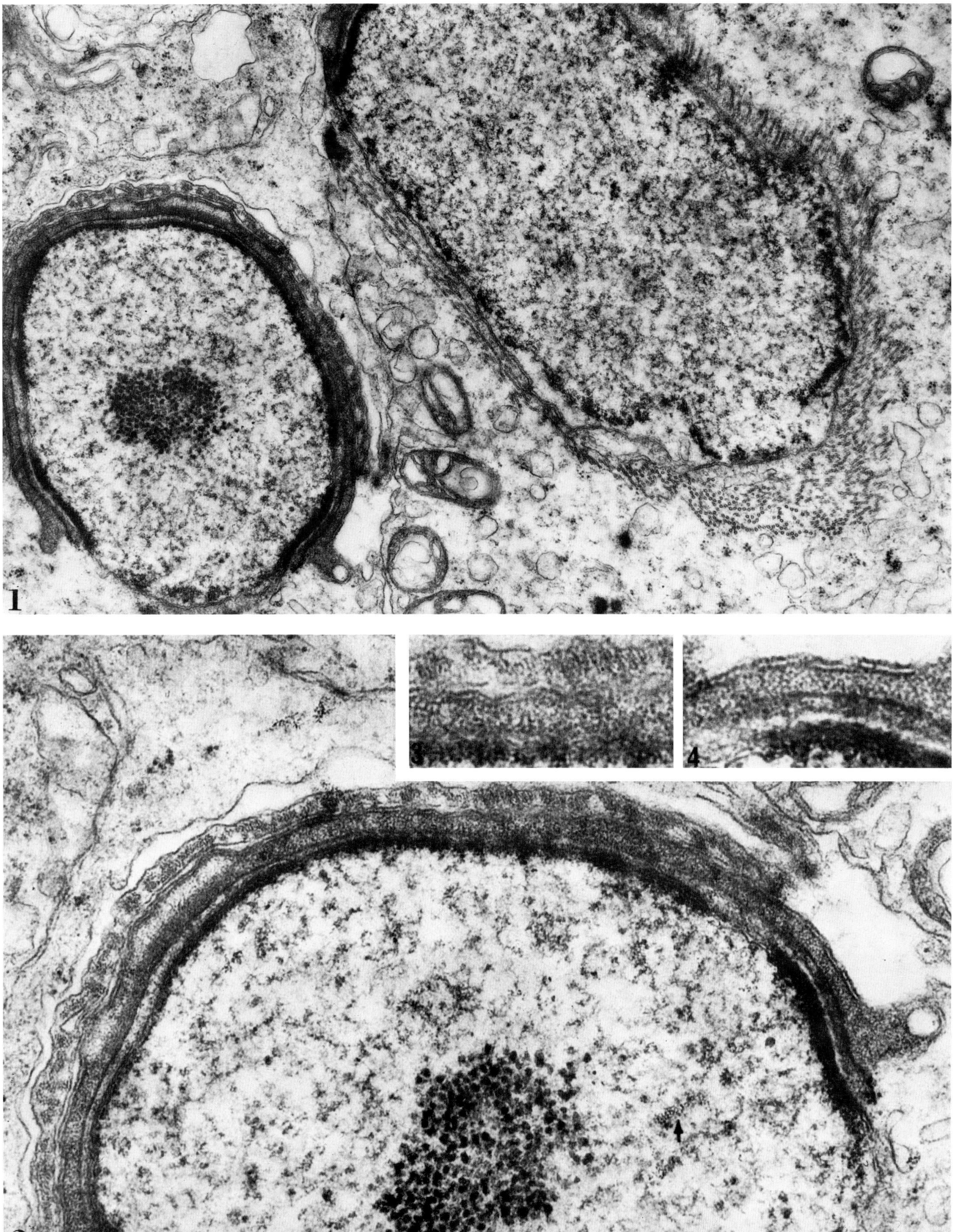
1
2
3
4

Plate X

The Testis

1. L. Small-to-large, dense granules are located in the Sertoli (S) cytoplasm. Spermatogonia (sg) in the basal layer and spermatocytes (sc) in the next layer occupy the spaces between the Sertoli cells. Spermatids in the process of maturation are embedded in Sertoli cell cytoplasm. The spermatids, in this phase, have undergone an elongation of the nucleus and the acrosomal cap, and a condensation of the nuclear content. Due to its irregularity of shape, the caudal end of the nucleus appears oval in some planes of section and square in others. In some spermatids two moderately dense lines extend out from the caudal border of the nucleus. 1000×

2. The acrosomal cap has begun to develop a distinct prolongation and envelops the two aspects of the nucleus quite unequally. The caudal sheath, composed of a large number of cytoplasmic microtubules, extends out from the border of the cap. Two dense concavities are seen at the caudal surface of the nucleus. The centrioles have migrated to this vicinity before this time. The distal centriole, oriented perpendicularly to the nuclear surface, has developed a flagellum. 7500×

3. The appearance of the spermatid nuclei, when sectioned in various planes more or less perpendicular to the spermatid in Fig. 2, is demonstrated in this field. Flagella have been sectioned transversely within the caudal microtubular sheath in several of the spermatids. Dense material at the caudal end of the nucleus in two of the spermatids is believed to be derived from the chromatoid body. 7500×

Planche X

Le testicule

1. L. Le cytoplasme des cellules de Sertoli (S) laisse voir des granules denses de dimensions variées. Les spermatogonies (sg) présentes à la base de l'épithélium séminal et les spermatocytes (sc) situés juste au-dessus s'insèrent entre les cellules de Sertoli. Dans le cytoplasme de ces dernières, des spermatides en voie de maturation sont enfouis. A ce stade, le noyau des spermatides subit un allongement et une condensation de son contenu. La coiffe acrosomique s'allonge également. L'extrémité caudale irrégulière du noyau présente, suivant le plan de la coupe, une forme ovale ou carrée. Dans quelques spermatides, deux lignes assez foncées prolongent l'extrémité caudale du noyau. 1000×

2. La coiffe acrosomique se prolonge sur les deux faces du noyau de façon inégale. La gaine caudale, faite d'une multitude de microtubules cytoplasmiques, se place dans le prolongement de la coiffe acrosomique. Deux concavités foncées se sont formées à la surface caudale du noyau en regard de laquelle les centrioles avaient déjà émigré. Le centriole distal, perpendiculaire à la surface nucléaire, a donné naissance à un flagelle. 7500×

3. Ce champ montre le noyau de spermatides coupés suivant des plans plus ou moins perpendiculaires à celui du spermatide de la figure 2. Remarquer les flagelles en coupe transversale à l'intérieur de la gaine caudale microtubulaire de plusieurs spermatides. Un matériel foncé à l'extrémité caudale du noyau de deux spermatides dérive probablement du corpuscule chromatoïde. 7500×

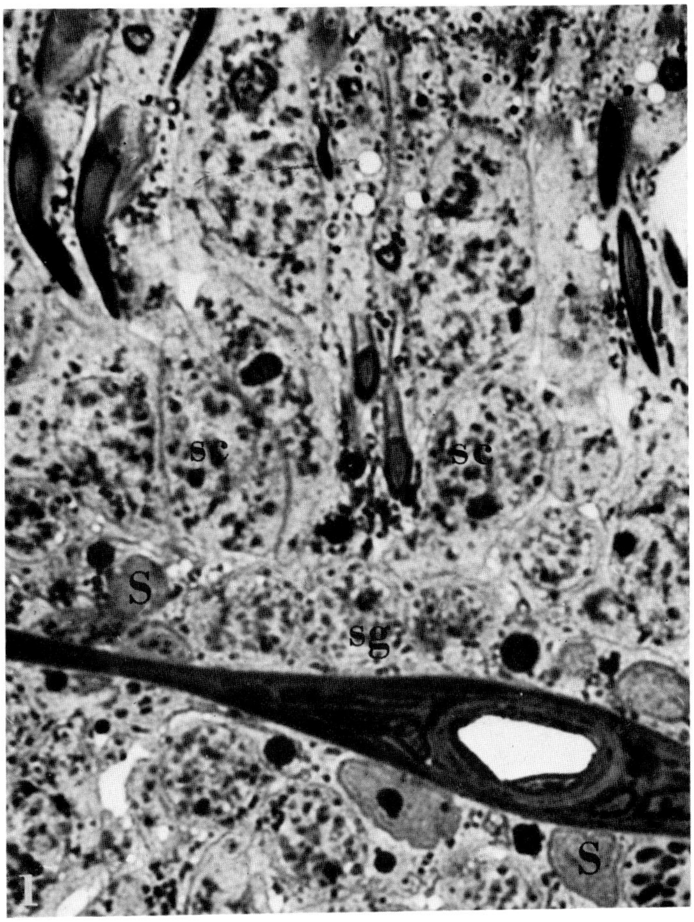
sc
sc
S
sg
S
1

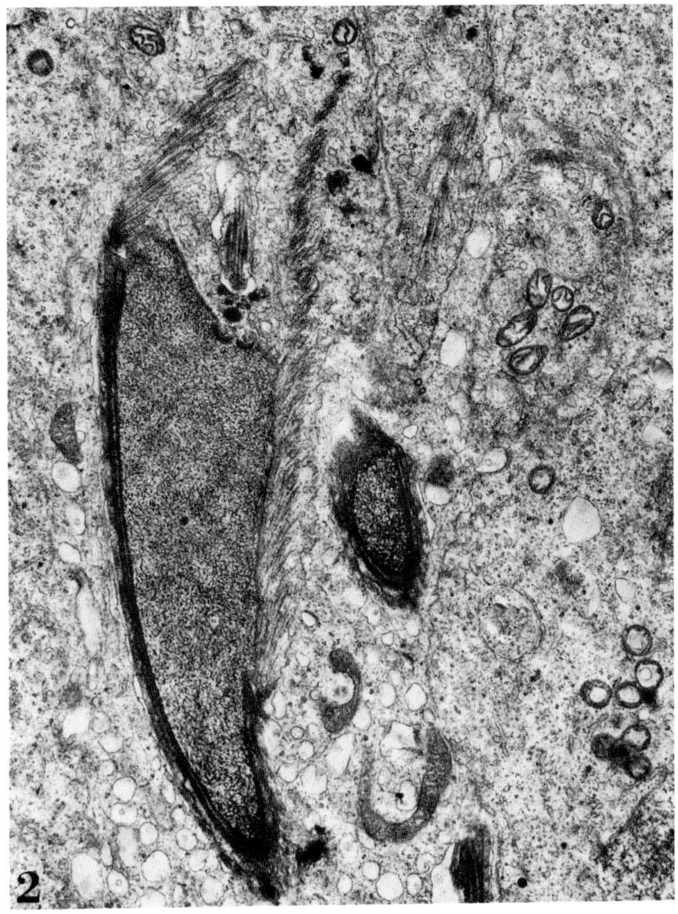
2

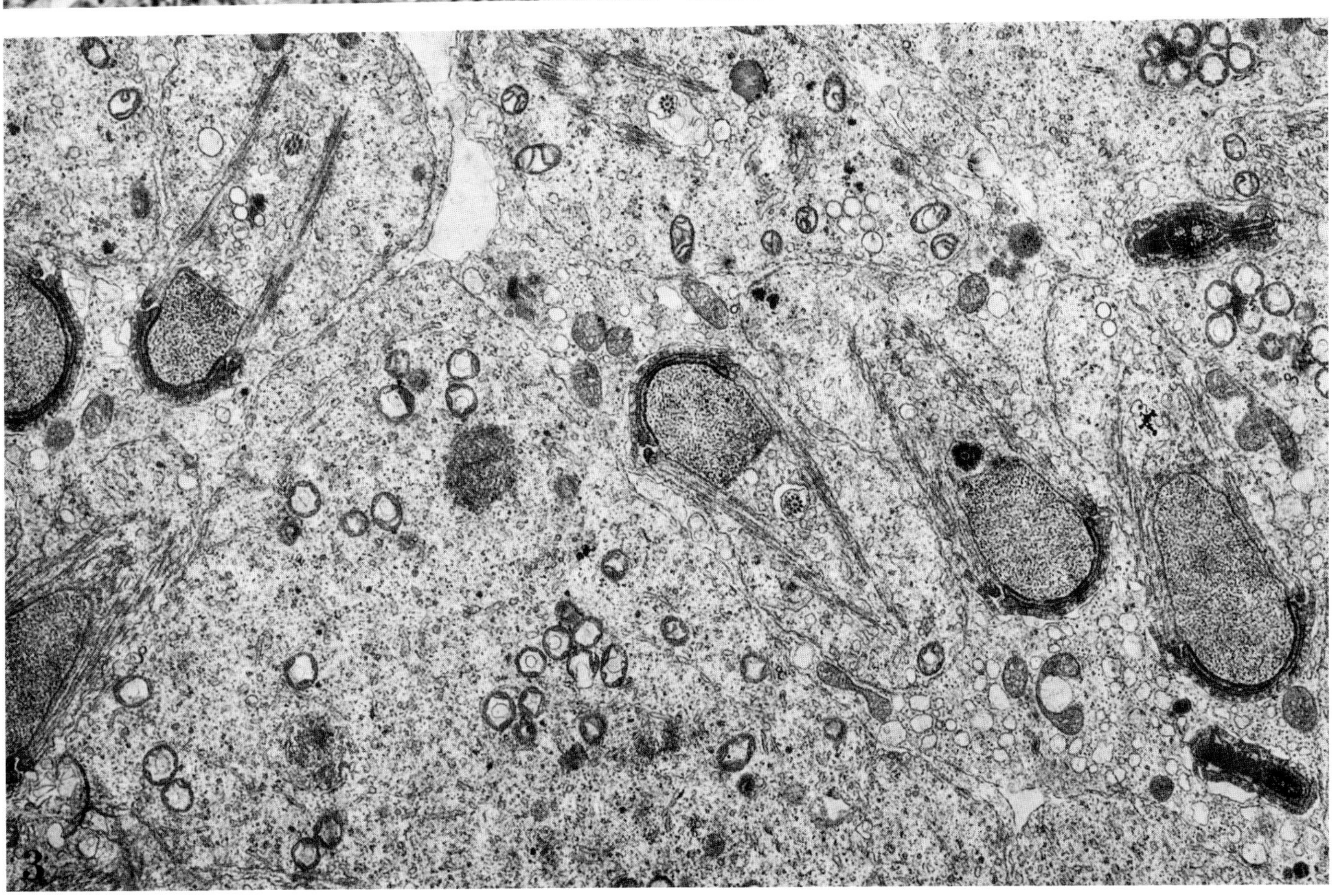
3

Plate XI

The Testis

1. At a later phase of maturation of the spermatid the nucleus becomes greatly elongated and the acrosomal cap stretches over the head end. An increase in density of the nucleoplasm is seen at both the head and the caudal ends. The cytoplasm of numerous spermatids bulges into the lumen of the seminiferous tubule. Thin sheaths of Sertoli cell (S) cytoplasm can be seen between the spermatids. Long cytoplasmic tails project from some of the spermatids. These are the developing tails of the future spermatozoa. Transverse and oblique sections of different segments of the tails of spermatozoa are seen in the lumen. A large, dense, granulated body is a part of the discarded portion of the spermatid cytoplasm which does not remain with the spermatozoon. 3000 ×

2. The proximal centriole of the maturing spermatid has now become fixed to the dense basal plate of the nuclear envelope. The nucleus, now markedly reduced in size, contains a network of heavily stained, thick filamentous material. 25,000 ×

3. The proximal centriole (pc), which has been sectioned transversely, is surrounded by dense material. Faint filamentous strands radiate toward the basal plate of the nuclear envelope. An annulus of dense material surrounds the flagellum (f) and appears in section as two dense bodies (arrows). Some of the flagellar fibers appear extremely dense. 50,000 ×

Planche XI

Le testicule

1. A un stade plus avancé de la spermiogenèse, la coiffe acrosomique couvre l'extrémité céphalique du noyau qui s'est allongé. Le nucléoplasme s'assombrit aux extrémités caudale et céphalique. Le cytoplasme de nombreux spermatides fait saillie dans la lumière du tube séminifère. Entre les spermatides, on voit de minces gaines cytoplasmiques des cellules de Sertoli (S). De longs et fins prolongements cytoplasmiques s'élèvent de certains spermatides: ce sont les queues des futurs spermatozoïdes qui sont en voie de développement. Dans la lumière, on remarque des coupes transversales et obliques de différents segments de la queue de spermatozoïdes. Un corpuscule foncé d'aspect granuleux correspond à du cytoplasme de spermatide dont le spermatozoïde s'est défait. 3000 ×

2. Le centriole proximal du spermatide en voie de maturation s'est maintenant attaché à la plaque basale dense de l'enveloppe nucléaire. Le noyau de dimension maintenant réduite contient un réseau de matériel filamenteux épais et fortement coloré. 25,000 ×

3. Le centriole proximal (pc) en coupe transversale, est entouré de matériel sombre et des brins filamenteux mal définis irradient vers la plaque basale de l'enveloppe nucléaire. Un anneau de matériel foncé entoure le flagelle (f) et présente, en coupe, l'aspect de deux corpuscules denses (flèches). Quelques fibres du flagelle sont très foncées. 50,000 ×

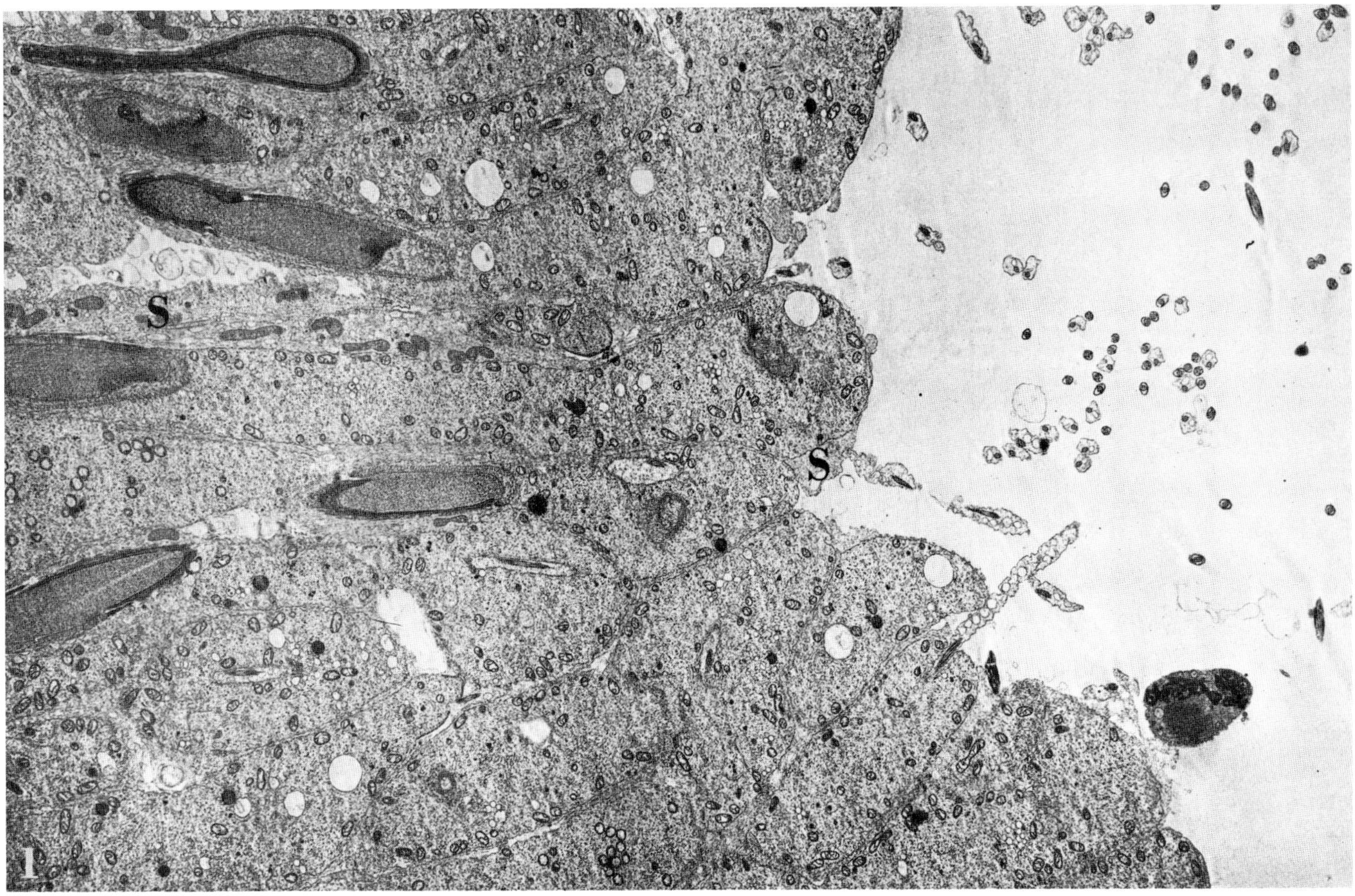
S
S
1

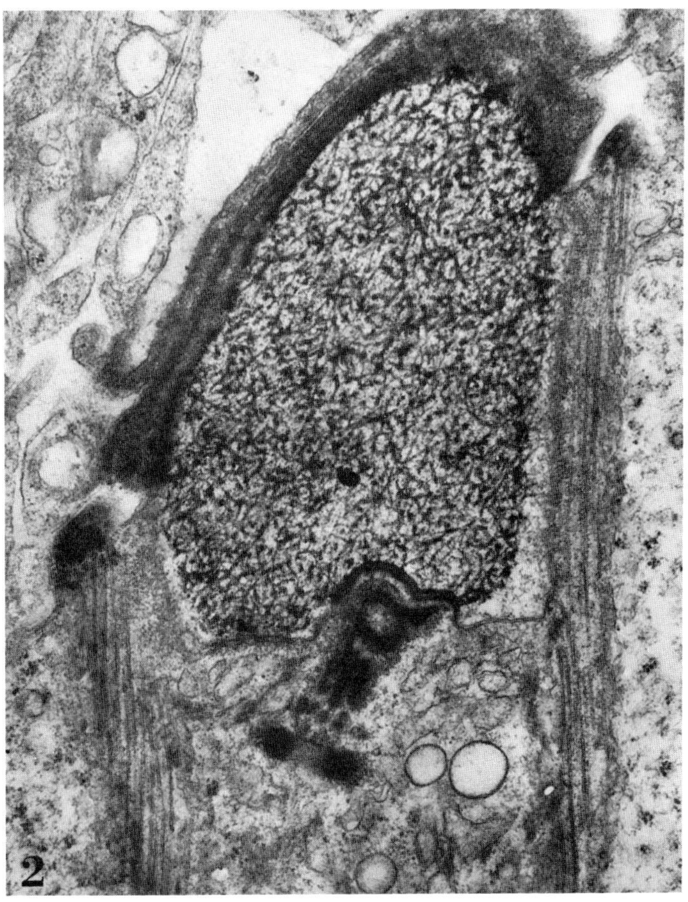
2

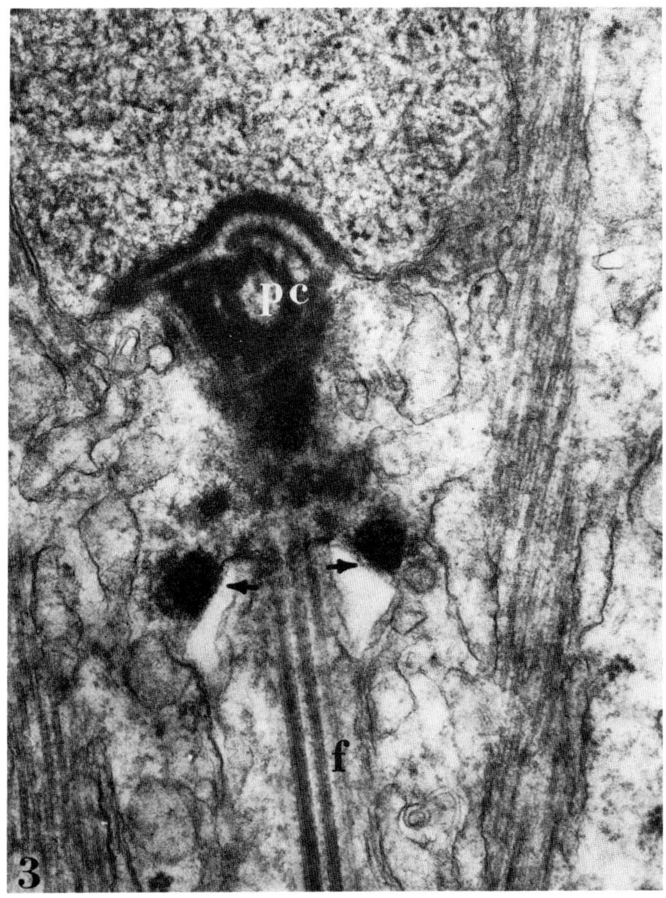
pc
f
3

Plate XII

The Testis

1. As the spermatid matures, the caudal sheath becomes delineated by internal and external flattened sacs of the agranular reticulum. 17,500×

2. The apex of the acrosome becomes extremely elongated, and the network within the nucleoplasm stains considerably more intensely than the acrosomal cap. 12,500×

3. With the continued maturation of the spermatid the condensation of the nuclear content progresses by a thickening of the filamentous material at the expense of the lighter background. Dense fibers have developed in what will become the middle piece of the tail of a spermatozoon. During these advanced phases of the maturation of the spermatid, increasingly large vesicular spaces appear around the apex of the nucleus. 16,250×

Planche XII

Le testicule

1. Avec la maturation du spermatide, des saccules aplatis du réticulum lisse viennent tapisser l'intérieur et l'extérieur de la gaine caudale. 17,500×

2. L'extrémité apicale de l'acrosome devient très effilée. La coloration du réseau à l'intérieur du nucléoplasme s'intensifie et devient beaucoup plus foncée que la coiffe acrosomique. 12,500×

3. La condensation du contenu nucléaire se poursuit par un épaississement du matériel filamenteux aux dépens du fond clair. Des fibres denses apparaissent dans ce qui deviendra la pièce intermédiaire de la queue d'un spermatozoïde. Durant ces phases avancées de la maturation du spermatide, des espaces vésiculaires de plus en plus grands font leur apparition autour de l'apex du noyau. 16,250×

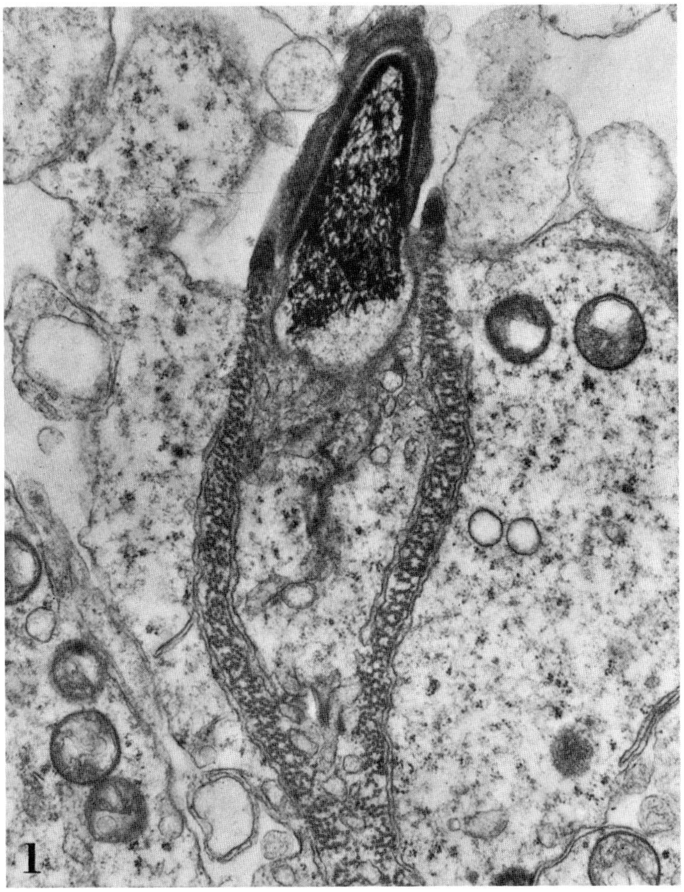

1

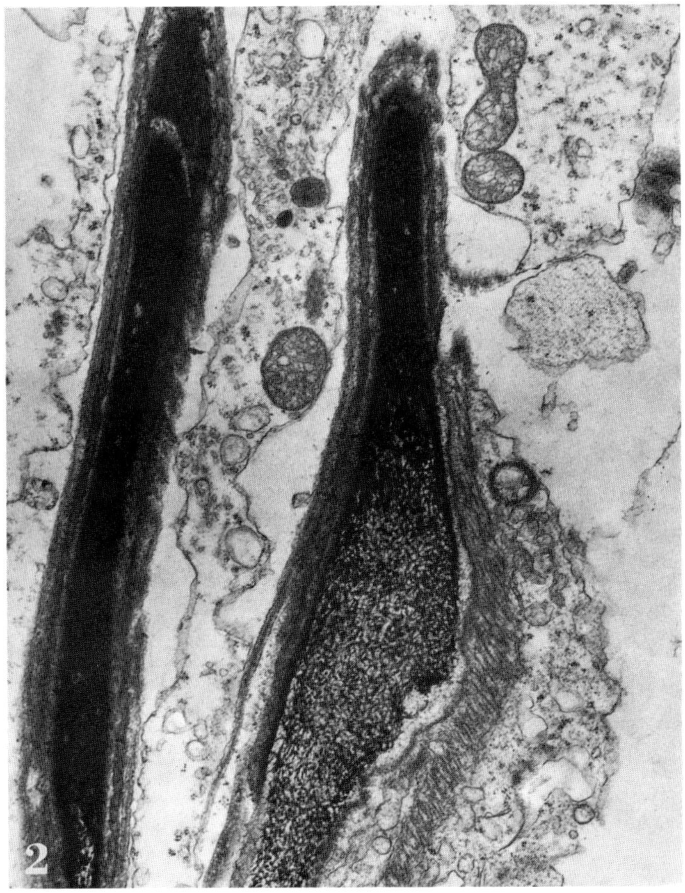

2

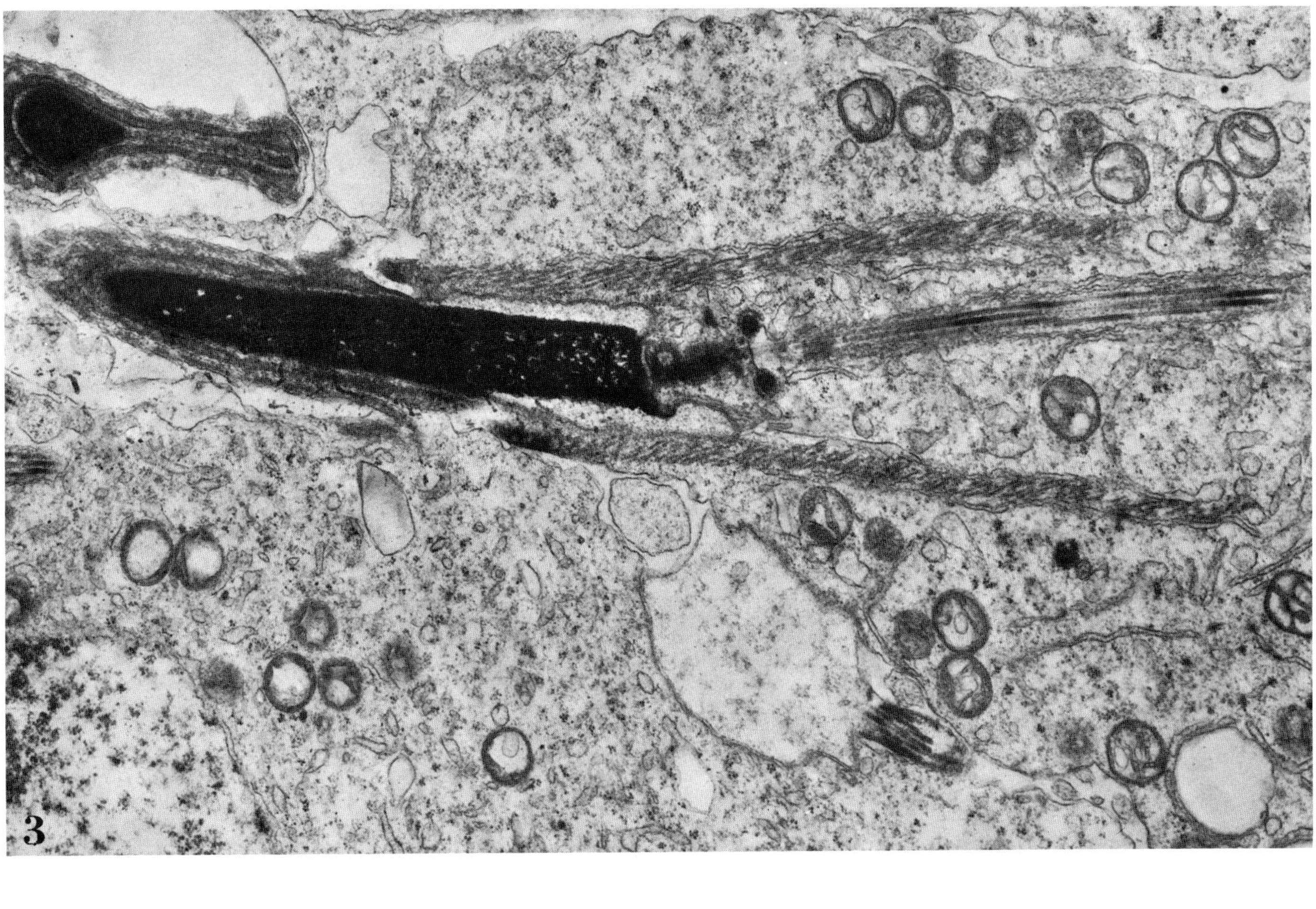

3

Plate XIII

The Testis

1. In a lateral view of the mature spermatid in the rat, a sharp angulation has developed in the junction between the attenuated acrosome and the nucleus. Filaments (arrows) parallel the elongated, hooked acrosome. The mitochondria of the spermatid have now become organized into a sheath around the flagellum. 19,500 ×

2. A section has passed obliquely through the nucleus and almost transversely through the flagellum. In this middle piece of the developing spermatozoon the two central microtubules or fibrils are surrounded by the nine doublets typical of cilia or flagella. These, together, are termed the axial filament complex. The axial complex is, in turn, surrounded by nine large, dense bodies which are the outer dense longitudinally oriented fibers as seen in transverse section. A mitochondrial sheath surrounds this sleeve of dense fibers. A number of profiles of the agranular endoplasmic reticulum are found between the mitochondrial sheath and the membrane, which now distinctly outlines the future spermatozoon. The membrane of the spermatozoal portion of the spermatid is extremely dense, while that lining the residual portion is considerably less prominent. This interspace is the plane of cleavage along which the spermatozoon separates from the residual cytoplasm. A large number of the filaments (arrows), which were seen in an accessory cap covering the acrosomal vesicle, are still to be found within the first layer of the residual cytoplasm surrounding the developing spermatozoon. 65,000 ×

Planche XIII

Le testicule

1. Une vue latérale d'un spermatide mûr de rat montre l'angle aigu qui s'est développé à la jonction entre l'acrosome aminci et le noyau. Des filaments (flèches) accompagnent l'acrosome allongé et recourbé. Les mitochondries du spermatide forment maintenant une gaine autour du flagelle. 19,500 ×

2. Ici le noyau a été coupé de façon oblique alors que le flagelle de la même cellule apparaît en coupe presque transversale. Dans cette pièce intermédiaire du spermatozoïde en voie de développement, deux microtubules centraux ou fibrilles sont entourés par les neuf doublets caractéristiques des cils et flagelles pour former le complexe du filament axial. Ce filament axial est à son tour entouré de neuf gros corpuscules denses qui sont les fibres externes longitudinales vues en coupe transversale. Une gaine mitochondriale entoure ce manchon externe de fibres denses. Des éléments du réticulum endoplasmique lisse se retrouvent entre cette gaine mitochondriale et la membrane qui délimite maintenant de façon distincte le futur spermatozoïde. Par contre la membrane recouvrant la partie résiduaire du spermatide est beaucoup plus effacée. L'interstice entre ces deux membranes fournit un plan de clivage suivant lequel se détachera le spermatozoïde du cytoplasme résiduaire. Un grand nombre de filaments (flèches) qui formaient le capuchon externe accessoire recouvrant la vésicule acrosomique, se trouvent encore à l'intérieur de la première couche du cytoplasme résiduaire qui entoure ce spermatozoïde en voie de développement. 65,000 ×

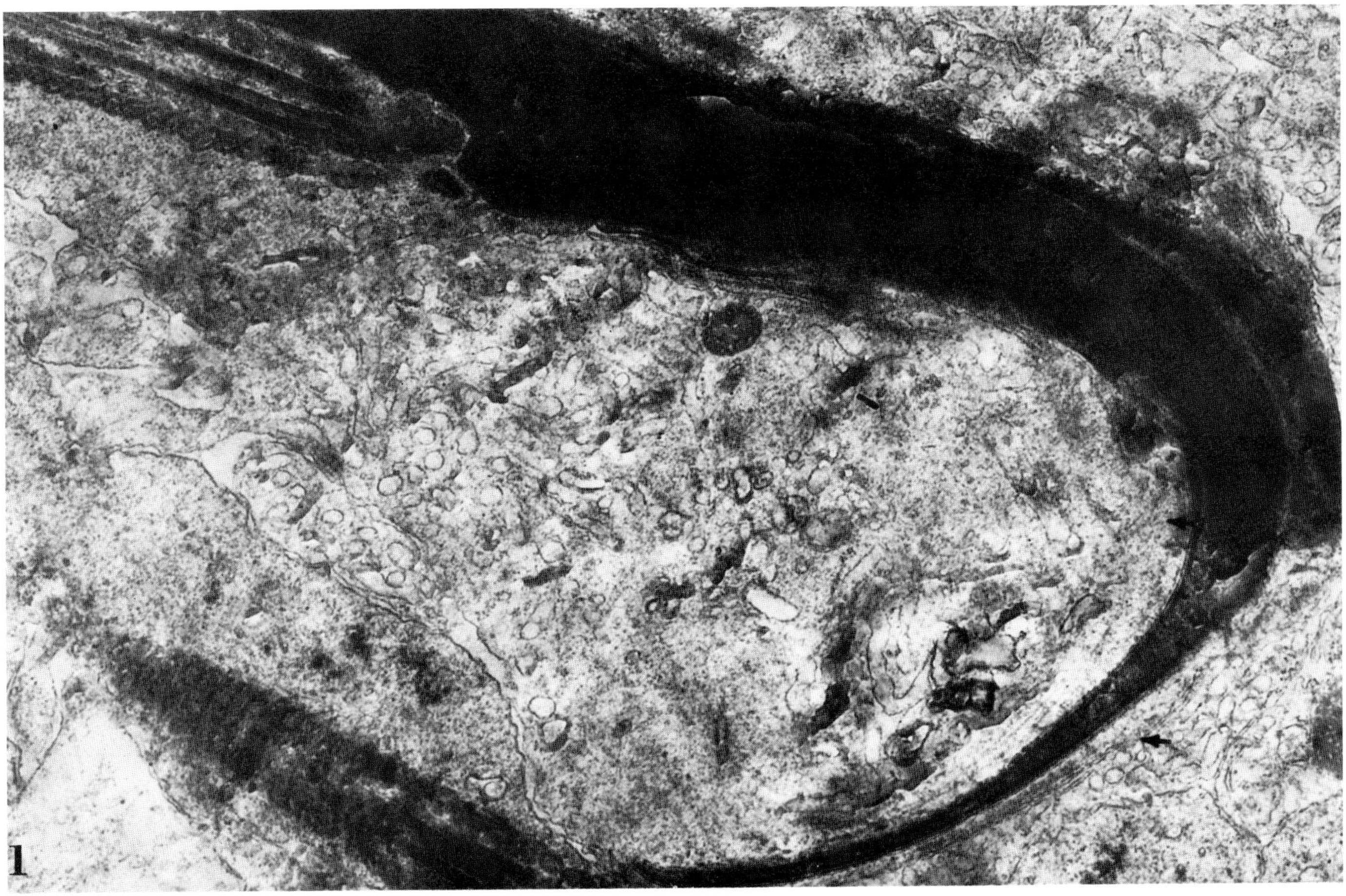
1

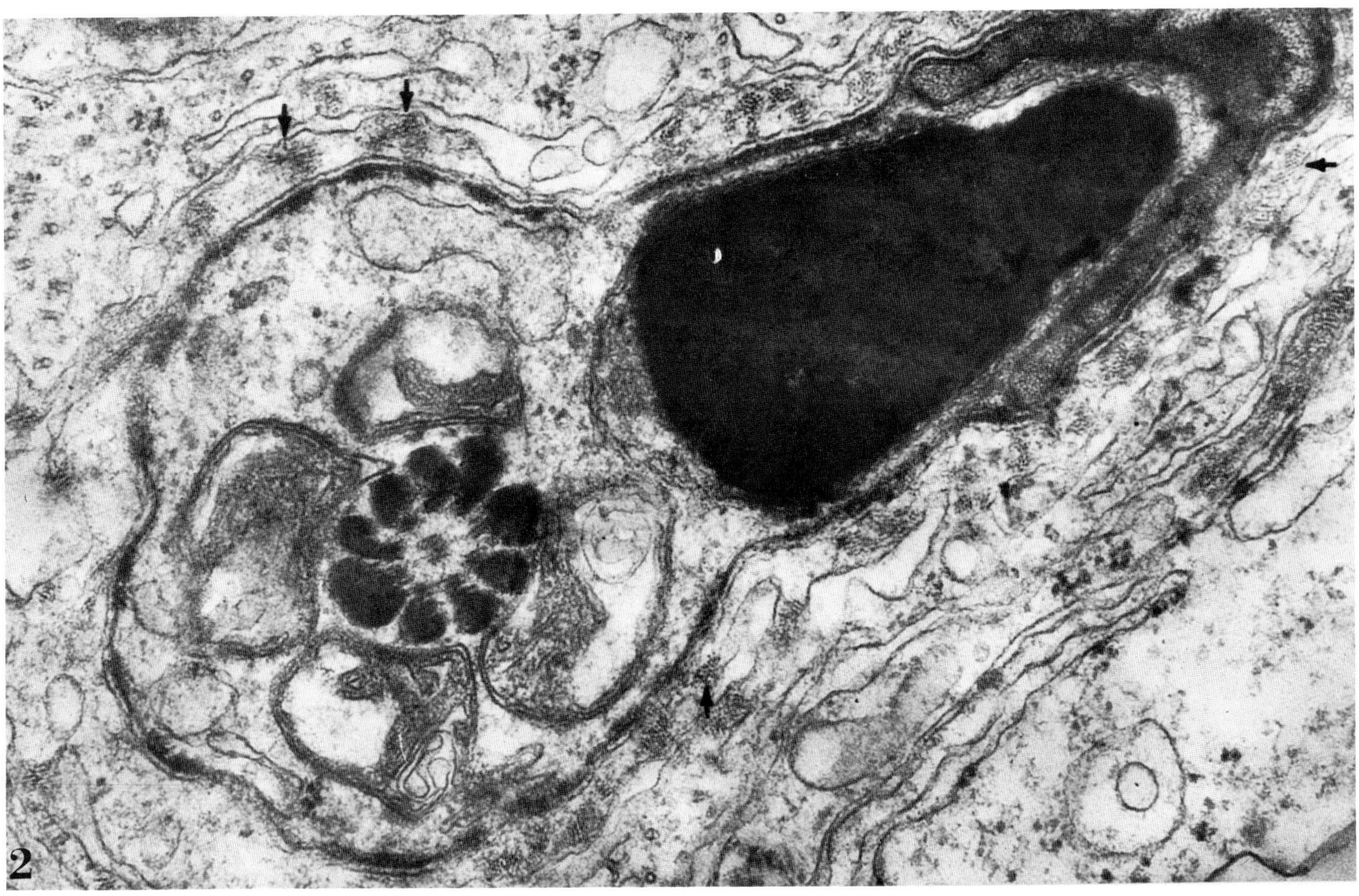
2

Plate XIV

The Testis

1. In a frontal view through the acrosomal cap, the extent of the accessory filamentous cap is demonstrated. This filamentous layer is interposed between two flattened, membrane-bound cisternal spaces. In the next compartment of the cytoplasm a large number of cytoplasmic microtubules have been sectioned transversely. 70,000×

2. A section has passed through the middle piece of the future spermatozoon. The mitochondrial sheath encircles the nine outer dense fibers. Beyond the mitochondrial sheath is a double layer of membranes which delineates the plane of cleavage of this part of the tail from the residual cytoplasm. Transversely sectioned filaments in an interrupted layer extend out into the latter. Numerous, transversely sectioned cytoplasmic microtubules, large vesicles, a multivesicular body with two surrounding membranes, and a dense granule are located in the residual cytoplasm. 70,000×

Planche XIV

Le testicule

1. Dans une vue frontale intéressant la coiffe acrosomique, on peut juger de l'étendue du capuchon accessoire filamenteux. Cette couche filamenteuse est comprise entre deux citernes aplaties limitées par une membrane. Dans le compartiment cytoplasmique voisin, on retrouve un grand nombre de microtubules en coupe transversale. 70,000×

2. Cette coupe intéresse la pièce intermédiaire d'un spermatozoïde en voie de développement. La gaine mitochondriale encercle les neuf fibres denses externes. Cette gaine mitochondriale est à son tour entourée d'une double épaisseur de membranes qui sépare la queue du spermatozoïde du cytoplasme résiduaire où l'on remarque de nombreux microtubules en coupe transversale, de grosses vésicules, un corpuscule multivésiculaire avec deux membranes et un granule dense. Une bande de cytoplasme contient une couche discontinue de filaments qui, en coupe transversale, se prolongent dans le cytoplasme résiduaire du spermatide. 70,000×

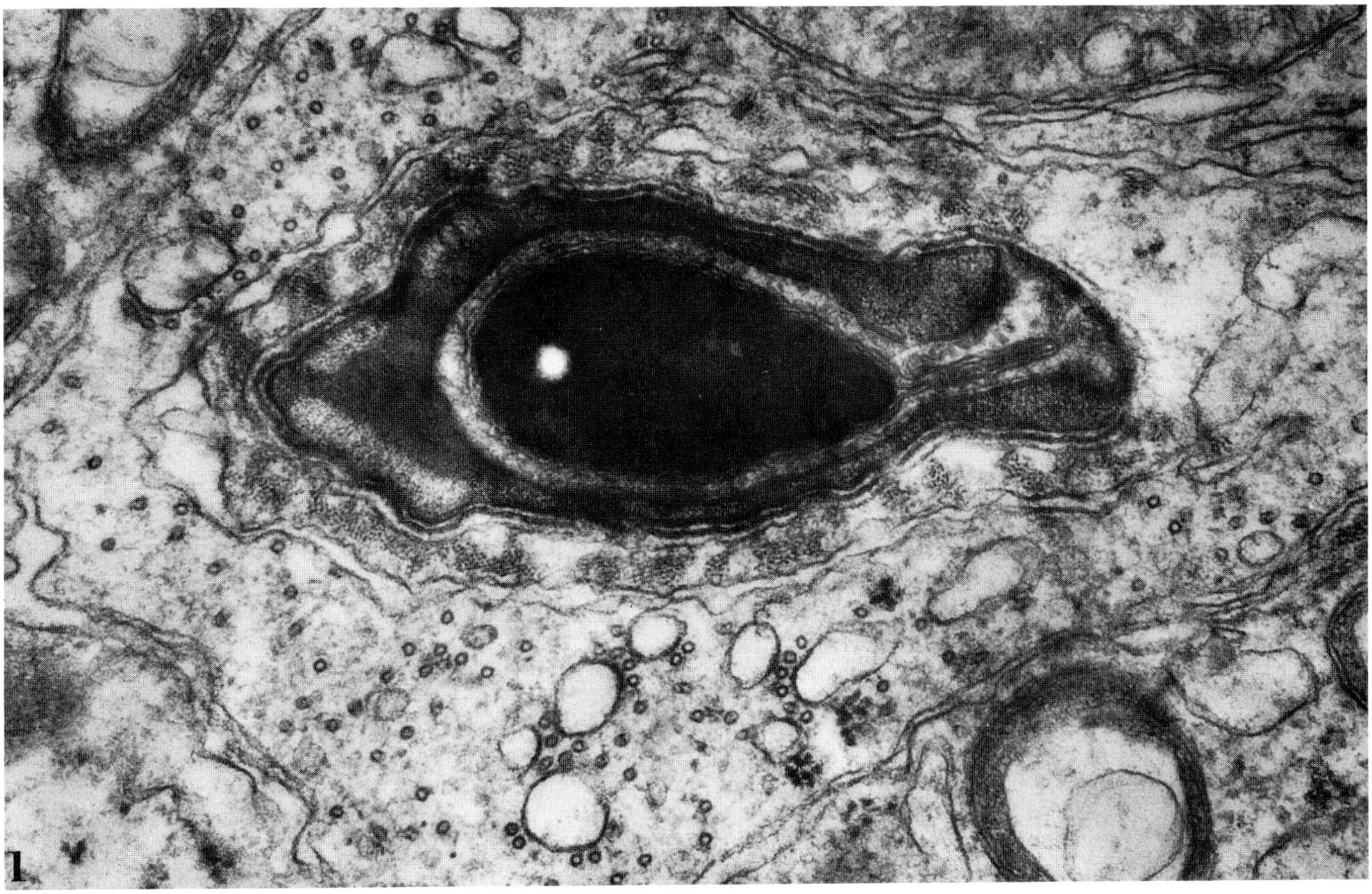
1

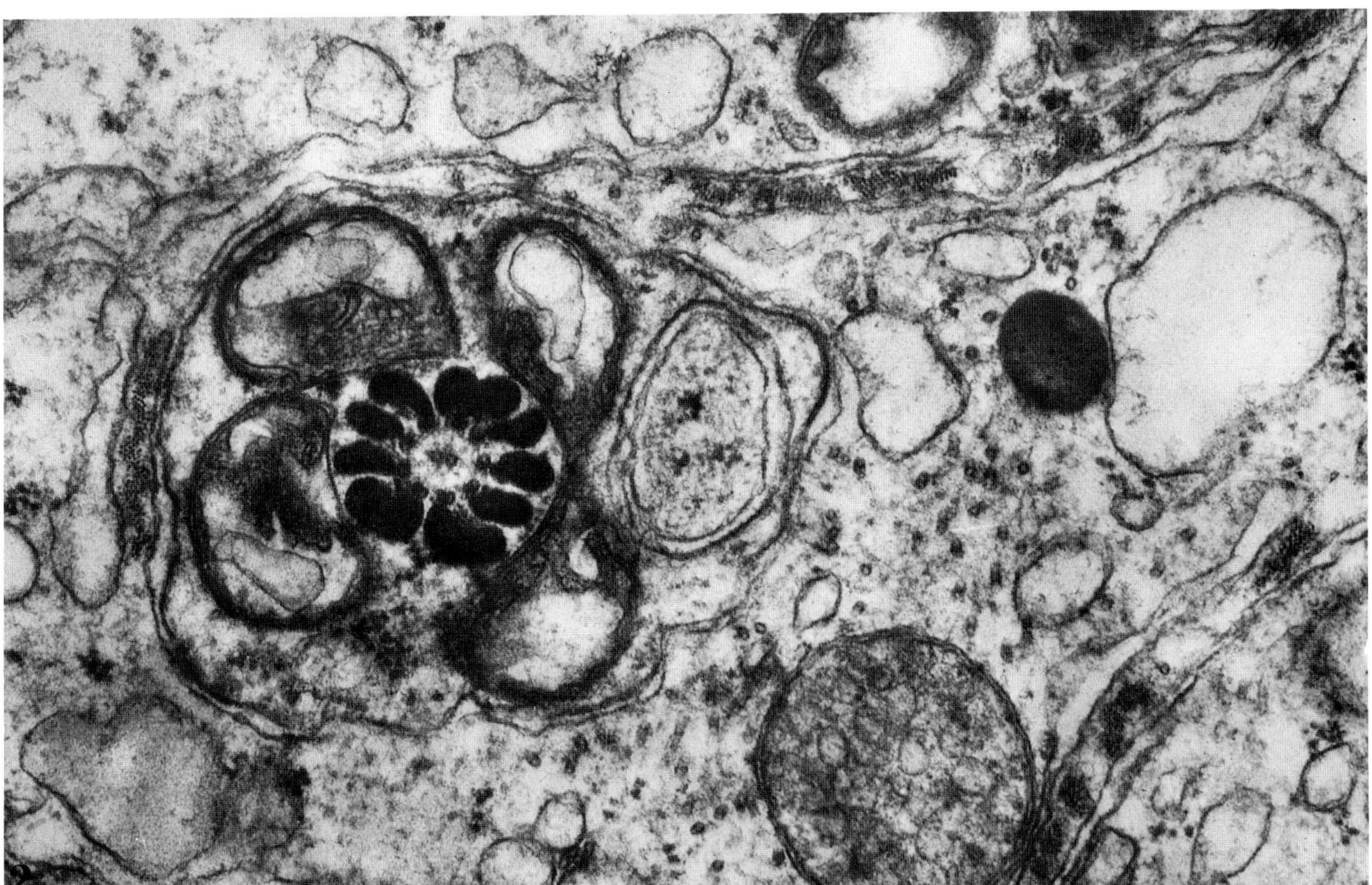
2

Plate XV

The Testis

1. Complex membrane systems are seen in the cytoplasm of the spermatid which protrudes from the Sertoli cell (S) into the lumen of the seminiferous tubule. Mitochondria and granules and membranes of a Golgi complex appear in this cytoplasmic protrusion. 13,000 ×

2. At a higher magnification, layers of membranes are bordered by dense or fibrillar material and form a network of flattened sacs or tubes. 47,500 ×

3. The granules often have an internal substructure of circular profiles. 36,000 ×

4. Occasionally, membranes resembling a well-defined Golgi apparatus can still be seen in the residual cytoplasm of a spermatid. The irregularly shaped, moderately densely stained granules have an internal membranelike substructure. 40,000 ×

Planche XV

Le testicule

1. On remarque des arrangements complexes de membranes dans le prolongement cytoplasmique d'un spermatide qui déborde d'une cellule de Sertoli (S) dans la lumière d'un tube séminifère. Les mitochondries, les granules et les membranes prennent une orientation qui rappelle celle de l'appareil de Golgi. 13,000 ×

2. A plus fort grossissement, les membranes sont entourées d'un matériel dense ou fibrillaire et forment un réseau de saccules aplatis ou de tubules. 47,500 ×

3. Les granules montrent souvent une infrastructure faite d'éléments circulaires. 36,000 ×

4. Il arrive parfois que des membranes ayant l'allure d'un appareil de Golgi bien développé se trouvent dans le cytoplasme résiduaire des spermatides. Des granules de forme irrégulière et de densité moyenne présentent une infrastructure d'allure membraneuse. 40,000 ×

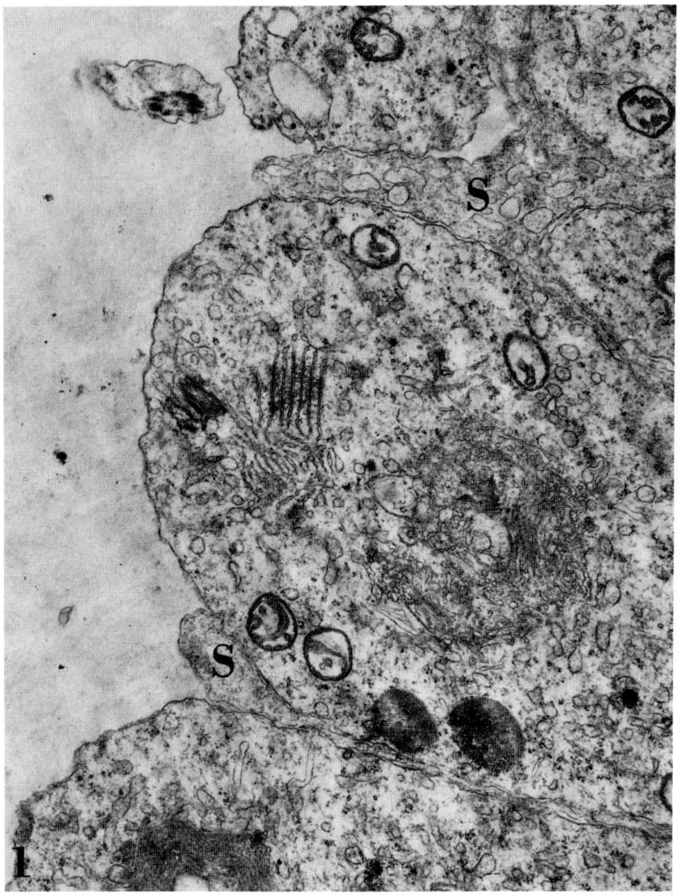
S
S
1

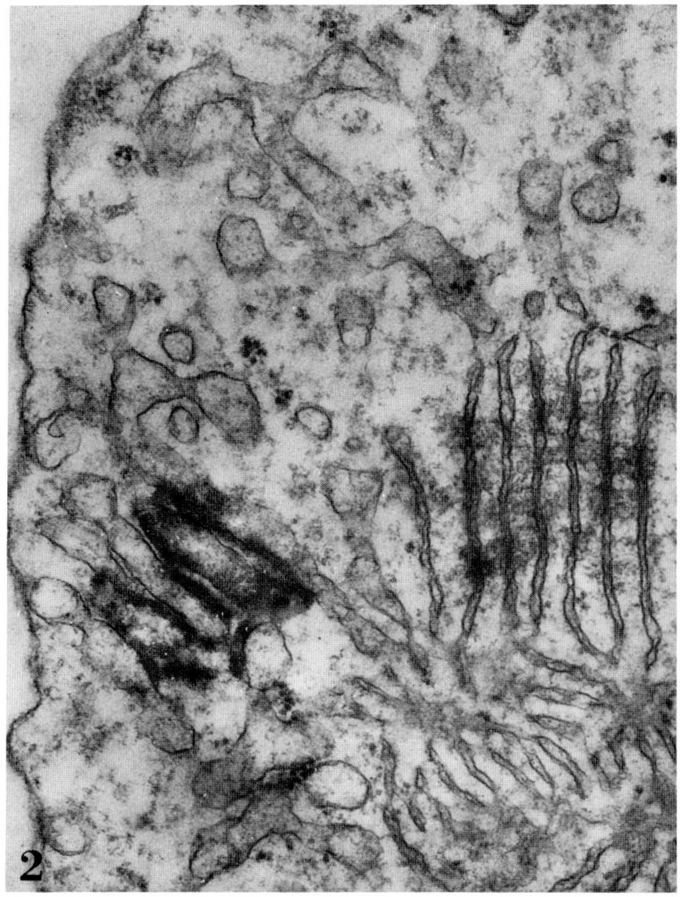
2

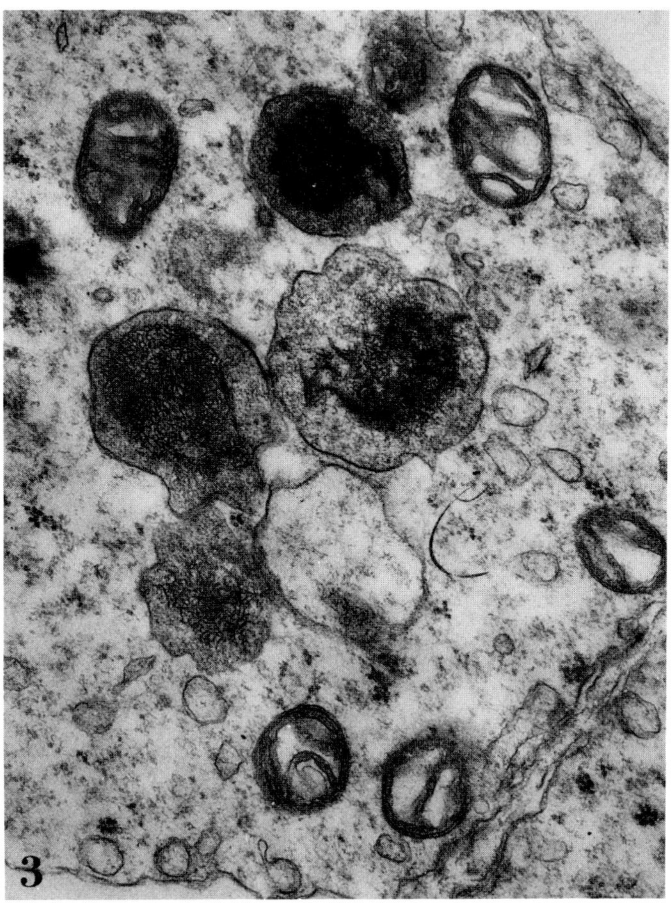
3

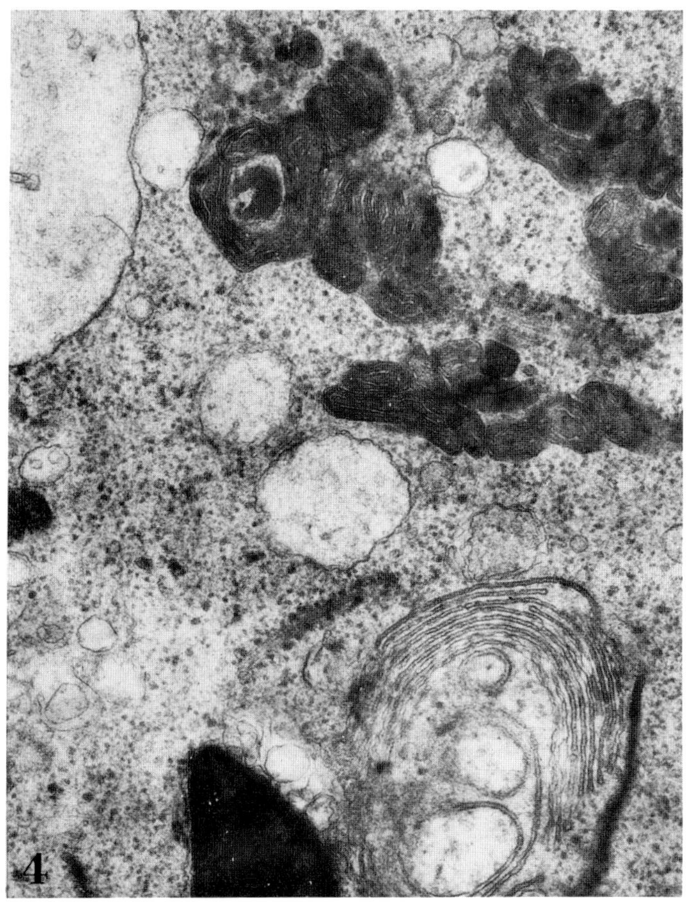
4

Plate XVI

The Testis

1. A section through the lumen of a seminiferous tubule contains segments of middle (m), principal (p), and end (e) pieces of sperm tail in oblique and transverse section. 4500×

2. In frontal view, some cytoplasm still surrounds the acrosome and nucleus of a spermatozoon. The middle pieces of the spermatozoa consist of central fibrils (cf), the peripheral fibrils (pf), the outer dense fibers (of), a mitochondrial sheath (ms), a cytoplasmic layer, and a plasma membrane. The mitochondria are arranged in a closely packed circle around the sheath composed of the nine outer dense fibers. 18,000×

3. In the principal piece of the sperm tail a dense fibrous sheath has replaced the mitochondrial sheath. Two of the outer dense fibers appear to have become incorporated into equatorial expansions, the longitudinal columns, of this fiber sheath. The columns divide the principal piece into a major and a minor compartment, with three remaining dense fibers included in the minor and four within the major compartment. The two longitudinal columns extend in continuity through most of the principal piece. They are interconnected by semicircular fibrils which complete the fibrous sheath. A few end pieces (e) of the tail, wherein the outer dense fibers and the fibrous sheath are no longer present, have been sectioned slightly obliquely. 65,000×

4. In a transverse section of each of several end pieces of sperm tail two typical central microtubules and the nine doublets (outer fibrils) can be visualized. Fibrillar radiations pass from the central microtubules toward each of the doublets. In the proximal portion of the end pieces some evidence of the two longitudinal columns of the fibrous sheath still persist. 60,000×

Planche XVI

Le testicule

1. La lumière d'un tube séminifère révèle plusieurs segments de la queue des spermatozoïdes. On y voit des coupes transversales et obliques des pièces intermédiaire (m), principale (p) et terminale (e). 4500×

2. En coupe frontale, un peu de cytoplasme entoure encore l'acrosome et le noyau d'un spermatozoïde. Les pièces intermédiaires du spermatozoïde sont composées des fibrilles centrales (cf), des fibrilles périphériques (pf), des fibres externes denses (of), d'une gaine mitochondriale (ms), d'une couche de cytoplasme et d'une membrane plasmatique. Les mitochondries sont disposées dans un cercle serré autour des neuf éléments foncés de la couche de fibres externes denses. 18,000×

3. Dans la pièce principale de la queue du spermatozoïde, une gaine fibreuse a remplacé la gaine mitochondriale. Deux des fibres externes denses semblent se fondre dans des colonnes longitudinales qui sont des expansions équatoriales de la gaine fibreuse. Ces deux colonnes s'étendent presque tout le long de la pièce principale qu'elles divisent en deux compartiments, un grand avec quatre fibres denses et un petit avec les trois fibres restantes. Les colonnes sont réunies l'une à l'autre par des segments costiformes semi-circulaires qui complètent la gaine fibreuse. Quelques pièces terminales (e) de la queue dans lesquelles les fibres externes denses et la gaine fibreuse ont disparu, ont été coupées de façon légèrement oblique. 65,000×

4. La queue de plusieurs spermatozoïdes au niveau de la pièce terminale laisse voir en coupe transversale les deux microtubules centraux entourés des neuf doublets (fibrilles externes). Des filaments irradient des microtubules centraux en direction de chaque doublet. A la région proximale de la pièce terminale, les deux colonnes longitudinales de la gaine fibreuse sont encore présentes. 60,000×

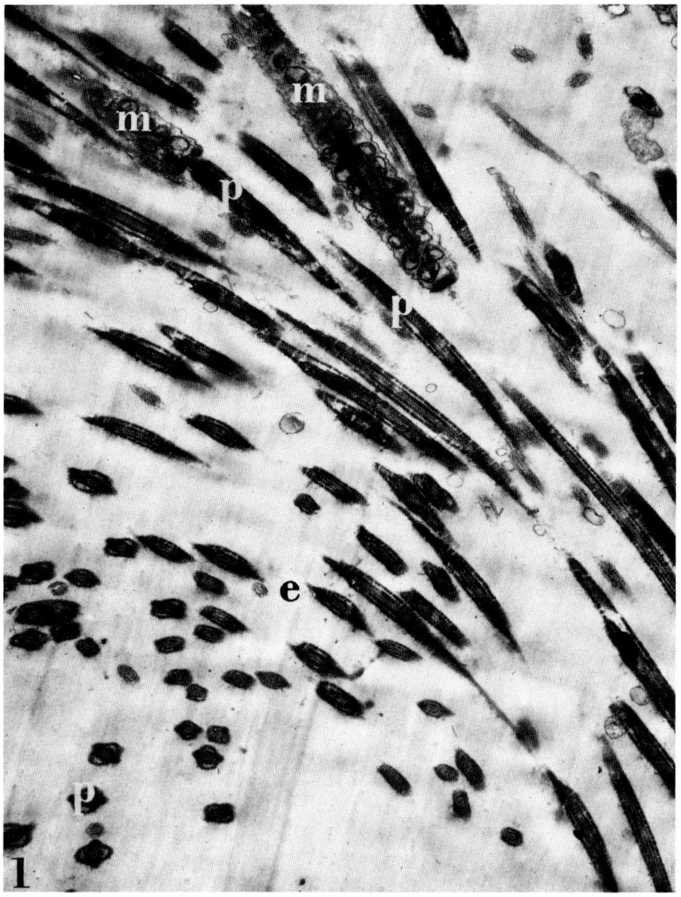
m
m
p
p
e
p
1

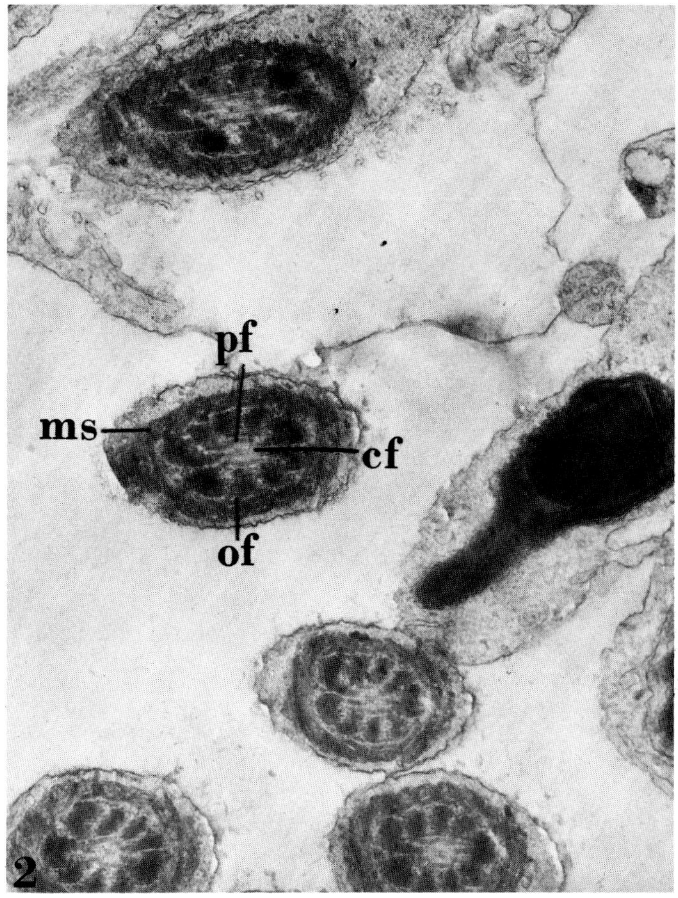
pf
ms
cf
of
2

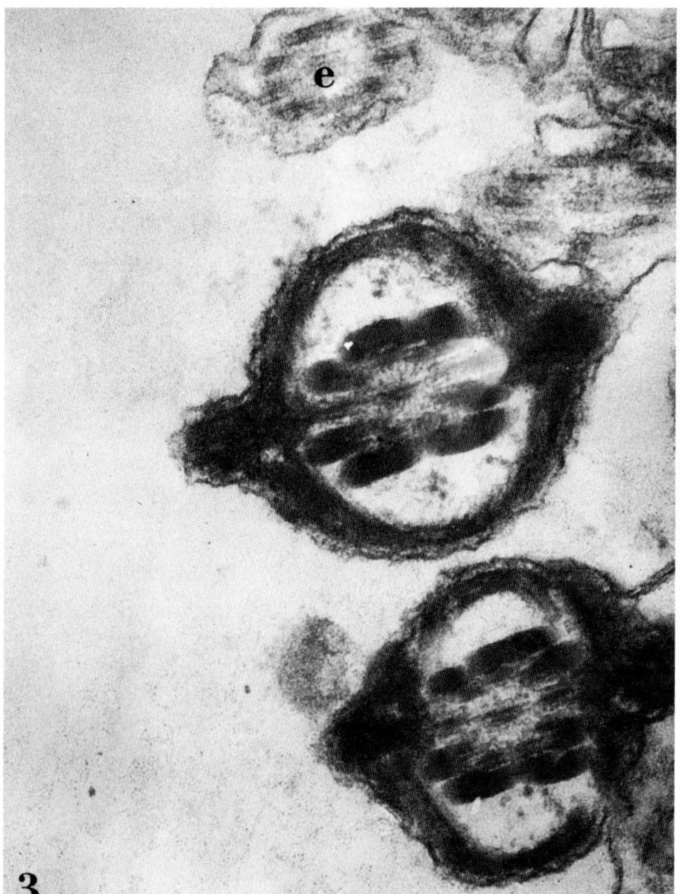
e
3

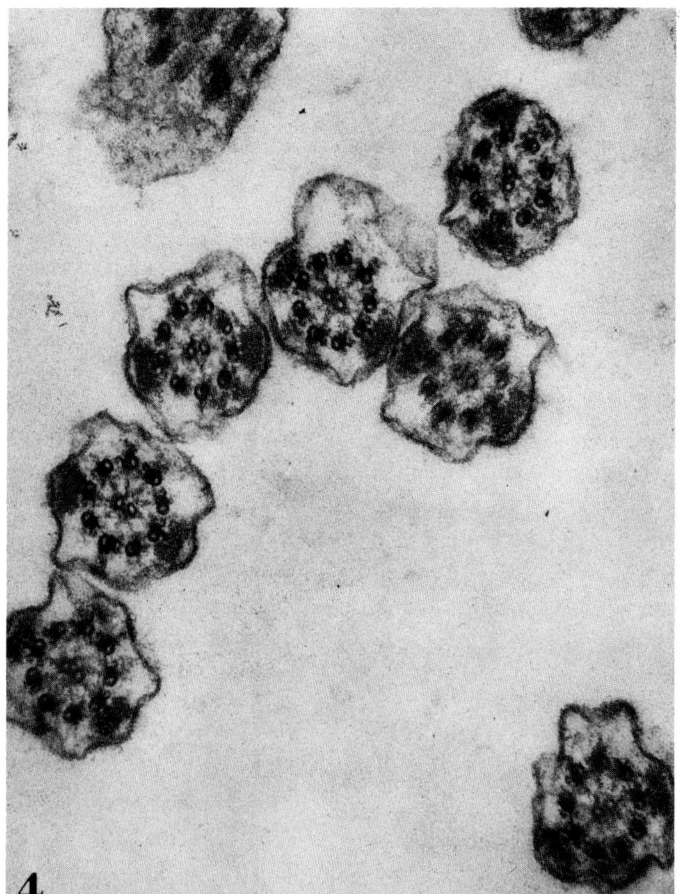
4

Plate XVII

The Testis—The Spermatozoa

1. In a longitudinal section the transformation from the caudal portion of the middle piece to the principal piece can be seen (arrow). The mitochondria do not continue into the principal piece, but the central microtubules (c), the peripheral doublets (p), and the outer dense fibers (od) are continuous from the middle to the principal portion of the tail. In the principal piece a new, interrupted layer of dense material, which has been termed the fibrous sheath (fs), replaces the mitochondrial sheath beneath the surrounding plasma membrane. Other obliquely sectioned parts of principal and end pieces from other spermatozoa are seen. 25,000×

2. The middle piece, in longitudinal section, shows the mitochondria aligned between the irregular plasma membrane and the outer dense (od) fibers. The central microtubules (c) and the peripheral doublets (p) of the sperm tail have a striated surface. 60,000×

3. An end piece (e) is located between the principal pieces (p) of two other spermatozoa. Neither the outer dense fiber nor the peripheral fibrous sheath extends into the end piece. In one of the principal pieces the section includes the interrupted fibrous sheath (fs), several of the outer dense fibers (od), and a wide, dense band which is a longitudinal column (lc). In the other principal piece some of the riblike interconnections between the longitudinal columns can be seen in surface view. These have been described as hoops which encircle this segment of the spermatozoon. 42,500×

4. An end piece has been sectioned almost transversely between longitudinally sectioned end (e) and principal (p) pieces of spermatozoon. Filamentous bridges (arrows) can be seen between the central microtubules and the peripheral doublets in the end pieces, and, less prominently, in the principal piece. At the two ends of the principal piece, surface views of the riblike hoops of the fibrous sheath have been obtained. Some of these ribs are disposed slightly obliquely to the transverse axis of the tail and one appears to branch (white arrow). 34,000×

Planche XVII

Le testicule—Les spermatozoïdes

1. Une coupe longitudinale met en évidence la transition (flèche) entre la portion distale de la pièce intermédiaire et la pièce principale. Les mitochondries n'entrent pas dans la pièce principale. Toutefois les microtubules centraux (c) et les doublets périphériques (p) de même que les fibres externes denses (od) de la pièce intermédiaire se continuent dans la pièce principale de la queue. Dans ce dernier segment, un manchon discontinu fait de matériel foncé remplace la gaine mitochondriale juste au-dessous de la membrane plasmatique: c'est la gaine fibreuse (fs). On voit également des coupes obliques intéressant la pièce principale ou la pièce terminale d'autres spermatozoïdes. 25,000×

2. La pièce intermédiaire en coupe longitudinale montre les mitochondries alignées entre la membrane plasmatique irrégulière et les fibres externes denses (od). Les microtubules centraux (c) et les doublets périphériques (p) de la queue ont une surface striée. 60,000×

3. Une pièce terminale (e) est accompagnée de la pièce principale (p) de deux autres spermatozoïdes. Ni les fibres externes denses ni la gaine fibreuse périphérique ne se rendent dans la pièce terminale. Dans une des pièces principales, la coupe intéresse la gaine fibreuse discontinue (fs), plusieurs des fibres externes denses (od) et une large bande foncée qui est une colonne longitudinale (lc). Dans l'autre pièce principale, on remarque une vue superficielle de segments costiformes reliant les colonnes longitudinales. On a signalé que ces structures étaient comparables à des cerceaux entourant cette portion du spermatozoïde. 42,500×

4. Une pièce terminale en coupe presque transversale sépare une pièce principale (p) et une autre pièce terminale (e), toutes deux coupées longitudinalement. Des ponts filamenteux (flèches) sont visibles entre les microtubules centraux et les doublets périphériques dans les pièces terminales. Ces ponts sont moins évidents dans la pièce principale mais par contre les deux extrémités de la pièce révèlent une vue superficielle des cerceaux de la gaine fibreuse. Quelques-uns de ces cerceaux ont une orientation oblique par rapport à l'axe transversal de la queue et l'un d'entre eux semble bifurquer (flèche blanche). 34,000×

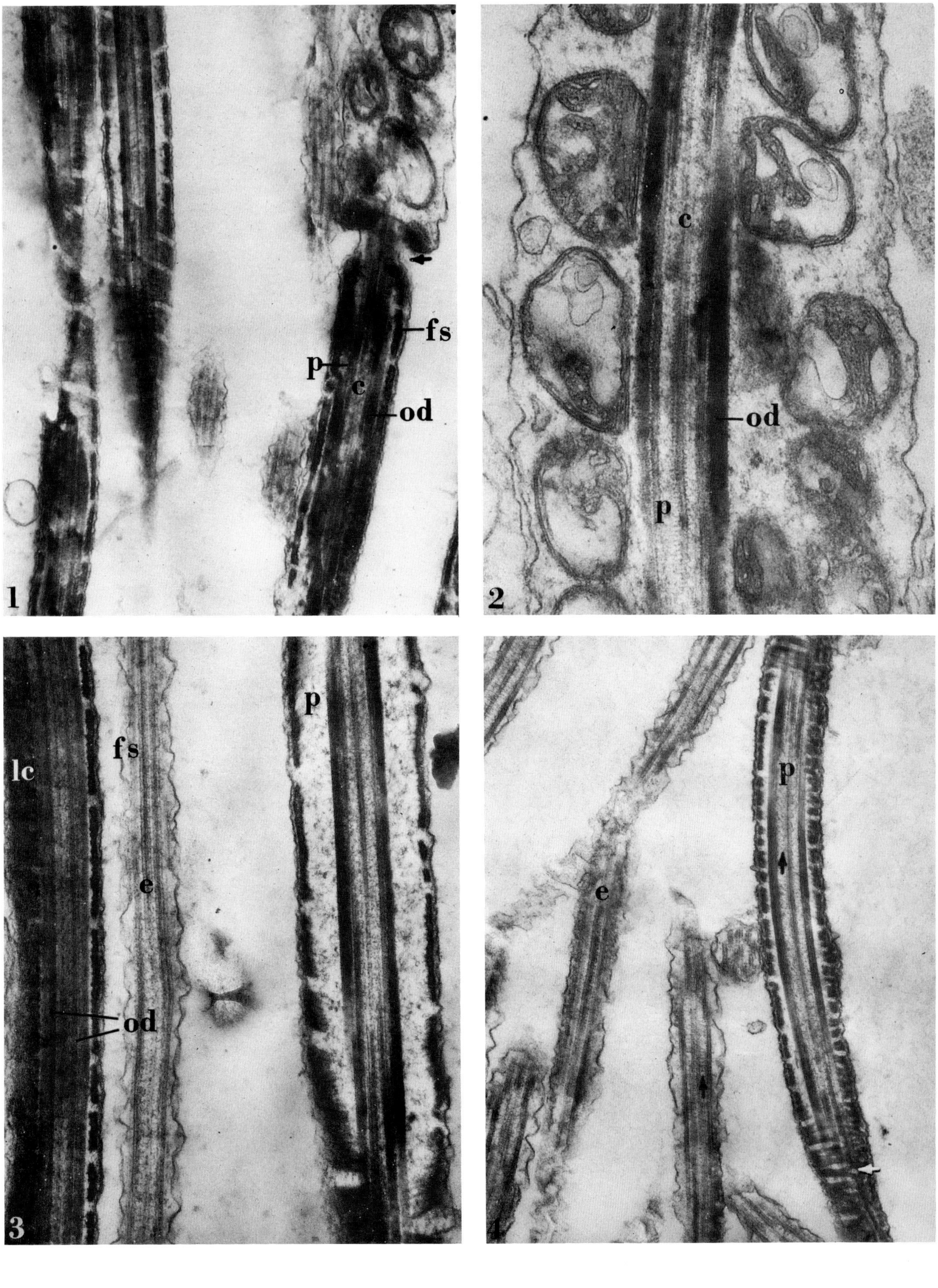
1
fs
p
c
od
2
c
od
p
3
lc
fs
e
od
p
4
e
p

Plate XVIII

The Ductus Epididymus

1. L. The ductus epididymus is an extremely tortuous, circular tube lined by columnar epithelium. There is an interrupted layer of basal cells with pale cytoplasm between the epithelium and the basal lamina. The numerous capillaries in the loose connective tissue have been emptied by perfusion. 150×

2. L. The columnar epithelial cells have large, pale nuclei. This epithelium has long, thin microvilli on its luminal surface. These were termed stereocilia from their appearance in the light microscope. The cell in early telophase demonstrates the typical elevation of its base during mitosis. Thus cell division occurs at the border of the lumen. There is no evidence of microvilli on the cell in mitosis. The small basal cells have a pale cytoplasm. A part of the head of a spermatozoon is seen in longitudinal section in the lumen, and a few tail pieces have been sectioned transversely. 680×

3. The long microvilli arise from the central, major part of the apex of each cell. The microvilli at the borders are shorter. The apices of the cells contain a number of moderately large vesicles with irregularly stained content and a few dense granules. 6000×

4. The microvilli, on many occasions, appear curved. The apices of the cells contain a large number of small vesicles. 20,000×

5. On occasion two microvilli branch from a common stem. It has been reported that these "stereocilia" do not have a filamentous core, but this is an error. The microvilli have typical filamentous cores which extend as rootlets deep into the apex of the cells. Some apical vesicles have a coated surface. 66,000×

Planche XVIII

L'épididyme

1. L. L'épididyme est un canal extrêmement tortueux, tapissé d'un épithélium prismatique. Entre l'épithélium et la lame basale, s'interpose une couche discontinue de cellules basales à cytoplasme pâle. La perfusion a vidé les nombreux capillaires du tissu conjonctif lâche. 150×

2. L. Les cellules de l'épithélium prismatique ont un grand noyau pâle. La surface libre est garnie de microvillosités longues et minces. Leur apparence en microscopie photonique leur a valu le nom de stéréocils. Remarquer la cellule en début de télophase tout au contact de la lumière; durant la mitose, la base de la cellule se rapproche de la lumière et ne présente plus de microvillosités. Les petites cellules de la base ont un cytoplasme pâle. Une portion de la tête d'un spermatozoïde est visible en coupe longitudinale dans la lumière. Quelques pièces terminales ont été coupées de façon transversale. 680×

3. Les longues microvillosités s'élèvent de la région centrale de l'apex de chaque cellule. Sur les bords, les microvillosités sont plus courtes. La région apicale des cellules contient quelques granules denses et un certain nombre de vésicules assez grandes de coloration variable. 6000×

4. Souvent les microvillosités semblent recourbées. Remarquer les très nombreuses petites vésicules à l'apex. 20,000×

5. Parfois deux microvillosités originent d'un tronc commun. On a déjà décrit à tort que ces "stéréocils" n'avaient pas d'axe filamenteux. En fait, on constate ici que les microvillosités montrent un axe filamenteux caractéristique qui plonge ses radicules profondément dans l'apex des cellules. Quelques vésicules apicales ont une surface feutrée. 66,000×

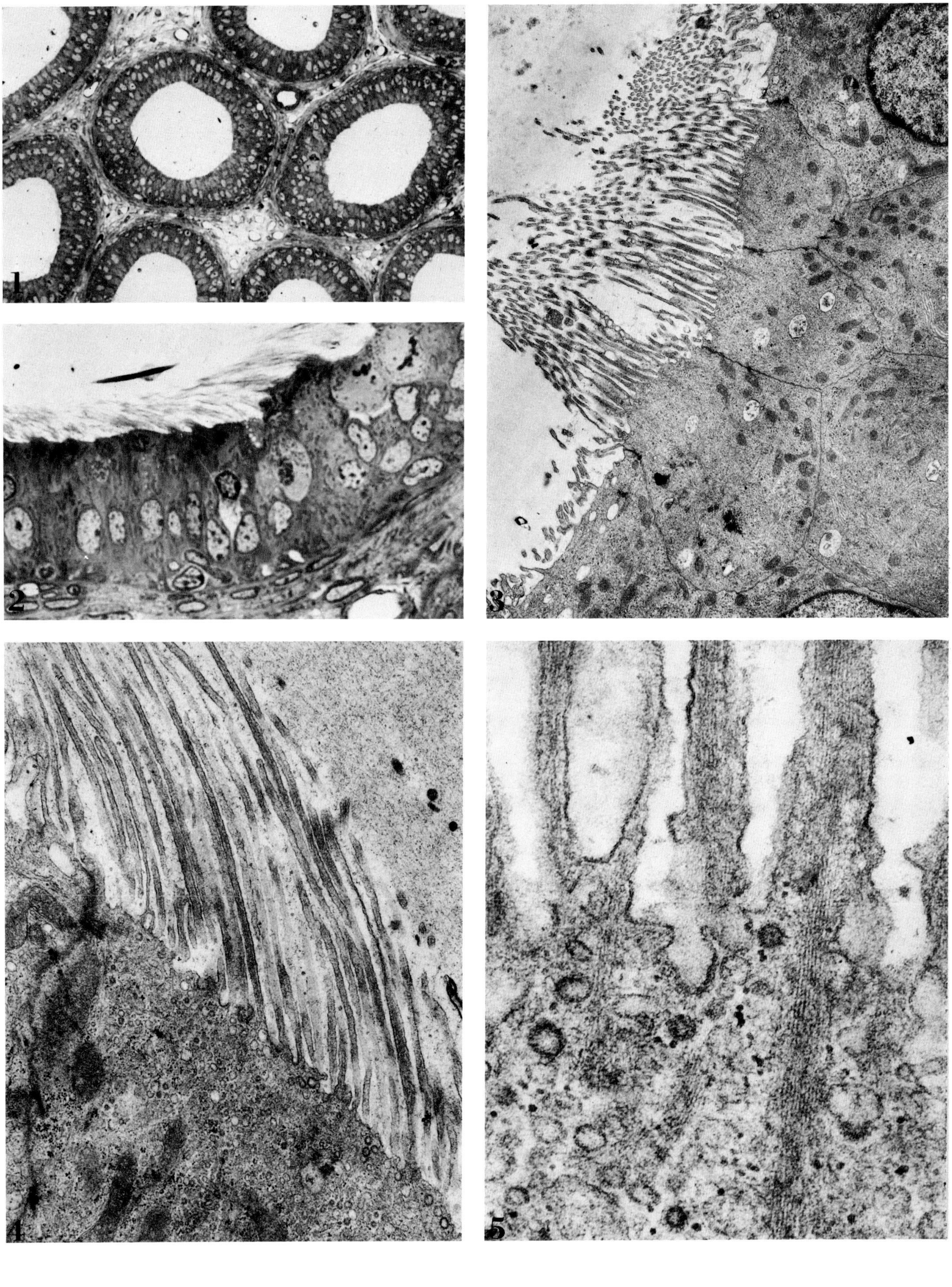
1
2
3
4
5

Plate XIX

The Ductus Deferens

1. L. The ductus (vas) deferens is a tube with a mucosal lining, a thick muscularis, and an adventitia. 40×

2. L. In the initial part of the duct, the epithelium is crowned by very tall, thin microvilli similar to those seen in the epididymus. Mitochondria, vacuoles, and an occasional dense granule can be seen in the cytoplasm. 560×

3. L. At a greater distance from the epididymus, long microvilli are no longer seen on a tall pseudostratified epithelium. The epithelium is supported by a thick band of connective tissue, the lamina propria. This consists of fibrous tissue with a high content of densely stained elastic fibers. The elastic fibers are particularly abundant in a central band in the lamina propria. 640×

4. The supranuclear portion of the cells contains many moderately dense mitochondria, an abundant Golgi apparatus which often extends well into the apex of the cell, and vacuoles with moderate-to-dense content. The mitochondrial membranes, including the crests, are accentuated by a dense material. 6000×

5. The microvilli are very long and their disposition is somewhat irregular. Some stain more densely than others. 6000×

6. These microvilli contain a central filamentous core against a dense cytoplasmic background. The cytoplasm contains many vesicles or tubes of the endoplasmic reticulum, mitochondria, microtubules, and filamentous rootlets of the microvilli. 30,000×

Planche XIX

Le canal déférent

1. L. Le canal déférent comporte trois couches: une muqueuse, une musculeuse épaisse et une adventice. 40×

2. L. Dans la portion initiale du canal déférent, l'épithélium est coiffé de microvillosités longues et minces semblables à celles de l'épididyme. Le cytoplasme montre des mitochondries, des vacuoles et parfois un granule dense. 560×

3. L. Plus loin, l'épithélium maintenant pseudostratifié et dégarni de microvillosités, repose sur une bande épaisse de tissu conjonctif. Ce chorion dense présente une zone centrale où les fibres élastiques fortement colorées sont particulièrement abondantes. 640×

4. La région supranucléaire contient de nombreuses mitochondries assez foncées, des vacuoles de densité variable et un appareil de Golgi abondant qui souvent s'élève jusqu'à la région apicale. Les membranes mitochondriales et leurs crêtes sont bien dessinées par un fin liséré de matériel sombre. 6000×

5. Les microvillosités sont très longues et présentent une disposition plutôt irrégulière. Quelques-unes sont plus colorées que les autres. 6000×

6. Ces microvillosités contiennent un axe central filamenteux sur fond sombre et plongent leurs radicules dans le cytoplasme apical. Ce dernier abrite plusieurs vésicules ou canalicules, du réticulum endoplasmique, des mitochondries, des microtubules et des filaments. 30,000×

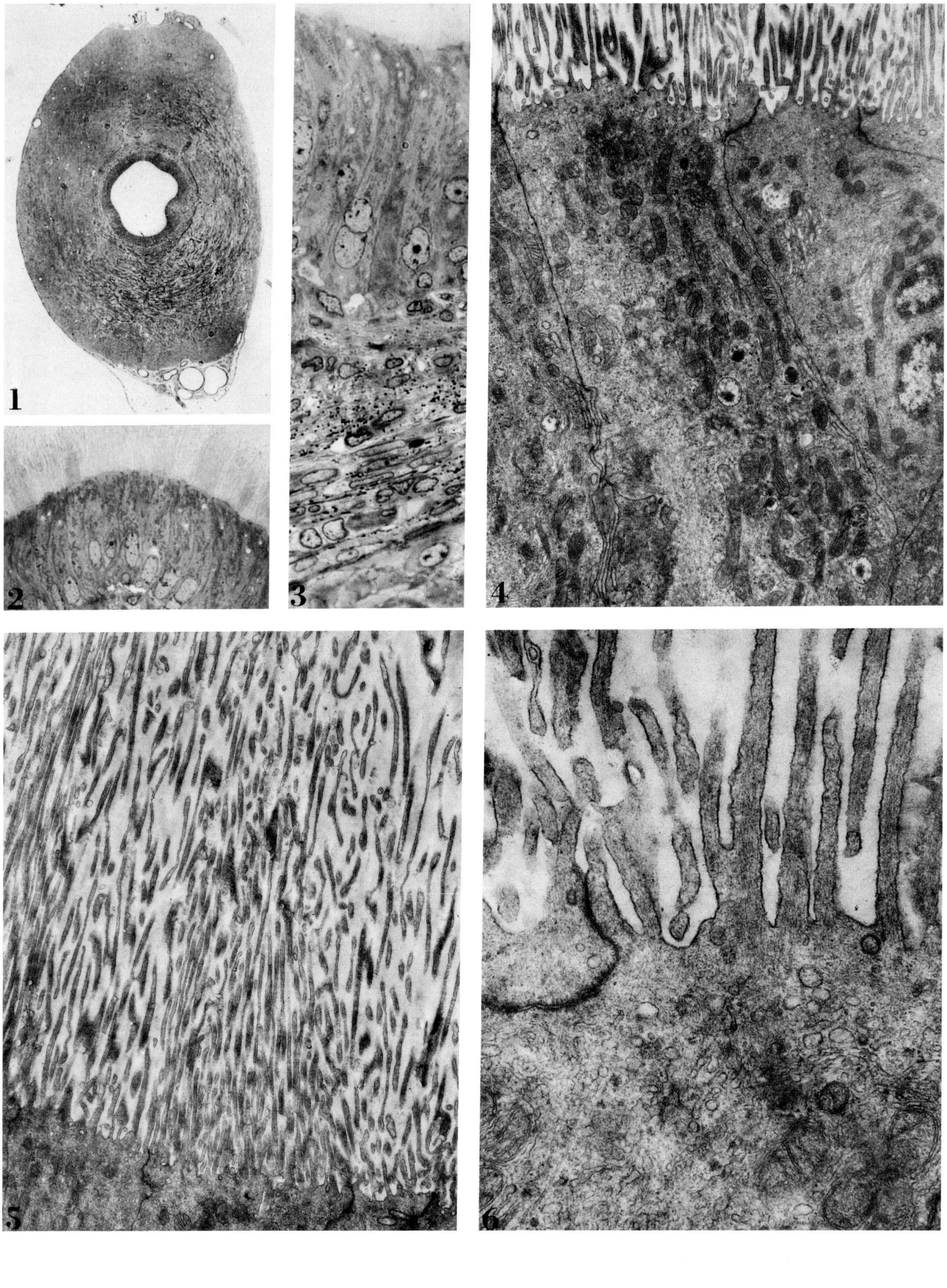

Plate XX

The Seminal Vesicles

1. L. Each seminal vesicle is a coiled tube, the wall of which contains smooth muscle and connective tissue circumferential layers. The extremely folded epithelial border appears as a labyrinth of secretion-filled chambers. The secretion is a viscous solution high in globulin and fructose content. A considerable level of the hormone prostaglandin has been found in this secretory material. 150×

2. L. The epithelial cell cytoplasm, which differs markedly in density, is vacuolated from base to apex. There is a thin layer of connective tissue between the epithelial layers. 680×

3. The vacuolated appearance of the cytoplasm is due to huge distended cisterns of the granular endoplasmic reticulum. There is an extensive clear Golgi apparatus below the cell apex. Some dense granules are seen near the base. A smooth muscle fiber is seen at the base of the epithelium. 5400×

4. A clear lumen identifies the flattened sacs and the large vesicles of the extensive Golgi apparatus, while, throughout the cell, the cisternae of the granular endoplasmic reticulum contain a homogeneous, moderately stained material. 14,000×

5. One columnar epithelial cell has a darker cytoplasm than its neighbors and contains large, homogeneous, membrane-bound dense granules. The cisternae of granular reticulum are less distended than those of the neighboring lighter cells. 12,000×

Planche XX

Les vésicules séminales

1. L. Chaque vésicule séminale est un tube très replié sur lui-même dont la paroi contient du muscle lisse et du tissu conjonctif. La bordure épithéliale très plissée crée un véritable labyrinthe de compartiments remplis de sécrétion. La sécrétion visqueuse est riche en globuline et en fructose, et contient une quantité importante de l'hormone prostaglandine. 150×

2. L. Des vacuoles se retrouvent sur toute la hauteur des cellules épithéliales dont la densité est variable. Entre les rangées de cellules épithéliales, on retrouve une couche mince de tissu conjonctif. 680×

3. L'aspect vacuolaire du cytoplasme provient des grandes citernes distendues du réticulum endoplasmique granulaire. Remarquer l'appareil de Golgi, clair et bien développé, sous l'apex de la cellule. A la base de celle-ci, on peut voir quelques granules foncés. Une fibre musculaire lisse est logée à la base de l'épithélium. 5400×

4. Le contenu clair permet d'identifier les saccules aplatis et les grandes vésicules de l'abondant appareil de Golgi. Par contre les citernes du réticulum endoplasmique granulaire à travers toute la cellule renferment un matériel homogène plus foncé. 14,000×

5. Une cellule prismatique à cytoplasme plus sombre que celui des cellules adjacentes, renferme de gros granules foncés, homogènes et limités par une membrane. Les citernes du réticulum granulaire sont distendues, ce que l'on ne voit pas dans les cellules voisines claires. 12,000×

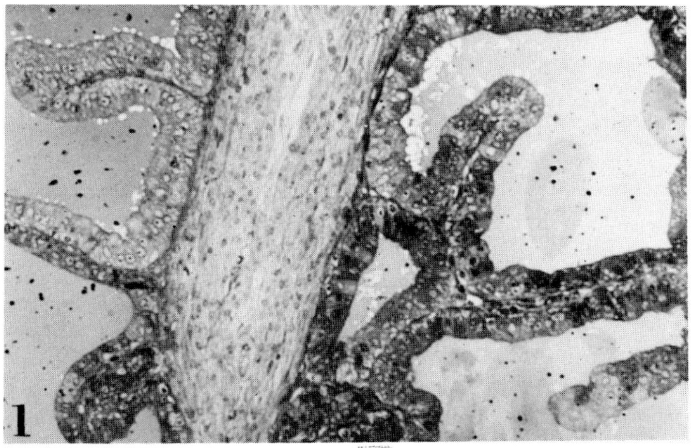

1

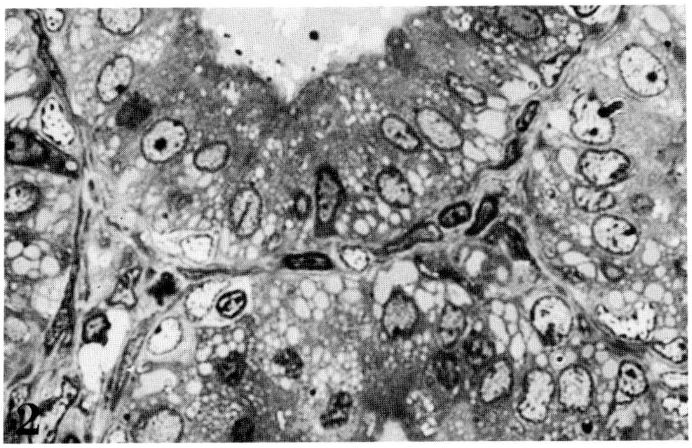

2

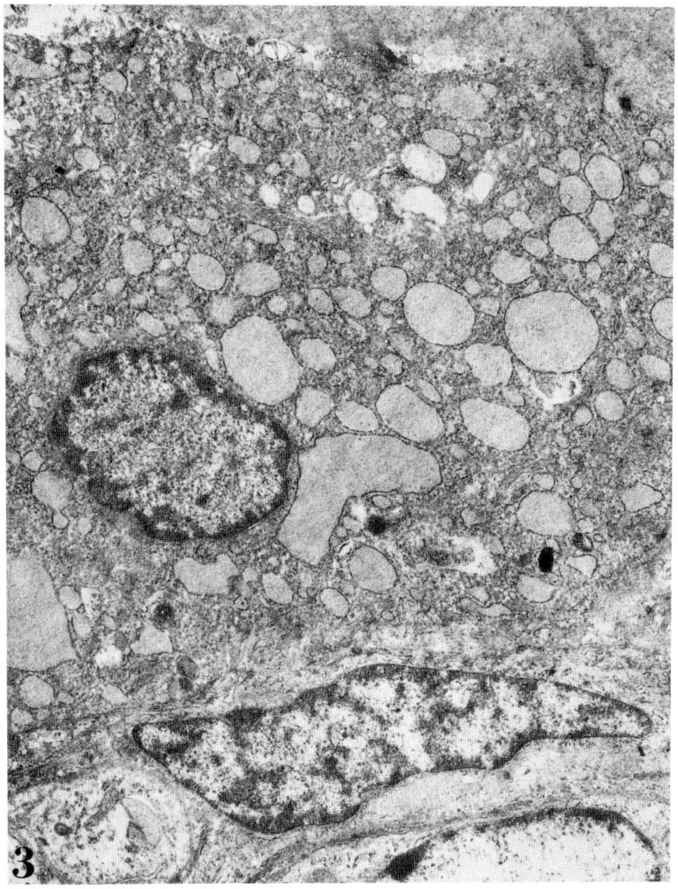

3

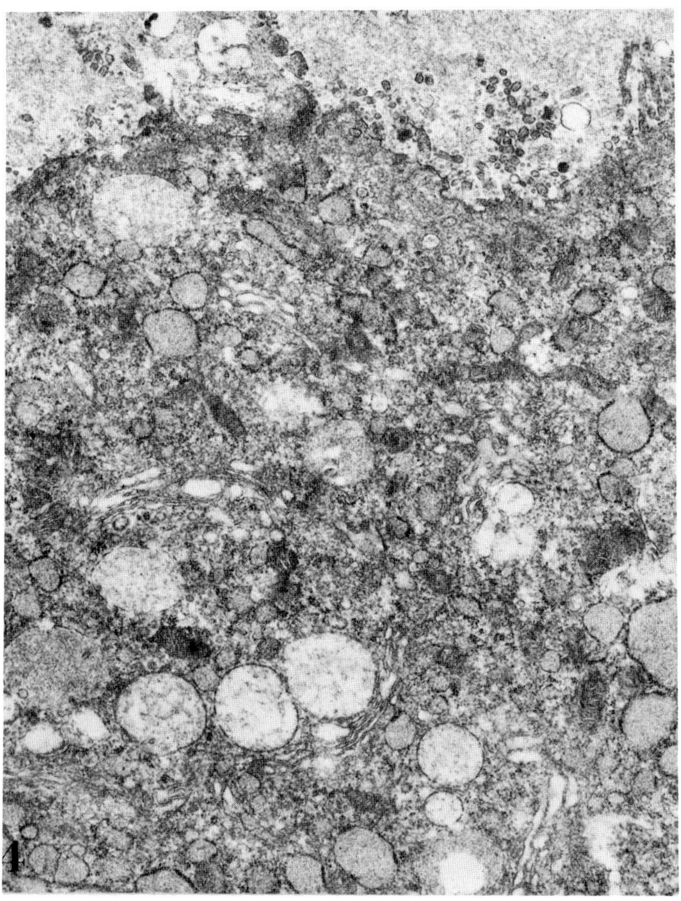

4

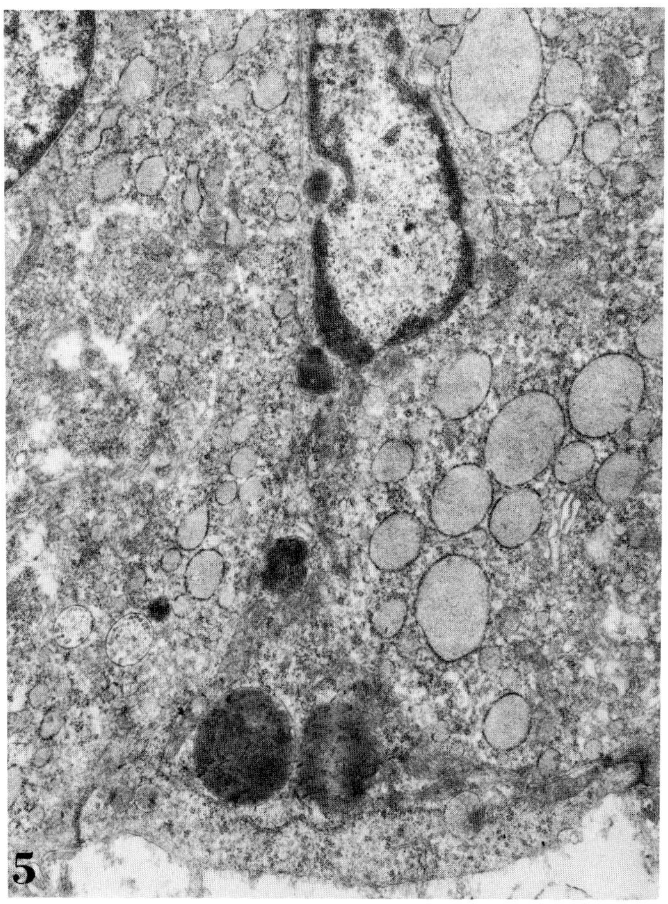

5

Plate XXI

The Prostate

The prostate consists of many tubuloalveolar glands in a fibromuscular stroma. The secretion contains citric acid and several enzymes, including diastase, β-glucuronidase, acid phosphatase, other proteolytic enzymes, and fibrinolysin. The secretion is emptied into the prostatic urethra by a number of ducts which have numerous tributaries. A hormone, prostaglandin, has been isolated from the seminal fluid and was originally considered specific for the prostate. Very recently this was demonstrated to be one of a family of vasopressor hormones elaborated by a number of organs throughout the body.

1. L. There is a wide variation in form, size, and density in the epithelial cells which line these glands. They range from cuboidal to pseudostratified columnar and from small, dense, to large, pale cells with a vesicular cytoplasm. There are many very pale basal cells. Other very large, pale cells reach the lumen of the gland. Densities appear against a lighter background in the lumen. 640×

2. In the epithelium, the cells are moderate in height with elongated irregular nuclei, abundant granular endoplasmic reticulum, and a number of dense granules throughout the cytoplasm. The lighter basal cells, with large nuclei located between the bases of the columnar cells, are numerous. 5600×

3. The larger, more lightly stained cells which reach the lumen contain rounded to slightly irregular nuclei. The cisternae of the granular endoplasmic reticulum are greatly distended, and the microvillous border is masked by dense secretory material. A dense body is embedded in this dense material. 6300×

Planche XXI

La prostate

La prostate est constituée de plusieurs glandes tubulo-acineuses enfouies dans un stroma fibromusculaire. La sécrétion de ces glandes contient de l'acide citrique et de nombreux enzymes: diastase, bêta-glucuronidase, phosphatase acide, d'autres enzymes protéolytiques et une fibrinolysine. Cette sécrétion se déverse dans l'urètre prostatique par l'intermédiaire d'un certain nombre de canaux fortement ramifiés. On a isolé du liquide séminal une hormone, la prostaglandine, qu'on a d'abord cru caractéristique de la prostate. Récemment, on démontrait que la prostaglandine appartient à la famille des hormones vasopressives produites par un certain nombre de tissus à travers tout l'organisme.

1. L. La forme, la dimension et la densité des cellules épithéliales qui tapissent ces glandes diffèrent de façon considérable. Ces cellules varient de cubiques à prismatiques pseudostratifiées; elles peuvent être petites et denses ou grandes et pâles avec un cytoplasme vésiculaire. Il y a plusieurs cellules basales très pâles et certaines d'entre elles, plus grosses, atteignent la lumière de la glande. Des taches foncées se découpent sur le fond clair de la lumière. 640×

2. Les cellules de l'épithélium sont assez hautes, avec un noyau irrégulier et allongé, un réticulum endoplasmique granulaire abondant et un certain nombre de granules sombres dispersés par tout le cytoplasme. Remarquer les nombreuses cellules basales claires dont le gros noyau est situé entre les bases des cellules prismatiques. 5600×

3. Les grosses cellules pâles qui atteignent la lumière contiennent un noyau rond ou légèrement irrégulier. Les citernes du réticulum endoplasmique granulaire sont très distendues et les microvillosités du bord apical sont masquées par un matériel sécrétoire dense qui abrite un corpuscule foncé. 6300×

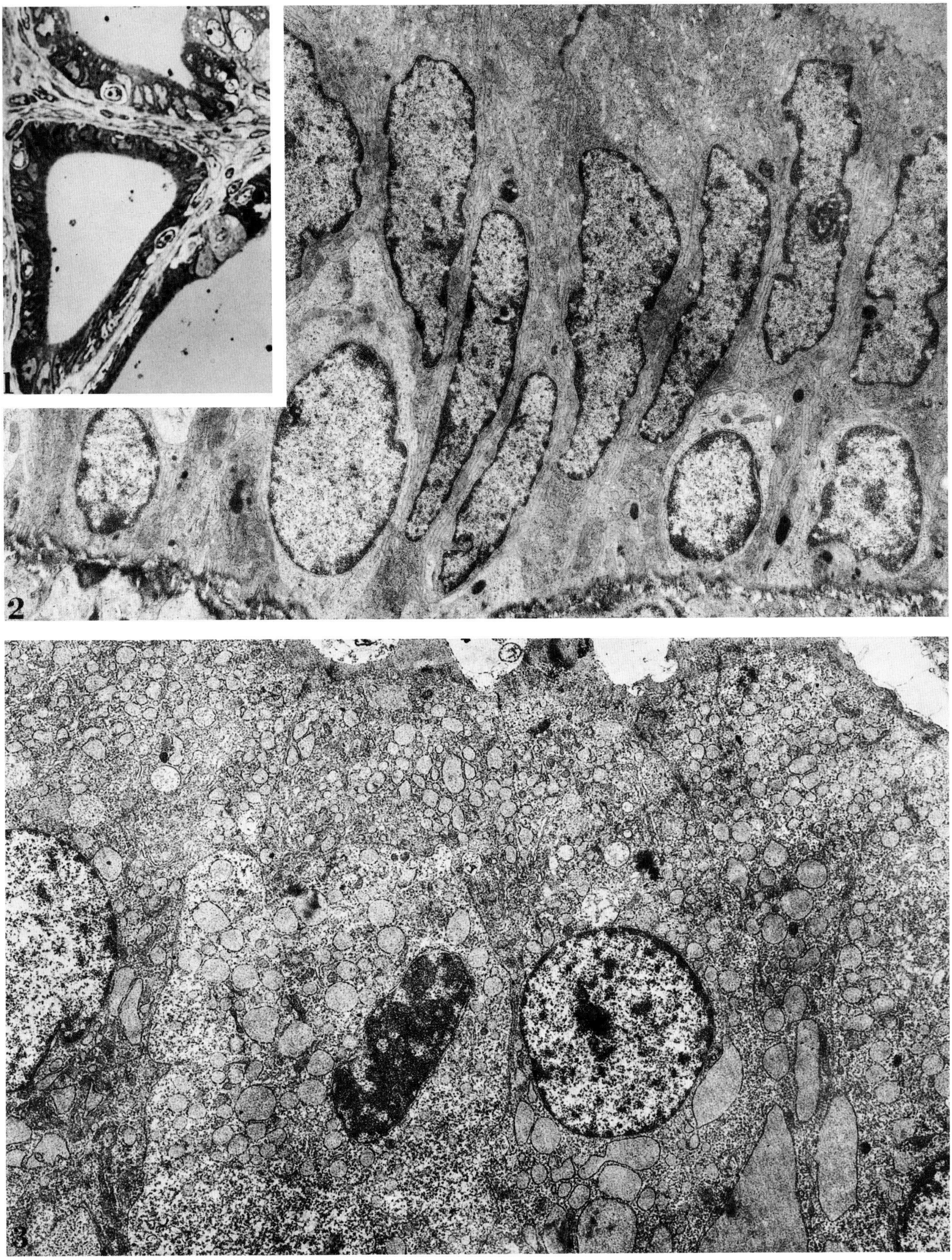
1
2
3

Plate XXII

The Prostate

The actively secreting, prostatic epithelial cells contain an interconnected network of cisternae of the granular endoplasmic reticulum. A number of dense granules, the majority in the juxtanuclear zone, are seen in the cytoplasm. Short apical microvilli are embedded in a moderately dense luminal content. Elastic fibers are seen among the underlying fibroblasts and smooth muscle cells. 16,000×

Planche XXII

La prostate

En période de sécrétion active, les cellules épithéliales de la prostate contiennent un réseau intercommunicant de citernes appartenant au réticulum endoplasmique granulaire. Un certain nombre de granules denses sont visibles dans la région juxtanucléaire. Des microvillosités trapues sont enrobées dans le contenu assez foncé de la lumière. Des fibres élastiques se répartissent parmi les fibroblastes et les cellules musculaires lisses. 16,000×

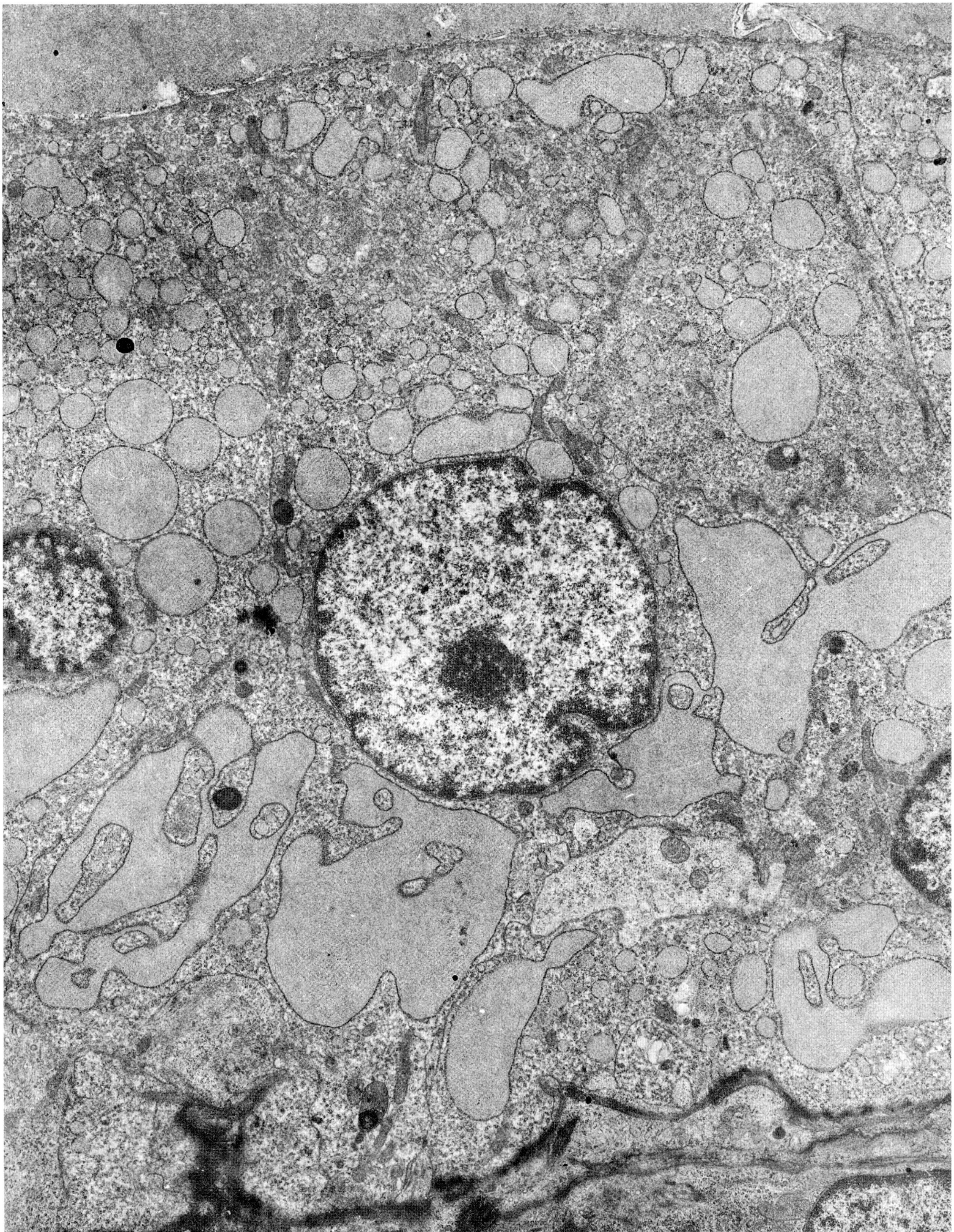

Plate XXIII

The Prostate

The microvilli, embedded in the dense secretory material, are short and often bent over to lie on the apical surface of the epithelial cells. The microvilli contain a number of filaments, as seen faintly in longitudinal section but distinctly in transverse section. The dense laminae of the plasma membrane appear particularly accentuated in comparison with the membranes of internal organelles. The cisternae of the endoplasmic reticulum, both granular and smooth surfaced, are greatly dilated. Filaments and microtubules form an apical cell web against a background of moderate density. 104,000×

Planche XXIII

La prostate

Les microvillosités enfouies dans un matériel sécrétoire sombre, sont courtes et souvent recourbées à la surface apicale des cellules épithéliales. Ces microvillosités contiennent un certain nombre de filaments assez flous en coupe longitudinale, mais distincts en coupe transversale. Les lames de la membrane plasmatique sont beaucoup plus nettes que celles des membranes des organites. Les citernes du réticulum endoplasmique granulaire et lisse sont très dilatées. Des filaments et des microtubules forment un réseau sur un fond apical de densité moyenne. 104,000×

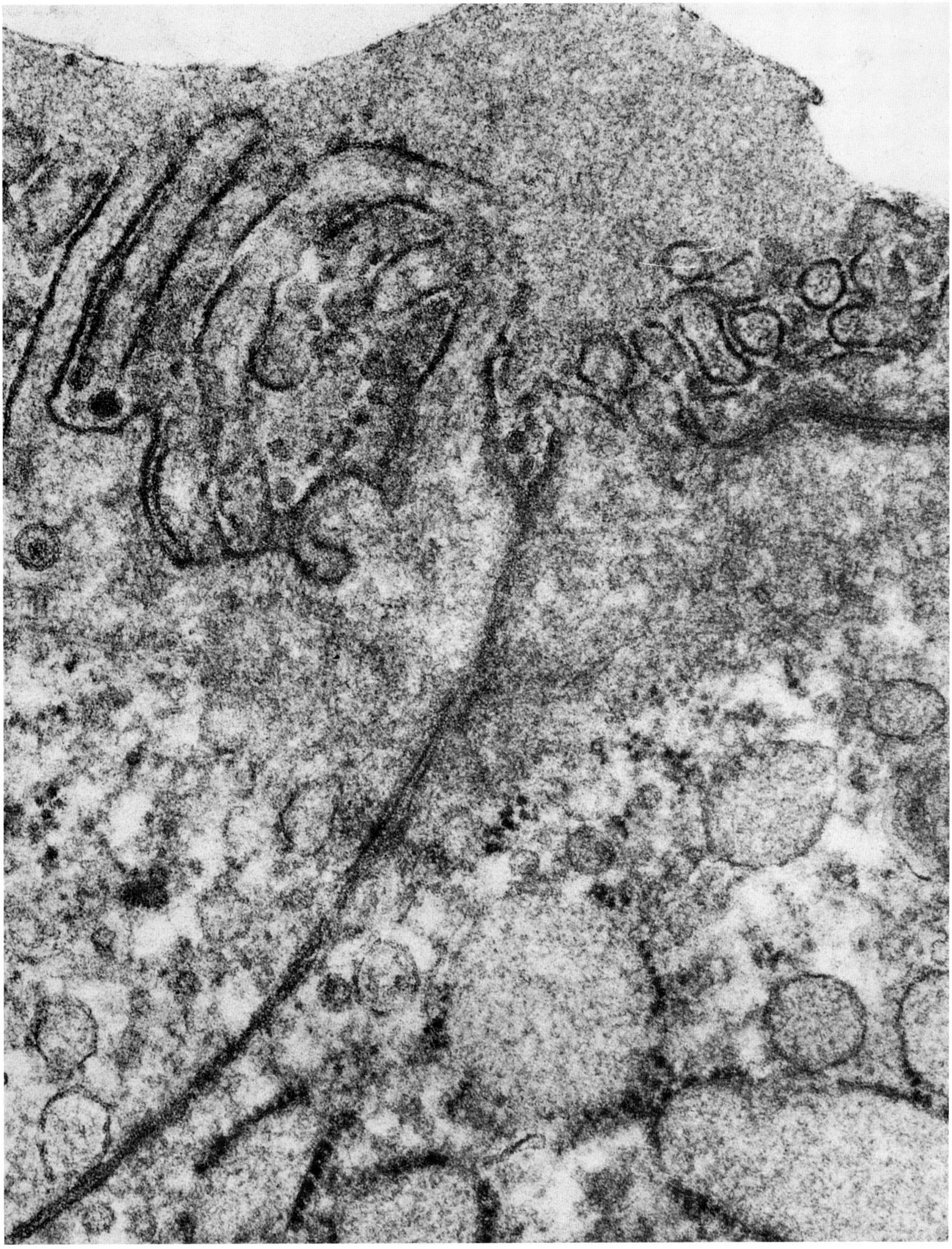

REFERENCES

Bawa, S. R. (1963). The fine structure of the sertoli cells of the human testis. *J. Ultrastruct. Res.* **9**, 459–474.

Belt, W. D., and Cavazos, L. F. (1967). Fine structure of the interstitial cells of Leydig in the boar. *Anat. Record* **158**, 333–350.

Brandes, D. (1966). The fine structure and histochemistry of prostatic glands in relation to sex hormones. *Intern. Rev. Cytol.* **20**, 207–276.

Bröckelman, J. (1963). Fine structure of germ cells and Sertoli cells during the cycle of the seminiferous epithelium in the rat. *Z. Zellforsch. Mikroskop. Anat.* **59**, 820–850.

Burgos, M. H., and Fawcett, D. W. (1956). An electron microscope study of spermatid differentiation in the toad, Bufo arenarum Hensel. *J. Biophys. Biochem. Cytol.* **2**, 223–240.

Burgos, M. H., and Vitale-Calpe, R. (1967). The fine structure of the Sertoli cell-spermatozoan relationship in the toad. *J. Ultrastruct. Res.* **19**, 221–237.

Christensen, A. K. (1965). Fine structure of testicular interstitial cells in the guinea pig. *J. Cell Biol.* **26**, 911–935.

Christensen, A. K., and Fawcett, D. W. (1966). The fine structure of the interstitial cells of the mouse testis. *Am. J. Anat.* **118**, 551–571.

Crabo, B. (1963). Fine structure of the interstitial cells of the rabbit testis. *Z. Zellforsch. Mikroskop. Anat.* **61**, 587–604.

Fawcett, D. W. (1965). The anatomy of the mammalian spermatozoan with particular reference to the guinea pig. *Z. Zellforsch. Mikroskop. Anat.* **67**, 279–296.

Fawcett, D. W., and Ito, S. (1965). The fine structure of bat spermatozoa. *Am. J. Anat.* **116**, 567–610.

Frank, A. L., and Christensen, A. K. (1968). Localization of acid phosphatase in lipofuschin granules and possible autophagic vacuoles in interstitial cells of the guinea pig testis. *J. Cell Biol.* **36**, 1–13.

Friend, D. S., and Farquhar, M. G. (1967). Functions of coated vesicles during protein absorption in the rat vas deferens. *J. Cell Biol.* **35**, 357–376.

Horstmann, E., Richer, R., and Roosen-Runge, E. (1966). Zur elektronen mikroskopie der Kernein schlüsse im menschlichen Nebenhodenepithel. *Z. Zellforsch. Mikroskop. Anat.* **69**, 69–79.

Krishan, A., and Buck, R. C. (1965). Ultrastructure of cell division in insect spermatogenesis. *J. Ultrastruct. Res.* **13**, 444–458.

Leeson, T. S., and Leeson, C. R. (1965). The fine structure of cavernous tissue in the adult rat penis. *Invest. Urol.* **3**, 144–158.

McLaren, A., ed. (1966–1967). "Advances in Reproductive Physiology," Vols. 1 and 2. Academic Press, New York.

Makita, T., and Kiwaki, S. (1966). The fine structure of the muscle cell of the mouse vas deferens. *Bull. Fac. Agr., Yamaguchi Univ.* **17**, 853–872.

Mao, P., and Nakao, K. (1966). Variation of localization of AMPase and ATPase activities at the plasma membrane of human prostatic epithelial cells: An electron microscopic study. *J. Histochem. Cytochem.* **14**, 203–204.

Nagano, T. (1965). Localization of adenosine triphosphatase activity in the rat sperm tail as revealed by electron microscopy. *J. Cell Biol.* **25**, 101–112.

Nagano, T. (1967). Male genital organ. *In* "Fine Structure of Cells and Tissues Electron Miscrosopic Atlas" (H. Sakaguchi *et al.*, eds.), Vol. 3, pp. 63–120. Igaku Shoin, Tokyo.

Ortavant, R. (1958). Le cycle spermatogénétique chez le Bélier. Thèse, Fac. Sci., Université de Paris.

Roosen-Runge, E. C., and Giesel, L. O. (1950). Quantitative studies on spermatogenesis in the albino rat. *Am, J. Anat.* **87**, 1–30.

Schmidt, F. C. (1964). Licht-und elektronemikroskopische Untersuchungen am menschlichen Hoden und Nebenhoden. *Z. Zellforsch. Mikroskop. Anat.* **63**, 707–727.

Tandler, B., and Moriber, L. G. (1966). Microtubular structures associated with the acrosome during spermiogenesis in the water-strider, Gerris remigis (Say). *J. Ultrastruct. Res.* **14**, 391–404.

Threadgold, L. T. (1967). *In* "The Ultrastructure of the Animal Cell," Intern. Ser. Monographs Pure Appl. Biol. Zool., Div., Vol. 37, pp. 296–306. Pergamon Press, Oxford.

THE FEMALE REPRODUCTIVE SYSTEM

L'APPAREIL GENITAL FEMELLE

Plate I

The Ovary

1. L. The ovary has a continuous surface layer of cuboidal cells which has been termed the germinal epithelium. The term persists from the belief that primordial oocytes originated from this layer. Deep to the epithelium is a layer of connective tissue, the tunica albuginea. Within the stroma deep to the tunica albuginea the ovarian follicles develop from primordial into primary follicles. In the primordial follicle the large, pale oocyte (o) is surrounded by a single layer of flattened follicular cells (f). At a deeper level collections of moderately large cells with numerous pale cytoplasmic vacuoles are part of a corpus luteum. A few small dense granules can be seen in the theca luteal cells (tl). Several corpora lutea develop simultaneously in the rat. 720×

2. The epithelial cells of the ovary bulge into the peritoneal cavity. A small number of microvilli project from the free surface. The collagen in the tunica albuginea is in loosely arranged bundles. A primordial follicle within the superficial stroma of the ovary is surrounded by a thin layer of collagen fibrils. The thin layer of cytoplasm of the follicular cells which surrounds the oocyte is difficult to distinguish since, at this stage, the two types of cells have approximately the same cytoplasmic density. 2500×

3. The primary follicle. The oocyte has small condensations of chromatin scattered throughout the nucleus and a prominent nucleolus. Golgi zones (G) are located on all sides of the nucleus. A number of moderate-sized dense granules are found in the oocyte and in the follicular cells. There is a rounding of the nucleus in one of the follicular cells, and a deep indentation is seen in its border. This, plus the dispersion of the Golgi zone to various locations in the cytoplasm, indicates that the oocyte has begun to grow. A number of microvilli (arrows) are seen in the interspace between the oocyte and the follicular cells. A few thin layers of collagen fibrils surround the follicle. 6000×

Planche I

L'ovaire

1. L. L'ovaire est recouvert d'une couche unique de cellules cubiques que l'on continue d'appeler épithélium germinatif. On croyait à tort que cet épithélium fournissait les ovogonies. La tunique albuginée forme une couche de tissu conjonctif immédiatement sous l'épithélium. C'est à l'intérieur du stroma sous l'albuginée que les follicules ovariens se développent à partir des follicules primordiaux. Dans ces derniers, l'ovocyte (o) volumineux et pâle est entouré d'une seule couche de cellules folliculeuses (f) aplaties. Plus en profondeur, des cellules assez volumineuses à cytoplasme rempli de nombreuses vacuoles pâles, font partie d'un corps jaune. Quelques petits granules denses sont visibles dans les cellules lutéiniques de la thèque (tl). Chez le rat, plusieurs corps jaunes peuvent se développer en même temps. 720×

2. Les cellules épithéliales de la surface de l'ovaire bombent dans la cavité péritonéale. On retrouve quelques microvillosités à l'extrémité apicale de ces cellules. Les faisceaux de fibrilles collagènes de l'albuginée sont très dispersés. Un follicule primordial situé dans la région superficielle du stroma ovarien est entouré d'une mince couche de collagène. Les minces prolongements des cellules folliculeuses autour de l'ovocyte sont difficiles à distinguer étant donné qu'à ce stade ces deux types de cellules ont à peu près la même densité cytoplasmique. 2500×

3. Début de croissance du follicule ou follicule primaire. Le noyau de l'ovocyte présente une chromatine dispersée sous forme de petits grains et un nucléole très distinct. Ce noyau est entouré de tous côtés par des zones de Golgi (G). Un certain nombre de granules denses de dimension moyenne sont visibles dans l'ovocyte et dans les cellules folliculeuses. Le noyau d'une cellule folliculeuse commence à s'arrondir et une échancrure profonde déforme son contour. Ce phénomène, ajouté à la dispersion de l'appareil de Golgi en divers points du cytoplasme, indique que le follicule a commencé sa croissance. Des microvillosités (flèches) apparaissent dans l'espace séparant l'ovocyte des cellules folliculeuses. De minces couches de fibrilles collagènes entourent le follicule. 6000×

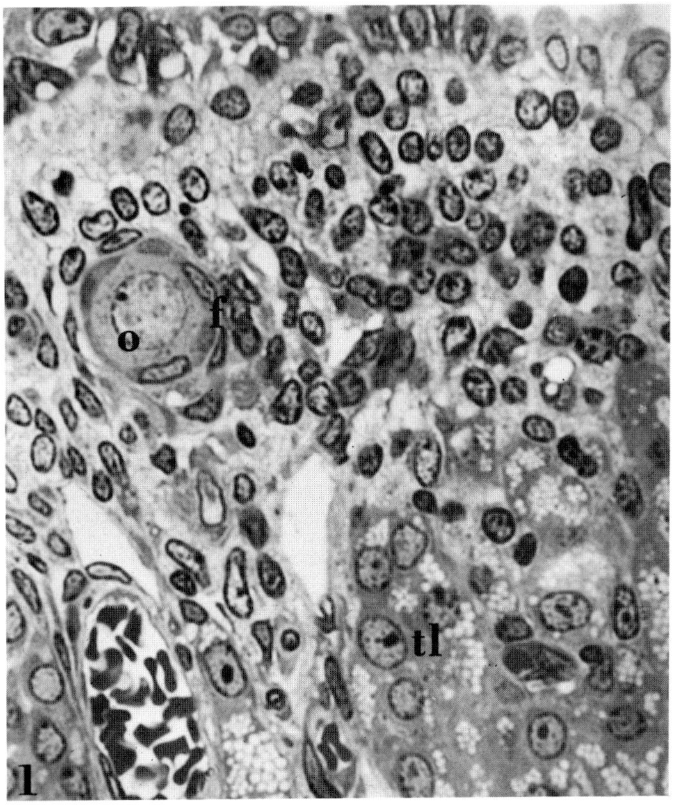
o
f
tl
1

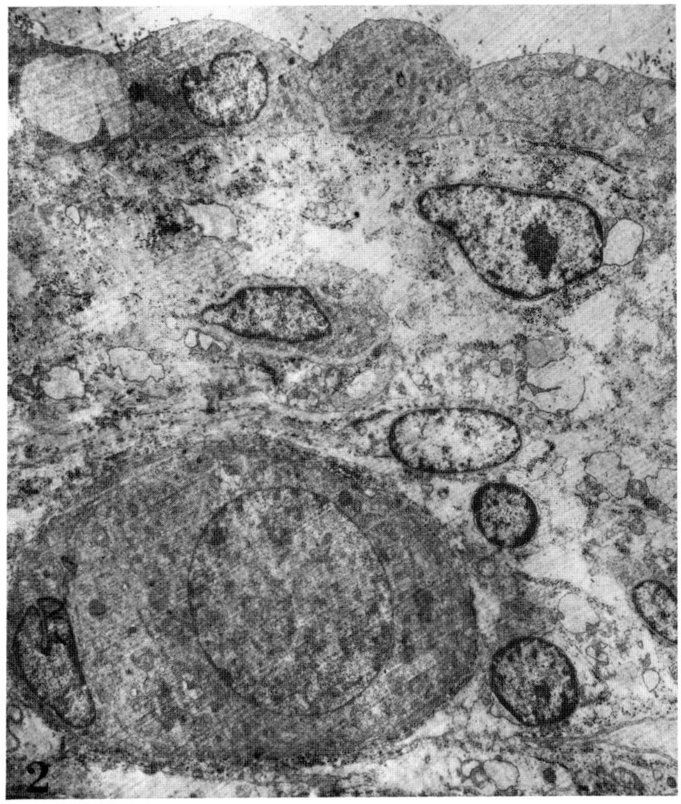
2

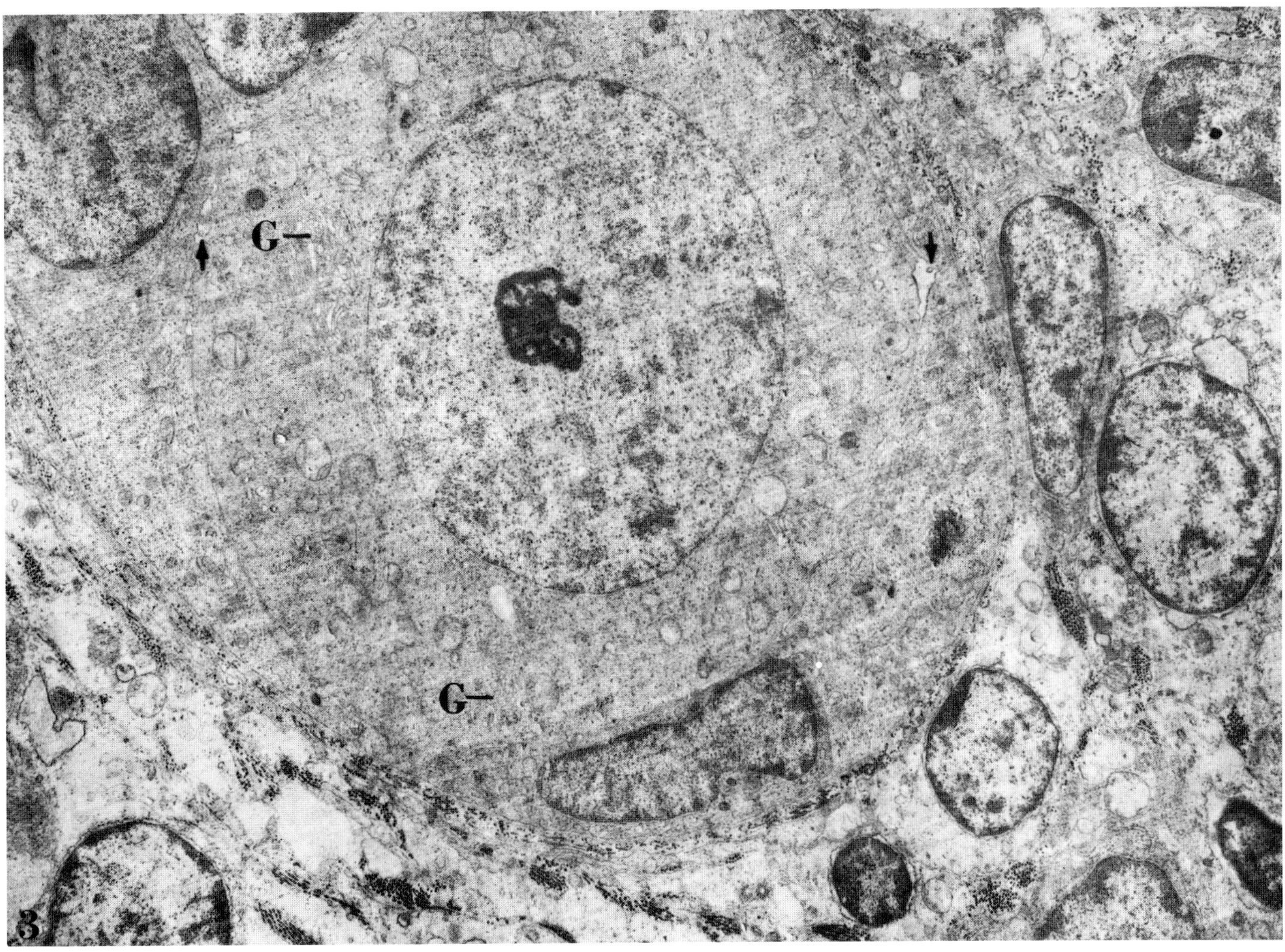
G
G
3

Plate II

The Ovary

1. L. The secondary follicle becomes oval in shape. A layer of amorphous neutral protein–polysaccharide has been deposited about the periphery of the oocyte. This is termed the zona pellucida (zp). The cytoplasm of the oocyte is abundant, and the chromatin appears as dense masses in the very pale nucleus. A thick layer of granulosa cells surrounds the zona pellucida. An extremely high number of cells in mitosis are seen in this layer. A cavity, the antrum, has developed in the stratum granulosum of the larger follicle. The content of the antrum is called liquor folliculi. 180×

2. L. The zona pellucida forms a wide, homogeneous band around the cytoplasm of the oocyte. In the stratum granulosum, cells can be seen in various stages of mitosis. 720×

3. Considerable spaces intervene between the cells of the granulosa, one of which is in anaphase. It is a confluence of these spaces which creates the antrum. The zona pellucida is interlaced by moderately large cytoplasmic processes which extend from the granulosa cells (arrows). Numerous short microvilli protrude from the surface of the oocyte. 2500×

Planche II

L'ovaire

1. L. A une étape ultérieure de son développement, le follicule appelé maintenant follicule secondaire, prend une forme ovale. Une couche amorphe composée de protéines neutres et de polysaccharides s'est formée autour de l'ovocyte pour constituer la zone pellucide (zp). Le cytoplasme de l'ovocyte est abondant et la chromatine a l'aspect de grains foncés dans un noyau très pâle. De nombreuses assises de cellules de la granuleuse, dont plusieurs sont en mitose, entourent l'ovocyte. Une cavité, l'antrum, s'est creusée dans la granuleuse du plus gros des deux follicules que l'on voit sur cette photographie. L'antrum est rempli de liquor folliculi. 180×

2. L. La zone pellucide forme une bande large et homogène autour du cytoplasme de l'ovocyte. Dans la granuleuse, on remarque des cellules à divers stades de leur division. 720×

3. Entre les cellules de la granuleuse dont l'une est en anaphase, on assiste à la création d'espaces dont la confluence aboutira à la formation de l'antrum. La zone pellucide est traversée par des prolongements cytoplasmiques assez gros qui s'élèvent des cellules de la granuleuse (flèches). De nombreuses et courtes microvillosités hérissent la surface de l'ovocyte. 2500×

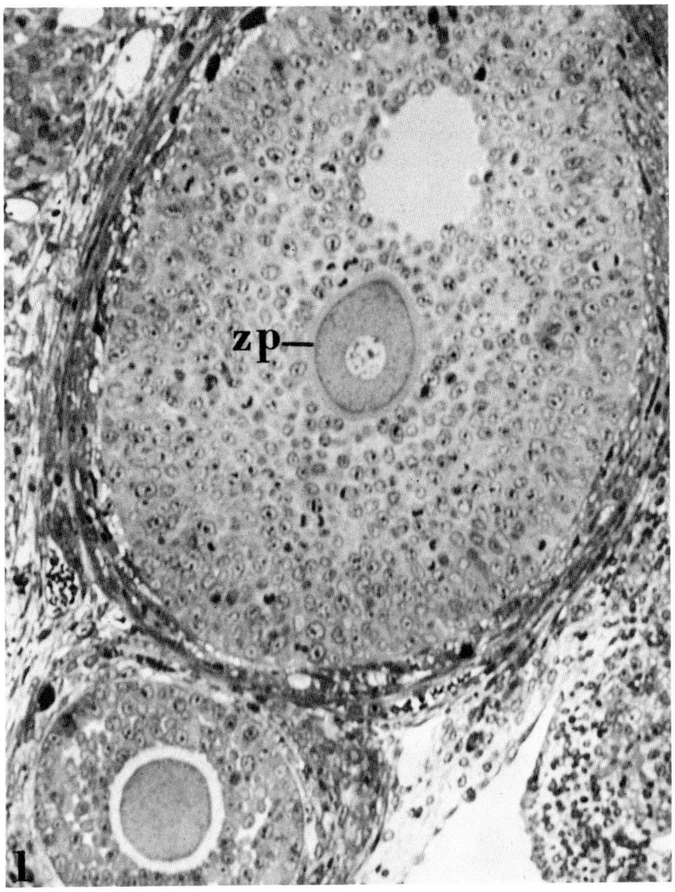
zp
1

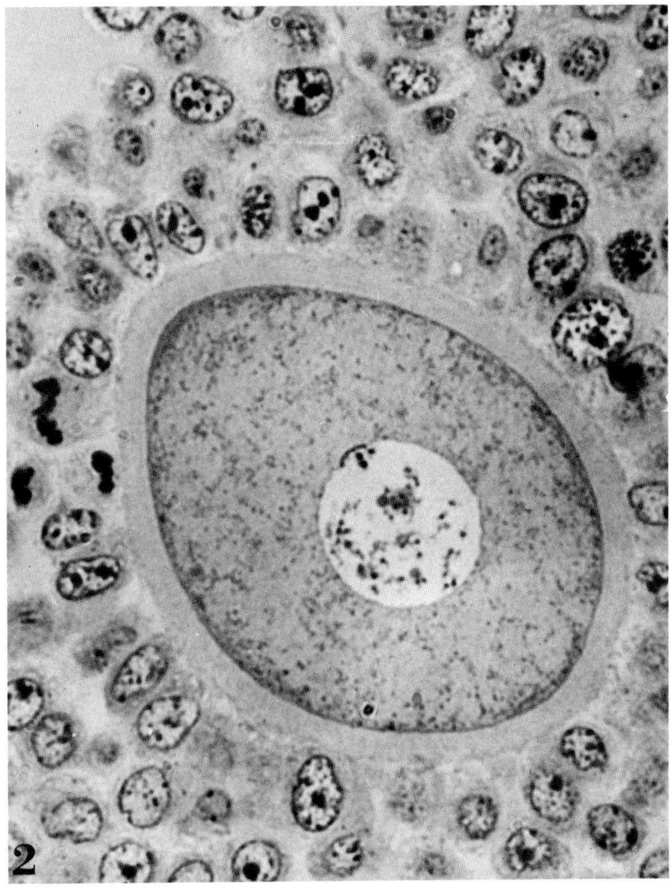
2

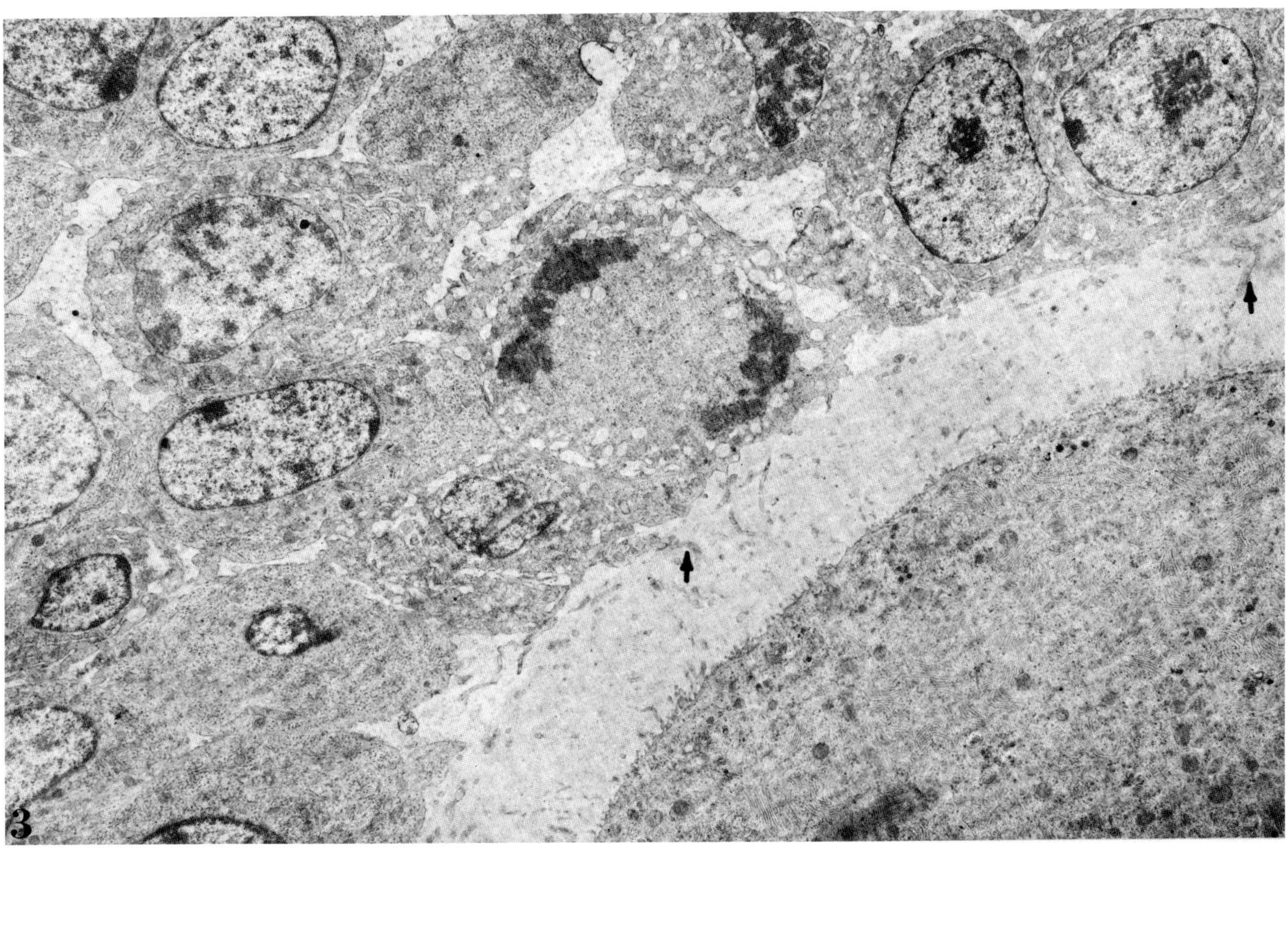
3

Plate III

The Ovary

1. The microvilli from the surface of an oocyte protrude a short distance into the zona pellucida. Larger cytoplasmic processes, seen in longitudinal and in transverse section (arrows) throughout the thickness of the zona pellucida, are processes of the follicular granulosa cells (g). The granulosa cells contain a considerable amount of granular endoplasmic reticulum, mitochondria, and small dense granules. The cytoplasm of the oocyte (o) in the secondary follicle has developed a large number of laminated structures. A number of small dense granules are seen in the oocyte cytoplasm. 8000×

2. The granulosa cell has an indented nucleus with small accumulations of chromatin. Dilated cisternae of the granular endoplasmic reticulum and polysomes are distributed throughout the cytoplasm. A moderate-sized, elongated, dense granule is seen in the cytoplasm. 7200×

3. Large cytoplasmic processes from the granulosa cells can be seen in the zona pellucida. A junctional complex (arrows) between a flattened cytoplasmic process and the surface of the oocyte can be seen. 7200×

Planche III

L'ovaire

1. Les microvillosités de la surface de l'ovocyte ne parcourent qu'une courte distance dans la zone pellucide. Les prolongements cytoplasmiques plus épais, coupés de façon longitudinale et transverse (flèches), proviennent des cellules de la granuleuse (g) et traversent toute l'épaisseur de la zone pellucide. Les cellules de la granuleuse contiennent un réticulum endoplasmique granulaire bien développé, des mitochondries et des petits granules denses. Le cytoplasme de l'ovocyte (o) d'un follicule secondaire a élaboré un grand nombre de structures laminées. Un certain nombre de petits granules denses sont également visibles dans le cytoplasme de l'ovocyte. 8000×

2. La cellule de la granuleuse a un noyau échancré à chromatine dispersée en petits amas. Les citernes dilatées du réticulum endoplasmique granulaire et les polysomes sont dispersés dans le cytoplasme. On y remarque de plus un granule dense allongé de dimension moyenne. 7200×

3. Des prolongements cytoplasmiques épais en provenance des cellules de la granuleuse traversent la zone pellucide. On remarque un appareil de jonction (flèches) entre un prolongement cytoplasmique aplati et la surface de l'ovocyte. 7200×

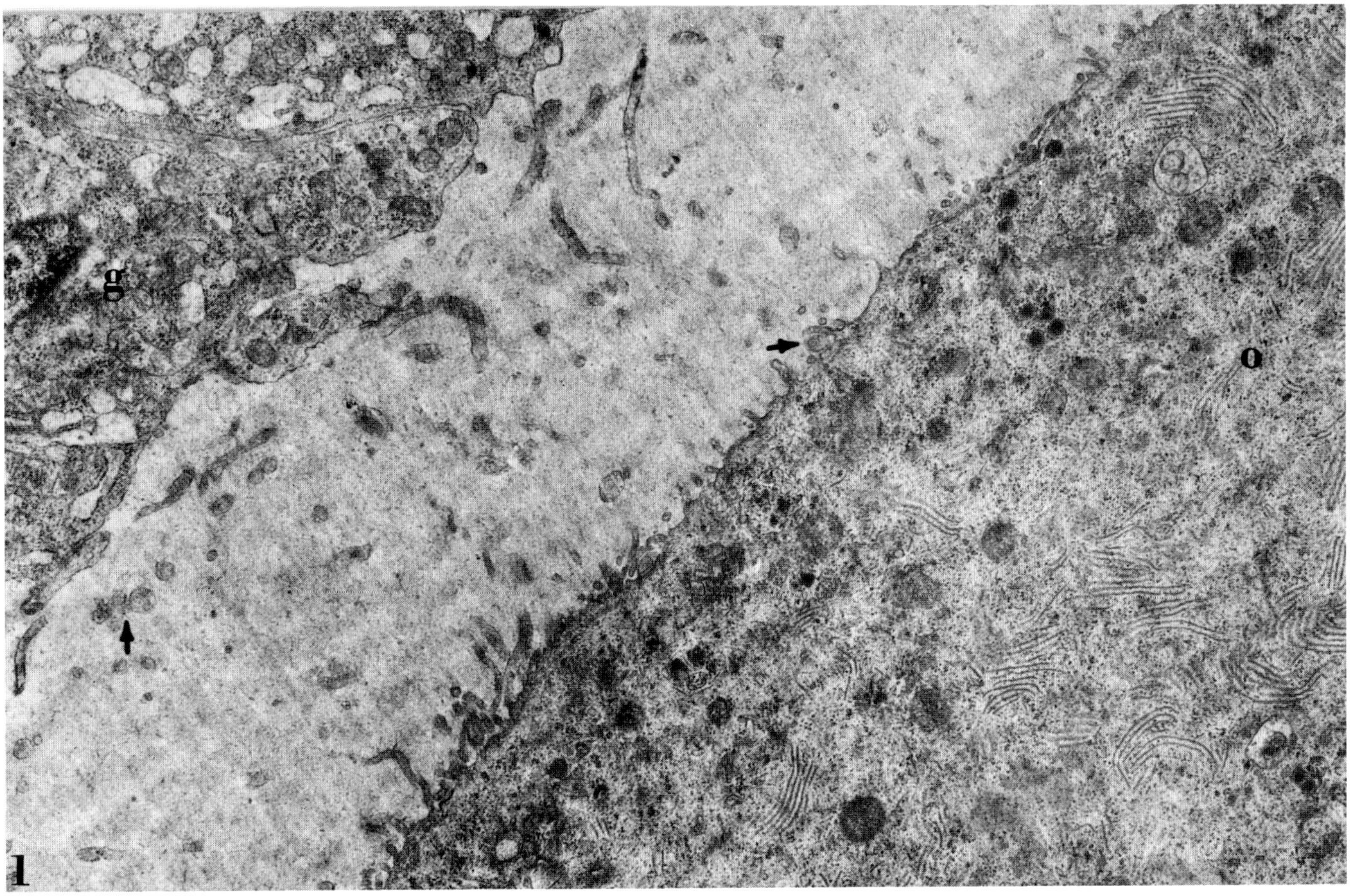

1

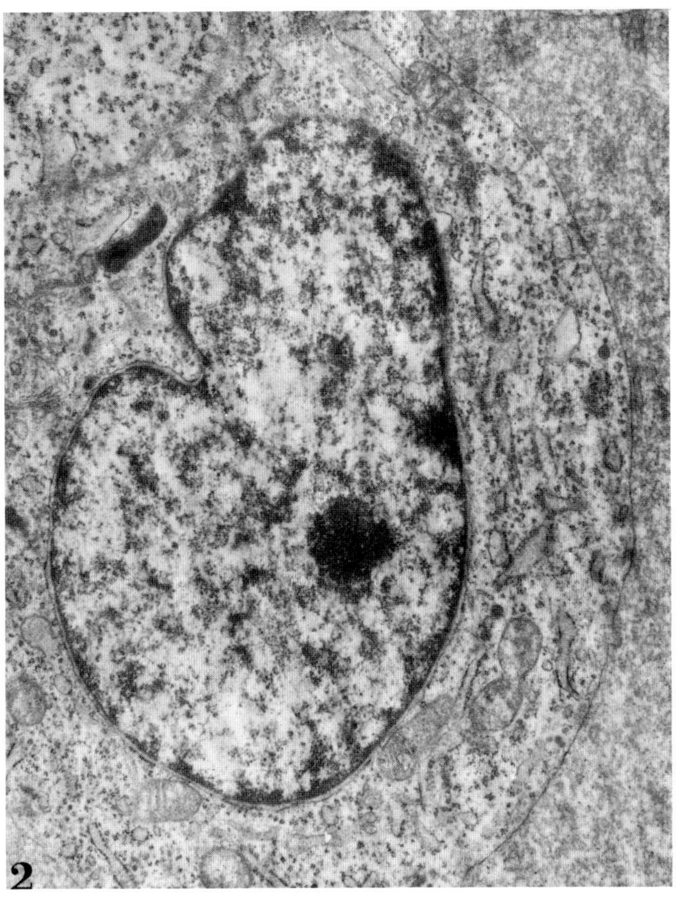
2

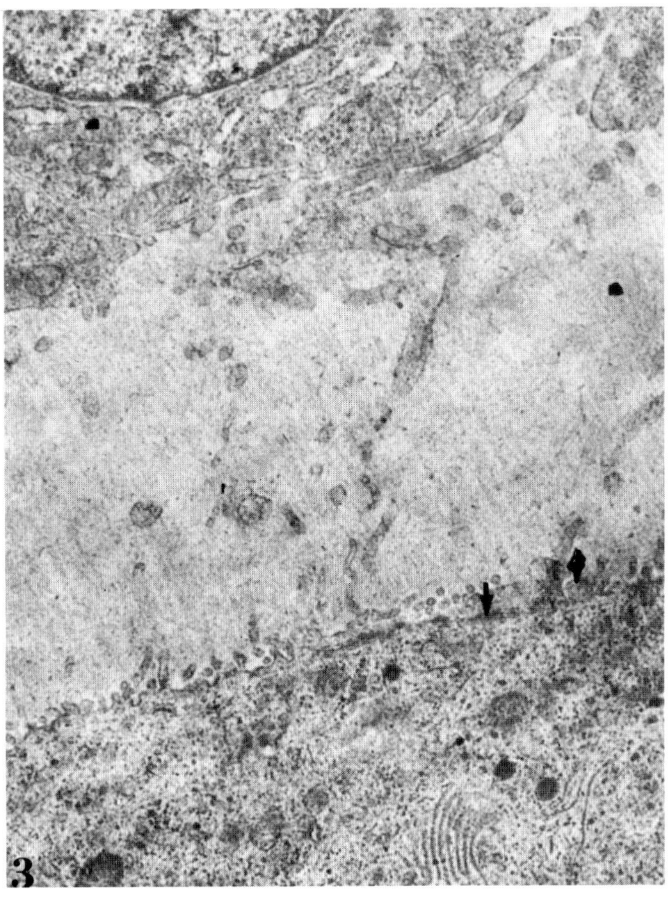
3

Plate IV

The Ovary

1. Large cytoplasmic processess of granulosa cells and microvilli have been sectioned near the surface of the oocyte. A Golgi complex, fibrillar material, and laminations of dense material are seen in the peripheral cytoplasm of the oocyte. 54,000×

2. Cytoplasmic processes of the follicular granulosa cells and smaller microvilli from the surface of the oocyte have been sectioned transversely. Both the cytoplasmic processes and the microvilli contain a number of filaments. 76,000×

3. An enlargement of a part of Plate III, 3, illustrates the junctional complexes which unite cytoplasmic processes (arrows) of the follicular granulosa cells to the surface of the oocyte. A microvillus of the latter appears quite irregular in outline. Others are sectioned transversely. 46,000×

4. A large number of filaments are found in the dense plaque of the oocyte and in the cytoplasmic process of the follicular cell. A cytoplasmic microtubule is located at a slightly deeper level in the oocyte. Transversely sectioned tubules (arrow), considerably smaller than the classic cytoplasmic microtubule, are seen in a microvillus of the oocyte. A fibrillar material can be identified in the zona pellucida at this magnification. 78,000×

Planche IV

L'ovaire

1. Des prolongements cytoplasmiques des cellules de la granuleuse ont été coupés au voisinage de la surface d'un ovocyte dont on voit les microvillosités. Le cytoplasme périphérique de l'ovocyte contient un appareil de Golgi, des structures fibrillaires et des laminages de matériel sombre. 54,000×

2. Une coupe transversale intéresse des prolongements cytoplasmiques de cellules de la granuleuse et des microvillosités de la surface de l'ovocyte. Ces deux structures contiennent un certain nombre de filaments. 76,000×

3. Un agrandissement d'une partie de la planche III, 3, illustre les appareils de jonction qui unissent les prolongements cytoplasmiques (flèches) des cellules de la granuleuse à la surface de l'ovocyte. Une microvillosité de l'ovocyte poursuit un trajet irrégulier alors que d'autres se présentent en coupe transversale. 46,000×

4. Un grand nombre de filaments sont enrobés dans la plaque de jonction de l'ovocyte et dans le prolongement cytoplasmique d'une cellule de la granuleuse. Un microtubule cytoplasmique est situé un peu plus profondément dans l'ovocyte. Dans une microvillosité, on rencontre, en coupe transversale, quelques tubules (flèche) dont les dimensions sont plus réduites que celles du microtubule cytoplasmique classique. A ce grossissement, on reconnaît la présence d'un matériel fibrillaire dans la zone pellucide. 78,000×

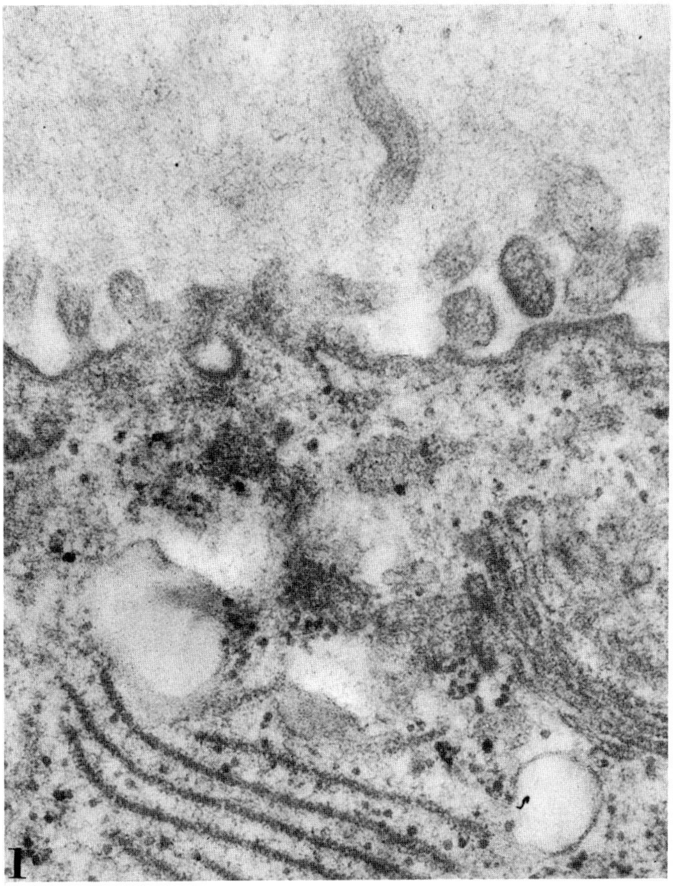

1

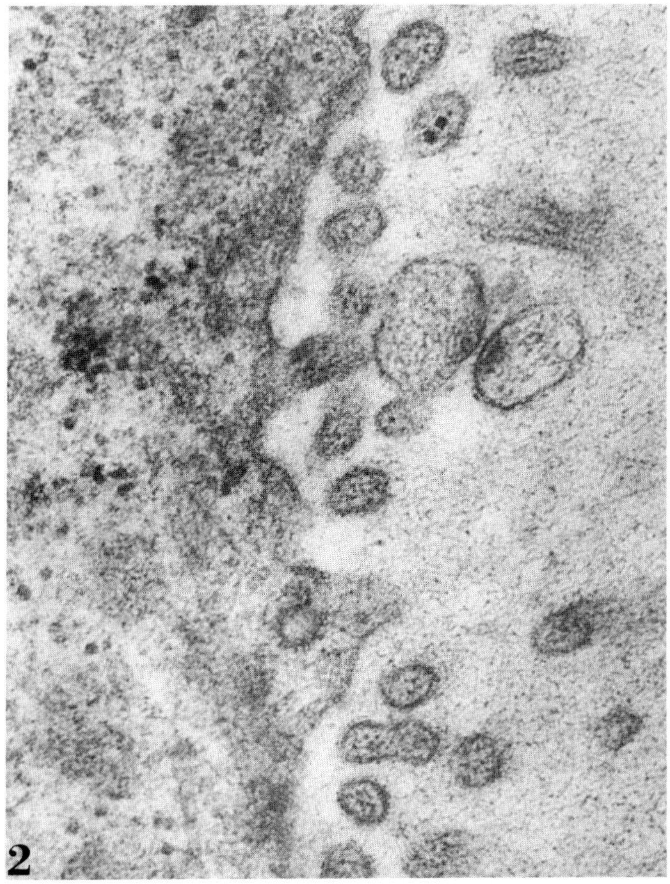

2

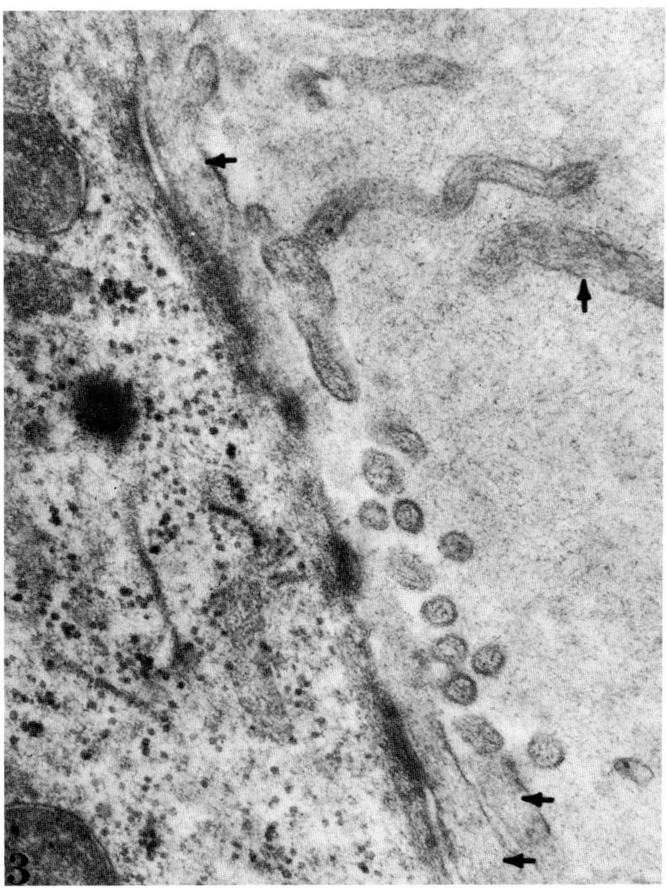

3

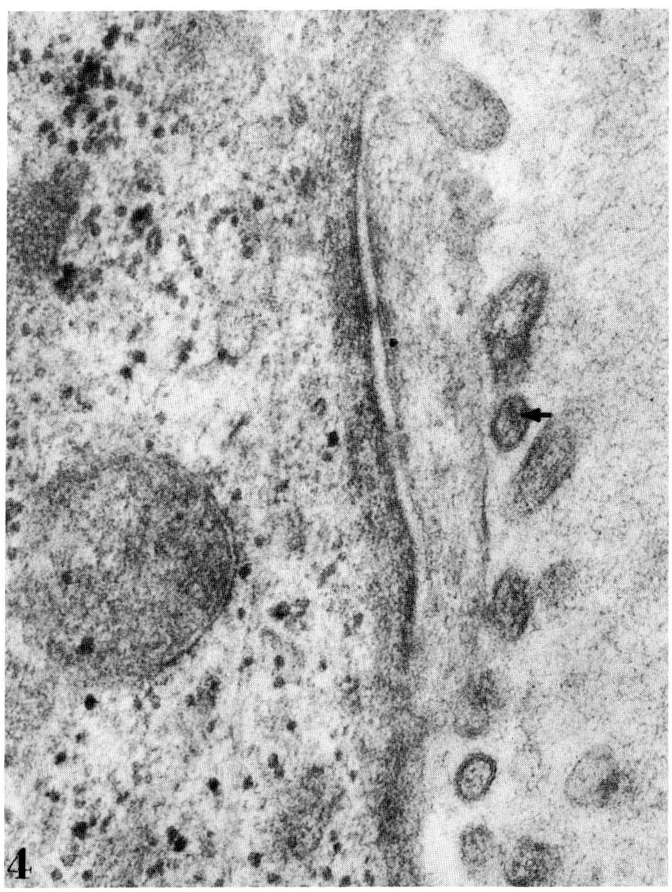

4

Plate V

The Ovary

1. Oocyte–secondary follicle. A dense granule and a large number of profiles of the smooth-surfaced endoplasmic reticulum are seen in the cytoplasm. The membranes are closely associated with filaments (arrows). 76,000×

2. Filamentous branches extend from the surfaces of dense laminae which are located throughout the cytoplasm of the oocyte. Some of these laminations have a trilaminar appearance (arrows). A mitochondrion with a moderately dense matrix is surrounded by filaments and glycogen granules. 78,000×

3. Curved filaments seem to interconnect some of the dense laminae (arrow). A number of glycogen granules are located in the cytoplasm around a large, moderately dense, membrane-bound granule. 78,000×

4. In oblique and tangential views a series of parallel lines can be resolved in the dense laminae (arrows). 78,000×

5. In another field these linear subunits (arrows) are apparent in most surface and oblique views of the dense laminae. 54,000×

6. A higher magnification of the substructure of the laminae. There is a resemblance between these laminations and those seen in the megakaryocyte during the development of the membranes of the platelets. It is suggested that these laminations may represent membranes in the process of formation from a filamentous precursor. 106,000×

Planche V

L'ovaire

1. L'ovocyte du follicule secondaire contient un granule dense et de nombreux éléments du réticulum endoplasmique lisse. Ces derniers sont en relation étroite avec des filaments (flèches). 76,000×

2. Des ramifications filamenteuses s'élèvent de la surface des lames denses que l'on rencontre à travers tout le cytoplasme de l'ovocyte. Certaines de ces lames ont un aspect trilaminé (flèches). Des filaments et des granules de glycogène entourent la mitochondrie dont la matrice est de densité moyenne. 78,000×

3. Des filaments recourbés semblent réunir quelques-unes des lames denses (flèche). Un volumineux granule cytoplasmique de densité moyenne et limité par une membrane, est entouré de granules de glycogène. 78,000×

4. Des coupes obliques et tangentielles permettent de décomposer les lames denses en une série de lignes parallèles (flèches). 78,000×

5. Dans un autre champ, ces sous-unités linéaires (flèches) apparaissent dans la plupart des coupes obliques et des vues superficielles des lames denses. 54,000×

6. A plus fort grossissement, il existe une ressemblance entre ces laminages et ceux des mégacaryocytes au cours de la formation des plaquettes. Il pourrait s'agir de membranes en voie de formation à partir d'un précurseur filamenteux. 106,000×

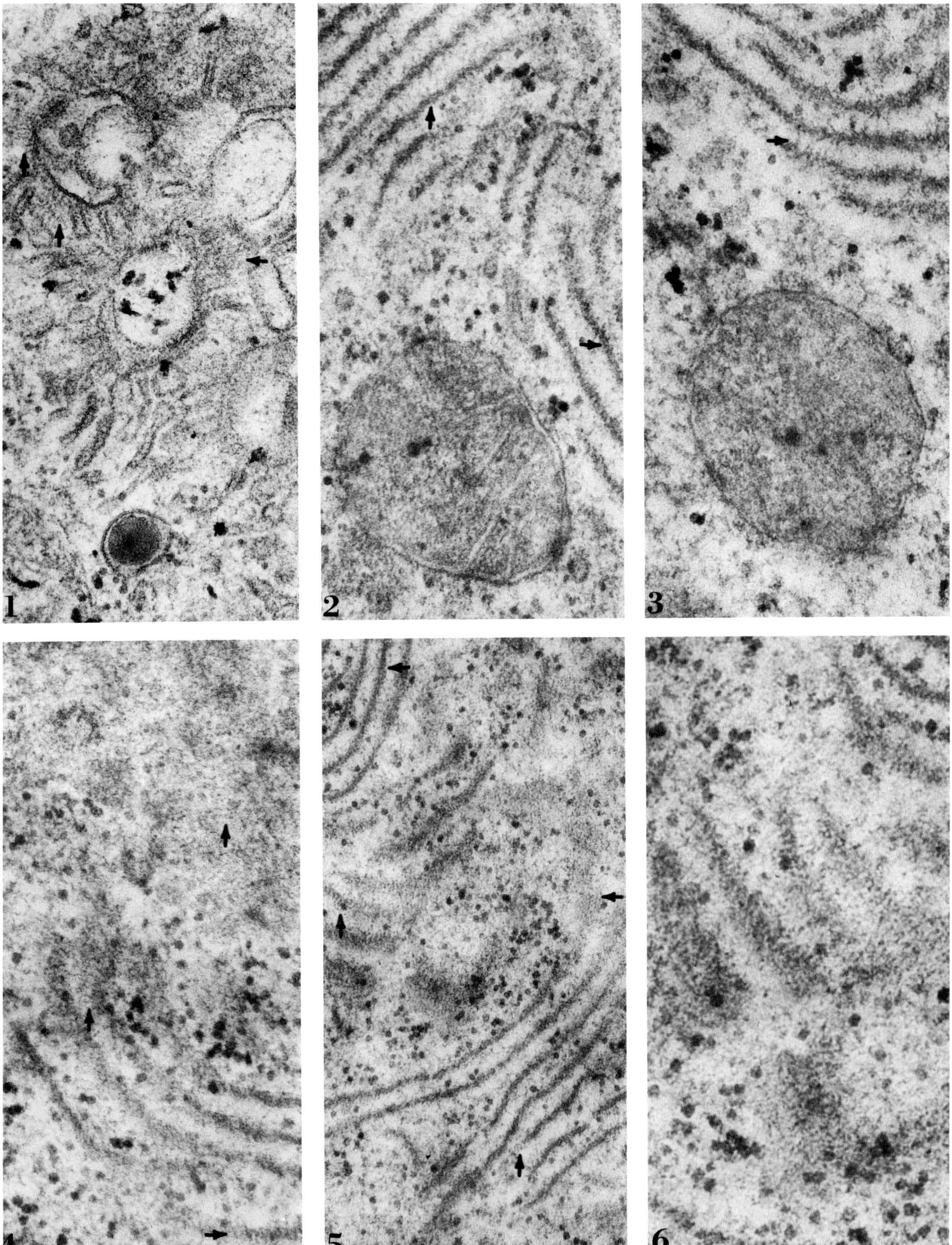
1
2
3
4
5
6

Plate VI

The Ovary—Corpus Luteum

1. After ovulation, the follicular cells develop into granulosa luteal cells (gl). These are cells which appear remarkedly vesiculated since their content is not retained during fixation. Outside the basal lamina of the follicle another type of cell, the theca luteal cell, develops from the theca interna layer. The theca luteal cells (tl) contain many large, lightly stained granules and a number of smaller dense granules. They have a rounded nucleus with a very large nucleolus. These cells have multiple Golgi (G) complexes. A large dense granule is located in a mitochondrion. 7800×

2. In a part of the juxtanuclear area of a theca luteal cell one finds a large Golgi complex, a great deal of smooth surfaced endoplasmic reticulum and a moderate amount of the granular type. Among these many membrane profiles are a number of mitochondria, lipid droplets, ribosomes, and dense granules. The mitochondria have an interesting mixture of transversely and longitudinally oriented crests, some of which are tubular. In one instance the mitochondria have a whorled appearance, with one encircling another. The two ends of each mitochondrion appear to be united by filamentous bands. Some of the mitochondria contain large, homogeneous dense bodies, not unlike the dense bodies seen elsewhere in the cytoplasm. These mitochondria are similar to those seen in the suprarenal cortical cells. 26,000×

Planche VI

L'ovaire—Le corps jaune

1. Après l'ovulation, les cellules folliculeuses se transforment en cellules lutéiniques de la granuleuse (gl). Ces cellules ayant perdu leur contenu au moment de la fixation sont fortement vacuolées. A l'extérieur de la lame basale du follicule, un autre type de cellules se développe à partir de la thèque interne: ces cellules lutéiniques de la thèque (tl) contiennent plusieurs gros granules légèrement colorés et un certain nombre de petits granules denses. Elles ont un noyau arrondi avec un gros nucléole et elles montrent plusieurs appareils de Golgi (G). Un gros granule dense est inclus dans une mitochondrie. 7800×

2. Dans une portion de la région juxtanucléaire d'une cellule lutéinique de la thèque, on remarque un complexe de Golgi volumineux, un réticulum endoplasmique lisse très bien développé et une quantité moyenne de réticulum endoplasmique granulaire. Parmi ces multiples membranes se retrouvent un certain nombre de mitochondries, des gouttelettes lipidiques, des ribosomes et des granules denses. Les mitochondries contiennent un intéressant mélange de crêtes transversales et longitudinales; certaines de celles-ci sont tubulaires. Sur cette coupe on assiste à l'enroulement d'une mitochondrie sur une autre. Les deux extrémités de chaque mitochondrie semblent réunies par des rubans filamenteux. Certaines mitochondries abritent des corpuscules foncés, volumineux et homogènes, assez semblables aux structures denses du cytoplasme. Ces mitochondries ressemblent à celles du cortex surrénalien. 26,000×

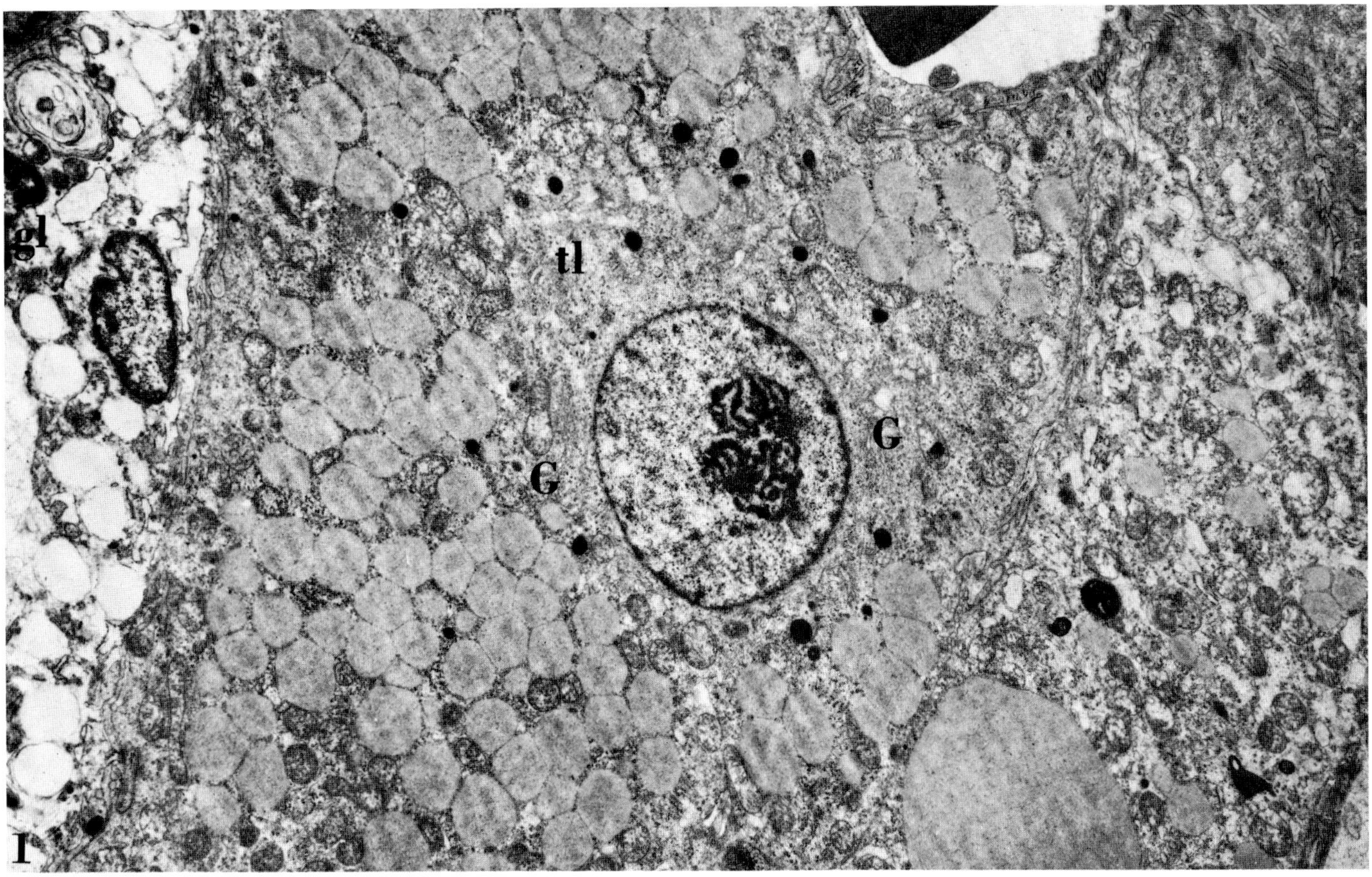

1

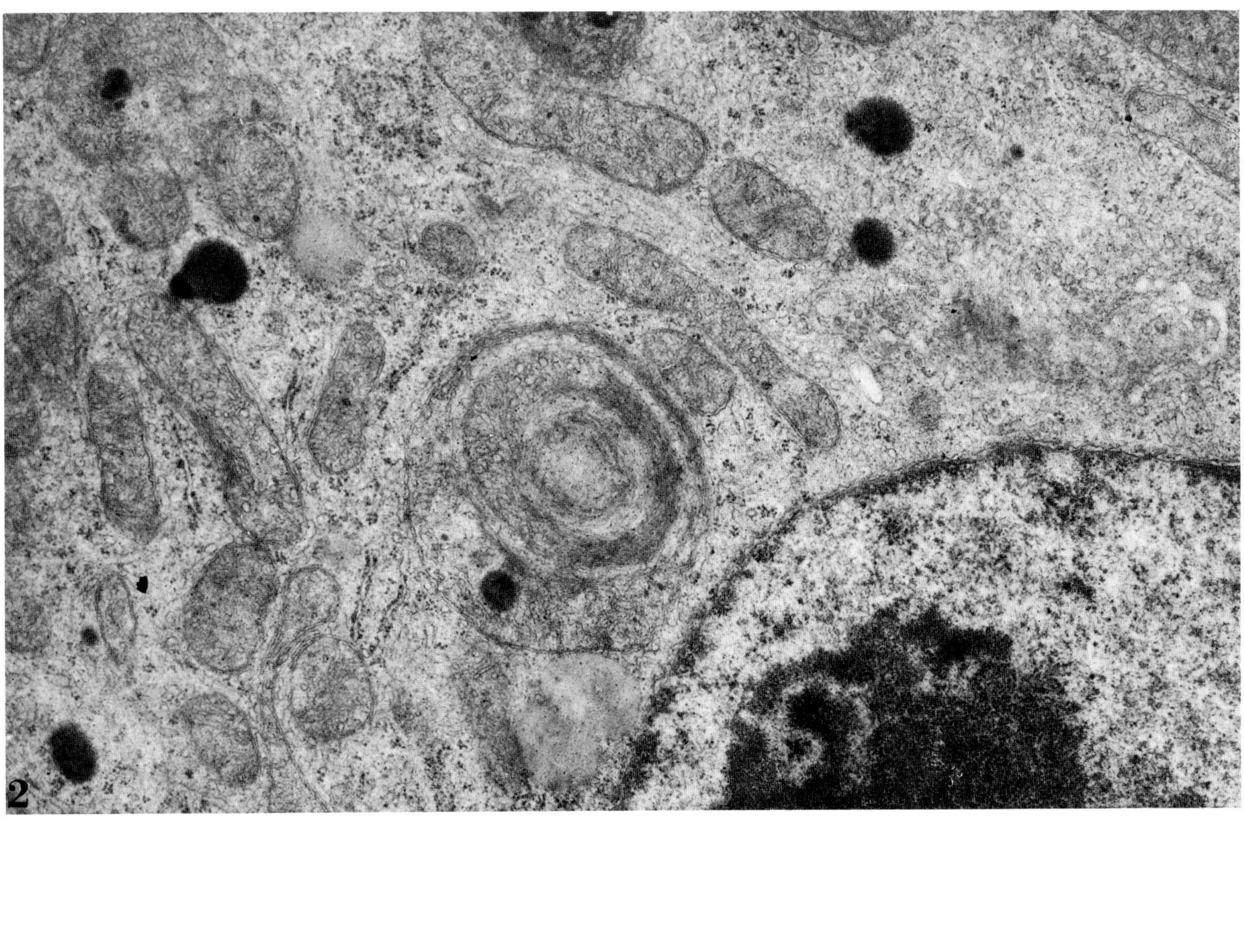

2

Plate VII

The Ovary—Theca Luteal Cells

1. Large dense bodies, resembling phagosomes, are found in some cells of the corpus luteum. Various vesicles and granules are located within these bodies. Some of the mitochondria in the theca luteal cells contain large dense granules (arrows). 7000×

2. The tubular crests in this mitochondrion in a theca luteal cell have a content which is darker than the matrix. A large dense body is located within the mitochondrion. A granule, surrounded by two membranes, and with distinct differences in the density of content, is seen nearby. 76,000×

3. Another irregular dense body is demonstrated in the matrix of a mitochondrion. Nearby, a series of laminations occupies a part of a granule. 85,000×

4. In another mitochondrion a number of irregularly shaped densities have developed. 85,000×

Planche VII

L'ovaire—Cellules lutéiniques de la thèque

1. Dans quelques cellules du corps jaune, on remarque la présence de gros corpuscules denses contenant des vésicules et des granules variés. Ces corpuscules ressemblent à des phagosomes. Quelques mitochondries dans les cellules lutéiniques de la thèque contiennent de gros granules denses (flèches). 7000×

2. Les crêtes tubulaires de cette mitochondrie à l'intérieur d'une cellule lutéinique de la thèque ont un contenu qui est plus dense que celui de la matrice. Remarquer le gros corpuscule dense à l'intérieur de cette mitochondrie. Dans le cytoplasme, un volumineux corpuscule fortement coloré dont le contenu montre deux densités distinctes, est entouré de deux membranes. 76,000×

3. Un autre corpuscule foncé et à contour irrégulier est visible dans la matrice d'une mitochondrie. Tout près, des lames s'empilent à la périphérie d'un granule. 85,000×

4. Dans une autre mitochondrie se sont formées un certain nombre de densités à contour irrégulier. 85,000×

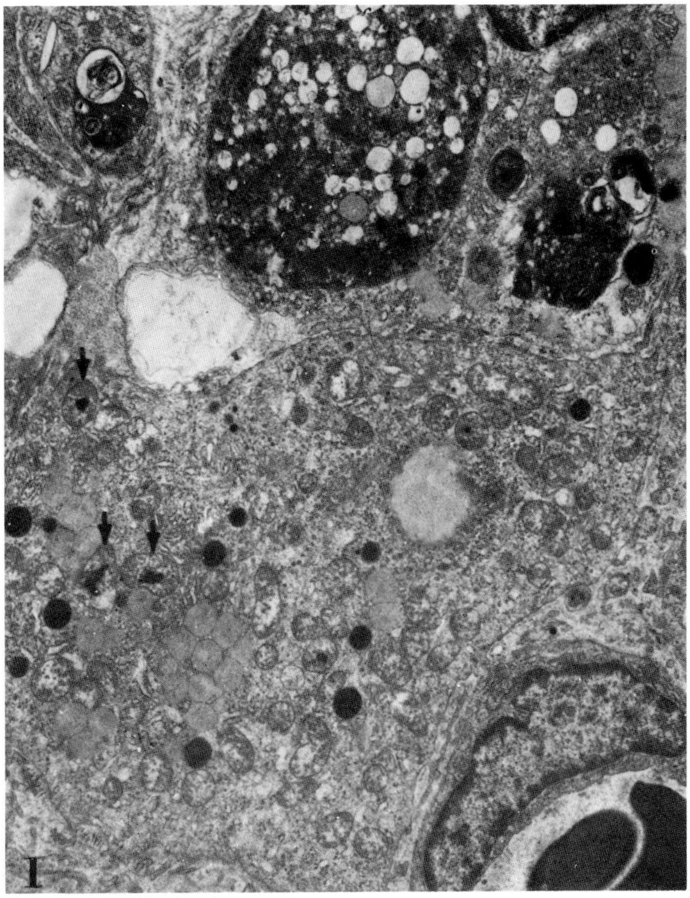
1

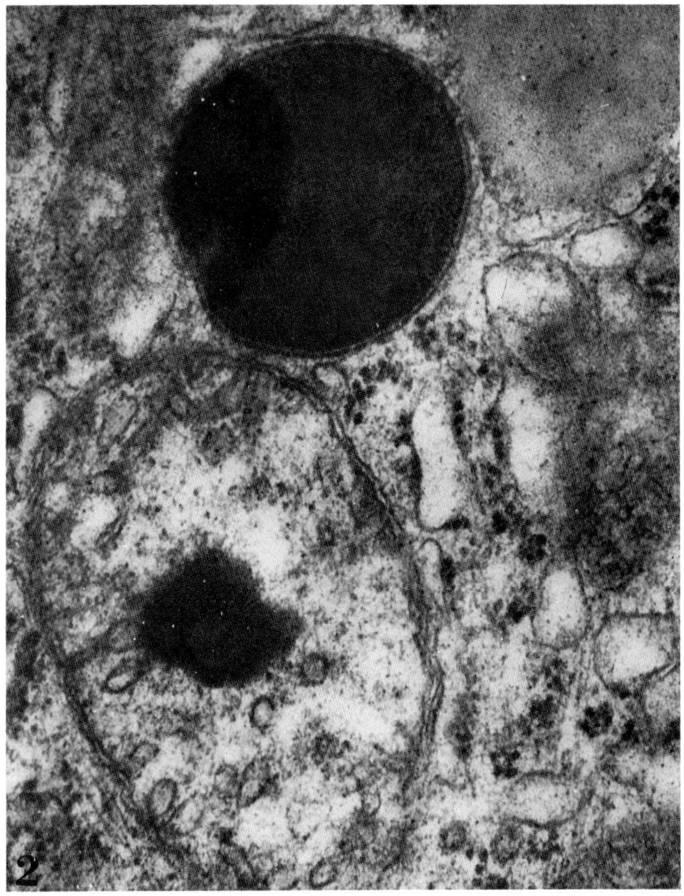
2

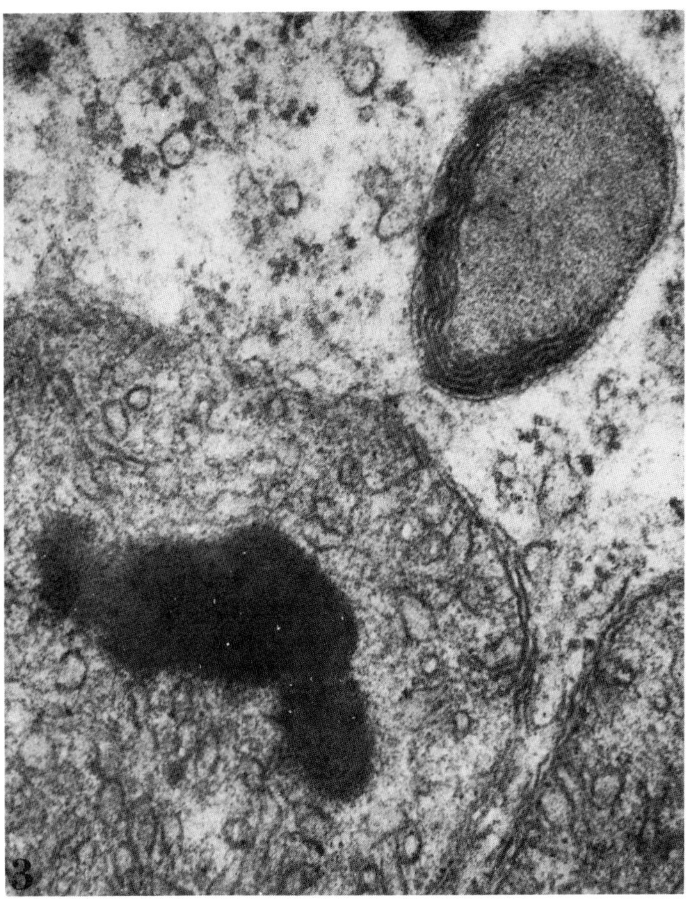
3

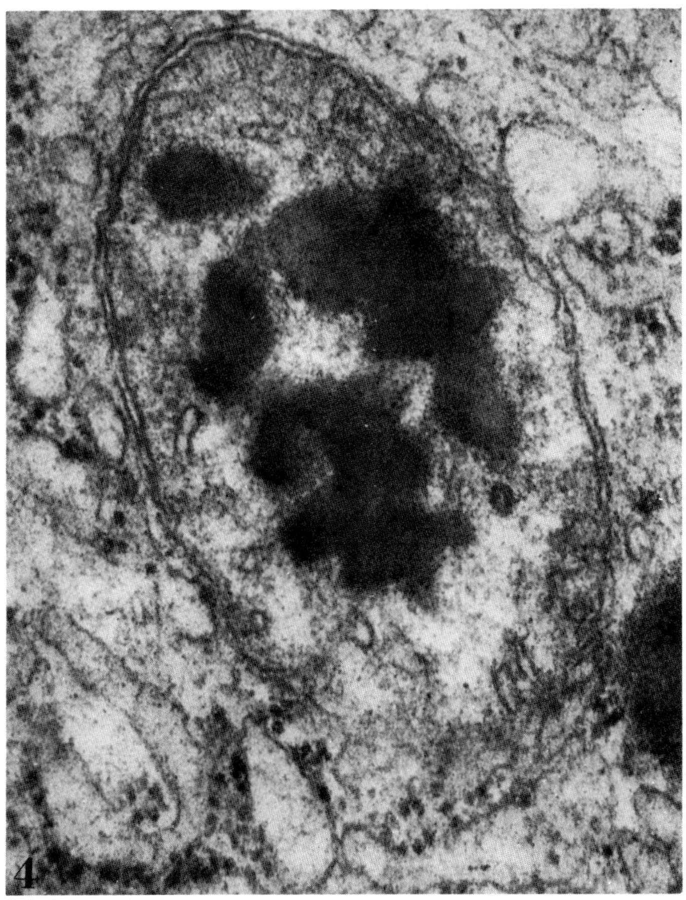
4

Plate VIII

The Ovary—Theca Luteal Cells

1. Composite types of granules can be seen in some theca luteal cells. Some granules have a pale homogeneous background similar to the lipid droplets, while in others the matrix is either finely granular or quite variable with localized, internal membrane-like profiles (arrow). 32,000×

2. In another field there is evidence of the development of dense material in sacs of the Golgi complex (G) and within the periphery of nearby vesicles. Elsewhere the cytoplasm contains granules of variable size and density and a few lipid droplets. 26,000×

Planche VIII

L'ovaire—Cellules lutéiniques de la thèque

1. Dans des cellules lutéiniques, on peut observer des granules hétéroclites: certains ont un fond homogène pâle d'allure lipidique alors que d'autres ont une matrice finement granulaire ou présentent une organisation interne variable avec ici et là des images membraneuses (flèche). 32,000×

2. Dans un autre champ, il semble y avoir une accumulation de matériel foncé dans les saccules de l'appareil de Golgi (G) et à la périphérie de vésicules avoisinantes. Le cytoplasme contient également des granules de dimension et de densité variables, ainsi que quelques gouttelettes lipidiques. 26,000×

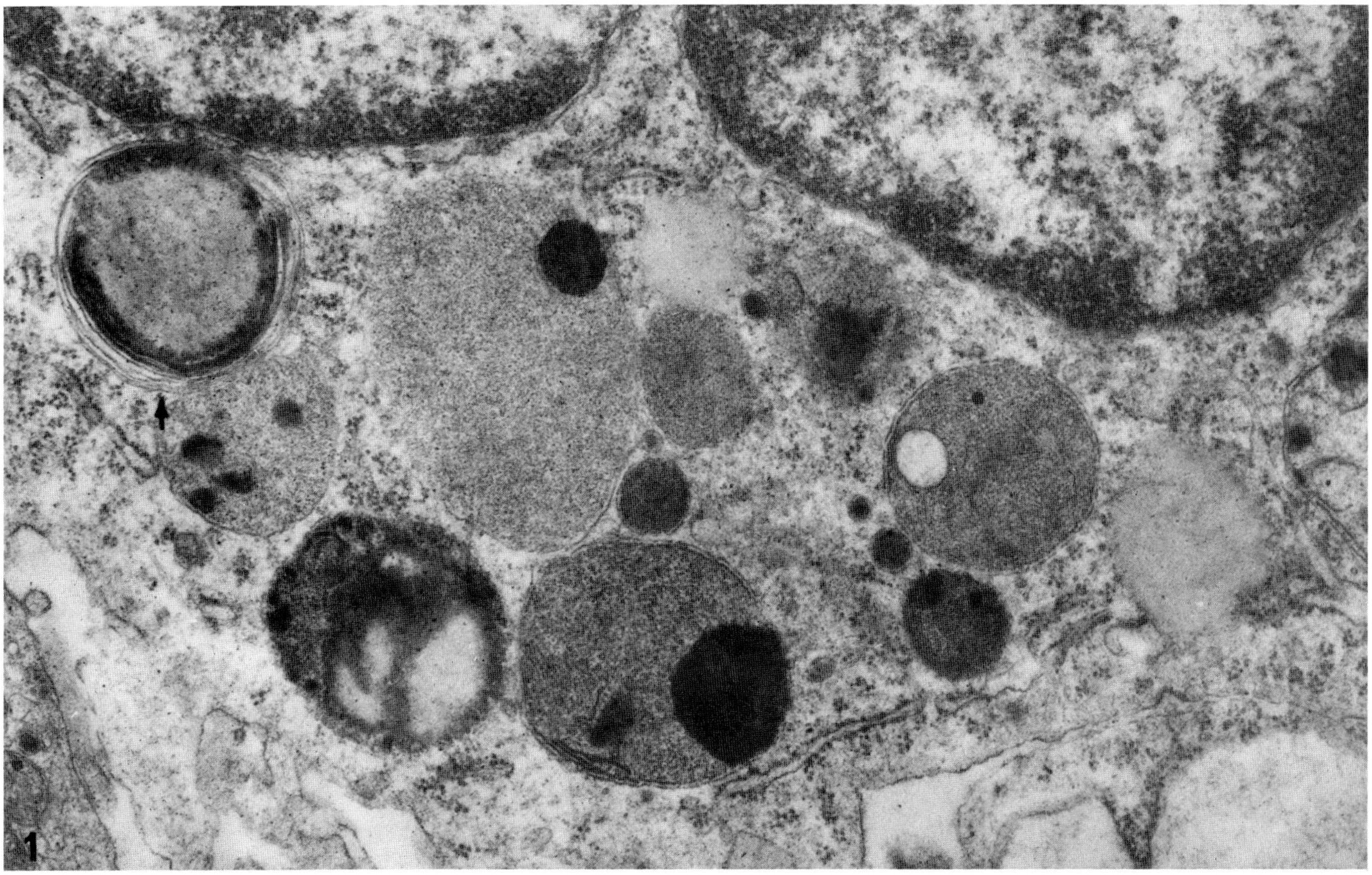
1

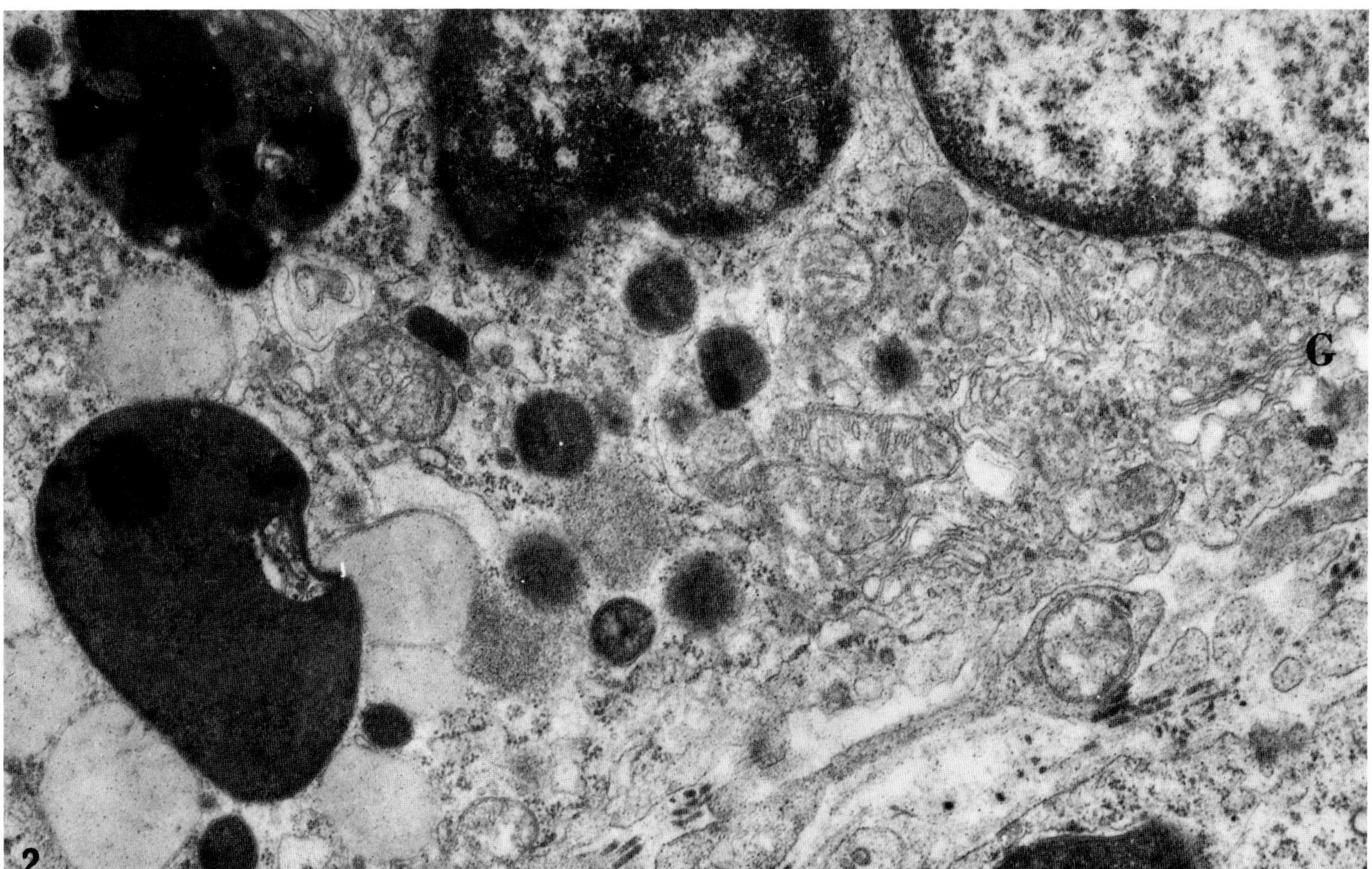
G
2

Plate IX

The Uterus

1. L. The lining of the uterus, commonly known as endometrium, is a simple columnar epithelium which is invaginated to form numerous deep tubular glands. These glands (g) extend into the lamina propria and, when sectioned transversely, appear circular. The lining cells of the glands are not as tall as those on the surface epithelium. The endometrial stroma is highly cellular with a rich supply of blood vessels. 140×

2. L. The endometrial epithelium in the follicular stage consists of cells which vary in background density and in content of dense granules. The nuclei are irregular and differ slightly in their location within the cells, giving the epithelium a somewhat pseudostratified appearance. A number of vacuoles are seen in some of the cells. 560×

3. The cytoplasm of the epithelial cells is moderately dense with a considerable amount of granular endoplasmic reticulum and a moderate-sized Golgi complex. Some cells contain a number of large dense granules and vacuoles, and some of the numerous apical vesicles have a heavily stained content. A cell with peripherally located nuclear chromatin and a large dense body in its very pale cytoplasm is located between the bases of the columnar cells. 6200×

Planche IX

L'utérus

1. L. L'endomètre consiste en un épithélium prismatique simple qui s'invagine pour former plusieurs glandes tubuleuses profondes. Ces glandes (g) pénètrent dans le chorion et prennent une forme circulaire lorsqu'elles sont coupées de façon transversale. Les cellules de l'épitéhlium des glandes ne sont pas aussi hautes que celles de l'épithélium de surface. Le stroma de l'endomètre est riche en cellules et en vaisseaux sanguins. 140×

2. L. Au cours de la phase folliculaire, les cellules de l'épithélium de l'endomètre se colorent de façon inégale et contiennent un nombre variable de granules sombres. Les noyaux sont irréguliers et leur dénivellement donne à l'épithélium un aspect pseudostratifié. Dans quelques cellules, on aperçoit un certain nombre de vacuoles. 560×

3. Le cytoplasme des cellules épithéliales est assez fortement coloré et possède une quantité considérable de réticulum endoplasmique granulaire et un appareil de Golgi de dimension moyenne. Un certain nombre de cellules contiennent de gros granules denses et des vacuoles. Quelques-unes des nombreuses vésicules apicales présentent un contenu dense. A la base des cellules cylindriques, on peut voir une cellule à chromatine périphérique dont le volumineux corpuscule dense contraste avec le cytoplasme pâle. 6200×

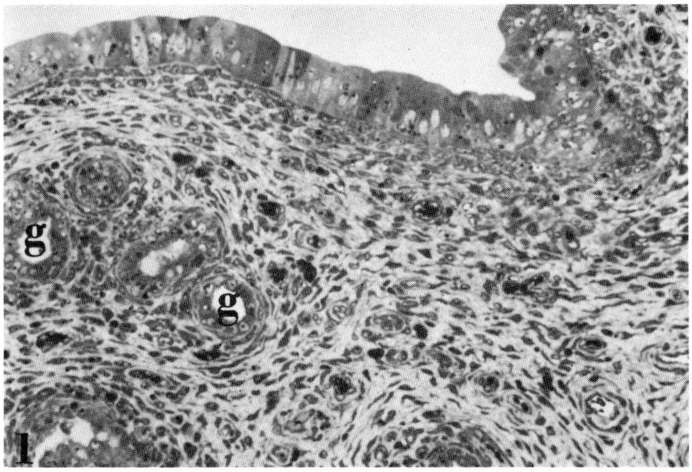
g
g
1

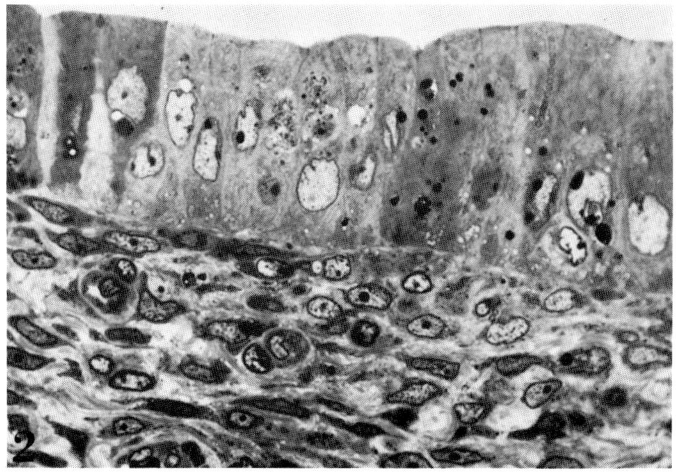
2

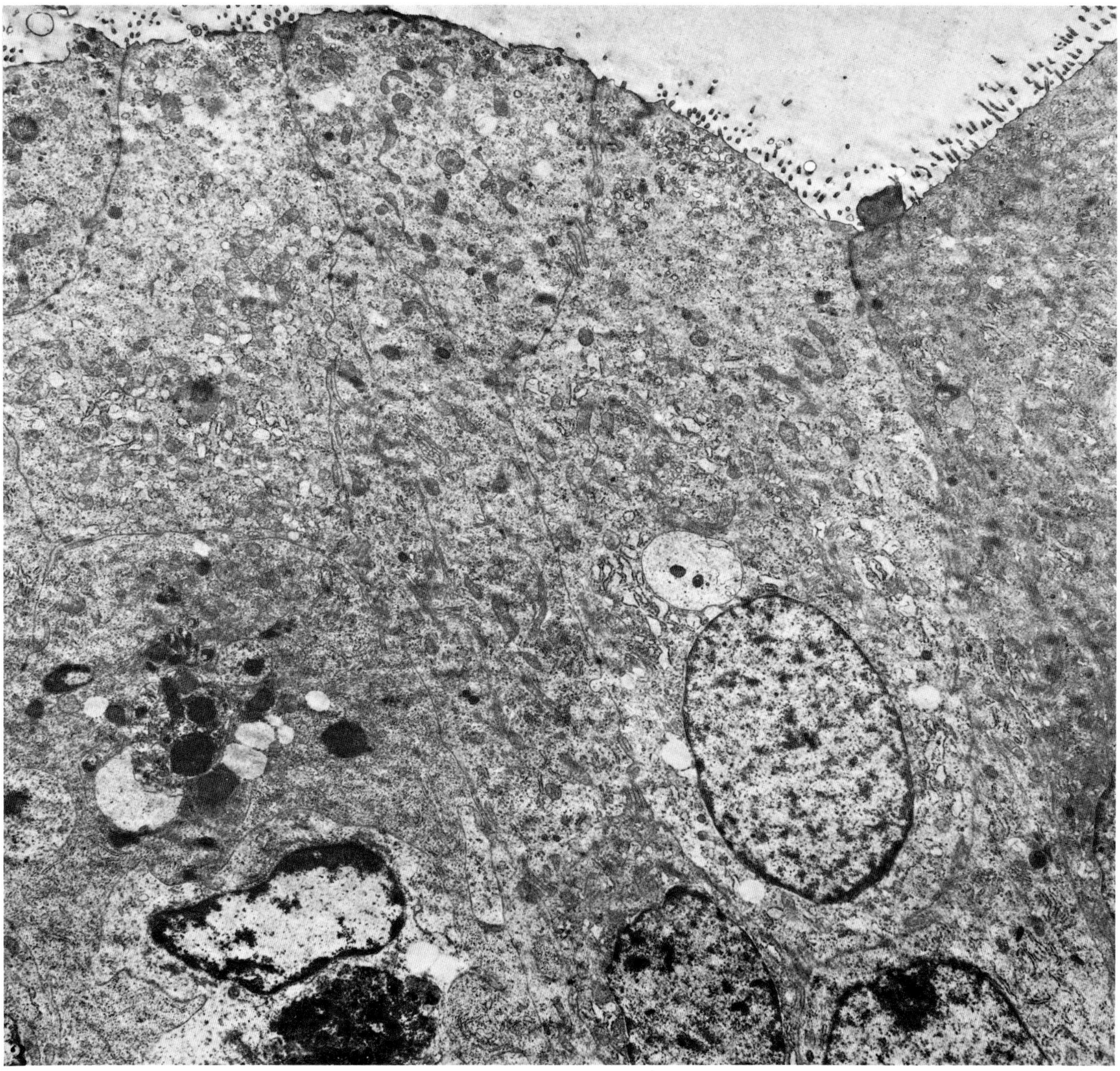
3

Plate X

The Uterus

1. L. The range of cytoplasmic density of the epithelial cells is quite remarkable. Most cells contain a small number of dense granules and vacuoles. The vacuoles toward the bases of the majority of the cells are large, and in some instances they extend the length of the cell. In a narrow, dark cell and in a cell of moderate density with a large, pale nucleus, an accumulation of dense granules occupies a considerable area in the infranuclear region. In another moderately dark cell, a large accumulation of granules and vesicles is seen in the supranuclear region. A basal cell with very pale cytoplasm, containing a few granules, is located between the infranuclear portion of the neighboring epithelial cells. 560×

2. In general the tall columnar epithelial cells have a high content of granular endoplasmic reticulum and extensive Golgi zones. In the apex of the darker cells small vesicles are wholly or partly filled with moderately dense content. The vacuolated cells appear to contain a network of interconnected channels with very pale content. A few small dense granules are found in the cytoplasm. 5600×

3. The slender microvilli have a filamentous core and a coat of widely spaced mucopolysaccharide fibrils. A network of filaments and microtubules is located among the apical vesicles. The vesicles have a moderately dense content which appears to be made up of filamentous material. 60,000×

Planche X

L'utérus

1. L. L'intensité de la coloration des cellules prismatiques de l'épithélium endométrial est très variable. La plupart des cellules ont quelques granules denses et quelques vacuoles dans leur cytoplasme. Généralement, les vacuoles les plus grosses occupent la base de la cellule mais parfois elles se distribuent sur toute la hauteur. Des granules denses se sont accumulés sous le noyau d'une cellule mince et foncée, de même que sous le gros noyau pâle d'une autre cellule de densité moyenne. Par ailleurs les granules et les vésicules occupent plutôt la région supranucléaire d'une autre cellule assez sombre. Une cellule basale à cytoplasme très pâle et contenant quelques granules est coincée entre les portions infranucléaires de deux cellules épithéliales voisines. 560×

2. La plupart des hautes cellules prismatiques de l'endomètre ont un réticulum endoplasmique granulaire abondant et des zones de Golgi bien développées. A l'apex des cellules foncées, les petites vésicules sont plus ou moins remplies d'un contenu assez dense. Les cellules vacuolées semblent posséder un réseau de canaux à contenu très pâle et communiquant entre eux. On retrouve quelques petits granules denses dans le cytoplasme. 5600×

3. Les microvillosités élancées ont un axe filamenteux et sont garnies de fibrilles de nature mucopolysaccharidique. Un réseau de filaments et de microtubules s'établit parmi les vésicules apicales. Ces vésicules ont un contenu assez dense de structure apparemment filamenteuse. 60,000×

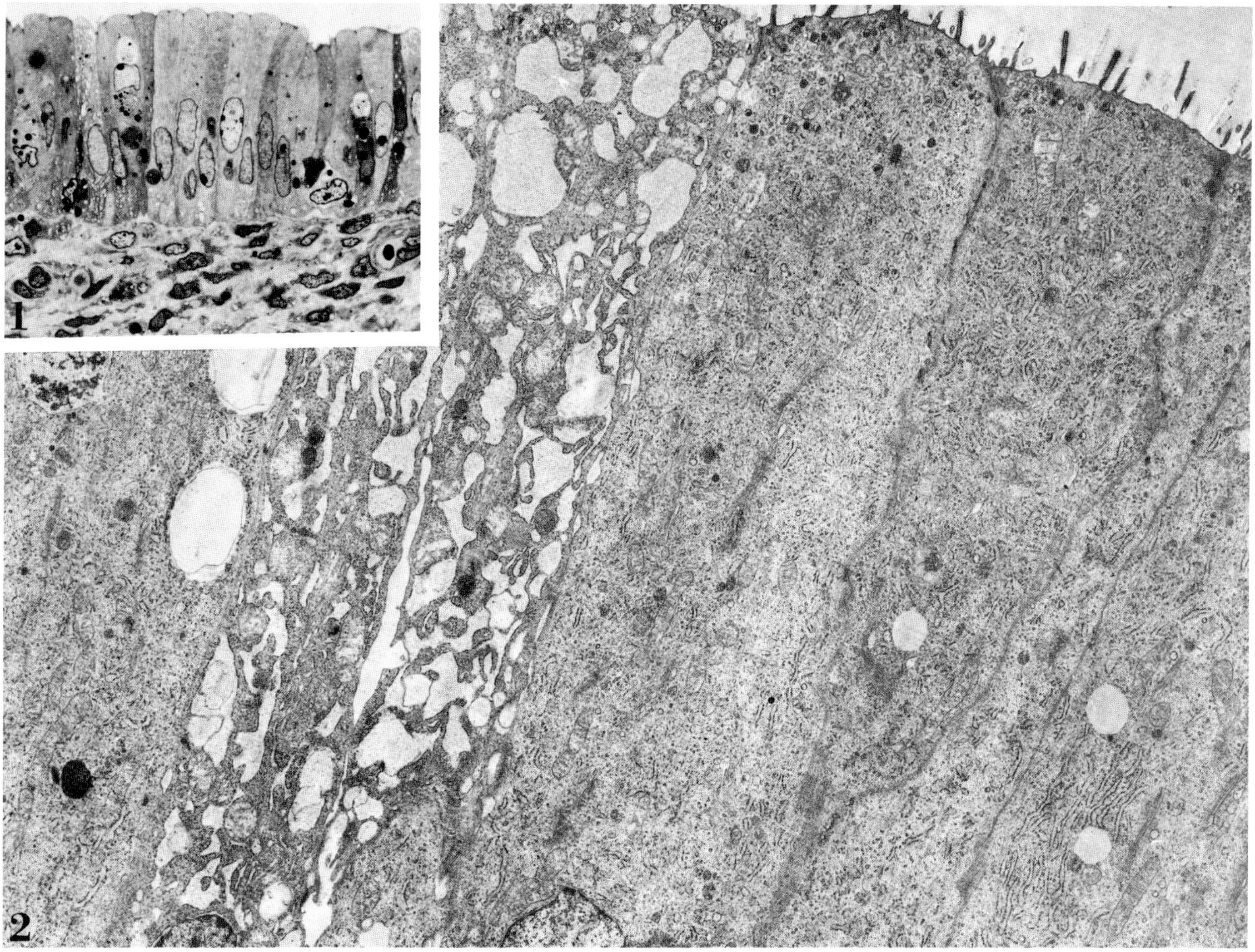

1

2

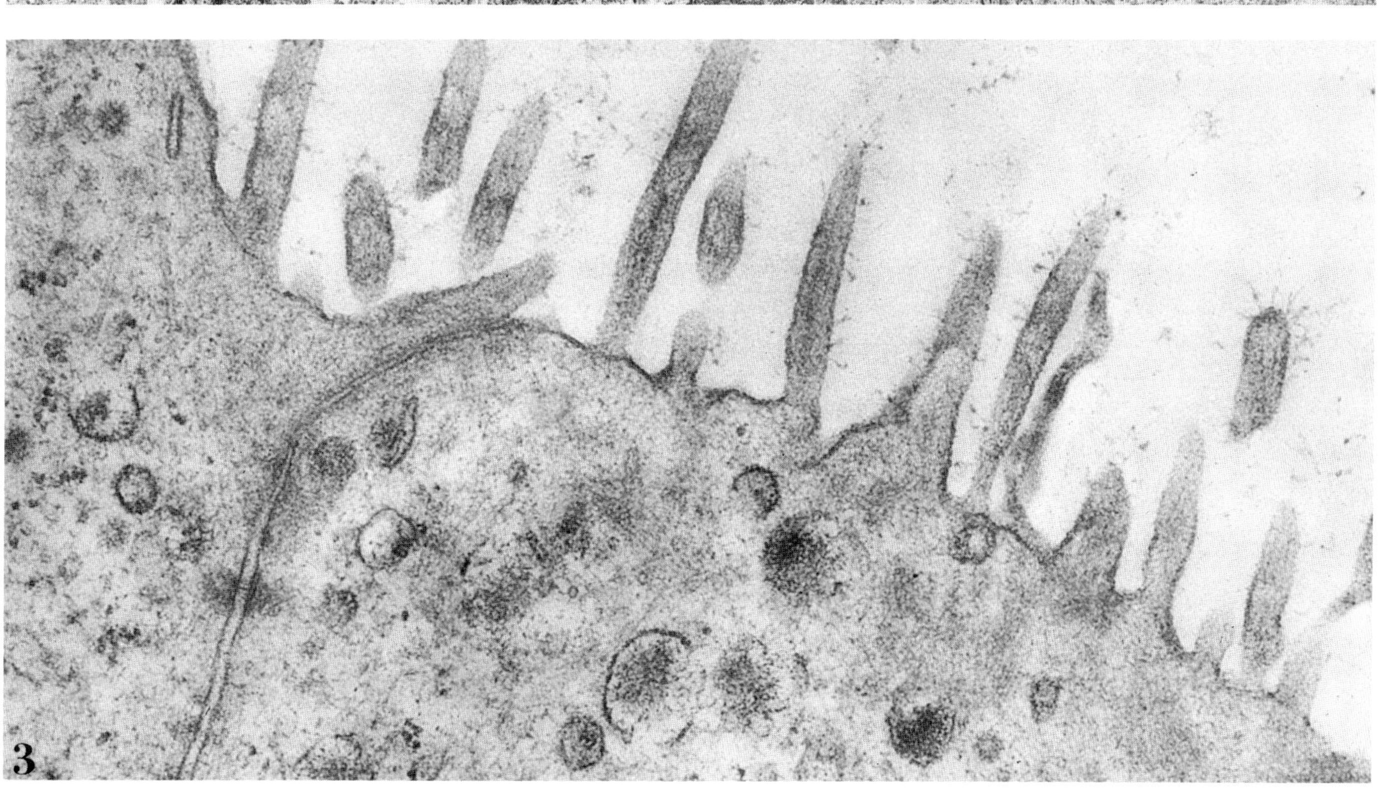

3

Plate XI

The Uterus

1. Globular densities are found on the surfaces of a number of the apical microvilli on these cells in the uterine epithelium. Some of the apical vesicles are elongated or flask-shaped and their content varies in density. Filaments can be seen between these vesicles and the apical surface of the cell. 64,000×

2. At deeper levels within the cytoplasm, networks of filaments and microtubules are located among the other organelles. The cisternae of the granular endoplasmic reticulum are quite distended. There is a dense content in vesicles of a multivesicular body (mv). 62,000×

3. Cilia are only occasionally encountered on the cells of the uterine epithelium. Here the shaft of a cilium is seen within a collar of plasma membranes. Ribosomes are aligned in a bead-like fashion in what appears to be a surface view of the granular reticulum, while, nearby, a series of lines in parallel (arrows) possibly represents substructural components of the underlying membrane in surface view. 52,000×

Planche XI

L'utérus

1. Des appendices globulaires et denses se forment à la surface de quelques-unes des microvillosités apicales des cellules de l'endomètre. Quelques vésicules apicales piriformes présentent un contenu de coloration variable. Un certain nombre de filaments sont visibles entre ces vésicules et la surface apicale de la cellule. 64,000×

2. Plus profondément dans le cytoplasme, des réseaux de filaments et de microtubules trouvent leur place parmi les autres organites. Les citernes du réticulum endoplasmique granulaire sont très dilatées. Un matériel sombre occupe l'intérieur de certaines vésicules d'un corps multivésiculaire (mv). 62,000×

3. Les cils sont rares à la surface des cellules épithéliales de l'endomètre. Ici la tige d'un cil est entourée d'une gaine de membranes plasmatiques. Les ribosomes sont alignés en chapelet dans une région qui semble être une vue superficielle du réticulum endoplasmique granulaire. Tout près de là, une série de lignes parallèles (flèches) représente vraisemblablement l'infrastructure de la surface de la membrane sous-jacente. 52,000×

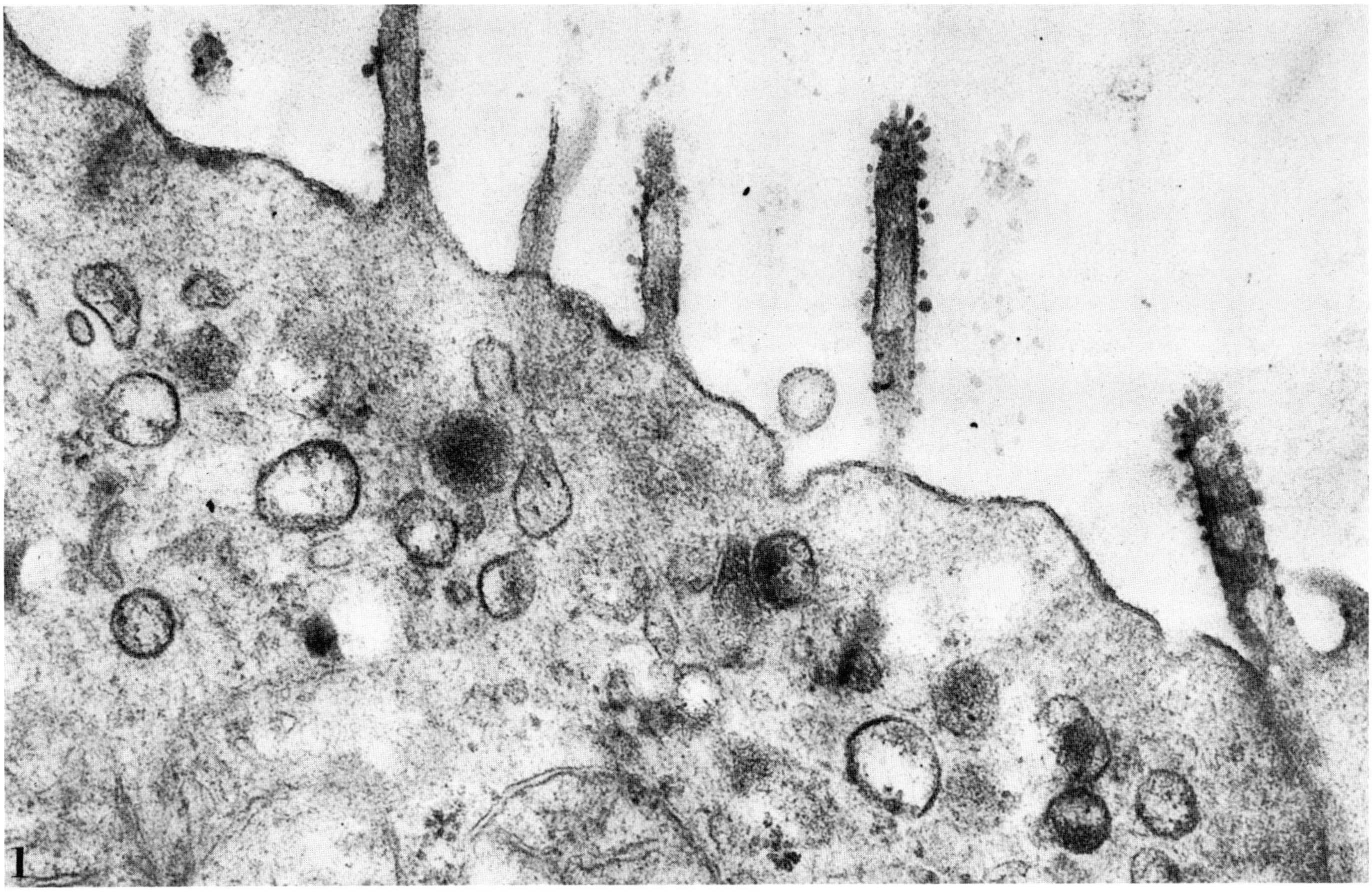

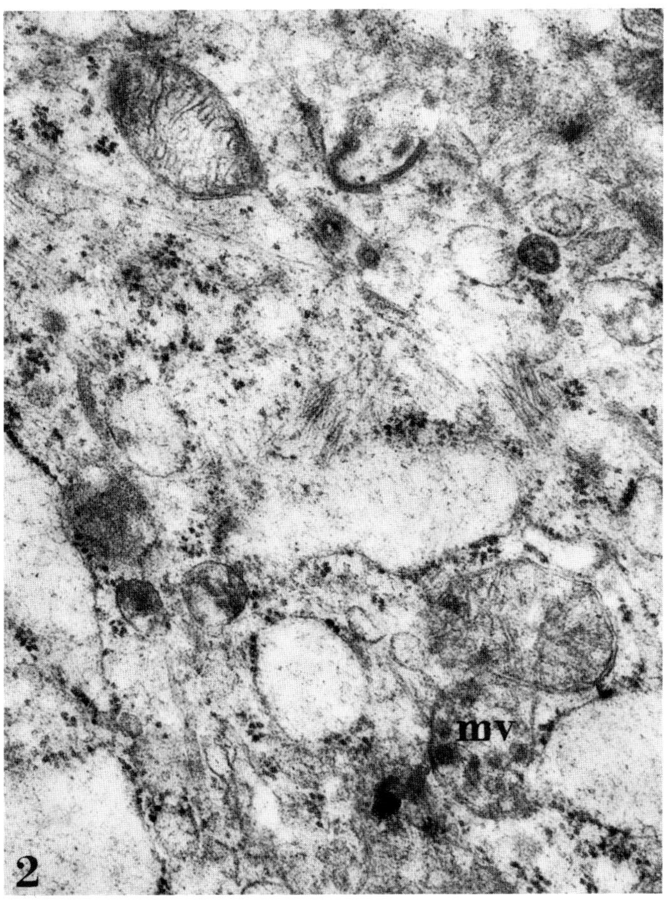

mv

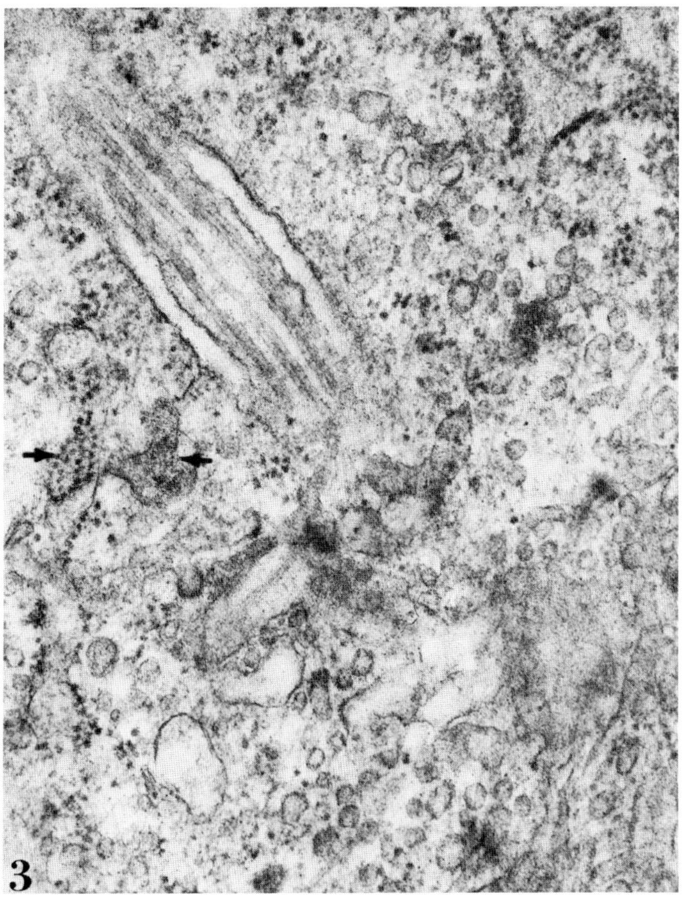

Plate XII

The Uterus

1. L. In addition to the numerous fibroblasts, the connective tissue between the muscular bundles of the myometrium contains large numbers of eosinophils and some macrophages. 640×

2. The eosinophils have a moderately dense cytoplasm and contain many ovoid granules with a typical central dense bar. The macrophages (m) contain less-dense granules in a pale cytoplasm. The collagen forms a loose network between these cells. 4500×

3. At a higher magnification some of the granules in the macrophages (m) range from small to very large and their substructural appearance also varies considerably. A number of much denser elastic fibers are scattered among the collagen fibrils. 7500×

Planche XII

L'utérus

1. L. En plus de nombreux fibroblastes, le tissu conjonctif entre les faisceaux musculaires du myomètre contient de multiples éosinophiles et quelques macrophages. 640×

2. Le cytoplasme relativement foncé des éosinophiles contient plusieurs granules ovoïdes qui présentent une barre centrale dense caractéristique. Les macrophages (m) possèdent des granules moins denses dans un cytoplasme plus pâle. Les fibres collagènes forment un réseau lâche entre ces cellules. 4500×

3. A plus fort grossissement, la dimension et la structure fine des granules des macrophages (m) varient de façon remarquable. Un certain nombre de fibres élastiques beaucoup plus denses sont éparpillées parmi les fibrilles collagènes. 7500×

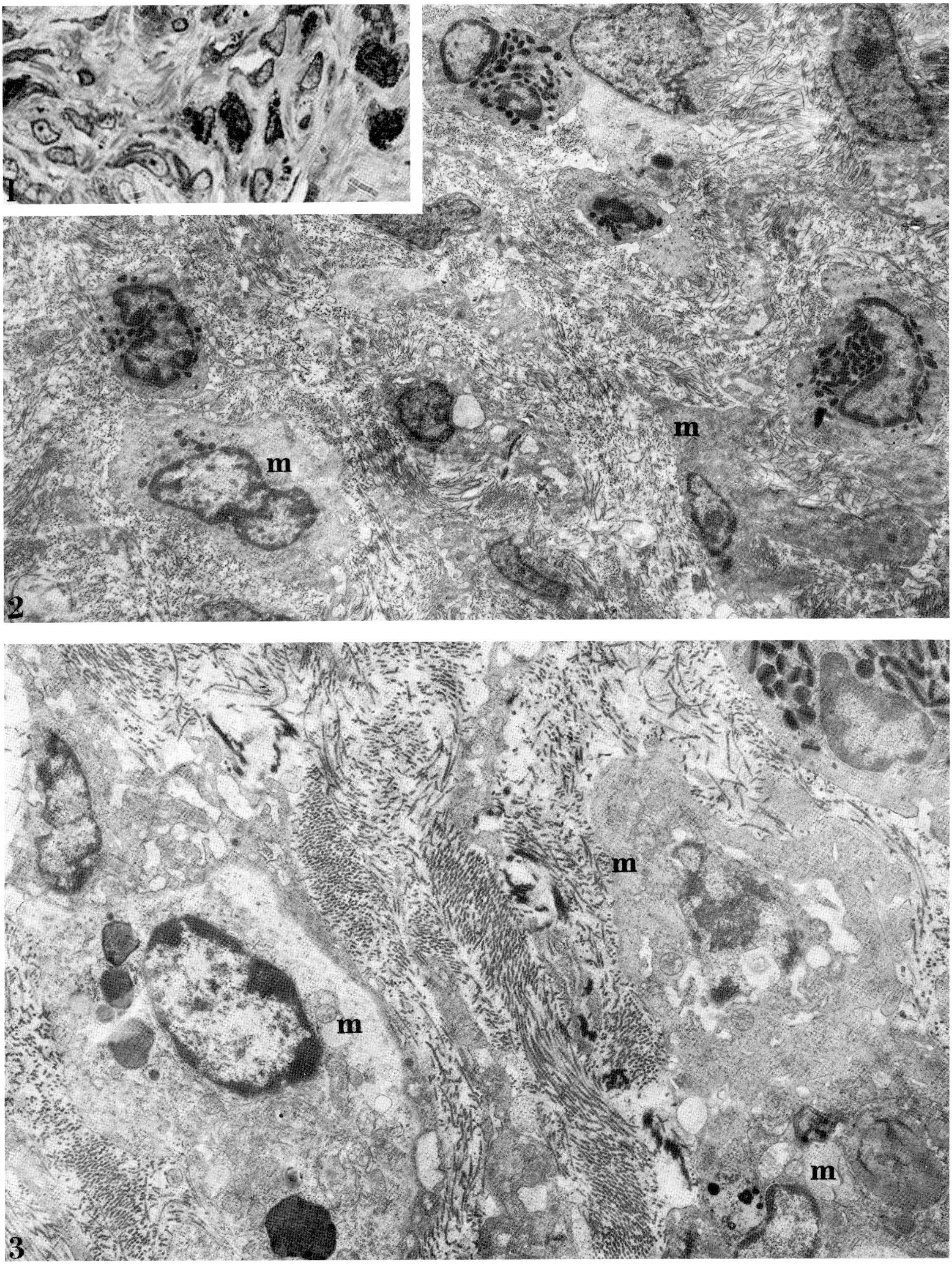
1
m
m
2
m
m
m
3

Plate XIII

The Oviduct (Uterine Tube)

1. L. In the distal portion of the oviduct the deep folds are lined by a columnar epithelium. In this portion of the tube most of the cells are ciliated. 520×

2. Some epithelial cells of the oviduct near the uterus are cuboidal in shape with very large, irregular nuclei. All of these cells have apical microvilli. Many large fibroblasts are found in the subepithelial loose connective tissue. 9100×

3. Some epithelial cells are ciliated while others bear only the long thin microvilli. A group of dense granules and of smaller glycogen granules are found in the cell apex beneath the basal bodies of the cilia. 11,350×

4. A phagocytic interstitial cell in the lamina propria contains granules of variable density. 19,500×

Planche XIII

La trompe utérine

1. L. Dans la portion distale de la trompe utérine, les replis profonds de la paroi sont tapissés par un épithélium prismatique dont la majorité des cellules sont ciliées. 520×

2. Au voisinage de l'utérus, quelques cellules épithéliales de la trompe sont cubiques et possèdent un noyau très gros à contour irrégulier. Toutes ces cellules présentent des microvillosités à leur surface apicale. Sous l'épithélium, le tissu conjonctif lâche contient plusieurs gros fibroblastes. 9100×

3. Parmi les cellules épithéliales, certaines sont ciliées alors que d'autres n'ont que des microvillosités longues et minces. Un amas constitué de gros granules denses et de granules de glycogène plus petits est visible à la région apicale de la cellule juste au-dessous des corpuscules basaux des cils. 11,350×

4. Dans le chorion une cellule interstitielle de type phagocytaire contient des granules de densités variées. 19,500×

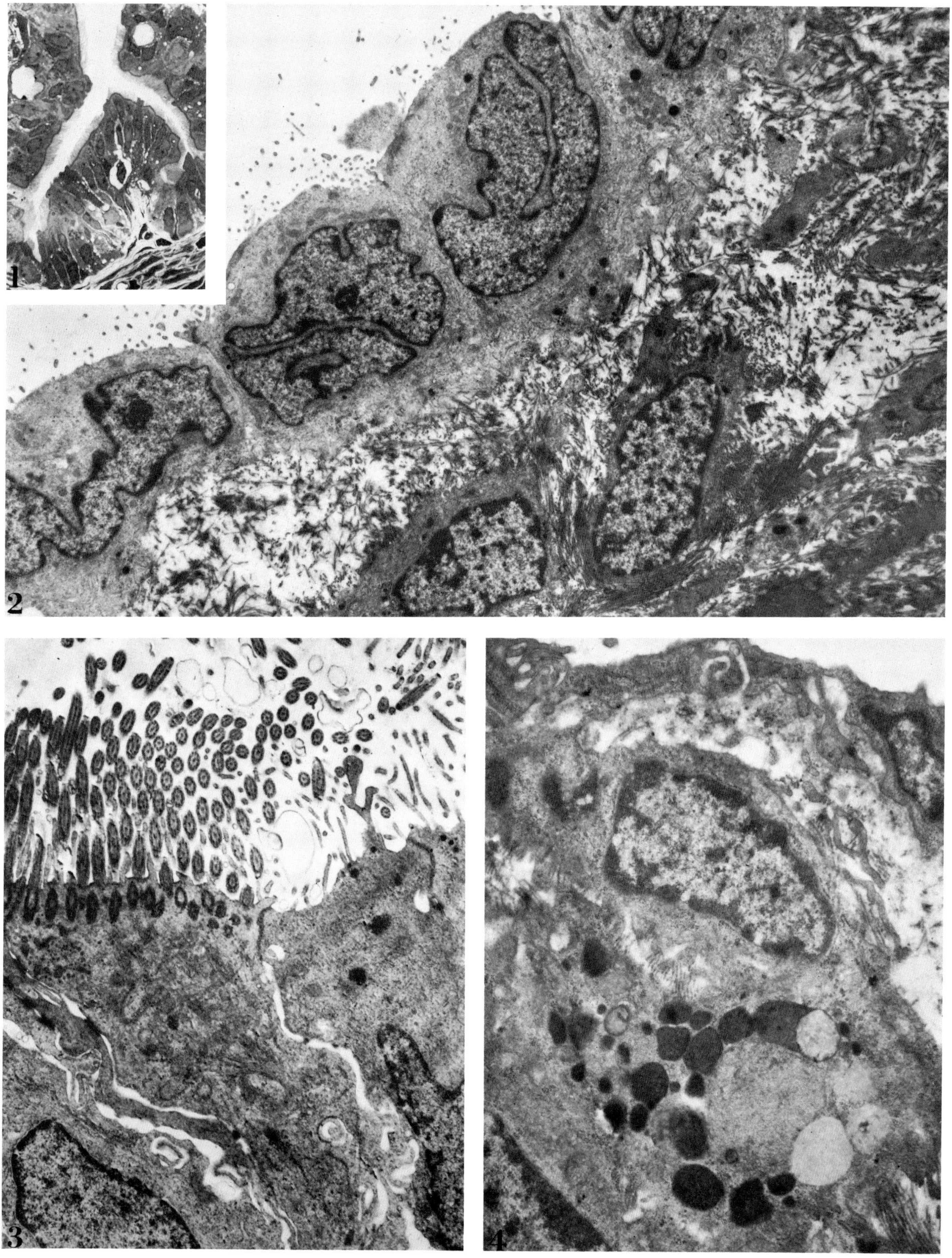
1
2
3
4

REFERENCES

Adams, E. C., and Hertig, A. T. (1964). Studies on guinea pig oocytes. I. Electron microscopic observations on the development of cytoplasmic organelles in oocytes of primordial and primary follicles. *J. Cell Biol.* **21**, 397–427.

Baker, T. G., and Franchi, L. L. (1967). The fine structure of oogonia and oocytes in human ovaries. *J. Cell Sci.* **2**, 213–224.

Bjorkman, N., and Fredricsson, B. (1961). The bovine oviduct epithelium and its secretory process as studied with the electron microscope and histochemical tests. *Z. Zellforsch. Mikroskop. Anat.* **55**, 500–513.

Bjorkman, N., and Fredricsson, B. (1962). Ultrastructural features of the human oviduct epithelium. *Intern. J. Fertility* **7**, 259–266.

Blanchette, E. J. (1966). Ovarian steroid cells. II. The lutein cell. *J. Cell Biol.* **31**, 517–542.

Clyman, M. J. (1963). Electron microscopy of the human endometrium. *Progr. Gynecol.* **4**, 36–57.

Clyman, M. J. (1966). Electron microscopy of the human fallopian tube. *Fertility, Sterility* **17**, 281–301.

Davis, J. (1966). Microscopic anatomy. *In* "Textbook of Obstetrics and Gynecology" (D. N. Danforth, ed.), pp. 88–112. Harper (Hoeber), New York.

Enders, A. C., and Lyons, W. R. (1964). Observations on the fine structure of lutein cells. II. The effects of hypophysectomy and mammotrophic hormones in the rat. *J. Cell Biol.* **22**, 127–141.

Flaks, B., and Bresloff, P. (1966). Some observations on the fine structure of the lutein cells of X-irradiated rat ovary. *J. Cell Biol.* **30**, 227–236.

Goodman, P., Latta, J. S., Wilson, R. B., and Kadis, B. (1968). The fine structure of sow lutein cells. *Anat. Record* **161**, 77–90.

Green, J. A., Garcilazo, J. A., and Maqueo, M. (1968). Ultrastructure of the human ovary. *Am. J. Obstet. Gynecol.* **102**, 57—64.

Greep, R. O. (1963). Histology, histochemistry and ultrastructure of adult ovary. *In* "The Ovary" (H. G. Grady, and D. E. Smith, eds.), pp. 48–68. Williams & Wilkins, Baltimore, Maryland.

Hadek, R. (1963). Electron microscope study on primary liquor folliculi secretion in the mouse ovary. *J. Ultrastruct. Res.* **9**, 445–458.

Kessel, R. G. (1968). An electron microscope study of differentiation and growth in oocytes of ophioderma panamensis. *J. Ultrastruct. Res.* **22**, 63–89.

Kushiya, I. (1968). An electron microscope study of the muscular coats in the ampulla of the rabbit oviduct, with special reference to the neuromuscular relationship. *J. Electron Microscopy* **17**, 127–138.

Makita, T., and Kiwaki, S. (1968). The fine structure of the infundibulum of the quail oviduct. *Japan. J. Zootech. Sci.* **39**, 246–254.

Nilsson, O. (1962). Electron microscopy of the glandular epithelium in the human uterus. I. Follicular phase. *J. Ultrastruct. Res.* **6**, 413–421.

Nilsson, O. (1962). Electron microscopy of the glandular epithelium in the human uterus. II. Early and late luteal phase. *J. Ultrastruct. Res.* **6**, 422–431.

Nørrewang, A. (1968). Electron microscopic morphology of oogenesis. *Intern. Rev. Cytol.* **23**, 114–186.

Odor, D. L. (1965). The ultrastructure of unilaminar follicles of the hamster ovary. *Am. J. Anat.* **116**, 493–522.

Price, D., and Williams-Ashman, H. G. (1961). Accessory mammalian reproductive glands. *In* "Sex and Internal Secretions" (W. C. Young, and G. W. Corner, eds.), 3rd ed., vol. 1, pp. 366–448. Wilkins, Baltimore, Maryland.

Ross, R., and Klebanoff, S. J. (1967). Fine structural changes in uterine smooth muscle and fibroblasts in response to estrogen. *J. Cell Biol.* **32**, 155–167.

Terzakis, J. A. (1965). The nucleolar channel system of human endometrium. *J. Cell. Biol.* **27**, 293–304.

Wischnitzer, S. (1965). The ultrastructure of the germinal epithelium of the mouse ovary. *J. Morphol.* **117**, 387–399.

Wyburn, G. M., Aitken, R. N. C., and Johnston, H. S. (1965). The ultrastructure of the zona radiata of the ovarian follicle of the domestic fowl. *J. Anat.* **99**, 469–484.

Zamboni, L., and Gondos, B. (1968). Intercellular bridges and synchronization of germ cell differentiation during oogenesis in the rabbit. *J. Cell Biol.* **36**, 276–282.

Zuckerman, S., ed. (1962). "The Ovary," Vols. 1 and 2. Academic Press, New York.

THE MAMMARY GLAND

GLANDE MAMMAIRE

Plate I

The Mammary Gland

Each mammary gland is a composite of several subcutaneous glands whose ducts lead to the surface of the nipple. During pregnancy there is a marked extension of the duct system and a rapid dilatation at the duct ends to form alveoli. Secretion of colostrum begins before the termination of pregnancy, and the lobules are filled out internally. This internal expansion is partly at the expense of interlobular connective tissue. During lactation the lobules are made up of closely packed alveoli in which the lipids and proteins of the secretion are readily demonstrable in the cell and in the lumen. This has often been reported as an apocrine gland, but in the perfused animal and in serial sections we have found no evidence of a desquamation of the apices of the epithelial cells. It is evident that methods of preparation of this tissue, which is made up of very friable cells, has led to this mistaken concept. The secretion is of the merocrine type.

1. L. In the lactating mammary gland, fixed by perfusion of the whole animal, small-to-large lipid droplets (l) and vacuoles containing small dense granules occupy much of the cytoplasm of many of the cells. Fine dense granules and larger, lighter, homogeneous fat droplets can be seen within the lumen. Myoepithelial cells (arrows) are stretched out along the bases of the alveolar epithelial cells. 500×

2. The epithelial cell of the lactating gland has a moderately regular, small nucleus. The cytoplasm contains many layers of granular endoplasmic reticulum, prominent Golgi complexes, large secretory vacuoles, and lipid droplets (l). The vacuoles contain very fine granules in the Golgi zone. These granules, which increase in density and size as the vacuoles approach the apical surface, have been shown to be largely milk protein. A considerable number of microvilli project into the alveolar lumen from the free surface of the epithelial cells. Large, pale lipid droplets (l) and smaller dense protein granules are seen within the lumen. Cytoplasmic processes of myoepithelial cells (my) are located between the basal lamina and the alveolar epithelial cells. A number of dense, lysosome-like granules are found in both the alveolar and the myoepithelial cells. The capillary endothelium is of the moderately thick type. 11,000×

Planche I

La glande mammaire

La glande mammaire se compose de plusieurs unités glandulaires sous-cutanées dont les canaux s'acheminent jusqu'au sommet du mamelon. La grossesse provoque un allongement considérable des canaux dont l'extrémité profonde se dilate pour devenir des alvéoles. La sécrétion du colostrum débute avant la fin de la grossesse et les lobules glandulaires s'accroissent aux dépens du tissu conjonctif interlobulaire. Au cours de la lactation, les lobules sont composés d'alvéoles étroitement accolés; les gouttelettes lipidiques et les granules protéiques peuvent être observés à la fois dans la cellule sécrétrice et dans la lumière de l'alvéole. La glande mammaire a été souvent qualifiée d'apocrine. Cependant chez l'animal perfusé, les coupes sériées n'ont apporté aucune preuve de la desquamation apicale de la cellule épithéliale. Il semble dès lors que les méthodes de préparation de ce tissu composé de cellules très friables aient conduit à ce concept erroné. En fait, la glande mammaire est du type mérocrine.

1. L. La glande en lactation, fixée par perfusion de l'animal entier, laisse voir des gouttelettes lipidiques (l) de différentes grosseurs et des vacuoles à fin contenu granulaire dense occupant la plus grande partie du cytoplasme de plusieurs cellules. De fins granules denses et de grosses gouttelettes lipidiques homogènes plus pâles flottent dans la lumière du canal. Des cellules myo-épithéliales (flèches) s'allongent à la base des cellules alvéolaires. 500×

2. La cellule épithéliale de la glande en lactation possède un petit noyau à contour régulier. Le cytoplasme contient plusieurs rangées de réticulum endoplasmique granulaire, des complexes de Golgi très développés, de grosses vacuoles sécrétoires et des gouttelettes lipidiques (l). Les vacuoles de la zone de Golgi renferment des granules très fins composés principalement des protéines du lait. Ces granules deviennent plus gros et plus denses à mesure que les vacuoles s'approchent de la région apicale. Les cellules épithéliales émettent dans la lumière alvéolaire un nombre considérable de microvillosités. On peut voir dans la lumière de grosses gouttelettes lipidiques pâles (l) et des petits granules protéiques denses. Des prolongements cytoplasmiques de cellules myo-épithéliales (my) se faufilent entre la lame basale et les cellules alvéolaires. Quelques granules denses du type lysosome se retrouvent à la fois dans les cellules alvéolaires et dans les cellules myo-épithéliales. L'endothélium du capillaire est de moyenne épaisseur. 11,000×

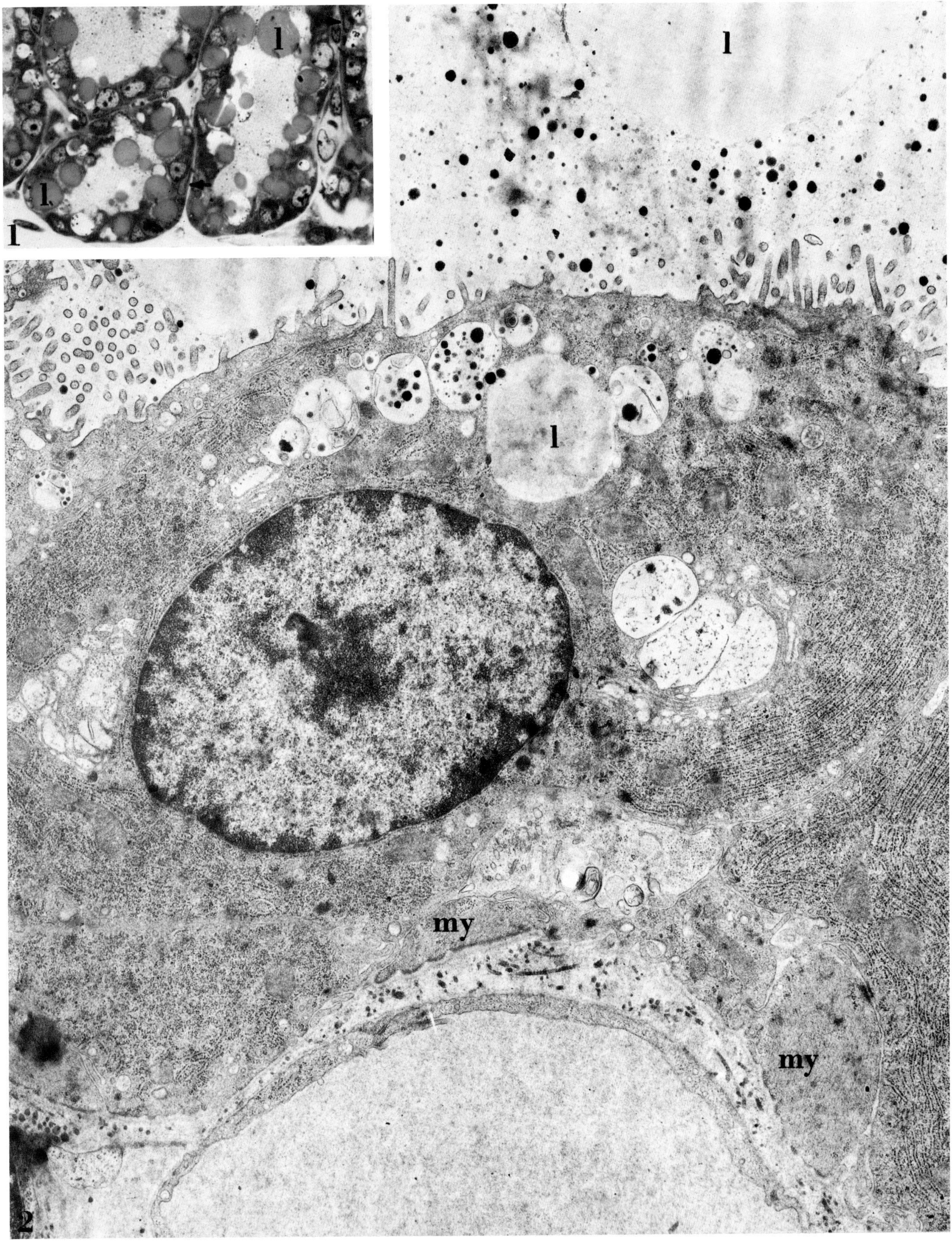
l
l
1
l
l
my
my
2

Plate II

The Mammary Gland

1. The mammary gland epithelium (ninth day of lactation) demonstrates the extensive development of the granular endoplasmic reticulum and the Golgi complex, both of which extend to within a short distance of the apex of the cell. Profiles of the granular endoplasmic reticulum are quite flattened and the cisternae have a pale content. A dense content can be seen in small vesicles at the periphery of the Golgi complex. A series of densities can be seen within the flattened Golgi sacs, and a pale flocculent material appears in the dilated ends. A progressive condensation of this material into larger and denser masses can be followed in the larger vesicles toward the cell apices. The denser protein granules in the vacuoles can be seen to have an ordered, fine substructure. The lipid (l) in the droplet near the apex is moderately dense and homogeneous. Dense protein granules in the lumen of the alveolus are seen between the microvilli. (Osmium tetroxide fixation, acidified alcohol dehydration 3 hours.) 37,500×

2. At a higher magnification one sees the densities within the flattened sacs of the Golgi complex (arrows). Some of these densities appear circular and others elongated. 55,000×

Planche II

La glande mammaire

1. Au neuvième jour de lactation, l'épithélium de la glande mammaire comporte un réticulum endoplasmique granulaire et un complexe golgien très développés qui s'arrêtent à peu de distance de l'apex cellulaire. Les éléments du réticulum endoplasmique granulaire présentent des contours aplatis et les citernes ont un contenu pâle. Un contenu dense se dessine dans de petites vésicules à la périphérie du Golgi et au sein des saccules aplatis. De plus, les extrémités dilatées des saccules golgiens sont gonflées par un matériel floconneux pâle. Ce matériel se condense progressivement en masses plus grosses à l'intérieur des vésicules au voisinage de l'apex cellulaire. Dans les vacuoles, les granules protéiques denses présentent une infrastructure fine et ordonnée. La gouttelette lipidique apicale (l) est assez homogène et sombre. Des granules protéiques denses sont visibles entre les microvillosités qui se projettent dans la lumière de l'alvéole. (Fixation au tétroxyde d'osmium suivie d'une déshydratation de trois heures dans l'alcool acidifié). 37,500×

2. Un plus fort grossissement permet de mieux voir les éléments denses à l'intérieur des saccules aplatis du Golgi (flèches). Quelques-uns de ces éléments semblent circulaires et d'autres allongés. 55,000×

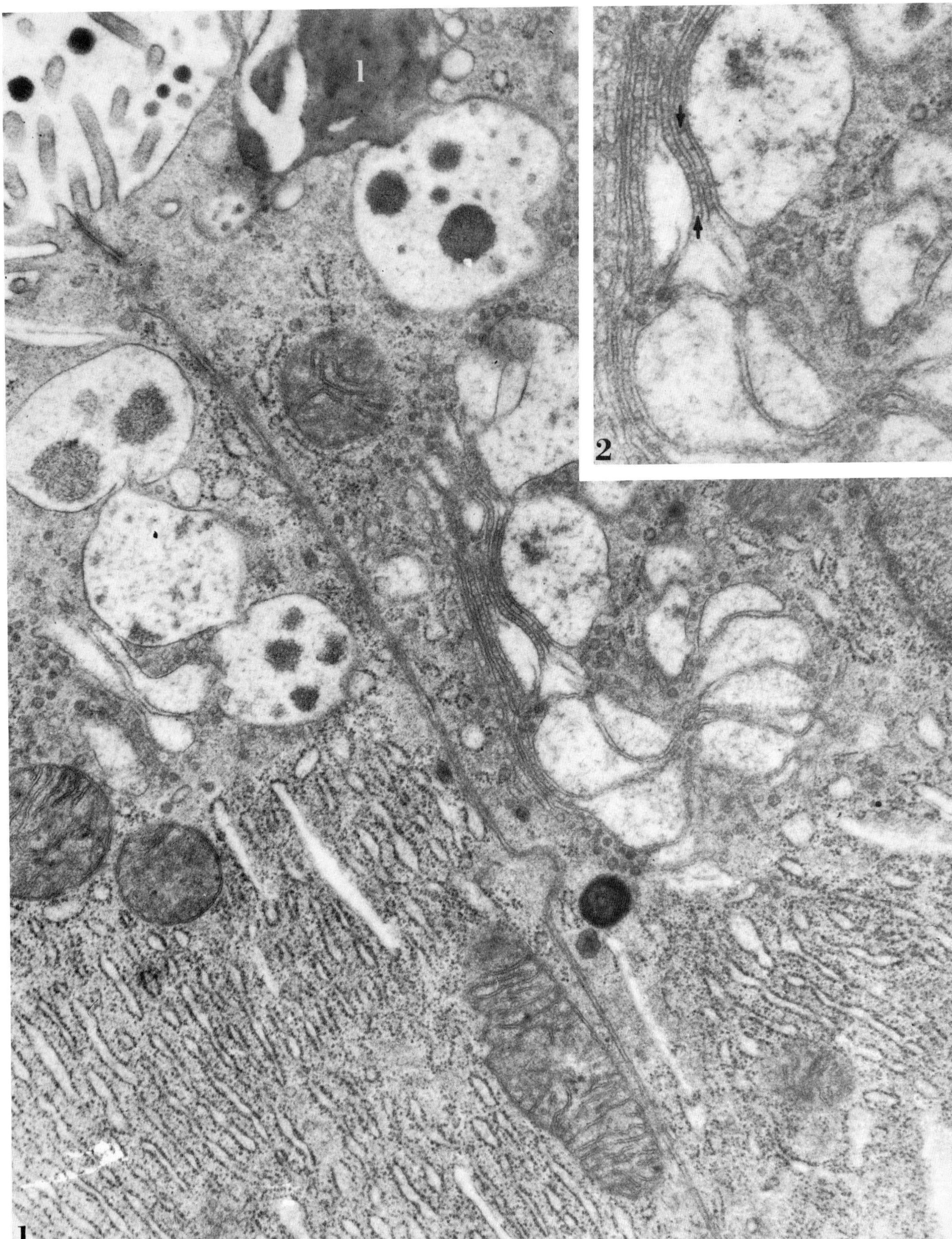
2
1

Plate III

The Mammary Gland

1. The protein granules within the lumen can be seen to be made up of a large number of regularly ordered subunits. There is a considerable variation in the density of the granules. This appears to be due to a variation in the amount of homogeneous dense material which is superimposed on the lighter background subunits. A part of an elongated mitochondrion has been compressed into a narrow strip of cytoplasm between a very large intracellular lipid droplet (li) and the lumen of the gland. 54,000×

2. An enlargement of the milk protein granules demonstrates the subunits and the superimposed homogeneous dense material in some of these granules. 125,000×

3. Cytoplasmic microtubules (arrows) are quite numerous in some areas of the apex of epithelial cells in the aldehyde-fixed mammary gland. In this instance the plasma membrane has been sectioned obliquely. 52,000×

Planche III

La glande mammaire

1. Les granules protéiques dans la lumière sont formés d'un grand nombre de sous-unités bien ordonnées. La densité de ces granules varie beaucoup et s'expliquerait par la quantité variée de matériel dense et homogène qui se superpose aux sous-unités pâles. Une partie d'une mitochondrie allongée est coincée dans une mince bande de cytoplasme située entre une très grosse gouttelette lipidique intracellulaire (li) et la lumière de la glande. 54,000×

2. Un grossissement des granules protéiques du lait en montre les sous-unités et le matériel homogène dense superposé. 125,000×

3. Les microtubules cytoplasmiques (flèches) sont assez nombreux dans les régions apicales de cellules d'une glande mammaire fixée aux aldéhydes. Ici la membrane plasmatique se présente en coupe oblique. 52,000×

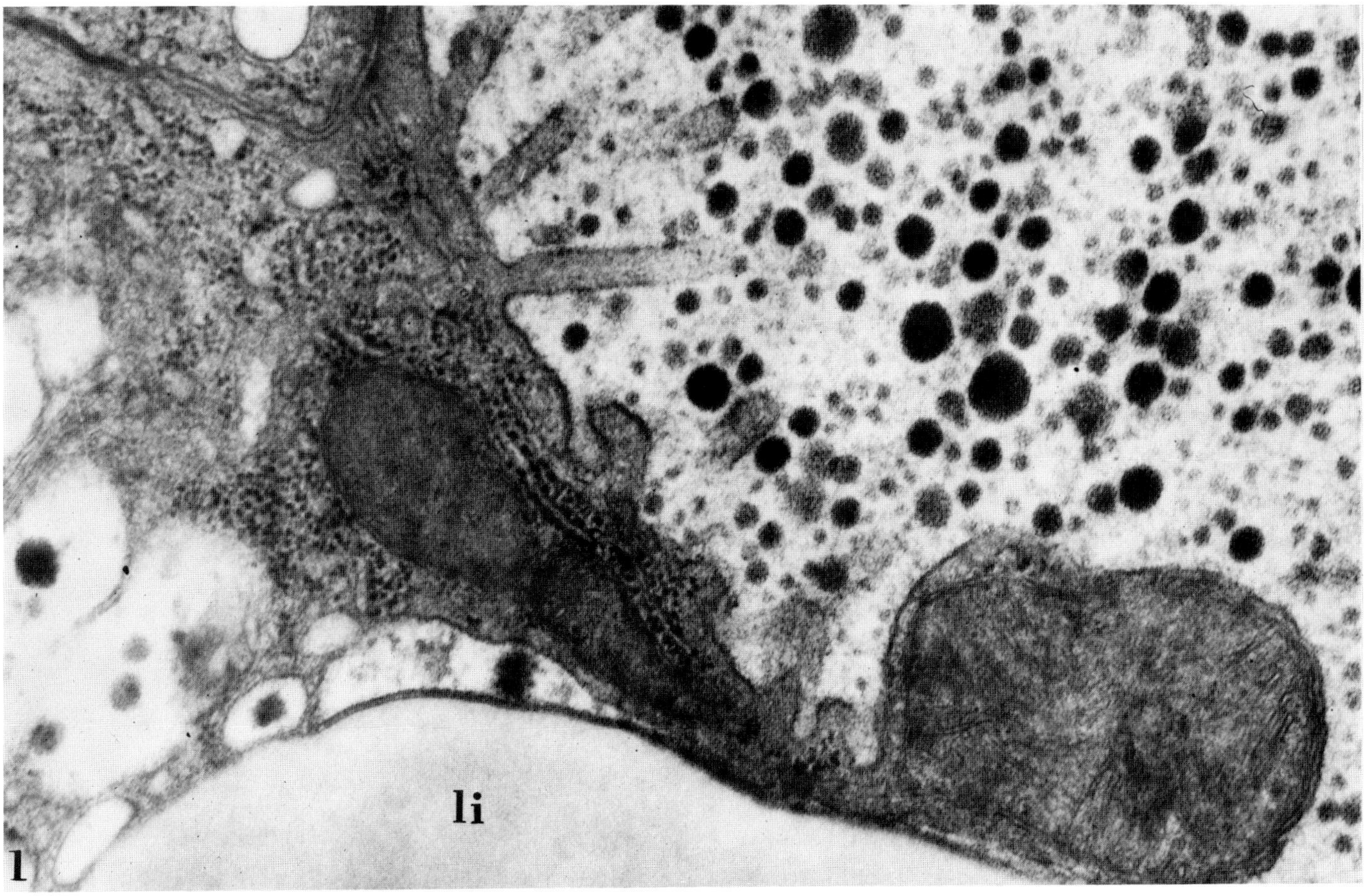
li
1

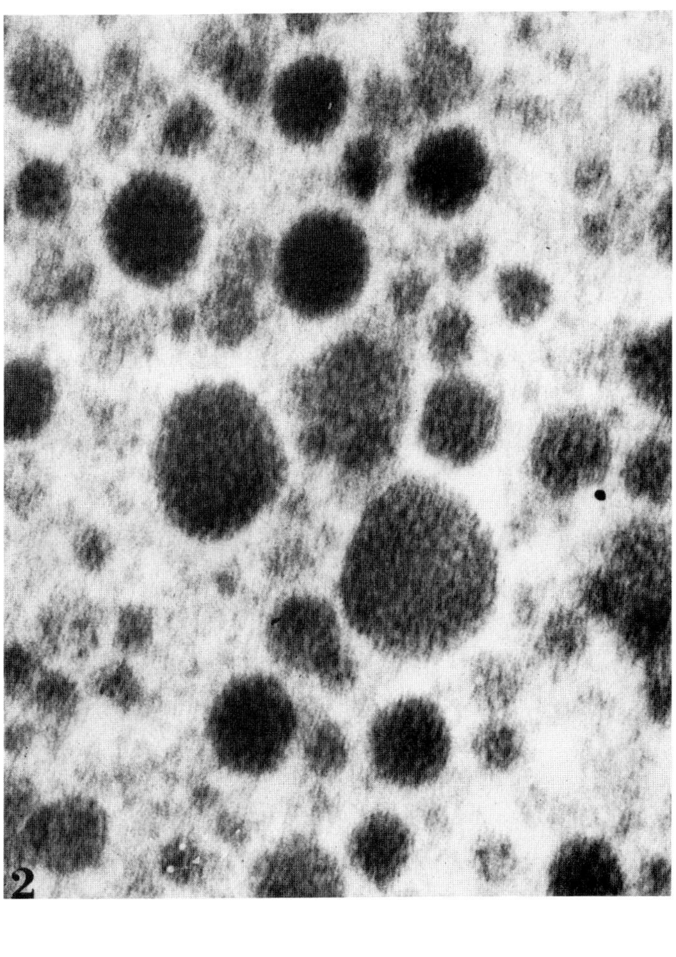
2

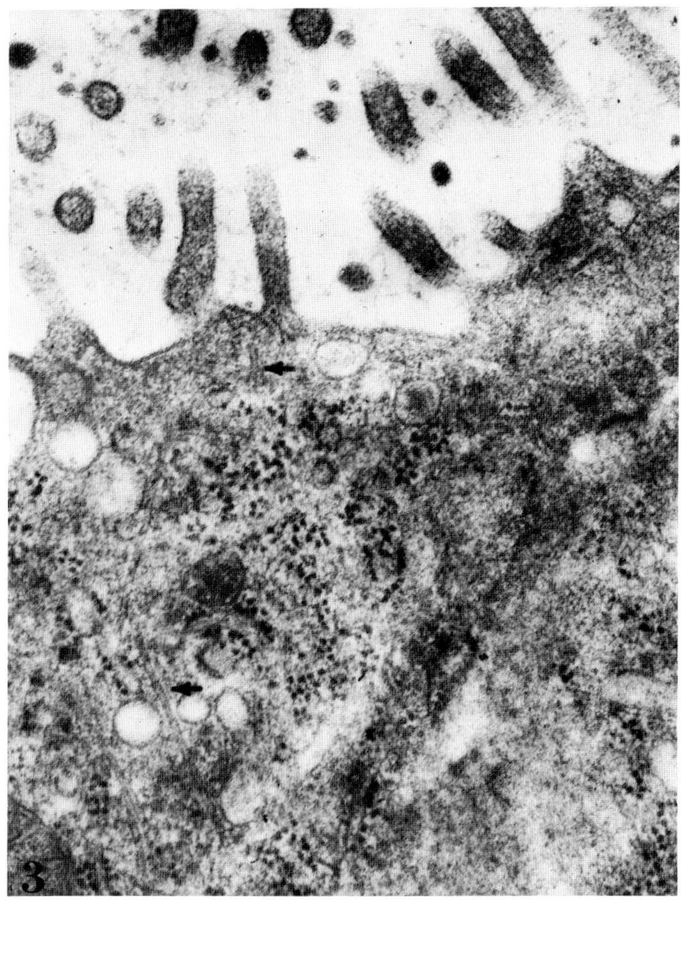
3

Plate IV

The Mammary Gland

1. The myoepithelial cell is located between the alveolar cell and the basal lamina. This cell resembles the smooth muscle fiber in that it contains a large number of filaments and a dense body. The granular endoplasmic reticulum of the myoepithelial cell has quite dilated cisternae. A red blood cell is located in the adjacent capillary. 35,000×

2. In most sections the myoepithelial cell cytoplasm is typical of that of the smooth muscle fiber in that it has a mass of contractile filaments with a number of dense bodies. Plasma membrane invaginations and mitochondria near the periphery are common findings. 65,000×

3. The cytoplasm of the endothelial cells of capillaries in the mammary gland is of the thicker type with a considerable content of granular endoplasmic reticulum, mitochondria, and surface membrane invaginations. A filamentous bridge is present between the endoplasmic reticulum and one of the surface invaginations (arrow). 60,000×

Planche IV

La glande mammaire

1. La cellule myo-épithéliale se situe entre la cellule alvéolaire et la lame basale. Cette cellule ressemble à la fibre musculaire lisse en ce qu'elle contient un grand nombre de filaments et un corpuscule dense. Les citernes du réticulum endoplasmique granulaire sont assez dilatées. On aperçoit un globule rouge dans le capillaire adjacent. 35,000×

2. Dans la plupart des coupes, la cellule myo-épithéliale présente un cytoplasme typique du muscle lisse avec des filaments contractiles et plusieurs corpuscules denses. Il est courant d'y observer des mitochondries périphériques et des invaginations de la membrane plasmatique. 65,000×

3. Dans la glande mammaire, la cellule endothéliale des capillaires est du type épais et contient une grande quantité de réticulum endoplasmique granulaire, des mitochondries et des invaginations de la membrane plasmatique. On peut voir un pont filamenteux entre le réticulum endoplasmique et l'une des invaginations de la membrane (flèche). 60,000×

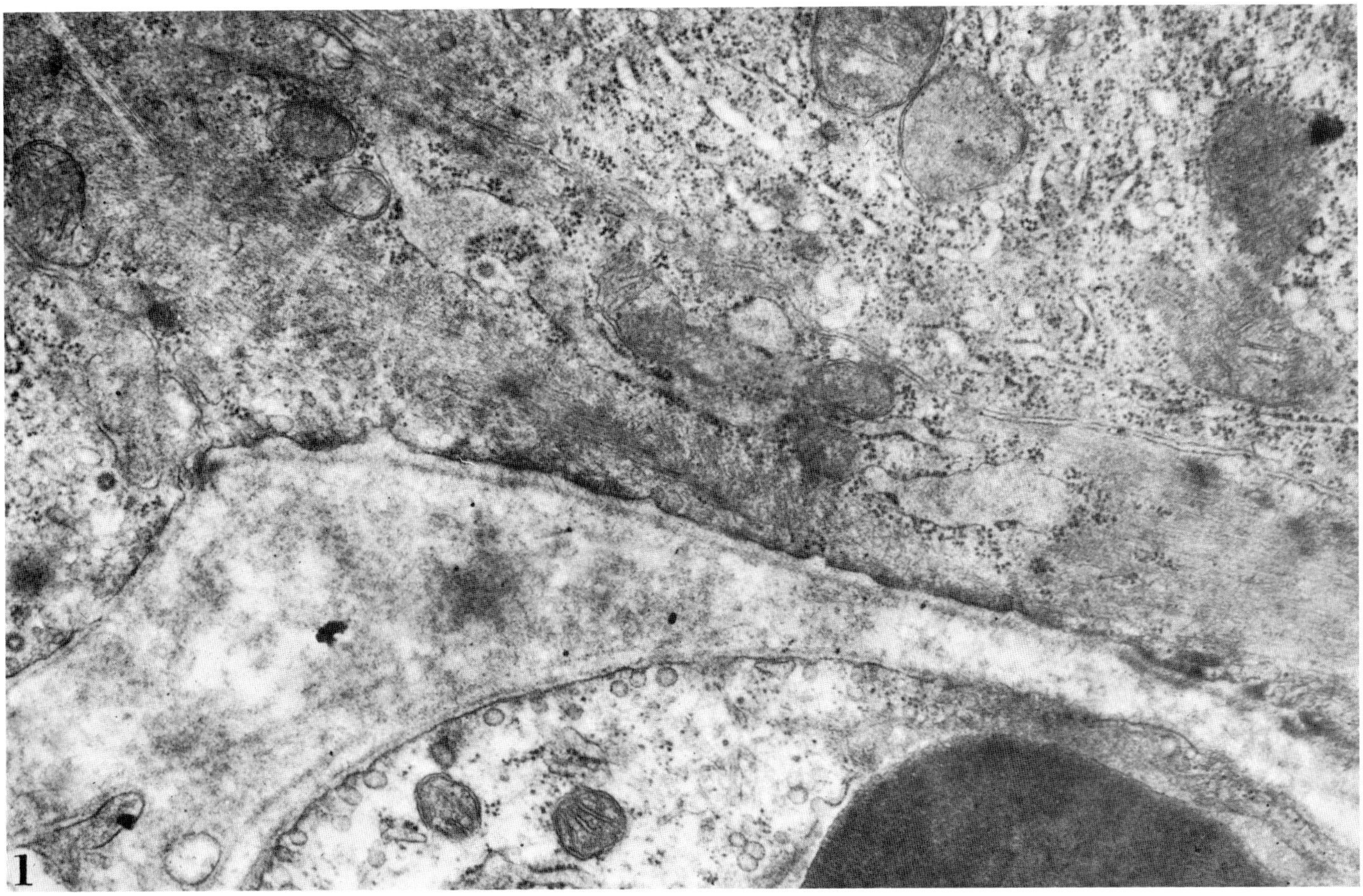

1

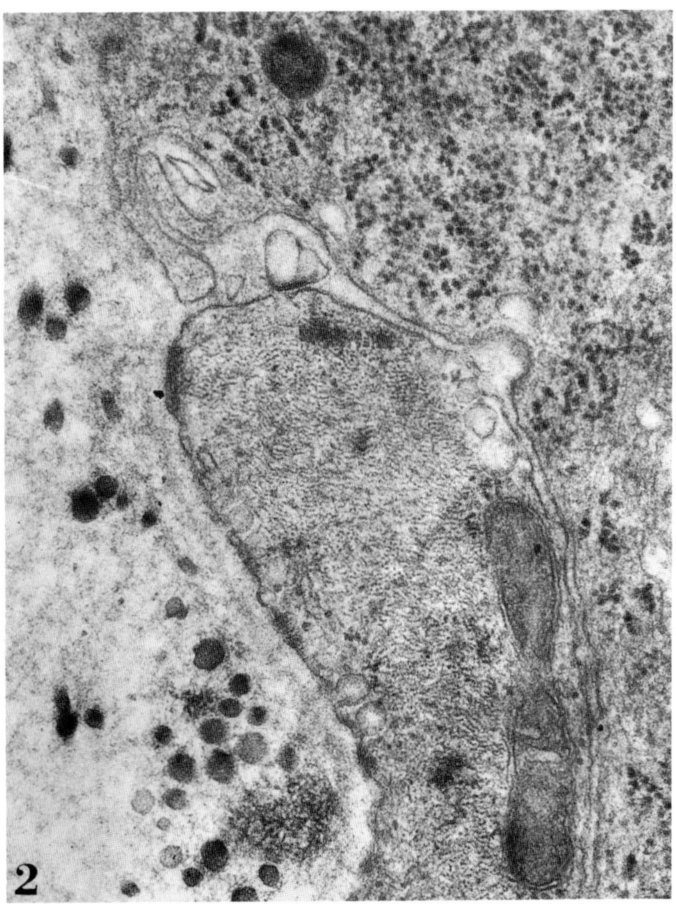

2

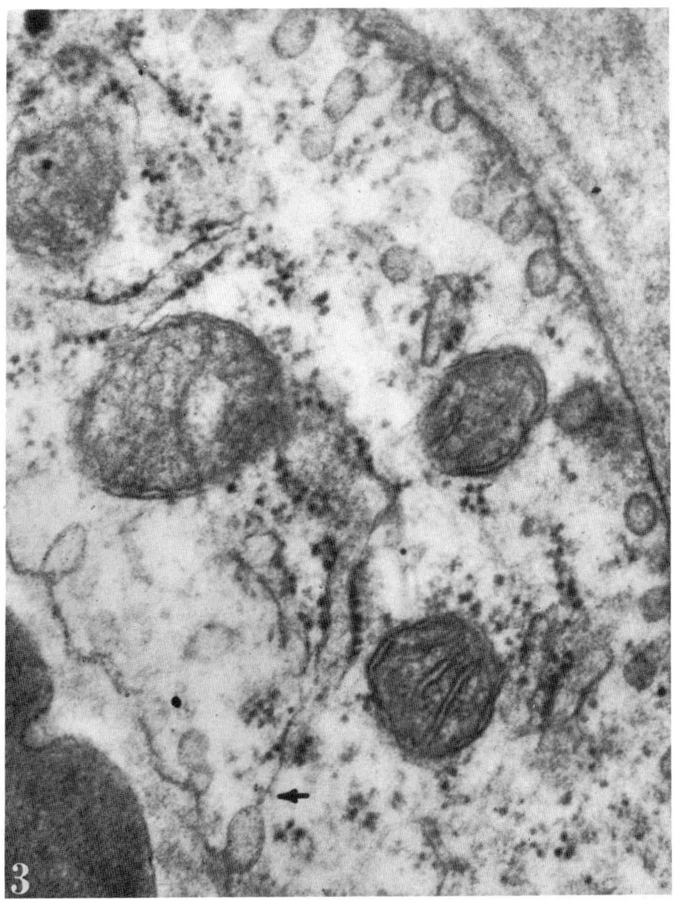

3

Plate V

The Duct Epithelium

1. The intralobular duct of the mammary gland has a tall columnar epithelium. There is a considerable variation in the appearance of the cells. In this instance a pale epithelial cell protrudes into the lumen between two of the more numerous, darker cells. Parts of an irregularly shaped, pale basal cell (b) are seen between the epithelial cells. There are numerous desmosomal junctions between the basal and the columnar cells. 6200×

2. At a higher magnification it is evident that the difference in density of the light and the darker cells is due mainly to a difference in the background. Granular endoplasmic reticulum, mitochondria, and smooth endoplasmic reticulum are clearly outlined in both types of cells. In the lighter type, vertically oriented cytoplasmic microtubules can be seen at various levels within the cell. Both types of cells have microvillous luminal borders. 35,000×

3. The nuclei of the epithelial cells of the small intralobular ducts have numerous shallow surface indentations and a prominent nucleolus. The apical cytoplasm contains a considerable number of ribosomes and polysomes, as well as the endoplasmic reticulum, mitochondria, microtubules, and tonofilaments. The microvilli are short and have tufted apices. In other types of cells similar tufts have been shown to be part of a mucopolysaccharide external coat of the cell membrane. 34,000×

Planche V

Epithélium des canaux

1. Le canal intralobulaire de la glande mammaire est tapissé par un épithélium prismatique. L'aspect de ces cellules varie beaucoup. Sur cette photographie, une cellule pâle coincée entre deux des cellules foncées plus nombreuses, fait hernie dans la lumière. Entre les cellules épithéliales, on remarque des portions d'une cellule basale pâle et irrégulière (b). Les cellules basales et les cellules prismatiques sont jointes par de nombreux desmosomes. 6200×

2. A plus fort grossissement il devient évident que la différence de densité entre la cellule pâle et les cellules sombres relève d'une différence dans la densité de l'arrière-plan. Le réticulum endoplasmique granulaire, les mitochondries et le réticulum lisse sont très distincts dans les deux types de cellules. On remarque des microtubules cytoplasmiques verticaux à différents niveaux de la cellule pâle. Celle-ci et ses voisines projettent des microvillosités dans la lumière. 35,000×

3. Le noyau des cellules épithéliales qui tapissent les petits canaux intralobulaires présente de nombreuses échancrures légères et un nucléole distinct. Le cytoplasme apical comporte un nombre considérable de ribosomes et de polysomes de même que du réticulum endoplasmique, des mitochondries, des microtubles et des tonofilaments. Les microvillosités sont courtes et présentent un apex surmonté d'une aigrette. On a démontré chez d'autres cellules que ces aigrettes appartiennent au revêtement externe mucopolysaccharidique de la membrane cellulaire. 34,000×

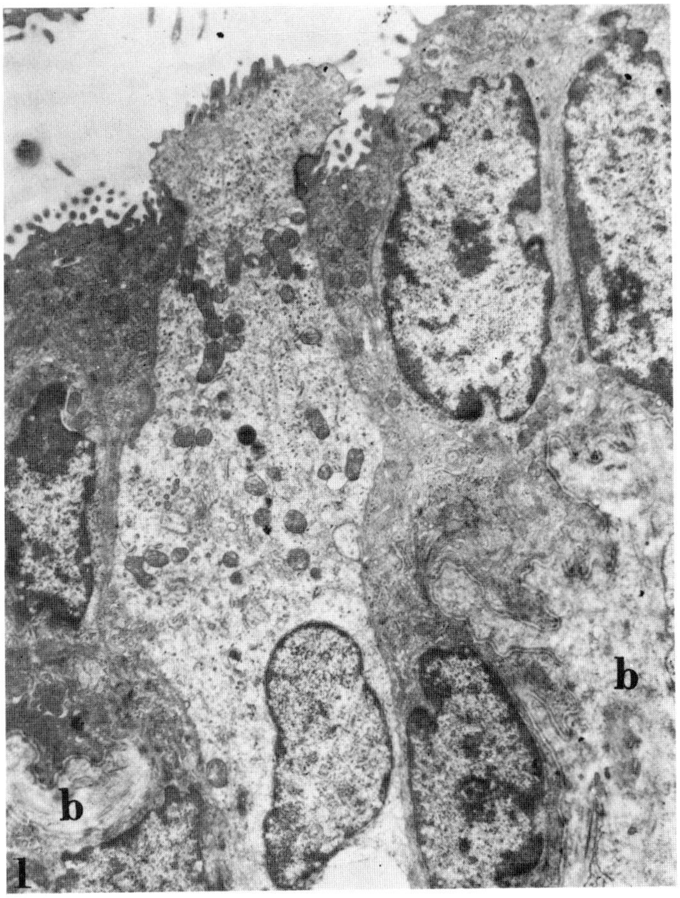
b
b
1

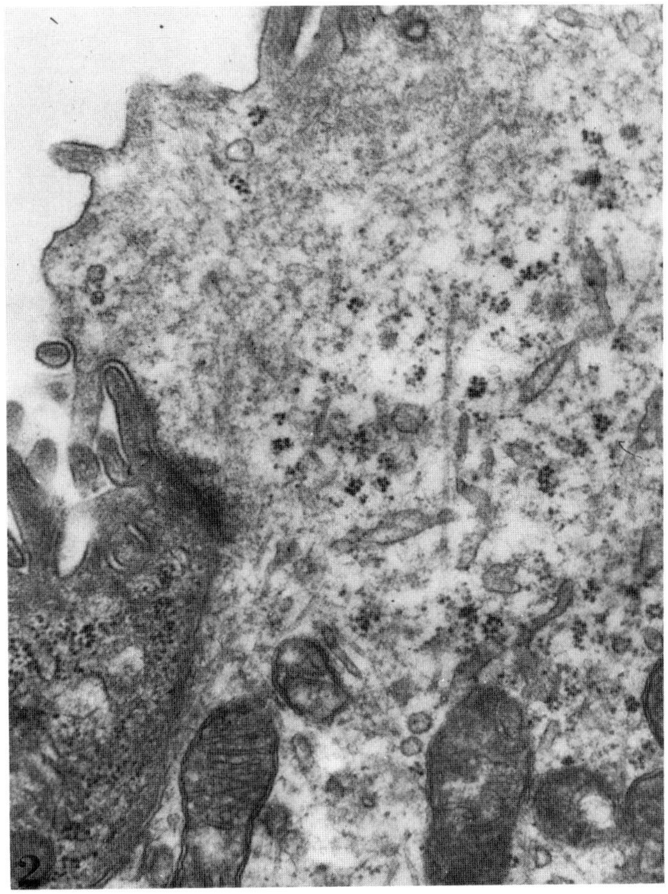
2

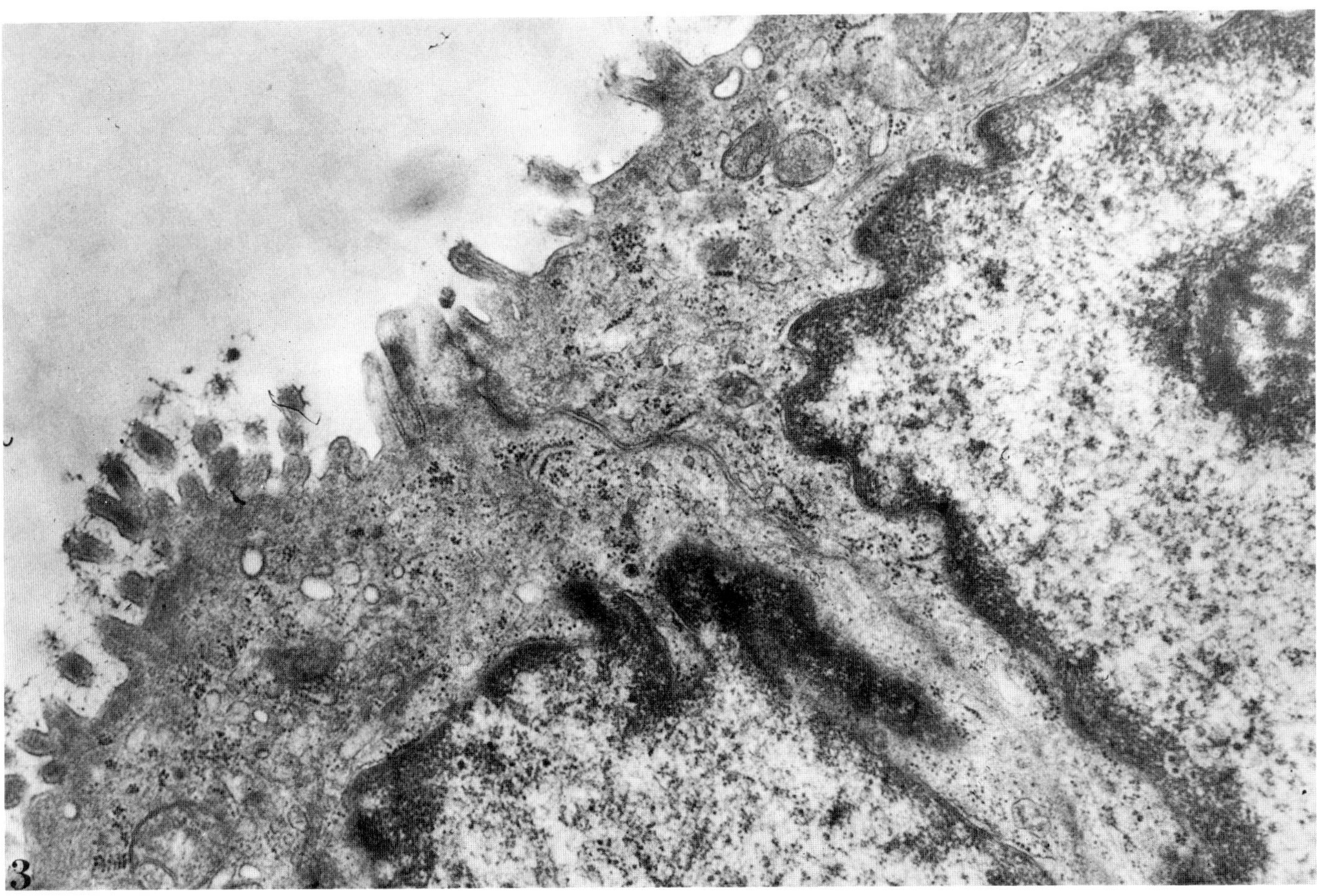
3

REFERENCES

Cowie, A. T., and Folley, S. J. (1961). The mammary gland and lactation. *In* "Sex and Internal Secretions" (W. C. Young, and G. W. Corner, eds.), 3rd ed., vol. 1, p. 590. Williams & Wilkins, Baltimore, Mareyland.

Dubelow, A. (1957). Die Milchdrüse. *In* "Handbuch der mikroskopischen Anatomie des Menschen" (W. von Möllendorff, and W. Bargmann, eds.), Vol. 3, Part 3, p. 277. Springer, Berlin.

Helminen, H. J., and Ericcson, J. L. E. (1968). Studies on mammary gland involution. I. On the ultrastructure of the lactating mammary gland. *J. Ultrastruct. Res.* **25**, 193–213.

Hollmann, K. H. (1959). L'ultrastructure de la glande mammaire normale de la souris en lactation. Etude au microscope electronique. *J. Ultrastruct. Res.* **2**, 423–443.

Hollmann, K. H. (1966). Sur des aspects particuliers des proteines élaborées dans la glande mammaire. Etude au microscope électronique chez la lapine en lactation. *Z. Zellforsch. Mikroskops. Anat.* **69**, 395–402.

Mayer, G. (1961). Histology and cytology of the mammary gland. *In* "Milk: The Mammary Gland and its Secretion" (S. K. Kon, and A. T. Cowie, eds.), Vol. 1, pp. 47–126. Academic Press, New York.

Sandborn, E. B., Koen, P. F., McNabb, J. D., and Moor, G. (1964). Cytoplasmic microtubules in mammalian cells. *J. Ultrastruct. Res.* **11**, 123–138.

Verley, J. M., and Hollmann, K. H. (1966). Synthèse et réabsorption des protéines, dans la glande mammaire en stase: Etude autoradiographique au microscope électronique. *Z. Zellforsch. Mikroskop. Anat.* **75**, 605–610.

Wellings, S. R., DeOme, K. B., and Pitelka, D. R. (1960). Electron microscopy of milk secretion in the mammary gland of the $C^3H/Cngl$ mouse. I. Cytomorphology of the prelactating and the lactating gland. *J. Natl. Cancer Inst.* **25**, 393–422.

Wellings, S. R., Grunbaum, B. W., and DeOme, K. B. (1960). Electron microscopy of milk secretion in the mammary gland of the $C^3H/Cngl$ mouse. II. Identification of fat and protein particles in milk and in tissue. *J. Natl. Cancer Inst.* **25**, 423–438.

Wellings, S. R., and Phelp, J. R. (1964). The function of the Golgi apparatus in lactating cells of the $BALB/_cCngl$ mouse: An electron microscopic and autoradiographic study. *Z. Zellforsch. Mikroskop. Anat.* **61**, 871–882.

William, T., and Moore, D. H. (1966). Effects of estrogenic hormones on the mammary tissue of agent-free and agent-bearing male mice. *J. Natl. Cancer Inst.* **36**, 181–188.

THE ENDOCRINE GLANDS

GLANDES ENDOCRINES

Plate I

The Hypophysis Cerebri (Pituitary)

1. The hypophysis cerebri may be divided into three major parts or lobes: pars distalis (D), pars intermedia (I), and pars nervosa (N). Each of the lobes of this complex organ has been found to have specific endocrine functions. The closely packed cells with abundant and heavily stained cytoplasm are in the pars intermedia. The irregularly shaped cells with the great variety of both the nuclear and cytoplasmic morphology are in the pars distalis. Between the pars distalis and the pars intermedia is a row of cuboidal-shaped alveolar cells (al) which are probably a part of the lining of a residual lumen of Rathke's pouch. The cells with the triangular, elongated nuclei in the pars nervosa are pituicytes (p), which appear to be a glial type of cell. The pituicytes are interposed between numerous unmyelinated nerve fibers and clusters of nerve endings. The cytoplasm of these cells appears quite vesiculated in some instances. 400×

2. The cells of the intermedia are large with a moderately dense background cytoplasm. The nuclei have prominent nucleoli, most commonly seen at the periphery. Deep clefts can be seen in some of the nuclei. A number of moderately stained granules are seen throughout the cytoplasm. A smaller number of much more densely stained granules are found in the large Golgi complexes. The cells in this group surround a small bundle of unmyelinated nerve fibers (arrows) which most likely have originated in the hypothalamus. 7000×

Planche I

L'hypophyse

1. L. L'hypophyse peut se diviser en trois parties principales ou lobes: un lobe antérieur ou pars distalis (D), un lobe moyen ou pars intermédia (I), et un lobe postérieur ou pars nervosa (N). Des fonctions endocrines spécifiques ont été attribuées à chaque lobe de ce complexe hypophysaire. Les cellules très tassées de la pars intermédia possèdent un cytoplasme abondant et sombre. Par contre, les cellules de la pars distalis présentent des formes irrégulières où la morphologie du noyau et du cytoplasme est très variée. Une rangée de cellules alvéolaires (al) cubiques s'échelonnent entre la pars distalis et la pars intermédia. Ces éléments sont probablement des vestiges de la poche de Rathke. Dans la pars nervosa, les pituicytes (p) au noyau triangulaire allongé semblent apparentés à la névroglie. Ils sont répartis au sein de nombreuses fibres nerveuses amyéliniques ainsi que parmi des amas de terminaisons nerveuses. Le cytoplasme de ces cellules a parfois un aspect spumeux. 400×

2. Les volumineuses cellules de la pars intermédia montrent un cytoplasme assez foncé. Les nucléoles, très évidents, se situent surtout à la périphérie du noyau. Ce dernier est parfois profondément échancré. Le cytoplasme contient un certain nombre de granules plutôt denses alors qu'un nombre plus petit de granules beaucoup plus colorés se trouvent dans les vastes complexes de Golgi. Les cellules dans cette image entourent un petit faisceau de fibres nerveuses amyéliniques (flèches) originant probablement de l'hypothalamus. 7000×

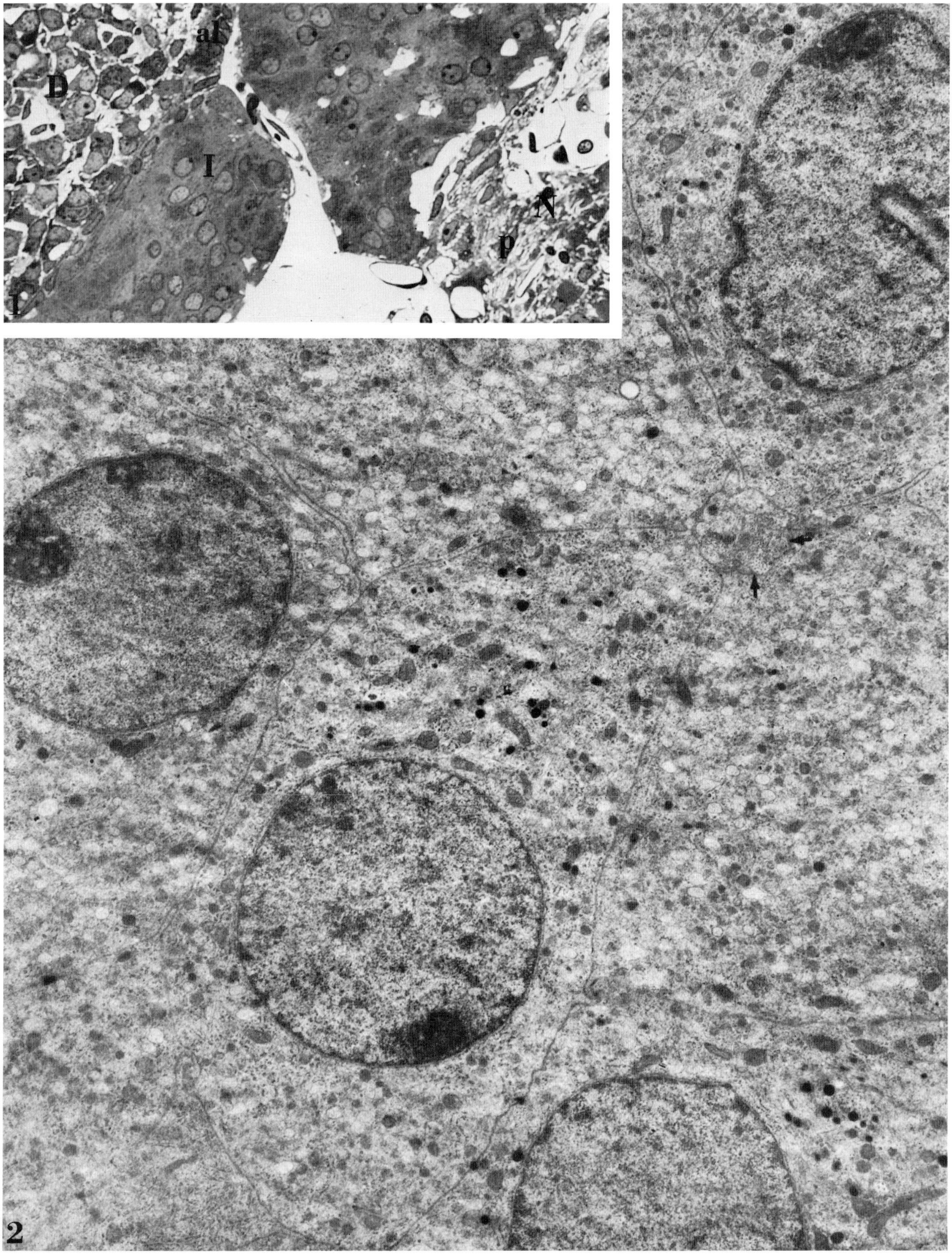

2

Plate II

The Hypophysis—Pars Intermedia

1. The cells of the pars intermedia are united by desmosomal junctional complexes. Elsewhere the interspace between cells seems remarkably regular, and, in one cell, a coated invagination of the plasma membrane is seen. Numerous granules of slight-to-moderate density are found throughout the cytoplasm. Granular endoplasmic reticulum with moderately dilated cisternae, ribosomes, and a number of microtubules are scattered throughout the cytoplasm. 28,000×

2. Extremely dense content is found in the sacs and in the vesicles of this Golgi complex. Less densely stained, larger, membrane-bound granules surround the Golgi. These may represent different phases in the development of the same secretory granules or they may be different types of granules in the same cell. Finely granular content is present in the cisternae of the endoplasmic reticulum. 25,000×

The function of the pars intermedia has not been clearly defined, but it is known that it is more highly developed in species of animals adapted to life in arid environment. Intermedin, its polypeptide hormone, has a stimulating effect on melanin production in the skin, and it has been suggested that it may be indirectly involved in water metabolism. The activity of the intermedia is intimately associated with that of the neurosecretory hypothalamus, and its vascularization is shared with the neurohypophysis.

Planche II

Pars intermédia de l'hypophyse

1. Les cellules de la pars intermédia sont réunies ici et là par des desmosomes. Ailleurs, les espaces intercellulaires sont assez réguliers. Une des cellules présente une invagination feutrée. Le cytoplasme contient de nombreux granules de faible et de moyenne densité, un réticulum endoplasmique granulaire aux citernes plutôt dilatées, des ribosomes et plusieurs microtubules. 28,000×

2. Les saccules et les vésicules à la périphérie du complexe de Golgi contiennent un matériel extrêmement foncé. De gros granules pâles bordés d'une membrane entourent l'appareil de Golgi. Ces différents granules peuvent représenter diverses phases de la formation d'un même type de granule ou sont simplement des types variés à l'intérieur d'une même cellule. Les citernes du réticulum endoplasmique contiennent des granules fins. 25,000×

La fonction du lobe intermédiaire n'est pas encore nettement établie; on sait toutefois que ce lobe est plus développé chez les espèces animales adaptées aux climats arides. L'hormone polypeptidique intermédine stimule la production de mélanine dans la peau et interviendrait de façon indirecte dans le métabolisme hydrique. L'activité du lobe intermédiaire est intimement liée à celle de l'hypothalamus neurosécréteur. Ce lobe partage sa vascularisation avec celle de la neurohypophyse.

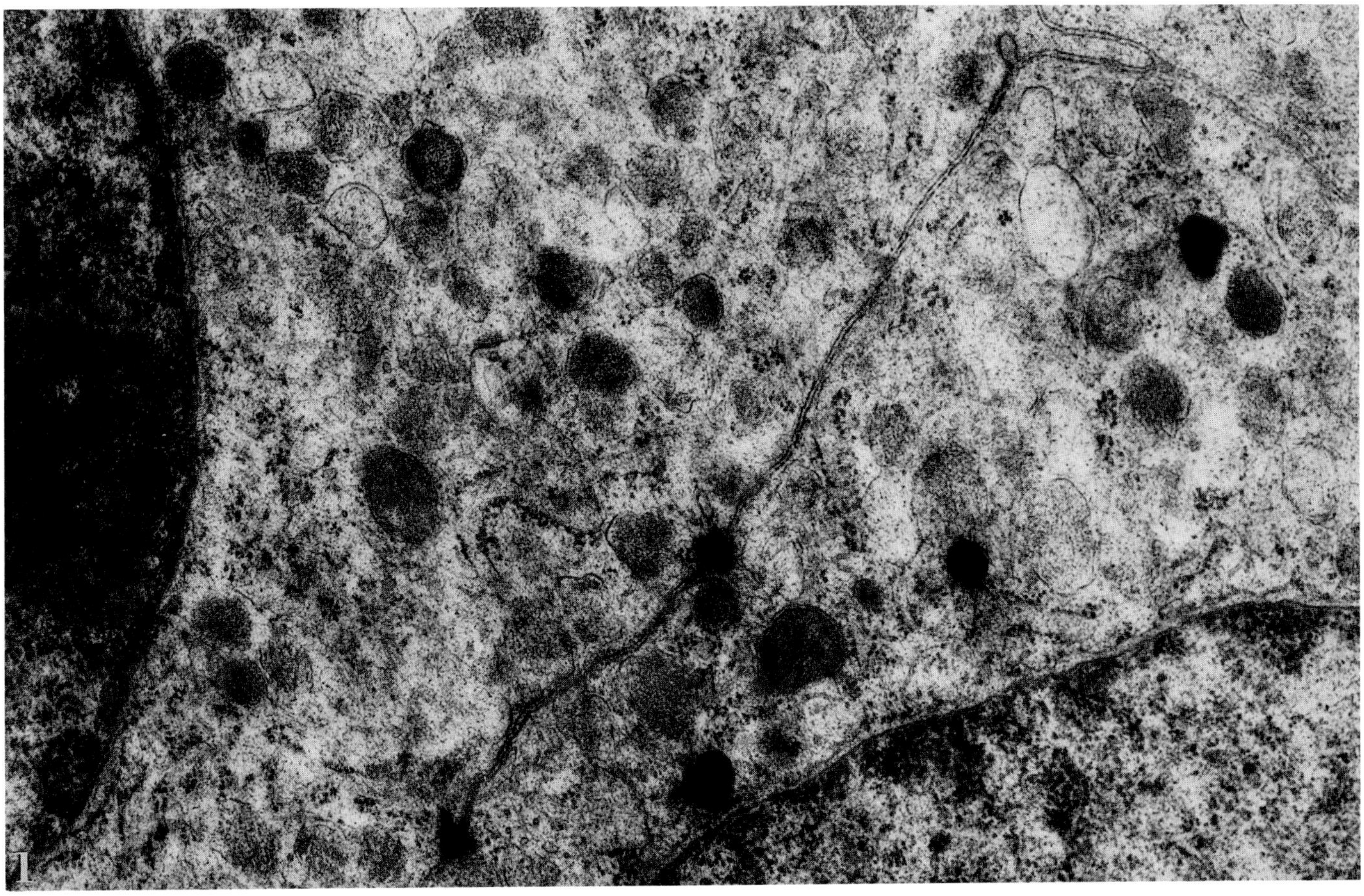

1

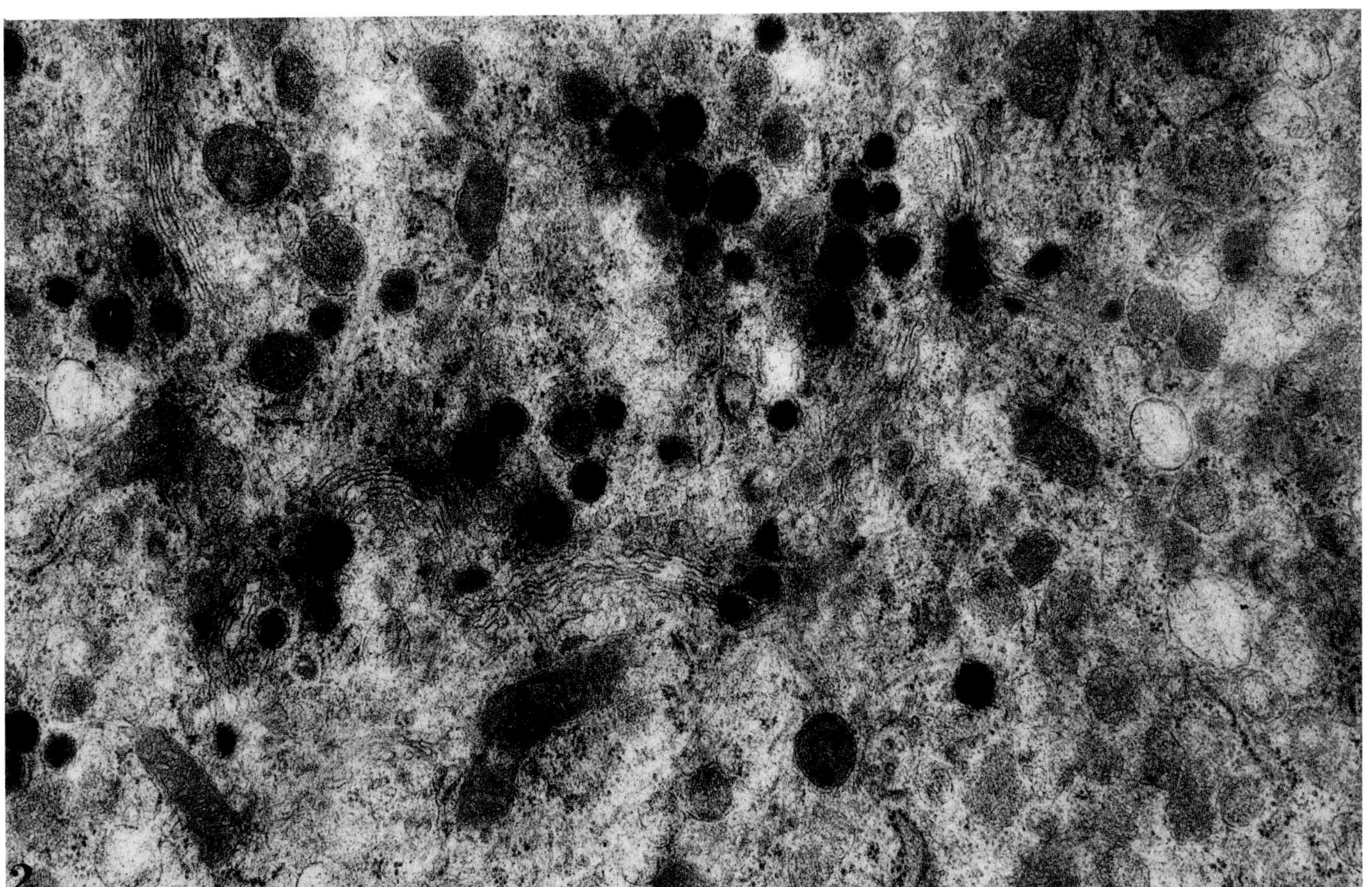

2

Plate III

The Hypopthysis—Pars Distalis

1. L. In the pars distalis there is a great variation in the size, shape, and granule content of the various cells. The cells, which are moderately loosely arranged, are interlaced by a rich vascular network. Facing the network of capillaries are a number of cells of extreme density. This appearance is produced by a very large number of closely packed, dense granules. Cells more distant from the capillaries appear less granulated. 300×

2. L. At higher magnification, variations in the number, size, and distribution of granules within cells of the pars distalis can be observed. 600×

At least six hormones are known to be produced by the pars distalis. Most of the specific cells responsible for the synthesis of these hormones have been identified from the changes in their ultrastructural appearance after experimental procedures. The different cells can be identified by the size, shape, and content of their granules.

3. Elongated or ovoid cells, with numerous circular dense granules from 0.15–0.5 μ in diameter, which border on the perivascular space are somatotropes which elaborate the growth stimulating hormone. These cells have large, rounded nuclei with finely granular chromatin and prominent nucleoli. In one of these somatotropes the granular endoplasmic reticulum is layered in a localized juxtanuclear zone. In others the reticulum appears more widely distributed. Another cell, which contains elongated granules from 0.1–0.2 μ in width by 0.2–0.6 μ in length, elaborates mammotropic or lactotropic hormones. There has been considerable discussion regarding the terminology for this cell since it has been found to produce luteotropic hormone in some animals such as the rat. The terms lactotrope or luteotrope have both been employed. However, it would appear that it is a mammotrope cell (Mt) in most species of animals. The endoplasmic reticulum, which shows a moderate dilatation of its cisternae, is distributed widely throughout the cytoplasm. The pale cytoplasm with much smaller, dense granules is part of a gonadotrope cell (Gt). The endothelium of the capillaries in the pars distalis is of the fenestrated type. 5200×

Planche III

Pars distalis de l'hypophyse

1. L. La dimension, la forme et le nombre des granules dans la pars distalis varient beaucoup d'une cellule à l'autre. Un abondant réseau vasculaire chemine entre les massifs cellulaires. Les cellules adjacentes aux capillaires sont fortement colorées par suite de l'abondance des granules qu'elles contiennent alors que les cellules plus éloignées en semblent moins garnies. 300×

2. L. A plus fort grossissement, il est possible d'observer des variations du nombre, de la dimension et de la distribution des granules au sein des cellules de la pars distalis. 600×

On attribue à la pars distalis la production d'au moins six hormones. La plupart des cellules responsables de la synthèse de ces hormones ont été identifiées par les changements ultrastructuraux manifestés à la suite de manipulations expérimentales, ce qui a conduit à une classification des cellules selon la grosseur, la forme et le contenu des granules.

3. Les cellules allongées ou ovoïdes situées en bordure des vaisseaux sont des cellules somatotropes élaborant l'hormone de croissance. Ces cellules qui contiennent de nombreux granules denses et circulaires d'un diamètre de 0.15 à 0.5 μ, possèdent un noyau sphérique à chromatine finement granulée et un nucléole évident. Les éléments du réticulum endoplasmique granulaire de l'une de ces cellules s'empilent en position juxtanucléaire, alors qu'ils sont plus dispersés dans d'autres cellules. Une autre cellule élaborant l'hormone mammotrope ou lactotrope, contient des granules allongés de 0.1 à 0.2 μ de largeur et de 0.2 à 0.6 μ de longueur. L'appellation de ce type cellulaire a fait le sujet de plusieurs discussions car chez certains animaux comme le rat, la cellule produit une hormone lutéotrope. Ainsi, les termes lactotrope et lutéotrope ont été employés l'un pour l'autre. Il semble toutefois qu'il s'agisse d'une cellule mammotrope (Mt) chez la plupart des espèces animales. Le réticulum endoplasmique avec ses citernes modérément dilatées, se retrouve partout dans le cytoplasme. Une autre cellule au cytoplasme pâle et contenant de petits granules denses appartient à la catégorie des cellules gonadotropes (Gt). L'endothélium des capillaires de la pars distalis est du type fenestré. 5200×

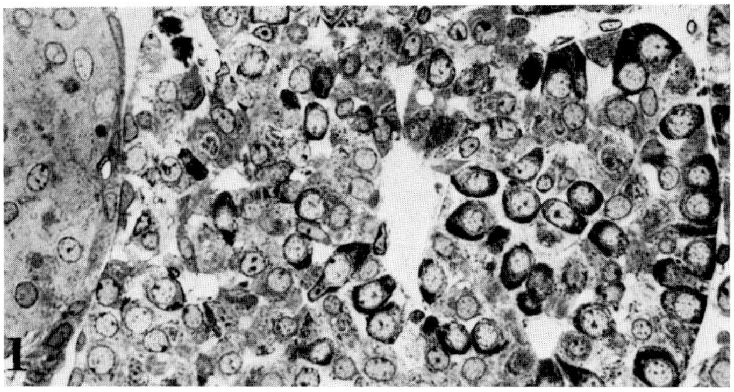
1

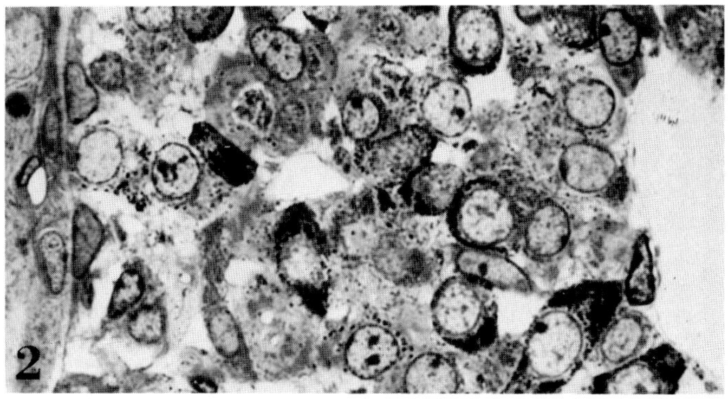
2

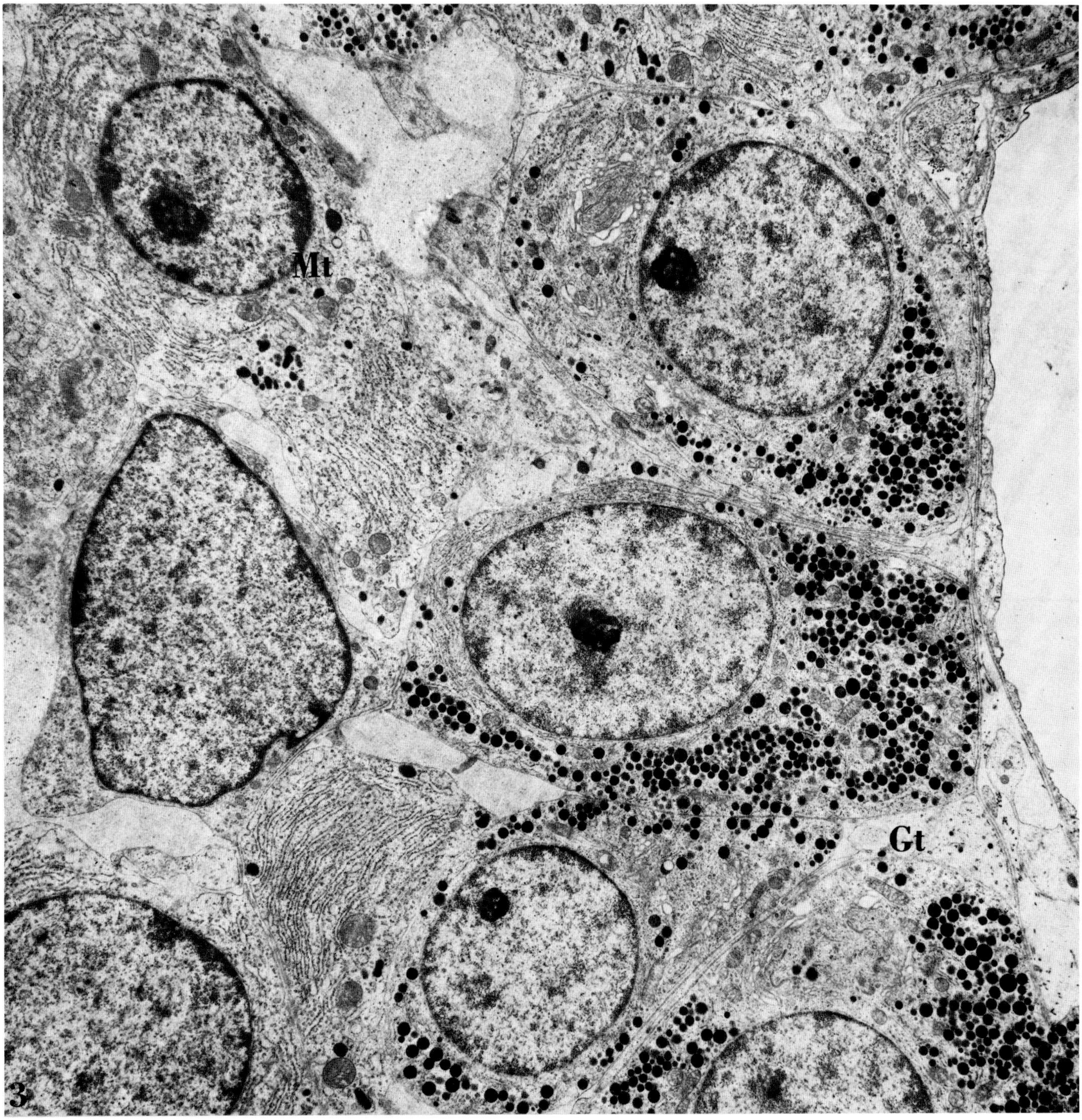
Mt
Gt
3

Plate IV

The Hypophysis—Pars Distalis

1. In the Golgi zones of two somatotrope cells a dense material collects at the periphery of tubular profiles in the Golgi complexes, as seen in longitudinal and transverse section (arrows). Both the longitudinal and the transverse sections of these tubules have coated surfaces. Granules of varying degrees of size and density are found from the Golgi complex to the cell borders. A large number of microtubules are located among the smooth-surfaced membranes of the cytoplasm. 28,500×

2. At higher magnification, the dense material can be seen along the periphery of the tubules in the Golgi complex. Parallel lines (arrows) are seen in surface views of these tubules. Filamentous projections from their surfaces give them a coated appearance. A cytoplasmic microtubule with a considerable amount of luminal content shows a degree of dilatation of the end nearer the Golgi apparatus. Large numbers of obliquely sectioned microtubules are located in this region. 52,000×

3. In another Golgi complex many coated circular vesicles have a content which ranges from a peripheral density to a complete filling. The dense material has a homogeneous appearance, but seems to be superimposed on a paler, finely granular background (arrow). 47,000×

Planche IV

Pars distalis de l'hypophyse

1. Les zones de Golgi de ces deux cellules somatotropes contiennent un matériel dense qui s'accumule à la périphérie des structures tubulaires du complexe. Les coupes longitudinales et transversales de ces tubules démontrent la présence de surfaces feutrées (flèches). Des granules de dimension et de densité variées s'échelonnent depuis le complexe de Golgi jusqu'à la périphérie de la cellule. De nombreux microtubules cytoplasmiques se mêlent aux membranes lisses. 28,500×

2. A plus fort grossissement, on aperçoit un matériel dense le long de la périphérie des tubules du complexe de Golgi. En vue superficielle, ces tubules laissent voir des lignes parallèles (flèches); de plus, à leur surface, des projections filamenteuses donnent une apparence feutrée. L'extrémité d'un microtubule cytoplasmique contenant une forte quantité de matériel se dilate près de l'appareil de Golgi. Les microtubules en coupe oblique sont nombreux dans cette région. 52,000×

3. Dans un autre complexe de Golgi, le contenu des vésicules feutrées se résume à un simple anneau périphérique. D'autres vésicules sont complètement remplies. Le matériel dense présente une apparence homogène mais semble surajouté à un fond plus pâle et finement granuleux (flèche). 47,000×

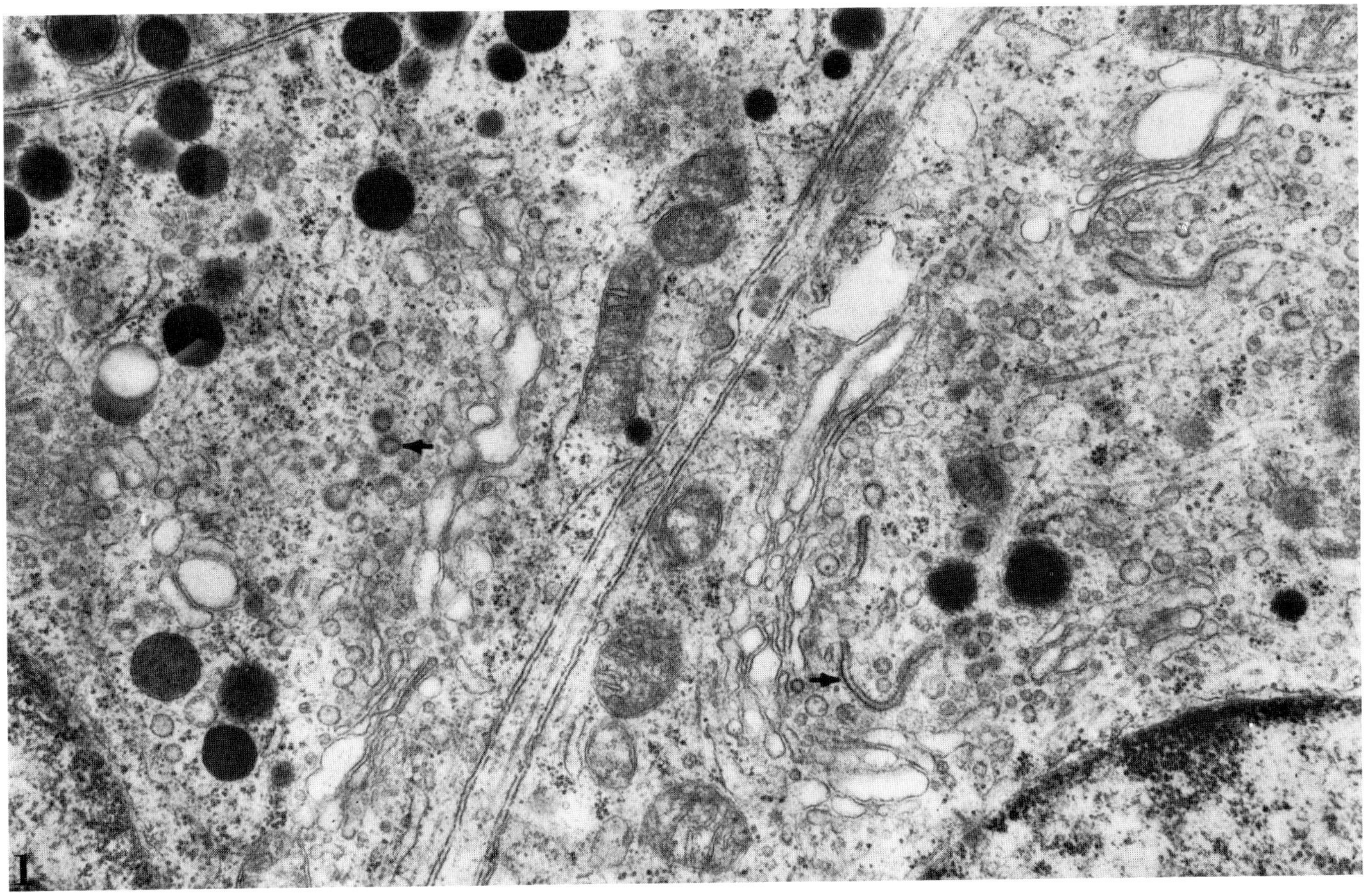

1

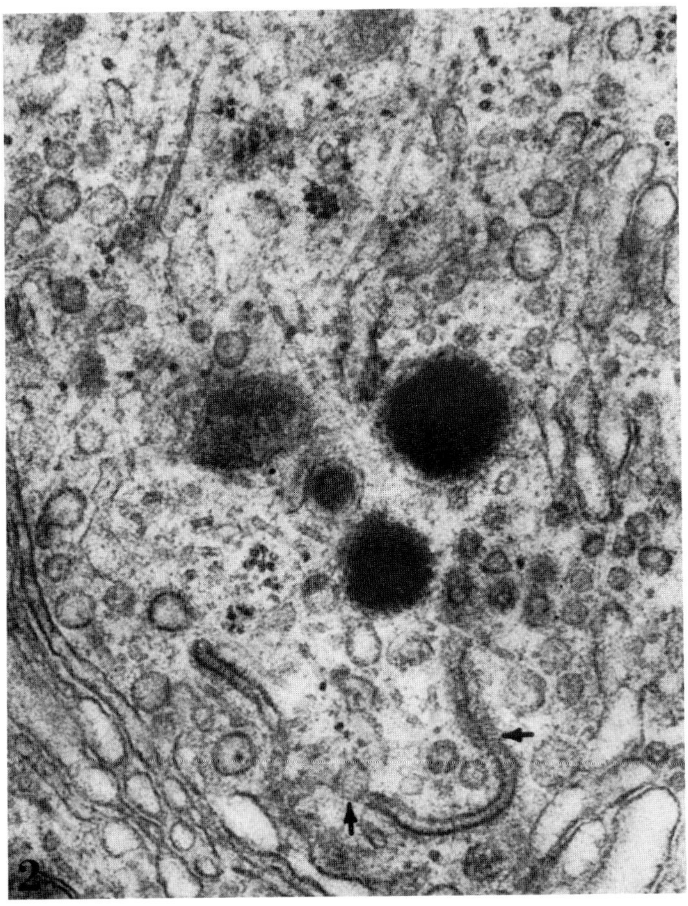

2

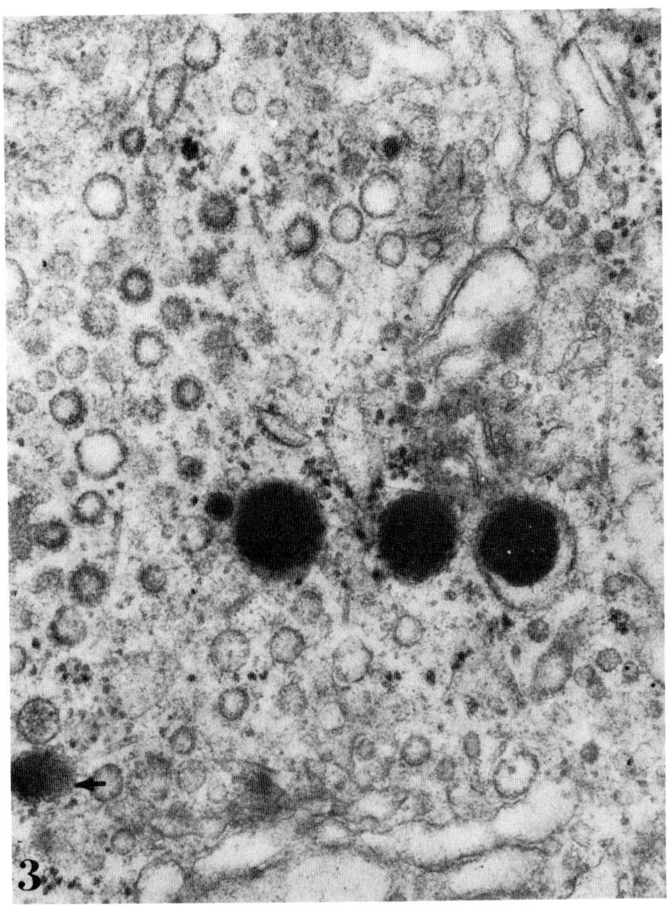

3

Plate V

The Hypophysis—Pars Distalis

1. At the vascular pole of one of these somatotrope cells a moderately dense content can be found in indentations in the cell surface. This can be interpreted with a reasonable degree of certainty as secretory material being released into the extracellular space. The granular form and density are lost by dispersion in the perivascular interstitial fluid. 32,000×

2. Cytoplasmic microtubules and filaments branch out from the basal body of a cilium which is buried deeply within the cytoplasm of the somatotrope. 51,000×

3. In the Golgi zone of the somatotrope one finds, on occasion, granules which are slightly elongated. In this photograph some dense material is seen within the Golgi sacs as well as in the vesicles and multivesicular body at the periphery of this complex. Some of the granules appear to be interconnected. A long tube of the endoplasmic reticulum with a moderate amount of density of its content (arrows) parallels this chain of dense granules. There is a slight degree of increased density in the cisternal content of the granular endoplasmic reticulum. 48,000×

Planche V

Pars distalis de l'hypophyse

1. Au pôle vasculaire de cette cellule somatotrope, on aperçoit un matériel plutôt dense dans certaines indentations de la surface cellulaire. Il semble assez certain qu'il s'agisse là d'une sécrétion libérée dans l'espace extracellulaire. Les granules perdent leur identité au moment de leur dispersion dans le liquide interstitiel périvasculaire. 32,000×

2. Des microtubules et des filaments se ramifient du corpuscule basal d'un cil profondément enfoui dans le cytoplasme d'une cellule somatotrope. 51,000×

3. La zone de Golgi de la cellule somatotrope contient parfois des granules légèrement allongés. Cette photographie laisse voir un matériel dense à l'intérieur des saccules de Golgi de même que dans les vésicules et le corps multivésiculaire à la périphérie du complexe. Le long de la chaîne de granules denses dont certains semblent reliés entre eux, il est possible de voir un long tubule assez sombre du réticulum endoplasmique (flèches). Le contenu des citernes du réticulum granulaire se colore légèrement. 48,000×

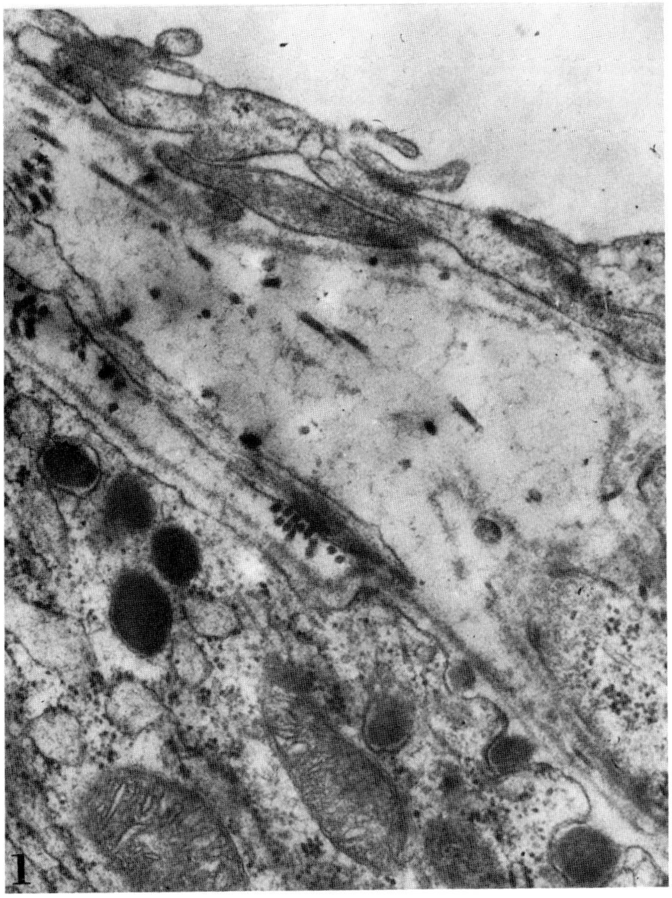

1

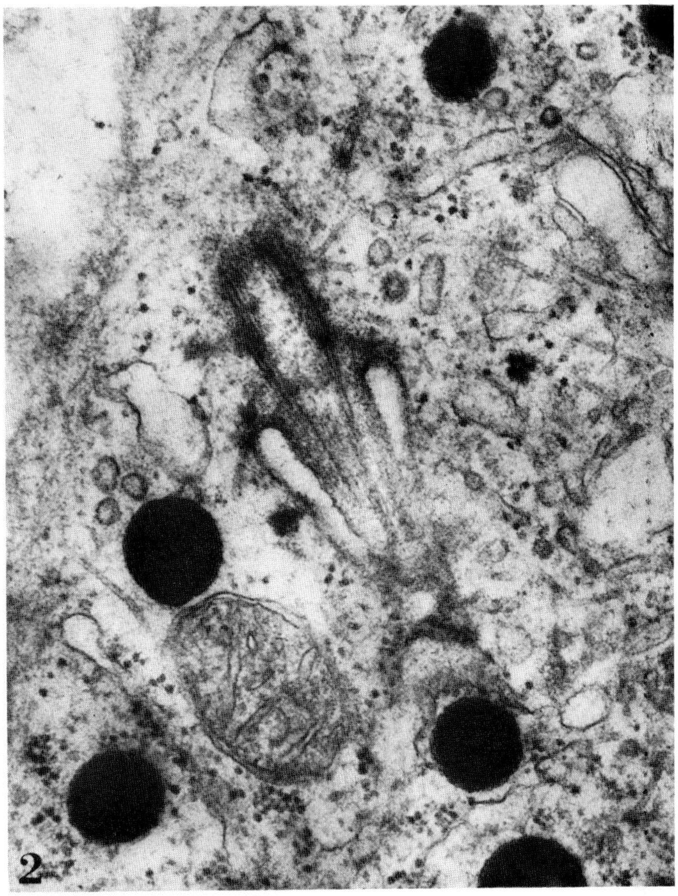

2

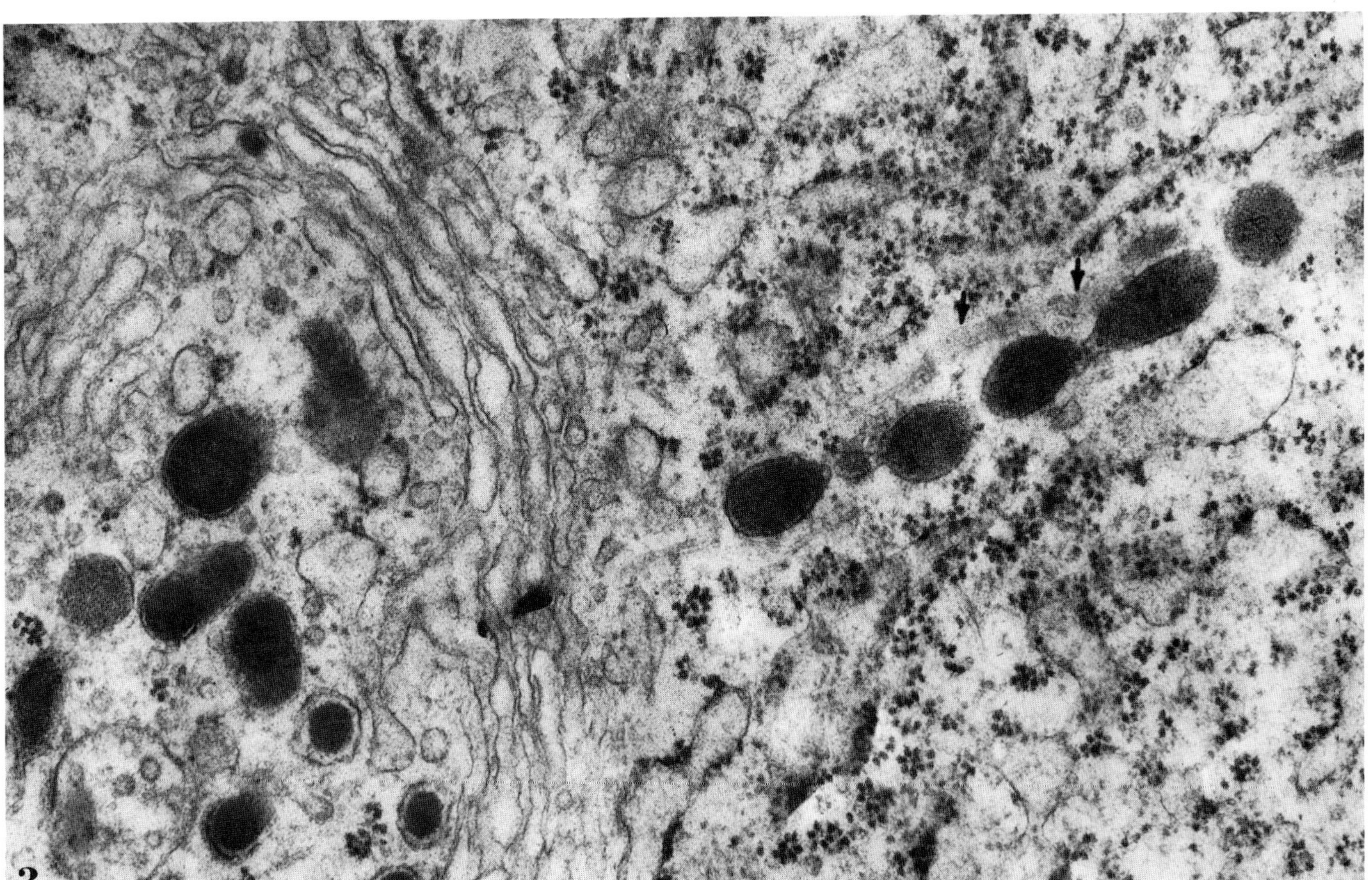

3

Plate VI

The Hypophysis—Pars Distalis

1. L. There is a marked variation in the form and granule content of the cells in the pars distalis. Some of these variations may represent different functional states of a particular cell type. Many of the granules are beyond the limit of resolution of the light microscope. However, features of several of the cell types may be recognized in this light micrograph after one studies the details obtainable in the electron microscope. 480×

2. Gonadotropes (Gt) are cells with rounded granules which are smaller than those of the somatotrope (St). The majority of the granules in the gonadotropes are less than 0.2 μ in diameter. Two types of gonadotrope cells, those which secrete follicle stimulating hormone (FSH) and those which produce luteinizing hormone (LH) have been described. The former are reported to have a more vesiculated cytoplasm and a number of granules as large as 1 μ. It has also been suggested that the same cell may be responsible for both hormones. In the normal rat, fixed by perfusion with aldehydes, the difference is not remarkable. In the male, the gonadotrope secretes the interstitial cell stimulating hormone (ICSH). 6900×

3. The circular granules of the somatotrope (St) and the smaller circular granules of the gonadotrope (Gt) are compared with those of irregular shape in the mammotrope (Mt). The gonadotrope processes, with numerous small granules, intrude between the mammotrope cells. The larger irregular granules of the mammotrope are mostly confined to the Golgi region, while the abundant granular endoplasmic reticulum, with moderately dilated cisternae, occupies the periphery of the cell. 6900×

4. A mammotrope cell, with an accumulation of large irregular granules in the Golgi zone, is located between two gonadotropes (Gt), which contain much smaller circular granules. One of these cells, with numerous granules, corresponds to the classic description of the LH gonadotrope cell. The other has a high content of flattened vesicles and less dense granules. This possibly represents the folliculotrope or FSH gonadotrope, as described by several authors. 6900×

Planche VI

Pars distalis de l'hypophyse

1. L. La forme et le contenu en granules des cellules de la pars distalis varient beaucoup. Certaines de ces variations peuvent représenter différents états fonctionnels d'un même type cellulaire. La taille de plusieurs des granules est inférieure à la limite de résolution du microscope photonique. Néanmoins, à la suite des connaissances acquises au microscope électronique, il est possible de reconnaître sur cette photographie les particularités de nombreux types cellulaires. 480×

2. Les granules arrondis des cellules gonadotropes (Gt), dont la plupart ont un diamètre inférieur à 0.2 μ, sont plus petits que ceux des cellules somatotropes (St.) On a décrit deux types de cellules gonadotropes: certaines sécrètent la folliculostimuline (FSH), d'autres, le lutéotropine (LH). Les premières auraient un cytoplasme vacuolaire et des granules allant jusqu'à 1 μ. Toutefois, chez le rat normal fixé par perfusion aux aldéhydes, la différence n'est pas remarquable. On a déjà laissé entendre que les deux hormones pourraient provenir de la même cellule. Chez le mâle, l'une des cellules gonadotropes sécrète la ICSH. 6900×

3. Cette figure permet de comparer les granules circulaires de la cellule somatotrope (St), les granules circulaires plus petits de la cellule gonadotrope (Gt) et ceux de la cellule mammotrope (Mt) dont le contour est plus irrégulier. Les prolongements de la cellule gonadotrope, chargés de nombreux petits granules, s'infiltrent entre les cellules mammotropes. Les granules plus volumineux et aux formes irrégulières des mammotropes sont surtout confinés à la région de Golgi. L'abondant réticulum endoplasmique granuleux de ces mêmes cellules étale, à leur périphérie, ses citernes modérément dilatées. 6900×

4. Une cellule mammotrope, avec de gros granules irréguliers entassés dans la zone de Golgi, apparaît entre deux cellules gonadotropes contenant des granules circulaires beaucoup plus petits. La cellule gonadotrope riche en granules répond à la description classique de la cellule lutéotrope. L'autre contient de nombreuses vésicules aplaties et des granules moins denses; ces caractéristiques sont celles de la cellule folliculotrope telle que décrite par de nombreux auteurs. 6900×

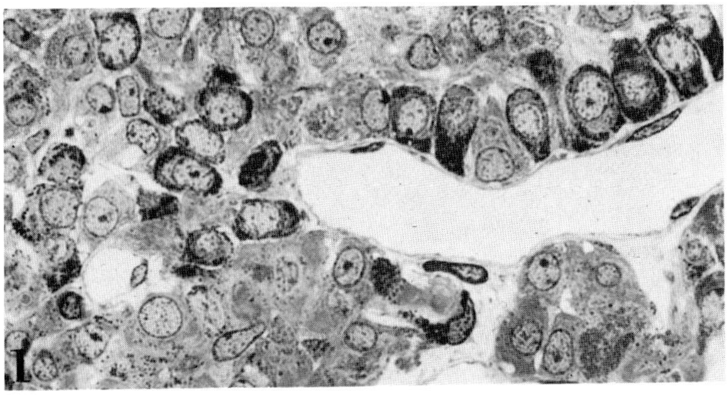
1

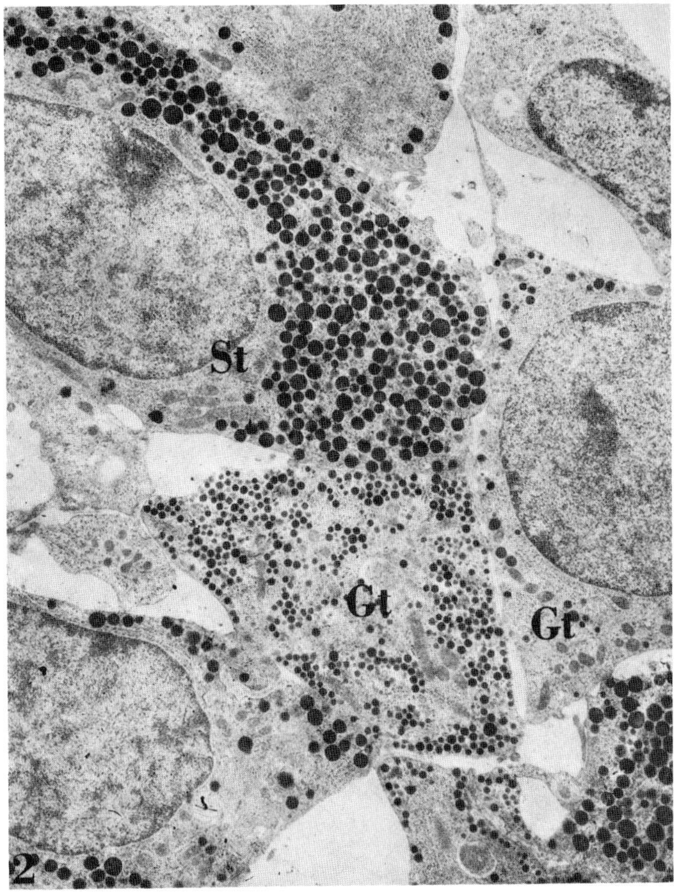
St
Gt
Gt
2

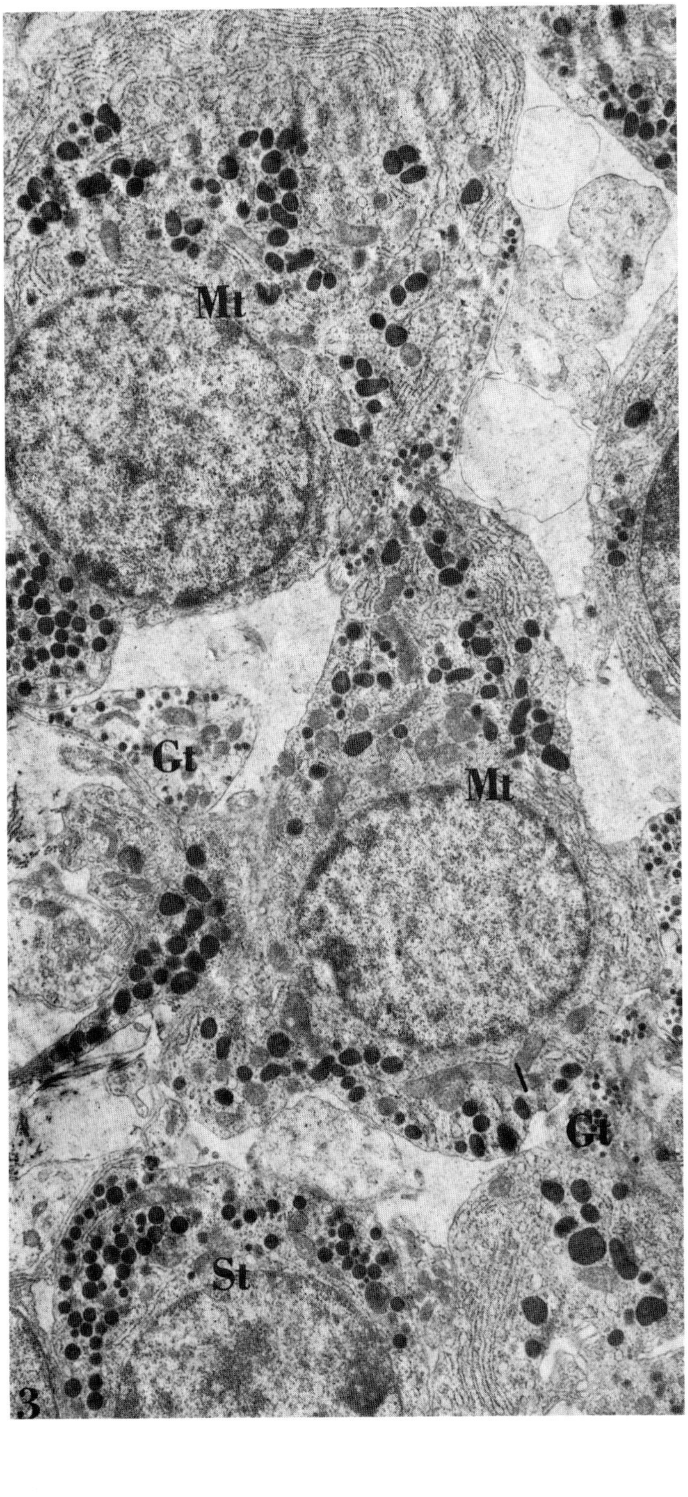
Mt
Gt
Mt
Gt
St
3

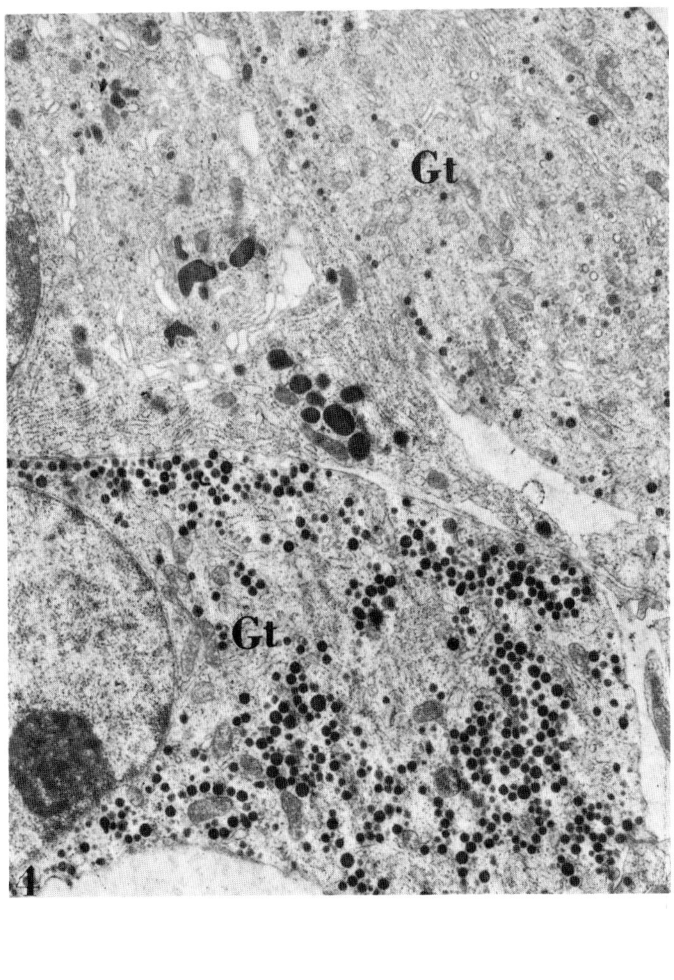
Gt
Gt
4

Plate VII

The Hypophysis—Pars Distalis

1. In the LH or ICSH gonadotrope (Gt) the granular endoplasmic reticulum is often localized in several layers near one border of the cell. Elements of the smooth-surfaced endoplasmic reticulum are scattered among the numerous dense granules. On occasion one sees an unusually large granule in these cells. 10,500×

2. At a higher magnification the granules of a gonadotrope appear to have varying amounts of dense material superimposed on a less dense, finely granular substructure. Many of these membrane-bound granules are associated with filamentous cytoplasmic material. A tubular stem seems to lead from one of the granules to the plasma membrane (arrow). 52,000×

3. A cilium is embedded deep within the cytoplasm of a gonadotrope cell. Cytoplasmic microtubules radiate out from satellites of the basal body of the cilium. A centriole has been sectioned transversely. 36,000×

Planche VII

Pars distalis de l'hypophyse

1. La cellule gonadotrope (Gt) sécrétant la LH ou l'ICSH contient un réticulum endoplasmique granulaire pluristratifié souvent situé à la périphérie de la cellule. Les éléments du réticulum endoplasmique lisse, au contraire, sont dispersés parmi les nombreux granules denses. De temps à autre, ces cellules peuvent contenir un très gros granule. 10,500×

2. A plus fort grossissement, les granules d'une cellule gonadotrope semblent contenir des quantités variables d'un matériel foncé s'ajoutant à un fond moins sombre et finement granuleux. Plusieurs de ces granules bordés d'une membrane s'associent à du matériel cytoplasmique filamenteux. L'un d'eux semble relié (flèche) à la membrane plasmatique par l'intermédiaire d'une structure tubulaire. 52,000×

3. Cette photographie montre un centriole en coupe oblique et un cil profondément enfoui dans le cytoplasme d'une cellule gonadotrope. Des microtubules cytoplasmiques s'irradient des satellites du corpuscule basal. 36,000×

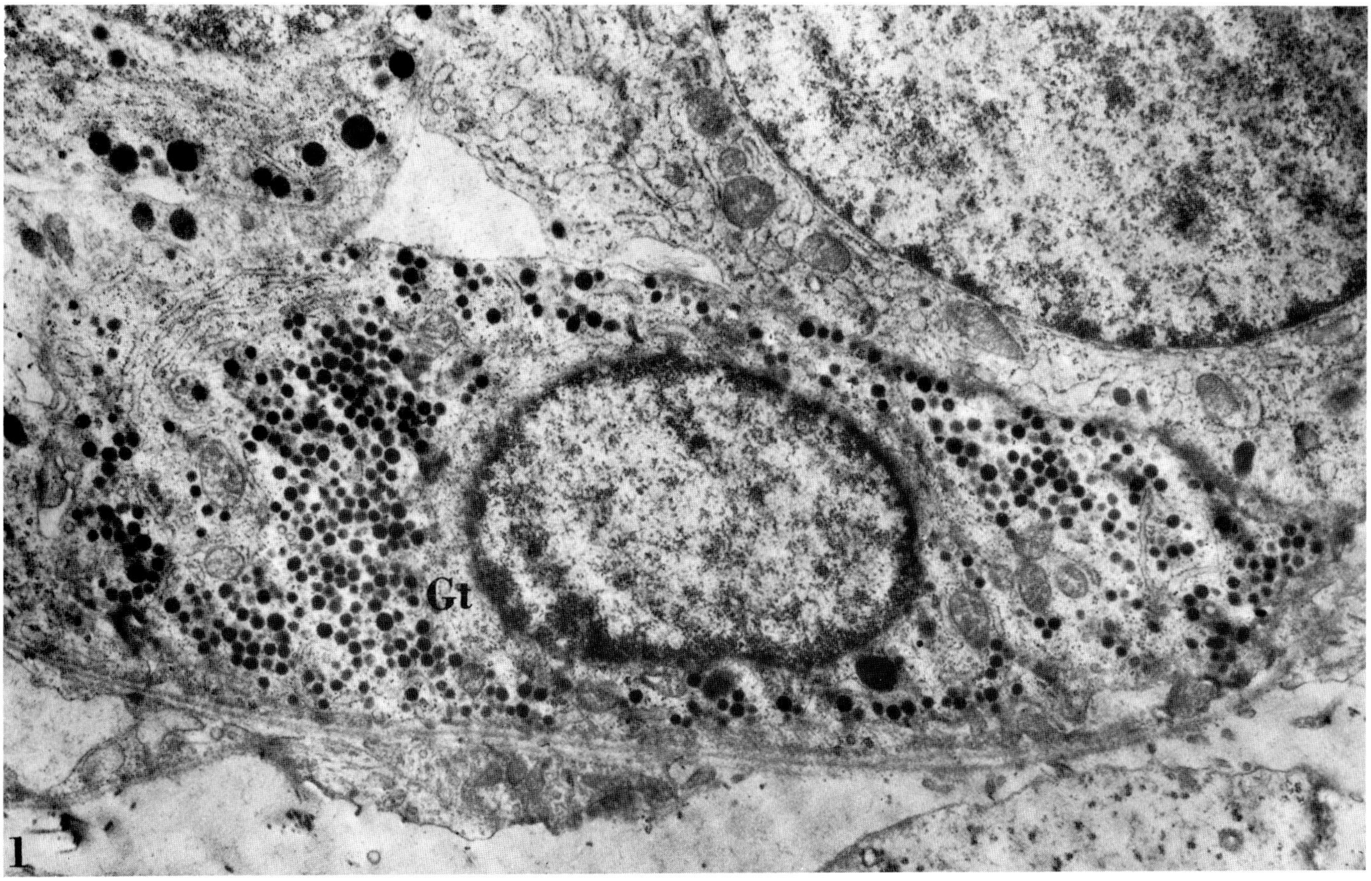
Gt
1

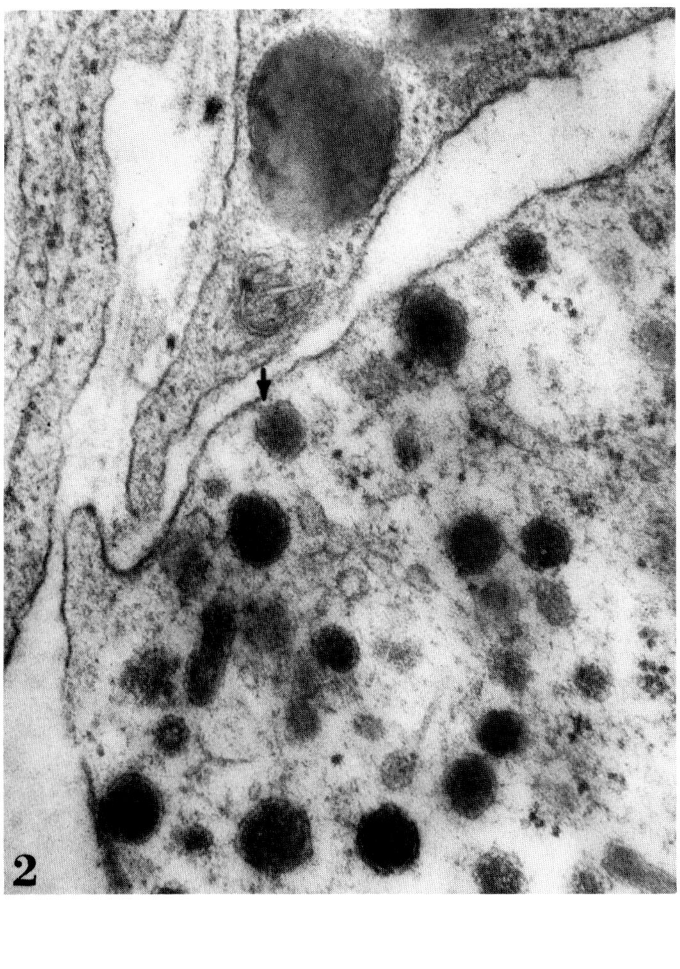
2

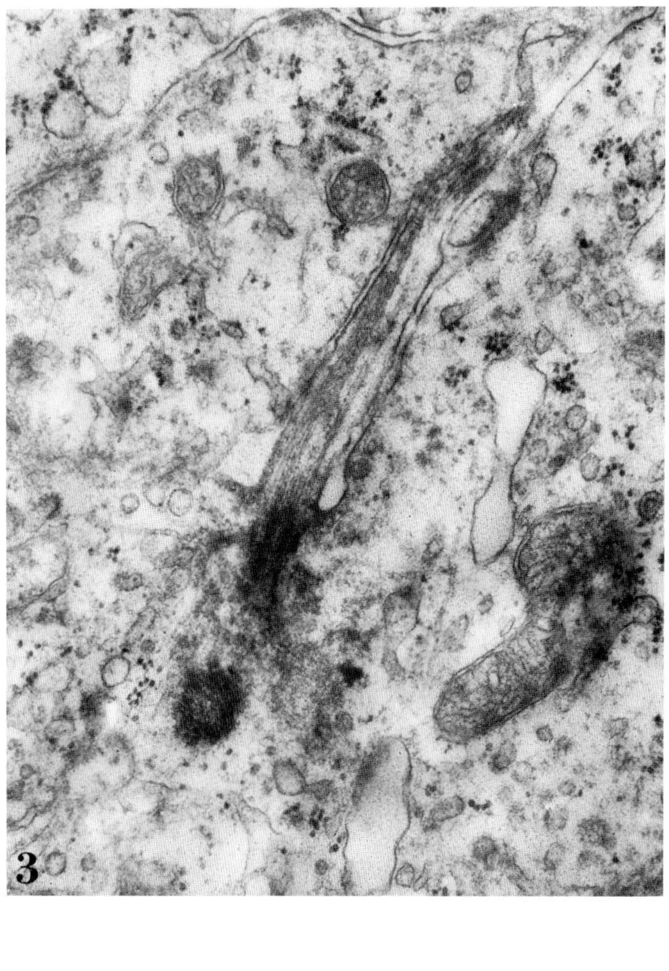
3

Plate VIII

The Hypophysis—Pars Distalis

1. The peripheral portion of a gonadotrope contains dense granules, 0.1–0.2 μ in diameter, dilated cisterns of the smooth and granular endoplasmic reticulum, a number of free ribosomes, and cytoplasmic microtubules. A number of dilated ends of tubular processes of the agranular reticulum have a layer of dense content within this periphery (arrows). These dilatations have a coated surface. In addition some of the dense granules have a surface coated with filamentous stems. A small amount of density can be seen on the extracellular surface of an invagination of the plasma membrane. 26,000×

2. In another gonadotrope, a moderately dense content can be seen in some coated vesicles. Filaments or microtubular stems appear to be associated with some of the dense granules (arrows). An invagination of the plasma membrane of the cell has an extremely dense coat on its extracellular surface. Some of the dense material from a granule at the periphery appears to have escaped into the intercellular space. 35,000×

Planche VIII

Pars distalis de l'hypophyse

1. Dans cette portion périphérique d'une cellule gonadotrope, on distingue des granules denses de 0.1 à 0.2 μ de diamètre, des citernes dilatées du réticulum endoplasmique lisse et granulaire, des ribosomes libres et des microtubules cytoplasmiques. On aperçoit également un contenu dense dans l'extrémité dilatée et feutrée (flèches) d'un certain nombre de structures tubulaires du réticulum lisse. De plus, la surface de certains granules denses est également hérissée de prolongements filamenteux. Une petite quantité de matériel foncé est visible à la face extracellulaire d'une invagination de la membrane plasmatique. 26,000×

2. Dans des vésicules feutrées d'une autre cellule gonadotrope, on note la présence d'une certaine quantité de matériel dense. Des filaments ou projections microtubulaires semblent associés à certains granules denses (flèches). Un revêtement foncé est visible à la surface extracellulaire d'une invagination de la membrane plasmatique. Ailleurs, une partie du matériel sombre d'un granule périphérique semble s'être libérée dans l'espace intercellulaire. 35,000×

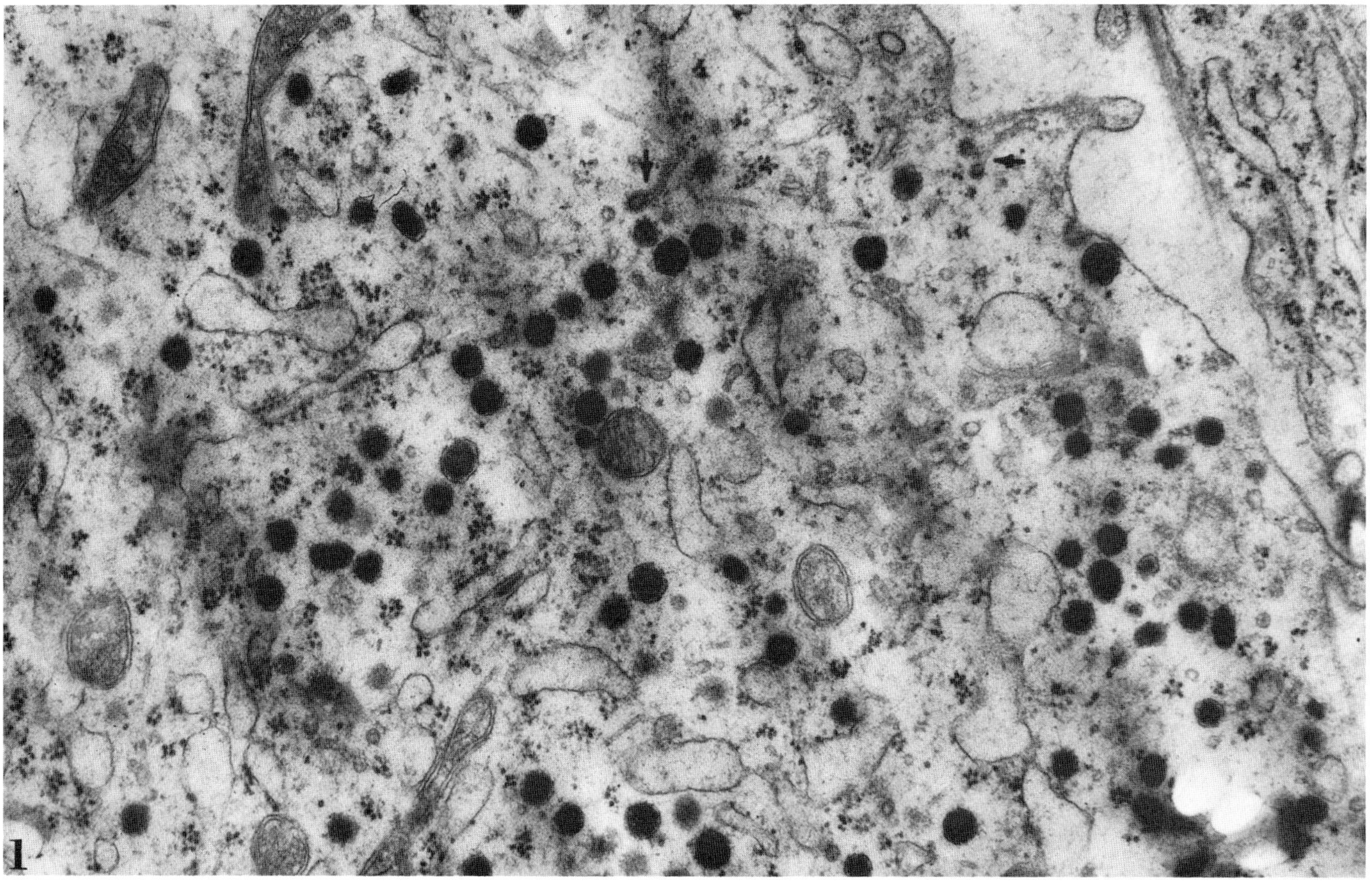

1

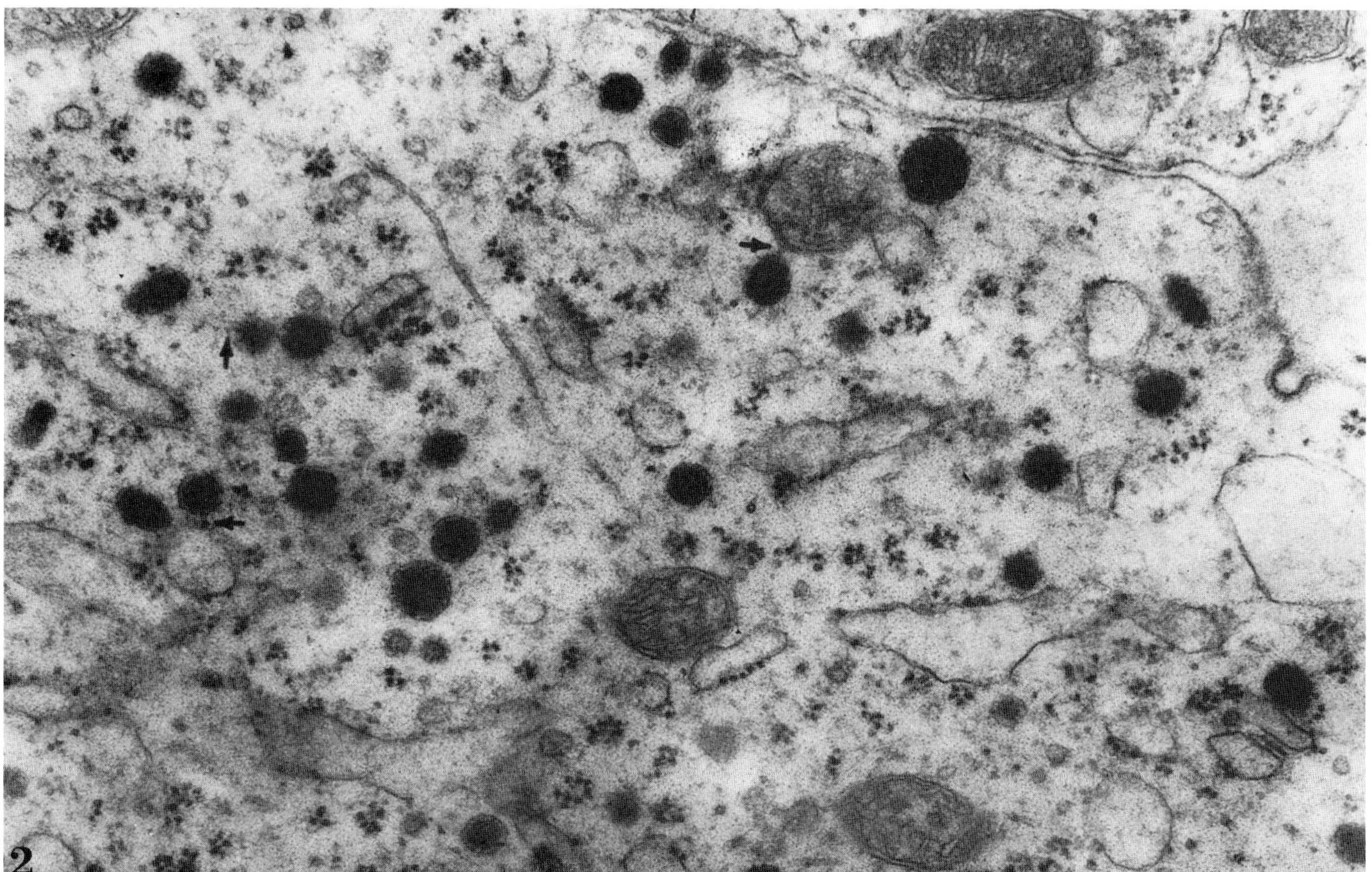

2

Plate IX

The Hypophysis—Pars Distalis

1. The mammotrope is a cell in which most of the elongated granules are located in the Golgi zone. Some of the sacs of the internal curvature of the Golgi complex (arrows) show small amounts of density. All gradations in size from very small vesicles to the large elongated granules are present. A pair of centrioles can be seen in a juxtanuclear location. 19,500×

2. At a higher magnification coated vesicles with a dense peripheral content can be seen at the border of the Golgi complex. The larger elongated granules are surrounded by a smooth membrane. A number of obliquely sectioned cytoplasmic microtubules and filaments can be seen among the dense granules and around the centrioles. Dense material is present in the Golgi sacs. Two of the granules are interconnected by a tubular stem (arrow). 48,000×

Planche IX

Pars distalis de l'hypophyse

1. La cellule mammotrope se caractérise par la localisation de la plupart de ses granules allongés dans la zone de Golgi. De petites quantités de matériel foncé se trouvent dans certains sacs de la concavité de cet appareil (flèches). Toute la gamme des dimensions est ici représentée, depuis de très petites vésicules jusqu'à de gros granules allongés. Une paire de centrioles est visible en position juxtanucléaire. 19,500×

2. A plus fort grossissement, il est possible de voir, à la périphérie de l'appareil de Golgi, des vésicules feutrées à contenu périphérique dense. Les granules plus gros et allongés sont entourés d'une membrane lisse. On note également, autour des centrioles et parmi les granules denses, la présence de filaments et de microtubules cytoplasmiques en coupe oblique. Les saccules du Golgi contiennent un matériel sombre et, plus loin, deux granules communiquent entre eux par une jonction tubulaire (flèche). 48,000×

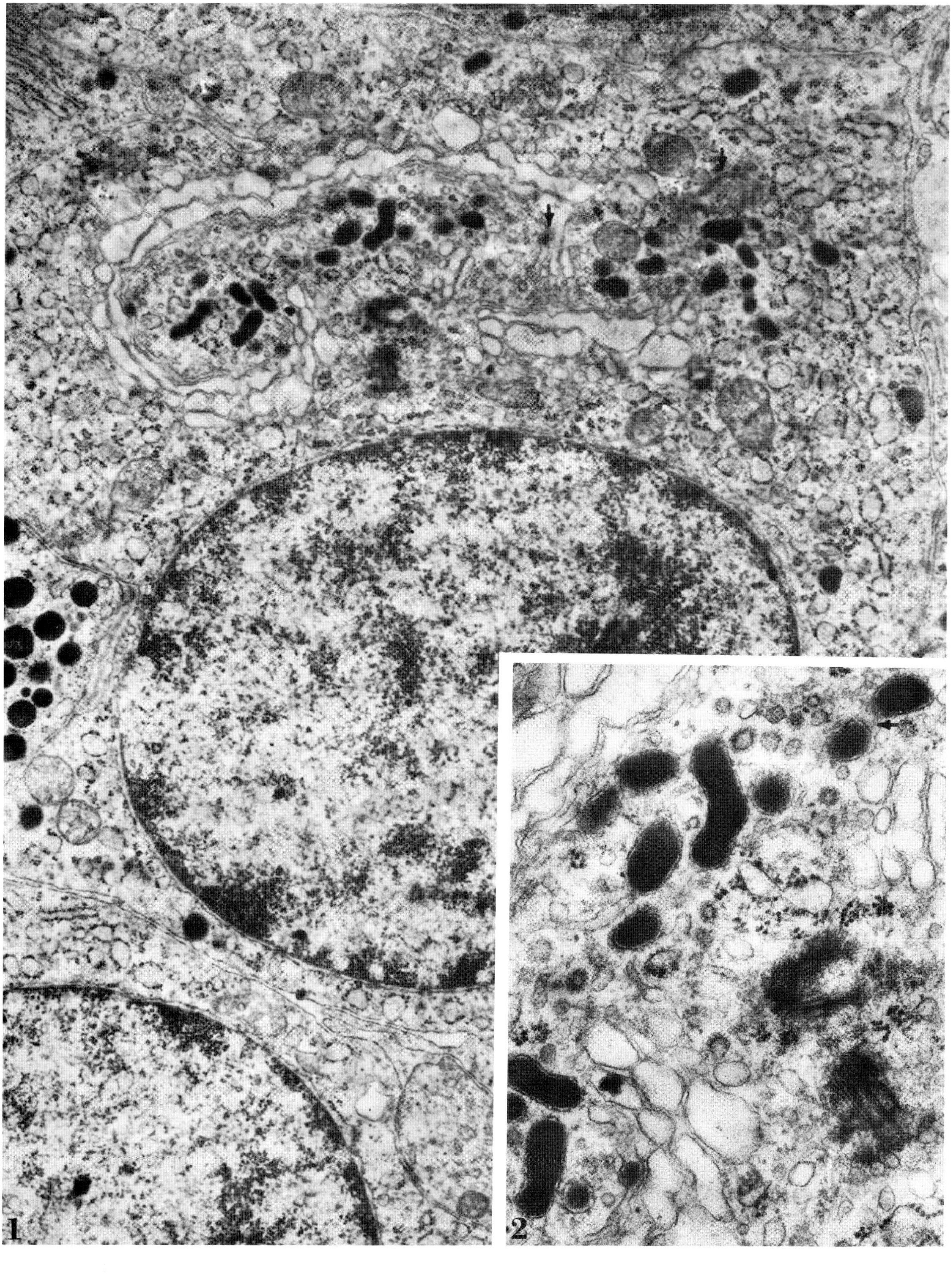

1 2

Plate X

The Hypophysis—Pars Distalis

In a mammotrope the granular endoplasmic reticulum appears as multiple layers with moderately distended cisternae or as dilated sacs in a large part of the cytoplasm. There is some increased density in some of the cisternae. The sacs of the Golgi complex are considerably more dilated, and in this cell a very large sac occupies the center of the field. One elongated dense granule has the appearance of a tortuous tube or irregular sac. A few granules are located near the periphery of the cell. In the neighboring somatotrope (St) the granules are more uniformly circular. 29,000×

Planche X

Pars distalis de l'hypophyse

Le réticulum endoplasmique granulaire d'une cellule mammotrope apparaît ici abondamment distribué dans le cytoplasme sous forme de couches multiples composées de citernes assez distendues et de saccules dilatés. Certaines citernes contiennent un matériel foncé. Les saccules de l'appareil de Golgi sont très dilatés; l'un d'eux, qui l'est davantage, occupe le centre de cette photographie. Près de ce dernier, un granule dense est allongé sous la forme d'un tube tortueux ou d'un sac irrégulier, alors que quelques autres granules sont localisés près de la périphérie de la cellule. Dans la cellule somatotrope (St) voisine, les granules affichent une forme plus circulaire. 29,000×

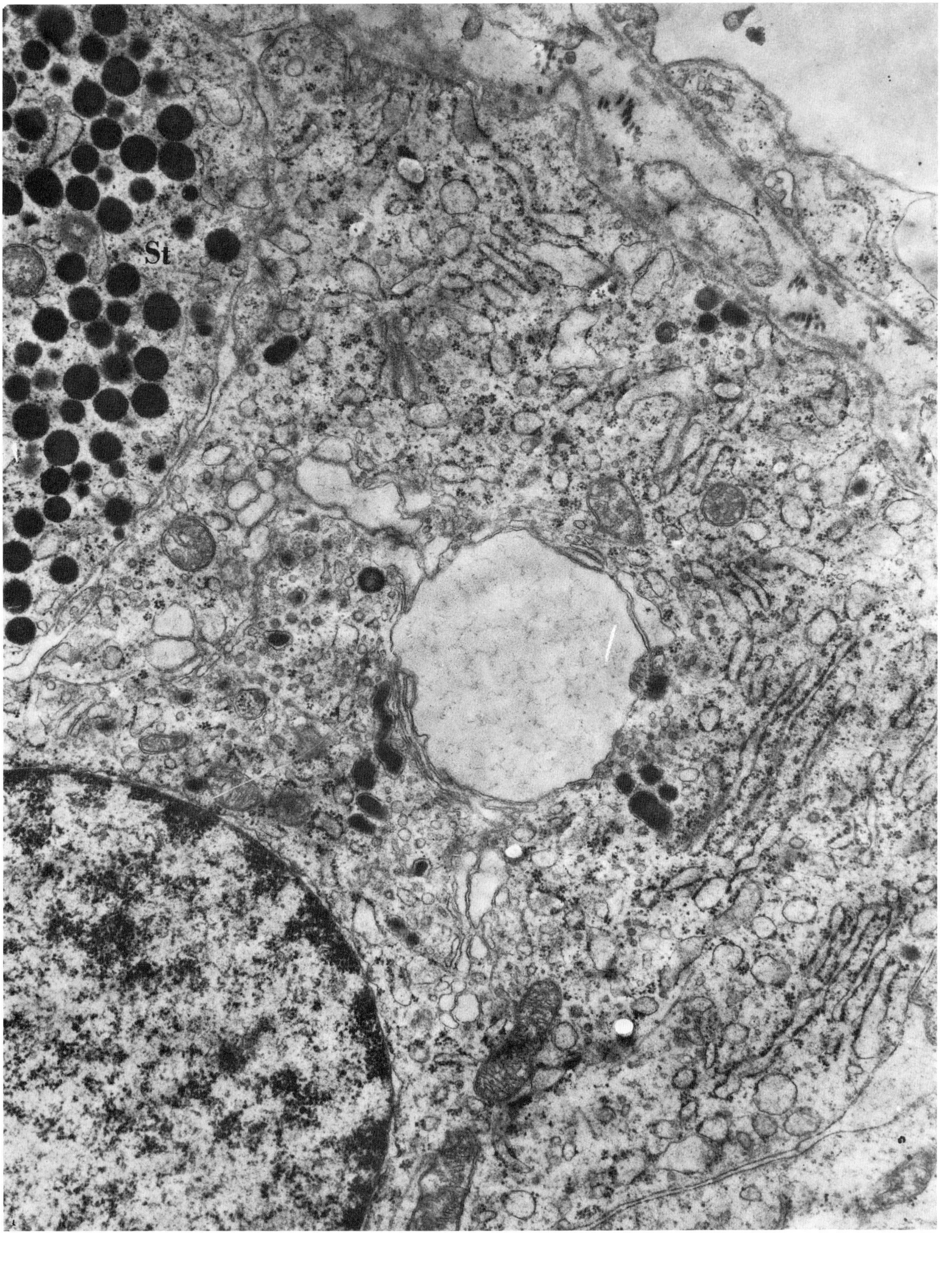
St

Plate XI

The Hypophysis—Pars Distalis

1. At a higher magnification the granules of the mammotrope have a denser homogeneous content superimposed on a very fine granular background. The larger granules are quite irregular in outline. 85,000 ×

2. Localized fields of granular endoplasmic reticulum are found in the mammotrope. A number of the granules are located in the vicinity of the Golgi complex. Moderately dense material, similar to that within the paler granules, is present in an indentation in the cell surface (arrow). The interpretation is that this represents a release of the hormonal secretion into the extracellular space. 25,000×

Planche XI

Pars distalis de l'hypophyse

1. A fort grossissement, les granules denses de la cellule mammotrope paraissent posséder un contenu foncé homogène surajouté à un autre contenu finement granuleux. Les gros granules ont un contour plutôt irrègulier. 85,000×

2. La cellule mammotrope contient des régions riches en réticulum endoplasmique granulaire. Un certain nombre de granules sont présents au voisinage de l'appareil de Golgi. On aperçoit, dans une indentation de la surface de la cellule (flèche), un matériel assez dense qui ressemble à des granules moins denses. Cette image pourrait témoigner d'une libération de la sécrétion hormonale dans l'espace extracellulaire. 25,000×

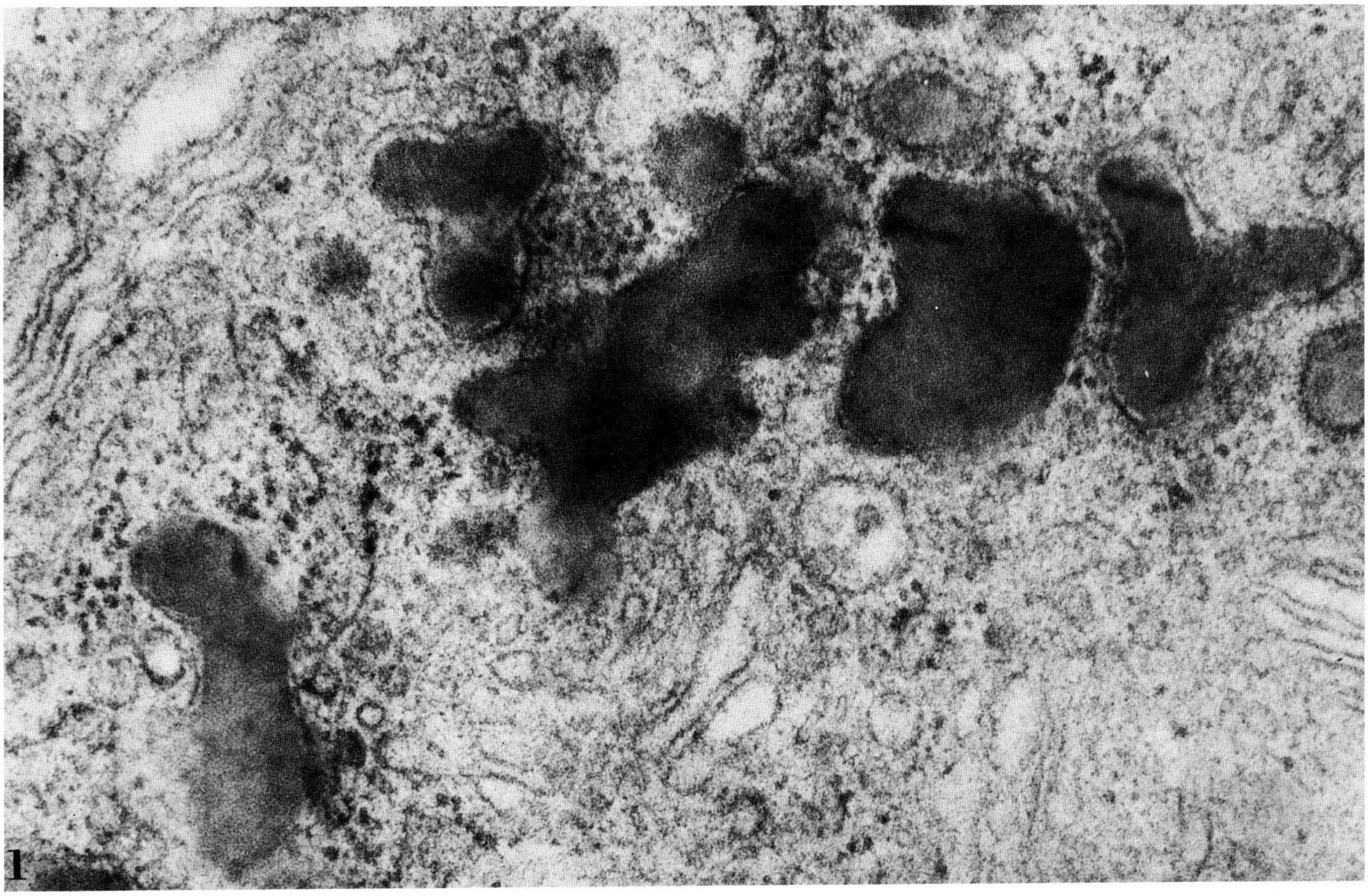

1

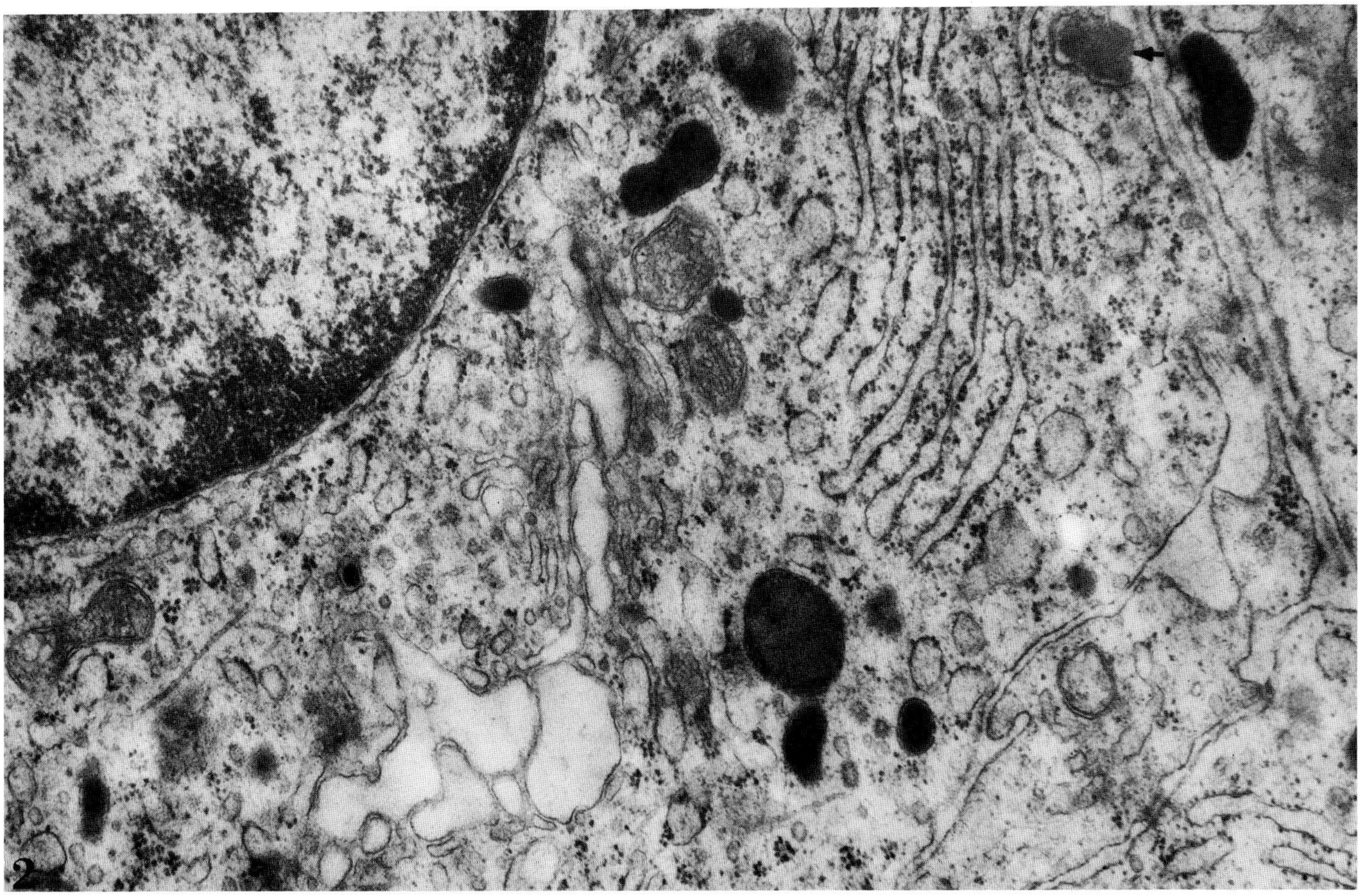

2

Plate XII

The Hypophysis—Pars Distalis

The thyrotrope is a distinctive cell of angular or polygonal shape. Dark elongated mitochondria stand out against a pale background cytoplasm. These cells have a very scanty, granular endoplasmic reticulum. The cytoplasm contains a number of vesicles and microtubules. The granules of the thyrotrope are the smallest to be identified in any of the cells of the pars distalis; most are less than 0.15 μ in diameter. Most of the granules are found near the border, but, among the few in the interior of the cytoplasm, one finds occasional larger and elongated granules. A dense layer is seen on the external surface of the plasma membrane in an invagination of the cell border (arrow). The granules of the gonadotrope (Gt) are larger than those of the thyrotrope. 18,000×

Planche XII

Pars distalis de l'hypophyse

La cellule thyrotrope se distingue par sa forme angulaire ou polygonale. Ces cellules contiennent trés peu de réticulum endoplasmique granulaire mais sont assez bien pourvues de vésicules et de microtubules cytoplasmiques. Des mitochondries sombres et allongées contrastent sur un fond pâle. Les granules des thyrotropes sont les plus petits qu'on puisse observer dans la pars distalis: la plupart d'entre eux ne dépassent pas 0.15 μ de diamètre. La plupart des granules sont périphériques. Toutefois, on en trouve au centre qui sont gros et allongés. Au site d'une invagination de la membrane cellulaire, on note une couche sombre à la face externe de la membrane plasmatique. Les granules de la cellule gonadotrope (Gt) sont plus gros que ceux de la cellule thyrotrope. 18,000×

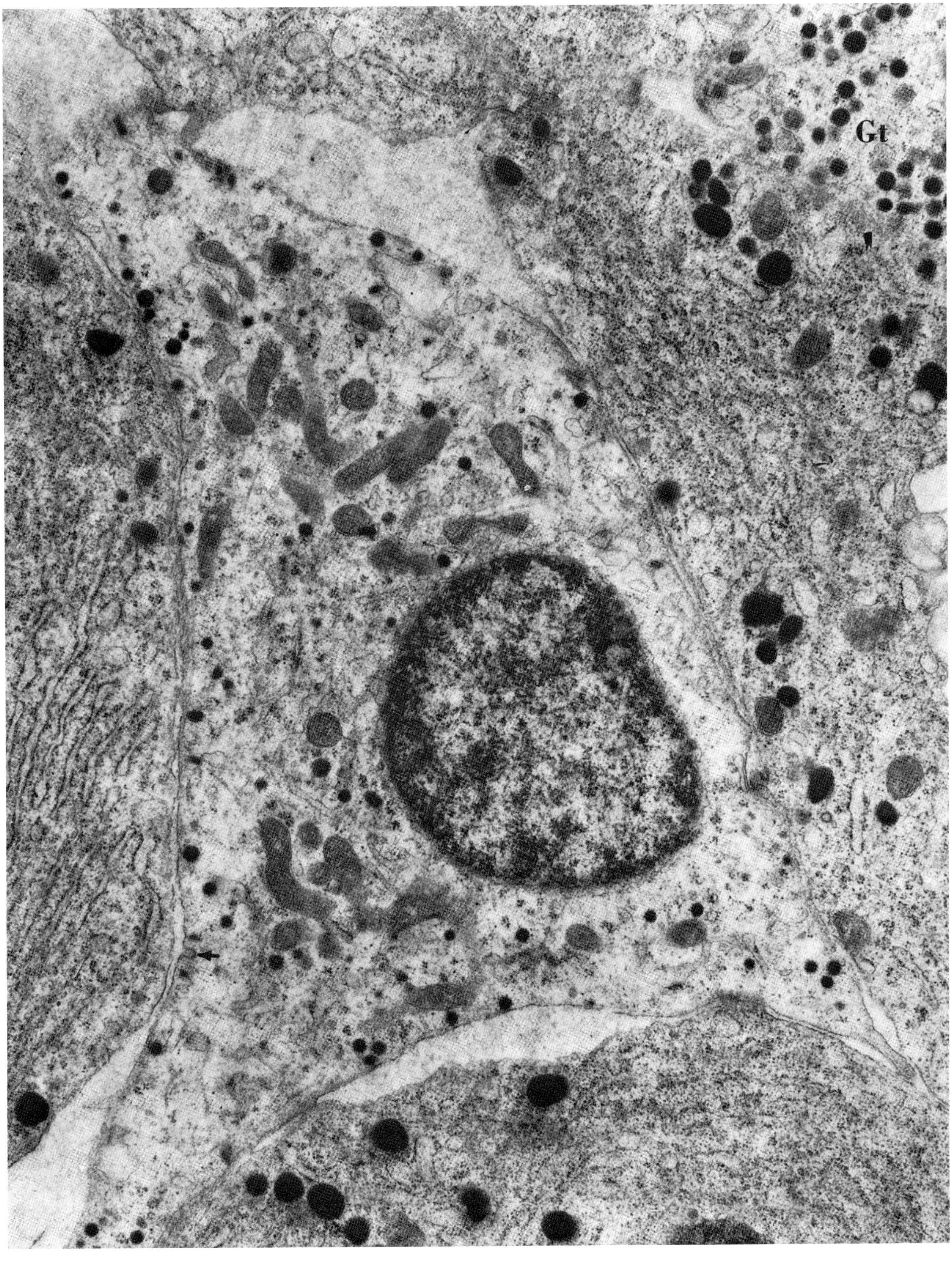
Gt

Plate XIII

The Hypophysis—Pars Distalis

1. Groups of cells with ovoid nuclei and a very few cytoplasmic granules are found in follicular arrangement in the pars distalis. This group was located near the junction between the pars distalis and the pars intermedia. A zonula occludens of a terminal bar where the cells form a miniature lumen is visible. Since some changes occurred in these cells in adrenalectomized animals and under conditions of stress, they have been considered as possible sources of adrenocorticotropic hormone. 6300×

2. The junctional complex between the apexes of three of these cells resembles a tight junction commonly seen in epithelia. The apical cytoplasm contains a number of very small, coated vesicles with moderately dense content, cytoplasmic microtubules, smooth-surfaced endoplasmic reticulum, and a few ribosomes. 66,000×

3. On the free surface of one of the cells, a single microvillus can be seen. A small number of moderately dense granules are present in the cell. 16,800×

4. On the free surface of other follicular cells numerous cilia are found. The follicular cells are believed to be part of a residual lumen of Rathke's pouch, which is lined by a ciliated pharyngeal epithelium. 13,500×

Planche XIII

Pars distalis de l'hypophyse

1. La pars distalis contient des groupes de cellules disposées en follicules. Ces cellules ont un noyau ovoïde et très peu de granules cytoplasmiques. Les cellules de cette photographie se situent à la limite entre la pars distalis et la pars intermédia. On aperçoit la zonula occludens d'une bandelette obturante à l'endroit où les cellules forment une lumière miniature. A la suite de changements aperçus dans ces cellules chez des animaux surrénalectomisés ou soumis à des conditions de stress, on les a proposées comme source possible de l'hormone corticotrope. 6300×

2. Le complexe de jonction présent à l'apex de trois de ces cellules ressemble à une union serrée couramment observée dans les épithéliums. Le cytoplasme apical contient plusieurs petites vésicules feutrées au contenu assez dense, des microtubules cytoplasmiques, du réticulum endoplasmique lisse et quelques ribosomes. 66,000×

3. Une microvillosité unique est visible à la surface libre d'une cellule qui contient un petit nombre de granules assez denses. 16,800×

4. A la surface libre d'autres cellules folliculaires, on note la présence de nombreux cils. Ces cellules tapisseraient la lumière résiduelle de la poche de Rathke que recouvre un épithélium pharyngien cilié. 13,500×

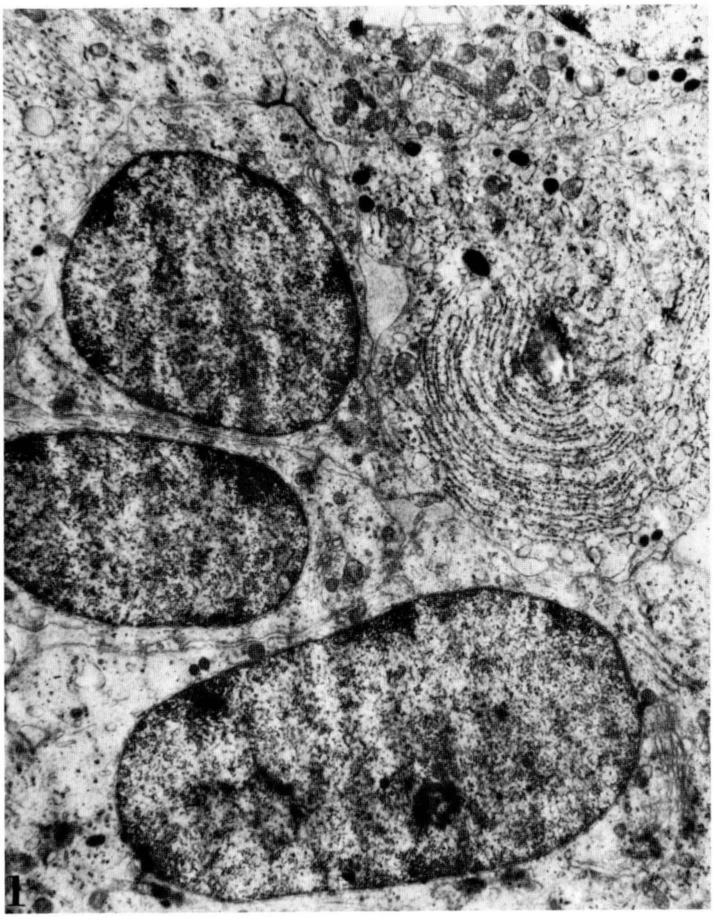
1

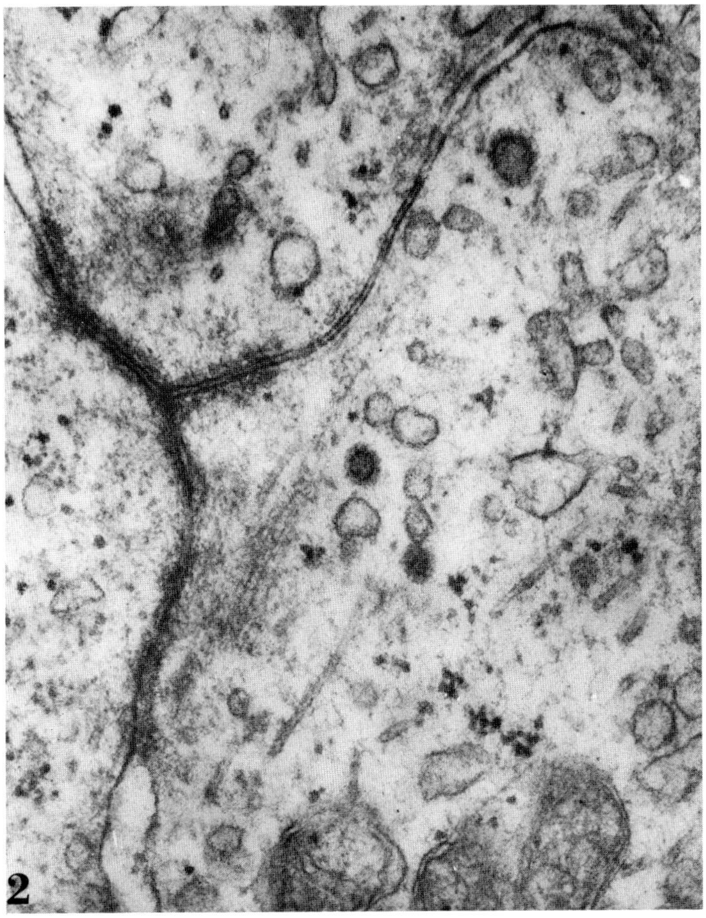
2

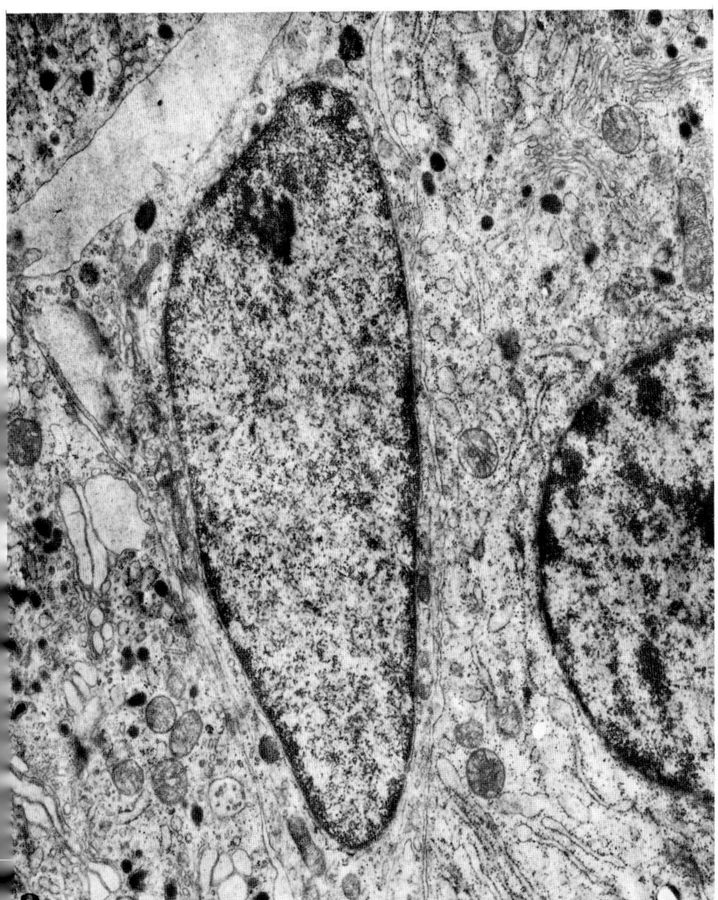
3

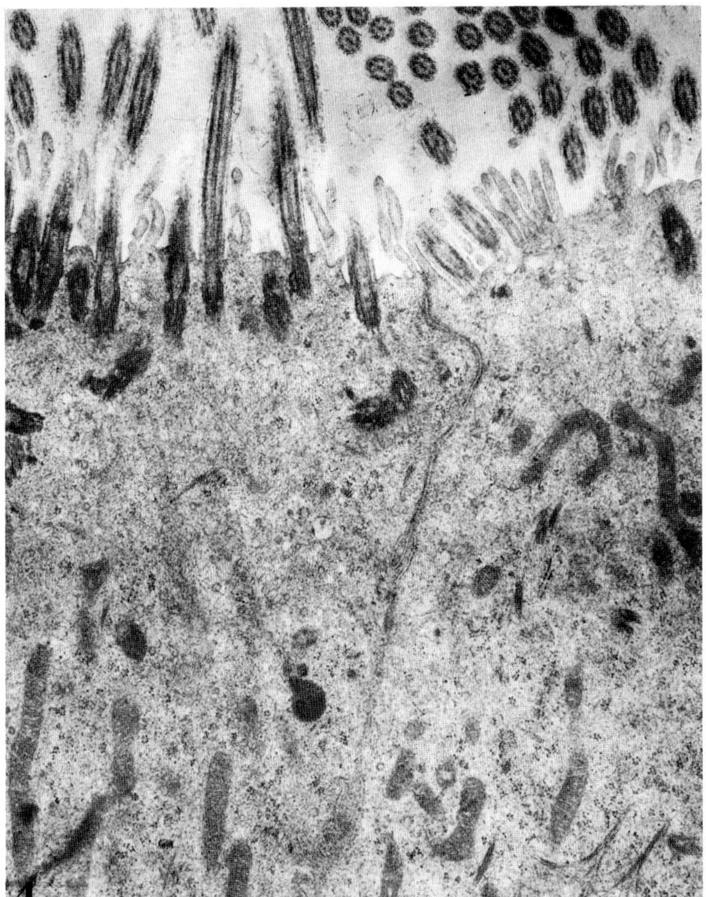
4

Plate XIV

The Hypophysis—Pars Distalis

1. A very irregularly shaped cell with a similar conformity of its nucleus enfolds a cytoplasmic process of another cell. The nucleus contains very dense, granular chromatin and a prominent nucleolus. The granular endoplasmic reticulum is, for the most part, arranged in layers. The mitochondria appear short with a dense matrix and distinct transverse crests. There is a very large Golgi and a considerable amount of smooth-surfaced endoplasmic reticulum. A number of slightly irregular, moderately stained secretory granules occupy an extensive juxtanuclear area and are particularly numerous in the very large Golgi zone. One of the larger granules has a dense nucleoid (arrow). A number of much smaller, dense granules can be found throughout the cytoplasm. The corticotrope, or ACTH-producing cell, has been reported to contain granules which change in appearance under varying stimuli. In the normal rat the small dense granules are infrequent. It has been suggested that the corticotropes may be cells of the follicular type which have been transformed into cells with an increased number of secretory granules. This corticotrope was found adjacent to a group of cells in a follicular arrangement and may be one of such a group. 26,500×

2. At a higher magnification one of the cytoplasmic processes which is in close contact with the infolding of the surface of the cell contains a large lipid droplet and numerous cytoplasmic microtubules and filaments. 92,500×

Planche XIV

Pars distalis de l'hypophyse

1. Cette photographie illustre une cellule aux contours très irréguliers accommodant un prolongement cytoplasmique d'une autre cellule. Le noyau, à forme également irrégulière, contient une chromatine très dense et un nucléole évident. Le réticulum endoplasmique granulaire est surtout disposé en couches. Les courtes mitochondries possèdent une matrice dense et des crêtes transversales très visibles. L'appareil de Golgi est vaste et le réticulum endoplasmique lisse, abondant. Plusieurs granules sécrétoires occupent une vaste région juxtanucléaire; ces granules à forme légèrement irrégulière, sont plutôt denses et abondent dans l'importante zone de Golgi. L'un des gros granules montre un nucléoïde sombre (flèche). Le reste du cytoplasme contient également plusieurs petits granules denses. La cellule corticotrope qui produit l'ACTH, possède des granules dont l'aspect changerait à la suite de divers stimuli. Chez le rat normal, les petits granules denses sont peu nombreux. On a déjà proposé que les cellules corticotropes, originellement disposées en follicules, se sont transformées en cellules riches en granules sécrétoires. La cellule sur cette photographie voisinait un ensemble de cellules groupées en follicule et pourrait bien appartenir à ce groupe. 26,500×

2. Le prolongement cytoplasmique qui occupe l'importante invagination de la cellule corticotrope laisse voir, à plus fort grossissement, une grande gouttelette de graisse, plusieurs microtubules et des filaments. 92,500×

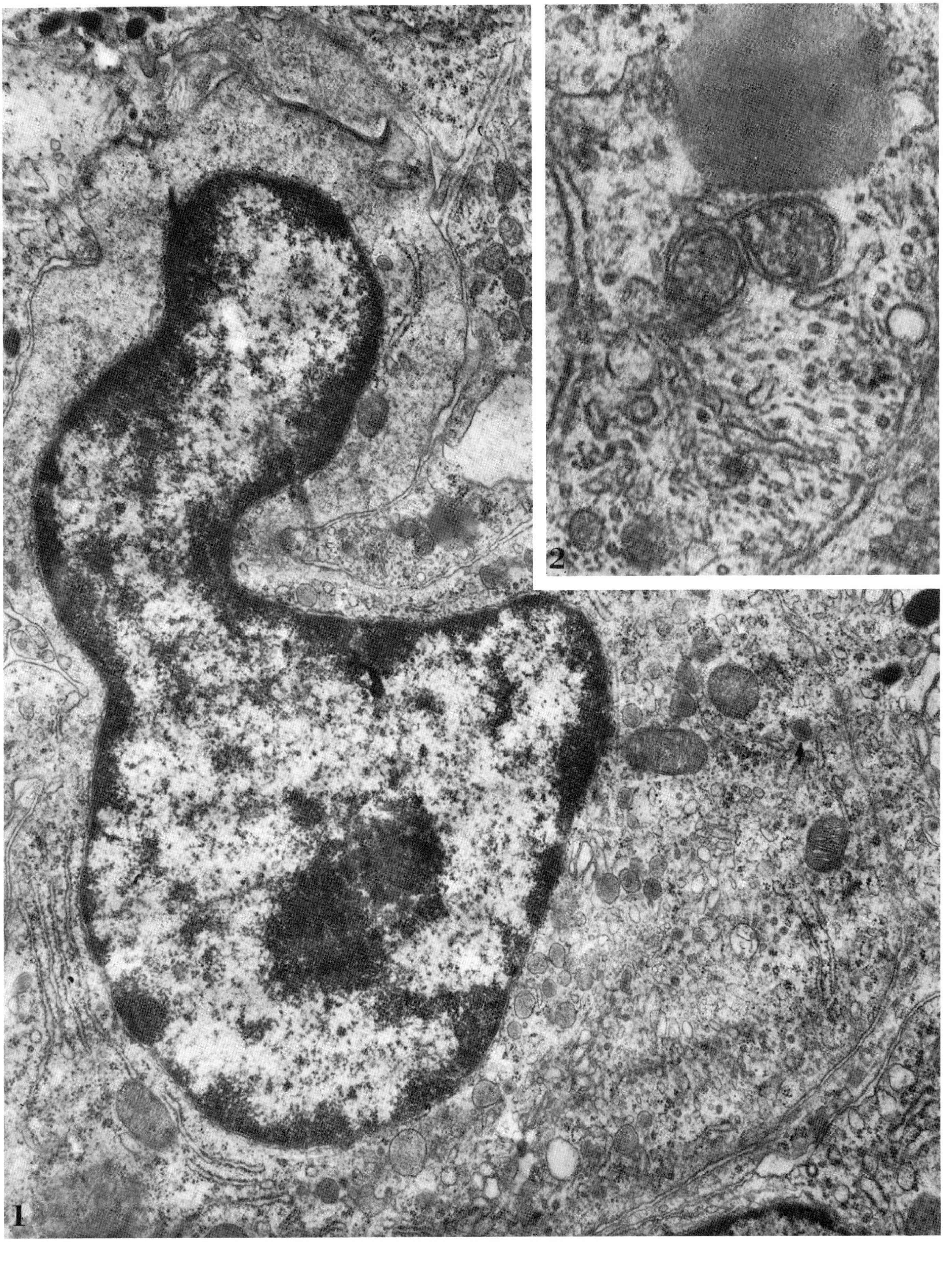
1
2

Plate XV

The Hypophysis—Pars Distalis

1. In an enlargement of a part of the corticotrope in Plate XIV, the moderately stained material in the vesicles appears as fine granules or fibrils. These are considered to be secretory granules. A similar content is visible in the cisternae of the granular endoplasmic reticulum. 75,000×

2. In an enlargement of another part of the same cell, cytoplasmic microtubules and filaments radiate out from a localized area in the juxtanuclear cytoplasm. Although a centriole has not been included in this photograph, the section has passed through or near a satellite. The smaller vesicles have a greater density of content than the larger. 75,000×

Planche XV

Pars distalis de l'hypophyse

1. Cette photographie représente un agrandissement d'une portion de la cellule corticotrope de la planche XIV. Il est possible de constater que le matériel assez dense des vésicules est de nature finement granulaire ou fibrillaire. On croit que ce matériel est de nature sécrétoire. Un contenu semblable est visible dans les citernes du réticulum endoplasmique granulaire. 75,000×

2. Sur un agrandissement d'une autre partie de la même cellule, des microtubules et des filaments semblent irradier dans une portion de cytoplasme juxtanucléaire. Même si l'on ne voit pas de centriole sur cette photographie, la coupe a dû passer non loin d'un satellite. Le contenu des petites vésicules est plus foncé que celui des grandes. 75,000×

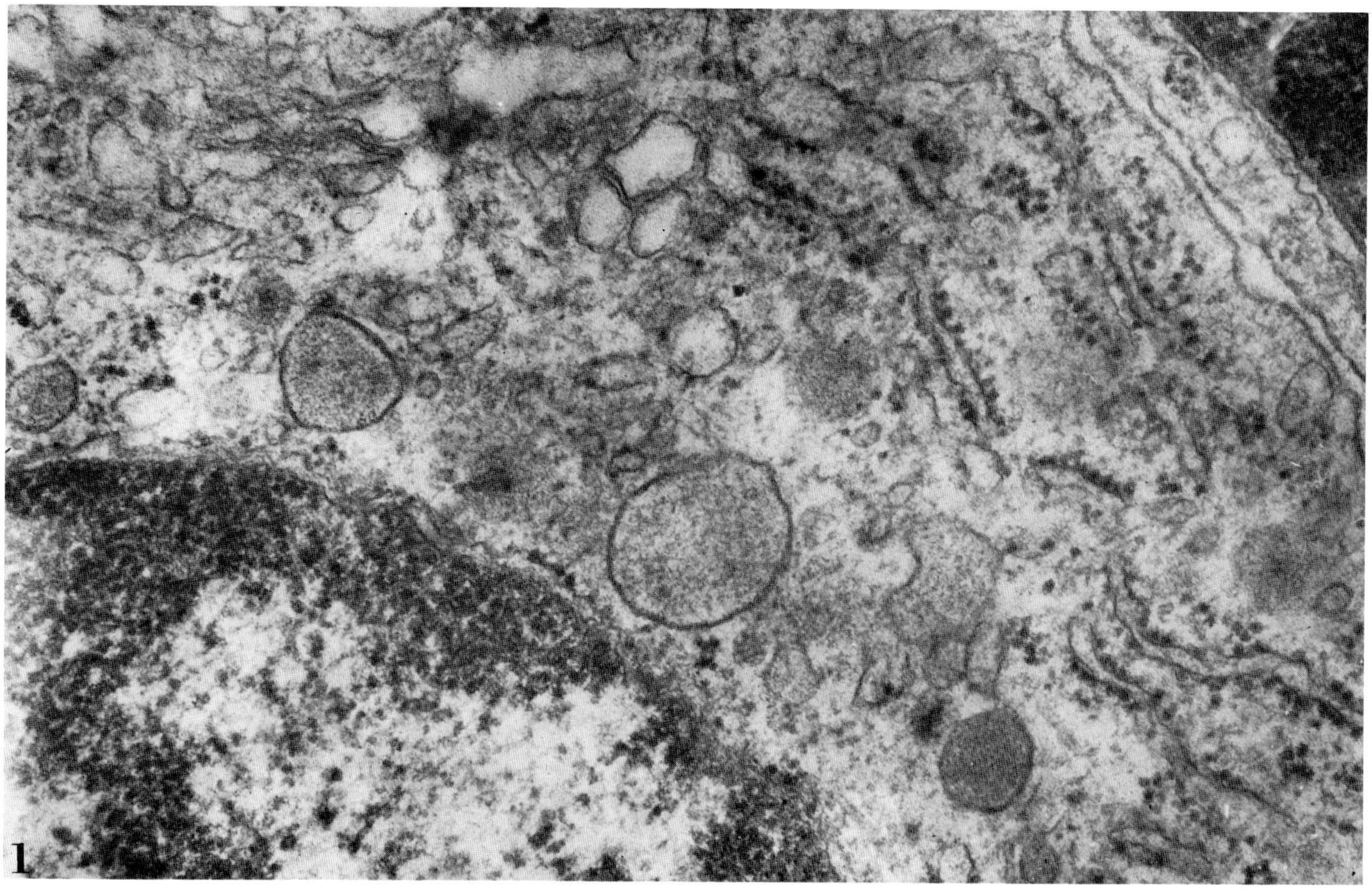
1

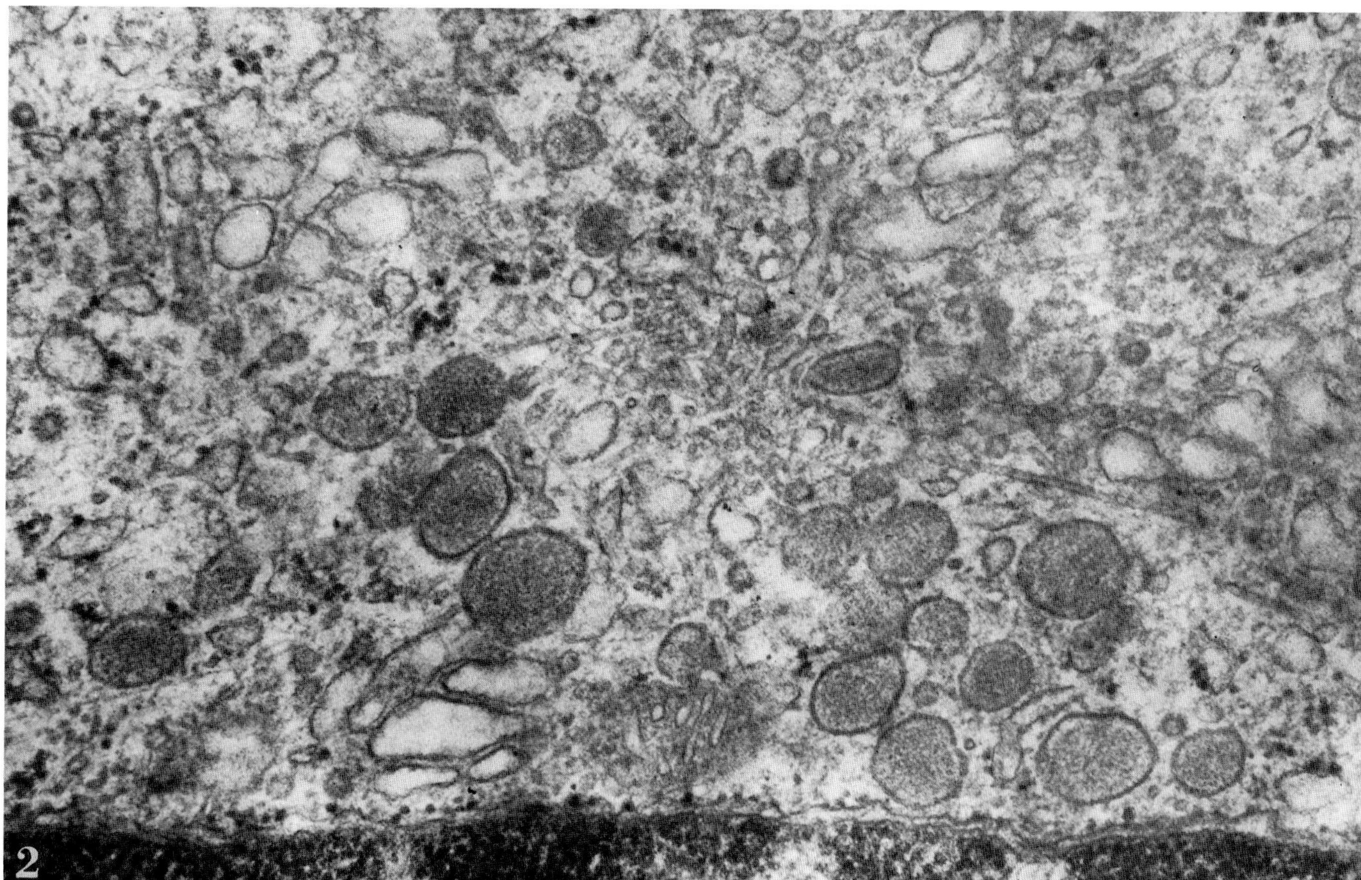
2

Plate XVI

Pars Nervosa—The Hypophysis

1. L. In the pars nervosa (N) large, extremely irregular pituicytes with pale cytoplasm and elongated nuclei are embedded in an extensive network of unmyelinated nerve fibers. Among the nerve fibers are more densely stained masses of cytoplasm termed Herring bodies (H). These are accumulations of large nerve endings filled with secretory material. The small group of myelinated nerve fibers at a considerable distance from the pars intermedia is an uncommon finding. The pars nervosa is highly vascularized. 600×

2. The pituicyte has been shown to be a glial type of cell. It has an irregularly shaped nucleus with fine granular chromatin and a moderate-sized nucleolus. A large number of pale, homogeneous, lipidlike droplets are found in the cytoplasm. A large, bulbous nerve ending (N) which contains numerous, moderately stained secretory granules is embedded in the cytoplasm of the pituicyte. Many unmyelinated nerve fibers, which have originated in the hypothalamus, and other nerve endings surround the border of the cell. 17,000×

Planche XVI

Pars nervosa de l'hypophyse

1. L. Le tissu qui compose la pars nervosa (N) comprend de grandes cellules pâles appelées pituicytes, distribuées dans un abondant treillis de fibres nerveuses amyéliniques. Le contour cellulaire des pituicytes est très irrégulier alors que le noyau est allongé et difforme. Au sein des fibres nerveuses existent des masses cytoplasmiques fortement colorées nommées corps de Herring (H). Ces masses correspondent à de gros amas de terminaisons nerveuses bourrées de matériel sécrétoire. Il est rare de trouver, comme ici, un petit groupe de fibres nerveuses myéliniques situées à une grande distance de la pars intermédia. La pars nervosa est richement vascularisée. 600×

2. Le pituicyte, considéré comme une cellule de type glial, a un noyau à contour irrégulier, une chromatine finement divisée et un nucléole de taille moyenne. De plus, son cytoplasme contient un grand nombre de gouttelettes pâles et homogènes d'apparence lipidique. Une terminaison nerveuse renflée (N) qui contient de nombreux granules sécrétoires assez bien colorés s'enfouit dans le cytoplasme du pituicyte. Autour de celui-ci se disposent d'autres terminaisons nerveuses et plusieurs fibres amyéliniques d'origine hypothalamique. 17,000×

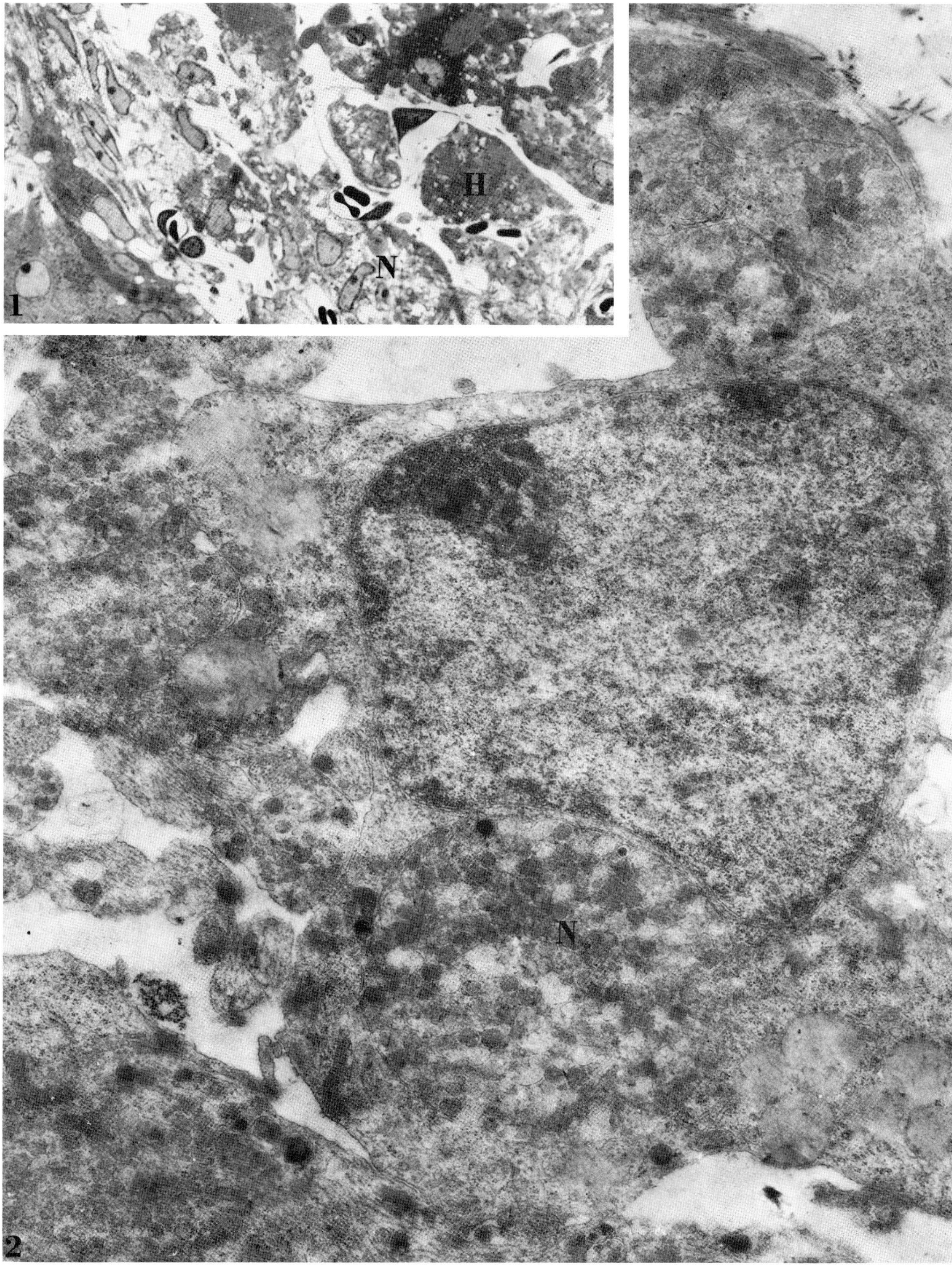
1
H
N
2
N

Plate XVII

The Pars Nervosa—The Hypophysis

1. A nerve ending is embedded in a pituicyte. The infolding of the plasma membrane (arrow) of the pituicyte is typical of that seen in the Schwann cell–axon relationship. The nerve ending contains a large number of elongated or irregular synaptic vesicles and a few mitochondria. Other nerve endings with both small, synaptic-type vesicles and larger, moderately dense granules are in contact with the pituicyte, but they are not embedded in its cytoplasm. 45,000×

2. A space, bordered by external laminae of cell membranes and containing collagen fibrils, separates the pituicyte cytoplasm from that of the capillary. A very large number of lipid droplets is contained in the pituicyte cytoplasm. A few small dense granules are located near the cell border. 25,000×

3. Cytoplasmic processes of pituicytes form a network throughout the pars nervosa. Numerous junctional complexes are found between these cytoplasmic processes. 31,500×

Planche XVII

Pars nervosa de l'hypophyse

1. Le cytoplasme d'un pituicyte enrobe ici une terminaison nerveuse. Le repli de la membrane plasmatique (flèche) du pituicyte rappelle la relation qui existe entre l'axone et la cellule de Schwann. En plus des vésicules synaptiques, allongées ou irrégulières, la terminaison nerveuse contient aussi quelques mitochondries. D'autres terminaisons contenant à la fois de petites vésicules synaptiques et de gros granules denses, entrent en contact avec le pituicyte sans toutefois y être enrobées. 45,000×

2. L'espace qui sépare le pituicyte d'un capillaire, est bordé de deux lames externes et contient des fibrilles collagènes. Une importante superficie du cytoplasme est occupée par de nombreuses gouttelettes lipidiques et quelques petits granules denses parsèment le bord de la cellule. 25,000×

3. Les prolongements cytoplasmiques des pituicytes forment un réseau dans toute la pars nervosa. Ces prolongements sont le site de nombreux complexes de jonction intercellulaire. 31,500×

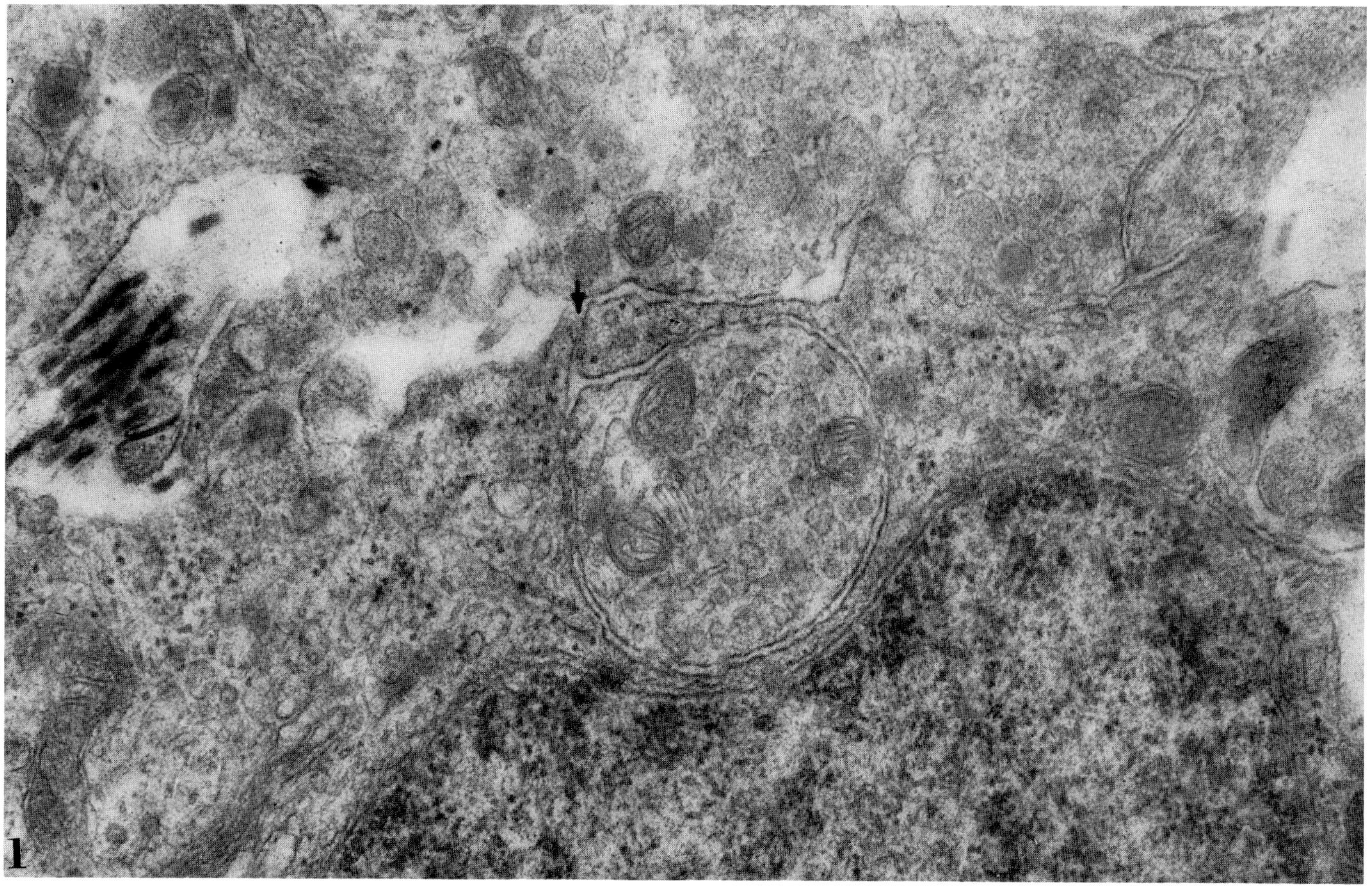

1

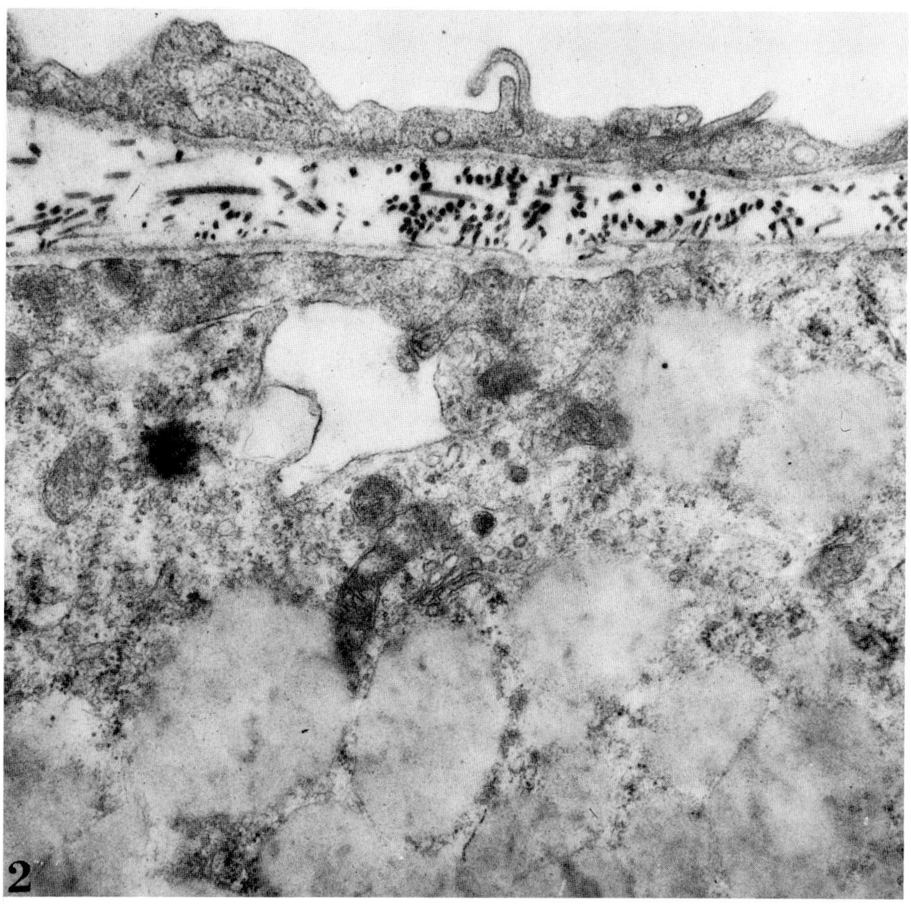

2

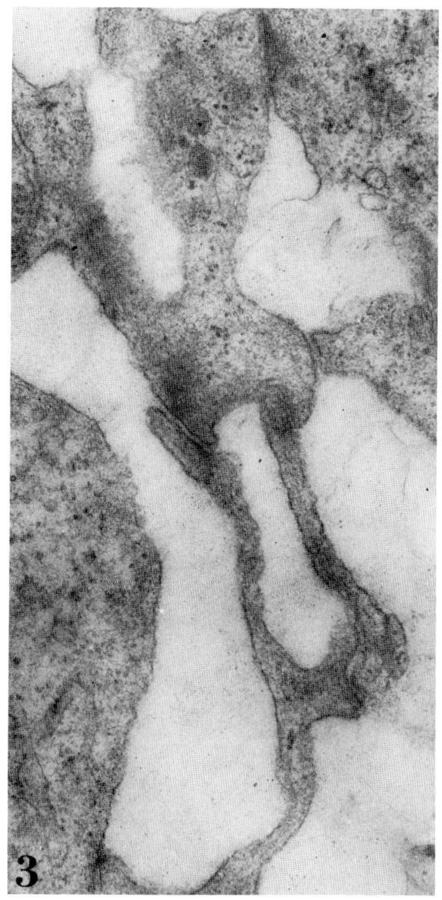

3

Plate XVIII

The Pars Nervosa—The Hypophysis

A Herring body is composed of a number of bulbous nerve endings, most of which are filled with large neurosecretory granules and a few smaller vesicles. Some endings contain groups of smaller, dense glycogen granules. A number of cytoplasmic microtubules are seen in the nerve endings as well as in the unmyelinated nerve fibers among them. Some of these cytoplasmic microtubules have a dense luminal content. Long cytoplasmic processes of pituicytes extend between the nerve endings in the Herring body. A clearly defined circumferential lamina surrounds the Herring body but does not surround the individual endings. A loosely arranged layer of collagen is interposed between the Herring body and the basal lamina of the capillary. The nerve endings in the pars nervosa are the terminals of neurosecretory cells in the hypothalamus. 50,000×

Planche XVIII

Pars nervosa de l'hypophyse

Un corps de Herring est composé de plusieurs terminaisons nerveuses bulbeuses dont la plupart sont remplies de granules neurosécrétoires et de petites vésicules. Certaines terminaisons contiennent de petits granules denses de glycogène rassemblés en groupe. Plusieurs microtubules cytoplasmiques au contenu parfois dense, sont visibles dans les terminaisons nerveuses et les fibres amyéliniques. Dans ce corps de Herring, les prolongements cytoplasmiques des pituicytes s'allongent entre les terminaisons nerveuses. Le corps de Herring est nettement entouré d'une lame alors que les terminaisons nerveuses individuelles ne le sont pas. Une couche lâche de collagène sépare le corps de Herring de la lame basale du capillaire. Les terminaisons nerveuses de la pars nervosa constituent les extrémités de cellules neurosécrétrices de l'hypothalamus. 50 000×

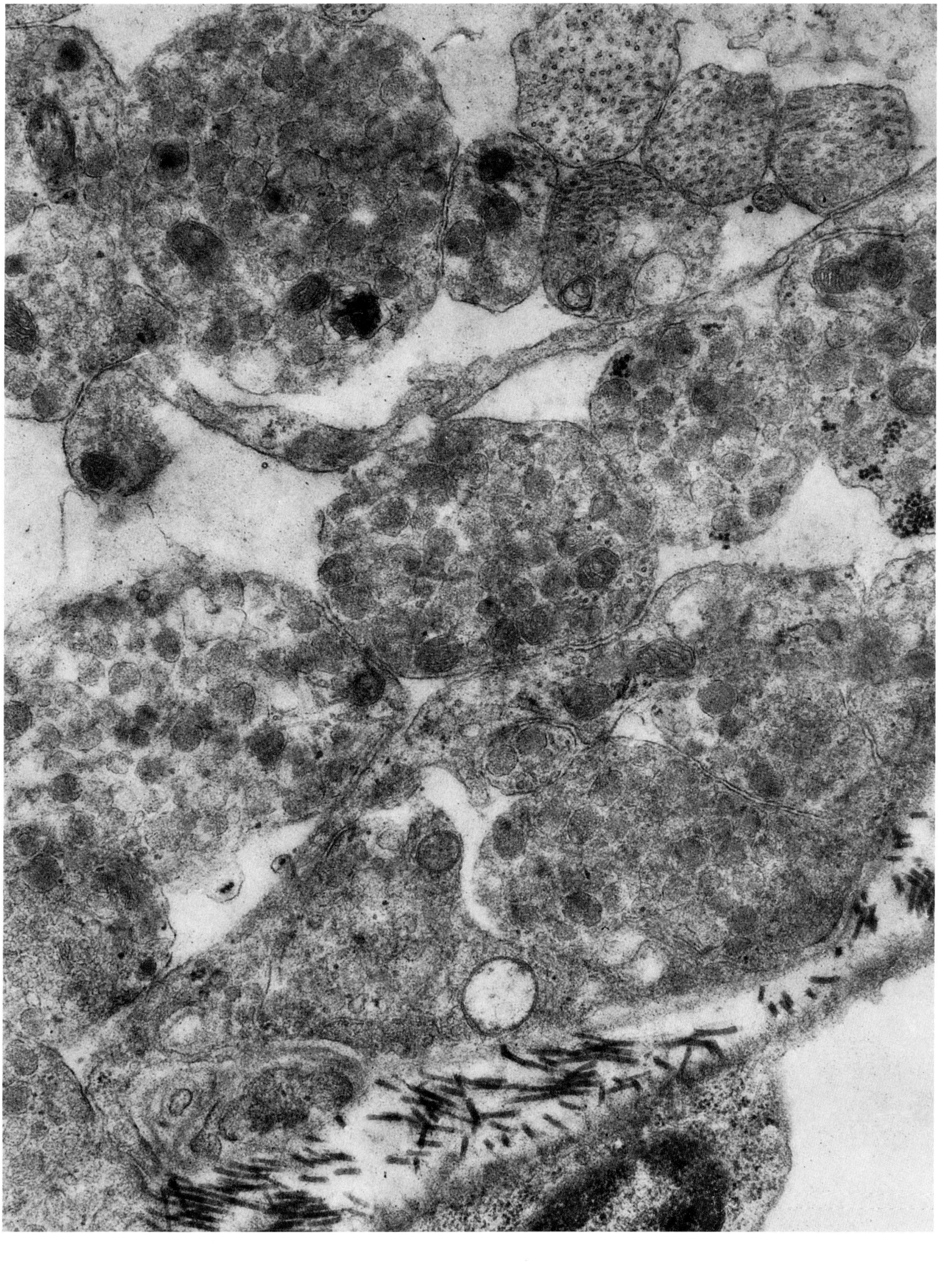

Plate XIX

The Pars Nervosa—The Hypophysis

This axon of a neurosecretory cell of the hypothalamus terminates on a fenestrated capillary in the pars nervosa. Thin pituicyte cytoplasmic processes are applied to the nerve ending as widely separated plaques. The neurosecretory ending and the applied pituicyte processes are included in a circumferential lamina. The unmyelinated axon has a very high concentration of cytoplasmic microtubules. A high percentage of these cytoplasmic microtubules are heavily stained. The elongated mitochondrion with longitudinally oriented cristae has an extremely dense matrix. Within the bulbous ending the neurosecretory granules vary considerably in their density and each is surrounded by a well-defined membrane. Many cytoplasmic microtubules are found between the granules and in a localized border area. Transversely sectioned microtubules in this area show a marked variation in the stain of the content of the central lumen. 72,000×

Planche XIX

Pars nervosa de l'hypophyse

Cet axone originant de cellules neurosécrétrices de l'hypothalamus se termine au niveau de capillaires fenestrés de la neurohypophyse. Les minces prolongements cytoplasmiques des pituicytes adhèrent à la terminaison nerveuse sous forme de plaques très espacées. Une lame circonférencielle enveloppe l'entité formée par la terminaison neurosécrétrice et les prolongements accolés des pituicytes. L'axone amyélinique contient de nombreux microtubules cytoplasmiques dont plusieurs sont fortement colorés. La mitochondrie allongée est remarquable par ses crêtes longitudinales et sa matrice très foncée. La densité des granules neurosécrétoires à l'intérieur de la terminaison bulbeuse varie beaucoup et chaque granule est entouré d'une membrane bien définie. Plusieurs des microtubules cytoplasmiques se retrouvent entre les granules et en périphérie où, sur coupe transversale, l'intensité de leur contenu varie beaucoup. 72,000×

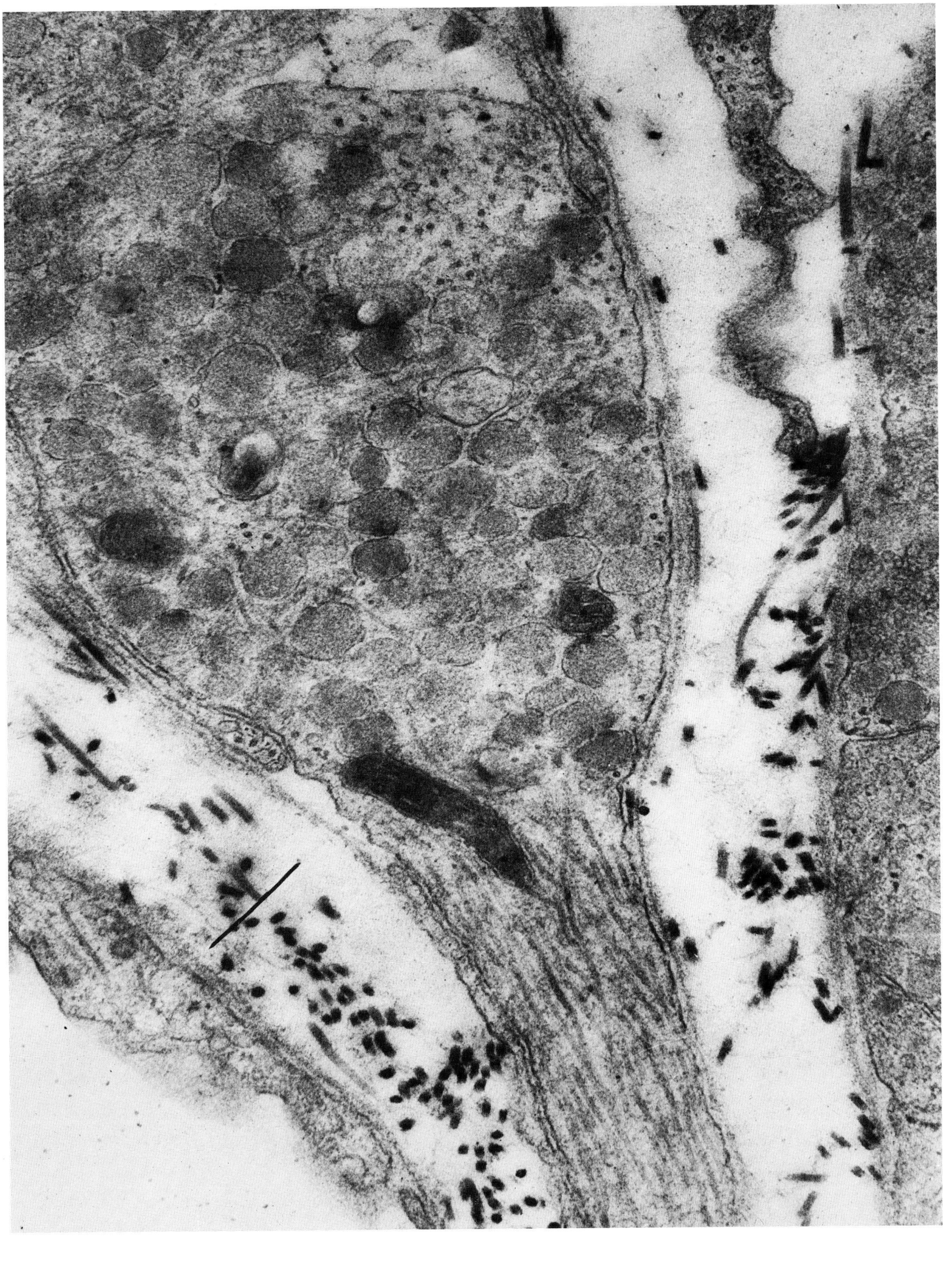

Plate XX

The Pars Nervosa—The Hypophysis

1. In some of the nerve endings the granules exhibit considerable variability in form as well as density. In one of the nerve terminals a number of small dense granules resembling glycogen are located among the secretory granules. 58,500×

2. In the occasional nerve ending, some large clear vesicles are present. Another circular dense organelle has two surrounding membranes (arrow). There is a marked variation in the staining characteristics of the obliquely sectioned microtubules of the unmyelinated nerve fibers adjacent to the nerve ending. 65,000×

3. Cytoplasmic microtubules in transverse section vary in appearance. Some of the unmyelinated fibers contain a considerable number of neurofilaments. 78,000×

4. There is as much variation in the density of content in the cytoplasmic microtubules of the axons as in the neurosecretory granules in the nerve endings. Cytoplasmic microtubules appear to branch in one of the endings. 96,000×

The pars nervosa of the hypothysis is the site of storage and secretion of two polypeptide hormones, oxytocin and vasopressin. Oxytocin acts on the smooth muscle of the uterus and the myoepithelial cells of the mammary gland. Vasopressin acts on the smooth muscle of small blood vessels. This hormone elevates the blood pressure and, at the same time, acts as an antidiuretic agent by indirectly increasing reabsorption of fluid by the distal convoluted tubules of the kidney. It is believed that the neurosecretory granules in the pars nervosa contain the protein associated with these hormones. The function of the pituicytes has been a controversial subject. They have been classified into several types, and some of these were believed to secrete hormones. The structural relationship to nerve fibers, as observed in the electron microscope, has led to the belief that they are true glial cells and are only supportive in nature. However, the numerous lipid-like droplets in the cytoplasm adjacent to the blood vessels may indicate a dual type of activity, both supportive and secretory.

Planche XX

Pars nervosa de l'hypophyse

1. La forme et la densité des granules varient beaucoup dans certaines terminaisons nerveuses. Ainsi, sur cette photographie, certains petits granules denses ressemblent à du glycogène. 58,500×

2. Occasionnellement, une terminaison nerveuse contiendra de grandes vésicules claires. La flèche indique un organite sombre entouré de deux membranes circulaires. Les fibres nerveuses amyéliniques adjacentes à la terminaison nerveuse contiennent, en coupe oblique, des microtubules diversement colorés. 65,000×

3. Les microtubules cytoplasmiques en coupe transversale présentent une morphologie variée. Certaines fibres amyéliniques contiennent de nombreux neurofilaments. 78,000×

4. Le contenu des microtubules axonaux varie autant que celui des granules neurosécrétoires des terminaisons nerveuses. Dans l'une d'elles semblent se ramifier des microtubules cytoplasmiques. 96,000×

La pars nervosa est le lieu de réserve et la source de sécrétion des deux hormones polypeptidiques, l'ocytocine et la vasopressine. L'ocytocine agit sur le muscle lisse de l'utérus et sur les cellules myo-épithéliales de la glande mammaire. La vasopressine cause une élévation de la tension artérielle par son action sur la musculature de la paroi artériolaire; la même hormone a un effet antidiurétique en favorisant la réabsorption du liquide au niveau des tubes contournés distaux du rein. On admet généralement que le granule neurosécrétoire de la pars nervosa contient la protéine associée à ces hormones. Toutefois, la fonction des pituicytes reste un sujet controversé. Ces cellules ont été classifiées en plusieurs types dont certaines, croyait-on, sécrétaient des hormones. La microscopie électronique a permis d'établir la nature des rapports structuraux de ces cellules avec les fibres nerveuses: il semble qu'il s'agisse là de cellules gliales dont le seul rôle en est un de soutien. Toutefois, la présence de nombreuses gouttelettes d'apparence lipidique dans le cytoplasme de ces cellules au voisinage de vaisseaux sanguins est peut-être l'indication d'un rôle à la fois sécréteur et sustentateur.

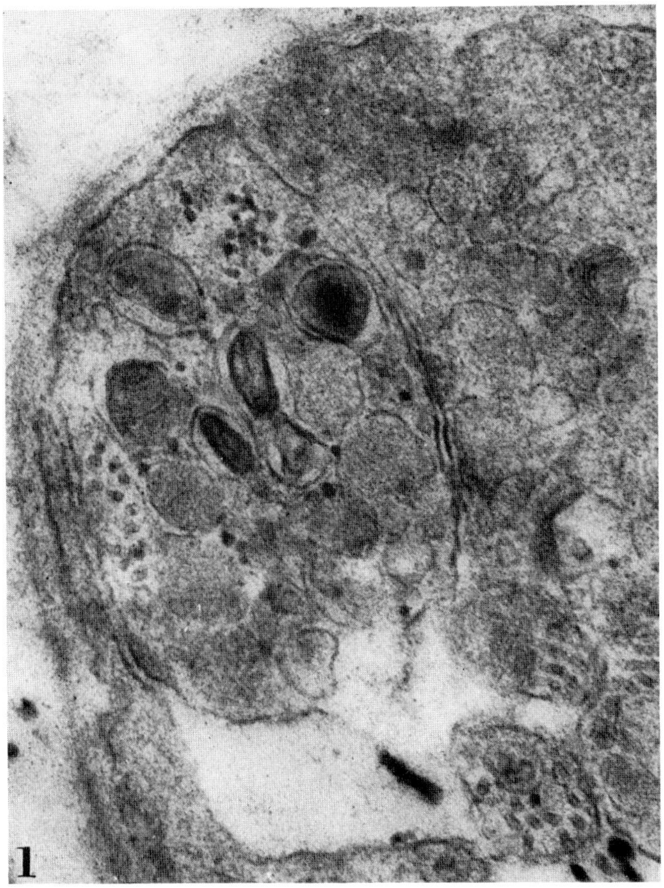
1

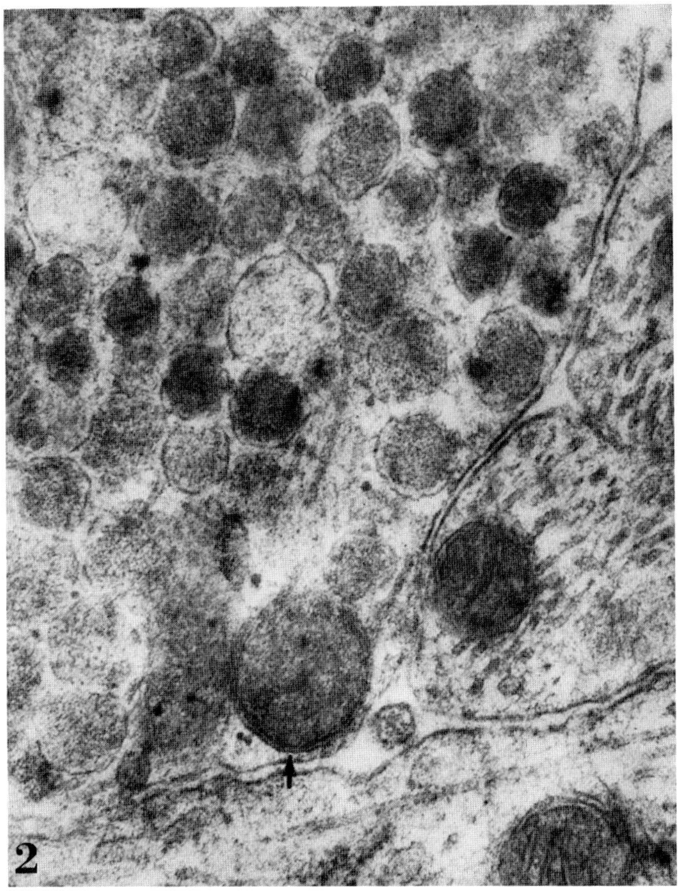
2

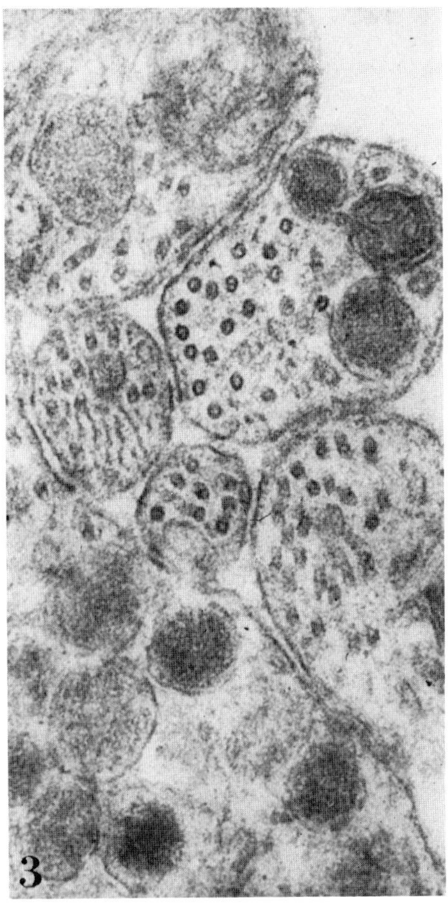
3

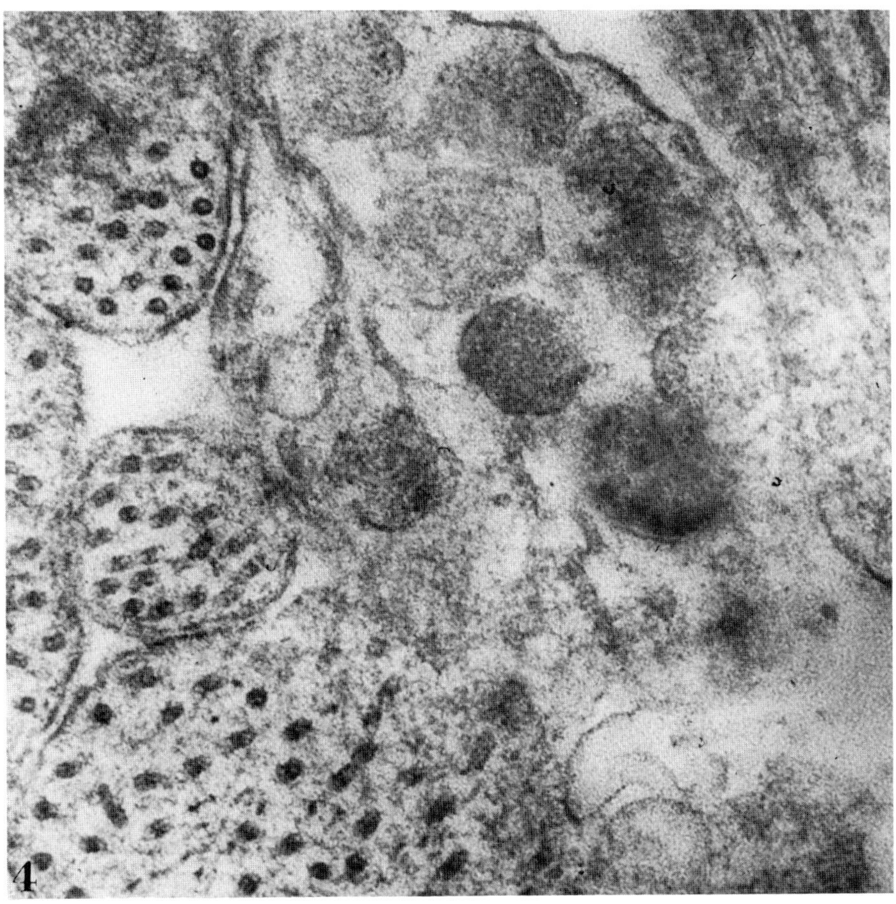
4

Plate XXI

The Pineal Body

The functions of the pineal gland have only recently begun to be recognized. Experimental evidence indicates that pineal hormones under some conditions have an inhibitory effect on gonadal development, probably through an indirect influence on some sites in the hypothalamus or the hypophysis.

1. This organ is made up of cords of parenchymal epithelioid cells, the pinealocyte or chief cells, vascular channels with large perivascular spaces, and occasional interstitial cells. The pinealocyte nuclei are large and pale with large, dense, often multiple, nucleoli. In this section, dehydrated rapidly in graded ethanol solutions, the mitochondria are clearly defined. Occasional dense granules and many lighter, diffuse zones of moderate density are present. 720×

2. L. When dehydrated for a prolonged period in ethanol and acidified with HCl, both large and small dense granules are sharply defined in the pinealocyte. The interstitial cells (ic) have small, dense nuclei in contrast with those of the pinealocyte. Small, elongated, or globular densities are present in perivascular interstitial spaces. 720×

3. A pinealocyte has a large, pale, indented nucleus and a prominent nucleolus. Pale, homogeneous, circular lipid droplets (li) are seen in the cytoplasm in tissues which have been dehydrated in ethanol at a pH of approximately 7.3. 4750×

4. When dehydrated in acidified ethanol for a prolonged period, the droplets, both large and small, appear very dense. From our experience with these methods the retention of material in the granules by dehydration in acidified alcohol indicates a high lipid content. The nuclei are elongated and often deeply indented. One nucleus contains a prominent principal nucleolus in which the nucleolonema is more distinct and two very dense accessory nucleoli in which a lesser amount of nucleolonema is discernible. This nucleolar arrangement is similar to that seen in the Sertoli cell of the testis. Long cytoplasmic processes extend into the capaceous perivascular space. 2350×

Planche XXI

Glande pinéale ou épiphyse

On ne fait que commencer à préciser les fonctions de la glande pinéale. Des expériences ont démontré que, dans certaines conditions, les hormones de la glande pinéale ont une influence inhibitrice sur le développement gonadique, probablement par l'intermédiaire de certaines régions de l'hypothalamus ou de l'hypophyse.

1. L. La composition histologique de cet organe comprend des cordons de cellules parenchymateuses épithélioïdes nommées pinéalocytes ou cellules principales, des vaisseaux entourés de vastes espaces périvasculaires et quelques cellules interstitielles. Les grands noyaux des pinéalocytes sont pâles et contiennent un ou plusieurs grands nucléoles foncés. Sur cette photographie, les mitochondries apparaissent clairement par suite de la déshydratation rapide dans des solutions d'alcool de concentration croissante. On note ici et là des granules denses et plusieurs régions diffuses de densité moyenne. 720×

2. L. Une déshydratation prolongée dans de l'éthanol acidifié à l'HCl met en évidence, dans le pinéalocyte, de gros et de petits granules denses. Le noyau des cellules interstitielles (ic) est sombre et petit comparativement à celui du pinéalocyte. De petites structures foncées, de forme allongée ou globulaire, sont présentes dans les espaces périvasculaires. 720×

3. La cytologie du pinéalocyte, telle qu'elle apparaît après une déshydratation rapide à l'éthanol à pH d'environ 7.3, comprend un grand noyau pâle et échancré, un nucléole évident et un cytoplasme riche en gouttelettes lipidiques (li) pâles, rondes et homogènes. 4750×

4. Une déshydratation prolongée dans l'éthanol acidifié donne une apparence très foncée aux petites et aux grosses gouttelettes. Nous croyons que ces méthodes de déshydratation à l'alcool acidifié produisent une rétention de matériel granulaire riche en lipides. Les noyaux sont allongés et souvent profondément échancrés. L'un d'eux contient trois nucléoles dont le plus évident présente un nucléolonème très visible et les deux autres, très sombres, un nucléolonème moins apparent. Cet aspect nucléolaire est semblable à celui des cellules de Sertoli dans le testicule. De longs prolongements cytoplasmiques s'étendent dans les vastes espaces périvasculaires. 2350×

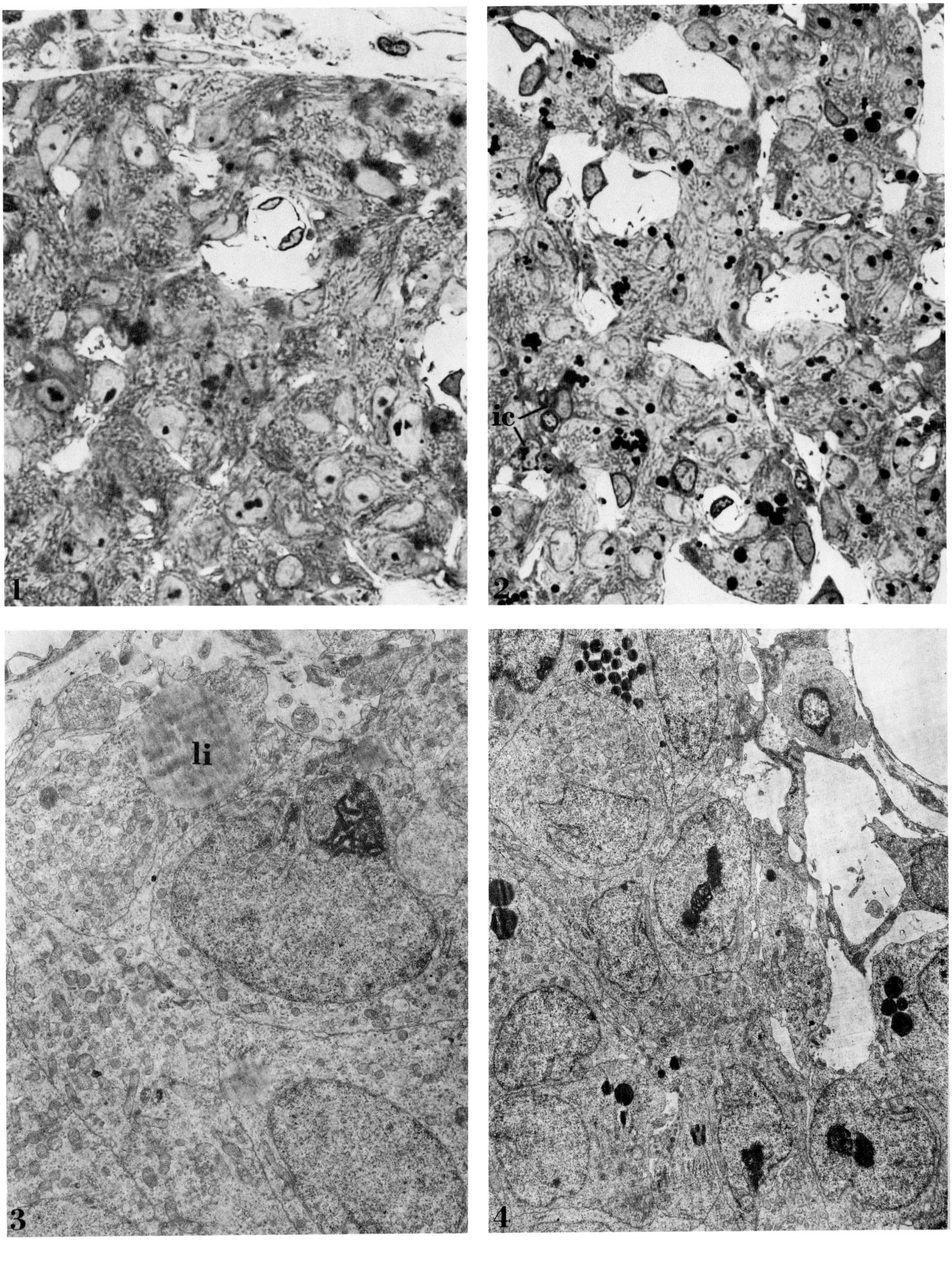
1
2
ic
3
li
4

Plate XXII

The Pineal Body

1. The thin cytoplasmic prolongations of the pinealocytes end in bulbous or semilunar-shaped endings. The process has a substructure typical of an unmyelinated axonal nerve process with many cytoplasmic microtubules, tubular endoplasmic reticulum, and mitochondria occupying the majority of the cytoplasm. The bulbous or semilunar endings are filled with clear vesicles 500–600 Å in diameter and larger vesicles with moderately stained, homogeneous content. The microtubules extend into these endings from the cytoplasmic processes. (Dehydrated for 24 hours in ethanol at approximately pH 7.3.) 30,000 ×

2. A large dense lipid granule is located within a cytoplasmic process. A dense content has also been preserved in the lumen of the cytoplasmic microtubules within the pinealocyte processes. (Dehydrated in acidified alcohol for 24 hours.) 60,000×

3. Two large, moderately dense, lipid-like droplets are located among the numerous synaptic vesicles, some clear and some larger with dense content, in a bulbous ending. The cytoplasm of the adjacent cells contain granular endoplasmic reticulum, a Golgi apparatus, and many small vesicles with moderately dense content. (Dehydrated for 24 hours in alcohol at approximately pH 7.3.) 25,000×

Planche XXII

Glande pinéale ou épiphyse

1. Les minces prolongements cytoplasmiques des pinéalocytes se terminent par des renflements bulbeux ou semi-lunaires. L'infrastructure de ces éléments ressemble beaucoup à celle d'une fibre nerveuse amyélinique: microtubules nombreux, réticulum endoplasmique tubulaire, nombreuses mitochondries occupant la majorité du cytoplasme. Les terminaisons bulbeuses ou semi-lunaires contiennent plusieurs vésicules de deux types: les unes sont claires avec un diamètre de 500 à 600 Å, les autres sont grosses et montrent un contenu homogène de coloration moyenne. Les microtubules originant des prolongements cytoplasmiques s'étendent jusque dans ces terminaisons. (Déshydratation de 24 heures dans l'éthanol à pH d'environ 7.3). 30,000×

2. Un prolongement cytoplasmique contient un gros granule lipidique sombre. La lumière des microtubules dans les prolongements cytoplasmiques des pinéalocytes contient également un produit foncé. (Déshydratation de 24 heures dans l'alcool acidifié). 60,000×

3. Une terminaison bulbeuse contient deux grosses gouttelettes d'apparence lipidique. Ces gouttelettes sont accompagnées de nombreuses vésicules synaptiques claires ou sombres. Le cytoplasme des cellules adjacentes contient un réticulum endoplasmique granulaire, un appareil de Golgi et plusieurs petites vésicules assez foncées. (Déshydratation de 24 heures dans l'alcool à pH d'environ 7.3). 25,000×

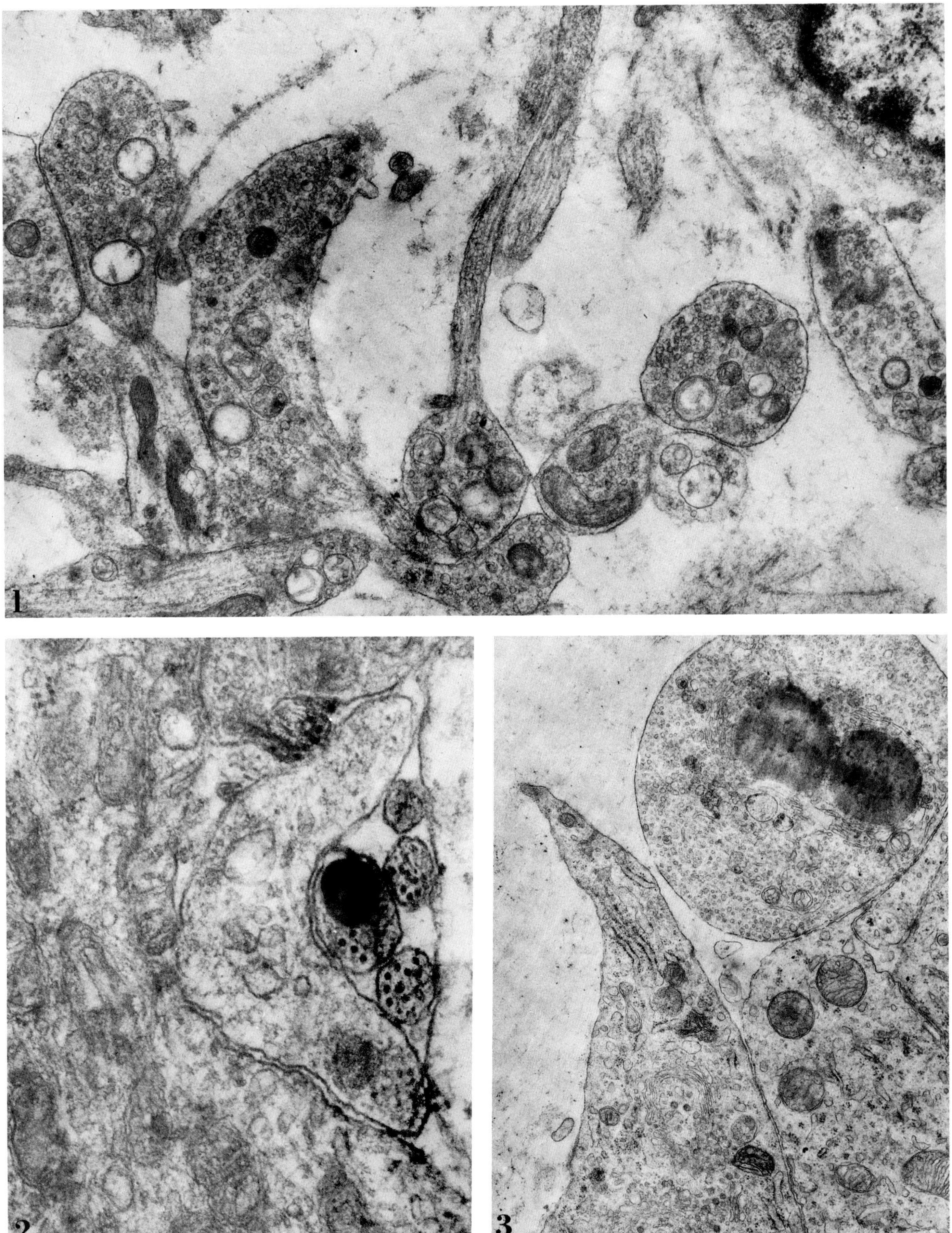

1 2 3

Plate XXIII

The Pancreatic Islets

The pancreatic islets (of Langerhans) are located among acini of the exocrine pancreas. These glands of internal secretion have a controlling influence on the storage and mobilization of carbohydrates in the body. One hormone, insulin, is released into the bloodstream in response to increases in blood sugar level. This hormone dictates the storage of carbohydrates as glycogen or fat in cells throughout the body. Another product of the islet is glucagon, which stimulates the reconversion of glycogen to glucose in order to satisfy the energy requirements of the body. Different types of cells have been distinguished in the islets. The main types are the beta cells, which synthesize insulin, the alpha cells, which produce glucagon, and the delta cells, for which a function has not been determined.

1. L. By the toludine blue method utilized for this work, the beta (B) cells appear darker and their granules more distinct. They occupy a large part of the islet. The alpha (A) cells are seen at the periphery. There is an abundant capillary supply. 680×

2. A considerable pericapillary space intervenes between capillaries and the surrounding beta (B), alpha (A), and delta (D) cells. The beta cells, which are most numerous, contain dense granules surrounded by a halo and, in addition, a number of larger dense bodies. The cytoplasm varies in density, and a prominent Golgi apparatus is evident in one cell. In the alpha cells the granules are homogeneous and vary considerably in density, but they are considerably less dense than those of the beta cells. The delta granules appear slightly ovoid or irregular and moderately dense. Microvilli project into intercellular lacunae (l), some of which open (arrow) into the pericapillary space. Cilia have been reported to project into these lacunae in several species of animal. 7000×

Planche XXIII

Ilots pancréatiques

Les îlots pancréatiques (de Langerhans) sont disséminés parmi les acini du pancréas exocrine. Ces glandes à sécrétion interne exercent une action régulatrice sur la mise en réserve et l'utilisation des glucides de l'organisme. Une élévation de la glycémie entraîne la libération d'insuline dans le courant sanguin. Cette hormone régit la mise en réserve de glucides dans l'organisme sous forme de glycogène ou de lipides. Un autre produit de ces îlots, le glucagon, stimule la conversion du glycogène en glucose lorsque les besoins énergétiques l'exigent. On distingue trois variétés cellulaires dans les îlots: les cellules bêta qui synthétisent l'insuline, les cellules alpha qui produisent le glucagon et les cellules delta dont on ignore encore le rôle.

1. L. La coloration au bleu de toluidine utilisée dans le présent ouvrage confère aux cellules bêta (B) une apparence foncée et met leurs granules en évidence. Ces cellules occupent une grande partie de l'îlot illustré. Quant aux cellules alpha (A) on les aperçoit à la périphérie. Le réseau capillaire est abondant. 680×

2. Un espace péricapillaire important sépare les trois types de cellules du réseau capillaire. Les cellules bêta (B), les plus nombreuses, contiennent des granules denses entourés d'un halo ainsi que plusieurs gros corpuscules foncés. La coloration du cytoplasme est variable et l'une des cellules contient un appareil de Golgi évident. Les granules des cellules alpha (A) sont homogènes et moins denses. Quant à ceux des cellules delta (D), ils semblent légèrement ovoïdes ou irréguliers et leur densité est assez prononcée. Des microvillosités s'allongent dans les espaces intercellulaires (1). Ces lacunes intercellulaires sont continues (flèche) avec l'espace péricapillaire. Certains auteurs ont noté, chez plusieurs espèces animales, la présence de cils dans ces lacunes. 7000×

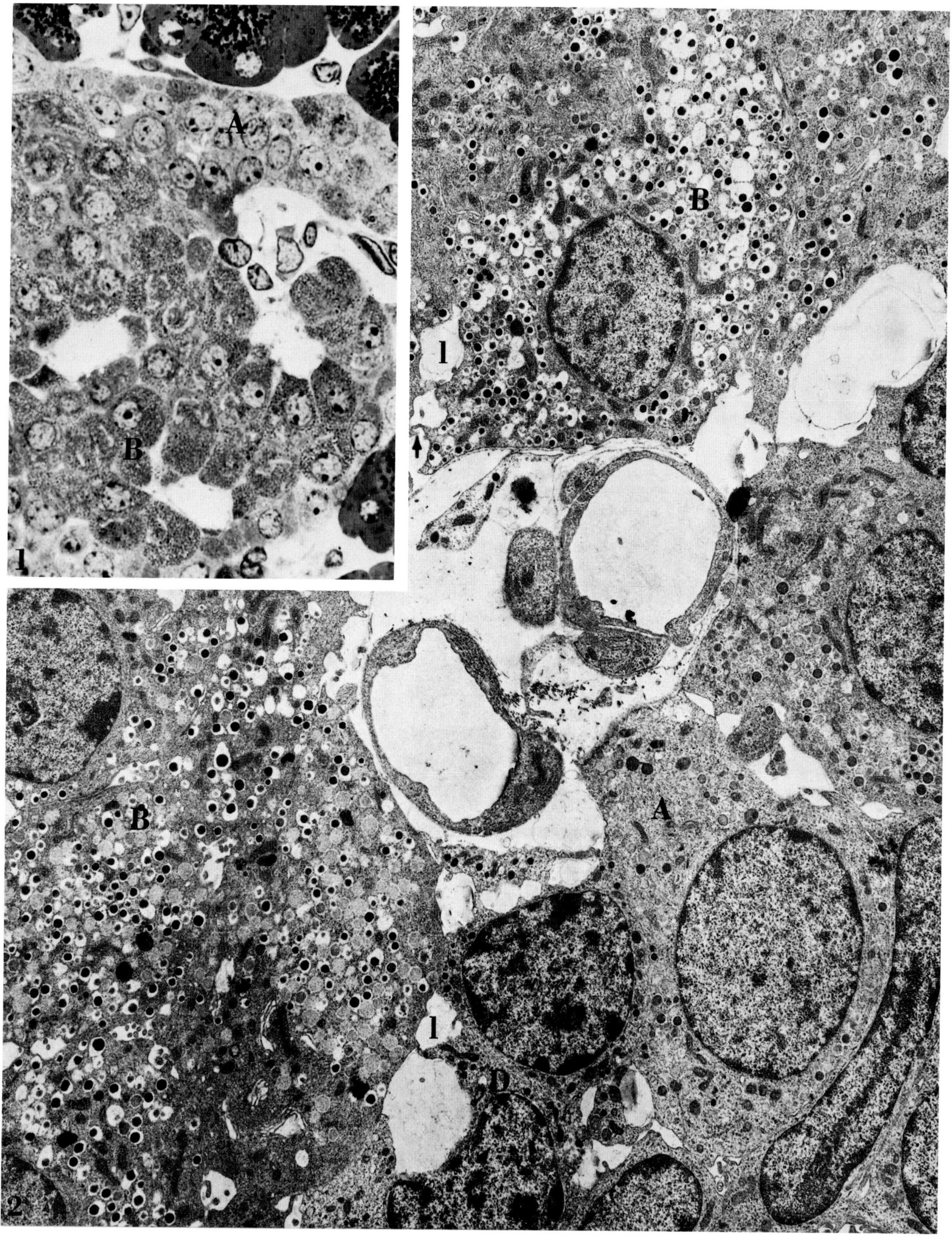
1
A
B
2
B
l
B
A
l
D

Plate XXIV

The Pancreatic Islets—Beta Cells

1. Capillaries with both fenestrated and thicker types of endothelium are in close association with a group of beta cells. The opening of a lacuna into the pericapillary space is evident. The lacunae (arrows) can be identified by the microvilli which project into them from adjacent cells. 4500×

2. Occasionally, beta cells adopt a ring shape. This may be an invagination of the cell surface. 5600×

3. The mitochondria in beta cells have an extremely dense matrix and the cristae are either longitudinally or transversely disposed. The dense granules only partially fill the vesicles in which they are found. The granular endoplasmic reticulum is scattered throughout the cytoplasm, but is more abundant near the cell borders. 45,000×

4. In some vesicles, a thin line of dense material is preserved at the periphery. This might suggest that the halo around the granule is produced by a shrinkage of the dense content during tissue preparation. Several obliquely sectioned microtubules are present in the cytoplasm. 60,000×

5. In an opportune section a series of vesicles containing dense granules are found to be interconnected. Microvilli, which overlap one another in this section, project into a lacuna. 45,000×

Planche XXIV

Cellules bêta des îlots pancréatiques

1. Les capillaires qui s'associent aux cellules bêta ont un endothélium soit du type fenestré soit du type épais. On voit clairement une lacune s'ouvrant dans un espace péricapillaire. Ces lacunes (flèches) se reconnaissent aux microvillosités originant de cellules adjacentes. 4500×

2. Les cellules bêta adoptent parfois une forme annulaire. Cette configuration peut provenir de la dépression de la surface cellulaire par une lacune. 5600×

3. Les mitochondries des cellules bêta ont une matrice extrêmement sombre et les crêtes prennent une disposition longitudinale ou transversale. Des granules denses n'occupent que partiellement les vacuoles qui les contiennent. Le réticulum endoplasmique granulaire est présent dans tout le cytoplasme mais abonde particulièrement à la périphérie de la cellule. 45,000×

4. Certaines vésicules présentent un matériel dense à leur périphérie. Le halo autour du granule paraît être le résultat d'une rétraction du contenu sombre durant la préparation histologique. Plusieurs microtubules en coupe oblique sont visibles dans le cytoplasme. 60,000×

5. Cette coupe propice illustre une série de vésicules confluentes à contenu granulaire sombre. Des microvillosités entrecroisées font saillie dans une lacune. 45,000×

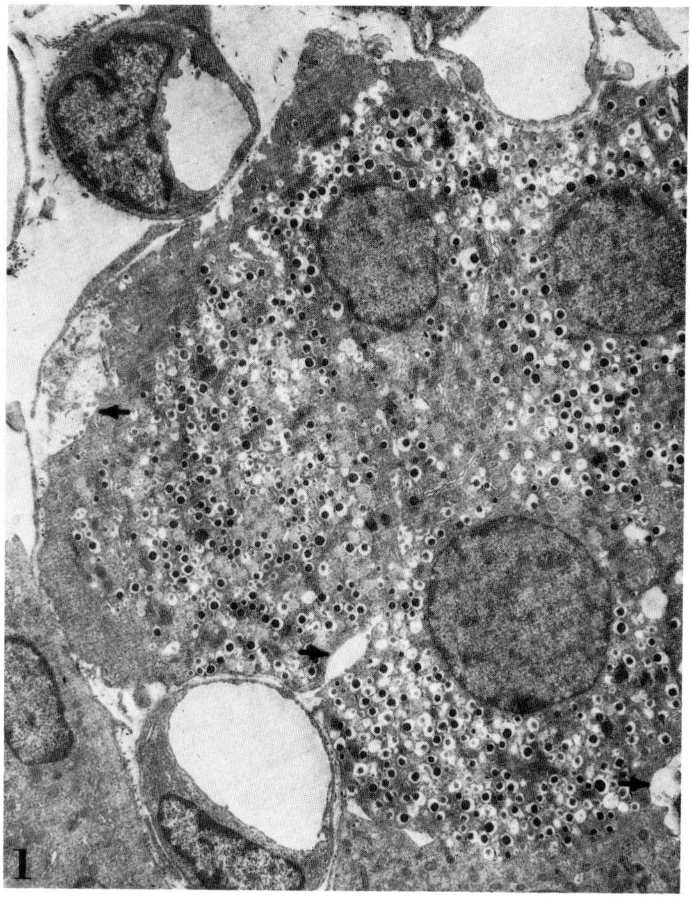
1

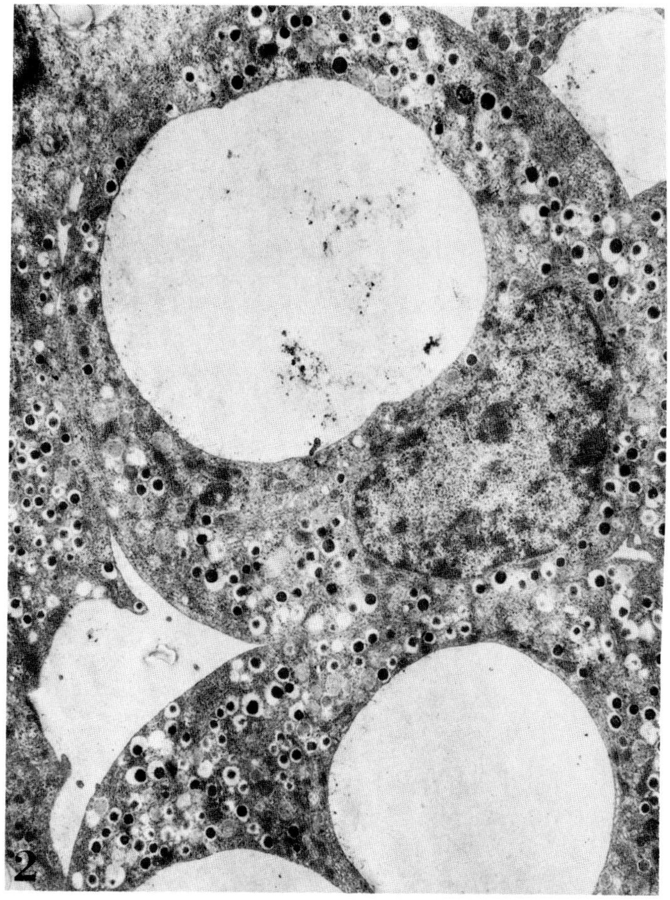
2

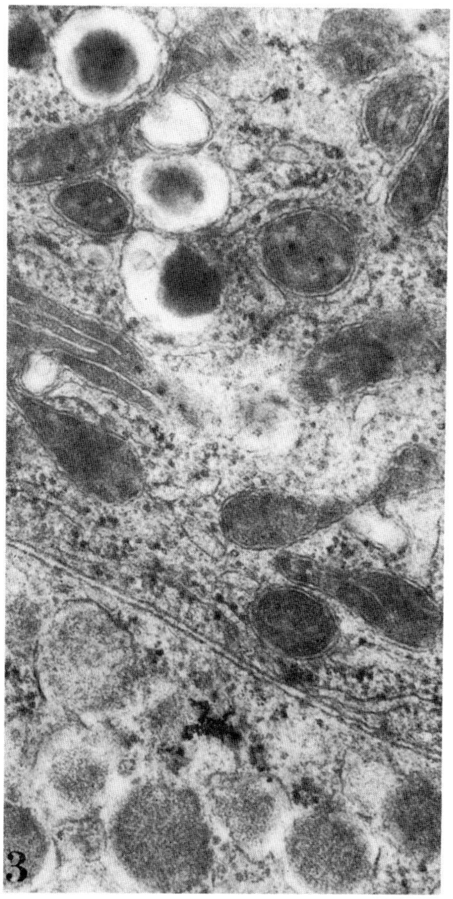
3

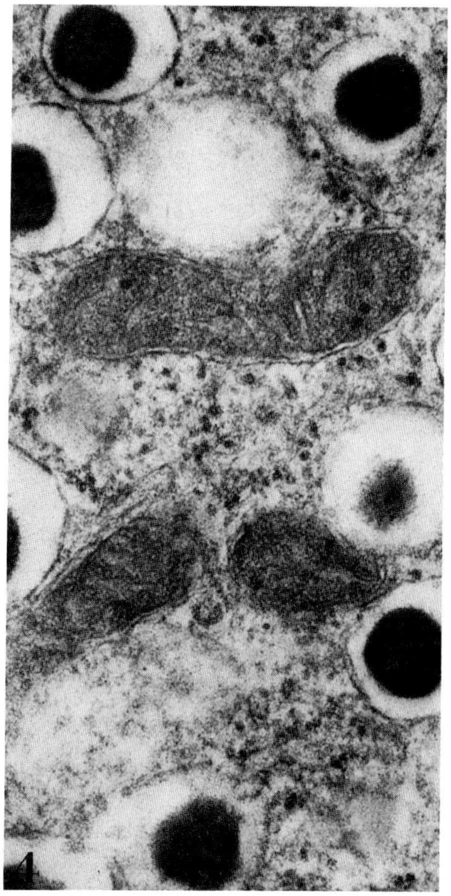
4

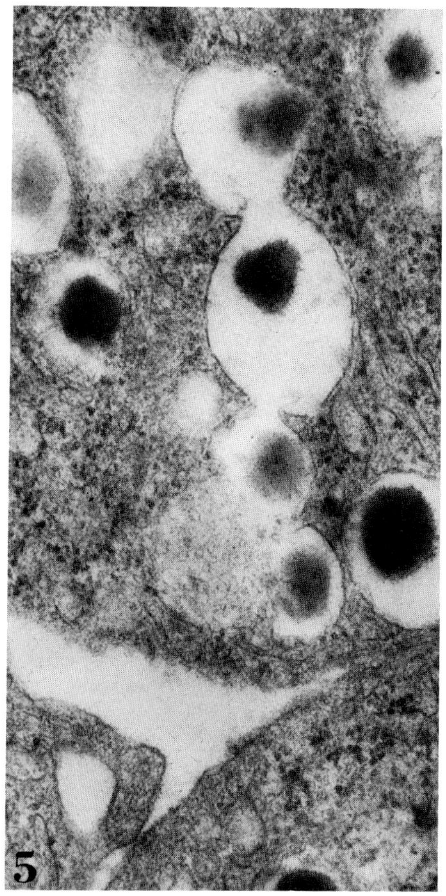
5

Plate XXV

The Pancreatic Islets—Alpha Cells

1. A group of alpha cells at the periphery of an islet are in close contact with pancreatic acinar cells. A capillary is surrounded by a considerable space in which collagen fibrils are seen. The alpha cell cytoplasm contains well-ordered layers of granular endoplasmic reticulum. Their numerous granules occupy the whole of the vesicle in which they reside. 4500×

2. The cisternae of the granular reticulum appear as narrow flattened layers. Some dense granules are in close contact with the cell surface. 12,500×

3. The granules are membrane bound and have a finely granular nature. Ribosomes, cytoplasmic microtubules, filaments, and a tonofibril are found between the nucleus and the cell border. An intracytoplasmic dense layer, reminiscent of a junctional complex, is present along the adjacent borders of the alpha cells. 60,000×

Planche XXV

Cellules alpha des îlots pancréatiques

1. A la périphérie d'un îlot, un groupe de cellules alpha voisine des cellules acineuses. Un vaste espace péricapillaire contient des fibrilles collagènes. Les cellules alpha contiennent des couches régulières de réticulum endoplasmique granulaire. De plus, de nombreux granules occupent entièrement les vésicules qu'ils habitent. 4500×

2. Les citernes du réticulum granulaire s'étagent en couches aplaties. Quelques granules denses sont en contact intime avec la surface cellulaire. 12,500×

3. Une membrane entoure des granules au contenu finement parcellaire. Le cytoplasme contient des filaments, des microtubules, des ribosomes et une tonofibrille. Une couche intracytoplasmique de matériel foncé rappelant un complexe de jonction, longe les bords adjacents des cellules alpha. 60,000×

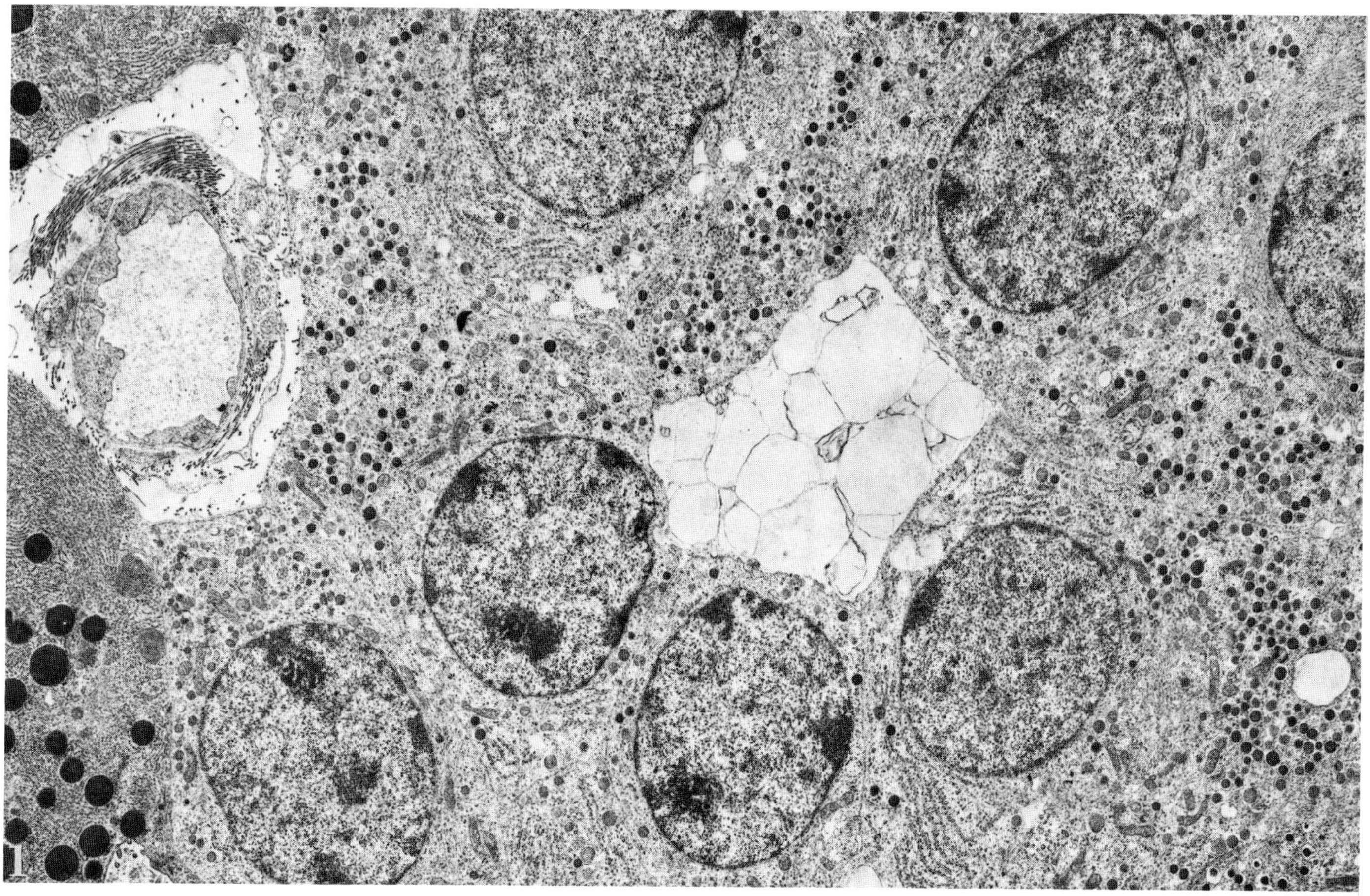

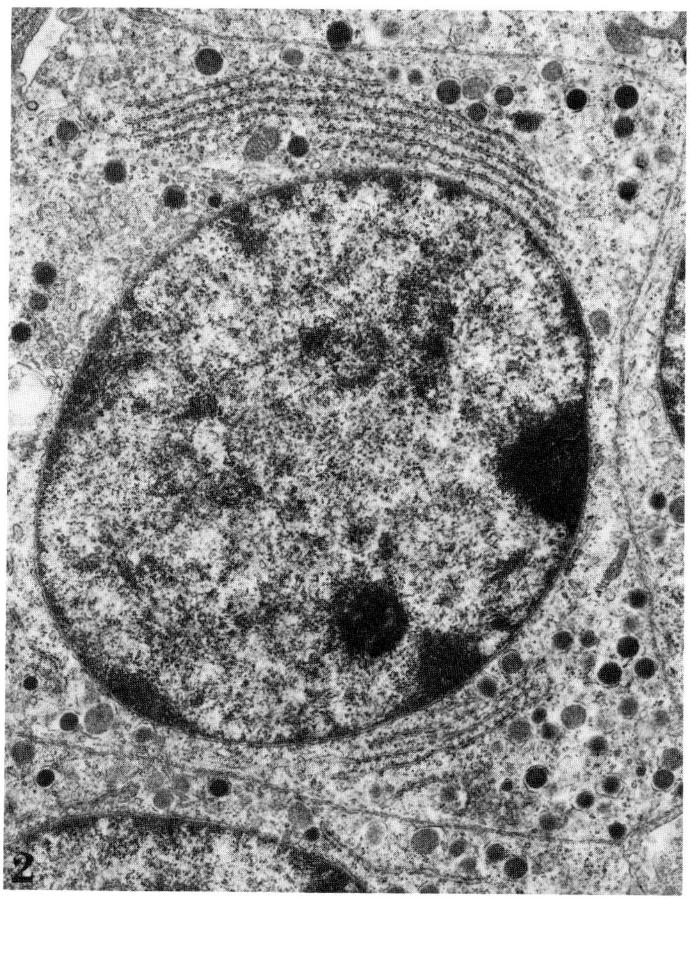

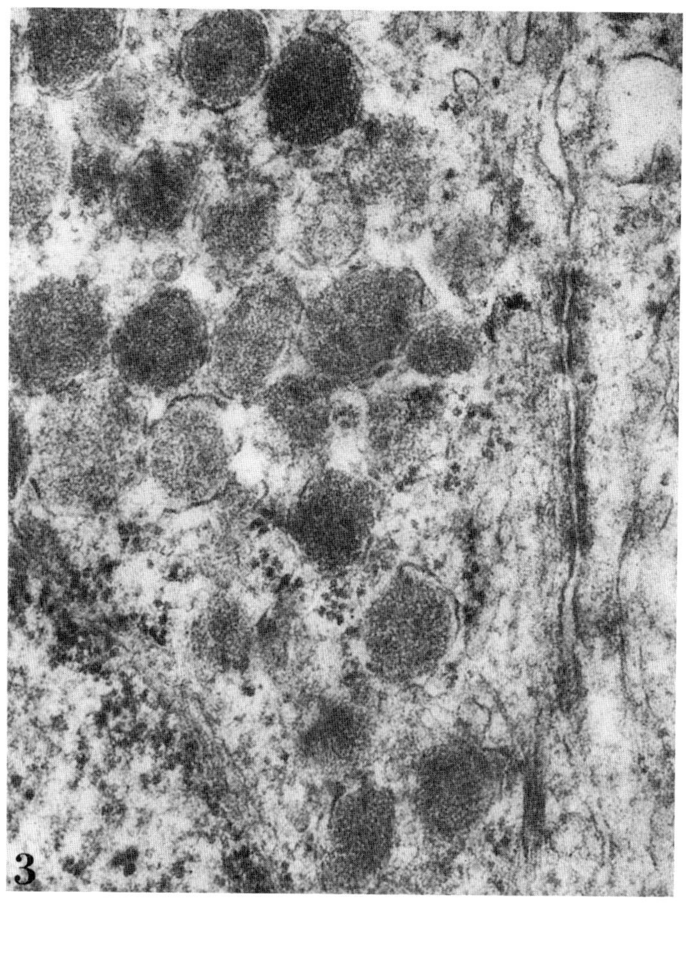

Plate XXVI

The Pancreatic Islets—Delta Cells

1. The delta cell (D) cytoplasm contains a number of ribosomes and occasional irregular cisternae of granular endoplasmic reticulum. This cell is characterized by slightly irregular, large bodies which are stained less intensively than the more numerous, very dense ovoid granules. The granules of the adjacent alpha cell (A) are circular and much less dense than the ovoid granules of the delta cell. 40,000×

2. The granules of the delta cell, as well as the large, lipid-like dense body, are membrane bound. Coated vesicles and cytoplasmic microtubules are not uncommon. A series of lines, some with a helicoidal appearance, is evident in tangential or oblique sections through the surfaces of some granules and mitochondria (arrows). 100,000×

Planche XXVI

Cellules delta des îlots pancréatiques

1. Le cytoplasme de la cellule delta (D) contient des ribosomes et quelques citernes irrégulières du réticulum granulaire. Cette cellule se caractérise par la présence de gros corpuscules irréguliers de coloration moins intense que celle des granules ovoïdes qui, eux, sont plus petits et plus foncés. Les granules de la cellule alpha adjacente (A) sont circulaires et beaucoup moins denses. 40,000×

2. Une membrane entoure les granules de la cellule delta ainsi que le gros corpuscule dense d'apparence lipidique. Les vésicules feutrées et les microtubules cytoplasmiques ne sont pas rares. Les flèches soulignent la présence d'une série de lignes parallèles ou hélicoïdales à la surface de certains granules et mitochondries en coupe tangentielle ou oblique. 100,000×

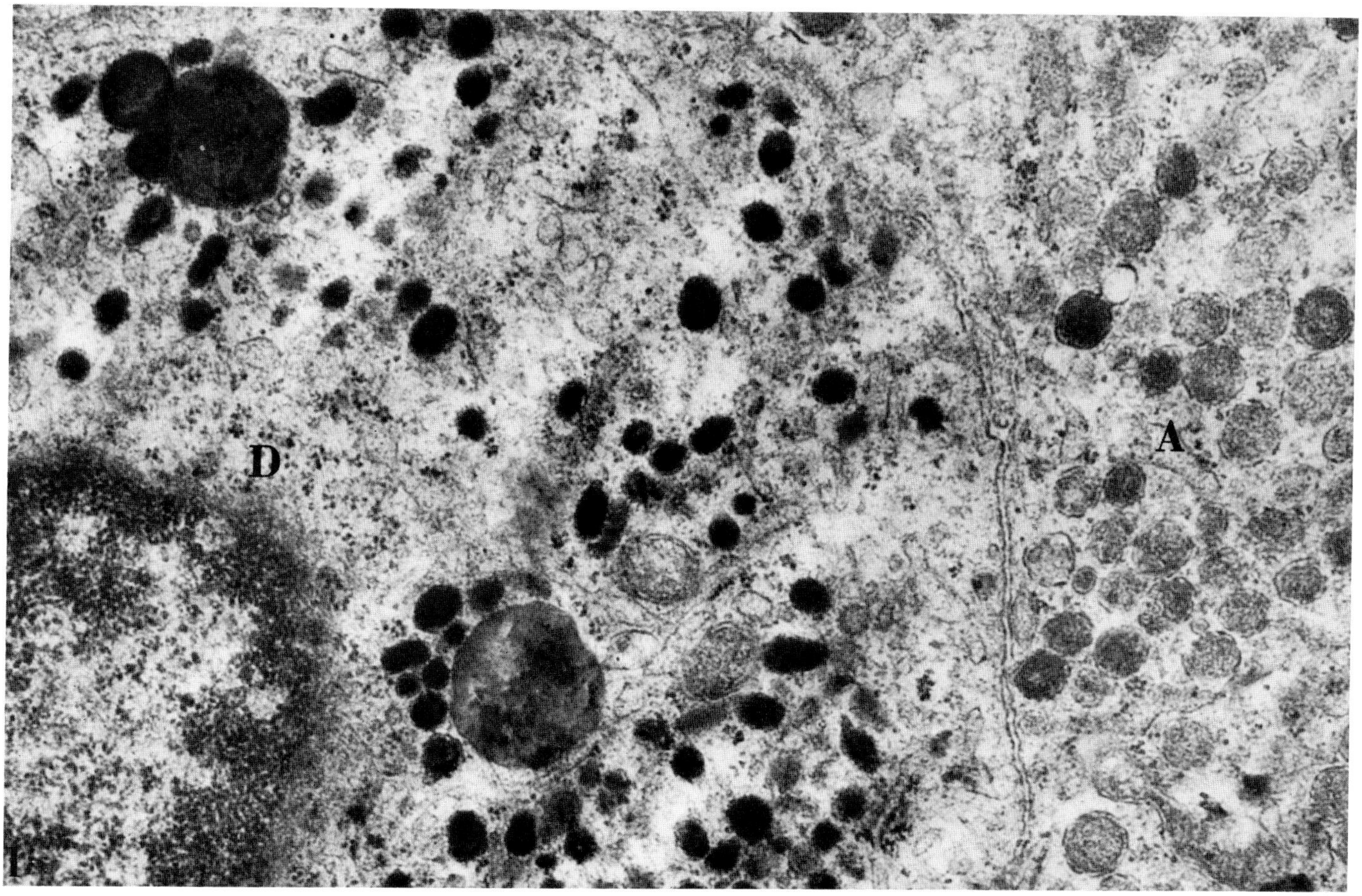

D
A
1

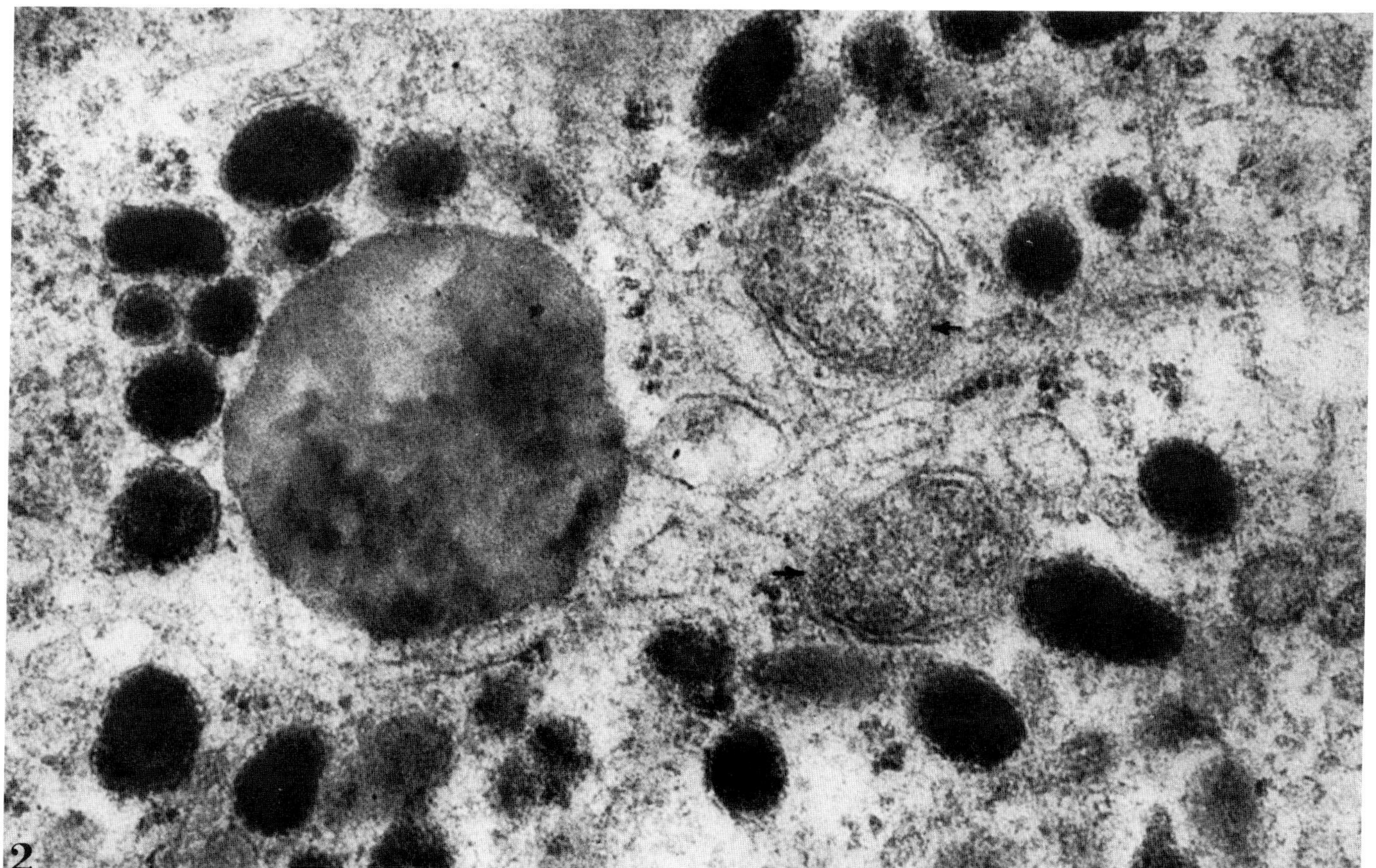

2

Plate XXVII

The Suprarenal (Adrenal) Glands

The suprarenal gland is an endocrine gland composed of two main parts, a cortex and a medulla. The cortex is of coelomic mesothelial origin, while the medulla is derived from the neural crest of the ectoderm along with the other autonomic ganglia.

1. L. Beneath a thin fibrous tissue capsule (c) the cortex is made up of cords of cells which stain quite intensely with toluidine blue. It is subdivided into a glomerulosa (G), a fasciculata (F), and a reticularis (R). These zones are identified by their arrangement in relation to the blood spaces between the cords of cells as well as by some differences in the cells. The medulla (M) is made up of large, pale cells. 160×

2. L. At a higher magnification the fibrous capsule (c) contains numerous fibroblasts and a large number of vascular channels immediately adjacent to the glomerulosa (G). The glomerulosa is made up of moderately large cells with pale nuclei which contain prominent nucleoli and abundant, dense, but vesiculated cytoplasm. 600×

3. The capillaries in the capsule, adjacent to the glomerulosa, are of the fenestrated type. Fibroblasts, with irregular nuclei, and a loose arrangement of collagen fibrils are located between the capsular vessels and the glomerulosa. The cells in this superficial part of the glomerulosa have densely stained mitochondria, many of which have transversely oriented crests, vacuoles, and granular inclusions of varying density. The moderately stained, lipid-like content of some granules protrudes into the clear vacuole in several instances (arrows). Many cytoplasmic processes protrude from the surfaces of the glomerular cells. 6000×

4. L. Capsule, glomerulosa, and a small part of the fasciculata of the suprarenal gland. The cords of cells are bordered by endothelium-lined blood sinusoids, some of which contain a few red blood cells. The cells of the glomerulosa appear vacuolated. This vacuolation decreases at the border of the fasciculata. A few dense granules can be seen in some of the glomerulosa cells. 680×

5. The cells of the glomerulosa have a dense cytoplasm, an irregular nucleus with dense peripheral chromatin, and a prominent nucleolus. The mitochondria have a very dense background, and all of the crests appear tubular in the deeper levels of the glomerulosa. Small dense granules and larger vacuoles, some with a flocculent material, are seen in the cytoplasm. In tissues fixed with osmium tetroxide alone most of the vacuoles in the glomerulosa contain lipid. These lipids are lost in Epon-embedded, aldehyde- and osmium-fixed cells unless special procedures are employed to preserve them during dehydration. 6250×

Planche XXVII

Glande surrénale

La surrénale est une glande endocrine composée de deux parties, le cortex et la médulla. Le cortex origine du mésothélium coelomique alors que la médulla dérive de la crête neurale de l'ectoderme tout comme les autres ganglions autonomes.

1. L. Sous la mince capsule fibreuse (c), on trouve un cortex formé de cordons cellulaires facilement colorables au bleu de toluidine. Le cortex est subdivisé en trois zones: la glomérulaire (G), la fasciculée (F) et la réticulée (R). Les zones se reconnaissent par la disposition de leurs cellules par rapport aux espaces sanguins de même que par certaines différences cytologiques. La médulla (M) est formée de grandes cellules pâles. 160×

2. L. Un plus fort grossissement révèle la présence de nombreux fibroblastes dans la capsule (c) et d'un grand nombre de vaisseaux à la périphérie de la glomérulaire (G). Les cellules de cette zone sont assez volumineuses; leur noyau pâle contient un nucléole évident; le cytoplasme abondant est dense mais vésiculé. 600×

3. Les capillaires présents à la jonction de la capsule et de la zone glomérulaire sont du type fenestré. A cet endroit, l'espace est occupé par des fibroblastes à noyau irrégulier et par un réseau lâche de fibrilles collagènes. Les cellules de cette partie superficielle de la glomérulaire contiennent des mitochondries sombres dont plusieurs possèdent des crêtes transversales, des vacuoles et des inclusions granulaires de densité variable. A plusieurs endroits (flèches), le pâle contenu d'aspect lipidique des granules fait saillie dans une vacuole claire. La surface des cellules de la glomérulaire est hérissée de plusieurs prolongements cytoplasmiques. 6000×

4. L. Cette photographie comprend la capsule, la zone glomérulaire et un peu de la zone fasciculée de la surrénale. Les cordons cellulaires sont tapissés par l'endothélium des sinusoïdes sanguins dans lesquels on trouve parfois quelques érythrocytes. Les cellules de la glomérulaire sont remplies de vacuoles dont le nombre diminue au voisinage de la fasciculée. Certaines cellules de la glomérulaire contiennent quelques granules denses. 680×

5. Les cellules de la zone glomérulaire possèdent un cytoplasme foncé, un noyau irrégulier dans lequel la chromatine dense occupe une position périphérique et un nucléole évident. A un niveau profond de la zone glomérulaire, les mitochondries possèdent un fond très sombre et des crêtes tubulaires. Le cytoplasme contient, en outre, de petits granules denses et de grandes vacuoles dans lesquelles on trouve parfois un matériel floconneux. La fixation au tétroxyde d'osmium seul préserve les lipides dans les vacuoles des cellules de la glomérulaire. Ces lipides sont normalement perdus au cours de l'enrobage à l'épon qui fait suite à une double fixation à l'aldéhyde et à l'osmium. Toutefois, des méthodes spéciales permettent de les préserver au cours de la déshydratation. 6250×

G
c
E
R
M
1

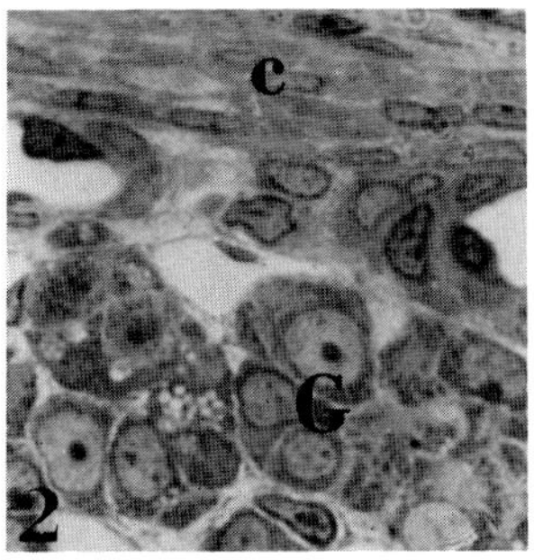
c
G
2

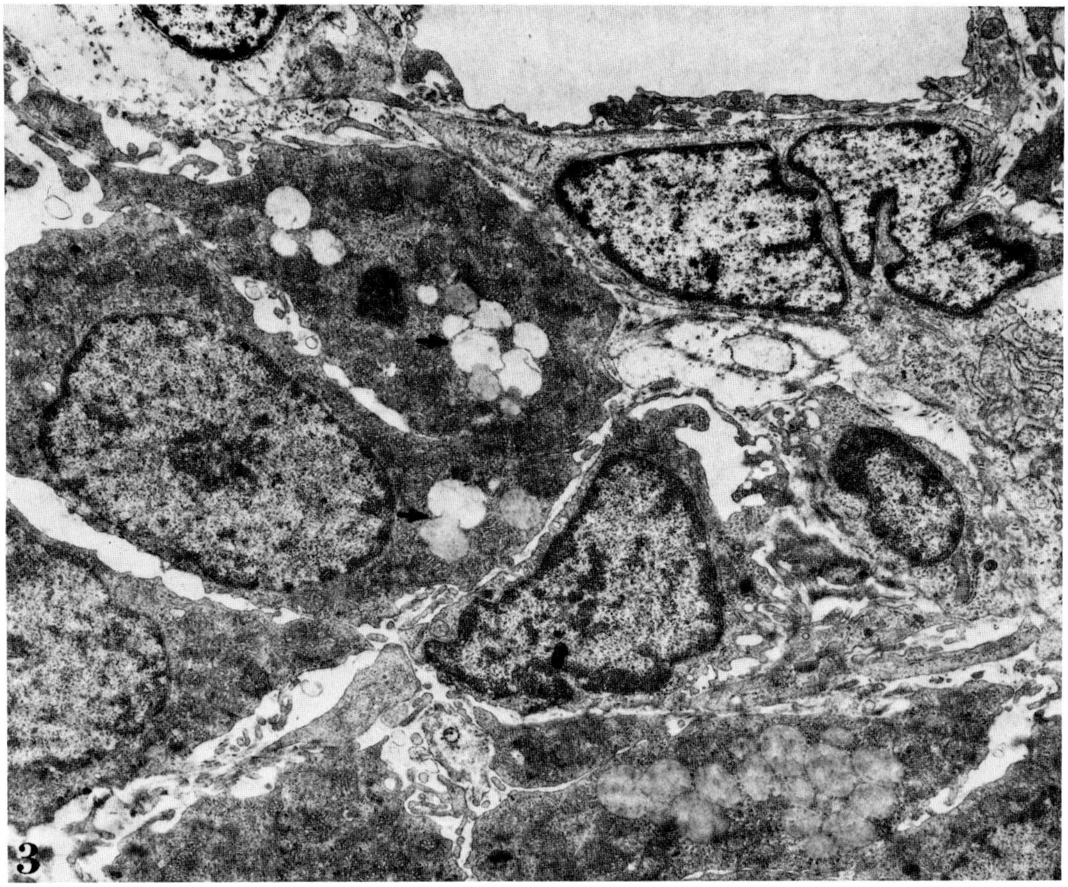
3

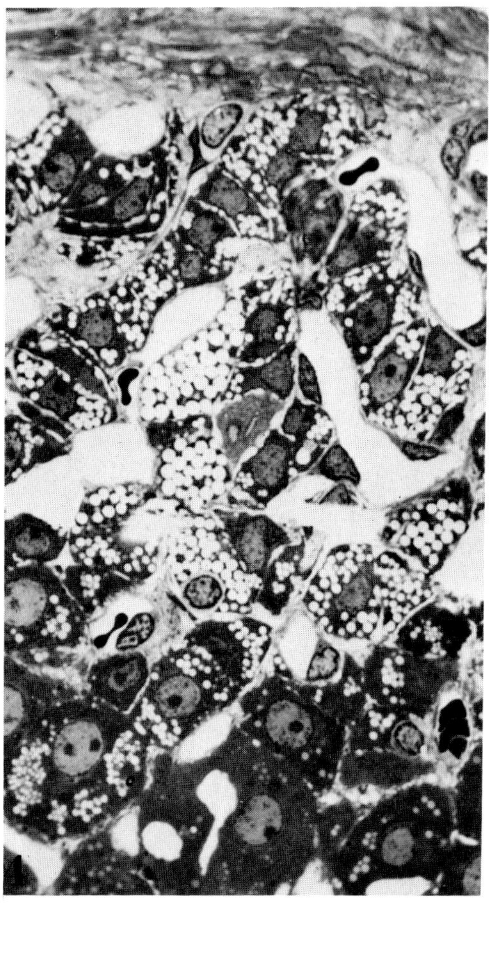
4

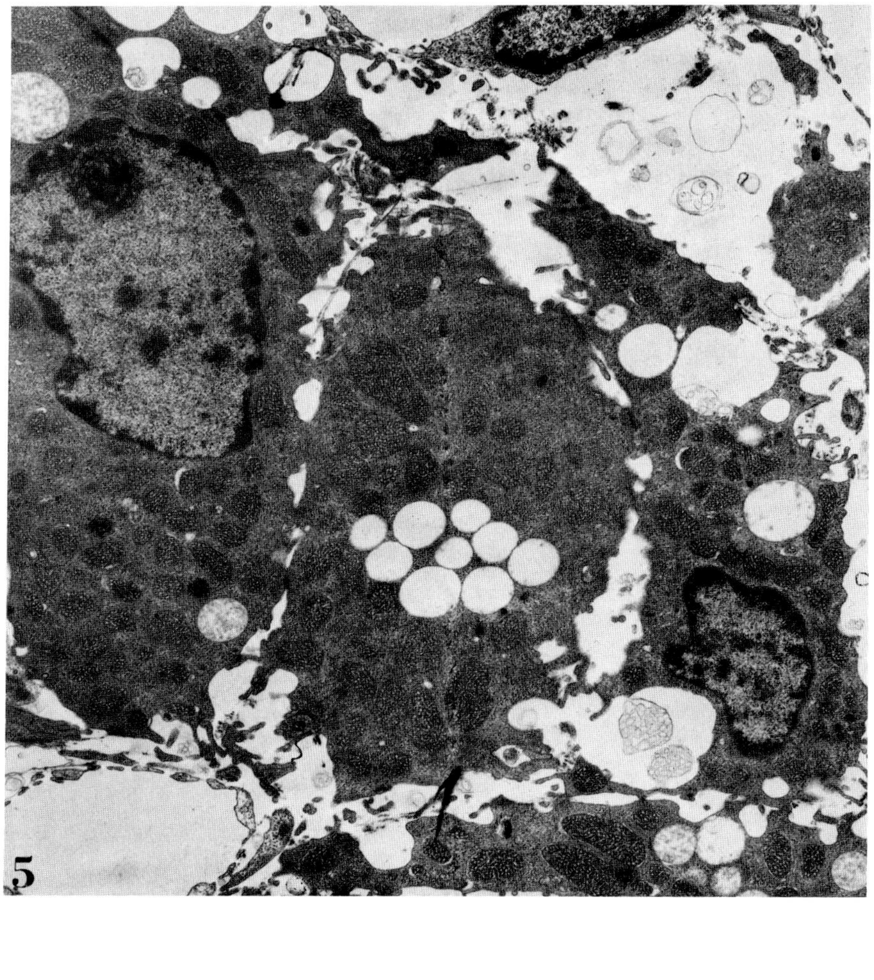
5

Plate XXVIII

The Suprarenal Gland

1. L. The cords of the fasciculata give way to a network which, in certain planes of section, appear as sheets of cells in the reticularis. The cells of the fasciculata have circular, pale nuclei. These cells are frequently seen as single cords between the sinusoids. Lipid droplets, some of which have a pale central region, are quite numerous in the fasciculata and decrease in number in the reticularis. The density of the lipid droplets in this photograph has been preserved by a prolonged dehydration in acidified ethanol. 800×

2. The single row of cells in the fasciculata is bordered by sinusoids with a fenestrated endothelial cell lining. A few long, curved cytoplasmic projections from the fasciculata cells project into the perisinusoidal spaces. Lighter, irregular cytoplasmic processes from an interstitial cell (ic) are seen in some places in the perisinusoidal space. Some prolongations of the cytoplasm extend between the cells of the cord of the fasciculata. The cells of the fasciculata have rounded nuclei, a large number of homogeneous lipid droplets, and a smaller number of dense granules. The cells have a dense cytoplasm with numerous mitochondria, all of which have the tubular type of cristae. 2700×

3. In a section of the reticularis the cells differ only slightly from the fasciculata except in the increased number of dense granules. In many of these cells, very large mitochondria (lm) are seen. Some of the mitochondria contain a number of large dense granules. Between the mitochondria there is a large amount of endoplasmic reticulum. As in the fasciculata, some lighter interstitial cell cytoplasm (ic) can be seen between the endothelium and the cells of the reticularis. 5000×

Planche XXVIII

Glande surrénale

1. L. La disposition radiaire des cordons cellulaires de la fasciculée se modifie au niveau de la réticulée pour donner un réseau cellulaire. Toutefois, l'incidence de coupe peut donner à ce réseau soit l'aspect d'un massif cellulaire, soit l'apparence de cordons uniques entre les sinusoïdes. Le noyau des cellules de la zone fasciculée est rond et pâle. Les gouttelettes de graisse, assez nombreuses dans la fasciculée, le sont moins dans la réticulée. La densité de ces gouttelettes dont certaines présentent une région centrale pâle, a été préservée par une déshydratation prolongée dans l'éthanol acidifié. 800×

2. Cette rangée de cellules uniques dans la fasciculée est bordée de sinusoïdes dont l'endothélium est du type fenestré. Quelques longs prolongements cytoplasmiques incurvés appartenant à des cellules de la fasciculée s'avancent dans les espaces périsinusoïdaux. Ailleurs, dans ces mêmes espaces, on aperçoit les prolongements cytoplasmiques irréguliers d'une cellule interstitielle (ic); ces prolongements s'étendent également entre les cellules du cordon cellulaire. Les cellules de la fasciculée possèdent un noyau arrondi, un grand nombre de gouttelettes lipidiques homogènes et quelques granules denses. Le cytoplasme dense contient plusieurs mitochondries toutes pourvues de crêtes tubulaires. 2700×

3. Les cellules de la zone réticulée diffèrent peu de celles de la zone fasciculée, sauf par le nombre plus grand de granules denses. Plusieurs de ces cellules contiennent de très grosses mitochondries (lm) dont certaines renferment quelques gros granules denses. Un réticulum endoplasmique abondant est présent entre les mitochondries. A l'exemple de la fasciculée, on aperçoit ici, entre l'endothélium et les cellules de la réticulée, le cytoplasme plus pâle d'une cellule interstitielle (ic). 5000×

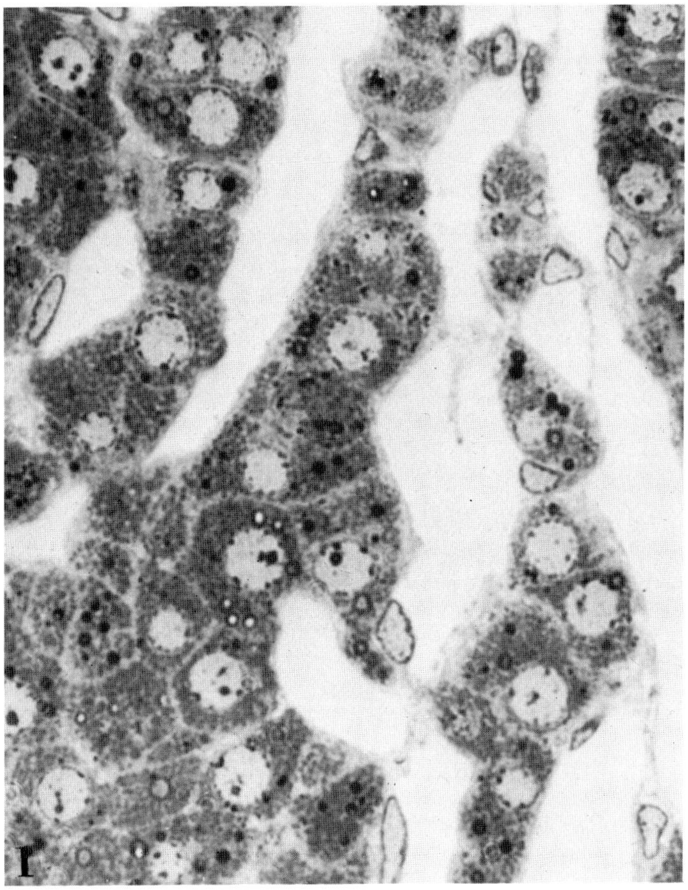
1

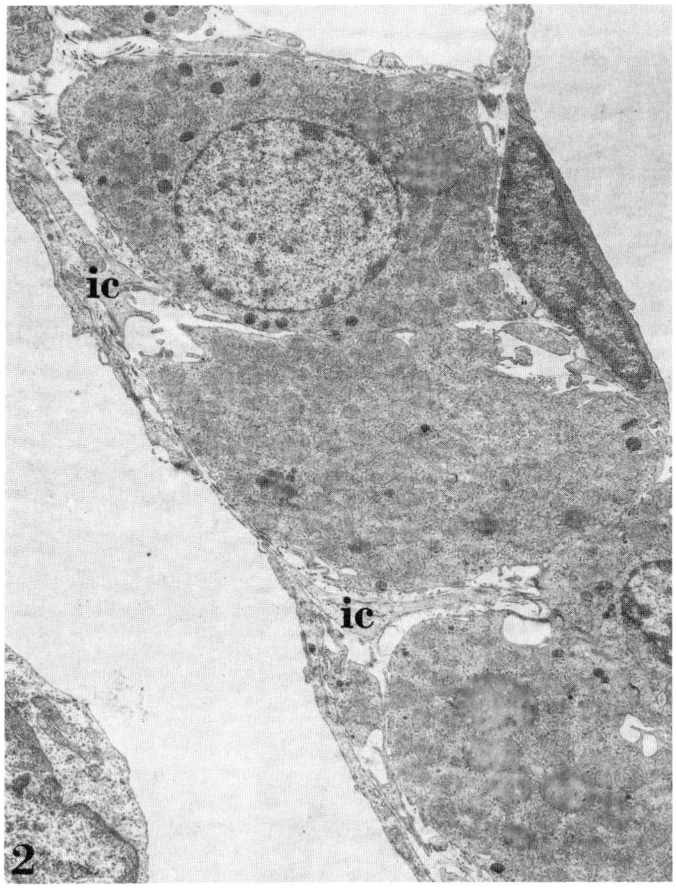
ic
ic
2

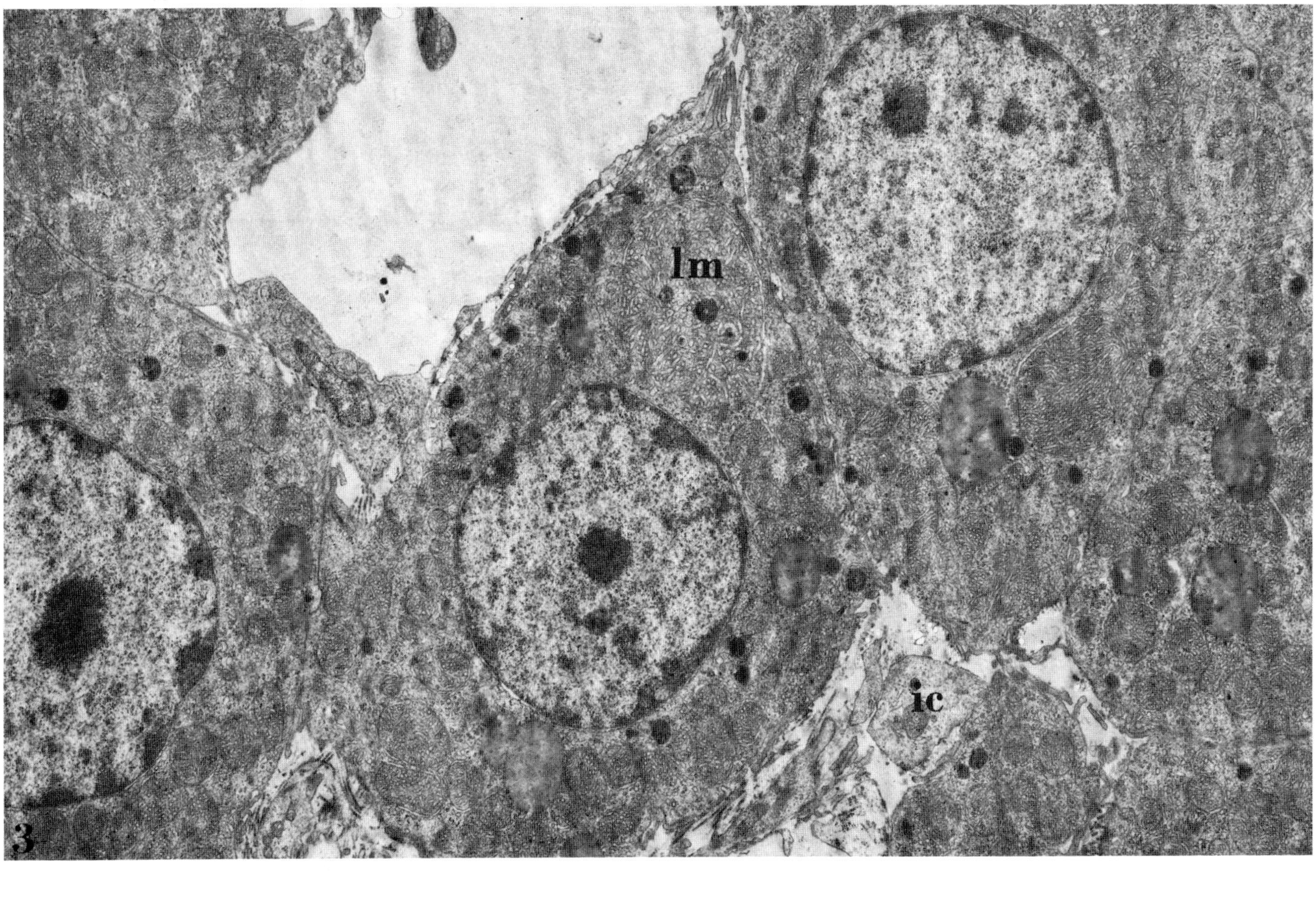
lm
ic
3

Plate XXIX

The Suprarenal Gland

1. The endothelial cells of the adrenal cortex are of the fenestrated variety with the well-known diaphragm spanning the pores. Central nodules can be seen in some of these diaphragms. Endoplasmic reticulum, a mitochondrion, a number of small dense granules, and cytoplasmic microtubules are seen in the endothelial cell cytoplasm. Some tubular crests are seen in the mitochondrion. The interstitial cell contains irregularly shaped tubules of granular endoplasmic reticulum, a dense granule, and a number of peripherally located filaments. The filaments become particularly numerous in a cytoplasmic process which extends between two sinusoids. 35,000×

2. A considerable number of reticular filaments and a collagen fibril are located in the extrasinusoidal space. Filaments are seen in the interstitial cell cytoplasm. The thickened borders of sinusoidal endothelial cells are united by a septate desmosome. 75,000×

3. A similar type of septate junction can be seen occasionally between cells within the cords of the fasciculata. Numerous tubules and vesicles of the smooth-surfaced endoplasmic reticulum occupy the spaces between the mitochondria in the cytoplasm of adrenal cortical cells. 100,000×

4. A tortuous junctional complex occurs between a cell of the fasciculata and a process of an interstitial cell. The full length of this desmosome appears to be of a septate type. 66,000×

Planche XXIX

Glande surrénale

1. Les cellules endothéliales du cortex surrénalien sont du type fenestré, avec diaphragme au niveau des pores. Certains de ces diaphragmes portent un nodule central. Le cytoplasme de la cellule endothéliale contient un réticulum endoplasmique, une mitochondrie, plusieurs petits granules denses et, enfin, des microtubules cytoplasmiques. La mitochondrie montre des crêtes tubulaires. Dans la cellule interstitielle, on voit des tubules aux contours irréguliers appartenant au réticulum endoplasmique granulaire, un granule dense et un certain nombre de filaments périphériques. Les filaments sont particulièrement nombreux dans un prolongement cytoplasmique s'étirant entre deux sinusoïdes. 35,000×

2. L'espace extrasinusoïdal renferme plusieurs filaments réticulaires et une fibrille collagène. Le cytoplasme de la cellule interstitielle contient des filaments. Les bords épais des cellules endothéliales du sinusoïde sont unis par un desmosome à septa. 75,000×

3. Un desmosome à septa se retrouve parfois entre les cellules de la zone fasciculée. Le cytoplasme de toutes les cellules du cortex surrénalien présente la même image: de nombreux tubules et vésicules du réticulum endoplasmique lisse occupant les espaces entre les mitochondries. 100,000×

4. Un complexe de jonction tortueux se présente entre une cellule de la fasciculée et le prolongement d'une cellule interstitielle. Cette jonction semble être sur toute sa longueur, un desmosome à septa. 66,000×

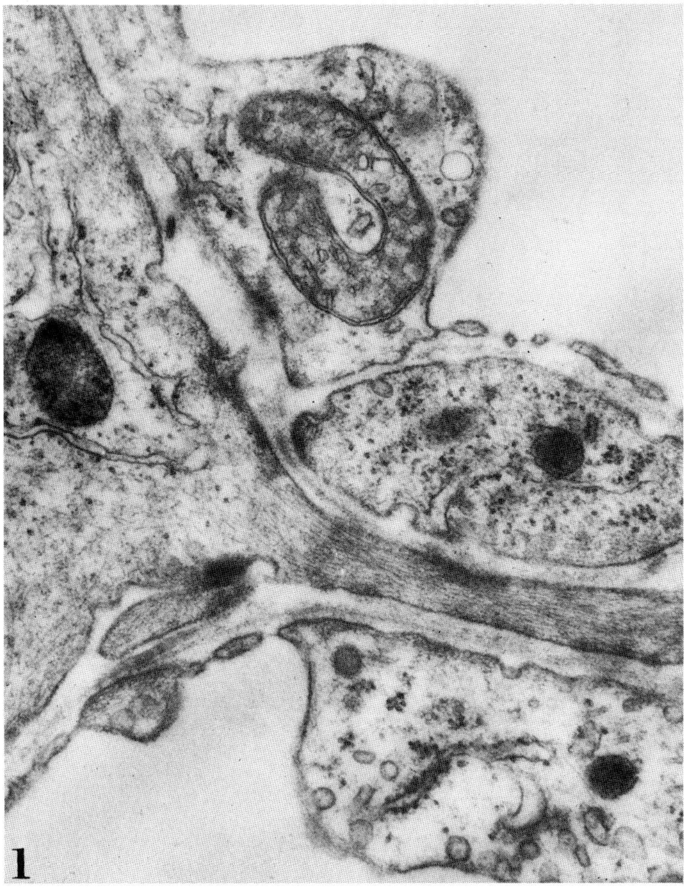

1

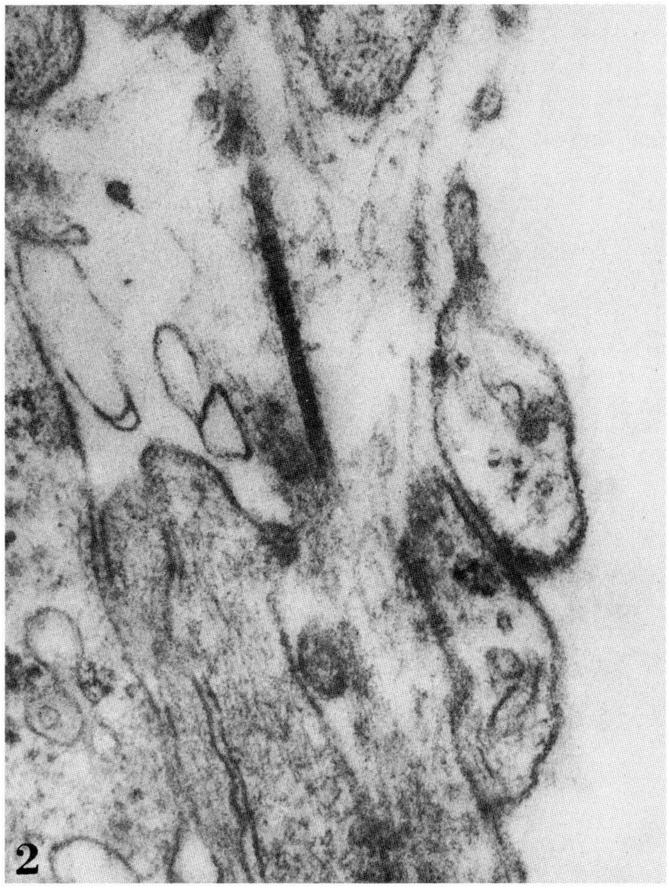

2

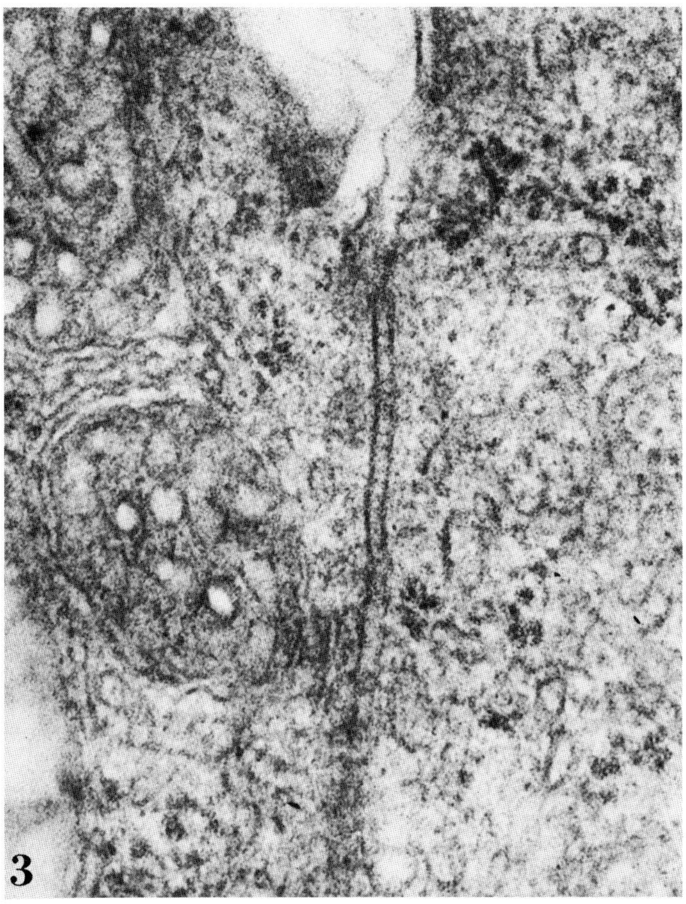

3

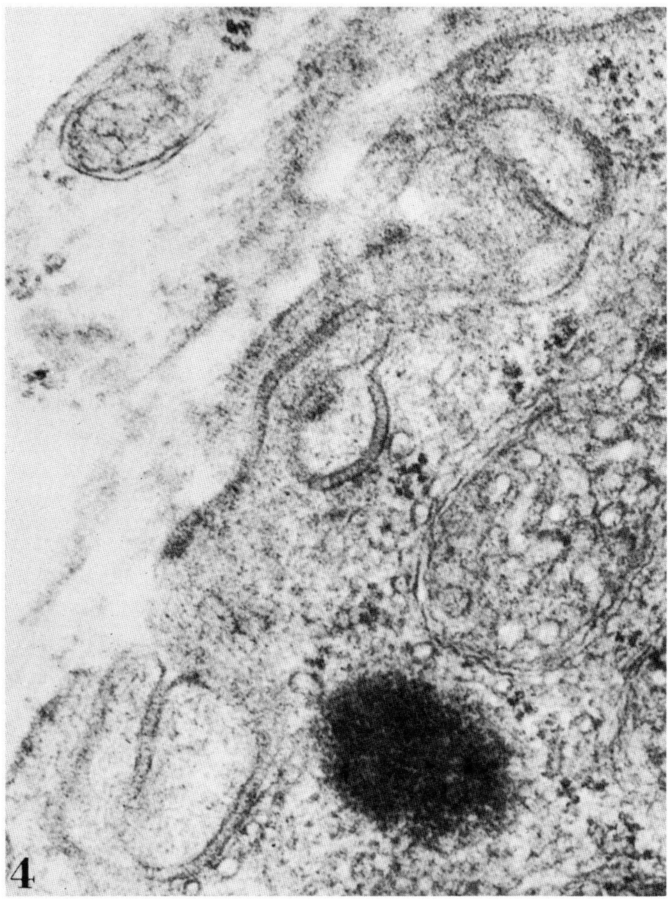

4

Plate XXX

The Suprarenal Gland—The Corticomedullary Junction

1. L. The cytoplasm of cells in the reticularis (R) of the adrenal cortex contains a number of lipid droplets and dense granules. The cells of the medulla (M) have a much paler background cytoplasm with numerous, very small, faintly defined granules in some of the cells. 600×

2. Dehydration in acidified alcohol results in an extreme density of lipid droplets in the reticularis (R). A number of small dense granules are found throughout the cytoplasm. The medullary cells (M), derived from neuroectoderm, contain a large number of moderately dense granules. This type of granule is believed to be the epinephrine or adrenaline storing granule of these neurosectory cells. These are chromaffin cells of the adrenal medulla. The cells have densely stained, slender mitochondria, a quantity of granular endoplasmic reticulum, and an extensive juxtanuclear Golgi apparatus. Interstitial cells and fibrils occupy the extracapillary space in the adrenal medulla as well as in the cortex. 8500×

Planche XXX

Jonction cortico-médullaire de la surrénale

1. L. Le cytoplasme des cellules de la zone réticulée (R) contient plusieurs gouttelettes de graisse et des granules denses. Par contre, le cytoplasme des cellules de la médulla (M) est beaucoup plus pâle et abrite plusieurs petits granules imprécis. 600×

2. La déshydratation à l'alcool acidifié augmente beaucoup la densité des gouttelettes de graisse des cellules de la réticulée (R). Le reste du cytoplasme est parsemé de petits granules denses. Les cellules médullaires (M) dérivées du neurectoderme, contiennent un grand nombre de granules assez denses. Ce type de granule, croit-on, est la forme de réserve de l'épinéphrine ou adrénaline dans ces cellules neurosécrétrices. Ce sont les cellules chromaffines de la médulla. Le cytoplasme contient également des mitochondries allongées et denses, un abondant réticulum endoplasmique granulaire et un appareil de Golgi juxtanucléaire bien développé. A l'exemple du cortex surrénalien, l'espace extra-capillaire dans la médulla est occupé par des cellules interstitielles et des fibrilles. 8500×

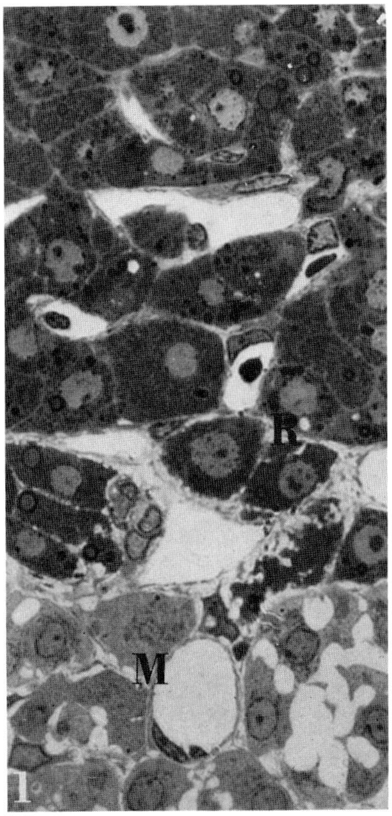
R
M
1

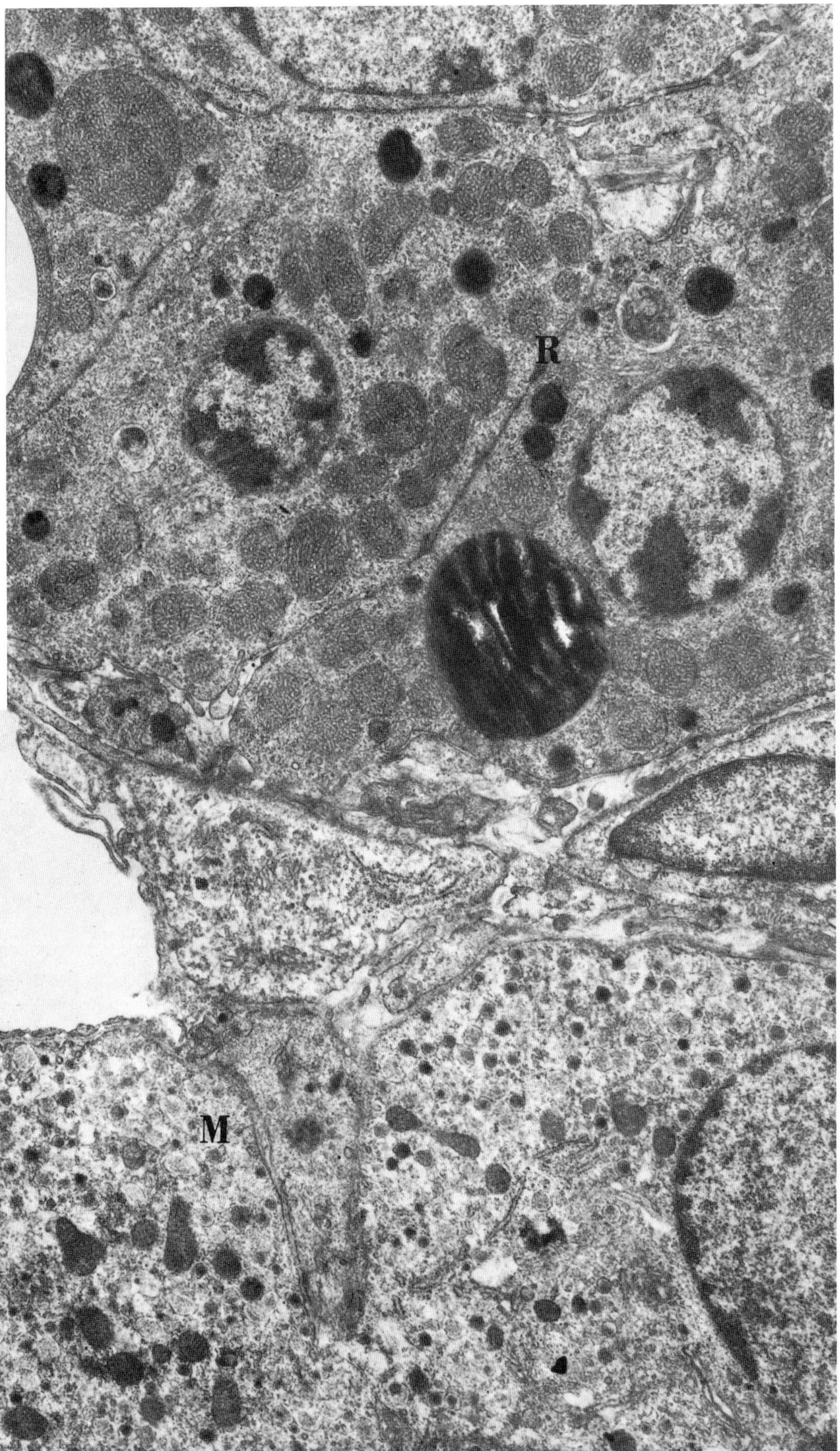
R
M
2

Plate XXXI

The Suprarenal Medulla

1. L. In light microscopy of thin sections a distinct difference can be seen in two types of cells of the suprarenal medulla. The cytoplasm of one type (N) appears vacuolated with fine, dense superimposed granules. These are believed to be the cells which synthesize and store norepinephrine. The other cell type is more homogeneous with smaller, less dense granules and a darker cytoplasmic background. These are believed to be the sites of synthesis and storage of epinephrine. The mitochondria of both types of cells stain intensely. 680×

2. In the type of suprarenal medullary cell (N) which is believed to store norepinephrine, there is a vesiculated cytoplasm with extremely dense content filling a part of most of the vesicles. The perinuclear cytoplasm is much more dense than the peripheral. In contrast, the epinephrine storing cells (E) have a large number of moderately dense cytoplasmic granules. A cell from the reticularis (R) of the adrenal cortex contains a large, dense lipid droplet. 5000×

3. At a higher magnification the norepinephrine storing granules are seen in increasing numbers and size from the juxtanuclear Golgi zone toward the periphery. There is a rim of dense material in some coated vesicles in Golgi complexes. Between the two Golgi zones, some of the vesicles are almost completely filled with dense material. Toward the periphery of the cell the vesicles are more distended and the content, which only partially fills them, becomes more dense. A large granule of a different nature contains a fine particulate material. Cytoplasmic microtubules, ribosomes, and mitochondria are located in the Golgi zone. 60,000×

Planche XXXI

La médullo-surrénale

1. L. La microscopie photonique de coupes minces permet de distinguer deux types cellulaires dans la médulla. Un premier type (N) qui montre un cytoplasme vacuolé avec de très petits granules denses, produirait et emmagasinerait la norépinéphrine. Un deuxième type est représenté par des cellules beaucoup plus homogènes avec des petits granules moins denses sur un fond plus sombre. Ces dernières synthétiseraient plutôt l'épinéphrine. Les mitochondries des deux types cellulaires se colorent intensément. 680×

2. Les cellules médullaires où serait emmagasinée la norépinéphrine (N), possèdent un cytoplasme vacuolé. Un contenu extrêmement dense occupe partiellement la plupart des vésicules. Le cytoplasme périnucléaire est beaucoup plus foncé que le cytoplasme périphérique. Par contre, les cellules entreposant l'épinéphrine (E) contiennent un grand nombre de granules cytoplasmiques assez denses. Le gros granule lipidique de forte densité se trouve dans une cellule de la réticulée (R). 5000×

3. A plus fort grossissement, les granules contenant la norépinéphrine augmentent en nombre et en dimension dans la région qui va du Golgi juxtanucléaire à la périphérie de la cellule. La périphérie de certaines vésicules feutrées de la zone golgienne juxtanucléaire présente un matériel foncé qui remplit également la presque totalité des vésicules situées entre les deux zones de Golgi. En périphérie de la cellule, ces vésicules deviennent plus distendues et leur contenu excentrique plus foncé. Un gros granule d'une nature différente est plein de fines particules. La zone de Golgi contient également des microtubules cytoplasmiques, des ribosomes et des mitochondries. 60,000×

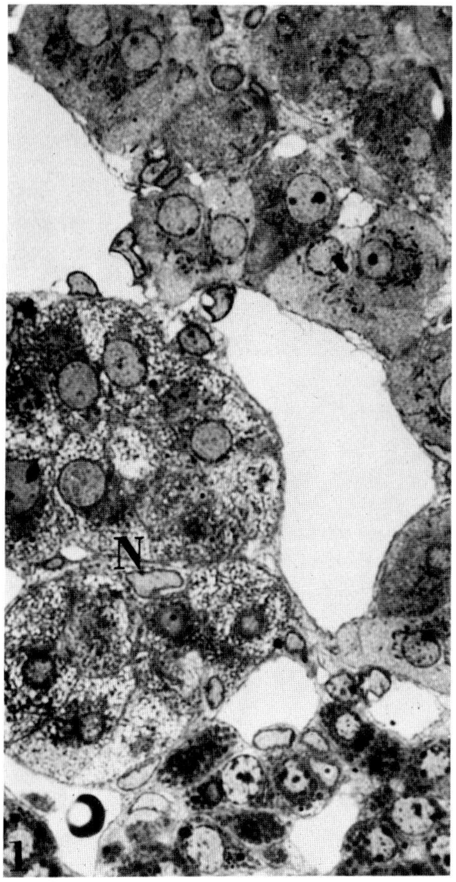
N
1

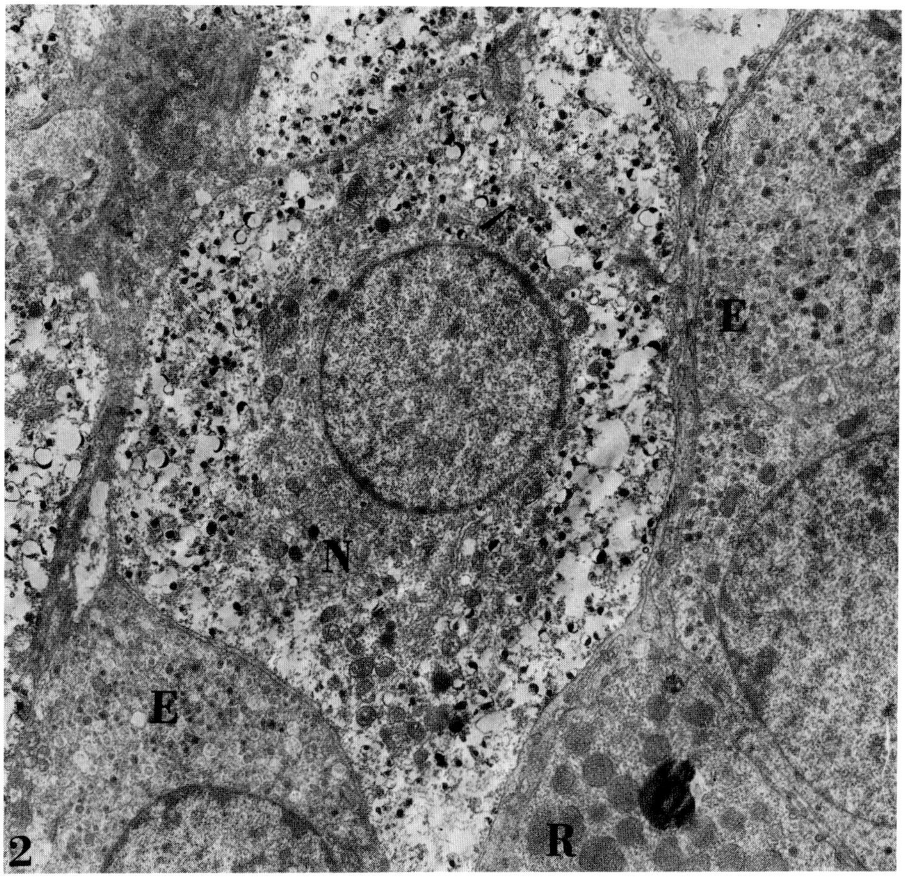
E
N
E
R
2

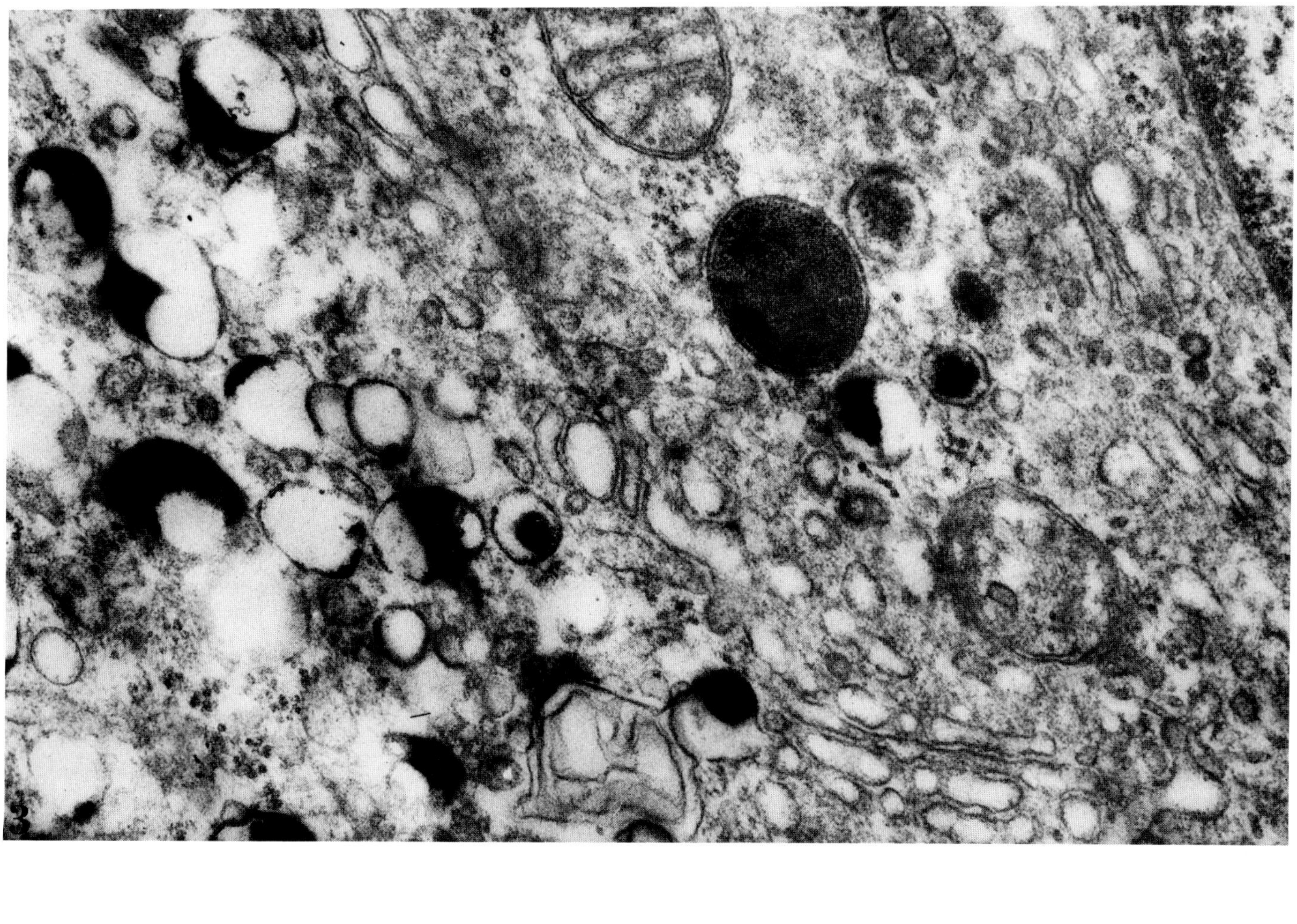
3

Plate XXXII

The Suprarenal Medulla

1. The mitochondria are slender and densely stained in the cells wherein the moderately dense granules are believed to store epinephrine. The secretory granules vary greatly in their intensity of stain. The ratio of dense to less dense granules varies from cell to cell. 7500×

2. At a higher magnification, the limiting membranes of the granules often have a polygonal shape. In the granules which are less dense, there is a finely granular or fibrillar material. In the darker granules, a dense central material surrounded by a halo is superimposed on this background. A number of cytoplasmic microtubules and some elements of the endoplasmic reticulum are seen between the granules. A few clusters of ribosomes are scattered throughout the cytoplasm. The capillary endothelium, in a thickened area between the fenestrated segments, contains a number of cytoplasmic microtubules. A layer of collagen fibrils and another layer of finer reticular filaments are seen in the extracapillary space. 31,000×

Planche XXXII

La médullo-surrénale

1. Les mitochondries sont minces et fortement colorées dans les cellules où les granules contiendraient de l'épinéphrine. L'intensité de coloration des granules varie beaucoup. Le rapport numérique entre les granules denses et les moins denses change aussi d'une cellule à l'autre. 7500×

2. A plus fort grossissement, la membrane entourant les granules a un contour irrégulier et leur confère parfois un aspect polygonal. Dans les granules pâles, le contenu est finement granuleux ou fibrillaire. Dans les granules sombres, il consiste en une masse centrale foncée entourée d'un halo. Entre les granules, il est possible de voir des microtubules cytoplasmiques ainsi que certains éléments du réticulum endoplasmique. Quelques groupes de ribosomes sont épars dans le cytoplasme. Une portion épaissie de l'endothélium capillaire, située entre deux segments fenestrés, renferme plusieurs microtubules cytoplasmiques. Enfin, une couche de fibrilles collagènes et une autre couche de délicates fibres réticulaires sont présentes dans l'espace extracapillaire. 31,000×

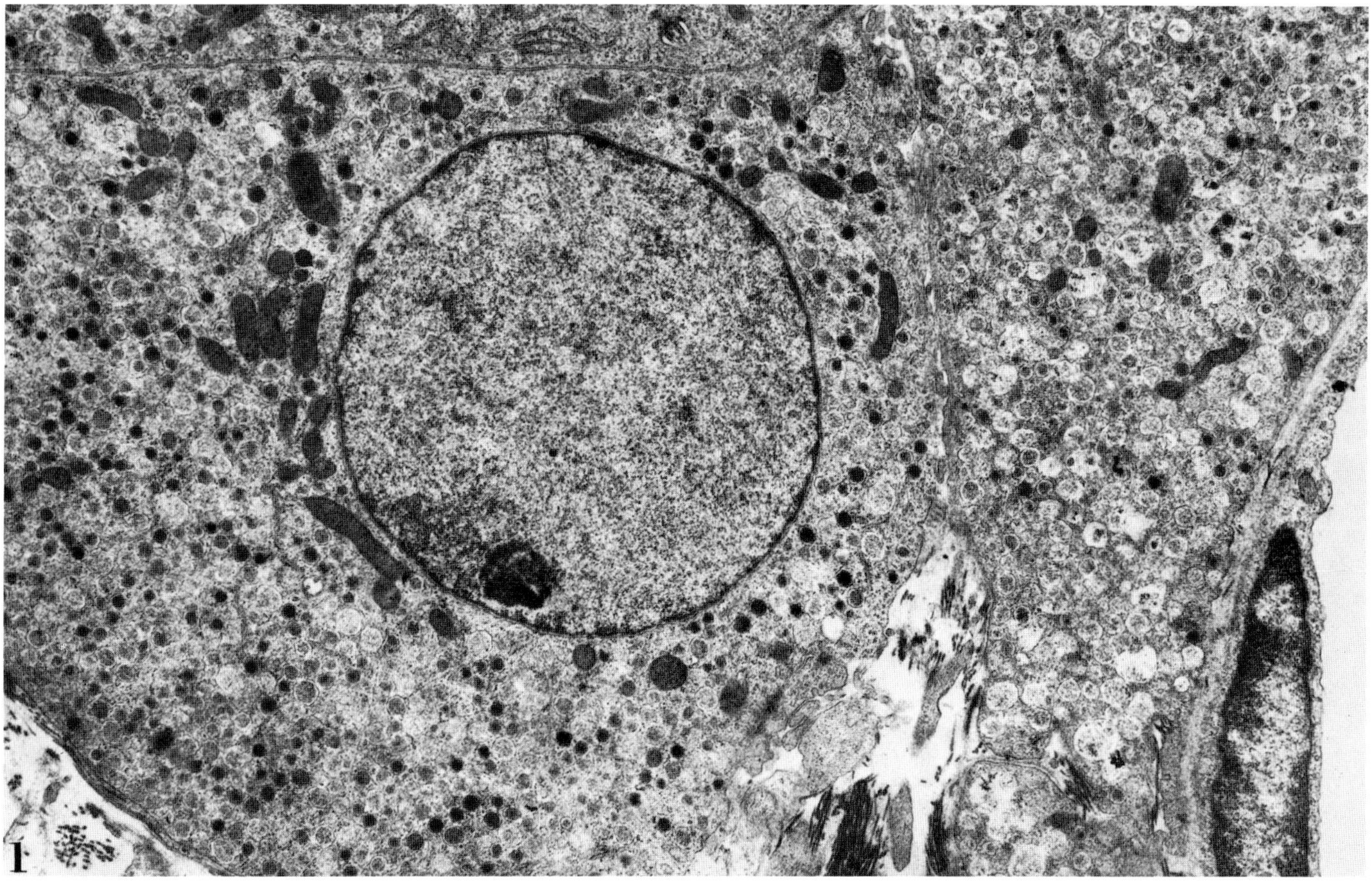

1

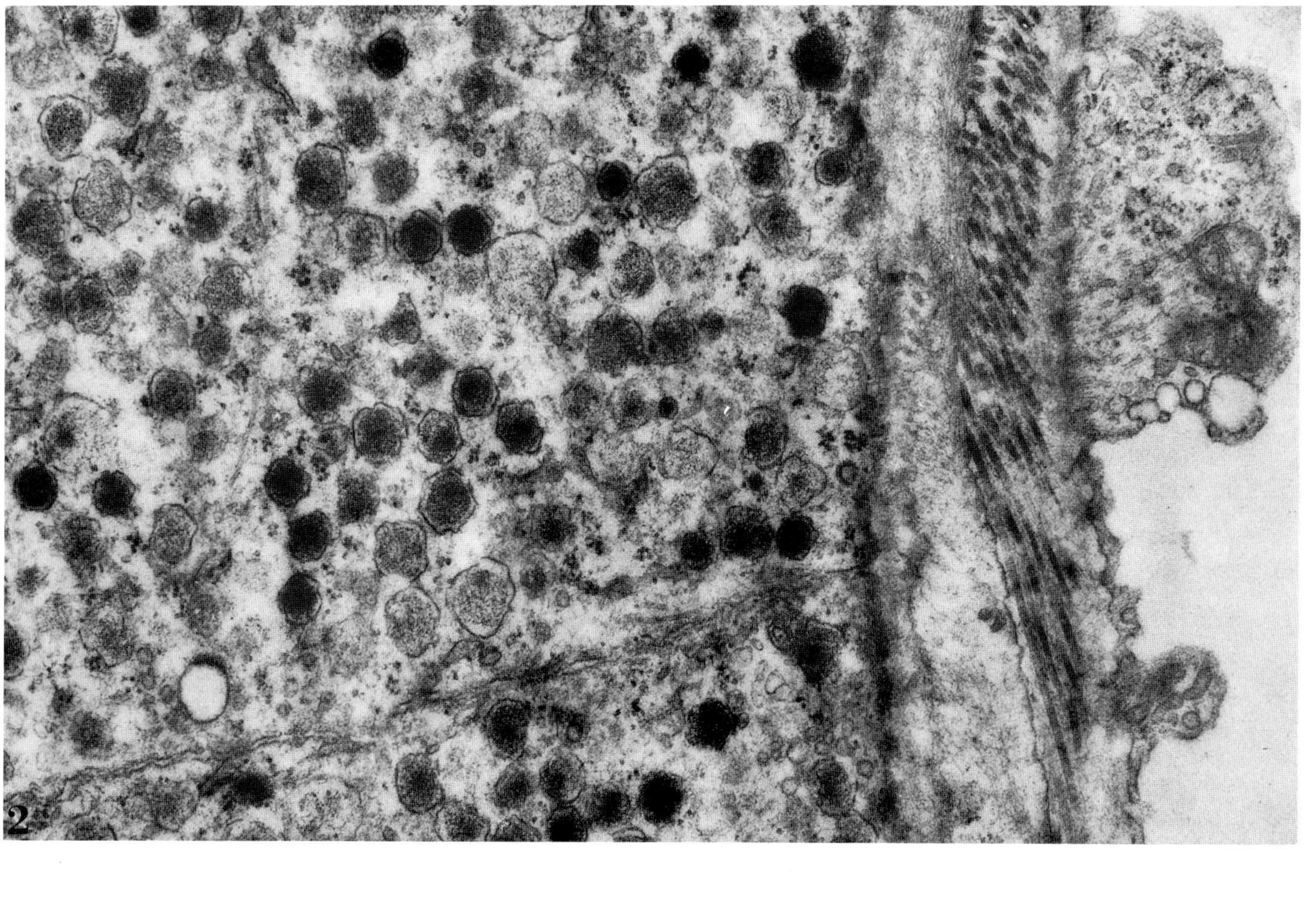

2

Plate XXXIII

The Suprarenal Medulla

The suprarenal medulla is innervated by neurons in the intermediolateral columns of the spinal cord. The neurosecretory cells of the adrenal medulla represent the second order of neurons of the sympathetic autonomic system.

1. L. A small myelinated and numerous unmyelinated (arrows) nerve fibers of the preganglionic autonomic neuron are seen between epithelial cells of two distinct categories. 800×

2. Schwann cells and both myelinated and unmyelinated nerve fibers are found in the adrenal medulla. Some of the unmyelinated nerve fibers (N) are embedded in the larger Schwann cell. Several of these unmyelinated fibers are located near the border of a norepinephrine storing cell. 8100×

3. A very large, rounded nerve ending with numerous synaptic vesicles is in synapse with the norepinephrine storing cells. Most of the vesicles are small, from 400 to 600 Å in diameter, with very little staining of the content. Only a few larger, more dense granules can be seen. An inclusion (arrow) has the appearance of a moderately stained lipid droplet. Dense synaptic plaques can be seen along the junctional zone. 23,000×

4. In another instance a group of nerve endings is located near a norepinephrine storing cell. Numbers of larger dense granules, which have been reported to contain catecholamines, are seen in the nerve endings. Cytoplasmic microtubules extend from the axon into the nerve endings. 44,000×

Norepinephrine, upon stimulation of these cells by the nerve endings, is released into the pericapillary space and acts systemically as a vasoconstrictor of small arterioles. This amine helps to maintain the blood pressure. Excessive secretion of norepinephrine, in certain conditions such as tumors of these specific cells, results in hypertension.

Planche XXXIII

La médullo-surrénale

La médullo-surrénale est innervée par des neurones préganglionnaires ou de premier ordre, originant de la corne intermédiaire de la moelle épinière. Les cellules neurosécrétrices de la médulla constituent les neurones de second ordre du sympathique.

1. L. Une fibre myélinique et des fibres amyéliniques (flèches) représentant des neurones de premier ordre, se distribuent ici entre des groupes de cellules épithéliales de deux types différents. 800×

2. La médullo-surrénale renferme des cellules de Schwann ainsi que des fibres nerveuses myéliniques et amyéliniques. Quelques-unes des fibres amyéliniques (N) sont incluses dans la cellule de Schwann alors que plusieurs autres apparaissent à la périphérie d'une cellule entreposant la norépinéphrine. 8100×

3. Une grosse terminaison nerveuse arrondie, riche en vésicules synaptiques, fait synapse avec une cellule entreposant la norépinéphrine. La plupart des vésicules ont un petit diamètre de 400 à 600 Å et sont peu colorées. Seuls quelques-uns des plus gros granules denses sont visibles. Une inclusion (flèche) ressemble à une gouttelette lipidique assez fortement colorée. Des plaques synaptiques sombres apparaissent le long de la zone de jonction. 23,000×

4. Plusieurs gros granules denses qui contiendraient des catécholamines, sont visibles dans les terminaisons nerveuses à proximité d'une cellule entreposant la norépinéphrine. De nombreux microtubules cytoplasmiques passent de l'axone aux terminaisons nerveuses. 44,000×

La norépinéphrine libérée à la suite d'une stimulation des terminaisons nerveuses, atteint l'espace péricapillaire et agit comme vasoconstricteur au niveau des petites artérioles, contribuant ainsi au maintien de la pression sanguine. Une sécrétion exagérée de cette amine par une tumeur de la médullo-surrénale aboutit à l'hypertension.

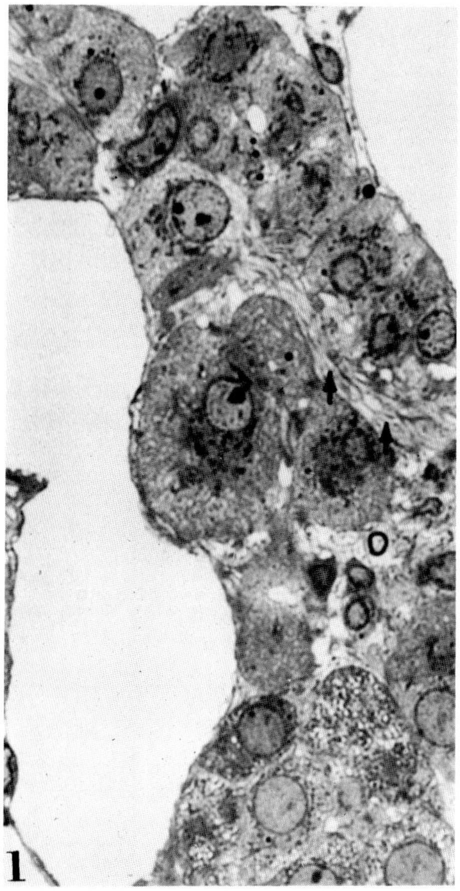

1

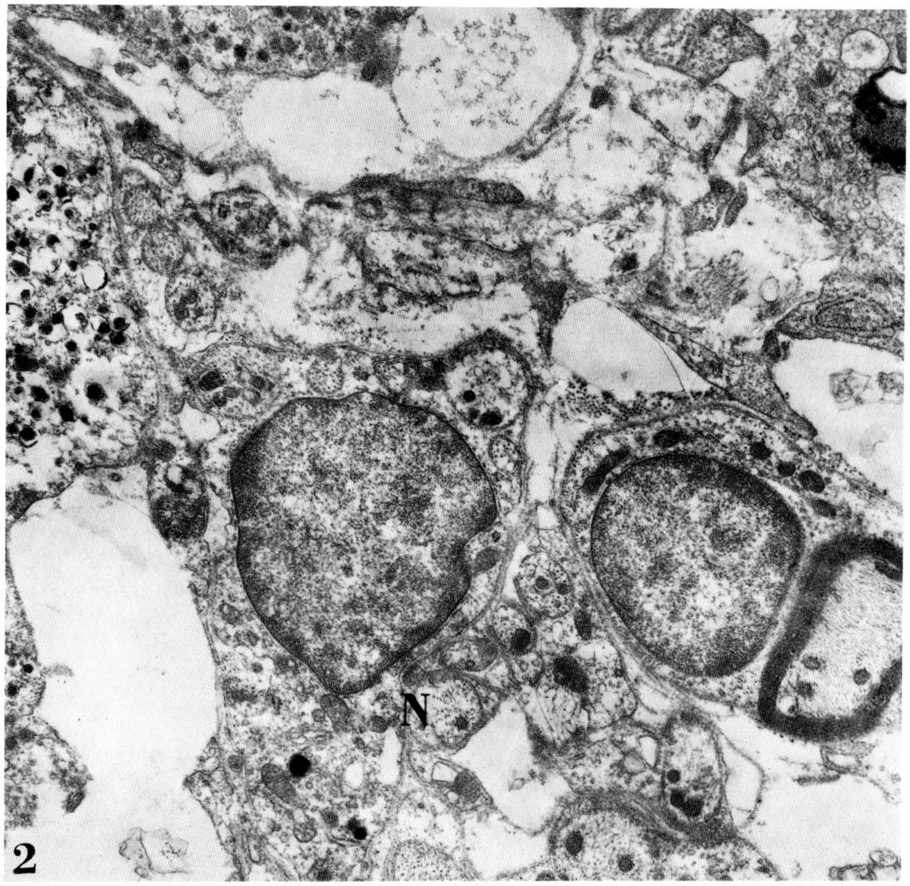

2

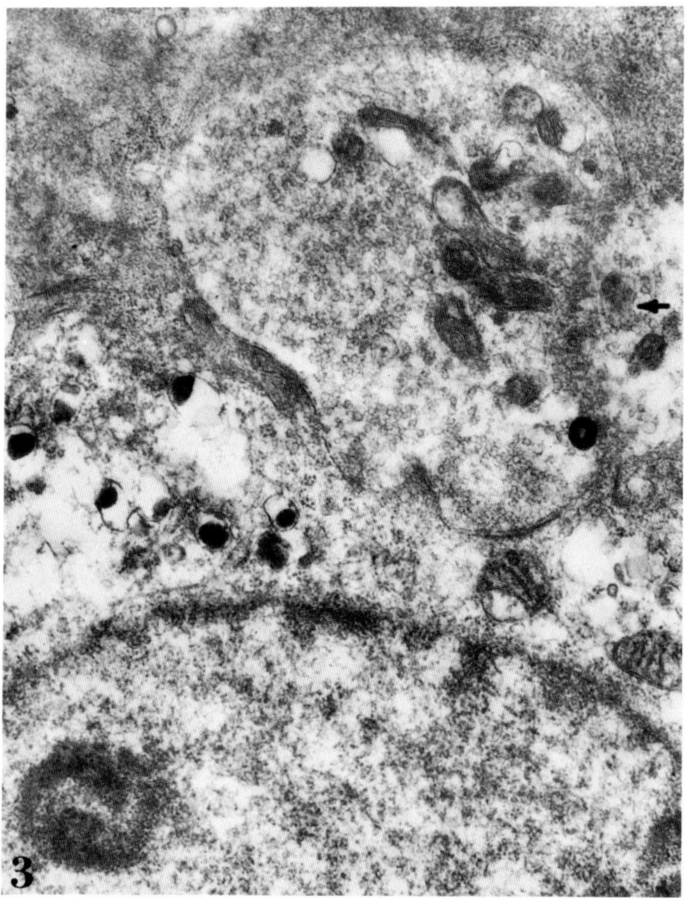

3

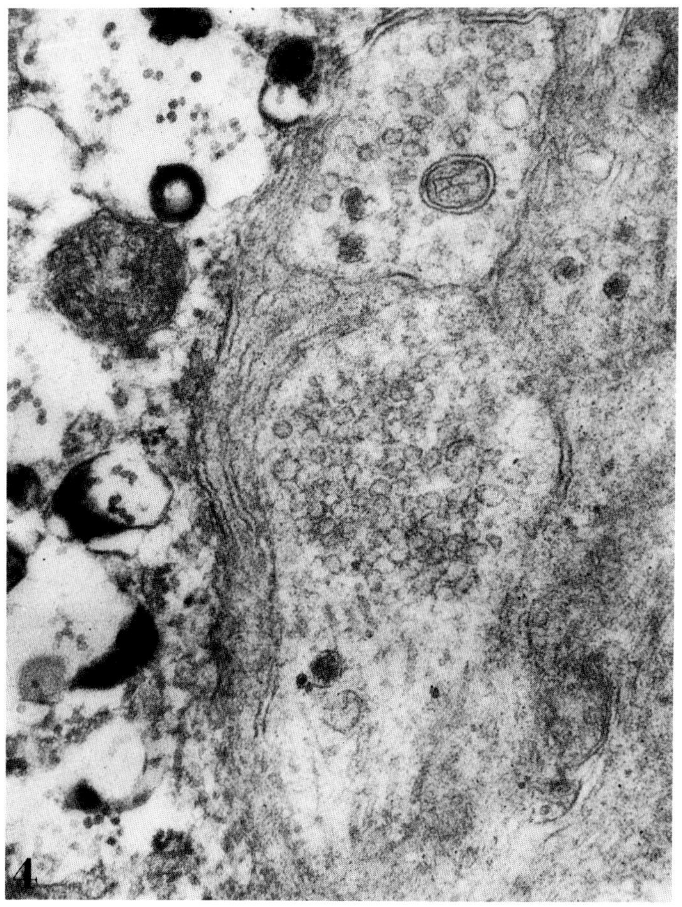

4

Plate XXXIV

The Suprarenal Medulla

1. Nerve endings (n) on the cells which are believed to store epinephrine appear to take the form of demilunes, which form a cap over one pole of the cells. These endings contain a large number of moderately stained small vesicles and some denser, larger granules. In these cells, the Golgi apparatus is located in the juxtanuclear region toward the nerve ending. Large dense granules, in addition to the numerous smaller granules, are seen in the cytoplasm of these cells. A higher concentration of the smaller, moderately dense granules is found toward the capillary pole (c). 7000×

The stimulation of these cells in emergency situations by the nerve endings results in the release of epinephrine. This, in turn, stimulates the sympathetic nervous sytem. The result is an increased heart rate and cardiac output and an increased basal metabolic rate. It affects a mobilization of carbohydrates stored in the liver. The epinephrine also indirectly affects the adrenal cortex through its stimulation of the hypophysis to release ACTH.

2. An enlargement of a part of Fig. 1 demonstrates the long area of contact between the preganglionic fiber terminal and the epinephrine-producing cell. Typical synaptic plaques occur only in localized areas. The small vesicles seem more numerous around these synaptic plaques, while the large vesicles with dense content are found toward the periphery of the flattened terminal. A number of these larger vesicles have a dense content, while others are empty or contain a small peripheral or central accumulation of dense material. In the cytoplasm of the receptor, irregularly shaped vesicles contain a moderate amount of density, while smaller vesicles have densely stained content. The material in the cisternae of the granular endoplasmic reticulum is moderately stained. 21,000×

3. In another view of a synapse two areas of typical plaques can be identified. Numerous synaptic vesicles are associated with these dense plaques. The larger vesicles with dense content are more distant. Filaments and cytoplasmic microtubules are present in both the pre- and the postsynaptic cytoplasm. Chains and clusters of ribosomal granules are present in this nerve ending. 42,500×

Planche XXXIV

La médullo-surrénale

1. Les cellules qui entreposeraient l'épinéphrine sont coiffées de demi-lunes formées par des terminaisons nerveuses (n). Ces terminaisons contiennent plusieurs petites vésicules de coloration moyenne et des granules plus gros et plus denses. Dans ces cellules, l'appareil de Golgi se trouve dans la région juxtanucléaire en regard de la terminaison nerveuse. Le cytoplasme contient à la fois de gros granules denses et plusieurs petits granules. Ces derniers sont plus abondants au pôle capillaire (c). 7000×

En cas d'urgence, la stimulation de ces cellules par les terminaisons nerveuses provoque la libération d'épinéphrine. Cette augmentation stimule en retour le système nerveux sympathique et provoque un accroissement du rythme et du débit cardiaques de même qu'une élévation du métabolisme basal. Les réserves glucidiques du foie sont également affectées. L'épinéphrine influence indirectement le cortex surrénalien en amenant une libération d'ACTH.

2. Un agrandissement d'une portion de la figure précédente laisse voir la longue zone de contact entre l'extrémité de la fibre préganglionnaire et la cellule produisant l'épinéphrine. Des plaques synaptiques typiques n'existent que par endroits. Les petites vésicules synaptiques semblent plus nombreuses autour de ces plaques alors que les grandes vésicules au contenu sombre se retrouvent à la périphérie de la terminaison aplatie. Parmi ces grandes vésicules, plusieurs contiennent un matériel foncé alors que d'autres semblent vides ou partiellement remplies d'un matériel central ou périphérique. Les grandes vésicules de forme irrégulière présentes dans la cellule réceptrice contiennent un matériel moins sombre que celui des petites vésicules. Une coloration moyenne caractérise le contenu des citernes du réticulum endoplasmique granulaire. 21,000×

3. Une autre image d'une synapse illustre deux plaques synaptiques caractéristiques. De nombreuses vésicules synaptiques sont associées avec ces plaques denses. Les grandes vésicules au contenu sombre sont plus éloignées des plaques. On retrouve des filaments et des microtubules à la fois dans le cytoplasme pré- et postsynaptique. Les ribosomes sont disposés en chaînettes ou en amas. 42,500×

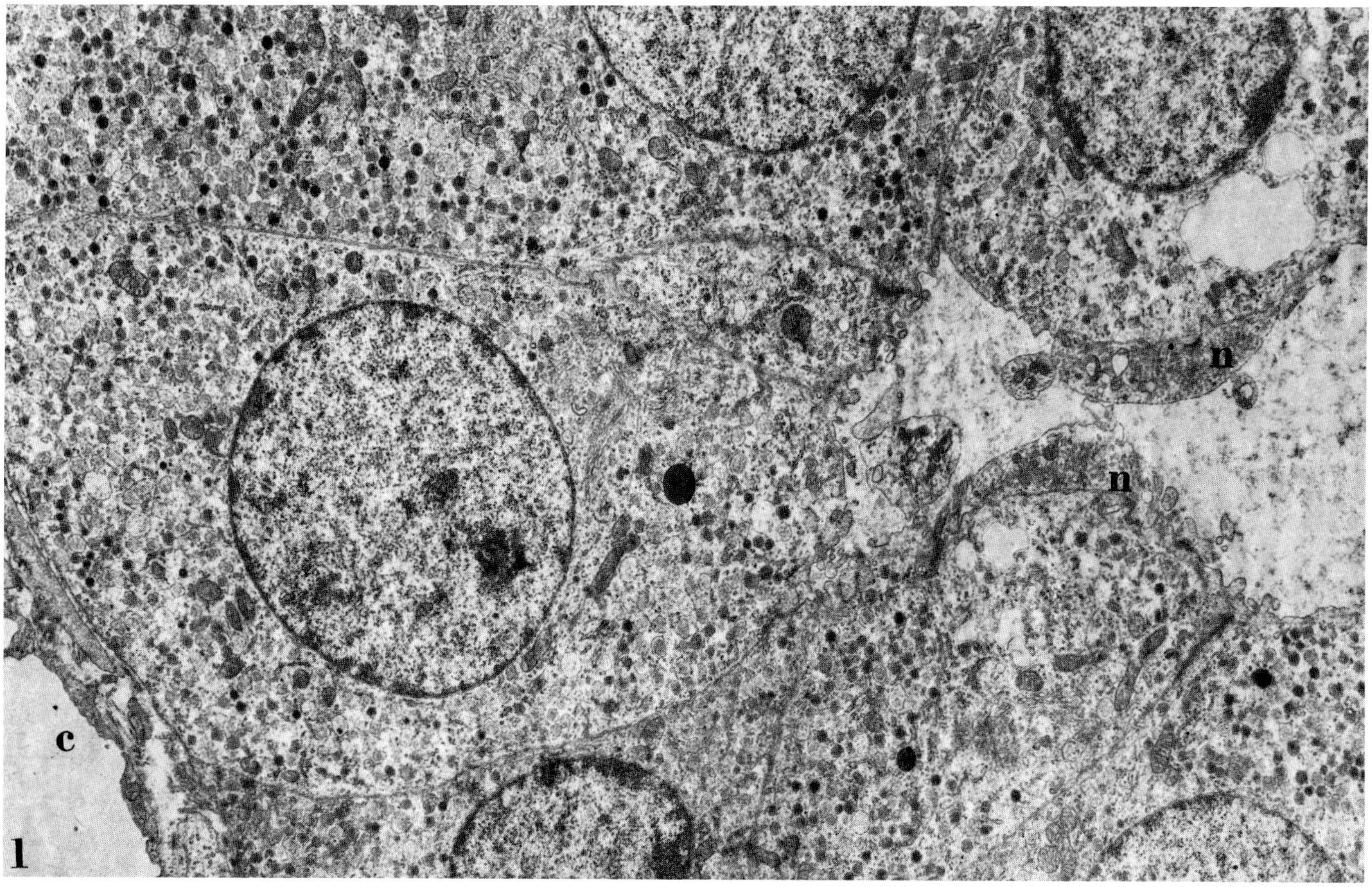
n
n
c
1

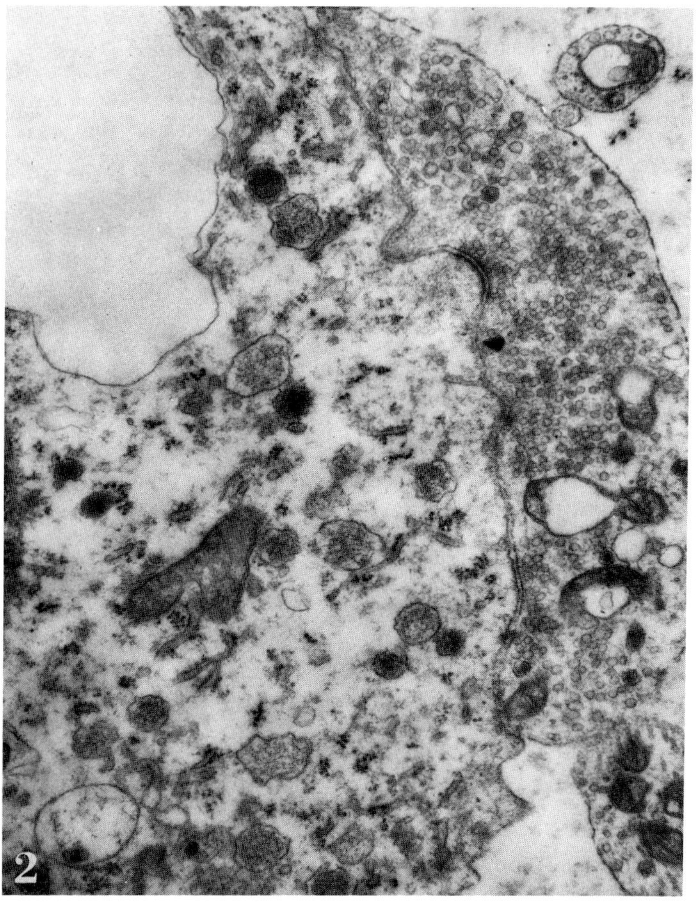
2

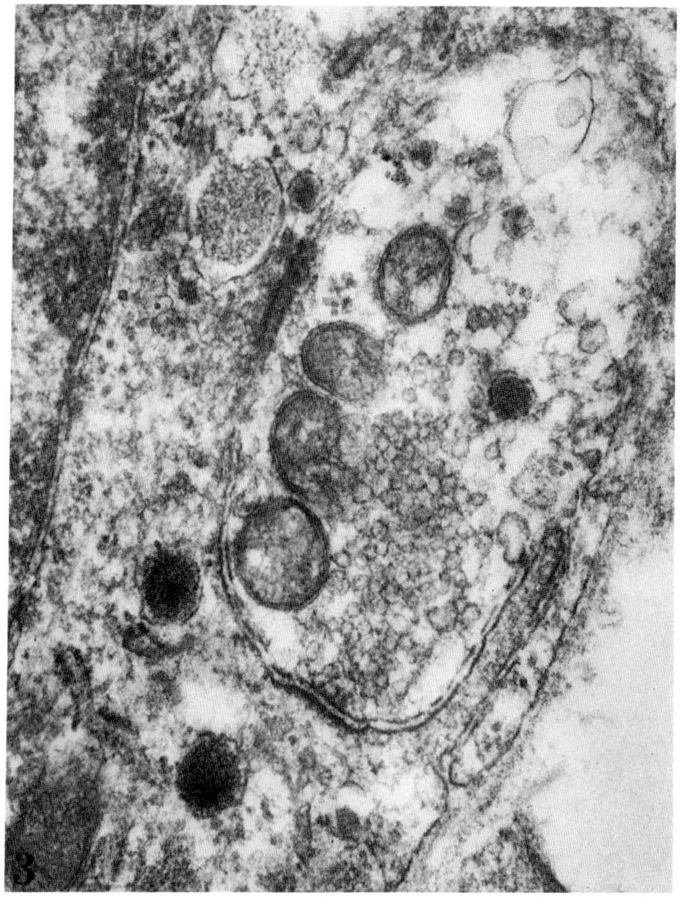
3

Plate XXXV

The Thyroid Gland

The thyroid gland is an unusual type of endocrine gland wherein the maturation process of the synthesized product takes place within closed follicular lumina outside of the cells. These follicular cells synthesize and/or transport the precursors of the thyroglobulin to the follicular lumen. After maturation of the synthesized product in the follicular lumen, the same cells must transport and secrete this hormone in a utilizable form into the extracapillary space.

1. L. Follicular epithelial cells which vary considerably in height surround the colloid-filled lumina. These cells, in this adult animal, contain a number of dense lysosomal granules. Large, pale parafollicular (p) cells are seen at the base of the follicular cells in many areas. The parafollicular cells are more numerous in the apical poles of the lobes of the thyroid gland. 440×

2. L. At a higher magnification, in addition to the dense granules, pale vacuoles can be seen in many of the thyroid follicular cells. These pale globules represent droplets of colloid which have been shown to be in transport toward the base of the cell. At this magnification a few dense granules, smaller than the lysomal granules of the follicular cells, can be seen in the parafollicular cells. 700×

3. L. At a higher magnification, apical terminal bars between the cells and numerous, lightly stained, rodlike mitochondria can be identified in the follicular cells. The dense lysosomal granules and the lighter colloid (c) droplets are clearly distinguishable in the cells. 1200×

4. Parts of adjacent follicles and an unusual concentration of parafollicular (p) cells have been obtained in one field. The follicular cells are typified by their cuboidal shape, their apical microvilli which project into a colloid-filled lumen, and the numerous distended cisternae of granular endoplasmic reticulum. Numerous fine secretory granules are seen in the cell apices, and larger, dense lysosomal granules are seen at deeper levels. The parafollicular cells contain a very large number of smaller cytoplasmic dense granules. Their nuclei are oval in outline. 2750×

Planche XXXV

Glande thyroïde

La thyroïde est une glande endocrine d'un type particulier en ce sens que le processus de maturation de l'hormone a lieu à l'extérieur de la cellule. Les cellules folliculaires synthétisent les précurseurs de la thyroglobuline et les sécrètent dans la lumière d'un follicule clos complètement entouré par les cellules sécrétrices. Le produit synthétisé subit alors une maturation et est mis en réserve dans la lumière du follicule. Au moment propice, les mêmes cellules folliculaires doivent reprendre et sécréter, sous une forme utilisable, le contenu du follicule vers l'espace extracapillaire.

1. L. Les cellules épithéliales dont la hauteur varie beaucoup, entourent une lumière remplie de colloïde. Chez l'animal adulte, ces cellules folliculaires sont riches en lysosomes qui ont l'aspect de granules denses. De grandes cellules parafolliculaires (p) pâles sont visibles à plusieurs endroits à la base des cellules folliculaires. Ces grandes cellules parafolliculaires sont plus nombreuses aux sommets des lobes thyroïdiens. 440×

2. L. On voit, dans plusieurs cellules folliculaires, des vacuoles pâles en plus de granules denses. On sait maintenant que ces globules pâles représentent des gouttelettes de colloïde en transit vers la base de la cellule. A ce grossissement, il est possible de distinguer, dans les cellules parafolliculaires, quelques granules denses plus petits que les lysosomes des cellules folliculaires. 700×

3. L. A plus fort grossissement, les cellules folliculaires montrent des bandelettes obturantes et de nombreuses mitochondries en forme de bâtonnets. Les lysosomes foncés et les gouttelettes pâles de colloïde (c) sont évidents. 1200×

4. Ce champ comporte des fractions de follicules adjacents et une concentration inhabituelle de cellules parafolliculaires (p). Les cellules folliculaires sont reconnaissables à leur forme cubique, à leurs microvillosités apicales faisant saillie dans la lumière pleine de colloïde et aux nombreuses citernes distendues de leur réticulum endoplasmique granulaire. Plusieurs petits granules sécrétoires denses sont visibles à l'apex alors que la profondeur abrite de gros granules denses de type lysosomal. Quant aux cellules parafolliculaires, elles contiennent un très grand nombre de granules cytoplasmiques denses mais plus petits. Leur noyau a une forme ovalaire. 2750×

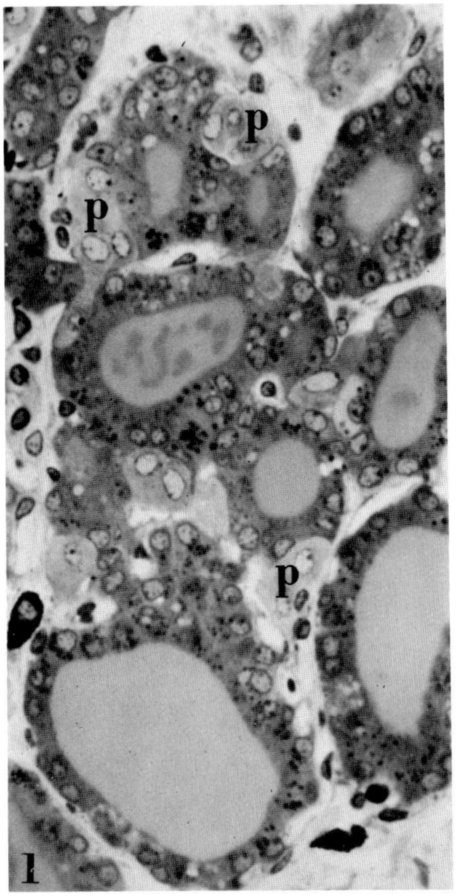
p
p
p
1

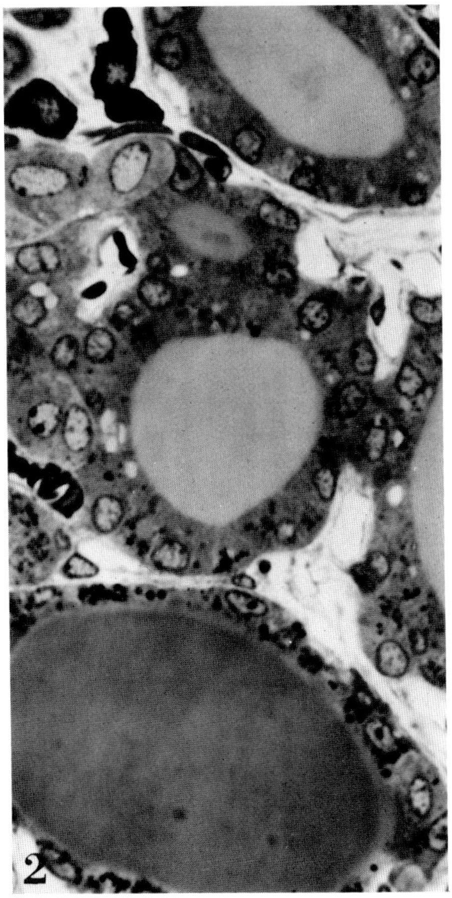
2

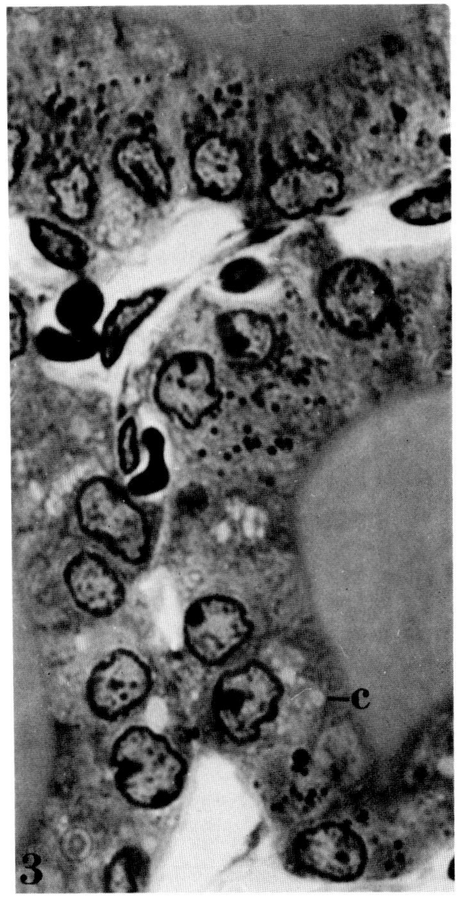
c
3

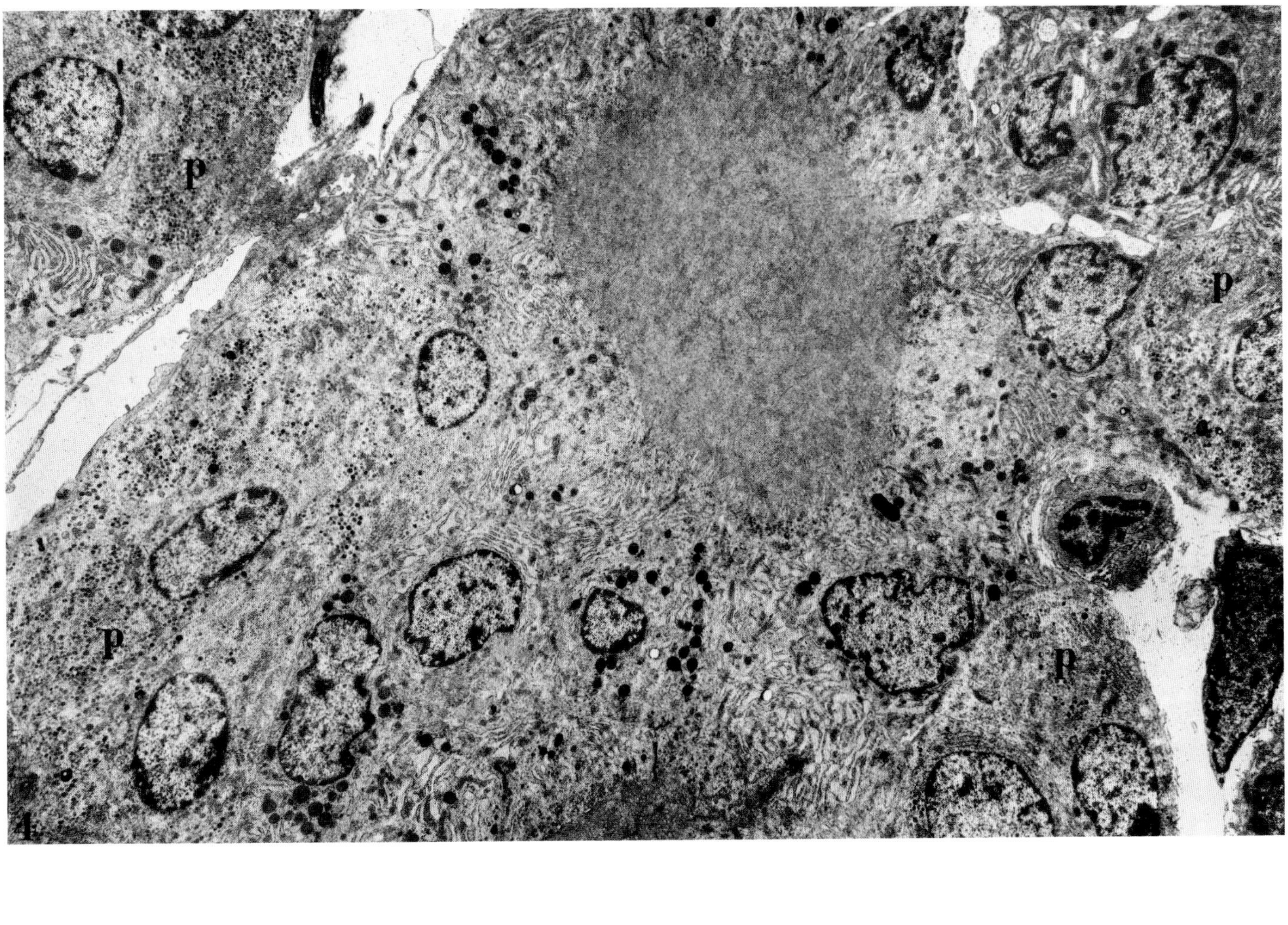
p
p
p
p
4

Plate XXXVI

The Thyroid Gland

The thyroid follicular cell is a cuboidal cell with a moderate number of microvilli which project into the colloid filled lumen. The nucleus contains coarse, densely stained chromatin. The cisternae of the granular endoplasmic reticulum are dilated The cell has multiple large Golgi complexes in the supranuclear region. Large dense granules, which increase in frequency with the age of the animal, are found in the cytoplasm of the follicular cells. These granules, which are present from the base to the apex of the cells, have been shown to contain acid phosphatase and other enzymes common to lysosomes. The mitochondria are elongated and many are aligned along the lateral borders of the cell. Capillaries with fenestrated endothelium are closely applied to the follicular epithelial cells. Large, dense granules are seen in the cytoplasm of the endothelial cells. Basal laminae accompany the follicular epithelial and the capillary endothelial cells. 17,500×

Planche XXXVI

Glande thyroïde

La cellule folliculaire de la thyroïde, généralement cubique, possède un certain nombre de microvillosités faisant saillie dans la colloïde de la lumière. La chromatine nucléaire paraît dense et grossière. Les citernes du réticulum endoplasmique granulaire sont dilatées. Les nombreuses membranes de Golgi se distribuent souvent dans plus d'un endroit de la région supranucléaire. Le cytoplasme des cellules folliculaires du jeune rat contient quelques grands granules denses dont la fréquence augmente avec l'âge. Ces granules se retrouvent de la base à l'apex des cellules et contiennent de la phosphatase acide et autres enzymes communs aux lysosomes. Les mitochondries sont allongées et plusieurs d'entre elles suivent les bords de la cellule. Les cellules folliculaires entrent en contact intime avec des capillaires pourvus d'endothélium de type fenestré. Des lames basales accompagnent les cellules folliculaires et endothéliales. Le cytoplasme des cellules endothéliales contient de gros granules denses. 17,500×

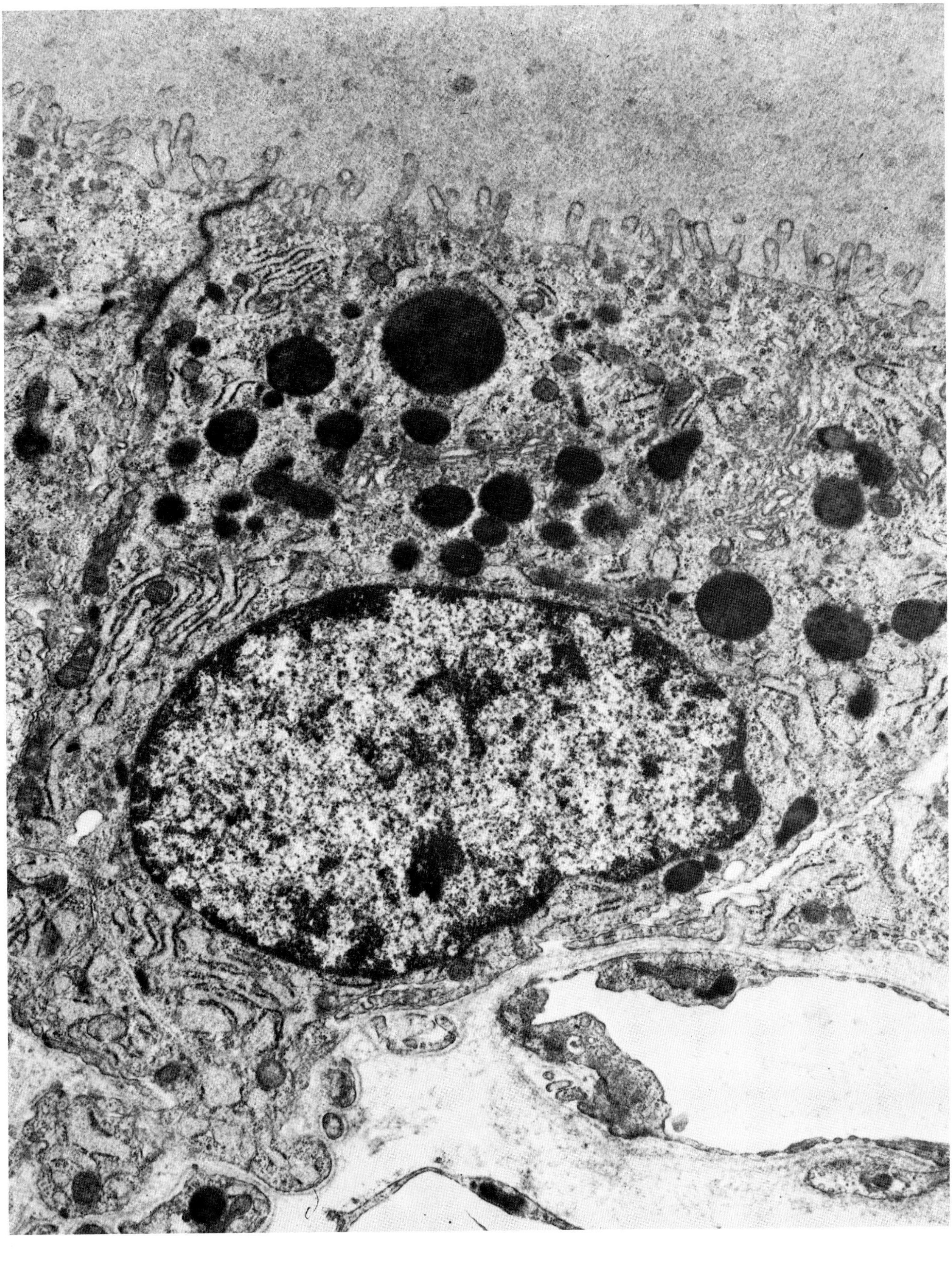

Plate XXXVII

The Thyroid Gland

1. Colloid droplets (c), less dense than the colloid in the lumen (L), are seen quite frequently in the cytoplasm. It has been shown by radioautographic techniques that the colloid originates in the lumen of the thyroid follicle and migrates toward the base of the cell in the form of large droplets. 7800×

2. Most of the large lysosomal granules appear to be near the Golgi complex. Dense peripheral content is found in some of the vesicles in the concavity of the Golgi (arrow). The smaller, moderately dense granules toward the apex of the cell are considered to be secretory in nature. The dilated cisternae of the granular endoplasmic reticulum extend into the apical cytoplasm of the cell. 47,500×

3. L. The glycoprotein thyroglobulin is iodinated in the follicular lumen. Light microscopic autoradiography can be utilized to demonstrate the rate of transfer and the localization of isotopes within an organ. Two minutes after the intravenous injection of ^{125}I, its incorporation into the thyroglobulin is indicated by the developed silver grains which are found almost exclusively over the colloid. 800×

4. L. At 10 minutes after the injection of ^{125}I, there is an increase in radioactivity over the colloid, but there is still little evidence of tracer over the cell. 800×

5. The colloid (c) droplets can be seen to be surrounded by a distinct, smooth-surfaced membrane. These droplets, some of which contain certain localized densities, are somewhat more dense than the content of the dilated cisternae of the granular endoplasmic reticulum. A number of small vesicles and sacs with moderately dense content are seen in the Golgi complex. 50,000×

The thyroglobulin contains the iodinated amino acids thyroxine and triiodothyronine. The exact site of the hydrolysis of the iodinated hormones in the colloid is not known, but it is believed that proteolytic enzymes within the follicular cells are responsible for this liberation.

Planche XXXVII

Glande thyroïde

1. Le cytoplasme des cellules folliculaires contient assez souvent des gouttelettes de colloïde (c) de coloration plus faible que celle de la colloïde de la lumière (L). Des études radioautographiques ont démontré que la colloïde provient de la lumière du follicule et migre vers la base de la cellule sous forme de grosses gouttelettes. 7800×

2. La plupart des gros lysosomes se retrouvent au voisinage de l'appareil de Golgi. Certaines vésicules situées dans la concavité de cet appareil de Golgi (flèche) présentent un contenu périphérique foncé. Les citernes dilatées du réticulum endoplasmique granulaire s'allongent jusqu'à l'apex où s'entassent des granules plus petits et assez denses de nature probablement sécrétoire. 47,500×

3. L. Une glycoprotéine, la thyroglobuline, est iodée dans la lumière du follicule. La radioautographie photonique permet de suivre la cinétique d'un traceur radioactif. Ainsi, deux minutes après injection intra-veineuse, l'incorporation d'^{125}I dans la thyroglobuline se traduit par la présence de grains d'argent uniquement au-dessus de la colloïde. 800×

4. L. Dix minutes après injection, l'^{125}I se retrouve en plus forte concentration au-dessus de la colloïde tout en étant encore absent des cellules folliculaires. 800×

5. On distingue une membrane autour des gouttelettes de colloïde (c) dont certaines contiennent des taches foncées. Ces gouttelettes sont plus sombres que le contenu des citernes dilatées du réticulum endoplasmique granulaire. Plusieurs petites vésicules et saccules à contenu assez foncé, sont présents dans le complexe golgien. 50,000×

La thyroglobuline contient deux acides aminés iodés, la thyroxine et la triiodothyronine. On ne connaît pas l'endroit exact de la libération des hormones iodées à partir de la colloïde mais on croit que des enzymes protéolytiques présentes dans les cellules folliculaires sont responsables de cette libération.

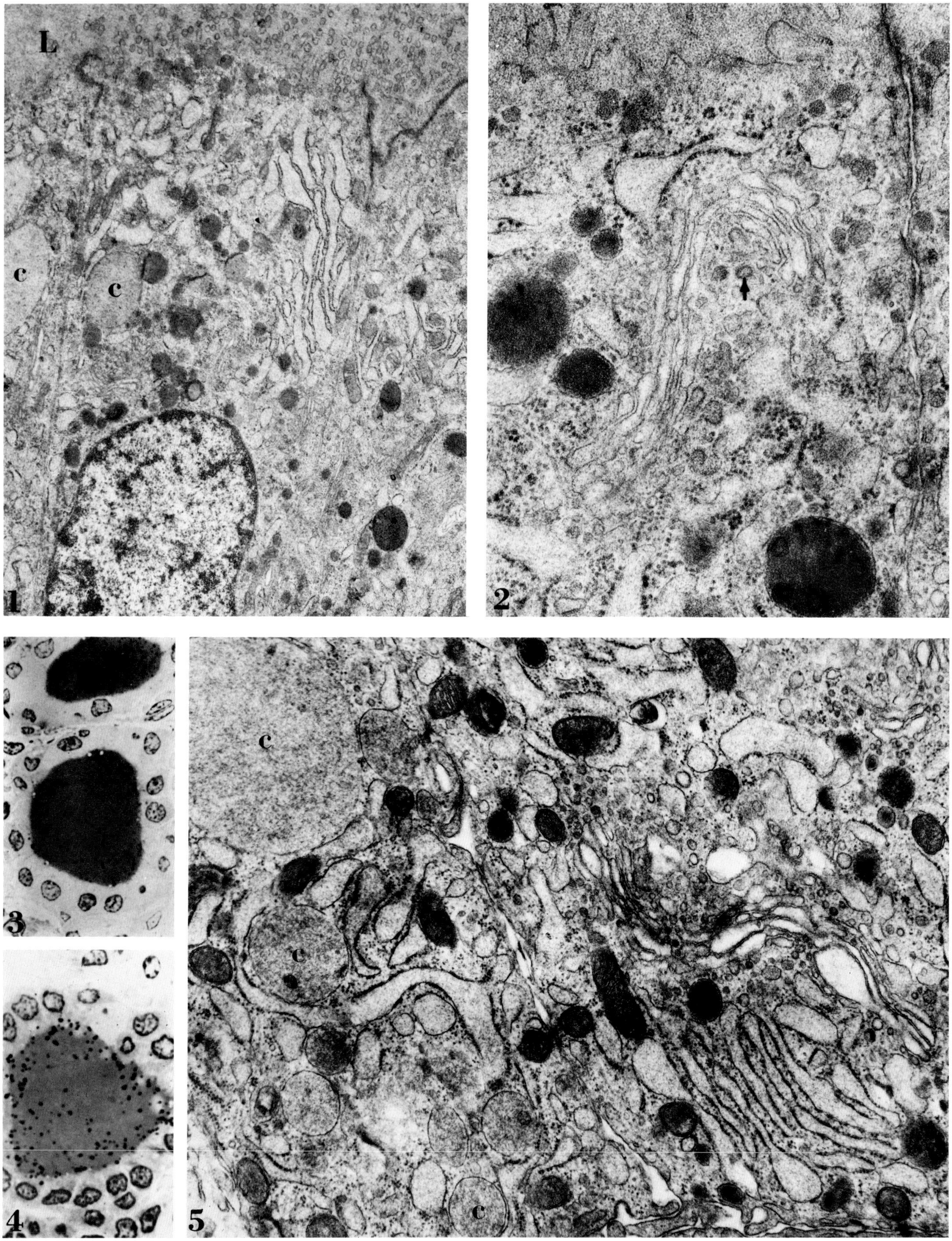
L
c
c
1
2
3
4
c
c
c
5

Plate XXXVIII

The Thyroid Gland

1. Cytoplasmic microtubules are numerous in the apexes of the thyroid follicular cells. The microvilli have typical filamentous cores. Their rootlets blend into the filaments and microtubules of the apical cell web. 70,000×

2. Many cytoplasmic microtubules radiate out from the centrioles, which are located in the apical cytoplasm of the thryoid follicular cell. 50,000×

3. A large dense granule, probably lysosomal in nature, contains a number of internal laminated structures. These laminations radiate toward the surface. Between the granule and the apex of the cells are numerous cytoplasmic microtubules. 50,000×

4. In very rapidly fixed cells, dense material can be localized in the periphery of the colloid. This dense material has a distinct resemblance to the content of the apical vesicles. In some of these, a homogeneous dense material is superimposed on the less dense fibrillar content. 75,000×

5. The filaments within the microvilli of the thyroid follicular cells are difficult to distinguish against the dense background cytoplasm. The microvilli are outlined by a typical trilaminar plasma membrane. 120,000×

Planche XXXVIII

Glande thyroïde

1. L'apex des cellules folliculaires de la thyroïde contient de nombreux microtubules cytoplasmiques. Les microvillosités possèdent un axe filamenteux typique qui se fond avec les filaments et les microtubules du réseau cellulaire apical. 70,000×

2. Dans le cytoplasme apical de la cellule folliculaire, on retrouve les centrioles d'où s'irradient plusieurs microtubules. 50,000×

3. Un gros granule dense, probablement de nature lysosomale, possède une infrastructure laminée. Ces laminages semblent s'irradier vers la surface. Plusieurs microtubules cytoplasmiques s'étendent entre le granule et l'apex de la cellule. 50,000×

4. Une fixation très rapide des cellules permet de mettre en évidence un matériel foncé à la périphérie de la colloïde. Ce matériel ressemble beaucoup au contenu des vésicules apicales. Dans certaines de ces dernières, on distingue une substance sombre et homogène surajoutée à un contenu fibrillaire moins foncé. 75,000×

5. Les filaments à l'intérieur des microvillosités des cellules folliculaires offrent un faible contraste au cytoplasme fortement coloré. Le contour des microvillosités est délimité par une membrane plasmatique trilaminaire caractéristique. 120,000×

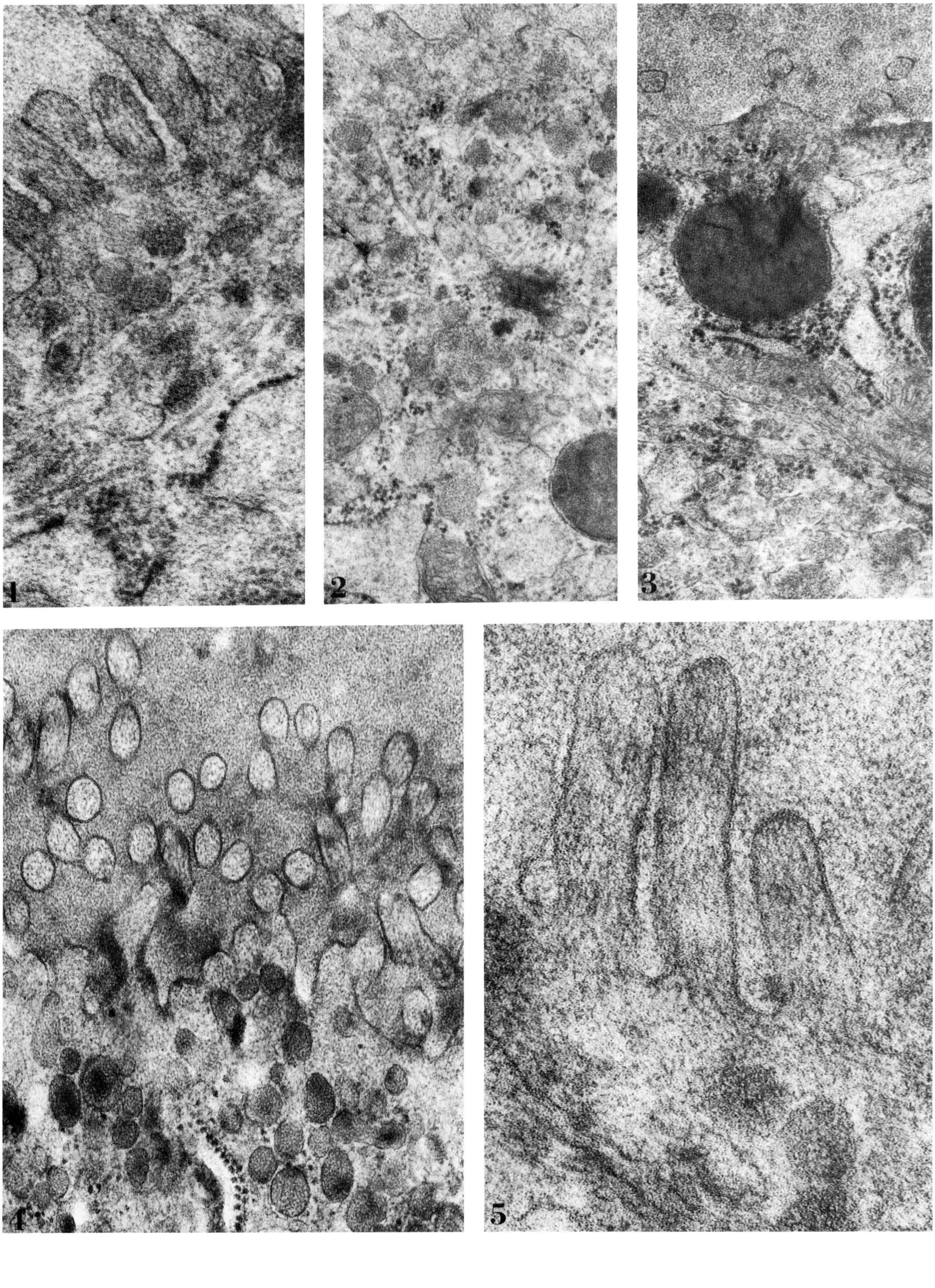
1
2
3
4
5

Plate XXXIX

The Thyroid Gland

FIGS. 1, 2, 3, AND 4

Cytoplasmic microtubules appear to be in close contact with many of the apical granules in the thyroid follicular cell. Some of these apical granules of variable density appear to have reached the cell surface. 50,000×

FIGS. 5 AND 6

In the aged rat, cytoplasmic microtubules occasionally appear to be quite tortuous. The microtubules appear to be in close contact with secretory granules. 70,000×

Planche XXXIX

Glande thyroïde

FIGS. 1, 2, 3 ET 4

Plusieurs des granules apicaux de la cellule folliculaire semblent intimement associés à des microtubules cytoplasmiques. Certains de ces granules apicaux, de coloration variable, semblent atteindre la surface cellulaire. 50,000×

FIGS. 5 ET 6

Chez le rat âgé, les microtubules cytoplasmiques apparaissent parfois assez tortueux. Les microtubules semblent associés aux granules sécrétoires. 70,000×

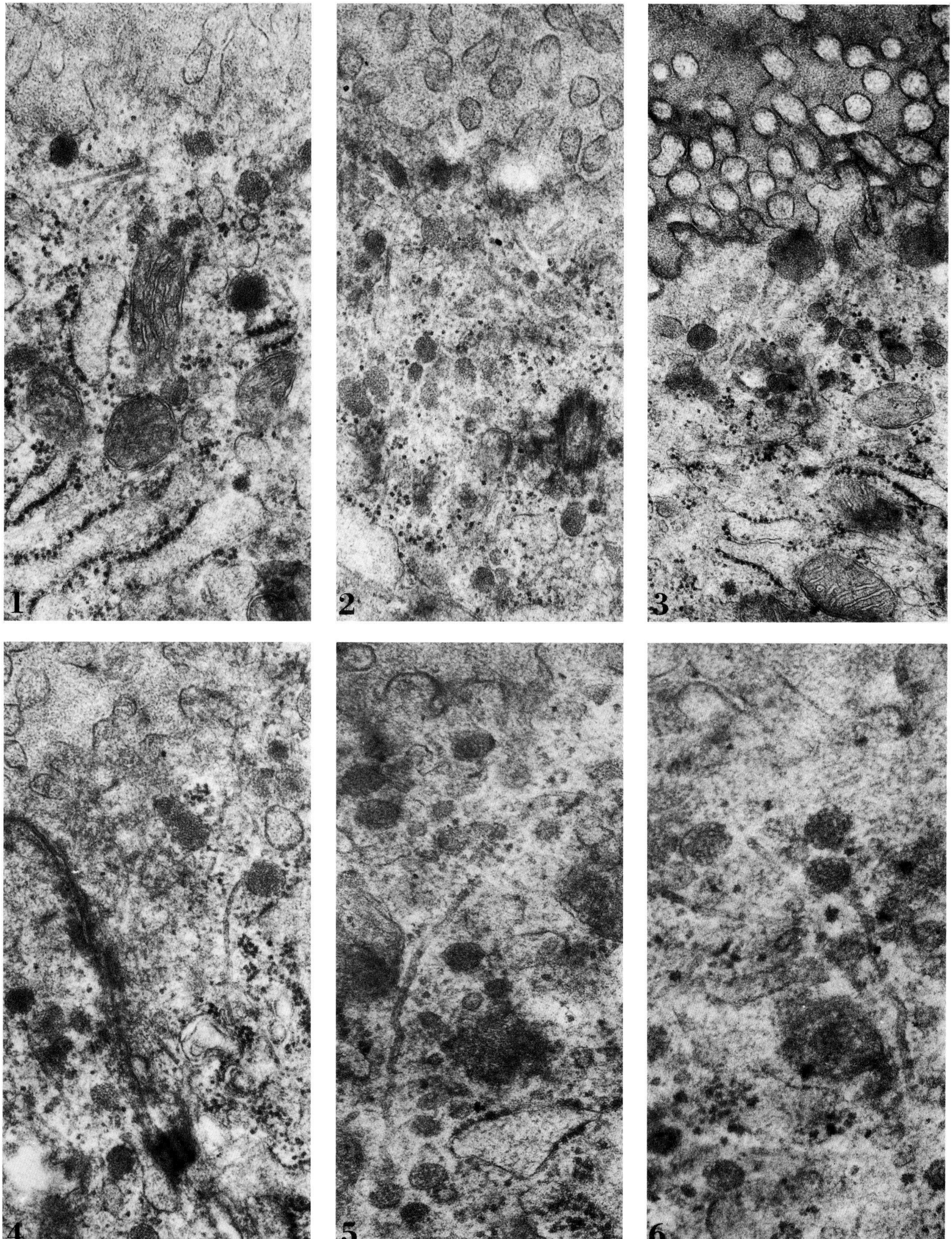
1
2
3
4
5
6

Plate XL

The Thyroid Gland

Fixation: Glutaraldehyde–DMSO followed by osmic acid.

1. In a section of the thyroid gland from an animal which had been fixed very rapidly, a continuity between apical vesicles was obtained in many instances. Neighboring vesicles and their interconnecting narrowed portions create a dumbbell appearance. A network of cytoplasmic microtubules and filaments surround the vesicles. In tissues fixed by this method, the content of the apical vesicles appears very dense. 65,000×

2. A microtubular stem appears to interconnect an apical vesicle and the surface membrane (arrow). Dense material, resembling that in the vesicles, is located in the follicular lumen. Some of the apical vesicles are elongated. 60,000×

3. In another field, the apical vesicles are greatly elongated. Many of the tubular profiles and vesicles appear to be in continuity. 65,000×

4. Small dense granules are found near the lateral cell borders. The mitochondria along the cell border are frequently associated with desmosomal complexes. Filaments seem to stretch between the mitochondria and these desmosomal junctional complexes. 60,000×

Planche XL

Glande thyroïde

Fixation au glutaraldéhyde-DMSO suivie d'acide osmique.

1. Dans cette coupe de glande thyroïde provenant d'un animal fixé très rapidement, on note en plusieurs endroits une continuité entre les vésicules apicales, conférant ainsi une image d'haltères à deux vésicules voisines. Les vésicules sont entourées d'un réseau de microtubules cytoplasmiques et de filaments. Grâce à cette méthode de fixation, la coloration du contenu des vésicules apicales est particulièrement intense. 65,000×

2. Une tige microtubulaire semble relier une vésicule apicale à la surface (flèche). La lumière du follicule contient des éléments dont la coloration ressemble à celle du contenu des vésicules. Plusieurs des vésicules apicales sont allongées. 60,000×

3. Un autre champ montre des vésicules apicales très allongées. Plusieurs des éléments tubulaires et des vésicules semblent continus. 65,000×

4. Ici, on retrouve de petits granules denses le long des bords cellulaires. A ces endroits, les mitochondries sont souvent associées à des desmosomes. Des filaments semblent joindre les mitochondries et les complexes de jonction intercellulaire. 60,000×

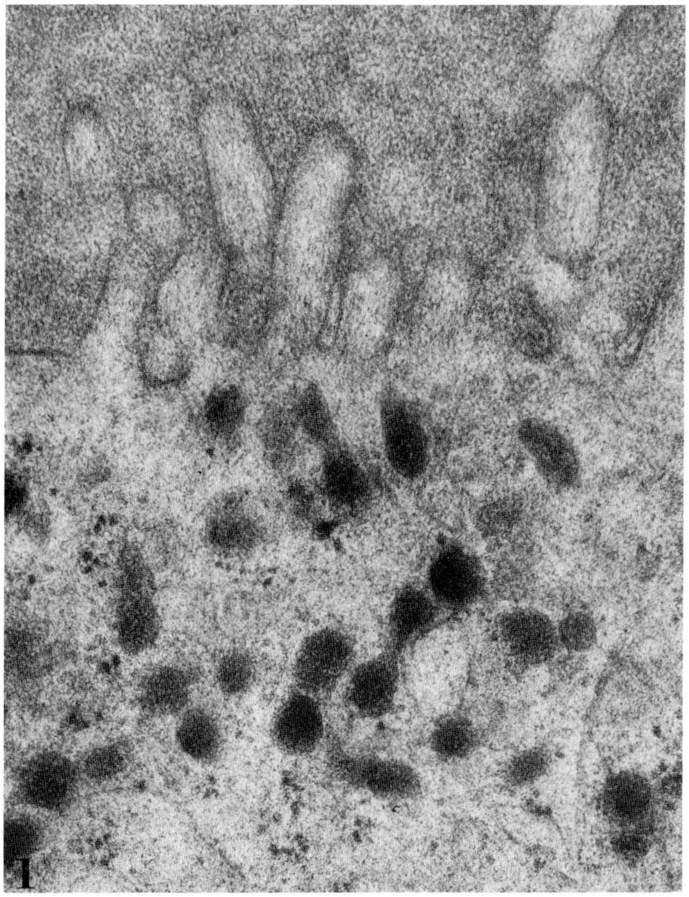

1

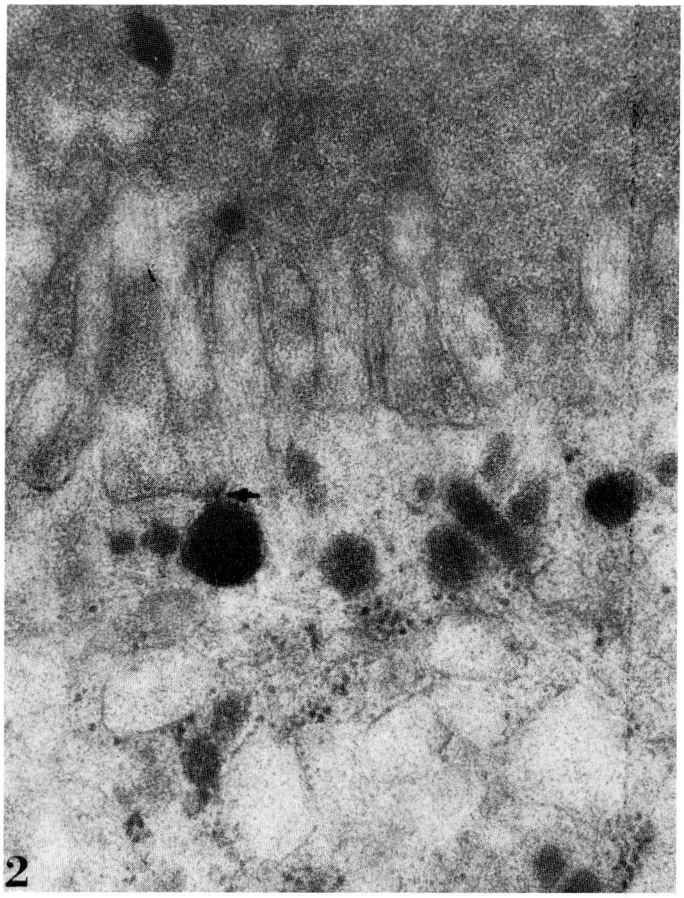

2

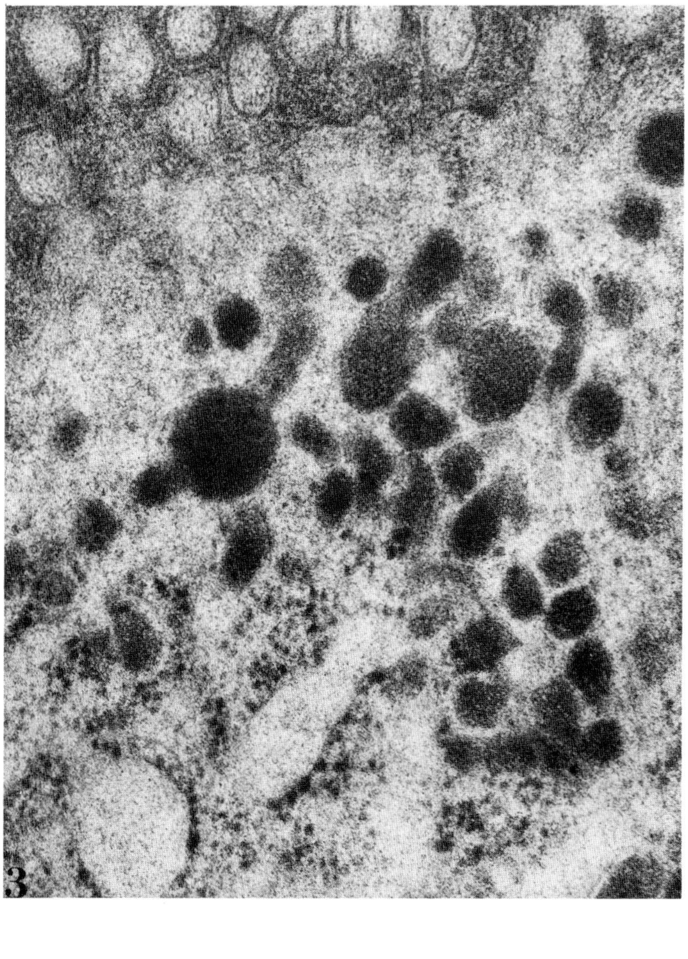

3

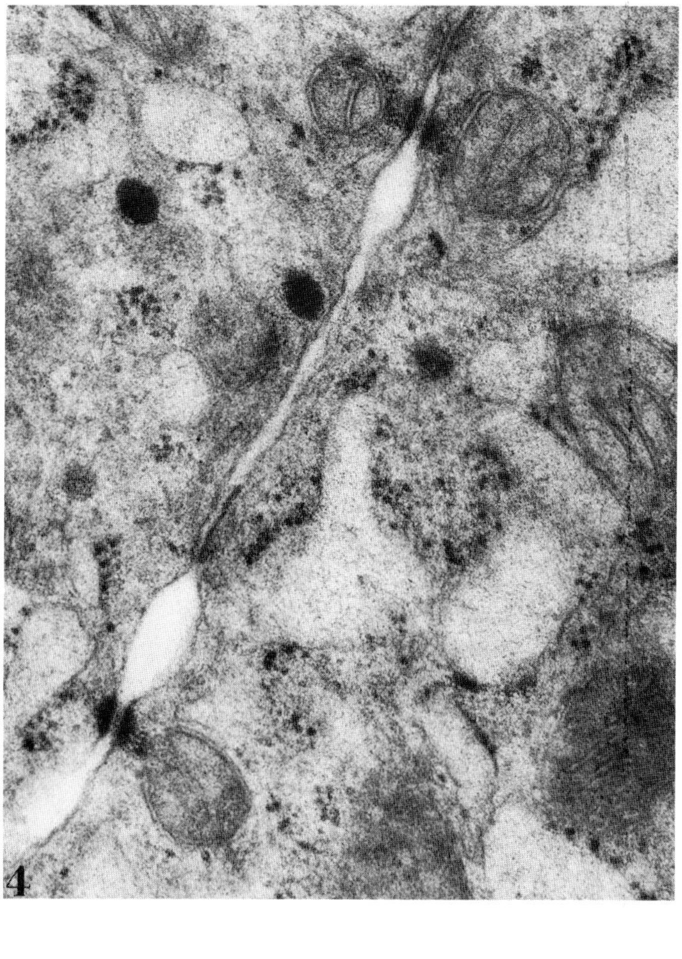

4

Plate XLI

The Thyroid Gland

1. The parafollicular cell, described many years ago, is closely applied to the thyroid follicular cell but does not reach the lumen. It is placed between the basal lamina and the follicular epithelial cells. The parafollicular cell has a much less dense background cytoplasm than the follicular cells. A very large number of small granules of variable density are found in the cytoplasm. These granules measure from 1500 to 2500 Å in diameter. It has been reported recently that a high cholinesterase activity is present at the periphery of these cells. There is considerable evidence to indicate that they are the source of the hypocalcemic hormone calcitonin (thyrocalcitonin) and they have therefore been termed C-cells. It has been suggested that a monoamine such as a catecholamine may be present in the granules. These cells appear to be derived from the ultimobranchial body. 11,000×

2. A moderate number of mitochondria, a few ribosomes, a small number of cytoplasmic microtubules, and some agranular endoplasmic reticulum are located among the granules in these parafollicular or C-cells. 35,000×

Planche XLI

Glande thyroïde

1. La cellule parafolliculaire a été décrite il y a plusieurs années. On admet généralement qu'elle est intimement accolée à la cellule folliculaire mais n'atteint pas la lumière; elle est donc située entre la lame basale et les cellules folliculaires. Son fond cytoplasmique est beaucoup moins sombre que celui des cellules folliculaires. Toutefois, on y trouve un très grand nombre de petits granules d'intensité variable, dont le diamètre se situe entre 1500 et 2500 Å. Des études récentes signalent une activité cholinestérasique intense à la périphérie de cette cellule. Elle est, selon toute évidence, la source de l'hormone hypocalcémiante calcitonine (thyrocalcitonine) et c'est pourquoi on l'appelle également la cellule-C. On a suggéré qu'une monoamine du type catécholamine pourrait se trouver dans les granules. Les cellules-C origineraient du corps ultimobranchial. 11,000×

2. Le cytoplasme des cellules parafolliculaires ou cellules-C contient, en plus des granules, un certain nombre de mitochondries, quelques ribosomes, un petit nombre de microtubules et, enfin, un réticulum endoplasmique lisse. 35,000×

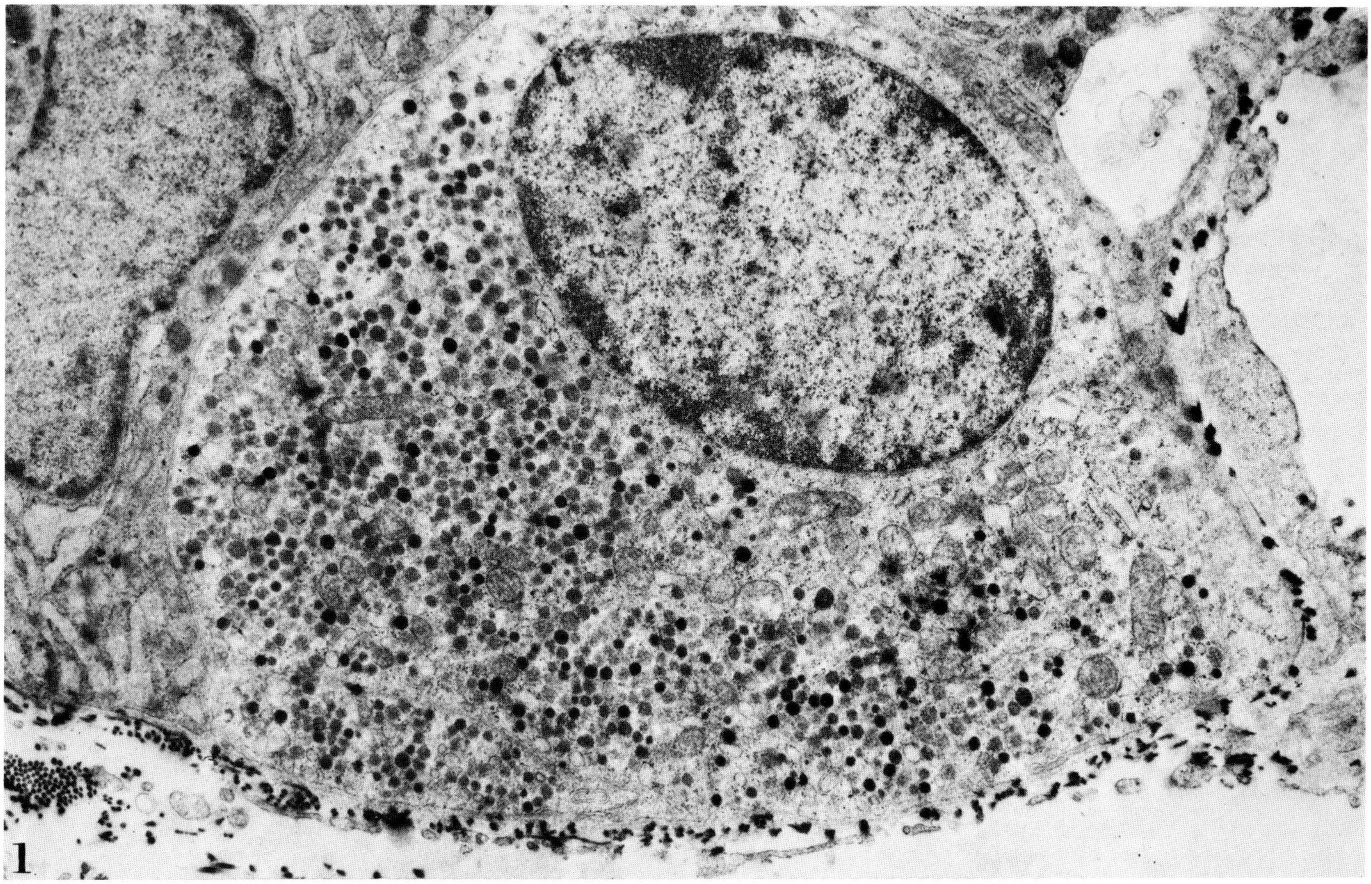

1

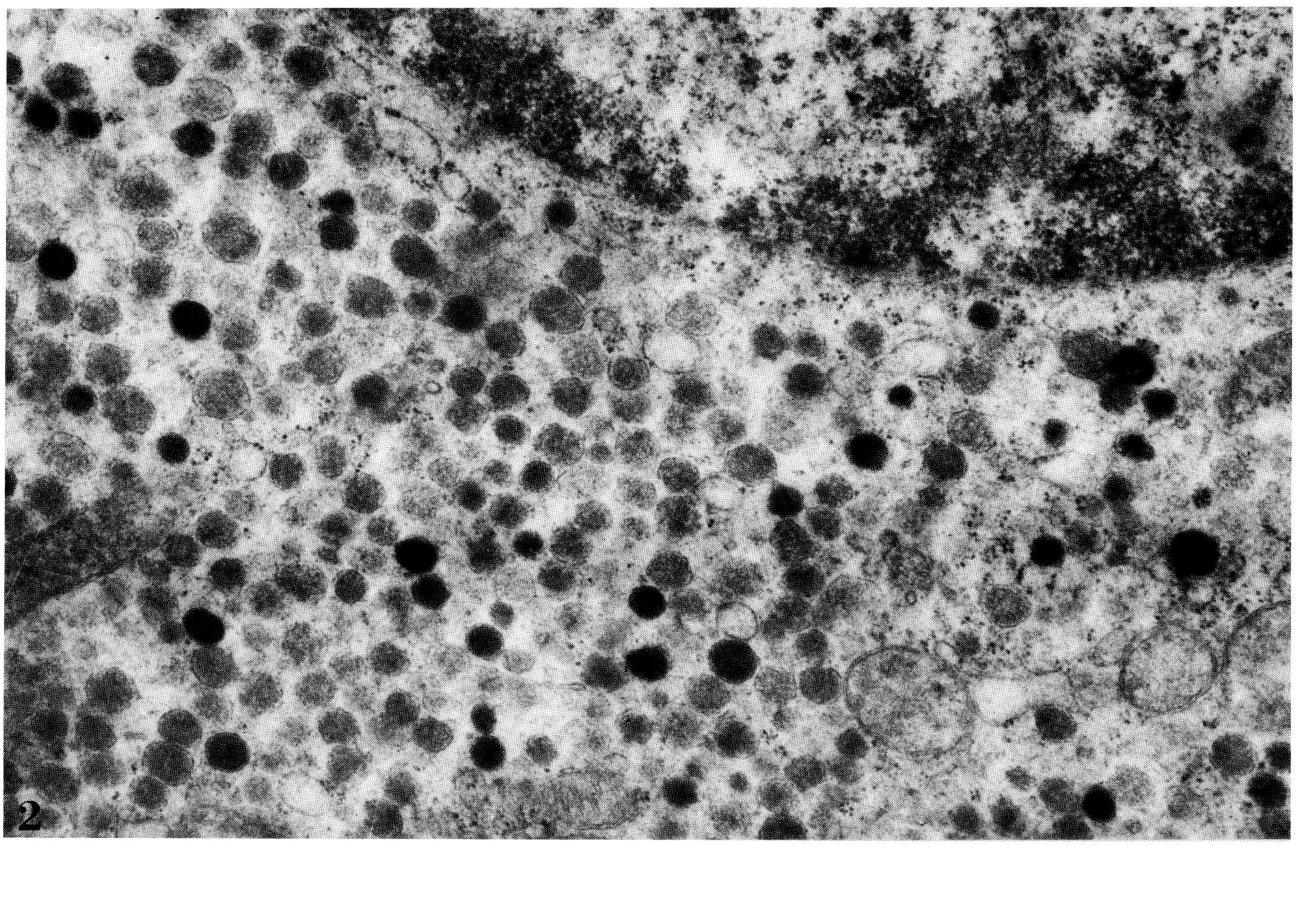

2

Plate XLII

The Thyroid Gland

1. A great difference in the number of granules occurs in C-cells of the same species of animal as well as in different species. In one of these parafollicular cells (p), only scattered granules can be found. In this field a high concentration of flattened cisternae of the granular endoplasmic reticulum, a large number of free ribosomes, a considerable number of mitochondria, and cytoplasmic microtubules are found. The cytoplasm is distinctly different from that of the neighboring thyroid follicular cells (f), in which the granular endoplasmic reticulum is greatly dilated and the background cytoplasm is more dense. 25,000×

2. In another of these parafollicular cells, numerous cytoplasmic microtubules and elongated tubules of the smooth-surfaced endoplasmic reticulum parallel the surface of the cell. Clusters of ribosomes are found among the organelles. 62,500×

3. A cytoplasmic process of one of these parafollicular cells contains a number of membrane-bound granules. A larger, very dense granule is seen in the process. The appearance of the granules within this bulbous cytoplasmic process is reminiscent of those in the secretory terminals of the pars nervosa of the hypophysis. A number of cytoplasmic microtubules extends into the bulbous cytoplasmic process. 45,000×

Planche XLII

Glande thyroïde

1. Le nombre de granules dans les cellules-C varie beaucoup d'une espèce animale à l'autre et même à l'intérieur d'une même espèce. Cette photographie illustre, dans l'une de ces cellules parafolliculaires (p), la présence de quelques granules dispersés. Le même champ montre une forte concentration de citernes aplaties du réticulum endoplasmique granulaire, plusieurs ribosomes libres, un très grand nombre de mitochondries et des microtubules cytoplasmiques. Le cytoplasme de la cellule parafolliculaire diffère nettement de celui des cellules folliculaires voisines (f) car ce dernier est plus dense et possède un réticulum endoplasmique granulaire très dilaté. 25,000×

2. Une cellule-C contient de nombreux microtubules cytoplasmiques; de plus, des tubules allongés du réticulum endoplasmique lisse sont disposés parallèlement à la surface de la cellule. Des amas de ribosomes sont présents parmi les organites. 62,500×

3. Plusieurs granules limités par une membrane sont visibles dans un prolongement cytoplasmique d'une cellule parafolliculaire. Le même prolongement contient un granule plus gros et très dense. L'aspect des granules à l'intérieur de ce prolongement cytoplasmique bulbeux rappelle celui des terminaisons neurosécrétrices de la pars nervosa de l'hypophyse. Plusieurs microtubules cytoplasmiques s'avancent jusque dans le prolongement bulbeux. 45,000×

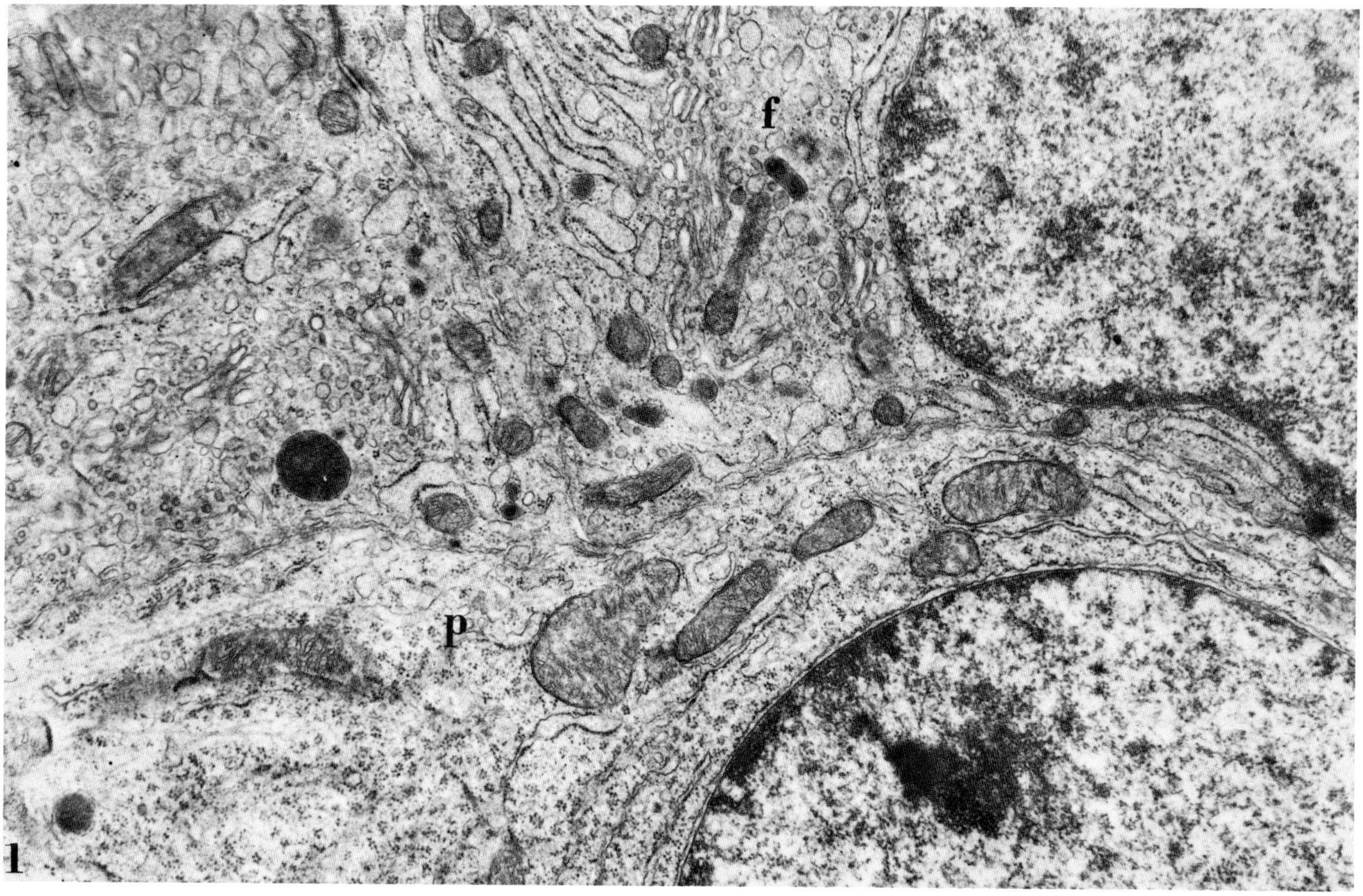
f
p
1

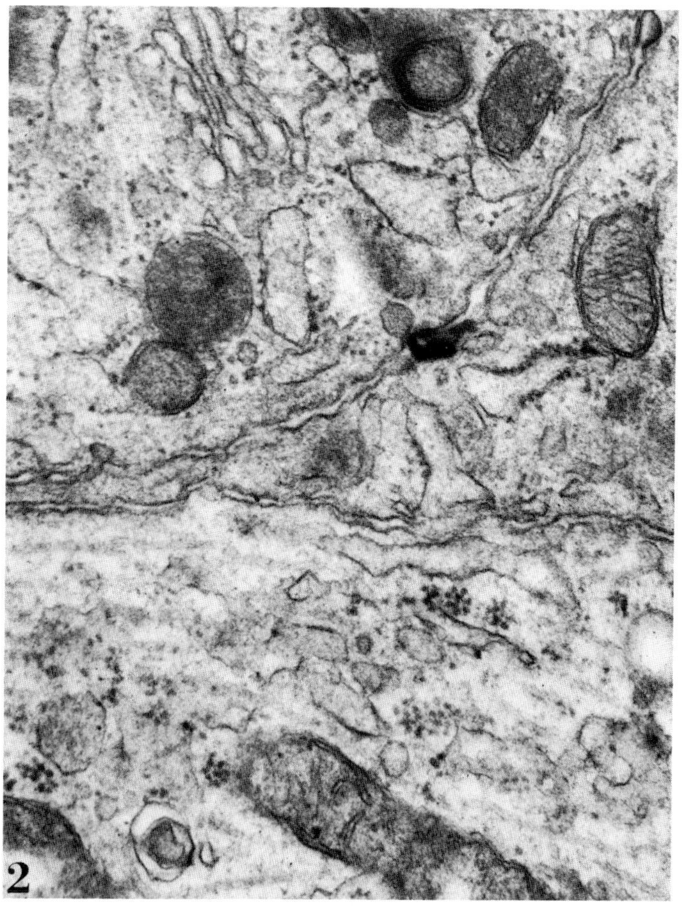
2

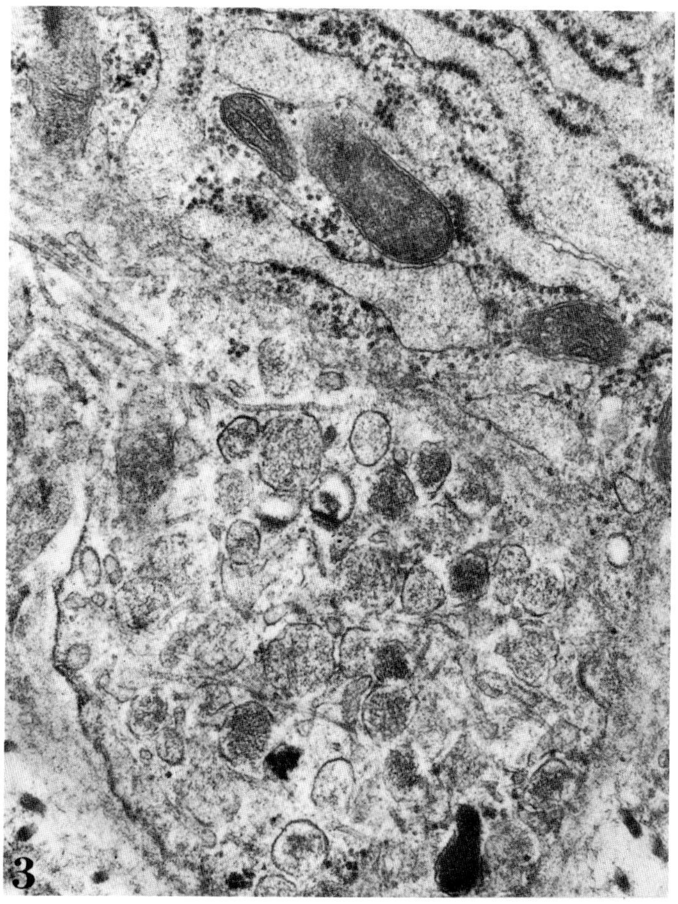
3

Plate XLIII

The Parathyroid Glands

1. L. In the rat, the parathyroid glands are embedded within the thyroid gland. These parathyroids appear as clusters of large pale cells with irregular nuclei and a few small granules in their cytoplasm. The densely packed cells are arranged as cords around groups of capillaries. In this young animal only one type of cell, the principal or chief, was found. 600×

2. In the parathyroid of the perfused animal, a moderate amount of intercellular space is very commonly seen. The cells are large and have irregular nuclei. The cytoplasm is quite dense and contains a number of vacuoles and dense granules. The cords of cells are bordered by a basal lamina, and the neighboring capillaries are of the type with a fenestrated endothelium. In the pericapillary space, which is considerable, the collagen fibrils are widely scattered. 3250×

Planche XLIII

La parathyroïde

1. L. Chez le rat, les parathyroïdes sont incluses dans la glande thyroïde. Leur aspect histologique consiste en des groupes de cellules pâles, avec noyau irrégulier et quelques petits granules dans le cytoplasme. Les cellules, très rapprochées les unes des autres, sont disposées en cordons autour des capillaires. Seules les cellules principales ont été retrouvées chez ce jeune animal. 600×

2. Dans la parathyroïde de l'animal perfusé existent de nombreux espaces intercellulaires de dimension moyenne. Les cellules sont grandes et possèdent un noyau irrégulier. Le cytoplasme assez foncé contient un certain nombre de vacuoles et de granules denses. Les cordons cellulaires sont limités par une lame basale et les capillaires avoisinants possèdent un endothélium fenestré. L'espace péricapillaire est assez grand et les fibrilles collagènes y sont largement distribuées. 3250×

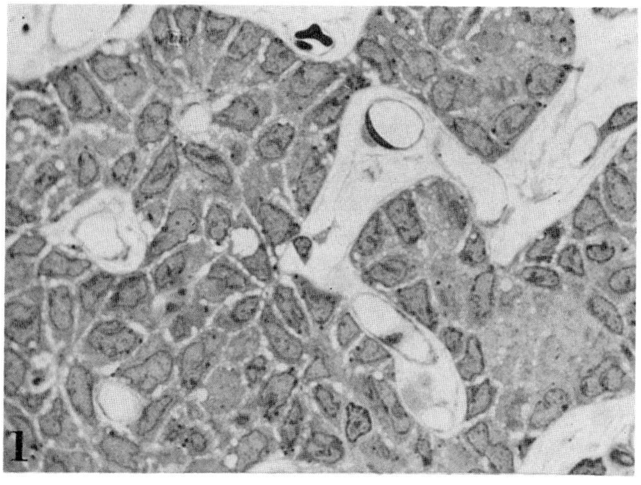

1

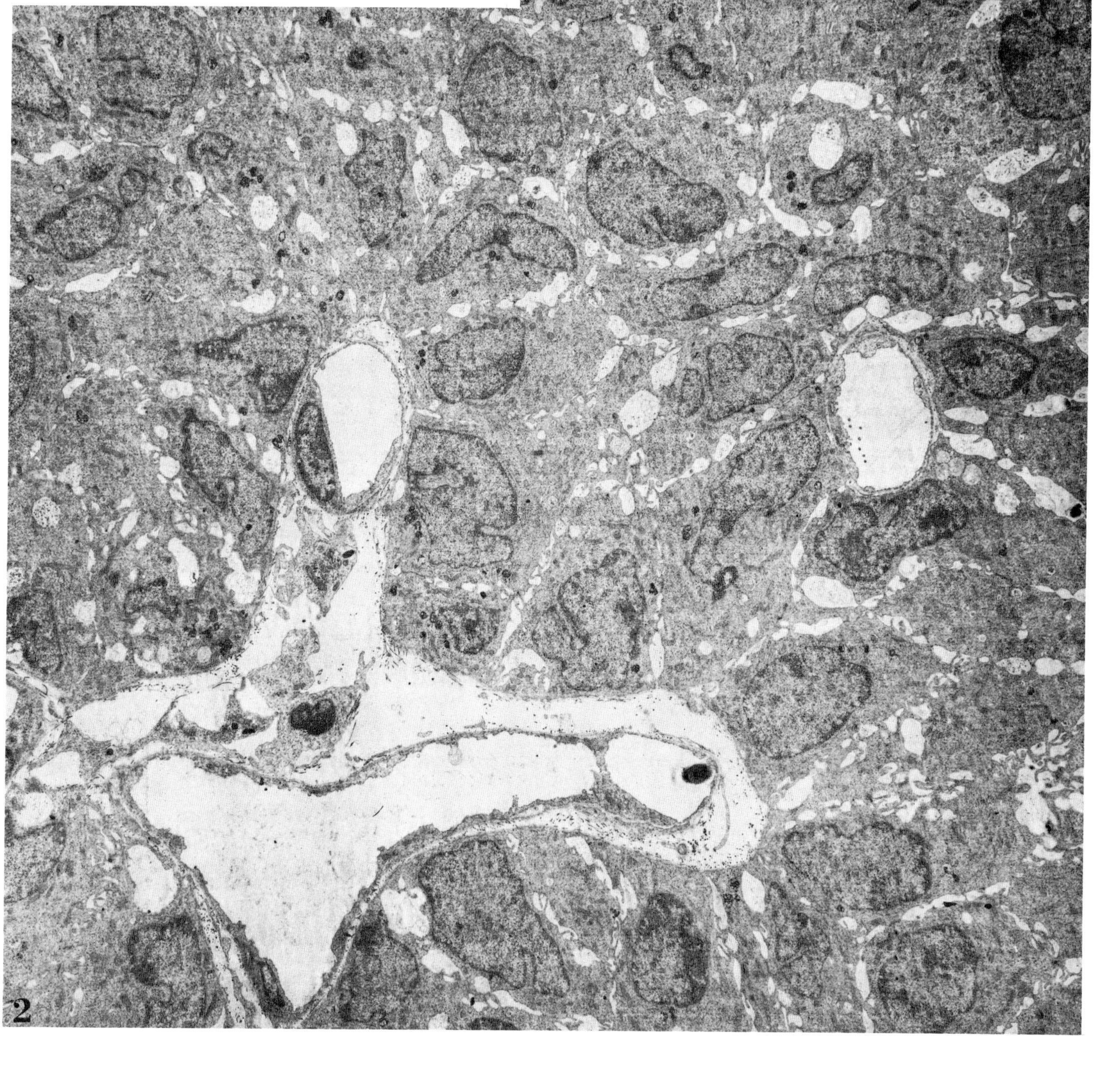

2

Plate XLIV

The Parathyroid Glands

The borders of the parathyroid chief cell are quite folded, and the folds interdigitate with similar processes of neighboring cells. Cytoplasmic processes project out into the pericapillary space. The cells contain a large number of ribosomes, varying numbers of lipid droplets (l), and a number of lipofuscin granules. Dense content is seen in flattened sacs of the endoplasmic reticulum and in expansions at the ends of these membranous profiles (arrows). A moderate-sized Golgi complex (G) surrounded by a number of vesicles is located in the pole more distant from the capillary. Moderately dense granules and elongated dense tubules or sacs are found in this zone. A cilium (c) is seen in the intercellular space. 36,000×

Planche XLIV

La parathyroïde

Les bords de la cellule principale présentent plusieurs replis qui épousent ceux des cellules adjacentes. Certaines cellules émettent des prolongements cytoplasmiques dans l'espace péricapillaire. Elles contiennent plusieurs ribosomes, un nombre varié de gouttelettes de graisse (l) et des granules de lipofuscine. Un contenu foncé est visible dans les saccules aplatis du réticulum endoplasmique et dans les dilatations terminales de ces éléments membraneux (flèches). L'appareil de Golgi (G), de taille moyenne et entouré de quelques vésicules, est situé au pôle le plus éloigné du capillaire. Cette zone contient également des granules assez denses et des tubes ou saccules allongés et sombres. On aperçoit un cil (c) dans l'espace intercellulaire. 36,000×

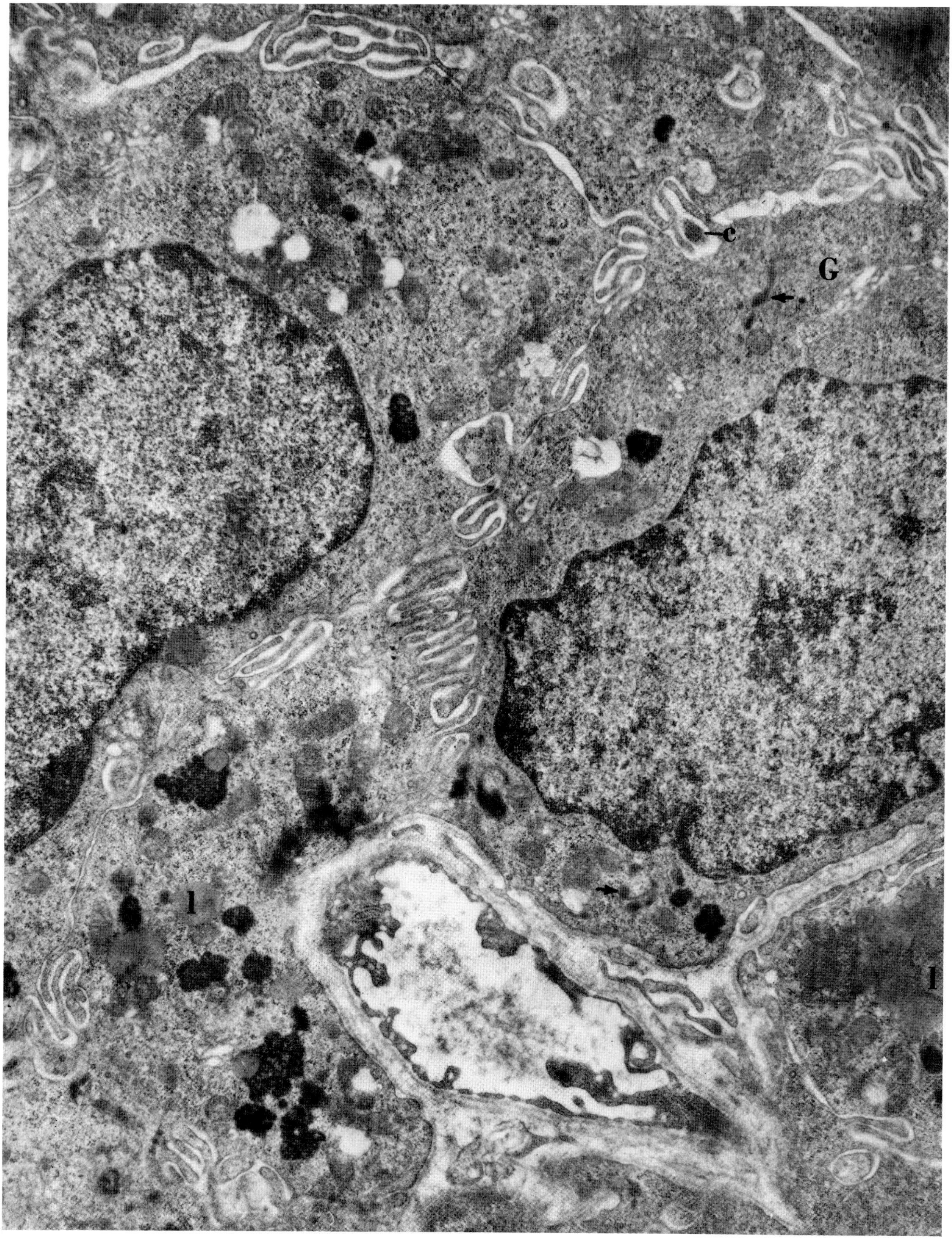
c
G
l
l

Plate XLV

The Parathyroid Glands

1. The parathyroid cells are interconnected by desmosomal junctional complexes located in straight sections of the border between the folded areas. The chromatin in the nuclei of the cells is coarsely granular. A large number of free ribosomes as well as a few profiles of granular endoplasmic reticulum are superimposed on a background cytoplasm which is moderately dense. In the cytoplasm there are lipid droplets (l), granular inclusions which are extremely electron dense, smaller circular and elongated granules of variable density (arrows), and vacuoles, some of which are partially filled with a flocculent material. 27,000×

2. Various forms of density are seen in the membrane-bound granules of the parathyroid gland. A peculiar form of irregular density is superimposed on a pale background in most of the granules, but in one, a few narrow dense lines are seen at the periphery. The granular endoplasmic reticulum of these cells appears as flattened cisterns. Filaments and cytoplasmic microtubules can be distinguished with difficulty against the dense cytoplasmic background. The lipid droplet (l) is surrounded by a thin membrane. 45,000×

Planche XLV

La parathyroïde

1. Les cellules de la parathyroïde sont reliées entre elles par des desmosomes qu'il est possible d'observer dans les portions rectilignes des limites cellulaires. La chromatine nucléaire est formée de grains grossiers. De nombreux ribosomes libres ainsi que quelques éléments du réticulum endoplasmique granulaire se superposent au fond assez dense du cytoplasme. Ce dernier contient, en plus des gouttelettes de graisse (l), des inclusions granulaires très denses, d'autres granules plus petits (flèches) de forme circulaire ou allongée dans lesquels la densité varie et, enfin, des vacuoles dont certaines sont partiellement occupées par un matériel floconneux. 27,000×

2. Les granules de la parathyroïde sont entourés d'une membrane et présentent une densité variée. Des images très sombres aux formes irrégulières s'ajoutent au fond pâle de la plupart d'entre eux. Dans un autre granule, on note quelques lignes périphériques denses et étroites. Les citernes du réticulum endoplasmique granulaire sont aplaties. La forte coloration du cytoplasme rend difficile l'identification des filaments et des microtubules. La gouttelette de graisse (l) est entourée d'une membrane mince. 45,000×

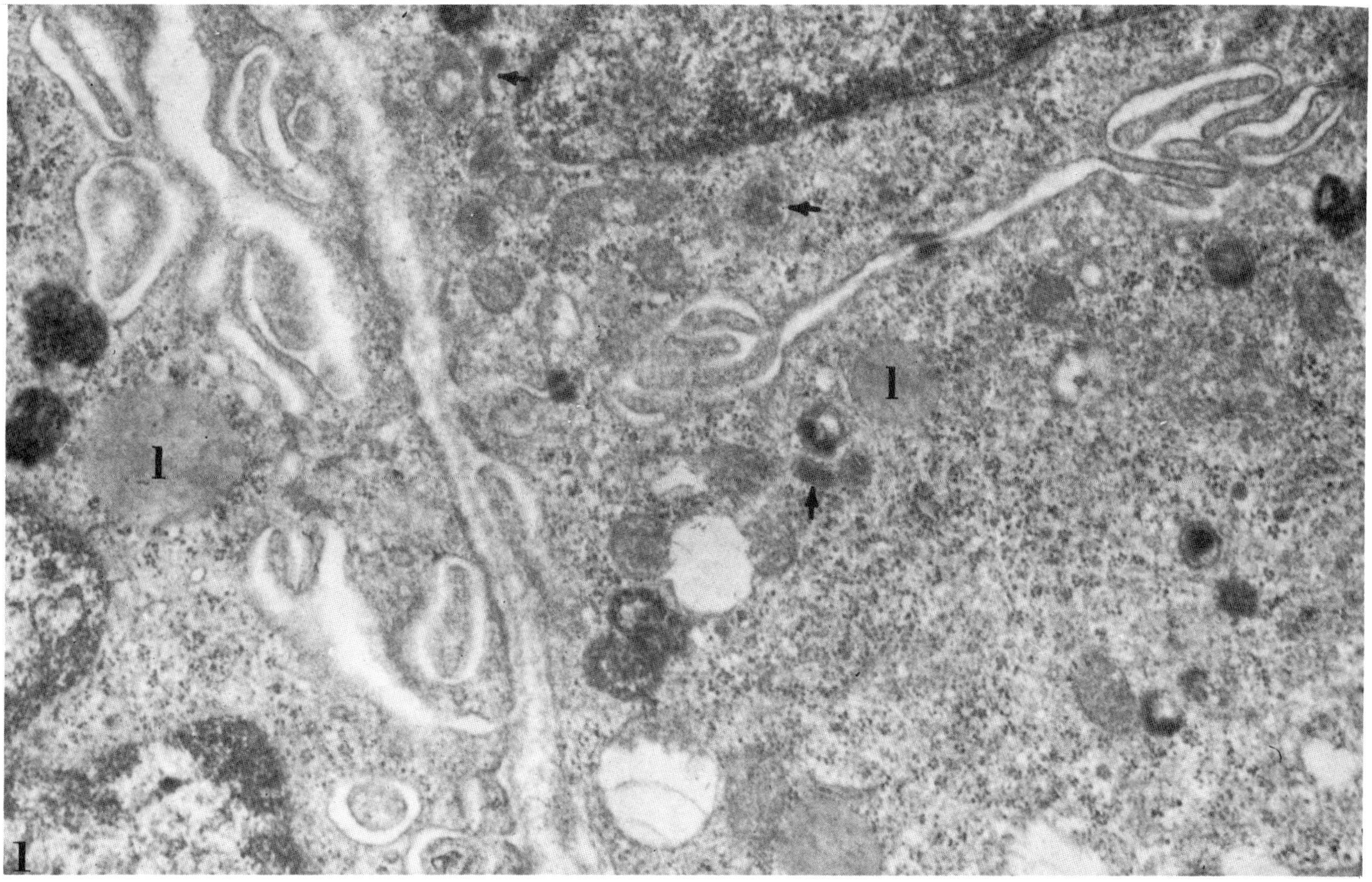

1

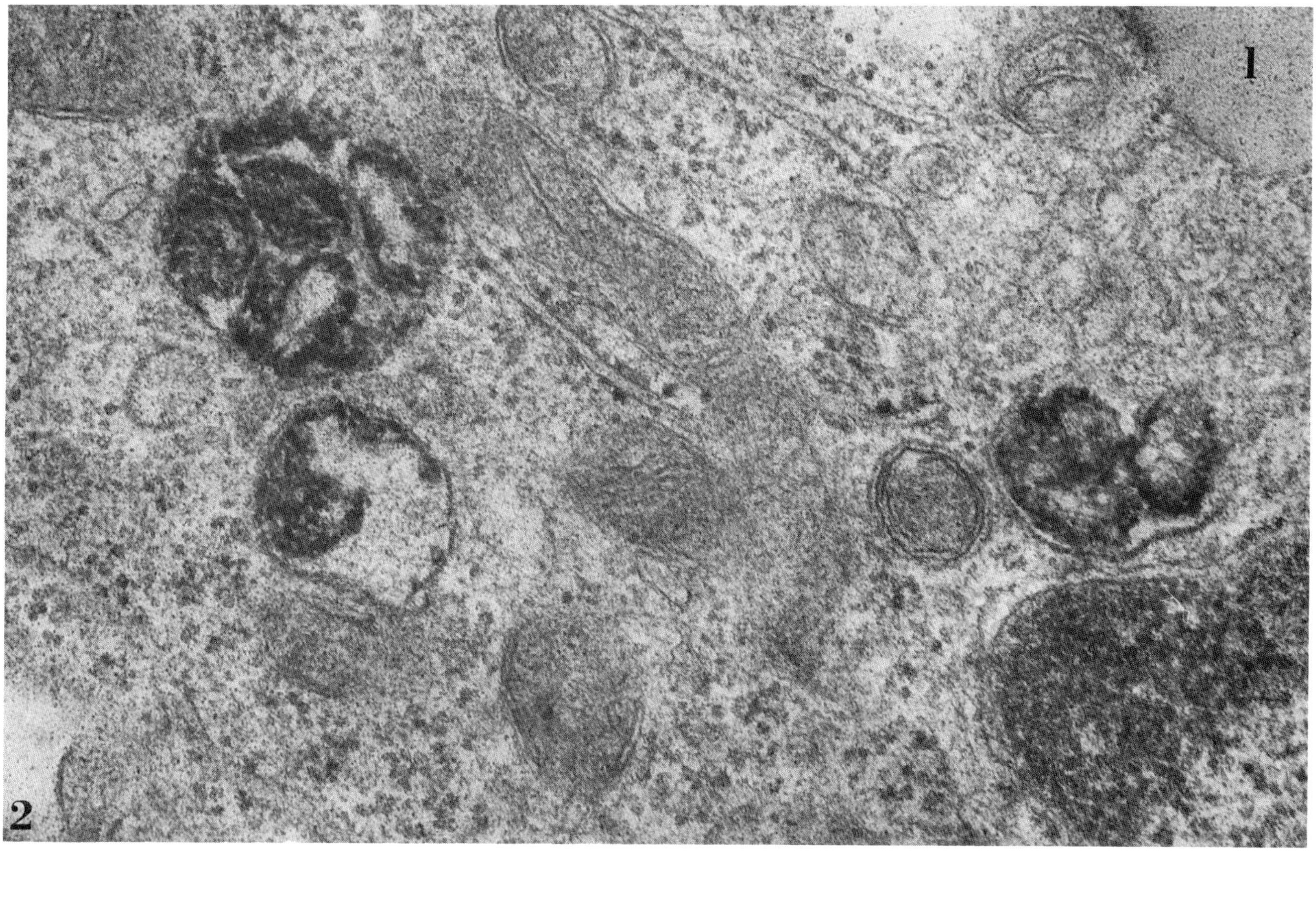

2

Plate XLVI

The Parathyroid Glands

1. L. The parathyroid gland of an adult rat exhibits a number of cells which stain considerably more densely than do the principal cells. These darker, oxyphil cells are often found in small groups but are also seen singly among the lighter principal cells. 560×

2. An oxyphil cell with relatively scanty cytoplasm is located between lighter principal cells. The cytoplasm of the former contains a higher concentration of granular endoplasmic reticulum than does the principal cell. Both types of cell contain dense granules. 14,000×

3. At a higher magnification a number of microtubules are found in the cytoplasm of the principal cell. The cytoplasmic background of the oxyphil cell is much more heavily stained than in the principal cell. 60,000×

The parathyroid gland is an essential organ. It produces parathyroid hormone, the secretion of which is increased in response to lowered plasma calcium levels. Through its effect on the osteoclasts, in particular, this hormone stimulates the release of calcium from the bony skeleton. Removal of the parathyroids results in a marked lowering of the blood calcium levels.

Planche XLVI

La parathyroïde

1. L. Cette glande parathyroïde d'un rat adulte montre plusieurs cellules beaucoup plus intensément colorées que les cellules principales. Ces cellules oxyphiles plus foncées se présentent souvent en amas; toutefois, certaines sont éparses parmi les cellules principales plus pâles. 560×

2. Une cellule oxyphile avec relativement peu de cytoplasme apparaît entre deux cellules principales plus pâles. Le cytoplasme de la cellule oxyphile contient une plus forte concentration de réticulum endoplasmique granulaire que celui des cellules principales. Les deux types cellulaires contiennent des granules denses. 14,000×

3. Un plus fort grossissement révèle plusieurs microtubules dans le cytoplasme de la cellule principale. Le fond cytoplasmique de la cellule oxyphile se colore beaucoup plus intensément que celui de la cellule principale. 60,000×

La glande parathyroïde est un organe essentiel. Elle produit l'hormone parathyroïdienne dont la sécrétion s'accroît en réponse à une chute du calcium plasmatique. Par son action sur les ostéoclastes, en particulier, cette hormone stimule la libération de calcium à partir du squelette. L'ablation des parathyroïdes entraîne une baisse marquée du calcium plasmatique.

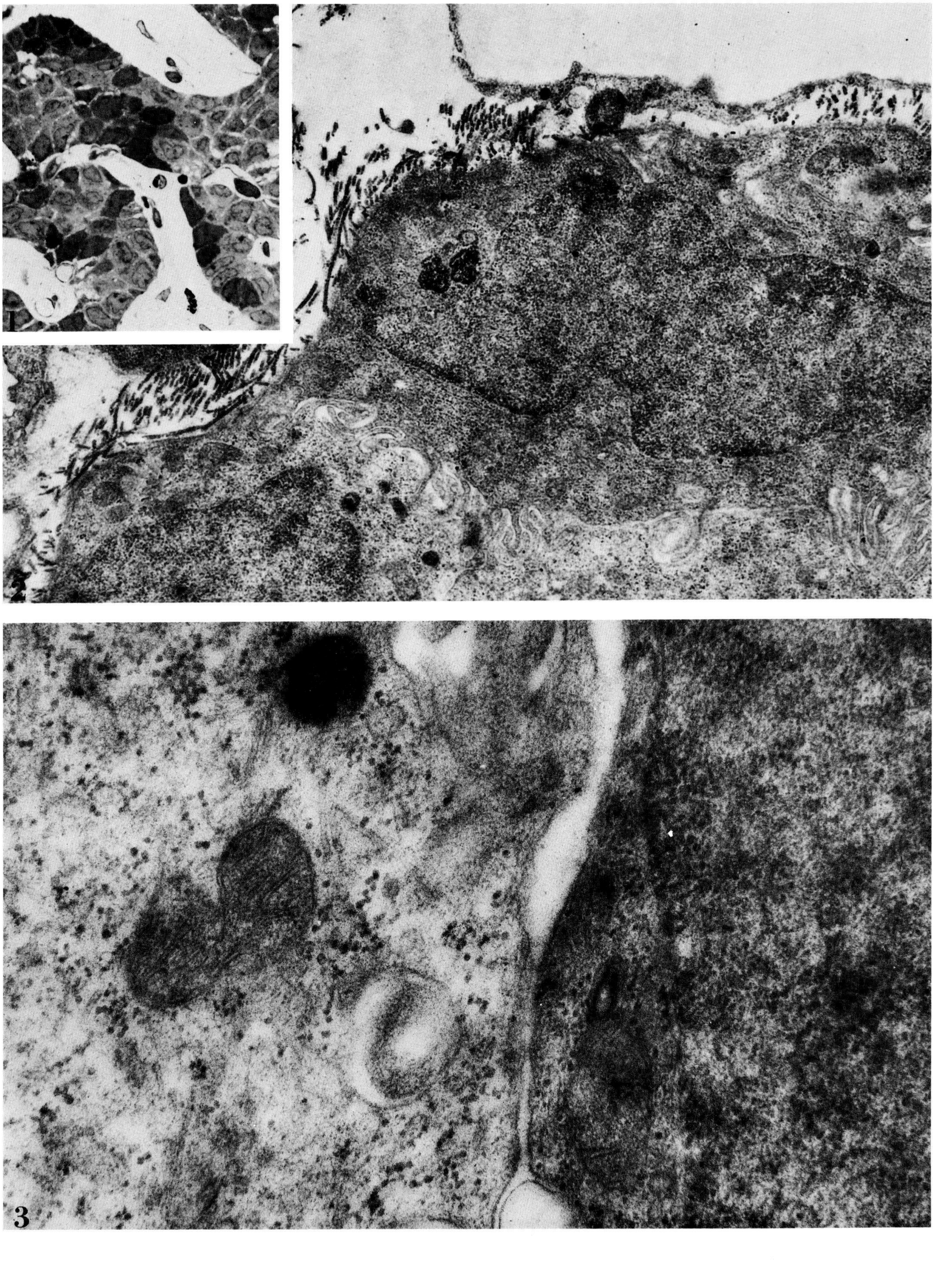
1
2
3

REFERENCES

NEUROSECRETION

Arvy, L. (1963). "Histo-enzymologie des glandes endocrines." Gauthier-Villars, Paris.

Bargmann, W. (1964). Exokrine und endokrine Sekretionsmechanismen auf Grund elektronenmikroskopischer Untersuchungen. *Arch. Biol. (Liege)* **75**, 419–436.

Bargmann, N. (1966). Neurosecretion. *Intern. Rev. Cytol.* **19**, 183–201.

Lever, J. D. (1964). Structural aspects of endocrine secretion. *Arch. Biol. (Liege)* **75**, 436–452.

HYPOPHYSIS

Barnes, B. G. (1961). Ciliated secretory cells in the pars distalis of the mouse hypophysis. *J. Ultrastruct. Res.* **5**, 453–467.

Barnes, B. G. (1962). Electronmicroscope studies on the secretory cytology of the mouse anterior pituitary. *Endocrinology* **71**, 618–628.

Barnes, B. G. (1963). The fine structure of the mouse adenohypophysis in various physiological states. *In* "Cytologie de l'adénohypophyse" (J. Benoit and C. Da Lage, eds.), pp. 91–103. C.N.R.S., Paris.

Benoit, J., and C. Da Lage, eds. (1963). "Cytologie de l'adénohypophyse," Colloq. Intern. Centre Natl. Rech. Sci. No. 128. C.N.R.S., Paris.

Cardell, R. R. (1964). Observations on the cell types of the salamander pituitary gland: An electron microscopic study. *J. Ultrastruct. Res.* **10**, 317–333.

Conklin, J. L. (1966). The identification of acidophilic cells in the human Pars Distalis. *Anat. Record* **156**, 347–360.

Dekler, A. (1967). Pituitary basophils of the Syrian Hamster; an electron microscope investigation. *Anat. Record* **158**, 351–368.

Duffy, P. E., and Menefee, M. (1965). Electron microscopic observations of neurosecretory granules, nerve and glial fibers and blood vessels in the median eminence of the rabbit. *Am. J. Anat.* **117**, 251–286.

Farquhar, M. G., and Rinehart, J. F. (1954). Electron microscopic studies of the anterior pituitary gland of castrate rats. *Endocrinology* **54**, 516–541.

Farquhar, M. G., and Rinehart, J. F. (1954). Cytologic alterations in the anterior pituitary gland following thyroidectomy: An electron microscope study. *Endocrinology* **55**, 857–875.

Farquhar, M. G., and Rinehart, J. F. (1955). Further evidence for the existence of two types of gonadotrophs in the anterior pituitary of the rat. *Anat. Rec.* **121**, 394.

Farquhar, M. G., and Wellings, S. R. (1957). Electron microscopic evidence suggesting secretory granule formation within the Golgi apparatus. *J. Biophys. Biochem. Cytol.* **3**, 319.

Foncin, J. F., and Le Beau, J. (1966). Cellules de castration et cellules FSH dans l'hypophyse humaine vues au microscope électonique. *J. Microscopie* **5**, 523–526.

Gorbman, A. (1965). Endocrine terminologic usage. *Gen. Comp. Endocrinal.* **5**, 129–130.

Green, J. D. (1966). Electron microscopy of the anterior pituitary. *In* "The Pituitary Gland" (G. W. Harris and B. T. Donovan, eds.), Vol. I, pp. 233–241. Butterworth, London and Washington, D.C.

Herlant, M. (1964). The cells of the adenohypophysis and their functional significance. *Intern. Rev. Cytol.* **17**, 299–382.

Kobayashi, H., Hirano, T., and Oota, Y. (1965). Electron microscopic and pharmacological studies on the median eminence and pars nervosa. *Arch. Anat. Microscop. Morph. Exp.* **54**, 227–294.

Kurosumi, K. (1968). Functional classification of cell types of the anterior pituitary gland accomplished by electron microscopy. *Arch. Histol. Japon.* **29**, 329–362.

Lederis, K. (1965). An electron microscopical study of the human neurohypophysis. *Z. Zellforsch. Mikroskop. Anat.* **65**, 847–868.

Monroe, B. G. (1967). A comparative study of the ultrastructure of the median eminence, infundibular stem and neural lobe of the hypophysis of the rat. *Z. Zellforsch. Mikroskop. Anat.* **76**, 405–432.

Monroe, B. G., and Scott, D. E. (1966). Ultrastructural changes in the neural lobe of the hypophysis of the rat during lactation and suckling. *J. Ultrastruct. Res.* **14**, 497–517.

Purves, H. D. (1961). Morphology of the hypophysis related to its function. *In* "Sex and Internal Secretions" (W. C. Young and G. W. Corner, eds.), 3rd ed., Vol. 1, pp. 161–239. Williams & Wilkins, Baltimore, Maryland.

Scott, D. E. (1968). Fine structural features of the neural lobe of the hypophysis of the rat with homozygons diabetes insipidus (Brattleboro strain). *Neuroendocrinology (N.Y.)* **3**, 156–176.

Siperstein, E. R. (1963). Identification of the adrenocorticotrophin-producing cells in the rat hypophysis by autoradiography. *J. Cell Biol.* **17**, 521–546.

Smith, R. E., and Farquhar, M. G. (1966). Lysosome function in the regulation of the secretory process in cells of the anterior pituitary gland. *J. Cell Biol.* **31**, 319–347.

van Oordt, P. (1965). Nomenclature of the hormone-producing cells in the adenohypophysis. A report of the international committee for nomenclature of the adenohypophysis. *Gen. Comp. Endocrinol.* **5**, 131–134.

PINEAL GLAND

Anderson, E. (1965). The anatomy of bovine and ovine pineals. Light and electron microscopic studies. *J. Ultrastruct. Res.* Suppl. 8, 1–80.

Duncan, D. (1966). Notes on the fine structure of the pineal organ of cats. *Texas Rept. Biol. Med.* **24**, 576–587.

Kitaly, J. I., and Altschule, M. D. (1954). "The Pineal Gland: A Review of the Physiologic Literature." Harvard Univ. Press, Cambridge, Massachusetts.

Lin, H.-S. (1967). A peculiar configuration of agranular reticulum (canaliculate lamellar body) in the rat pinealocyte. *J. Cell Biol.* **33**, 15–25.

Oksche, A., and VonHarnack, M. V. (1965). Vergleichende Elektronenmikroskopische Studien am Pinealorgan. Prog. Brain Res. (J. Ariëns-Kappers and J. P. Schadé, eds.), Vol. 10; pp. 237–258. Elsevier, Amsterdam.

Reiter, J. R. (1968). Pineal gland: Influence on gonads of male rats treated with androgen three days after birth. *Science* **160**. 420–421.

Wartenberg, H., and Gusek, W. (1965). Licht-und Elektronenmikroskopische Beobachtungen über die Struktur der Epiphysis Cerebri des Kaninchens. Prog. Brain Res. (J. Ariëns-Kappers and J. P. Schadé, eds.), Vol. 10; pp. 296–316. Elsevier, Amsterdam.

Wolfe, D. E. (1965). The epiphyseal cell: An electron microscopic study of intercellular relationships and intracellular morphology in the pineal body of the albino rat. Prog. Brain Res. (J. Ariëns-Kappers and J. P. Schadé, eds.), Vol. 10: pp. 332–386. Elsevier, Amsterdam.

Wurtman, R. J., Axelrod, J., and Kelly, D. E. (1968). "The Pineal." Academic Press, Inc., New York.

PANCREATIC ISLETS

Bencosme, S. A. (1955). The histogenesis and cytology of the pancreatic islets in the rabbit. *Am. J. Anat.* **96**, 103–152.

Bencosme, S. A., and Martinez-Palomo, A. (1968). Formation of secretory granules in pancreatic islet B cells of cortisone-treated rabbits. *Lab. Invest.* **18**, 746–756.

Björkman, N., Hellerström, C., Hellman, B., and Petersson, B. (1966). The cell types in the endocrine pancreas of the human fetus. *Z. Zellforsch. Mikroskop. Anat.* **72**, 425–445.

Caramia, F. (1963). Electron microscopic description of a third cell type in the islets of the rat pancreas. *Am. J. Anat.* **112**, 53–64.

Ferriera, D. (1957). L'ultrastructure des cellules du pancréas endocrine chez l'embryon et le rat nouveau-né. *J. Ultrastruct. Res.* **1**, 14–25.

Gomez-Acebo, J. (1968). Fine structure of the A and D cells of the rabbit endocrine pancreas *in vivo* and incubated *in vitro*. I. Mechanism of secretion of the A cells. *J. Cell Biol.* **36**, 33–45.

Kobayashi, K. (1966). E.M. studies of the Langerhans islets in the toad pancreas. *Arch. Histol. Japon.* **26**, 439–482.

Lacy, P. E. (1958). Electron microscopy of the normal islets of Langerhans. *Diabetes* **6**, 498–507.

Leduc, E. H., and Jones, E. E. (1968). Acinar-islet cell transformation in mouse pancreas. *J. Ultrastruct. Res.* **24**, 165–169.

Like, A. A. (1967). The ultrastructure of the islets of Langerhans in man. *Lab. Invest.* **16**, 937–951.

Martinez-Palomo, A., and Bencosme, S. A. (1966). Multitubular body in rabbit pancreatic B-cells. *J. Microscopie* **5**, 259–264.

Meyer, J., and Bencosme, S. A. (1965). The fine structure of normal rabbit pancreatic islet cells. *Rev. Can. Biol.* **24**, 179–205.

Munger, B. L., Caramia, F., and Lacy, P. E. (1965). The ultrastructural basis for identification of cell types in the pancreatic islets. II. Rabbit, dog and opossum. *Z. Zellforsch. Mikroskop. Anat.* **67**, 776–798.

SUPRARENAL GLAND

Brenner, R. M. (1966). Fine structure of adrenocortical cells in adult male rhesus monkeys. *Am. J. Anat.* **119**, 429–454.

Elfvin, L. G. (1967). The development of the secretory granules in the rat adrenal medulla. *J. Ultrastruct. Res.* **17**, 45–62.

Elfvin, L. G., Appelgren, L. E., and Ullberg, S. (1966). High-resolution autoradiography of the adrenal medulla after injection of tritriated dihydroxyphenylalanine (Dopa). *J. Ultrastruct. Res.* **14**, 277–293.

Gloor, F., and Neiditsch-Halff, L. A. (1965). Die interstitiellen zellen des nierenmarkes der ratte. *Z. Zellforsch. Mikroskop. Anat.* **66**, 488–495.

Kjaerheim, A. (1966). Crystallized tubules in the mitochondrial matrix of adrenal cortical cells. *Exptl. Cell Res.* **45**, 236–239.

Wood, J. G. (1963). Identification of and observations on epinephrine and norepinephrine containing cells in the adrenal medulla. *Am. J. Anat.* **112**, 285–304.

Zelander, T. (1959). Ultrastructure of mouse adrenal cortex. *J. Ultrastruct. Res.* Suppl. **2**, 1–111.

Zelander, T. (1964). Endocrine organs: The adrenal gland. *In* "Electron Microscopic Anatomy" (S. M. Kurtz, ed.), pp. 199–220. Academic Press, New York.

THYROID

Ekholm, R. (1967). Thyroglobulin biosynthesis in the rat thyroid. *J. Ultrastruct. Res.* **20**, 103–110.

Ekholm, R., and Ericson, L. E. (1968). The ultrastructure of the parafollicular cells of the thyroid gland in the rat. *J. Ultrastruct. Res.* **23**, 378–402.

Ekholm, R., and Smeds, S. (1966). On dense bodies and droplets in the follicular cells of the guinea pig thyroid. *J. Ultrastruct. Res.* **16**, 71–82.

Ericson, L. E. (1968). Degranulation of the parafollicular cells of the rat thyroid by vitamin D_2-induced hypercalcemia. *J. Ultrastruct. Res.* **24**, 145–149.

Makita, T., Shioda, T., and Nishida, S. (1966). A histological study on the innervation of the avian thyroid gland. *Arch. Histol. Japon.* **26**, 203–213.

Matsuzawa, T., and Kurosumi, K. (1967). Morphological changes in the parafollicular cells of the rat thyroid glands after administration of calcium shown by electron microscopy. *Nature* **213**, 926–928.

Néve, P., Rodesch, F. R., and Dumont, J. E. (1968). Electron microscopy of isolated sheep thyroid cells. *Exptl. Cell Res.* **51**, 68–78.

Seljelid, R. (1967). Endocytosis in thyroid follicle cells. I. Structure and significance of different types of single membrane-limited vacuoles and bodies. *J. Ultrastruct. Res.* **17**, 195–219.

Van Heyningen, H. E., and Sandborn, E. B. (1963). Sites of iodine-binding in rat thyroid as shown by radioautography with I^{125}. *J. Appl. Phys.* **34**, 2525.

Wetzel, B. K., Spicer, S. S., and Wollman, S. H. (1965). Changes in fine structure and acid phosphatase localization in rat thyroid cells following thyrotropin administration. *J. Cell Biol.* **25**, 593–618.

Young, B. A. (1968). Cell types in the mammalian thyroid gland. *Intern. Rev. Gen. Exptl, Zool.* **3**, 396.

PARATHYROID

Capen, C. C., and Rowland, G. N. (1968). The ultrastructure of the parathyroid glands of young cats. *Anat. Record* **162**, 327–340.

Davis, R., and Enders, A. C. (1961). Light and electron microscope studies on the parathyroid gland. *In* "The Parathyroids" (R. O. Greep, and R. V. Talmage, eds.), pp. 76–93. Thomas, Springfield, Illinois.

Gaillard, P. J., Talmage, R. V., and Budy, A. M., eds. (1965). "The Parathyroid Glands." Univ. of Chicago Press, Chicago, Illinois.

Lever, J. D. (1965). Fine structural organization of the human and rat parathyroid glands. *In* "The Parathyroid Glands" (P. J. Gaillard, R. V. Talmage, and A. M. Budy, eds.), pp. 11–17. Univ. of Chicago Press, Chicago, Illinois.

Malmqvist, E., Ericson, L. E., Almqvist, S., and Ekholm, R. (1968). Granulated cells, uptake of amine precursors, and calcium lowering activity in the ultimo-branchial body of the domestic fowl. *J. Ultrastruct. Res.* **23**, 457–461.

Mazzocchi, G., Meneghelli, V., and Frasson, F. (1967). The human parathyroid glands: An optical and electron microscopic study. *Sperimentale* **117**, 383–447.

Trier, J. S. (1958). The fine structure of the parathyroid gland. *J. Biophys. Biochem. Cytol.* **4**, 13–22.

Wetzel, B. K., Spicer, S. S., and Wollman, S. H. (1965). Changes in fine structure and acid phosphatase localization in rat thyroid cells following thyrotropin administration. *J. Cell Biol.* **25**, 593.

Yamada, K. (1965). The chemical cytology of the mouse parathyroid gland. *Z. Zellforsch. Mikroskop. Anat.* **65**, 805–813.

PERSPECTIVES IN FUNCTIONAL MORPHOLOGY

The theory of pinocytosis by isolated vesicles was proposed from observations by light microscopy of the movement of vesicles from the surface into the interior of cells. By this method, any interconnections between organelles were beyond the limit of resolution of the instrument being employed. In electron microscope studies additional negative evidence, indicating a lack of continuity between organelles, was obtained from the many tissues which had been fixed by osmic acid or potassium permanganate solutions. Recent findings have indicated that these fixatives do not preserve a large part of the filamentous and microtubular substructure and that their use in tissue preparations results in a vesiculation of tubular organelles. It has been found that, with an increased rapidity of fixation and an improvement of preservation of proteins, this vesiculation can be reduced. An increased awareness of the number of tubular or filamentous inclusions in the cell has followed each advance in the methods of tissue preparation. As is evidenced, for example, in Volume I (pp. 42, 84, and 210) and Volume II (pp. 34, 58, 66, 152, 278, 316, and 348), organelles, ordinarily considered as being vesicular in nature, are often interconnected to one another and to the cell surface, and probably represent dilatations in tubular systems. From the evidence of a filamentous substructure of the wall of cytoplasmic microtubules, the ultrastructural resemblance of this wall to other membranes (Volume I, pp. 20 and 40), the apparent continuity between these and other membranes (Volume I, pp. 36, 38, and 42; Volume II, pp. 16, 100, 106, 154, 282, 284, and 346), and the communications between other organelles (Volume I, pp. 42 and 214; Volume II, p. 102), the author has designed a series of models which demonstrate his concept of an interconnected series of organelles. These would constitute a network with a continuous filamentous substructure throughout the cell. As a consequence of contractile proteins which have been found in some organelles and may be present in many more, this network could be responsible for the internal support and the motility of the cell. In addition it could form a system for transport within the cell. The tubular, or the potential tubular, nature of the interconnecting links between the organelles would allow dilatations of the system to be propelled along the substructural filamentous network.

PERSPECTIVES EN MORPHOLOGIE FONCTIONNELLE

La théorie de la pinocytose a été proposée à la suite d'observations en microscopie photonique, observations basées sur le mouvement de vésicules isolées, depuis la surface jusqu'à l'intérieur des cellules. Etant donnée la limite du pouvoir de résolution du microscope photonique, il n'était pas possible de mettre en évidence l'existence d'interconnexions entre les organites. De plus, même en microscopie électronique, l'observation de tissus fixés à l'acide osmique ou au permanganate de potassium avait également conclu à l'absence de ces interconnexions. Or, des études plus récentes révèlent que ces fixateurs détruisent une partie de l'infrastructure filamenteuse et microtubulaire et qu'il en résulte une vésiculation des organes tubulaires. Cette vésiculation diminue avec une vitesse accrue de fixation et une meilleure conservation des protéines. Ainsi, chaque amélioration dans les méthodes de fixation de tissus, augmentait le nombre apparent des structures tubulaires ou filamenteuses de la cellule. Par exemple, on peut remarquer dans, volume I (pp. 42, 84 et 210), volume II (pp. 34, 58, 66, 152, 278, 316 et 348), que des organites habituellement décrits comme vésiculaires sont en réalite reliés l'un à l'autre et représentent probablement des dilatations d'un même système tubulaire. L'infrastructure filamenteuse de la paroi des microtubules cytoplasmiques, la ressemblance ultrastructurale (volume I, pp. 20 et 40) et la continuité de cette paroi avec celles des autres membranes (volume I, pp. 36, 38 et 42; volume II, pp. 16, 100, 106, 154, 282, 284 et 346), ou d'autres organites (volume I, pp. 42 et 214; volume II, p. 102) ont incité l'auteur à proposer un modèle d'un réseau infrastructural filamenteux reliant les organites intracellulaires les uns aux autres. Ce réseau comprenant des protéines contractiles déjà mises en évidence dans certains organites, pourrait être responsable de la charpente et de la motilité cellulaires. La nature tubulaire ou virtuellement tubulaire des liaisons entre les organites pourrait permettre des dilatations du système et celles-ci seraient véhiculées le long du réseau filament lux infrastructural.

Plate I

A Proposed Intracellular Microcirculatory System

The following models were constructed of cords, elastics, and plastic spacers which allowed changes in form and might illustrate the method by which motility could occur within parts of the cell.

1. In transverse section the cords in the substructure of a model of a cytoplasmic microtubule have a dense periphery and a lighter central core.

2. The substructure of a cytoplasmic microtubule is depicted as a series of filaments in parallel and possibly in a helicoidal arrangement.

3. An increase in the pitch of the helix, obtained by a sliding of the cords one upon another in a localized segment of the model, results in the formation of dilatations. Sections of these dilatations in almost all planes would result in circular organelles which would ordinarily be interpreted as sections through vesicles. The membranes of such a vesicle would demonstrate a globular substructure only if the filaments in the substructure were obtained in perfect transverse section.

Figures 1, 2, and 3 reprinted by courtesy of National Research Council of Canada from the *Canadian Journal of Physiology and Pharmacology* **44**, 329–338 (1966).

4. A model demonstrating the author's concept of an internal system of organelles in structural continuity with one another and with the cell surface: (a) suggested internal filament–membrane relationships and the cell web; (b) a surface view of the plasma membrane with the proposed substructure; (c) a granule on the external surface of the plasma membrane; (d) as a result of traction by the internal system, a pore surrounded by filaments has opened into the interior of the cell; (e) a view of the pore from the external surface of the model; (f) the granule is absorbed through the pore; (g) a series of granules is in the process of being absorbed and is being propelled into a larger, vesicular dilatation in the cytoplasm; (h) the pore having closed and the filamentous apical cell web having reverted to its former state, the dilatation moves into the interior of the cell by a process of peristalsis along the tubulofilamentous network.

5. The author's concept of an interconnected system of organelles which would provide support and contractility as well as the basic substructure for an intracellular circulatory system. Through the multiple surface attachments of the internal system, the internal contractile elements would create a certain amount of hydrostatic force within the cell. Localized areas of relaxation, with a general contractility being registered elsewhere, could readily explain the mechanism of pseudopod formation and the motility of the cell as a whole.

Planche I

Hypothèse d'un système microcirculatoire intracellulaire

Les modèles illustrés dans les figures 1 à 4 ont été fabriqués avec des ficelles, des bandes élastiques et des plaques de plastique. Ces modèles permettent de représenter les changements morphologiques et la motilité qui pourraient prendre place à l'intérieur de la cellule.

1. En coupe transversale, chaque ficelle qui compose l'infrastructure d'un modèle de microtubule montre une périphérie dense et une lumière centrale plus claire.

2. L'infrastructure d'un microtubule cytoplasmique est ici représentée par un groupe de ficelles parallèles ou hélicoïdales.

3. Une spiralisation plus poussée de l'hélice, obtenue par glissement régional des ficelles les unes sur les autres, entraîne la formation de dilatations. Divers plans de coupe de ces dilatations produiraient des images qui feraient plutôt penser à des vésicules. Les membranes de telles vésicules présenteraient une infrastructure globulaire uniquement dans le cas où les filaments seraient en coupe transversale parfaite.

Figures 1, 2 et 3 reproduites avec la permission du Conseil National de la Recherche du Canada et tirées du *Canadian Journal of Physiology and Pharmacology* **44**, 329–338 (1966).

4. Ce modèle traduit le concept de l'auteur sur la formation d'un pore dans la membrane plasmatique. Ce pore ou ouverture temporaire rejoint un système interne de membranes et de filaments où des organites sont en continuité structurale les uns avec les autres: (a) continuité entre la membrane plasmatique et les filaments au niveau du réseau cellulaire apical; (b) une vue de la surface de la membrane plasmatique avec l'infrastructure suggérée; (c) granule à la surface externe de la membrane plasmatique; (d) à la suite d'une traction sur la membrane par le système interne, un pore entouré de filaments s'est ouvert et donne sur l'intérieur de la cellule; (e) vue du pore à la surface externe du modèle; (f) le granule est absorbé à travers le pore; (g) un groupe de granules en voie d'absorption est transporté dans une dilatation vésiculaire plus grande; (h) le pore s'étant refermé et le réseau cellulaire apical s'étant reformé, la dilatation se déplace à l'intérieur de la cellule grâce au "péristaltisme" du réseau tubulo-filamenteux.

5. Conception de l'auteur sur un système continu d'organites dont le rôle sustentateur et contractile s'ajouterait à celui d'une circulation intracellulaire. Par ses nombreuses attaches de surface, les éléments contractiles internes pourraient créer une force hydrostatique au sein de la cellule. Des contractions en certains endroits associées à un relâchement en d'autres points pourraient expliquer la formation des pseudopodes et la mobilité cellulaire.

1

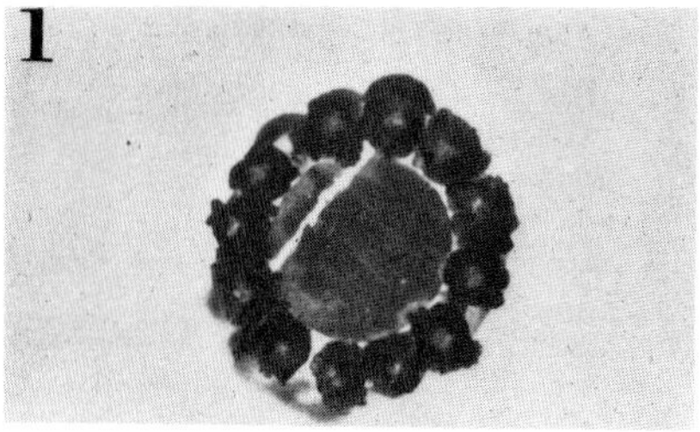

2

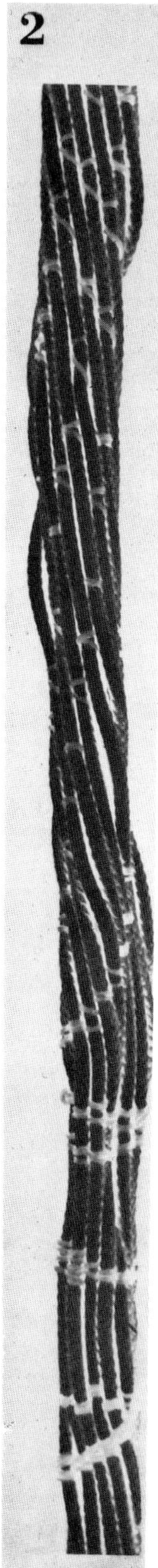

3

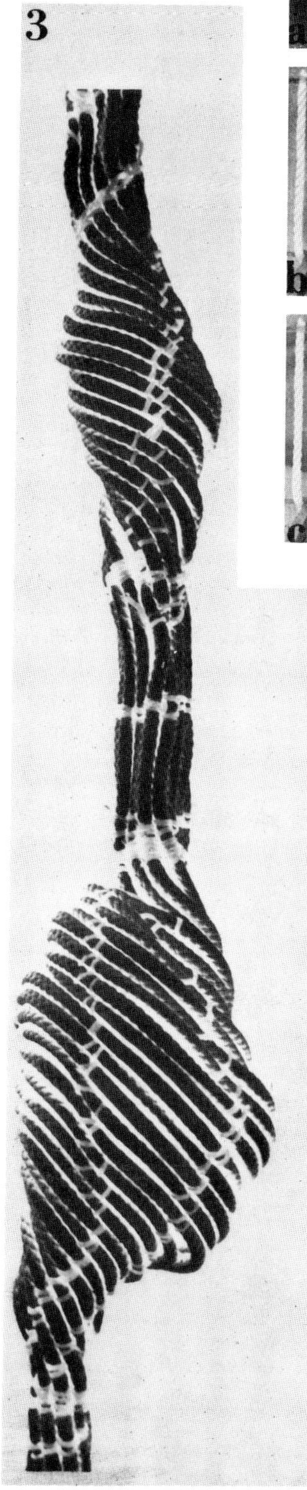

4

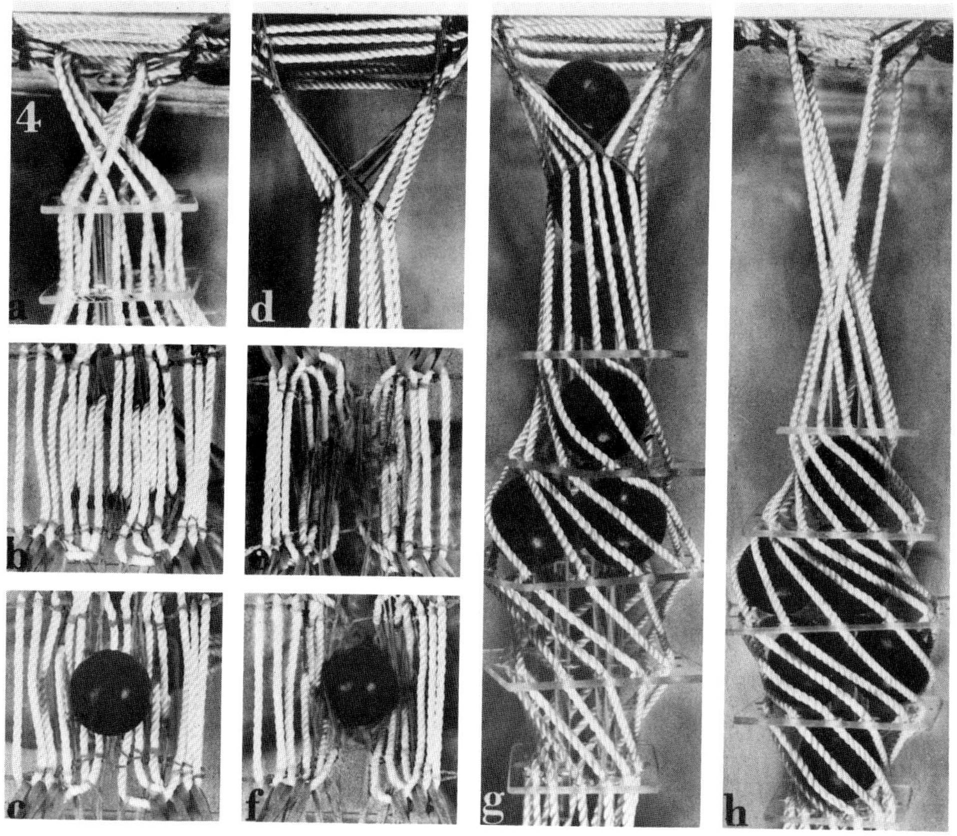

5

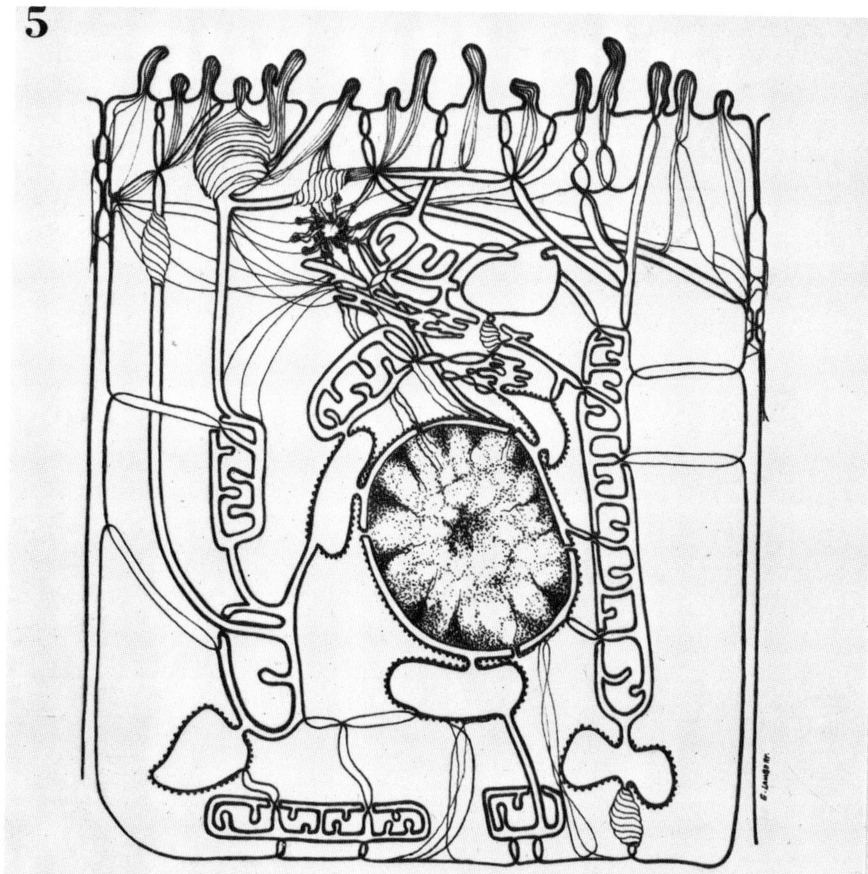

Plate II

Perspectives in Functional Morphology

Methods are constantly being developed for the localization of sites of synthesis of various compounds and of sites of enzymatic activity within the cell. These methods have included fluorescence microscopy, histochemistry, cytochemistry, and autoradiography. All of these methods have contributed considerably to our understanding of the functional significance of the various components of the cells and tissues. A few examples of the results obtainable by some of these methods have been included in the two volumes of this work. It has been possible by electron microscopy to locate enzymatic reactions on specific sites on the plasma membrane and on various organelles. The results are obtained by the liberation, at the site of the reaction, of radicals which are then precipitated with heavy metals. The precipitate can be found in the sections by light and electron microscopy.

1. Reticular cell, thymus, rat. An example of the cytochemical localization of succinate dehydrogenase reaction product on mitochondria. The precipitate has been localized to the space between the outer and the inner membranes and between the membranes of the crests. Some tubular crests appear to be filled with the reaction product. (Copper ferrocyanide method.) 56,000×

2. The site of the reaction product of cytochrome C reductase activity has been localized between the outer and the inner mitochondrial membranes and, to a lesser extent, in the cristae. Some of the mitochondria in this field show minimal amounts of reaction. (Copper ferrocyanide method.) 58,000×

Figures 1 and 2 contributed by Dr. Takashi Makita (unpublished).

Planche II

Perspectives en morphologie fonctionnelle

De nouvelles méthodes apparaissent constamment qui visent à situer les activités enzymatiques cellulaires et la synthèse de divers composés. La fluorescence, l'histochimie, la cytochimie et la radioautographie, pour donner quelques exemples, ont largement contribué à l'accroissement de nos connaissances sur le rôle de divers constituants des cellules et des tissus. Des résultats expérimentaux découlant de certaines de ces méthodes apparaissent dans les deux volumes de cet ouvrage. Ainsi en microscopie électronique a-t-il été possible de préciser, sur la membrane plasmatique et sur des organites, les sites particuliers d'activités enzymatiques. La libération de radicaux qui sont ensuite précipités avec des métaux lourds localise l'activité enzymatique. Ces précipités se voient en microscopie photonique et électronique.

1. Cellules réticulaires du thymus de rat. Voici un exemple de localisation cytochimique du produit de l'activité de la succino-déshydrogénase. Le précipité s'est localisé entre les membranes externe et interne de la mitochondrie. On en retrouve aussi entre les membranes des crêtes et à l'intérieur des crêtes tubulaires. (Méthode au ferrocyanure de cuivre). 56,000×

2. Le produit de la réaction qui témoigne de l'activité de la cytochrome C réductase se retrouve entre les membranes interne et externe des mitochondries et plus faiblement dans les crêtes. La réaction est légère dans certaines mitochondries. (Méthode au ferrocyanure de cuivre). 58,000×

Les figures 1 et 2 sont une contribution inédite du docteur Takashi Makita.

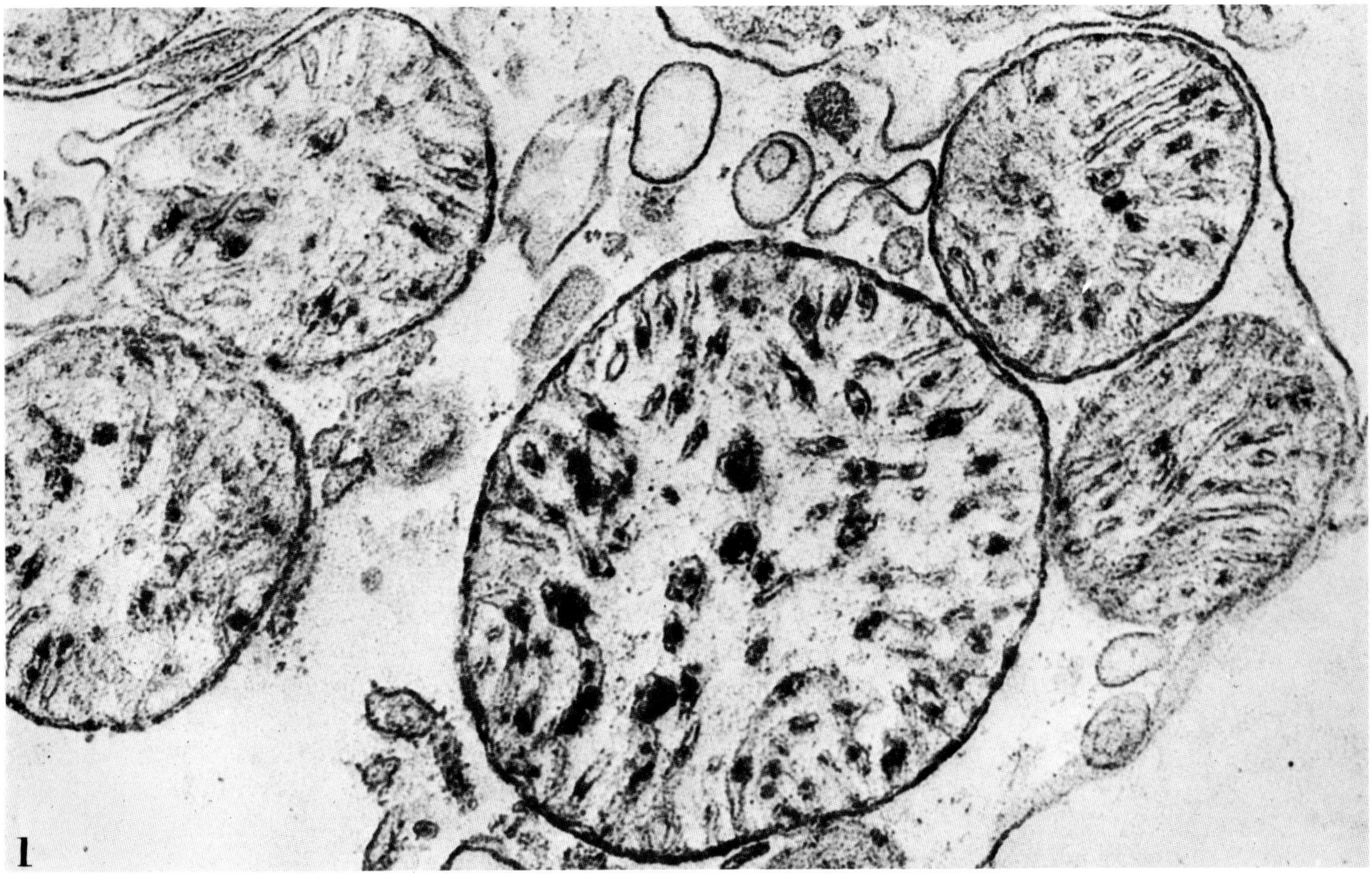

1

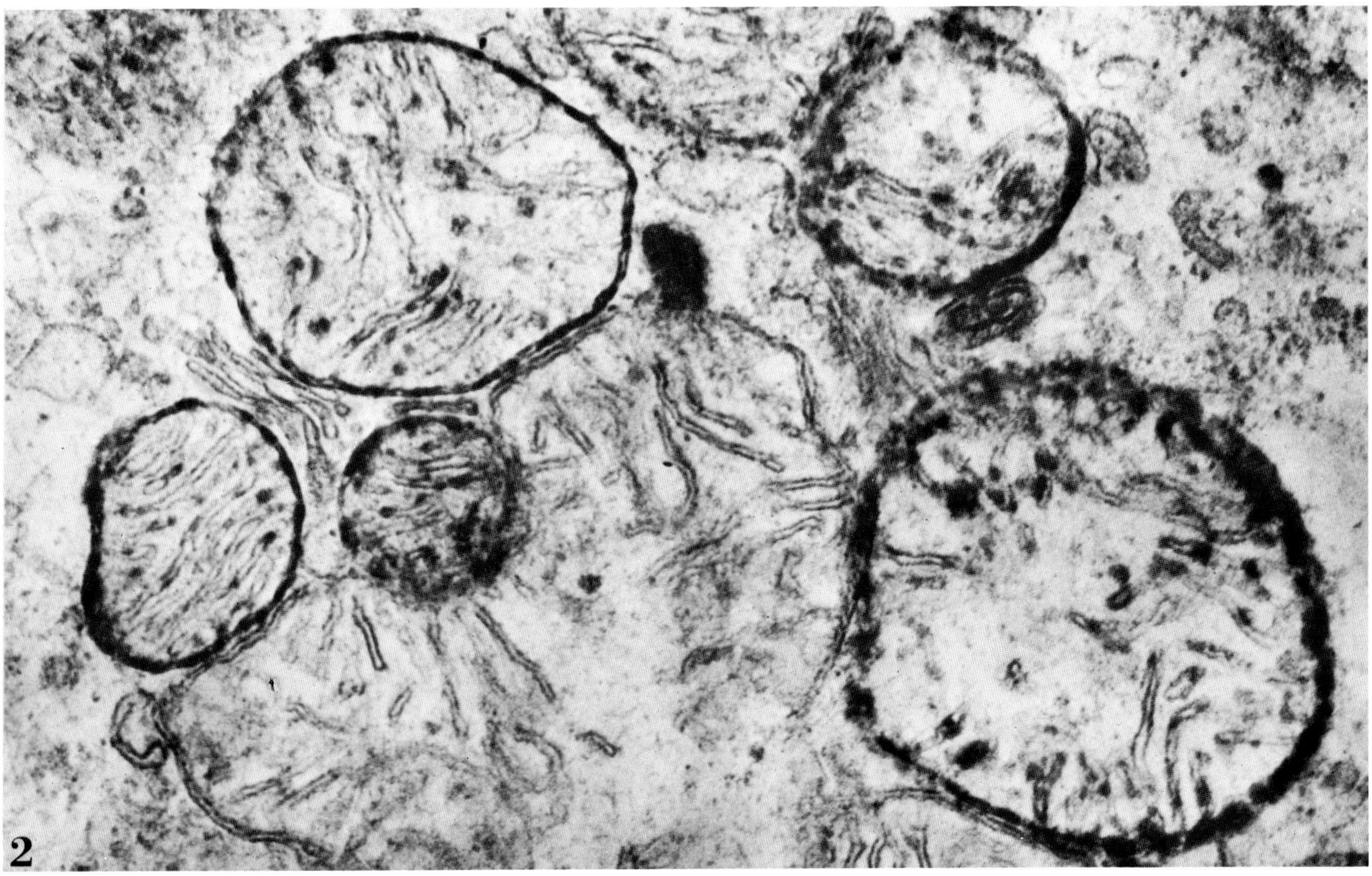

2

Plate III

Perspectives in Functional Morphology

Examples of alkaline phosphatase reactions elicited by the lead citrate method, in cells of the duodenum. Contributed by Dr. Takashi Makita (unpublished).

1. The greatest amount of reaction product is located on the microvilli of the absorptive cells of the epithelium. The reaction product is deposited as a heavy coat on the surface of the plasma membrane. Fixation by perfusion for 5 minutes with a solution containing glutaraldehyde, 5%, paraformaldehyde, 4%, and DMSO, 5%. 58,000×

Figures 2, 3, 4, and 5: Tissues fixed by perfusion for 5 minutes with a solution containing glutaraldehyde, 5%, and DMSO, 5%.

2. The reaction product can be localized in a continuous line along the lateral plasma membranes of the epithelial cells. In some locations the reaction appears to be over the inner leaflet of the membrane. 75,000×

3. A considerable amount of reaction product has been located over the Golgi sacs and vesicles of an epithelial absorptive cell. There appears to be a slight reaction over the mitochondrion. 60,000×

4. The reaction product has been located on the plasma membrane of a plasma cell and, to a lesser extent, on the nuclear membrane. In addition the membranes of the Golgi complex, the granular endoplasmic reticulum, and the circumferential membranes of the mitochondria have reacted. 46,000×

5. The reaction product is located over the nuclear membrane, the Golgi membranes, and the peripheral membranes of mitochondria as well as small tubular profiles in an eosinophil. There is no reaction product over the eosinophil granules. 56,000×

It has been proposed that alkaline phosphatase, which is located on the plasma membrane, flows into apical vesicles during "pinocytosis." Dimethyl sulfoxide is known for its accelerating effect on absorption by tissues. It would appear that this acceleration has resulted in an extension of the flow of the enzyme along the surface of the membrane into the peripheral compartment of the mitochondria and into other organelles, possibly by way of an intracellular system, as suggested in Plate I, Fig. 5.

The examples which have been presented serve to illustrate possibilities which exist for the study of biochemical reactions in cells and tissues.

Planche III

Perspectives en morphologie fonctionnelle

Les figures de cette planche illustrent à l'aide de la méthode au citrate de plomb l'activité de la phosphatase alcaline dans les cellules duodénales. Contribution inédite du docteur Takashi Makita.

1. La plus forte intensité de réaction se produit sur les microvillosités de la cellule absorbante de l'épithélium intestinal. La réaction se traduit par le dépôt d'un épais revêtement sur la membrane plasmatique. Fixation par perfusion durant 5 minutes avec un mélange au glutaraldéhyde 5%, paraformaldéhyde 4% et DMSO 5%. 58,000×

Pour les figures 2, 3, 4 et 5, on a fixé les tissus par une perfusion de 5 minutes au mélange glutaraldéhyde 5%–DMSO 5%.

2. La réaction peut être suivie sur une ligne continue, fidèle à la membrane plasmatique latérale des cellules épithéliales. Le feuillet interne de la membrane semble, par endroit, avoir été le siège de la réaction. 75,000×

3. Le précipité est abondant vis-à-vis les saccules de Golgi alors qu'il l'est un peu moins au niveau de la mitochondrie de cette cellule absorbante. 60,000×

4. Dans un plasmocyte, le produit de réaction s'est localisé sur la membrane plasmatique et, à un moindre degré, sur la membrane nucléaire. Un certain dépôt s'est aussi fait sur les membranes du complexe golgien, sur le réticulum endoplasmique granulaire et sur le pourtour des mitochondries. 46,000×

5. Dans un éosinophile, le précipité s'est déposé sur les membranes nucléaire, golgiennes et mitochondriales périphériques ainsi que sur certains organites d'aspect tubulaire. Les granules de l'éosinophile n'ont pas participé à la réaction. 56,000×

On a suggéré qu'au cours de la pinocytose, la phosphatase alcaline se déplace de la membrane plasmatique aux vésicules apicales. Or le diméthyl-sulfoxyde accélère l'absorption. Il semblerait donc qu'ici cette accélération a permis à la phosphatase de se répandre le long de la surface de la membrane plasmatique, de pénétrer en périphérie des mitochondries et à l'intérieur d'autres organites en suivant le système intracellulaire proposé dans la planche I, 5.

Les exemples qu'on vient de voir illustrent les possibilités d'étude des réactions biochimiques dans les tissus et les cellules.

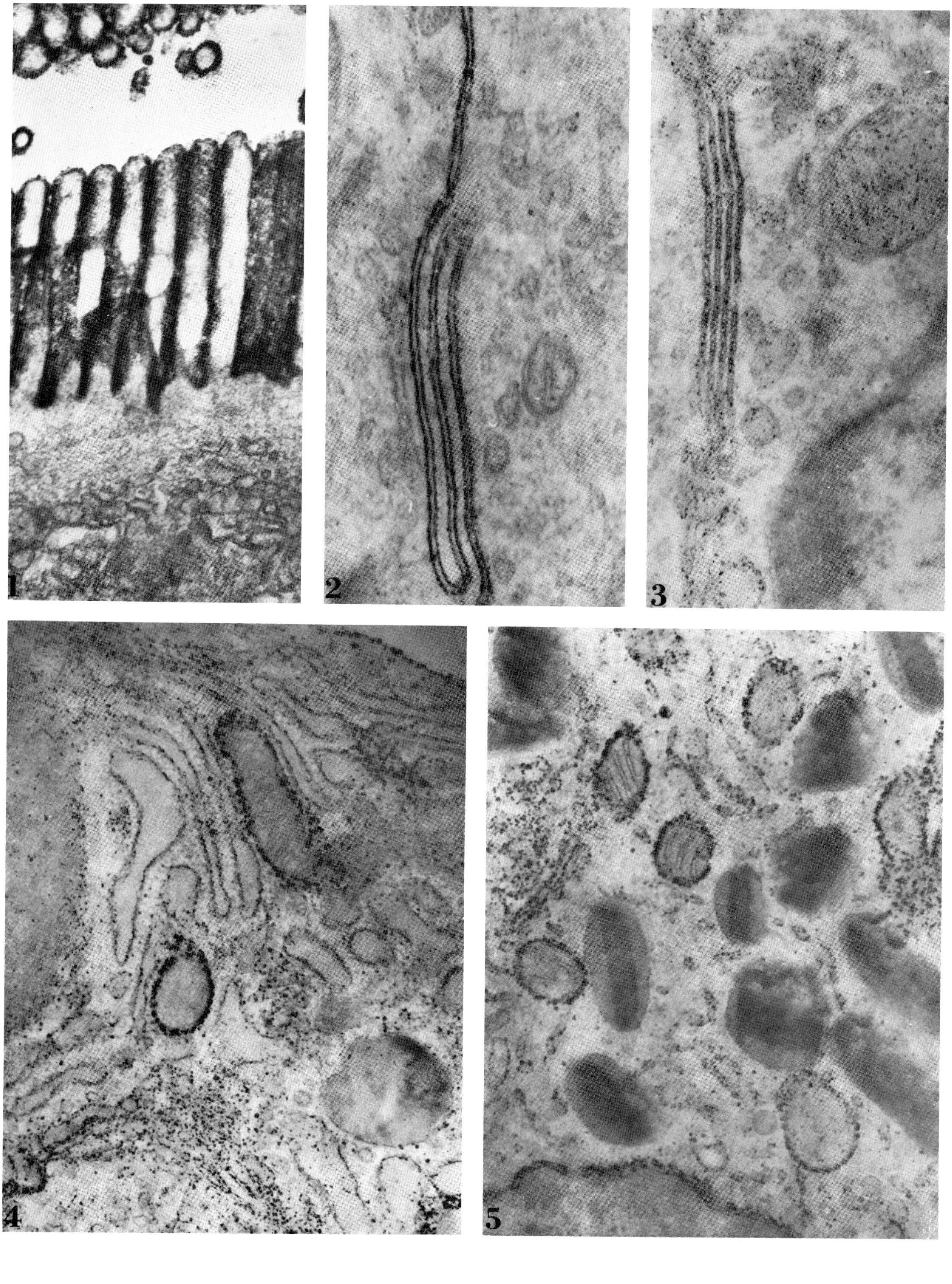
1
2
3
4
5

REFERENCES

Allen, D. and Kamiya, N. eds. (1964). "Primitive Motile Systems in Cell Biology." Academic Press, New York.

Baker, P. C., and Schroeder, T. E. (1967). Cytoplasmic filaments and morphogenetic movement in the amphibian neural tube. *Develop. Biol.* **15**, 432–450.

DuPraw, E. J. (1968). Synthesis in nucleated cells. *In* "Cell and Molecular Biology" pp. 459—513. Academic Press, New York.

Freed, J. (1965). Microtubules and saltatory movements of cytoplasmic elements in cultured cells. *J. Cell Biol.* **27**, 29-A (abstr.).

Frisch, D. (1969). A photographic reinforcement analysis of neurotubules and cytoplasmic membranes. *J. Ultrastruct. Res.* **29**, 357-372.

Korn, E. D. (1966). Structure of biological membranes. *Science* **153**, 1491–1498.

Korn, E. D. (1967). A chromatographic and spectrophotometric study of the products of the reaction of osmium tetroxide with unsaturated lipids. *J. Cell Biol.* **34**, 627–639.

Korn, E. D. (1969). Current concepts of membrane structure and function. *Federation Proc.* **28**, 6–11.

Kurasumi, K. (1961). Electron microscopic analysis of the secretion mechanism. *Intern. Rev. Cytol.* **11**, 1–124.

Lindegren, C. (1965). Circulation in the cell. *Nature* **208**, 304–305.

Lindegren, C. (1966). Circulation in the cell. *Discovery* **27**, 31–34.

Ochs, S., Sabri, M. I., and Johnson, J. (1969). Fast transport system of materials in mammalian nerve fibers. *Science* **163**, 686–687.

Robertson, J. D. (1967). The unit membrane and the Danielli-Dawson model. *Symp. Intern. Soc. Cell Biol.* **5**, 1–31.

Sandborn, E. B. (1966). Electron microscopy of the neuron membrane systems and filaments. *Can. J. Physiol. Pharmacol.* **44**, 329–359.

Sandborn, E. B., Szeberenyi, A., Messier, P.-E., and Bois, P. (1965). A new membrane model derived from a study of filaments, microtubules and membranes. *Rev. Can. Biol.* **24**, 243–276.

Sandborn, E. B., Szeberenyi, A., and Messier, P.-E. (1966). Filaments, microtubules and membranes. *Proc. 6th Intern. Congr. Electron Microscopy, Kyoto, Japan*, 1966. Vol. 2, pp. 409–410. Maruzen Co., Tokyo.

Shea, S. M., and Karnovsky, M. J. (1966). Brownian motion: A theoretical explanation for the movement of vesicles across the endothelium. *Nature* **212**, 353–355.

Stahl, W. R. (1967). The role of models in theoretical biology. *In* "Progress in Theoretical Biology" (F. M. Snell, ed.), Vol. 1, p. 228. Academic Press, New York.

Stein, W. D. (1967). "The Movement of Molecules Across Cell Membranes". Academic Press, New York.

Stiles, J. W., Sun, F. F., and Chane, F. L. (1967). Fibrous structures from mitochondrial cristae. *J. Cell Biol.* **35**, 129A–130A.

Stoeckenius, W. (1962). The molecular structure of lipid-water system and cell membrane models studied with the electron microscope. *Symp. Intern. Soc. Cell Biol.* **1**, 349–368.

Tobias, J. M., Agin, D., and Pawlowski, R. (1962). Phospholipid-cholesterol membrane model: Control of resistance by ions or current flow. *J. Gen. Physiol.* **45**, 989–1002.

Weiss, P., Taylor, C., and Pillai, P. (1962). The nerve fiber as a system in continuous flow: Microcinematographic and electronmicroscopic demonstrations. *Science* **136**, 330.

SUBJECT INDEX

A

Absorption
  of colloidal gold, 34
  of ferritin, 34, 66
  of lipids, 64
Acrosome, 182, 204, 206
ACTH-producing cell, 296
Ameloblast, 26
Aorta, 6-10
Apparatus, juxtaglomerular, 142, 144
Arteriole, 12-16, 108
Autoradiography, 342

B

Bladder, urinary, 166-174
Body
  chromatoid, 190-194
  pineal, 310
Bridge, intercellular, 188, 190

C

C-cell, thyroid gland, 350, 352
Canaliculus
  intercellular, 40, 42, 46
  intracellular, 44, 46, 102
Cap, acrosomal, 194, 208
Capillary, 140
Capsule, Bowman's, 146
Cell model, 366
Cells
  absorptive, 48
  acinar, submaxillary gland, 92
  alpha, 314, 318, 320
  argentaffin, 38, 80
  argyrophil, 38, 80
  basal, 266
  beta, 314, 316
  centroacinar, 108
  chief
    parathyroid gland, 354, 356
    pineal, 310
    stomach, 38, 40, 46, 48
  cholinesterase rich argyrophil, 82
  delta, 314, 320
  endothelial, 118, 140
  enterochromaffin, 38
  epinephrine storing, 330
    suprarenal gland, 336
  follicular, thyroid, 338-348
  germinal, 182
  glial, 300
  goblet, 48, 68, 70, 72
  granulosa, 234, 236
  intercalated duct, 92
  interstitial of Leydig, 182-186
  light granular, 94
  mesangial, 136
  in mitosis, 48, 84, 86, 110
  mucous neck, 38
  myoepithelial, 264
  neurosecretory, 304, 306
  norepinephrine storing, suprarenal gland, 330, 334
  oxyphile, parathyroid gland, 360
  oxyntic, 38
  pancreatic acinar, 98-106
  Paneth, 48, 76, 78
  parafollicular, thyroid gland, 338, 350, 352
  parietal, 38, 40, 44, 46
  phagocytic, 118
  principal, parathyroid gland, 354, 356, 360
  Sertoli, 182, 186-192, 210
  stellate (of Kupffer), 110, 118
  sustentacular, 182
  theca luteal, 240, 244
  wide dark, 94
Chromoplast, 188
Chromosomes, 84
Cilia, 254
Circulatory system, 5-24
Complex, synaptonemal, 188
Corpus luteum, 230, 240, 242
Corpuscle, renal, 134-140, 144
Corticotrope, 296, 298
Crypt
  duodenal, 48
  ileum, 76
Cytochemistry, 368, 370
Cytochrome c reductase, localization of reaction product, 368

D

Desmosome, septate, 326
Droplet, colloid, thyroid gland, 342
Duct
  biliary, 126
  granulated, salivary gland, 92
  intercalated, salivary gland, 92
  intralobular, mammary gland, 266
  pancreatic, 108
  striated, salivary gland, 92
Ductus deferens, 218
Ductus epididymus, 216
Duodenum, 48-62, 84, 86

E

Elastic lamina, 6
Enamel, 28, 30

Endometrium, 246, 248
Endoplasmic reticulum, 50
Endothelium, 12-16, 140
  aorta, 6
  venule, 18, 20
Eosinophil, 252
Epithelium, transitional, 166

F

Fasciculata, suprarenal, 322-326
Filament, 54-60, 94, 106
  endothelial cell, 14, 16
  intramitochondrial, 46
  lymphatic endothelial cell, 22
Follicle
  primary, 230
  primordial, 230
  secondary, 232, 238
Furrow, cleavage, 188

G

Gallbladder, 126, 128
Glands
  adrenal, 322-336
  Brunner, 84, 86
  endocrine, 269-364
  gastric, 38
  major, of digestion, 91-131
  mammary, 257-268
  mucous of Brunner, 48
  parathyroid, 354
  pituitary, 270-308
  submandibular, 92
  submaxillary, 92, 94
  suprarenal, 322-336
    cortex, 322-328
  thyroid, 338-352
Glomerulosa, suprarenal, 322
Glomerulus, 134
Golgi complex, 52, 68, 78, 102, 104, 260
Gonadotrope, 274, 280-284
Granule
  acrosomal, 194
  glycogen, 116, 238
  lipofuscin, 112
  mitochondrial dense, 162
  protein-milk, 262
  zymogen, 106

H

Hepatocyte, 110, 116
Herring body, 300, 304
Hypophysis
  pars distalis, 274-298
  pars nervosa, 300-308
Hypophysis cerebri, 270-308

I

Intermedia, hypophysis, 270
Islet, pancreatic of Langerhans, 96, 314-320

J

Junction, corticomedullary-suprarenal gland, 328
Junctional complex, intercellular, 74

K

Kidney, 134-164
  medulla, 158

L

Lacuna, 316
Lamina
  circumferential, 10
  elastic, 12
Lipid, 64
  in pineal body, 310, 312
  secretion-milk, 258
Liver, 110-126
  human, 120-126
Loop of Henle, 156, 158
  thin-walled, 156
Lysosome, 112, 124, 148, 154
Lymphatics, 18, 22, 48
Lymphocyte, 18

M

Macrophage, 252
Mammotrope, 274, 280, 286-290
Membrane, 54, 56
  mitochondrial, 46
Medulla, suprarenal, 322, 330-336
Microbody, 116
Microtubule, cytoplasmic, 16, 50, 100, 106, 154, 306, 308, 346
Microvillus, 50, 62, 150, 216
Milk protein, 262
Mitochondrion, 46, 60, 100, 114, 120, 122
  filament-bearing, 122, 124
  localization of enzyme reaction in, 368, 370
Mitosis, 48, 84
Morphology, perspectives in functional, 365-372
Muscle
  aorta, 8
  smooth, 8, 172, 174
Myometrium, 252

N

Nephron, 134

O

Oocyte, 230-238
Operculum, 6
Ovary, 230-244
Oviduct, 254

P

Pancreas
  endocrine, 96, 314-320
  exocrine, 96-108

Papilla, renal, 164
Pars distalis
  follicular cell, 294
  hypophysis, 270, 274-298
Pars intermedia, hypophysis, 270, 272
Pars nervosa, hypophysis, 270, 300-308
Peritoneum, 32, 34
Peroxysome, *see* Microbody
Peyer's patch, 18
Phagocytosis, 34
Phosphatase alkaline, localization of reaction product, 370
Pineal body, 310
Pinealocyte, 310, 312
Pituicyte, 300, 302
Pituitary gland, 270-308
Podocyte, 134-138, 144
Prostate, 222-226
Protein secretion-milk, 258

R

Replica, 62, 74
Reticularis, suprarenal gland, 322, 324, 328, 330
Reticulum
  agranular endoplasmic, 102, 114
  granular endoplasmic, 96, 100, 114, 260
  tubular endoplasmic, 102

S

Satellite, centriolar, 118
Sheath, mitochondrial, 206, 212
Sinusoid
  liver, 110, 118
  suprarenal gland, 326
Somatotrope, 274-278, 288
Space of Disse, 110
Sperm, tail, 212
Spermatid, 182, 186-210
  Golgi stage, 190
Spermatocyte, 182, 186-190, 194
Spermatogonium, 182, 186, 188, 194
Spermatozoon, 194, 212, 214
Stereocilia, 216, 218
Stomach, 36-46, 82
  fundus, 36
Stratum granulosum, 232
Succinate dehydrogenase, localization of reaction product, 368
System
  digestive, 25-89
  female reproductive, 229-256
  male reproductive system, 181-228
  proposed intracellular microcirculatory, 366
  urinary, 133-179

T

Terminal, autonomic nerve, 98
Testis, 181-214
Thyroid, 338-352
Thyrotrope, 292
Tissue, lymphoid, 18
Tonofibril, 80
Tooth, 26-30
Tubule
  arched collecting, 162
  connecting, 160-164
  distal, 134, 160
  proximal, 148-160
    convoluted, 146
Tuft, glomerular, 134

U

Urethra, penile, 176, 178
Uterine tube, 254
Uterus, 246-252

V

Venule, 18, 20
  postcapillary, 20
Vesicle
  acrosomal, 192
  seminal, 220
Villi, duodenal, 48

Z

Zona pellucida, 232, 234
Zonula occludens, 74

INDEX

A

Absorption
  de ferritine, 34, 66
  des lipides, 64
  d'or colloïdal, 34
Acrosome, 182, 204, 206
Améloblaste, 26
Anse de Henle, 156
  segment épais, 158
  segment mince, 156, 158
Aorte, 6-10
  endothélium, 6
  lame élastique, 6
  muscle lisse, 8
Appareil digestif, 25-89
  glandes annexes, 91-131
Appareil génital femelle, 229-256
Appareil génital mâle, 181-228
Appareil de Golgi, 52, 68, 78, 102, 104, 260
Appareil juxtaglomérulaire, 142, 144
Appareil urinaire, 133-179
Artériole, 12-16, 108

C

Canal
  biliaire, 126
  granulaire de la glande sous-maxillaire, 92, 94
  intercalaire, 92
  intralobulaire de la glande mammaire, 266
  pancréatique, 108
  strié de la glande sous-maxillaire, 92
Canal déférent, 218
Canalicule
  intercellulaire, 40, 42, 46
  intracellulaire, 44, 46, 102
Capillaires, 140
Capsule de Bowman,
  voir Corpuscule rénal
Cellules
  à épinéphrine, 330, 336
  à norépinéphrine, 330, 334
  absorbantes, 48
  acineuses, 92, 98
  alpha des îlots pancréatiques, 314, 318, 320
  argentaffines, 38, 80
  argyrophiles, 38, 80
  argyrophiles riches en cholinestérase, 82
  basales, 266
  bêta des îlots pancréatiques, 314, 316
  bordantes, 38
  C de la thyroïde, 350, 352
  caliciformes, 48, 68-72
  centro-acineuses, 108
  corticotropes, 296, 298
  de Kupffer, 110, 118
  de Paneth, 48, 76, 78
  de Sertoli, 182, 186-192, 210
  delta des îlots pancréatiques, 314, 320
  en mitose, 48, 84, 86, 110
  endothéliales, 118, 140
  entérochromaffines, 38
  folliculaires de la pars distalis, 294
  folliculaires de la thyroïde, 338
  germinales, 182
  gonadotropes, 274, 280-284
  gliales, 300
  interstitielles de Leydig, 182-186
  lutéiniques de la thèque, 240, 244
  mammotropes, 274, 280, 286-290
  mésangiales, 136
  muqueuses du col, 38
  myo-épithéliales, 264
  neurosécrétrices, 304, 306
  oxyphiles, 360
  parafolliculaires, 338, 350, 352
  pariétales, 38, 40, 44, 46
  phagocytaires, 118
  principales de l'estomac, 38, 40, 46
  principales de la glande pinéale, 310
  principales de la parathyroïde, 354, 356, 360
  somatotropes, 274-278, 288
  thyrotropes, 292
Chromoplaste, 188
Cils, 254
Circulation intracellulaire, 365
Coiffe acrosomique, 194, 208
Colloïde, gouttelettes de, 342
Complexe de Golgi, *voir* Appareil de Golgi
Complexes de jonction intercellulaire, 74
Complexes synaptonémaux, 188
Corps de Herring, 300, 304
Corps jaune, 230, 240, 242
Corpuscule chromatoïde, 190-194
Corpuscule rénal, 134-146
Cryptes
  de l'iléon, 76
  duodénales, 48
Cytochimie, 368, 370
Cytochrome c réductase, localisation, 368

D

Dent, 26-30
Desmosomes à septa, 326
Disse, espace de, 110
Duodénum, 48-62

E

Email, 28, 30
Endomètre, 246, 248

- Endothélium, 140
  - aorte, 6
  - artériole, 12, 14
  - capillaire, 16
  - veinule post-capillaire, 18, 20
- Eosinophiles, 252
- Epididyme, 216
- Epiphyse, *voir* Glande pinéale
- Epithélium de transition, 166
- Estomac, 36-46, 82
  - fond, 36

F

- Filaments, 54-60, 94, 106
  - cellule endothéliale, 14
  - cellule endothéliale des artérioles, 16
  - cellule endothéliale des vaisseaux lymphatiques, 22
  - intramitochondriaux, 46
- Foie, 110-126
  - humain, 120-126
  - sinusoïdes, 110, 118
- Follicules ovariens
  - primaires, 230
  - primordiaux, 230
  - secondaires, 232, 238

G

- Gaine mitochondriale, 206, 212
- Glandes
  - de Brunner, 48, 84, 86
  - endocrines. 269-364
  - gastriques, 38
  - mammaire, 257-268
  - parathyroïde, 354-360
  - pinéale, 310
  - sous-maxillaire ou sous-mandibulaire, 92, 94
  - surrénale, *voir* Surrénale
  - thyroïde, 338-352
- Glomérule rénal, 134
- Granules
  - acrosomiques, 194
  - de glycogène, 116, 238
  - de lipofuscine, 112
  - de protéine, 258, 262
  - de zymogène, 106
- Granuleuse, 232-236

H

- Hépatocytes, 110, 116
- Hypophyse, 270-308

I

- Ilot pancréatique (de Langerhans), 96, 314-320

L

- Lait, granules protéiques du, 262
- Lame élastique, 6, 10, 12
- Lipides, 64
  - gouttelettes de, 312
  - préservation des, 310
  - sécrétion de, 258
- Lymphocyte, 18
- Lysosomes, 112, 124, 148, 154

M

- Macrophages, 252
- Membrane
  - mitochondriale, 46
  - plasmatique, 54, 56
- "Microbody," 116
- Microtubules cytoplasmiques, 16, 50, 100, 106, 154, 306, 308, 346, 348
- Microvillosités, 50, 62, 150, 216
- Mitochondrie, 46, 60, 100, 114, 120, 122
  - granules denses, 162
  - localisations enzymatiques, 368, 370
  - pourvue de filaments, 122, 124
- Mitose, 48, *voir aussi* Cellules en mitose
- Modèle cellulaire, 366
- Morphologie fonctionnelle, 365-372
- Muscle lisse, 172, 174
  - aorte, 8
- Myomètre, 252

N

- Néphron, 134

O

- Operculum, 6
- Ovaire, 230-244
- Ovocytes, 230-238

P

- Pancréas
  - endocrine, 96, 314-320
  - exocrine, 96-108
- Pars distalis de l'hypophyse, 270, 274-298
- Pars intermédia de l'hypophyse, 270, 272
- Pars nervosa de l'hypophyse, 270, 300-308
- Péritoine, 32, 34
- Peroxysomes, *voir* "Microbody"
- Phagocytose, 34
- Phosphatase alcaline, localisation, 370
- Pinéalocytes, 310, 312
- Pituicytes, 300, 302
- Plaques de Peyer, 18
- Podocytes, 134-138, 144
- Pont intercellulaire, 188, 190
- Prostate, 222-226
- Protéines, sécrétion de, 258

R

- Radioautographie, 342
- Rein, 134-164
  - papille, 164
  - région médullaire, 158
- Réplique, 62, 74

Réticulum endoplasmique, 50, 102, 152
granulaire, 96, 100, 114, 260
lisse, 102, 114

S

Satellites centriolaires, 118
Sillon de clivage, 188
Sinusoïdes, 326
Spermatides, 182, 186, 190, 194, 204, 206, 210
stade golgien, 190
Spermatocytes, 182, 186-190, 194
Spermatogonies, 182, 186, 188, 194
Spermatozoïdes, 194, 212, 214
Stéréocils, 216, 218
Succinodéshydrogénase, localisation, 368
Surrénale
cortex, 322-328
médulla, 322, 330-336
région cortico-médullaire, 328
Système circulatoire, 5-24

T

Terminaison nerveuse autonome, 98
Testicule, 181-214
Tissu lymphoïde, 18
Tonofibrilles, 80
cellule argentaffine, 80
cellule argyrophile riche en cholinestérase, 82
Trompe utérine, 254
Tube
collecteur, 164
collecteur arqué, 162
de jonction, 160, 162
distal, 134, 160
proximal, 160

U

Urètre spongieux, 176, 178
Utérus, 246-252

V

Vaisseau lymphatique, 18, 22, 48
Veinule post-capillaire, 18, 20
Vésicule
acrosomique, 192
biliaire, 126, 128
séminale, 220
Vessie, 166-174
Villosité duodénale, 48

Z

Zone fasciculée de la surrénale, 322-326
Zone glomérulaire de la surrénale, 322
Zone pellucide, 232-236
Zone réticulée de la surrénale, 322, 324, 328, 330
Zonula occludens, 74